Geociencias aplicadas a la gestión forestal

Geociencias aplicadas a la gestión forestal

Coordinadores

Rafael M.ª Navarro Cerrillo
Pablo González Moreno
M.ª Ángeles Varo Martínez
Antonio J. Ariza Salamanca

UCOPress
Editorial Universidad de Córdoba

Geociencias aplicadas a la gestión forestal. Segunda edición revisada.– Córdoba: UCOPress. Editorial Universidad de Córdoba, 2026

17 × 24 cm, xii + 548 pp., il. color

THEMA: TV

Rafael M.ª Navarro Cerrillo, Pablo González Moreno, M.ª Ángeles Varo Martínez y Antonio J. Ariza Salamanca (coord.)

© Edita: UCOPress. Editorial Universidad de Córdoba, 2026

Campus Universitario de Rabanales

Ctra. Nacional IV, Km 396. 14071 Córdoba (España)

Tel.: (+34) 957 218 126

ucopress.uco.es • ucopress@uco.es

ISBN: 978-84-9927-968-8

eISBN: 978-84-9927-968-5

DOI: https://doi.org/10.21071/000082

DL: CO 331-2026

Esta editorial es miembro de la UNE, lo que garantiza la difusión y comercialización de sus publicaciones a nivel nacional e internacional.

Impresión: Podiprint

Impreso en papel ecológico

Autores

Mauricio Acuña

Profesor de Investigación. Natural Resources Institute Finland (Luke). Yliopistokatu 6 B 80100 Joensuu (Finlandia).
mauricio.acuna@luke.fi

Enrique Andivia Muñoz

Profesor Contratado Doctor. Departamento de Biodiversidad, Ecología y Evolución, Facultad de Ciencias Biológicas, Universidad Complutense de Madrid.
C. de José Antonio Novais, 12, 28040 Moncloa - Aravaca, Madrid, España.
eandivia@ucm.es

Salvador Arenas-Castro

Área de Ecología, Departamento de Botánica, Ecología y Fisiología Vegetal – Universidad de Córdoba.
Edif. Celestino Mutis, Campus de Rabanales s/n, 14071 Córdoba, España.
b62arcas@uco.es

Antonio J. Ariza Salamanca

Ingeniero de Montes. Investigador doctoral. Departamento de Ingeniería Forestal - ETSIAM – Universidad de Córdoba.
Edif. Leonardo da Vinci, Campus de Rabanales s/n, 14071 Córdoba, España.
o32arsaa@uco.es

Rodrigo Arthus Bacovich

Investigador, Observatorio de Bosque Mediterráneo, Grupo de Investigación ERSAF. Departamento de Ingeniería Forestal - ETSIAM – Universidad de Córdoba.
Edif. Leonardo da Vinci, Campus de Rabanales s/n, 14071 Córdoba, España.
z92arbar@uco.es

Antonio Cachinero Vivar

Investigador doctoral. Departamento de Ingeniería Forestal - ETSIAM – Universidad de Córdoba
Edif. Leonardo da Vinci, Campus de Rabanales s/n, 14071 Córdoba, España.
o02cavia@uco.es

Jesús Julio Camarero

Instituto Pirenaico de Ecología (IPE-CSIC).
Avda. Montañana, 50192 Zaragoza, España.
jjcamarero@ipe.csic.es

Pablo Fernández Corbis

Ingeniero de Montes, Máster GEOFOREST.
pablo.fcorbis@gmail.com

Borja García Pascual

Estudiante Pre-doctoral. Natural Resources Institute Finland (LUKE), University of Eastern Finland (UEF).
borja.garciapascual@luke.fi

Fernando Giménez de Azcárate

Ingeniero Agrónomo.
nordalvilla@gmail.com

Pablo González Moreno

Contrato Ramón y Cajal. Departamento de Ingeniería Forestal. ETSIAM – Universidad de Córdoba, Edif. Leonardo da Vinci, Campus de Rabanales s/n, Córdoba 14071 (España), ir2gomop@uco.es

Juan José Guerrero Álvarez

Ingeniero de Montes, Agencia de Medio Ambiente y Agua, Junta de Andalucía. juanjose.guerrero@juntadeandalucia.es

Ricardo Enrique Hernández-Lambraño

Investigador postdoctoral Juan de la Cierva Formación 2022, Departamento de Ingeniería Forestal - ETSIAM, Universidad de Córdoba.
Edif. Leonardo da Vinci, Campus de Rabanales s/n, 14071 Córdoba, España.
enriquericardo.hl@gmail.com

Andrew S. Kowalski

Catedrático. Departamento de Física Aplicada - Facultad de Ciencias – Universidad de Granada.
Av. de Fuente Nueva, s/n, Beiro, 18071 Granada, España.
andyk@ugr.es

Miguel Ángel Lara Gómez

Investigador postdoctoral, Observatorio de Bosque Mediterráneo, Grupo de Investigación ERSAF. Departamento de Ingeniería Forestal - ETSIAM – Universidad de Córdoba.
Edif. Leonardo da Vinci, Campus de Rabanales s/n, Córdoba 14071, España.
g82lagom@uco.es

Carlos Martín Cortés

Investigador predoctoral en formación (FI 2024) - Ayudas Joan Oró. Centro de Ciencia y Tecnología Forestal de Cataluña. carlos.martin@ctfc.cat

Juan Alberto Molina Valero

Investigador posdoctoral Ramón Areces, Facultad de Ciencias Forestales y de la Madera. Universidad de Ciencias de la Vida, Praga (CZU)
16 500 Praga, República Checa
molina_valero@fld.czu.cz

Rafael M.ª Navarro Cerrillo

Catedrático. Laboratorio de dendrocronología, selvicultura y cambio climático, Grupo de Investigación ERSAF. Departamento de Ingeniería Forestal - ETSIAM – Universidad de Córdoba.
Edif. Leonardo da Vinci, Campus de Rabanales s/n, 14071 Córdoba, España.
rmnavarro@uco.es

Guillermo Palacios Rodríguez

Profesor Ayudante Doctor. Observatorio de Bosque Mediterráneo, Grupo de Investigación ERSAF. Departamento de Ingeniería Forestal - ETSIAM – Universidad de Córdoba
Edif. Leonardo da Vinci, Campus de Rabanales s/n, 14071 Córdoba, España.
gpalacios@uco.es

Óscar Pérez Priego

Contrato de investigación Beatriz Galindo. Departamento de Ingeniería Forestal - ETSIAM – Universidad de Córdoba.
Edif. Leonardo da Vinci, Campus de Rabanales s/n, 14071 Córdoba, España.
g72pepro@uco.es

Javier Pérez Romero

Investigador doctoral. Departamento de Ingeniería Hidráulica y Medio Ambiente. Escuela Técnica Superior de Ingeniería Agronómica y del Medio Natural. Universitat Politècnica de València. Camino de Vera, s/n 46022 Valencia. jperrom @ upv.es

Adrián Regos Sanz

Centre Tecnológic i Forestal de Catalunya (CTFC), Ctra. St. Llorenç de Morunys km 2, Solsona 25280 (España).
adrian.regos@ctfc.cat

Víctor Rodríguez Galiano

Catedrático de Universidad. Departamento de Geografía Física y Análisis Geográfico Regional. Facultad de Geografía e Historia, Universidad de Sevilla.
C/ Doña María de Padilla, s/n, 41004 vrodriguez8@us.es

Paloma Ruiz Benito

Profesora Titular Universidad, Departamento de Ciencias de la Vida, Facultad de Ciencias.
Ctra. Madrid-Barcelona, km.33, 600, 28805 Alcalá de Henares, España.
paloma.ruizb@uah.es

Francisco J. Ruiz-Gómez

Profesor Ayudante Doctor. Laboratorio ECSIFOR, Grupo de Investigación ERSAF. Departamento de Ingeniería Forestal, Universidad de Córdoba, España.
ruizgomezfj@uco.es

M.ª Ángeles Varo Martínez

Ingeniero de Montes. Investigador doctoral. Laboratorio TREESATLAB, Grupo de Investigación ERSAF. Departamento de Ingeniería Forestal. ETSIAM, Universidad de Córdoba Edif. Leonardo da Vinci, Campus de Rabanales s/n, 14071 Córdoba, España.
mavaro@uco.es

Edward Alexander Velasco Pereira

Ingeniero Forestal. Investigador doctoral. Laboratorio TREESATLAB, Grupo de Investigación ERSAF. Departamento de Ingeniería Forestal - ETSIAM – Universidad de Córdoba.
Edif. Leonardo da Vinci, Campus de Rabanales s/n, 14071 Córdoba, España.
z02vepee@uco.es

Índice

0

Un modelo integrado de universidad y educación no formal basado en la geomática forestal. Una fórmula para renovar la educación de la ingeniería y la ciencia forestal

Rafael M.ª NAVARRO CERRILLO

Resumen

Las escuelas forestales en España viven en un «intento permanente» por mejorar la educación en el ámbito de la ingeniería y la ciencia forestal, y que se viene prolongando ya desde hace muchos años. A pesar de las múltiples propuestas, más o menos fundadas, la realidad es que seguimos buscando acciones concretas y eficaces para reconducir el rumbo de la educación forestal. La educación, en general, requiere un cambio de paradigmas; y la educación forestal, posiblemente, las necesita para poder sobrevivir a un proceso de cambios profundos que implican nuevos estándares y competencias completamente nuevas (algunas, incluso por crear) para la ingeniería forestal de grado y posgrado. Esto implica renovar las estructuras curriculares de los diferentes títulos, innovar la pedagogía sobre la base de la integración de sistemas formales y no formales de educación, reforzar las competencias con mayor demanda profesional, pero que se apoyan en un conocimiento profundo de la ciencia forestal, e integrar las herramientas digitales transversales para poder competir en ámbitos profesionales cada vez más complejos y exigentes. En este texto se presenta el ejemplo de la integración del Grado de Ingeniería Forestal, el Máster Oficial en Geomática, Teledetección y Modelos Espaciales Aplicados a la Gestión Forestal y el sistema de micro credenciales Bosque Digital, como un intento de renovación de la educación de la ingeniería forestal a través de la educación formal y no formal en competencias geo informáticas aplicadas al sector forestal, como un elemento "transformador" para el futuro de la profesión. En el marco anterior, se ha considerado importante elaborar un texto que recopile y sirva de introducción a los estudiantes y profesionales interesados en el área de la geomática o la geoinformática forestal. El título del texto es Geociencias aplicadas a la gestión forestal, y en él se presentan algunos de los últimos avances científicos y técnicos en el ámbito de las tecnologías digitales aplicadas a la gestión forestal. El contenido general del libro comprende aspectos relacionados directamente con el estudio de la superficie terrestre, en particular de los ecosistemas forestales, mediante la integración de técnicas de digitalización, adquisición y gestión de datos, procesado de imágenes procedentes de distintas plataformas y modelos numéricos aplicados a la gestión forestal. Esperamos que estos sistemas integrados de educación puedan ayudar a la formación de los profesionales forestales a desarrollar y adquirir nuevas habilidades, mejorar o actualizar su perfil profesional y, en definitiva, contribuir a mejorar la educación forestal en España.

Palabras clave: modelo educativo, educación formal y no formal, innovación, ingeniería forestal, competencias geoinformáticas.

1. Introducción

La necesidad que tiene la sociedad de profesionales forestales cambia en función de las demandas de bienes y servicios de los montes, así como por los nuevos conocimientos y habilidades que éstos necesitan para ser competentes y competitivos en el mercado profesional del siglo XXI. La educación forestal ha evolucionado en todo el mundo para adaptarse a estos cambios, desde un enfoque centrado en los recursos a un enfoque más orientado al uso público, la biodiversidad o los servicios ambientales. En la actualidad, hay en España trece universidades, doce públicas y una privada, que imparten los títulos de Grado de Ingeniería Forestal y del Medio Natural (GIF, con diferentes variantes), y 9 que imparten también el Máster en Ingeniería de Montes (MIM). En las últimas décadas, un tema recurrente en todos los foros de educadores y profesionales forestales ha sido la actualidad y vigencia de la educación en ingeniería forestal. Se han revisado los modelos educativos y se ha cuestionado la validez del modelo actual de los títulos que las Universidades imparten en España. En el Congreso Forestal Nacional de 2022 celebrado en Lleida, se llevó a cabo un análisis de los centros que imparten títulos vinculados con la Ingeniería Forestal y la Ingeniería de Montes en España, tomando como referencia el número de estudiantes de nueva matrícula en ambos títulos. No es el objetivo de este texto analizar lo que allí se dijo, ni las conclusiones más destacadas, sino presentar una experiencia concreta de educación forestal. Esta experiencia ha obligado a reflexionar sobre los ajustes, modificaciones y actualizaciones del diseño curricular del profesional forestal que demanda la sociedad, así como a reconocer los principios didácticos y pedagógicos que requiere toda actualización de un modelo educativo, aparentemente superado.

Se ha constatado que los programas de estudio actuales de estas titulaciones presentan un limitado "atractivo" para los nuevos estudiantes, en parte porque no garantizan la dotación a los egresados de las competencias profesionales indispensables para acceder a un mercado laboral cada vez más exigente y complejo. Se carece de un sistema coherente de aprendizaje progresivo (Grado-Máster-Formación a lo largo de la vida), con la ausencia de un "hilo conductor" de la formación científica y técnica, lo que da lugar a profesionales "generalistas", sin las adecuadas herramientas tecnológicas y numéricas para un perfil profesional integral. Los estudiantes necesitan que las escuelas forestales y la universidad les ofrezcan un proyecto profesional con futuro para su acceso al mercado laboral, abierto a la diversidad y complejidad de los problemas actuales (muchos por descubrir), con capacidad para acceder a un mercado global (entendido como redes de datos y conocimientos). Además, los centros educativos deben ofrecer programas que, reconociendo su categoría profesional y su identidad y singularidad como "forestales", pongan a su disposición un aprendizaje continuo que potencie sus habilidades y les dote de habilidades nuevas (*upskilling* y *reskilling*), tanto técnicas (*technical skills*) como sociales (*soft skills*), con objeto de fortalecer sus competencias para trabajar en equipos heterogéneos (más metadisciplinares que multidisciplinares), desarrollar su capacidad analítica para comprender las interacciones que tienen lugar a diferentes escalas en el territorio forestal y reforzar su confianza en sus capacidades técnicas y sociales.

Por otro lado, la sociedad, y el tejido profesional son más conscientes que nunca del papel de los recursos forestales en el suministro de múltiples productos y servicios; y de las complejas interrelaciones que existen entre ellos y el crecimiento económico. Desafíos como el cambio climático, el suministro de recursos básicos, como el agua y el suelo, la conservación o la integración de ciclos vitales, como el C, han puesto en el "centro" de la sociedad las cuestiones forestales. Es cierto, sin embargo, que las percepciones y actitudes del público hacia la selvicultura siguen caracterizándose por el desconocimiento, lo que puede influir en la matriculación en los programas de educación forestal; pero esta situación también está relacionada con la forma en cómo educamos a nuestros estudiantes y, en definitiva, a la sociedad sobre la gestión forestal. La educación forestal, por tanto, es un elemento clave en ese cambio de percepción, ya que es la vía para proporcionar conocimientos y herramientas a los futuros profesionales y poder "recuperar" un espacio laboral más acorde a las demandas sociales y tecnológicas actuales.

Esta situación exige reorientar la educación forestal y dirigirla hacia un contexto tecnológico dominado por la aplicación de una base teórica robusta en ciencias básicas y aplicadas, pero acompañada de una formación avanzada en herramientas de ingeniería del territorio, objeto básico de trabajo de la ingeniería forestal. Ya no basta con tener un conocimiento de las competencias generales, sino que hay que asegurar que los profesionales forestales dominen las competencias específicas que debería poseer cualquier graduado de una escuela forestal: i) conocimiento en ciencias básicas; ii) conocimiento teórico forestal pero con capacidad analítica; iii) aprendizaje basado en la práctica, pero integrado con las herramientas actuales que aportan las tecnologías del territorio; y iv) habilidades personales que permitan su integración en un mercado laboral dominado por la complejidad de las relaciones y las competencias personales. En este contexto, el verdadero reto no sería tanto la creación de "nuevos títulos" o modelos educativos teóricos, sino la formación de "profesionales forestales nuevos", usando las herramientas de las que ya disponemos (Grados, Másteres habilitantes, Máster de Especialización, Formación Profesional y educación no formal), mediante la introducción de elementos de "transformación" y promoviendo la flexibilidad y la adaptabilidad de los modelos formativos de la ingeniería forestal. Hay que pensar en cómo los "forestales del siglo XXI" (y sus educadores) están perfilando un "presente" definido por el cambio tecnológico constante y por la eclosión de "nuevos empleos", muchos inexistentes, pero muchos de ellos relacionados, de un modo u otro, con los avances en las tecnologías digitales.

2. Un punto de partida

Un análisis rápido de las competencias propias de un profesional forestal, en función de su formación universitaria, permite definir cuatro niveles que representan la evolución y la complejidad de los conocimientos y habilidades que deberá obtener ("pirámide de Miller"). El primer nivel estaría formado por las materias básicas indispensables (matemáticas, estadística, fisiología-anatomía vegetal, botánica, edafología, ecología, etc.). Estos conocimientos básicos aportan los fundamentos teóricos para las asignaturas fundamentales que conforman el segundo nivel), es decir el "saber cómo" (dasometría, selvicultura, ordenación de montes, industrias y tecnología, etc.). El tercer nivel es "demostrar cómo"; el estudiante debe ser capaz de aplicar su conocimiento a la solución de problemas "reales" y "proyectar" las acciones necesarias, de tal forma que pueda cuantificar (a todos los niveles) la gestión forestal. La cima de la pirámide aborda la capacidad de integrar la buena práctica profesional, es decir, el "hacer".

El análisis de la situación actual de la enseñanza forestal, con objeto de desarrollar los niveles de competencia indicados, lleva a detectar las siguientes deficiencias y realidades:

- Disminución del número de estudiantes matriculados, tanto en el GIF, como en el MIM (aunque particularmente bajo en el título de Máster).
- Rigidez del modelo curricular actual (Grado y Máster habilitante), ya que no incorpora de forma clara la adquisición y el desarrollo de las competencias del "demostrar cómo" y el "hacer" (las competencias necesarias para pasar de la teoría a la práctica).
- Los currículos actuales de los títulos forestales responden a estructuras curriculares "cerradas", lo que dificulta un proyecto educativo coherente que permita conseguir la mejora constante que se espera de la educación superior.
- Las titulaciones forestales han perdido gran parte de su "atractivo" (¿prestigio?) social, en parte justificado por el desconocimiento de los potenciales estudiantes, pero también por una imagen poco, o nada, acorde con el panorama tecnológico actual. Esto puede explicar, al menos en parte, la reducción constante en el número de estudiantes matriculados (especialmente en el Máster de Ingeniería de Montes).
- A pesar del fuerte desarrollo de las TIC en las últimas décadas y su aplicación en la educación, se carece de modelos que integren la presencialidad (grados), la semi presencialidad (Máster) y la formación en línea (MOOC, de *Massive Online Open Courses*) y que evolucionen hacia sistemas educativos integrados (*embedded education*).

3. Un modelo basado en competencias en geoinformática forestal

La Universidad de Córdoba, en concreto el Máster Oficial en Geomática, Teledetección y Modelos Espaciales Aplicados a la Gestión Forestal (Máster Geoforest, https://mastergeoforest.es/), lleva trabajando desde 2014 en un programa integrado de estudios que ofrece una formación especializada en competencias digitales a través de un máster. Dicho programa se ha reforzado con dos acciones educativas fundamentales: la inclusión de la formación en competencias básicas digitales en el Grado de Ingeniería Forestal, y la oferta de un sistema de microcredenciales a través de cursos abiertos *online* (MOOC Bosque Digital) que refuerzan el contenido teórico y, sobre todo, práctico de las competencias geoinformáticas.

3.1. ¿Por qué las tecnologías de análisis territorial - geoinformática?

Las tecnologías geoespaciales aplicadas contribuyen, de forma significativa, a las capacidades tecnológicas de la ciencia forestal en ámbitos tan diversos como la gestión de la biodiversidad o la producción de bienes y servicios a diferentes escalas espaciales y temporales. Lo que inicialmente fue la aplicación de la estadística y de la fotogrametría al inventario forestal, se ha convertido en un conjunto de disciplinas y herramientas tecnológicas sofisticadas relacionadas con la adquisición, la estructura y el análisis de datos (datos masivos y minería de datos), sistemas de información geográfica, cartografía, teledetección, internet de las cosas, o inteligencia artificial en el marco de las tecnologías de la información y la comunicación (TIC), apoyado por un desarrollo acelerado de la informática y de la electrónica.

La geomática forestal ha "permeabilizado" muchas actividades propias de las ingenierías forestales (dasometría, selvicultura –en todas sus variantes–, servicios ambientales, uso público, genética, industria, entre muchas otras) gracias a la creciente accesibilidad a datos masivos, tanto procedentes de bases de datos ya existentes (por ejemplo, el Inventario Forestal Nacional), como de diferentes plataformas espaciales gratuitas o de bajo costo (por ejemplo, el Plan Nacional de Teledetección). La demostrada capacidad científica y técnica de la geoinformática forestal en España ha permitido, en los últimos diez años, cubrir todos los ámbitos de las geociencias aplicadas a los recursos forestales (ej., teledetección óptica, tecnología LiDAR, cartografía forestal, dinámicas de uso de cobertura del suelo asociada a perturbaciones, sistemas de apoyo a las decisiones espaciales, selvicultura de precisión, modelización, etc.), en un contexto cada vez más complejo dominado por los riesgos a los que están sometidos los ecosistemas forestales (cambio global, cambios económicos y sociales, vulnerabilidad frente a diferentes riesgos, entre otros, a nuevas plagas y enfermedades, etc.). Esto pone de manifiesto la gran "transversalidad" de estas disciplinas y su aplicación en la gestión forestal, como, por ejemplo, en los inventarios forestales y la ordenación de montes, la conservación y la gestión de la biodiversidad, a través de metodologías espaciales que pueden ayudar al conjunto del sector forestal a analizar las interacciones entre los datos, las actuaciones forestales y los factores ambientales y poder identificar un conjunto de soluciones efectivas capaces de abordar las múltiples necesidades y demandas de la sociedad (Figura 0.1).

3.2. El proyecto educativo Máster Geoforest-Bosque Digital

El proyecto educativo Máster Geoforest-Bosque Digital (https://ucoonline.uco.es/mooc/fichas/UCOO-0-BD/) se basa en la geomática forestal, en sentido amplio, y su aplicación a la selvicultura. Las competencias que incluyen, entre otras, son la selvicultura de precisión, el procesado y fusión de datos espaciales, la teledetección multiespectral, hiperespectral, térmica y activa (LiDAR y Radar), los sistemas de soporte de decisiones espaciales multicriterio para proyectos ambientales, o las aplicaciones de nuevas metodologías y herramientas en el análisis geoespacial (LiDAR, drones, realidad virtual, sensores, etc.).

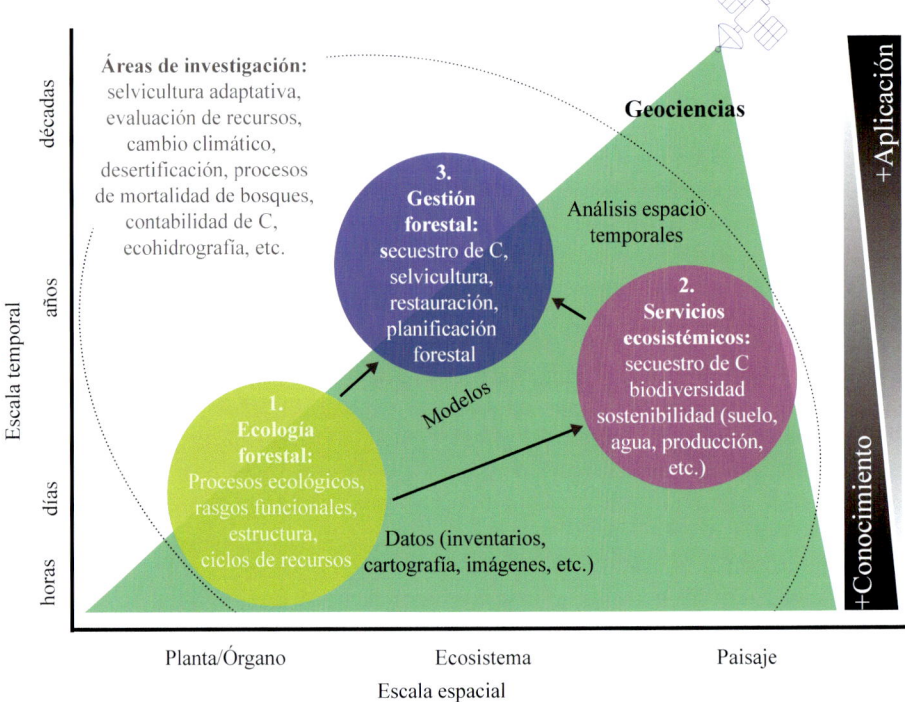

Figura 0.1. La geomática forestal como eje integrador de las actividades propias de las ingenierías forestales (fuente: Óscar Pérez Priego (com.pers.)).

3.3. Principios curriculares

En el marco del Máster Geoforest se asumió el objetivo de contribuir a la actualización y modernización de los planes y programas de estudio de los títulos relacionados con la ingeniería forestal (y en general con títulos afines –biología, ciencias ambientales y geografía–) de acuerdo con la situación actual de los profesionales de las ingenierías vinculadas al territorio y, así, paliar el marcado déficit de nuestros estudiantes en cuanto al conocimiento y el desarrollo de las nuevas tecnologías basadas en geociencias. Esta iniciativa se orientó sobre la base de los siguientes principios:

- Actualizar el conocimiento a partir de la investigación científica y de la innovación tecnológica.
- Potenciar la creatividad y la autonomía para desarrollar soluciones a problemas en permanente cambio.
- Ofrecer un modelo educativo flexible, receptivo y dinámico conformado a partir de tres dimensiones estructurales: ciencias básicas, herramientas tecnológicas y competencias de programación.

- Dirigirse a un modelo centrado en el estudiante, donde el docente toma el papel de generar un ambiente de aprendizaje y orientación de tal manera que sea el propio estudiante el que enlace su proyecto de estudio con su perfil profesional a través de la adquisición de competencias tecnológicas significativas.
- Formar en la interdisciplinaridad para facilitar la "educación para la empleabilidad", fortaleciendo las interrelaciones existentes entre ciencia, innovación y empleo.
- Favorecer la apertura de los estudios de grado y máster, dotándolos del suficiente "modularidad" para que los estudiantes puedan crear sus propios itinerarios formativos.
- Reforzar la adquisición de competencias tecnológicas digitales aplicables (geomática/geoinformática) a cualquier posible situación actual o futura vinculada a la ingeniería y a la ciencia forestal (ingeniería del territorio), desde una perspectiva práctica.
- Disolver las fronteras entre el aprendizaje formal y no formal y entre Universidad, empresa e investigación, para lograr una mayor integración del futuro profesional.
- Incluir una oferta de competencias adquiridas en espacios no formales a través de microcredenciales para acreditar/complementar habilidades, así como para combinar esas habilidades entre sí y con los recursos de aprendizaje formal (Formación profesional, Grado, Máster) en un modelo más abierto.

Partiendo de estos principios, se pone en evidencia la necesidad de presentar una mayor atención a la formación en competencias digitales como pilar que da cuerpo y sustento a esa "educación forestal nueva" que mencionamos al principio de este capítulo (Figura 0.2):

- Iniciar la formación digital del estudiante desde las primeras etapas del Grado, reforzando las competencias genéricas y específicas (si las tiene) o dotándolo de ellas (si no las tiene), mediante la formación orientada a proyectos en asignaturas clave, para que conozcan (y "pierdan el miedo") a las habilidades digitales y numéricas necesarias para alcanzar los objetivos y las metas trazadas en los planes de estudio.
- Coordinar un proyecto docente a través del aprendizaje basado en proyectos para la integración del Grado en Ingeniería Forestal y el Máster Geoforest usando asignaturas "clave" (en el Grado de Ingeniería Forestal a través de las asignaturas de Geomática en 2º, Dasometría e Inventariación forestal en 3º y Ordenación y planificación del territorio forestal en 4º).
- Ofrecer un proyecto curricular "progresivo", donde los planes y programas de estudios del Grado y del Máster respondan a una "lógica de aprendizaje", utilizando métodos nuevos y adecuados que eviten el carácter "cerrado" de los títulos (ej., integración de la educación formal y no formal).
- Reforzar la adquisición de competencias tecnológicas (*technical skills*, STEM, acrónimo en inglés de *Science, Technology, Engineering and Mathematics*) y aptitudes para la comunicación, el análisis creativo y crítico, la reflexión independiente y el trabajo en equipo en contextos profesionales complejos (*soft skills*), en los que la creatividad exige combinar el saber teórico y práctico propio de la ingeniería forestal con la tecnología de vanguardia.

- Integrar la formación continua en formatos semipresenciales y no presenciales (*embedded education*, *elearning*, MOOC, etc.), que asume diferentes necesidades, ritmos y objetivos educativos, desde los títulos universitarios a la formación a lo largo de la vida (*upskilling* y *reskilling*), a través de las Tecnologías de la Información y la Comunicación (TIC).

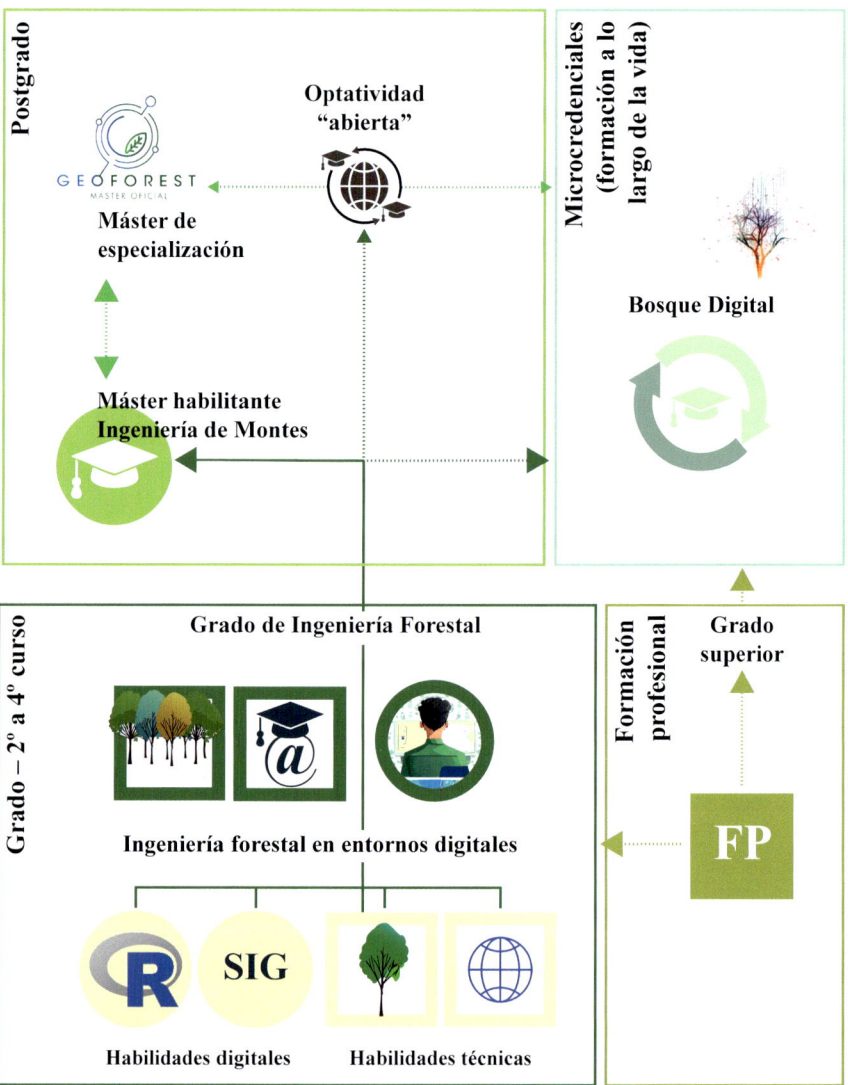

Figura 0.2. Estructura de títulos formales (Grado y Máster) y educación no formal (microcredenciales Bosque Digital) como oferta integrada en estudios de geoinformática forestal de la Escuela Técnica de Ingeniería Agronómica y de Montes de la Universidad de Córdoba.

3.4. Propuesta curricular

La propuesta curricular "Ecosistema Geoforest" integra los títulos de Grado en Ingeniería Forestal, el Máster Geoforest y el sistema de microcredenciales Bosque Digital (Figura 0.2). Dicha estructura modular se encuentra estructurada en tres niveles: Grado de Ingeniería Forestal, Máster Geoforest y Bosque Digital.

Grado de Ingeniería Forestal: descubrir las herramientas digitales

En el Grado de Ingeniería Forestal de la Universidad de Córdoba, en el curso 2022-2023 se ha implantado un proyecto centrado en el Aprendizaje basado en proyectos (ABP) para introducir al estudiantado en la geomática forestal. No se trata de algo novedoso en el ámbito de la docencia, ya que, en cierta medida, la formación en ese campo ya existía en varias asignaturas; pero la novedad reside en que ahora se oferta como un proyecto integrado entre el Grado de Ingeniería Forestal (GIF) y el Máster Geoforest. En este caso, se han propuesto claves para el diseño y la ejecución del anclaje curricular que facilitan la integración de ambos títulos mediante una metodología activa en cuanto al aprendizaje. Se ha proyectado esta iniciativa en un marco docente de mayor recorrido y que, de una forma coordinada, cubra aspectos específicos del aprendizaje desde los niveles más básicos del GIF hasta los más avanzados en Geoforest.

En este proyecto de innovación docente se propone una estrategia metodológica de diseño y programación de un conjunto de tareas de aprendizaje coordinadas a lo largo de varias asignaturas del GIF basadas en la resolución de problemas comunes (retos), mediante un proyecto/problema de gestión forestal (a elegir entre varios), donde el estudiantado trabaja de manera relativamente autónoma y con un alto nivel de formación geoinformática a través de tres asignaturas (Geomática de 2º, Dasometría e Inventariación forestal de 3º y Ordenación y planificación del territorio forestal de 4º). Poder trabajar en un contexto ABP permite que el estudiante se acerque a las competencias digitales más necesarias en el ámbito de la ingeniería y la ciencia forestal (currículo) con sentido y significado, preparándose mejor para el mercado laboral.

La propuesta incorpora materiales docentes específicos y fuentes de información diversas (accesos a bases de datos, IFN, teledetección, Google Earth Engine, etc.), para que el estudiantado aplique los fundamentos teóricos a los casos prácticos del aprendizaje relacionados con el ámbito forestal y mediante herramientas geoespaciales.

Por último, el ABP favorece el trabajo en equipo a lo largo de varios cursos (2º, 3º y 4º GIF y Geoforest), algo que en una metodología por "asignaturas discretas" no se trabaja y que, a todas luces, resulta necesario potenciar en la Universidad. El reto (proyecto) se resuelve de forma progresiva a través de las tres asignaturas, con objetivos de aprendizaje específicos para cada una de ellas; se cursa usando código abierto alojado en plataformas colaborativas tipo GitHub.

Máster Geoforest. Hacia la especialización

El Máster Oficial en Geomática, Teledetección y Modelos espaciales aplicado a la gestión forestal tiene por objetivo formar a especialistas de alta calidad en tecnologías geoinformáticas aplicadas al estudio y a la gestión del territorio y del medio ambiente forestal a diferentes escalas espaciales y temporales. Ofrece una amplia gama de competencias geoespaciales que incluyen la integración de técnicas de adquisición y procesado de bases de datos espaciales, el desarrollo y programación de aplicaciones SIG, los geoportales y dispositivos móviles, el análisis y modelado ambiental, la teledetección pasiva y activa (óptica, LiDAR o Radar) y la representación y visualización cartográfica en 3D (Teledetección próxima terrestre).

El máster está abierto a profesionales y titulados universitarios, procedentes de las áreas de ingeniería, biología, ciencias ambientales, geografía y otras áreas afines, interesados en adquirir amplios conocimientos y habilidades en las modernas técnicas de análisis geoespacial para la gestión de ecosistemas forestales. A estas competencias digitales se unen materias profesionales que forman para su aplicación a proyectos relacionados con la selvicultura, la planificación forestal, la restauración de ecosistemas forestales, la evaluación, modelización y seguimiento de perturbaciones bióticas y abióticas, la mitigación y adaptación de ecosistemas forestales al cambio global, etc.

El estudiante procedente del GIF puede acceder a través del Doble Título de Ingeniería de Montes + Máster Geoforest, o sólo como Máster de especialización (en este segundo caso, también estudiantes procedentes de las titulaciones de acceso –biología, ciencias ambientales, geografía, principalmente–). Se establece, por tanto, un segundo nivel de educación formal de postgrado (nivel 2 en el Marco Español de Cualificaciones para la Educación Superior – MECES) que se articula en torno a 3 módulos y 20 asignaturas que intentan responder a los objetivos y competencias de formación correspondientes a los dos perfiles, profesional e investigador del título. Los módulos y su contenido son los siguientes:

- Primer módulo, de formación básica transversal e instrumental. Se ofertan 4 asignaturas (12 créditos ECTS obligatorios y 4 ECTS optativos) referidas a los marcos teóricos e instrumentales básicos de la geomática forestal, con un objetivo de igualar los conocimientos teóricos y numéricos básicos (Fundamentos matemáticos de programación, Metodología e investigación en técnicas de análisis espacial aplicados a la evaluación de recursos forestales, Sistemas de Información Geográfica para el análisis de sistemas naturales y Sistemas de Información Geográfica y Ecología Espacial – Aplicaciones).

- Segundo módulo, de especialización en modelos y teledetección en el análisis de ecosistemas forestales. Se incluyen 7 materias (5 asignaturas obligatorias, 20 ECTS; 5 asignaturas optativas, 14 ECTS) de carácter metodológico (Ecología Espacial aplicada a entornos forestales, Métodos predictivos de hábitat de especies vegetales aplicados a la gestión y a la conservación, Modelos biofísicos e Interacción con ecosistemas forestales, Sensores: preprocesado, corrección y fusión de imágenes, Técnicas de clasificación y evaluación de procesos en sistemas forestales, Modelos de transferencia radiativa aplicados a ecosistemas forestales: de la hoja al bosque, Adquisición y Procesado de datos LiDAR, Variables de árbol y de masa derivadas de datos LiDAR, LiDAR terrestre y modelos tridimensionales de masa, y adquisición y procesado de datos de vehículos no tripulados en ecosistemas forestales,). En estas materias el estudiante adquiere las competencias geo informáticas aplicadas a la ingeniería del territorio.

- Tercer módulo, de especialización/aplicación práctica en SIG y Teledetección forestal. En él se concentra la oferta de estudios de casos del Máster (Cambio Global y Climático: evaluación de impactos en ecosistemas naturales mediante SIG y teledetección y Teledetección aplicada a la Selvicultura, la Ordenación y la Restauración de Ecosistemas Forestales) y de prácticas en empresas según los itinerarios profesional o investigador. Sus contenidos poseen un fuerte carácter aplicado y, a través de sus asignaturas, el alumnado realiza aprendizajes instrumentales en contextos de investigación y profesionales.

- Cuarto módulo, de prácticas curriculares y extracurriculares en empresa (4 ECTS) y el Trabajo Fin de Máster (TFM, 16 ECTS). En él se ponen en práctica las competencias adquiridas en los módulos anteriores.

El Máster se imparte en un formato semipresencial, lo que genera un ambiente de aprendizaje más flexible, proporcionando más oportunidades para la participación de profesionales en activo. Geoforest incluye todos los materiales docentes en formato en línea (teoría y prácticas), y en actividades presenciales síncronas en formato de talleres prácticos (basada en Moodle) que se pueden seguir a distancia. Los materiales didácticos digitales son los adecuados para el aprendizaje virtual, así como para las actividades programadas por los profesores, que el alumno realizará de forma individual o en grupo. En la Figura 0.3 se pueden ver algunos de los indicadores de calidad del Máster GEOFOREST.

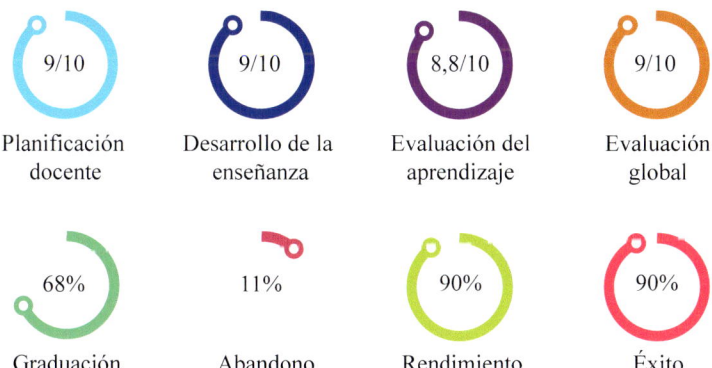

Figura 0.3. Indicadores de calidad del Máster Oficial en Geomática, Teledetección y Modelos Espaciales Aplicados a la Gestión Forestal (acreditación 2020).

Bosque Digital: microcredenciales

Los sistemas de microcredenciales permiten acercar la educación formal y la no formal, haciendo más "porosas" sus fronteras para reforzar una verdadera complementariedad, de tal manera que el estudiante puede "construir" su currículo en función de sus intereses y necesidades.

El sistema de microcredenciales forestales Bosque Digital aprovecha el carácter de la educación no formal como una educación complementaria, opcional, flexible y, con diferentes matices y evaluada (usando los MOOC). Se trata de traspasar las "paredes del aula" para enriquecer la experiencia educativa de la educación formal mediante las enormes posibilidades de la educación no formal (ej., realidad virtual y aumentada, viajes y laboratorios virtuales, aula abierta, etc.). En última instancia, se trata de "romper" la rigidez de los títulos tradicionales, que los ha distanciado progresivamente de las necesidades sociales, especialmente de las demandas del mercado laboral, y ofrecer una mayor flexibilidad que permita adaptarse a los cambios asociados a la digitalización.

En el caso de Geoforest se busca "abrir" los estudios de grado y máster y dotarlos de suficiente "modularidad" para que los estudiantes y profesionales puedan crear sus propios itinerarios formativos. Bosque Digital promueve las condiciones adecuadas para avanzar en esta flexibilidad, ya que ofrece competencias que permiten construir el currículum y organizarlo en torno a logros específicos ("a la carta"). La oferta de módulos de especialización organizados en ECTS proporciona una unidad de medida de la dedicación al estudio, que es fácilmente comparable con las empleadas en los títulos formales. El esquema de los cursos (en módulos temáticos) ofrece unidades que oscilan entre las 50 (2 ECTS) y las 75 (3 ECTS) horas de dedicación. Ejemplos de este tipo de aproximación serían la estructura modular de las asignaturas libres de la UOC y los programas de micromásteres del MIT (USA). El Marco Común Europeo de Microcredenciales y el anteproyecto de Ley Orgánica del Sistema Universitario (LOSU) reconocen los títulos propios de formación a lo largo de la vida mediante modalidades diversas, incluidas las microcredenciales y los microgrados, que podrán tener reconocimiento académico.

En el caso de Bosque Digital, la propuesta incluye tres microgrados: i) Bosque Digital Introducción (Figura 0.4), ii) Bosque Digital Avanzado y iii) Bosque Digital Acción; cada uno de ellos con seis bloques temáticos en la plataforma de MOOC de la Universidad de Córdoba (https://ucoonline.uco.es/mooc/fichas/UCOO-0-BD/). Por último, esta propuesta sirve como complemento, incluyendo competencias certificadas, para la integración de la universidad con la formación profesional (Ley Orgánica 3/2022, de 31 de marzo, de ordenación e integración de la Formación Profesional), así como la formación a lo largo de la vida, con posibilidad de simultaneidad y proyección del aprendizaje (*upskilling* y *reskilling*). En la Figura 0.5 se pueden ver algunos de los indicadores de calidad del sistema de microcredenciales Bosque Digital Introducción.

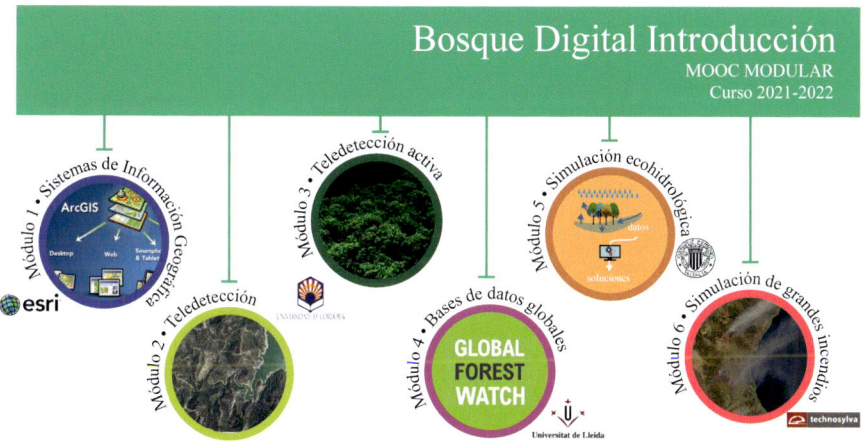

Figura 0.4. Estructura de microcredenciales Bosque Digital como oferta integrada en estudios de geoinformática con la participación de la Universidad de Córdoba, la Universidad de Lleida, la Universidad Politécnica de Valencia, ESRI España, Tecnosylva y el Colegio Oficial de Ingenieros de Montes. Los módulos pueden cursarse de manera independiente.

Figura 0.5. Indicadores de calidad del sistema de microcredenciales Bosque Digital Introducción (datos de mayo de 2020).

4. El libro Geociencias aplicadas a la gestión forestal

En el marco presentado en los capítulos anteriores, desde el Máster Geoforest se ha considerado importante elaborar un texto que recopile y sirva de introducción a los estudiantes y profesionales interesados en el área de la geomática o la geoinformática forestal. El título del texto es Geociencias aplicadas a la gestión forestal, y en él se presentan algunos de los últimos avances científicos y técnicos en el ámbito de las tecnologías digitales aplicadas a la gestión forestal. El contenido general del libro comprende aspectos relacionados directamente con el estudio de la superficie terrestre, en particular con los ecosistemas forestales, mediante la integración de técnicas de digitalización, adquisición y gestión de datos, procesado de imágenes procedentes de distintas plataformas y modelos numéricos aplicados a la gestión forestal. Tal y como se ha indicado en las secciones previas, esta obra pretende contribuir a impulsar estas áreas tecnológicas dentro de la educación y la profesión forestal. Resume las experiencias docentes e investigadoras desarrolladas en el Máster Geoforest desde sus inicios en 2014, cubriendo un conjunto de aplicaciones de estas tecnologías en el análisis de diferentes aspectos relacionados con la gestión forestal en el contexto local, regional y global.

El texto se ha estructurado en siete secciones, cada uno con tres capítulos, que se han dividido en las siguientes áreas temáticas:

- Sección I. Propiedades fundamentales de la vegetación: de la hoja al dosel
- Sección II. Sistemas de Información Geográfica
- Sección III. Teledetección
- Sección IV. Teledetección Avanzada
- Sección V. Aplicaciones de sensores activos LiDAR y Radar en ciencias forestales
- Sección VI. Modelos espaciales
- Sección VII. UAS en entornos forestales

La estructura de cada capítulo comprende tres tipos de materiales didácticos: en primer lugar, un texto que desarrolla los aspectos teóricos; en segundo lugar, un enlace a Github que permite al interesado desarrollar un caso práctico completo y de forma autónoma; y, por último, en algunos casos, un enlace a la plataforma de microcredenciales Bosque Digital donde se podrá acceder a cursos específicos relacionados con la temática del capítulo correspondiente. Todos estos materiales son gratuitos y están disponibles en la página web del Máster (https://mastergeoforest.es/) con objeto de permitir la mayor difusión científica y técnica de los contenidos temáticos y avances presentados en el libro.

La obra es un trabajo de equipo y nace con la voluntad de estar en permanente cambio, por lo que todos los materiales se irán revisando y actualizando de forma periódica y, así, mantener su vigencia. Este libro muestra la voluntad y el esfuerzo de docentes, estudiantado e investigadores orientados hacia un objetivo común: contribuir a mejorar la educación y cualificación de los profesionales forestales, independientemente de su formación previa, con el fin de transformar la realidad profesional desde el espacio académico.

5. Conclusión

Con más de un siglo y medio transcurrido desde la creación de la educación oficial de la ingeniería forestal en España, el panorama de la educación forestal, hoy en día, demanda una acción urgente basada en la necesidad actual de profesionales forestales y del incontable número de oportunidades laborales disponibles. Sin embargo, muchas de las opiniones que se manejan habitualmente cuando se habla de educación forestal no son más que leves modificaciones o reiteraciones de "lugares comunes" repetidos hasta la saciedad, que son presentados como transformaciones "revolucionarias" pero que no dejan de ser lo mismo que se viene diciendo desde hace años, con poca relevancia y utilidad para una transformación real de la educación forestal. Por ello, surge la necesidad de crear un modelo sencillo de cambio en la educación forestal, basado en competencias prácticas y reales demandadas por el sector profesional, mediante el diseño de una propuesta curricular innovadora, conservando todo lo bueno que tienen los títulos actuales (GIF y MIM) pero dotándolos de una verdad transformación tecnológica. No tenemos tiempo para "aventuras" curriculares basadas en el ensayo-error.

El proyecto Geoforest-Bosque Digital, basado en la digitalización y la integración de las geociencias a la ingeniería y la ciencia forestal, pretende ser una contribución en esa dirección. Estamos convencidos que sólo a través de una educación de calidad, verdaderamente transformadora, que proyecte a los estudiantes y profesionales forestales hacia un mundo cada vez más complejo, recuperaremos el espacio educativo que parece hemos perdido en las dos últimas décadas. Quizás ha llegado el momento de ampliar el "Saber es hacer" a "Educar es hacer"; en esa dirección es en la que Geoforest quiere seguir trabajando.

Unidad I
Propiedades fundamentales de la vegetación: de la hoja al dosel

1

Sensorización próxima autónoma, IoT y Cloud Data Centers para el seguimiento de la vegetación y las condiciones ambientales

Antonio M. CACHINERO VIVAR
Francisco J. RUIZ GÓMEZ
Rafael M.ª NAVARRO CERRILLO

Resumen

El desarrollo de nuevos sensores con tecnologías inalámbricas y la gestión de datos en la nube permiten, en la actualidad, sustituir o complementar fácilmente las evaluaciones ecofisiológicas en masas forestales. Estos sensores facilitan la monitorización de parámetros biofísicos relacionados con variables fisiológicas con una precisión y frecuencia cada vez mayor y un coste cada vez menor. Este capítulo repasa los principios y la aplicación de la sensorización próxima autónoma de la vegetación a través de cuatro bloques: i) el contexto general sobre sensorización ambiental, ii) la descripción de los tipos de colectores de datos, iii) los conceptos y ejemplos de programación y procesado de datos de sensores en entornos forestales, y iv) las aplicaciones a ecosistemas forestales. También se detallan las consideraciones más generales que deben tenerse en cuenta en el diseño del trabajo de campo para estudios ecofisiológicos, destacando los compromisos de diseño (en sentido amplio, no sólo estadístico) y enfatizando las ventajas de una planificación adecuada, así como las diferentes opciones en cuanto a equipos disponibles. Por la especificidad de este libro, el capítulo se orienta a las variables biofísicas de mayor interés en teledetección forestal y a su relación con otras variables estructurales. Por tanto, el objetivo del capítulo es ofrecer información actualizada sobre sensorización forestal como una herramienta de trabajo para todos aquellos interesados en los aspectos más prácticos de la ecofisiología forestal y su relación con la teledetección. Se ofrece, además, información sobre sensorización en estudios de "campo" y sobre las limitaciones o requerimientos que su uso impone en el diseño experimental a diferentes escalas espaciales y temporales en función de las variables que se estudian.

Palabras clave: ecofisiología forestal, datos continuos, sensorización, series temporales, integración de datos

1. Introducción

El seguimiento de las masas forestales mediante teledetección es una de las aplicaciones más evidentes de las TIC y de los Sistemas de Información Geográfica a la gestión forestal. La modelización de los procesos de transformación y adaptación de las masas forestales a partir de teledetección ha experimentado un importante auge en los últimos años de la mano de los avances en ecofisiología vegetal y en sensorización remota y próxima. En la actualidad, la determinación del estado fisiológico de la vegetación, y más concretamente del arbolado, es más fácil y rápida y genera grandes volúmenes de datos. Esto ha contribuido a mejorar la estimación de procesos ecofisiológicos relacionados con la producción, el estrés biótico y abiótico, la identificación de rasgos morfofisiológicos relevantes y la modelización espacial de estos parámetros y sus relaciones con los factores ambientales en los sistemas forestales.

La ecofisiología es la ciencia que estudia la interacción de las plantas con el medio, así como sus procesos de aclimatación y adaptación a través de la evaluación de relaciones entre el estado fisiológico de la planta (fotosíntesis, respiración, crecimiento, etc.) y los factores ambientales (clima, medio, perturbaciones, patógenos, etc.) (Prasad, 1996). Los estudios ecofisiológicos en plantas abarcan todos los niveles de organización biológica, desde los relacionados con la activación de genes y cambios metabólicos a nivel celular, los ajustes fisiológicos a diferentes escalas temporales, los cambios anatómicos y morfológicos de individuos genéticamente similares creciendo en sitios con distinta oferta de recursos, hasta las adaptaciones diferenciales de ecotipos y especies a distintas condiciones ecológicas. En este capítulo se describen las principales variables biofísicas que pueden relacionarse con la teledetección, así como los equipos existentes, basados en distintas técnicas, que se utilizan en la actualidad en este tipo de estudios. Por supuesto, el desarrollo de técnicas de cuantificación y análisis de variables biofísicas está en permanente avance, yendo a veces más rápido aún que el desarrollo de los conceptos teóricos relativos a los principios biológicos de las variables que se intentan medir.

Uno de los aspectos más relevantes en este desarrollo es el volumen de datos y el sistema de recolección de éstos. Por norma general, la recolección de datos de variables biofísicas en el arbolado es un proceso más o menos tedioso que requiere personal especializado. Los datos tomados con equipos de alta precisión (cámaras de intercambio gaseoso, equipos de medida de fluorescencia, equipos de medida de potenciales hídricos, determinación de pigmentos en hoja, etc.) se obtienen en campañas de campo muy intensivas, generalmente limitadas a varias parcelas experimentales y decenas de árboles, y que conllevan esfuerzos económicos y de personal importantes. En este contexto es donde se hace relevante el desarrollo tecnológico asociado a la sensorización. Los equipos tradicionales de medida de estas variables han sido sustituidos por otros basados en tecnologías de transmisión de señales (Wireless, Bluetooth, LoRA) y gestión de datos basados en la nube (*Cloud Data Base*). Dichos sensores detectan, con una precisión y una frecuencia cada vez mayores, variaciones en parámetros biofísicos que se relacionan con las variables que se miden con los equipos de fisiología tradicionales. La evolución de los sensores hacia tecnologías más portables ha reducido de forma muy importante los costes de la sensorización próxima (referida a sensores en contacto o muy próximos al objeto de medida) y del mantenimiento de los sistemas de recolección de datos, incrementando el volumen de datos disponibles e, incluso, ofreciendo la posibilidad de integrar sistemas de *Big Data* a la gestión forestal a partir de la monitorización de variables biofísicas del arbolado en tiempo real.

El Máster GEOFOREST cuenta con un grupo de investigación de referencia en ecofisiología de sistemas forestales que ha desarrollado un valioso trabajo de puesta a punto de técnicas de medición en ecofisiología vegetal y teledetección y de técnicas para la adquisición y el análisis de datos relacionados con la ecofisiología de especies forestales. El contenido del capítulo se basa en diferentes trabajos de investigación que integran la ecofisiología de campo y la teledetección (ver, por ejemplo, Navarro-Cerrillo *et al.*, 2019; 2014; Ariza Salamanca *et al.*, 2019), pero también se incluyen conceptos que son necesarios para aplicar las técnicas de sensorización en campo. No obstante, por simplicidad, se han priorizado aquellos aspectos de la ecofisiología, y las variables biofísicas asociadas, que tienen una mayor importancia para el estudio de la ecología funcional de los ecosistemas forestales, como el intercambio gaseoso, las relaciones hídricas, la superficie foliar, la fluorescencia de la clorofila, los pigmentos de hoja y la nutrición, variables todas ellas relacionadas con la respuesta ecofisiológica de las plantas y asociadas a procesos que pueden ser detectados y evaluados mediante sensores remotos.

Cabe aclarar que este capítulo se refiere a la sensorización próxima, ya que este tipo de sensores es el que aporta la mayor parte de la información que se va a necesitar para caracterizar una masa forestal o una planta desde el punto de la ecofisiología. No obstante, en los sistemas de monitorización que se van a presentar se utilizan también sensores que se consideran estrictamente "remotos" para monitorizar variables locales, como los sensores de temperatura de copa, radiación solar recibida, transmitancia de copa, etc. No hay que confundir aquí la definición de sensores remotos con la descripción de sistemas de medida en remoto, a la que se hace referencia en el título del libro, que describe sistemas de medida que envían datos y reciben instrucciones de forma no presencial o no supervisada. Quedan para futuras versiones de este capítulo la descripción de los aspectos relacionados con la interceptación de radiación (modelos tridimensionales de copa), además de posibles técnicas alternativas para medir otras variables estructurales.

1.1. Conceptos del diseño experimental en ecofisiología aplicada a la teledetección

El diseño experimental de un trabajo de campo de ecofisiología aplicada a la teledetección se refiere al dimensionamiento de un dispositivo de recolección de datos que responda de forma adecuada a tres preguntas básicas: "qué", "cómo" y "dónde" (Figura 1.1). El "qué" se refiere a él o los procesos que se quieren modelar, que se traduce en las variables fisiológicas imprescindibles y relevantes que se pretenden medir. El "dónde" resulta especialmente relevante en ecofisiología, ya que la heterogeneidad de los factores ambientales es una de las características ineludibles en los entornos forestales. Sin dejar de lado la importancia de la localización de los sensores en la planta (el órgano que se va a medir, la estandarización de las medidas, la heterogeneidad de una copa debido a la exposición, etc.), nos centraremos en la heterogeneidad espacial a nivel de masa. Esta pregunta se refiere, pues, a la localización o al conjunto de localizaciones que nos aportarán el rango mínimo de variación necesaria para que los resultados finales sean representativos de la realidad que se pretende evaluar o estudias. Finalmente, el "cómo" es el eje principal de este capítulo, ya deberá adecuarse a las tecnologías disponibles en cada caso, teniendo en cuenta, en ocasiones, la necesidad de realizar modelos de calibración usando otros sistemas de medida tradicionales (*upscaling*).

Una pregunta adicional sería "cuándo". La mayor parte de los sistemas de sensorización autónoma en remoto están diseñados para monitorizar procesos continuos, pero normalmente habrá que determinar un horizonte temporal de medición que sea suficiente para responder a las cuestiones planteadas. Este horizonte temporal dependerá de los procesos de interés y su relación con los ciclos ambientales y fenológicos, pero también de otras cuestiones, como la disponibilidad de la tecnología, la necesidad de calibración y, finalmente, los recursos económicos y el personal disponibles. Por otro lado, en relación sobre todo con las necesidades de calibración, se deberán plantear una o varias campañas de medida discretas de variables fundamentales, que serán necesarias para modelizar la respuesta de los sensores próximos y su relación con los datos de sensores remotos (teledetección).

Por tanto, el diseño experimental siempre debe dimensionarse considerando un compromiso entre el esfuerzo instrumental y de muestreo y los recursos disponibles, prestando especial atención a los medios instrumentales y humanos y el tiempo necesario para hacer las observaciones. Un adecuado diseño debe lograr adecuarse al objetivo científico-técnico del trabajo, asegurando su validez estadística para el conjunto de variables que se quiere medir.

1.2. "Qué" medir

Las variables usadas para evaluar las respuestas de las plantas se pueden clasificar en dos tipos básicos: estructurales y funcionales (Fernández y Gyenge, 2010) (Tabla 1.1). Las variables estructurales describen y analizan los mecanismos morfogenéticos de aparición y expansión de nuevos órganos en la planta y su desaparición por senescencia. En sistemas forestales, algunos ejemplos de variables estructurales son la biomasa de las plantas, el área foliar o la fenología del crecimiento. En general, su medición implica la toma de muestras físicas de las plantas, aunque algunas se puedan determinar de forma no destructiva mediante equipos de campo (ej., el índice de área foliar) o a través de modelos numéricos (ej., la biomasa). Sc trata de variables que se obtienen de muestras que presentan cierta capacidad de almacenamiento (ya sea secas, bajo frío o con líquidos conservantes), lo que permite una mayor flexibilidad en el muestreo.

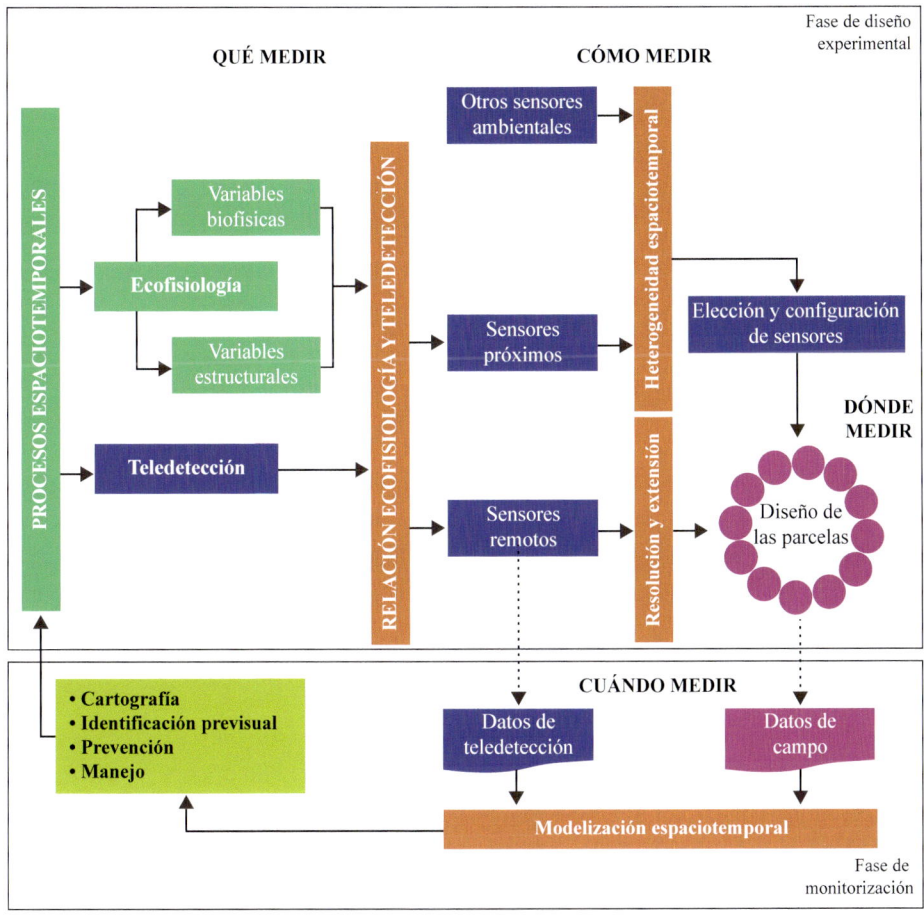

Figura 1.1. Esquema conceptual del flujo de decisión para el diseño de un sistema de sensorización de ecofisiología en trabajos de teledetección. Los elementos dispuestos en vertical hacen referencia a las características del sistema que catalizan las decisiones a tomar.

Las variables funcionales se pueden subdividir en dos subtipos: los rasgos funcionales y los rasgos fisiológicos (Violle *et al.*, 2007). Los primeros incluyen los atributos morfológicos, fisiológicos o fenológicos, propios de los organismos, que determinan su eficacia biológica y, por tanto, su éxito bajo determinadas condiciones ambientales. Por su parte, los rasgos fisiológicos (o ecofisiológicos) describen el estado relativo de aptitud de las plantas como respuesta a los factores ambientales. Estas variables funcionales son esenciales para comprender cómo las especies asignan los recursos disponibles y, por tanto, determinan la respuesta de las plantas ante variaciones de las condiciones ambientales. Estas variaciones ambientales no afectan nunca a un único rasgo o variable, por lo que elegir los que mejor describan la respuesta de la vegetación nunca es sencillo.

Tabla 1.1. Descripción, abreviación y unidades más frecuentes en la literatura científica de las variables funcionales y estructurales relacionadas con trabajos de teledetección.

Variable	Descripción	Abrev.	Unidades
Variables funcionales			
Eficiencia cuántica	Eficiencia del aparato fotosintético (PSII). Moles de CO_2 fijados por mol de fotones absorbidos.	Φ	Adimensional
Punto de compensación a la luz	Nivel de irradiancia al cual la tasa de fotosíntesis es balanceada con la tasa de respiración	LCP	μmol fotones m^{-2} s^{-1}
Punto de saturación a la luz	Nivel de irradiancia por encima del cual la tasa de fotosíntesis es insensible a la intensidad lumínica	LSP	μmol fotones m^{-2} s^{-1}
Tasa de asimilación de CO_2	Tasa de fotosíntesis máxima expresada en unidades de superficie aérea		μmol CO2 m^{-2} s^{-1}
Tasa de pérdida de CO_2	Tasa de respiración expresada en unidades de superficie por área		μmol CO2 m^{-2} s^{-1}
Conductancia estomática	Conductancia de la difusión de CO_2 y vapor de agua a través de los estomas	gs	mmol H2O m^{-2} s^{-1}
Tasa de asimilación de CO_2	Tasa de fotosíntesis máxima expresada en unidades de masa	Apeso	nmol CO2 g^{-1} s^{-1}
Tasa de pérdida de CO_2	Tasa de respiración expresada en unidades de masa	Rpeso	nmol CO2 g^{-1} s^{-1}
Eficiencia en el uso del agua	Relación entre la asimilación de CO_2 y la pérdida de vapor de agua	WUE	μmol CO_2 (mmol $H_2O)^{-1}$
Eficiencia en el uso del N	Relación entre la asimilación de CO_2 y la concentración de nitrógeno	PNUE	μmol CO_2 (mol N)$^{-1}$ s^{-1}
Temperatura de hoja	Temperatura en el interior de la hoja o del dosel, estimada a partir de infrarrojos	T	°C
Concentración de pigmentos	Cantidad de pigmentos contenidos en hoja por unidad de peso o superficie	Pigmento	mg g^{-1} / mg cm^{-2}
Índice de epoxidación	Índice de transformación de la violaxantina en el ciclo VAZ	EPS	Adimensional
Índice de depoxidación	Índice de relación de formación de zeaxantina en el ciclo VAZ	DPS	Adimensional

Variable	Descripción	Abrev.	Unidades
Variables estructurales			
Área foliar	Superficie de una hoja o dosel	Área	cm^2
Área específica foliar	Relación entre el área foliar y la biomasa foliar	SLA	$cm^2\ g^{-1}$
Índice de área foliar	Superficie de una hoja o dosel que intercepta radiación solar por unidad de superficie de terreno	LAI	Adimensional
Porcentaje de cobertura del suelo	Superficie relativa de suelo cubierta por la proyección del dosel en un área determinada	%C	%
Crecimiento diametral	Incremento diametral por unidades de tiempo (horas, días, meses…)	$\Delta\emptyset$	cm tiempo^{-1}
Contenido de nitrógeno	Cantidad de nitrógeno, expresado en unidades de masa o en unidades de superficie	Npeso / Nsup	mg g^{-1} / mg cm^{-2}

Los rasgos funcionales de mayor interés en el ámbito de la teledetección y la modelización de procesos son siempre aquellos cuantificables numéricamente (es decir, de los que podemos estimar un valor para cada especie, cada conjunto de individuos o cada planta individual) y que describen variaciones a lo largo de gradientes ambientales y/o temporales. En la mayoría de las ocasiones, se opta por rasgos funcionales relacionados con las características foliares (superficie de hoja por unidad de masa, área foliar específica, cantidad y perfil de pigmentos) y el intercambio de agua y gases (fotosíntesis, conductancia estomática, potencial hídrico), que son variables que han mostrado relaciones consistentes con datos procedentes de sensores remotos.

Otras variables que deben tenerse en cuenta en los diseños experimentales son las llamadas "de documentación". Estas variables proveen la referencia necesaria para interpretar las variables estructurales y funcionales (ej., composición química de los tejidos, datos dendrocronológicos, datos meteorológicos, etc.) y, en muchos casos, pueden evaluarse sin necesidad de instrumental costoso. Por ejemplo, la diferencia de precipitación, el déficit de presión de vapor o la diferencia en potencial hídrico del suelo pueden inferirse a partir de datos de las plantas mismas, tales como la fenología del crecimiento (ej., dendrocronología).

1.3. "Cómo" medir

No se puede considerar el uso de sensores más o menos avanzados tecnológicamente como una novedad en el campo de la ecofisiología. Un sensor no es más que un dispositivo capaz de transformar una magnitud física en una señal, normalmente eléctrica, que después es traducida, almacenada y procesada por uno o varios dispositivos diferentes. Todos los equipos utilizados para la toma de datos de variables fisiológicas y estructurales de la vegetación utilizan sensores. Algunos ejemplos son los sensores de infrarrojos de los equipos de intercambio gaseoso para medir fotosíntesis (*Infrared gas analyzer* - IRGA), que transmite la absorbancia del aire en el infrarrojo a una señal eléctrica, o el sensor de la cámara de Scholander para medir potenciales hídricos en la planta, que transmite una señal mecánica de un sensor de presión a un manómetro mecánico o digital.

Sin embargo, el desarrollo de las tecnologías de comunicación inalámbricas, la miniaturización de los sistemas electrónicos, la aparición de microprocesadores de bajo coste y el uso de plataformas tecnológicas como el "Internet de las cosas" (IoT) han permitido la aparición de nuevos sensores próximos autónomos. Estos sensores son de fácil instalación, requieren una baja intensidad de supervisión de la medida y reducen el tiempo de obtención de ciertas variables funcionales (ej. flujo de savia) y estructurales (ej. dendrómetros). Pero no todas las variables pueden ser monitorizadas con este tipo de sensores. Por ejemplo, para medir fotosíntesis se necesita un equipo de circuito cerrado de gases que sería difícil de instalar en un sensor autónomo de bajo coste sin supervisión frecuente.

Por tanto, resulta muy importante conocer cómo podemos medir nuestras variables antes de decidir qué vamos a medir. En la mayoría de los casos se puede encontrar una alternativa a las variables fisiológicas y estructurales más complicadas de obtener, que se relaciona con los mismos fenómenos. Así, por ejemplo, parámetros como el flujo de savia, la apertura estomática y el potencial hídrico se encuentran íntimamente relacionados, por lo que, si se detectan variaciones en una de estas variables, se puede asumir que las otras también varían. La forma en la que varían será diferente dependiendo de una serie de parámetros que se deben controlar a través de las variables de documentación o de *scaling up* y modelización de medidas de fisiología. Para estos registros, se puede contar con la ayuda de los sensores ambientales compatibles con registradores automáticos.

En los próximos epígrafes se revisarán diferentes tipos de sensores, sus fundamentos de medida y las variables relacionadas. La elección del sensor dependerá, pues, de las variables que se deseen obtener; éstas a su vez, se seleccionarán en función de los procesos que interese monitorizar o analizar, todo ello condicionado por la relación de las variables obtenidas con las tecnologías de sensores remotos y teledetección que se vayan a utilizar en cada caso.

1.4. Escala del estudio y duración del experimento: "donde" y "cuándo".

Estos aspectos son especialmente relevantes en los estudios que integran ecofisiología y teledetección, tanto en los aspectos espaciales (ej., árbol-rodal-masa), como en la "temporalidad" del estudio y la disponibilidad de datos procedentes de sensores. Por lo tanto, una vez decidido el diseño experimental (incluyendo las variables que se van a medir), se requiere establecer el arreglo espacial de las unidades experimentales y la temporalidad de las mediciones.

Un análisis previo puede obligar a reconsiderar el número de variables respuesta, la frecuencia de las medidas o la capacidad instrumental y humana para su obtención. En general, las variables estructurales son más sencillas de programar y de medir, aunque muchas veces son de carácter destructivo. La toma de medidas de variables funcionales requiere un mayor apoyo instrumental y más tiempo de medición en campo, estando sujetas, en muchos casos, al cambio en las condiciones ambientales a lo largo de las mediciones (ej., nubosidad, hora del día, etc.). Este hecho limita mucho el número de repeticiones posibles cada día en el caso de las medidas de apoyo o calibración. La valoración de todos estos aspectos determina el número y frecuencia de las mediciones, teniendo presente que, como en cualquier diseño experimental factorial (frecuente en este tipo de estudios), a medida que aumenta el tamaño del experimento su diseño se va haciendo cada vez más complejo.

Por tanto, en los estudios ecofisiológicos aplicados a la teledetección, es muy importante llegar a un compromiso entre las variables medidas (número y facilidad de medición, importancia de las variables para explicar el proceso que se quiere estudiar) y la validez y aplicabilidad del diseño experimental (número y frecuencia de las medidas, recursos disponibles), sin olvidar otros aspectos relacionados con la elección del sensor (que se verán en capítulos posteriores). También se debe considerar el volumen de datos a manipular. Los sensores próximos autónomos utilizados para el monitoreo continuo pueden dar lugar a una gran cantidad de datos, que se multiplica por las repeticiones establecidas en el diseño experimental y que hay que almacenar y analizar siguiendo unos estrictos protocolos que aseguren la trazabilidad. Esto supone un importante esfuerzo en personal especializado, por lo que también es necesario evaluar la disponibilidad de este tipo personal a la hora de dimensionar los trabajos.

En estos trabajos, dada la complejidad y el costo de trabajo, material e instrumental de realizar las mediciones, es muy importante partir de una hipótesis bien definida, con un adecuado soporte científico que se sustente en una buena revisión de los antecedentes científico-técnicos del problema que se quiere investigar o evaluar. Solo así será posible determinar qué aspectos de la investigación pueden ser respondidos en el marco de los recursos materiales y humanos disponibles. Por su parte, una correcta identificación de niveles de organización, escalas espaciales y periodos de medición también ayuda a la definición de las preguntas y los objetivos de la investigación. Estas características del diseño experimental determinan, en gran medida, las opciones de sensorización y limitan las opciones metodológicas.

2. Sensores próximos autónomos

2.1. Introducción

En las dos últimas décadas, el progreso de la ingeniería de materiales y los sistemas de programación han permitido miniaturizar equipos para la obtención, el preprocesado, el almacenamiento y el envío de datos (Raghavendra *et al.*, 2006). Estos avances han dado lugar a un incremento de la oferta de sensores de pequeño tamaño que pueden programarse fácilmente e integrarse en redes coordinadas por dispositivos autónomos (Figura 1.2).

Estos dispositivos autónomos, también llamados coordinadores, se comunican con los dispositivos que hay a su alrededor, reconocen los distintos sensores y organizan espacial y temporalmente la adquisición de información ecofisiológica y permiten trabajar con un amplio abanico de sensores para, finalmente, transmitir la información a sistemas de procesamiento de bases de datos remotos en la nube (*Cloud Data Centers*). A su vez, éstos almacenan y organizan los datos recibidos y ofrecen otras funcionalidades, como los sistemas de seguridad y respaldo de datos o las conexiones remotas a través de pasarelas seguras y conexiones de datos. El desarrollo de estas tecnologías en el ámbito de la monitorización ambiental permite la transmisión de datos en tiempo real y el establecimiento de un gran número de puntos de monitoreo de bajo coste (Valentini *et al.*, 2019).

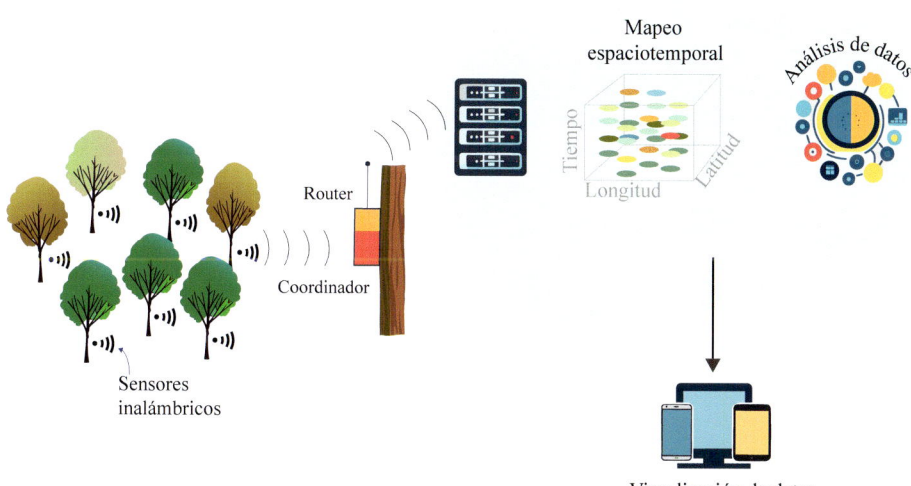

Figura 1.2. Esquema conceptual de la organización de una red de sensores próximos inalámbricos conectados a centros de datos en la nube.

2.2. Algunas definiciones a tener en cuenta

Un sistema de medida autónomo está compuesto por el sensor, el transductor y el colector de datos (Figura 1.3). El esquema básico representado en dicha figura muestra los dispositivos suficientes para el proceso completo, desde la toma del dato hasta su almacenamiento, aunque podría incluir dispositivos adicionales en función de la complejidad del sistema de medida. A continuación, se describen estas partes básicas de un sistema de medida autónomo, ilustrándolas con un ejemplo. En ocasiones se hace referencia a marcas concretas, pero no debe entenderse como publicidad o recomendación, sino como ejemplos de dispositivos que son o han sido ampliamente utilizados por ecofisiólogos.

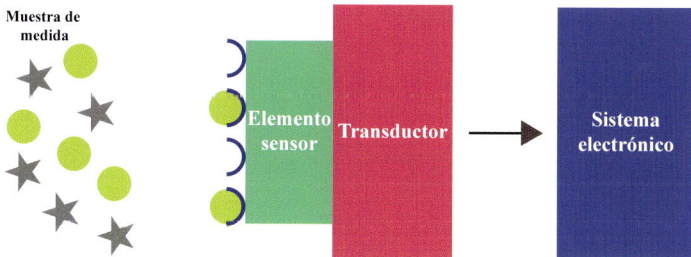

Figura 1.3. Esquema de la estructura básica de un sistema de recogida de datos a partir de un sensor.

29

Sensor

Un sensor es un dispositivo que dispone de una propiedad física, química o mecánica medible, que puede variar en función de las condiciones del medio y generar una señal de respuesta (normalmente de tipo eléctrico) proporcional a esa variación como consecuencia de estímulos o señales físicas o químicas. Dicha señal debe poder ser interpretada por el transductor. Esta señal puede ser directamente enviada a un dispositivo electrónico a través de una interfase o interfaz, o bien ser traducida por el transductor (ver ejemplo de sensor en la Figura 1.4).

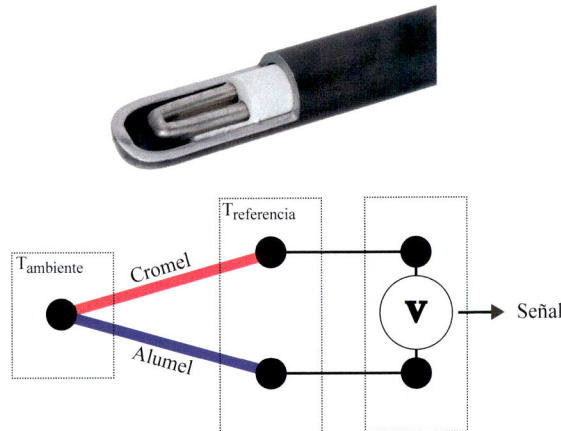

Figura 1.4. Ejemplo de sensor: Termopar. Un termopar mide la temperatura del medio en el que se encuentre a través de la diferencia de potencial eléctrico entre dos metales distintos, que es función de la temperatura en la unión entre los metales (efecto Seebek). Cuando la temperatura del medio varía, la temperatura de los dos metales lo hace de forma diferente; esos diferenciales se corresponden con un voltaje único (señal).

Transductor

Se trata de un dispositivo electrónico que convierte una señal recibida de los sensores en otra señal de naturaleza diferente (datos o lecturas). La conversión puede ser de una señal física o química a una señal eléctrica (transductor de entrada) o viceversa (transductor de salida), o incluso puede no involucrar señales eléctricas (por ejemplo, un bimetal convierte cambios de temperatura en cambios de curvatura del dispositivo) (ver ejemplo de transductor en Figura 1.5).

Sistema colector

Normalmente los transductores permiten almacenar los códigos leídos en una memoria interna, actuando como sistemas colectores. Estos datos pueden ser transferidos directamente a un ordenador de escritorio o a un sistema colector electrónico independiente, generalmente por medio de un archivo de texto. A diferencia de la transmisión de datos o señales desde el sensor a un dispositivo electrónico por una interfase, los transductores de datos pueden funcionar independientemente del ordenador o de otros dispositivos electrónicos (Figura 1.6).

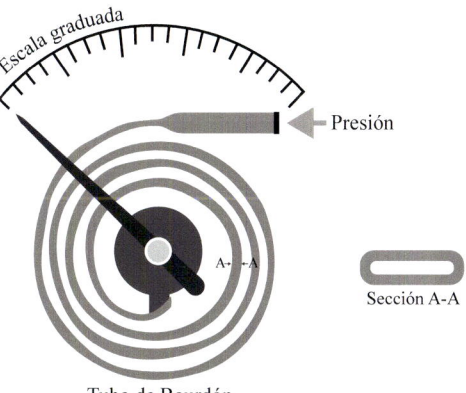

Figura 1.5. Ejemplo de transductor mecánico: Manómetro. Los manómetros mecánicos transmiten la presión en una posición de un indicador dentro de la escala correspondiente a través de un muelle o un diafragma.

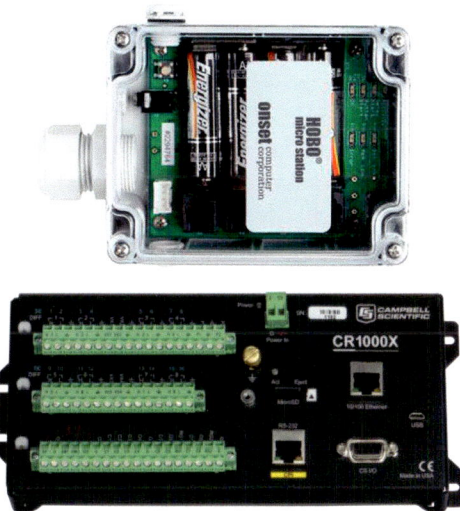

Figura 1.6. Ejemplos de sistemas colectores: transductores inteligentes que reconocen la señal de algún sensor y se autoprograman (ej., estación meteorológica HOBO Micro Station Data Logger (sup.)) y colectores independientes que recogen a través de puertos de datos la información con respecto a la señal eléctrica, la tasa de adquisición y almacenamiento del dato (ej., colector de datos CR1000X de Campbell Scientific Inc.(inf.)).

Uno de los aspectos más importantes cuando se trabaja con sensores es cómo elegir un sensor específico para medir una determinada variable. Por ejemplo, existe una gran variedad de sensores de temperatura (termopares, RDTs, termistores, sensores integrados, etc.), así como innumerables modelos y marcas, lo que complica la decisión. Por ello, es importante tener claro los siguientes conceptos básicos necesarios tanto para definir los componentes del sistema como para obtener datos "legibles" traducidos a partir de las señales:

- **Curva de calibración (o curva característica).** La construcción y validación de la curva característica es uno de los pasos más importantes en el proceso de medida con sensores ya que relaciona la variable medida y la señal generada. Se obtiene aplicando una serie de entradas físicas conocidas y almacenando la respuesta del sistema.

- **Rango de medida.** Define el intervalo de valores (comprendido entre el máximo y el mínimo) de la variable de interés que es capaz de medir un determinado sensor con una tolerancia de error aceptable. Por ejemplo, el sensor de referencia (utilizado para calibrar o comparar) tiene un campo de medida entre 0 y 100 % HR.

- **Margen o alcance.** Es la diferencia algebraica entre los valores máximo y mínimo que el sensor es capaz de medir. Para el ejemplo anterior, el margen sería de 50 °C − (-10 °C) = 60 °C.

- **Sensibilidad.** Índica la magnitud mínima a la cual responde el sensor. Por ejemplo, un sensor de referencia de HR tiene una sensibilidad de 46mV kPa^{-1}, lo que indica que la variable de entrada es voltaje (mV), la de salida es humedad (kPa) y que por cada kPa que aumente la humedad, el voltaje se incrementará en 46mV. En determinados casos, la sensibilidad puede variar dependiendo del rango de medida. En el ejemplo de la curva de calibrado del ejemplo anterior, no lineal, podemos calcular la sensibilidad a lo largo del rango de voltaje.

- **Resolución.** Indica el mínimo cambio que el sensor es capaz de medir en la escala considerada; por tanto, determina la capacidad que tiene un sensor para medir cambios pequeños en la variable de interés. En este sentido, un equipo puede tener una alta resolución y sensibilidad, pero baja exactitud.

- **Exactitud.** Es la capacidad de un sensor para dar valores de medida lo más próximos posibles al valor real de la magnitud analizada. Por ejemplo, un sensor térmico que indica una temperatura de 21 °C, cuando la real es 20 °C, tiene una inexactitud de 1°C en la medición (expresada en la unidad de la variable medida o en porcentaje). La exactitud depende de varios factores, pero principalmente del funcionamiento del sensor o de la calibración (por ej., por comparación con un sensor calibrado), por lo que los sensores deben revisarse previamente a su uso y leer detenidamente sus especificaciones. La exactitud se puede estimar en una curva de calibración a partir de la distribución de los residuos de la función (valores observados vs. valores ajustados).

- **Precisión (o repetibilidad).** Expresa la dispersión de la medida, es decir la capacidad del sensor de entregar el mismo valor de medida en mediciones repetidas bajo las mismas condiciones. Por ejemplo, al medir repetidamente una temperatura de 20 °C, el sensor puede dar valores diferentes (por ej., 20,1 °C; 19,8 °C; 20,3 °C, 19,7 °C). En este caso tenemos una desviación de 20,3 – 19,7 = 0,6 °C (precisión: /- 0,2 °C y /- 2,5% HR20 °C ± 0,6 °C). El sensor puede ser exacto pero impreciso; o puede ser muy impreciso (a 20°C da un valor de 25°C) pero muy preciso, ya que muestra una buena repetibilidad (por ej., 25 °C; 25,1 °C; 24,9 °C).

- **Tiempo (velocidad) de respuesta.** Se refiere al tiempo que necesita un sensor para detectar un cambio en la variable medida y el respectivo cambio en la variable de salida. Este tiempo depende del sensor; por ej., el tiempo de respuesta del sensor de referencia es 15 segundos.

- **Linealidad.** Representa la proximidad de la curva característica de un sensor a una recta especificada. Si la curva es una línea recta, el sensor es lineal en su comportamiento, y la sensibilidad es constante; esto facilita las lecturas y la interpretación de los datos del sensor. Sin embargo, muchos sensores tienen curvas características no lineales, es decir que la curva característica del sensor se desvía de una línea recta ideal.

- **Histéresis.** Indica la diferencia entre los valores de salida correspondientes a la misma entrada según la trayectoria seguida por el sensor, es decir según si la variable medida va en incremento o va disminuyendo. Cuando esto sucede se dice que el sensor presenta histéresis. Por ejemplo, en el sensor de referencia se indica que la precisión es de ±2,5% desde 10% a 90% (típico) hasta un máximo de ±3.5% incluyendo histéresis a 25 °C. Es decir que, a esa temperatura, el sensor se comporta de forma ligeramente diferente.

Ejemplo 1
Ajuste de curva de calibración de un sensor de humedad de suelo TDR de fabricación casera

La calibración se realiza para un suelo franco-arcilloso con una capacidad de retención de agua del 60%. Para ello se instaló el sensor y se registraron los voltajes a capacidad de campo, y durante el proceso de secado del suelo, hasta una humedad volumétrica de 0.2 aproximadamente (20%).

El ejemplo se puede replicar paso a paso accediendo a los siguientes materiales:
- Datos: calibración_TDR.csv
- Script: Ejemplo1-code.R

Para el ejemplo se utiliza lenguaje de programación R. Se puede copiar el código del archivo de script en una consola de R y ejecutarlo línea a línea. El código incluye la conexión directa a la fuente de datos, por lo que no es necesario precargar los datos en la máquina local.

La fuente de datos es una tabla almacenada en formato csv, que contiene los valores de voltaje suministrados por el sensor, con la humedad volumétrica correspondiente a cada caso, medida directamente en las muestras de suelo:

```
##     V      tita
## 1 1010 0.5992967
## 2 1014 0.5935430
```

3 1013 0.5848532
4 1007 0.5842133
5 1013 0.5787223
6 1014 0.5734501

Podemos también representar estos datos gráficamente para ver la forma que tiene su distribución:

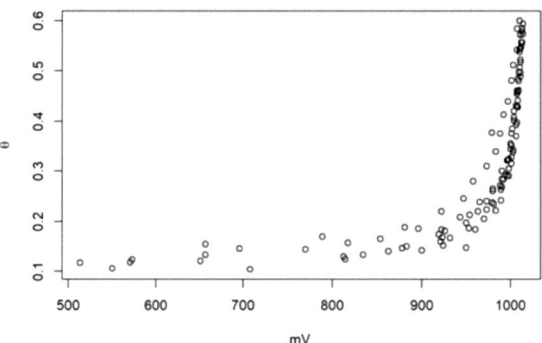

Rango de medida:
Utilizaremos las funciones máximo (max()) y mínimo (min()) para determinar los valores máximos y mínimos de voltaje de la serie.
Máximo: 1014
Mínimo: 513
Margen:
Calcularemos la diferencia entre el valor máximo y el mínimo de humedad
Margen: 0.4946355

Ajuste de la curva de calibrado:
La curva se puede ajustar de diversas formas. Después de realizar varias pruebas, se comprueba que la función que mejor se ajusta a la distribución de los datos es una polinomial de grado 3:
Residuals:
Min   1Q Median   3Q   Max
-1.5058 -0.2730 0.0015 0.3752 2.1511
Coefficients:
Estimate Std. Error t value Pr(>|t|)
(Intercept) 9.545e+01 1.439e+01   6.635 1.17e-09 ***
V   -3.665e-01 5.629e-02 -6.510 2.15e-09 ***
I(V^2)   5.074e-04 7.161e-05   7.086 1.26e-10 ***
I(V^3)   -2.337e-07 2.974e-08 -7.858 2.50e-12 ***

Signif. codes: 0 '***' 0.001 '**' 0.01 '*' 0.05 '.' 0.1 ' ' 1

Residual standard error: 0.5847 on 113 degrees of freedom
Multiple R-squared: 0.9205, Adjusted R-squared: 0.9184
F -statistic: 436.1 on 3 and 113 DF, p-value: < 2.2e-16

A partir de este resultado se pueden transformar los valores de voltaje en contenido volumétrico de agua en el suelo, aplicando la función polinomial de 3er grado que contenga los parámetros del modelo (*estimate*). Dichos parámetros se pueden extraer mediante código, también para representar la curva característica del sensor:

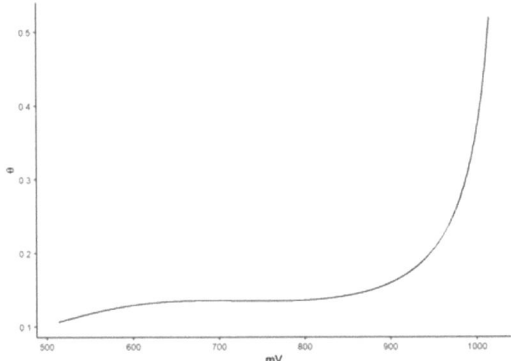

Ejemplo 2
Ajuste de curva de sensibilidad y cálculo de la resolución de un sensor de humedad de suelo TDR de fabricación casera

Se utilizan los datos ajustados del Ejemplo 1 para eliminar la influencia de los errores.

- Datos: fitdata-TDR.csv
- Script: Ejemplo2-code.R

Calculamos la tasa de cambio por la variación unitaria de voltaje

```
##   volt   deltatita
## 1 514 0.003211522
## 2 515 0.003190411
## 3 516 0.003169217
## 4 517 0.003147939
## 5 518 0.003126581
## 6 519 0.003105143
```

El sensor calibrado tiene una sensibilidad casi nula para el rango entre 700 y 750 mV, mientras que muestra una gran sensibilidad para valores por encima de los 900 mV. Por tanto, es adecuado para medir suelos húmedos, pero no tan adecuado en suelos relativamente secos.

La resolución será el mínimo cambio en contenido volumétrico que es capaz de detectar por unidad de voltaje. Se utiliza el mínimo en valor absoluto de la matriz de diferencias:

[1] 2.981374e-07

El sensor tiene una resolución muy elevada, de 0.0003 % V^{-1}

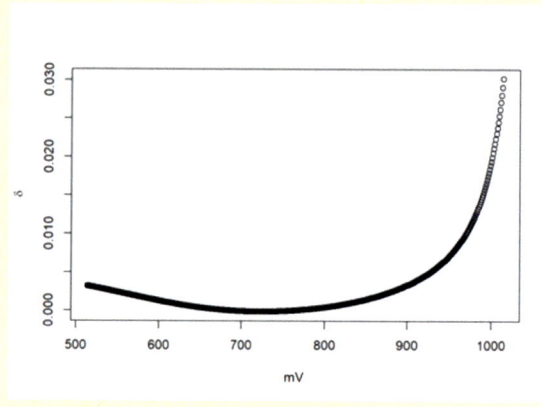

Ejemplo 3
Curva de precisión del sensor

Partimos de los mismos datos del ejemplo 1.

*   Datos: calibración_TDR.csv
*   Script: Ejemplo3-code.R

#Hay que obtener los valores ajustados según el modelo para nuestra distribución de voltaje y comparar el valor esperado con el observado:

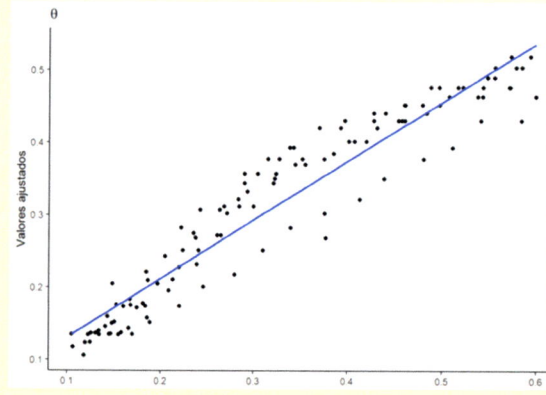

El sensor tiene una exactitud aceptable, aunque mejor en los valores extremos de humedad que en los valores centrales

Los aspectos indicados previamente son los más importantes a la hora de elegir un sensor (capacidad del sensor de medir la variable objetivo en el rango de interés y con la exactitud requerida), pero hay otros que definen la fiabilidad de un sensor y que también deben tenerse. La fiabilidad hace referencia a la capacidad de un sensor para adquirir datos bajo determinadas condiciones durante un tiempo establecido (Tabla 1.1). Normalmente se determina como una probabilidad de fallo en un periodo de tiempo o número de usos.

Por ello, debe tenerse en cuenta las siguientes características:

- Vida de almacenamiento. Se refiere al tiempo en el cual el sistema puede estar almacenado en determinadas condiciones sin que cambie sus prestaciones dentro de cierta tolerancia.
- Vida de funcionamiento. Es la mínima cantidad de tiempo en la que el sistema debe funcionar de forma continua o en ciclos *on-off* sin cambiar sus prestaciones dentro de cierta tolerancia.
- Ciclos de vida. Se trata del rango temporal durante el cual el sistema debe funcionar sin cambiar sus prestaciones dentro de cierta tolerancia.
- Estabilidad. Son cambios en las prestaciones del sensor en minutos, horas, días o años.
- Consumo de energía. Es muy importante verificar el consumo de electricidad del sensor y encontrar la opción de menor consumo o la capacidad de recarga cuando se trata de sistemas portables que funcionen con batería.
- Condiciones ambientales en las que se va a instalar el sensor, en particular en sensores de campo que trabajan en condiciones ambientales muy contrastadas (ej., áreas de montaña).
- Tipo y cantidad de acondicionamiento requerido por el sensor. Existen algunos sensores que ya tienen un acondicionamiento integrado (conexión directa); hay otros que requieren un proceso apropiado de acondicionamiento.

Por último, hay que considerar el precio, que puede ser limitante en muchas ocasiones, y que va a determinan el tipo, el número y las características de los sensores que finalmente se puedan utilizar. En la Tabla 1.2 se indican, a modo de ejemplo, las características de un sensor comercial.

2.3. Tipos de sensores

Existe una gran variedad de aproximaciones para la clasificación de los sensores, aunque por simplicidad se pueden dividir en:

- Según el aporte de energía
  - Moduladores: precisan una fuente externa de alimentación.
  - Generadores: toman únicamente la energía del medio donde miden.

Tabla 1.2. Ejemplo de las características del sensor de humedad relativa HOBO MX2301.

Características
Rango: 0 a 100% HR: -40° a 70 °C; la exposición a condiciones por debajo de -20°C o por encima de 95% HR pueden temporalmente incrementar el error del sensor de humedad en un 1%
Sensibilidad: 46 mV kPa^{-1}
Exactitud: <±1,5 %V (0 ~ 85 °C)
Precisión: ±2,5 % desde 10 % a 90 % (típico) hasta un máximo de ±3,5 % incluyendo histéresis a 25 °C; debajo de 10 % HR y sobre 90 % HR ±5 % típico
Resolución: 0,01 %
Corrimiento: <1 % por año típico
Tiempo de respuesta: 15 segundos en aire moviéndose a 1 m sec^{-1}
Potencia de transmisión: 1 mW (0 dBm)
Rango de transmisión: Aproximadamente 30,5 m sin obstáculos
Tipo de transmisión: *bluetooth* Smart (Bluetooth Low Energy, Bluetooth 4.0)
Intervalo de registro: desde 1 segundo hasta 18 horas
Modo de registro: Intervalo fijo (normal, estadísticas) o ráfaga
Precisión del reloj: ±1 minuto por mes de 0° a 50 °C
Tipo de batería: 2/3 AA 3,6 v litio, reemplazables por el usuario
Vida de la batería: típicamente 2 años registrando cada 1 minuto y con el modo de ahorro de energía apagado; típicamente 5 años registrando cada 1 minuto y con el modo de ahorro de energía encendido.
Memoria: 128 KB (63488 mediciones)
Tiempo de descarga de datos: aproximadamente 60 segundos; los tiempos pueden aumentar dependiendo de la distancia al registrador.
Dimensiones de carcasa exterior: 10,8 × 5,08 × 2,24 cm
Diámetro del sensor de temperatura y HR exterior: 1,17 cm
Largo del cable del sensor exterior: 2 m
Peso: 75,5 g
Materiales: acetal, junta de silicona, tornillos de acero inoxidable
Certificación CE: este producto cumple con todas las directivas relevantes de la Unión Europea (UE). Este equipo ha sido probado y cumple con los límites para un dispositivo digital de Clase B, de conformidad con la parte 15 de las reglas de la FCC.
Rango de medida: 15 ~ 115 kPa Señal de salida: 0,2 ~ 4,8 V (0 ~ 85 °C)
Consumo típico: 7mA Voltaje de alimentación: 4,85 ~ 5,35 V

- Según la señal de salida
  - Analógicos: la salida varía de forma continua. Normalmente la información se basa en la amplitud. Cuando la información se basa en la frecuencia se denominan "cuasi-digitales".
  - Digitales: la salida varía en pasos discretos.
- Según el modo de funcionamiento
  - Deflexión: la magnitud medida genera un efecto físico (deflexión).
  - Comparación: se intenta mantener nula la deflexión mediante la aplicación de un efecto opuesto al generado por la magnitud medida.
- Según la relación entrada-salida:
  - orden cero
  - 1er orden
  - 2do orden
- Según el principio físico:
  - resistivo
  - capacitivo
  - inductivo
  - termoeléctrico
  - piezoeléctrico
- Según la magnitud medida:
  - temperatura
  - presión
  - aceleración
  - pH
  - (otras variables)
- Según su posición en el equipo:
  - sensores externos
  - sensores internos

En el caso de que hablemos de equipos de sensorización, éstos pueden clasificarse en:

- Modelos con sensores incorporados (sensores internos) (por ej., temperatura y humedad relativa; Figura 1.7a).
- Modelos con puertos en los que se pueden yuxtaponer varios sensores (Figura 1.7a).

A continuación, se debe seleccionar qué tipo de sensores se pueden instalar al *data logger*:

- Específico: diseñado para un tipo particular de sensores. De esta forma, el usuario sólo tiene que programar los criterios de adquisición de datos, ya que el *data logger* está programado previamente (Figura 1.7b).

- No específicos: En este caso, el usuario debe programar los sensores para la conversión de los datos en los diferentes puertos del *data logger*. Un ejemplo frecuente son las estaciones meteorológicas, que suelen incluir varios puertos que permiten conectar diferentes sensores (por ej., luz, temperatura, humedad, etc.). En otros casos, el *data logger* es capaz de detectar el tipo de sensor conectado y se programa para transformar la señal.

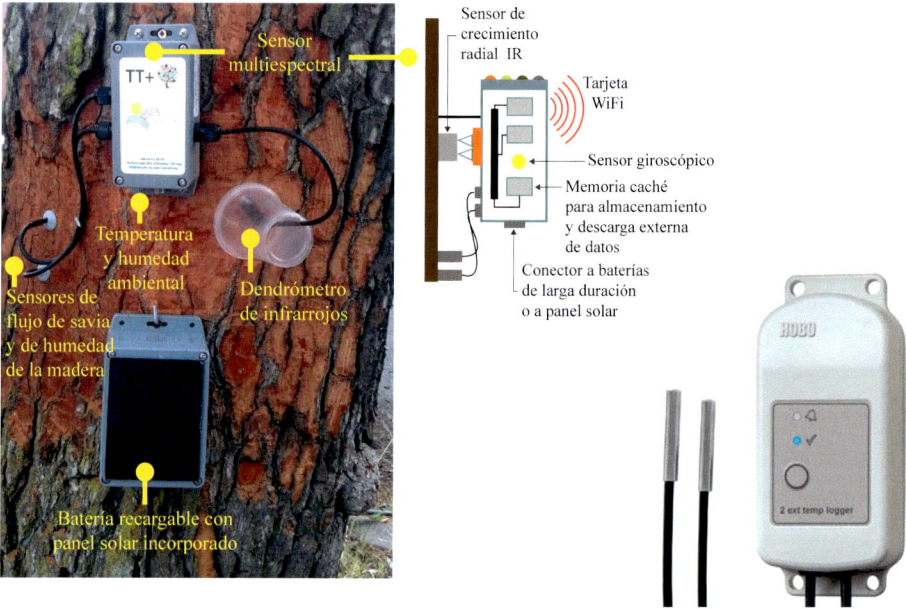

Figura 1.7. Equipos de sensorización, colectores de datos y sensores: equipo de monitorización de arbolado TreeTalker® TT+ de Nature 4.0 ® que incluye sensores internos (temperatura y humedad relativa del aire, fotodiodos para transmitancia de copa, sensor capacitivo para densidad de la madera) y sensores externos (de flujo de savia, dendrómetro de infrarrojos) (izq.); colector de datos HOBO® modelo "MX2303" Outdoor con 2 canales para sensores de temperatura externos consistentes de termistores encapsulados en acero inoxidable (inf. dcha.).

2.4. Almacenamiento y programación

En los procesos de sensorización, los datos quedan almacenados típicamente en un dispositivo electrónico de registro o *data logger*, que es un grabador independiente o integrado en el sensor y que registra los datos de las variables de interés en tiempo real (ya sea la señal eléctrica –ej., voltaje–, o la variable final –ej., temperatura –). Los *data logger* son uno de los instrumentos más importantes de un trabajo de sensorización, ya que deben grabar miles de datos durante períodos prolongados de tiempo (meses o años), y en condiciones frecuentemente hostiles (al menos cuando se trabaja en condiciones de campo). Un *data logger* está definido por: i) la frecuencia de muestreo, ii) el/los tipos de entrada, iii) el número de canales, iv) el tipo de almacenamiento de datos, v) el tiempo de grabación, vi) el interfaz de usuario, vii) la fuente de energía, y viii) el precio.

En la actualidad, muchos equipos de sensorización ya están diseñados para que el *data logger* reconozca automáticamente los sensores, mientras que los programas específicos de comunicación facilitan la programación general de la toma y tratamiento de datos. Por ejemplo, los equipos TreeTalker® comercializa equipos de sensorización con un determinado número de sensores (https://www.nature4shop.com/) que disponen de un *software* de registro, almacenamiento, preprocesado y transmisión que facilita la programación. Para ello, cuentan con librerías de sensores con los parámetros adecuados de transformación de datos y llevan al usuario por una serie de preguntas en relación con la tasa de toma de datos y el manejo de los mismos. Otro ejemplo es el modelo CR1000X de Campbell (https://www.campbellsci.es/cr1000x), que permite integrar varios sensores en condiciones extremas y ofrece una alta fiabilidad. Este *data logger*, al igual que otros equipos similares, mide las señales de los sensores seleccionados, controla las telecomunicaciones, analiza los datos, controla dispositivos externos y almacena datos y programas en su propia memoria en lenguaje de programación CRBasic o a través del programa PC200W; este último permite al usuario conectarse directamente con el *data logger*, generar nuevos programas y grabarlos en su memoria. En otros casos, se usan plataformas abiertas, con *software* de licencia pública (por ej., Arduino; Figuras 1.8 y 1.9).

Un problema importante cuando se trabaja en sensorización en el medio natural, en particular en áreas forestales, es el modo de comunicación de los distintos sensores entre sí y del módulo central con la señal telefónica para el envío de los datos (en caso de estar diseñados con esta opción). Muchos de los *data logger* comercializados indican el procedimiento más adecuado cuando se accede por primera vez a este tipo de sistemas.

3. Colectores de datos

La recopilación, almacenamiento y análisis de datos de sensores es uno de los aspectos más importantes para la investigación en campo. Una eficiente monitorización de las variables ecofisiológicas demanda, en primer lugar, poseer unos conocimientos sólidos para entender el funcionamiento de las plantas en el escenario de condiciones ecológicas específico donde se desarrollan y, en segundo lugar, controlar la instrumentación necesaria para extraer las fluctuaciones y respuestas en forma de datos reflejados por las variables que nos marcan dicha dinámica. Los resultados o datos deben tener una estructura y un flujo lo más consistentes posible en el momento de su adquisición, para agilizar su procesado y posterior interpretación según los objetivos marcados.

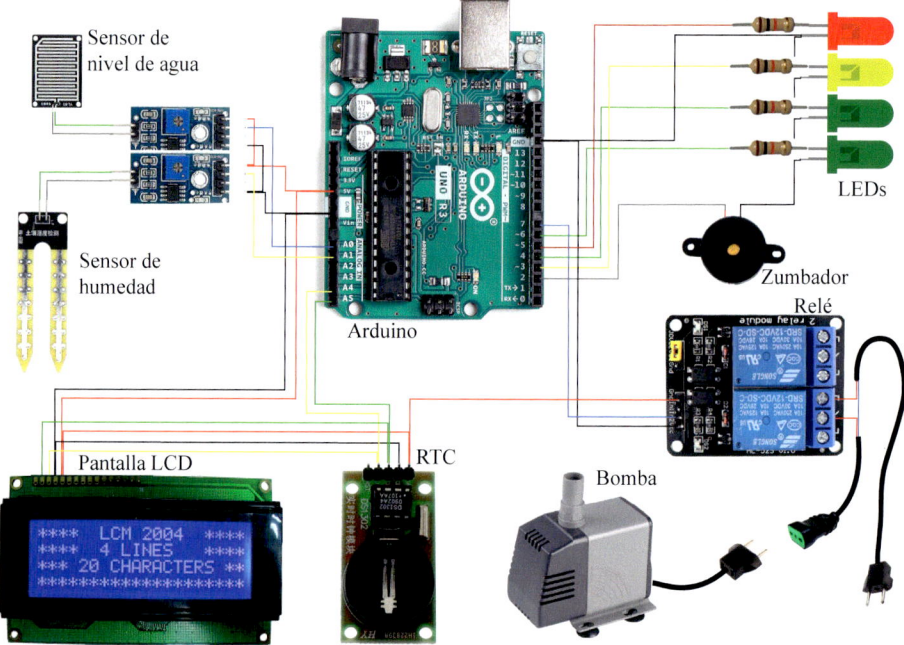

Figura 1.8. Uso de plataformas abiertas con *software* de licencia pública GPL Arduino. El esquema representa la instalación de dos sensores, uno de humedad y otro de nivel de agua, para controlar el riego automático mediante una bomba acoplada a un relé.

Figura 1.9. Detalle de controladores de equipos de sensorización basados en plataforma Arduino. Los microcontroladores llevan acoplado un módulo de comunicación inalámbrica para comunicarse con un equipo que actúa como coordinador, recibiendo la información de los diferentes controladores, almacenándola en una tarjeta de memoria y enviándola a un dispositivo electrónico remoto a través de línea telefónica.

Los colectores de datos son dispositivos que permiten a los usuarios capturar y registrar información sobre un entorno o proceso específico, a menudo de forma remota, durante un periodo de tiempo prolongado, utilizándose con una mayor frecuencia en aplicaciones en las que se deben tomar mediciones críticas de manera regular y consistente. Inicialmente los podríamos clasificar por sus características según sean fijos o móviles, y estos, a su vez, según el tipo de integración con los recopiladores de información, sensores o instrumentos de detección similares que han sido calibrados para ser sensibles a ciertos estímulos ambientales. Estos sensores pueden integrarse directamente en el dispositivo como componentes internos fijos o conectarse externamente cuando sea necesario. Según el fabricante y el modelo, el colector puede ser diseñado con ambas posibilidades (Figura 1.10).

Figura 1.10. Ejemplos de almacenadores de datos: con sensores internos (*data logger* TG-4100 de Tinytag con sensor de temperatura del agua) (izq.); con sensores mixtos (*data logger* Tinytag TGP-4204 con sensor interno de temperatura y sensor externo PR1000) (centro); con sensores externos (*data logger* MSR255 que permite la medición simultánea de hasta 5 variables diferentes) (dcha.).

La gran mayoría de estos registradores son dispositivos que se alimentan de una batería para su funcionamiento, siendo compactas y altamente portátiles, convirtiéndose en un elemento clave en la adquisición de datos. Los almacenadores de datos con sensores externos pueden estar o no diseñados para conectarse a un tipo y modelo de sensor según sea la transformación de la señal directa (colectores específicos) o indirecta; es decir, si están o no preconfigurados con un programa previo de transformación de la señal. En éstos últimos, es el usuario el intermediario entre la toma y la transformación de la señal según la lectura de dato requerida (Figura 1.11).

Los colectores de datos pueden interactuar con una computadora y usar *software* para el análisis y la visualización de los datos recopilados, usarse como un dispositivo independiente con una interfaz local o conectarse de forma inalámbrica a un dispositivo en remoto. La amplia gama de registradores existente incluye desde registradores de función fija de un solo canal simples y económicos, hasta dispositivos programables más potentes capaces de manejar cientos de canales.

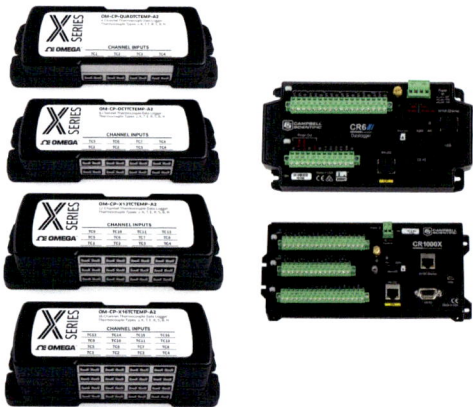

Figura 1.11. Colectores de datos no específicos: Omega X series multi-channel Thermocouple *data loggers* (izq.); CR6 y CR1000X *data logger*s de Campbell Scientific Inc.(dcha.).

3.1. Capacidad de almacenamiento de datos

Los registradores de datos utilizan un microprocesador, es decir una memoria interna que opera para el almacenamiento de datos. La duración del almacenamiento es el parámetro más relevante asociado a los colectores de datos y se define como el tiempo durante el cual el colector será capaz de almacenar datos recibidos de los equipos y sensores antes de alcanzar su capacidad de memoria. Este parámetro está directamente ligado a la capacidad de memoria del registrador de datos, al número de canales utilizados, al tipo de señal recibida y a la frecuencia de muestreo requerido por el estudio o trabajo.

Para determinar la duración del recopilado de datos, simplemente hay que dividir la capacidad de la memoria (número de registros que el dispositivo puede grabar/almacenar) por la frecuencia de muestreo. Por ejemplo, si se dispone de un registrador de datos que puede almacenar hasta 50000 líneas de datos o "muestras" de los equipos y sensores que se han conectado a un canal y se desea registrar 4 medidas cada minuto, el registrador de datos puede operar durante 50000/4 = 12500 minutos, es decir alrededor de 8,7 días. Por el contrario, si se quiere saber la capacidad de almacenamiento necesaria para que el colector de datos recopile información durante 1 año, registrando 2 voltajes a 1 Hz de pulso, se debe conocer el volumen de memoria ocupado por cada registro o "muestra". Por ejemplo, suponiendo que cada registro se correspondiera con 16 bits o 2 bytes por cada segundo de procesado en el sistema binario, se requeriría almacenar $31.536.000$ registros año^{-1} (= 1 registro s^{-1} × 86400 s día^{-1} × 365 día año^{-1}). A su vez, asumiendo 16 bits de intensidad de corriente continua en 2 canales: 16 bits / 10-6 Mb × 2 canales × 31.536.000 ≈ 1010 Mb ≈ 127 MB sería la capacidad de almacenamiento requerida para el colector de datos.

3.2. Principales componentes de los colectores de datos

Para ilustrar los componentes básicos de un colector de datos, se ha elegido el modelo CR1000X de Campbell Scientific (Figura 1.12). La parte más relevante de un colector de datos genérico no específico es el panel de cableado, donde se realizan las diferentes conexiones del colector con los equipos y la fuente de alimentación. Los principales componentes del panel de cableado de un colector genérico son:

- **Terminales de conexión de sensores.** Estos terminales permiten que el registrador de datos mida, se comunique y alimente los sensores conectados. Para que un registrador de datos interprete la señal del sensor, la señal de salida de éste debe ser compatible con el terminal de entrada del registrador de datos al que está conectado. Dependiendo de la complejidad de su sistema de adquisición de datos, puede contener los siguientes tipos de terminales:

  ◦ Entradas analógicas: incluyen entradas de voltaje y corriente. Se pueden configurar para tomar mediciones de un solo extremo, midiendo el voltaje de entrada con respecto a la toma de tierra, o medidas diferenciales, midiéndose éstas entre dos entradas. Algunos sensores analógicos son los sensores de radiación solar, los de nivel, etapa y flujo de fluidos, los contadores de pulsos y los sensores de temperatura y humedad relativa, entre otros.

  ◦ Contadores de pulsos: utilizados para registrar la cantidad de veces que ocurre algo. Estos contadores suman el número de conteos en cada ejecución, lo que permite determinar variables como la velocidad, el flujo y la intensidad de lluvia. Como ejemplos, se puede mencionar a los sensores mecánicos de velocidad del viento, los pluviómetros de cubetas basculantes (*tipping bucket*) y los medidores de flujo.

  ◦ Salidas de excitación de voltaje conmutado: proporcionan excitación de voltaje programable para mediciones de puentes resistivos. Se pueden configurar para suministrar una fuente de alimentación de 3,3 o 5V de corriente continua para alimentar sensores o alternar líneas de control.

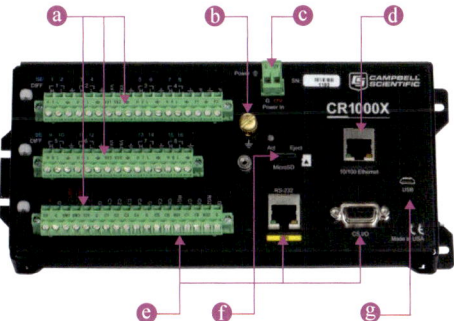

Figura 1.12. Colector de datos (*Data logger*) CR1000X Campbell Scientfic, Inc. y sus principales componentes: a) terminales de conexión de sensores, b) clavija de toma de tierra, c) conector de alimentación, d) puerto de comunicación Ethernet, e) puertos multiusos, f) puerto para memoria externa, tarjeta de memoria, y g) puerto de comunicaciones micro USB.

- Puertos I/O digitales (entrada y salida): están configurados como entradas binarias para realizar funciones como la detección de estado o la lectura de periféricos de expansión de medición. Se puede programar individualmente cada puerto como una salida de control para un dispositivo externo.

- Puertos de comunicación: utilizados para permitir la transferencia de datos entre su registrador de datos y varios sensores inteligentes, siendo los protocolos utilizados RS-232, RS-485 o SDI-12.

- Terminales continuos de 5V/12V: son fuentes de alimentación reguladas para sus sensores y otros dispositivos periféricos. En el caso de 12V conmutados, sólo requieren energía durante las mediciones.

- **Clavija de tierra.** Esta lengüeta de tierra conecta el registrador de datos a tierra como medida de protección de los rayos cercanos, al desviar los voltajes transitorios lejos de la electrónica. Protege, al mismo tiempo, de descargas electroestáticas y ayuda a asegurar mediciones analógicas libres de ruidos.

- **Conector de alimentación.** Proporciona terminales para conectar el registrador de datos a los cables de su fuente de alimentación. Este conector se utiliza, principalmente, para conectar baterías de 12V, aunque también se pueden conectar fuentes de carga de hasta 32V CC, como un convertidor de energía o panel solar.

- **Puerto Ethernet.** Normalmente se utiliza para comunicaciones IP con el *software* específico según el tipo de registrador y/o fabricante. También se puede conectar a una cámara o sensor habilitado para Ethernet.

- **Puertos de usos múltiples.** Sirven para conectar el registrador de datos a sensores inteligentes que presentan componentes internos de medición y procesamiento, dispositivos de comunicación, como módems de radio o celulares y periféricos de expansión de medición.

- **Puerto de tarjeta de memoria.** Este tipo de puerto permite guardar la memoria interna del registrador en una tarjeta o microtarjeta, pudiéndose transportar fácilmente hacia otro tipo de dispositivo donde poder visualizar, procesar y analizar los datos almacenados.

- **Puerto Micro USB.** Se utiliza para programación y pruebas del registrador de datos. De manera paralela y en ausencia de fuente de alimentación externa, este puerto puede suministrar energía de 5V al registrador de datos, suficiente para la configuración y algunas de las mediciones. Igualmente se puede utilizar la transmisión remota de datos la conexión inalámbrica o Ethernet no son factibles.

Algunos elementos, como el puerto USB o la ranura para memoria externa, pueden variar dependiendo del fabricante o entre modelos, pero estos elementos suelen estar presentes, de una u otra forma, en la mayoría de los colectores.

4. Principios de funcionamiento de algunos sensores frecuentes en el campo de la ecofisiología vegetal

Las variables ambientales afectan la composición, la estructura, el crecimiento, la salud y la dinámica de los ecosistemas forestales. Por ello, la medición de datos meteorológicos es fundamental para la interpretación de los procesos ecofisiológicos. En este contexto, los principales objetivos de la sensorización para el seguimiento ecofisiológico en masas forestales son:

- recopilar datos para describir las condiciones ambientales y caracterizar la disponibilidad de los recursos primarios para el crecimiento y desarrollo de las plantas;
- caracterizar la relación de las condiciones ambientales con el estado del ecosistema;
- identificar e investigar índices y factores de estrés para las masas vegetales de las zonas a estudiar, como condiciones y eventos climáticos extremos (por ejemplo, heladas, calor, sequía, tormentas e inundaciones);
- construir series de datos temporales continuas en largos periodos que cumplan con los requisitos de análisis adicionales (estadísticas y modelos) de las respuestas de los ecosistemas en condiciones ambientales reales y cambiantes (por ejemplo, cálculos del balance hídrico, disponibilidad de agua para el rodal, crecimiento, ciclo de nutrientes), así como efectuar evaluaciones integradas en varios aspectos de las parcelas bajo estudio (por ejemplo, evaluación de la condición de la copa, deposición de contaminantes atmosféricos, incremento, fijación de carbono).

Se describen a continuación, por grupos de variables, los principales dispositivos disponibles en el mercado.

4.1. Micrometeorología

La magnitud y los cambios en el tiempo de las variables meteorológicas deben evaluarse con la mayor precisión posible para poder utilizar los datos meteorológicos como factores explicativos. Los datos de las estaciones meteorológicas nacionales no son suficientes, en la mayoría de los casos, para representar las características de áreas boscosas. Las características geográficas abruptas de muchas zonas dedicadas a uso forestal afectan al flujo de aire y limitan la representatividad de los datos meteorológicos por la heterogeneidad espacial (por ejemplo, ubicación, altitud, exposición, pendiente). Por ello, dentro del área forestal, el control meteorológico en zonas específicas a estudiar proporciona información local sobre los factores básicos que influyen en los ecosistemas forestales. Los datos meteorológicos se utilizan para derivar los flujos y la deposición de contaminantes atmosféricos en las masas forestales, así como los ciclos del agua y de los elementos, la vitalidad, el crecimiento y la fenología y el estado de las copas de los árboles.

Existe una amplia gama de sensores capaces de controlar todas las variables meteorológicas a través de un único controlador con tecnología de medición de vanguardia con un registrador de datos incorporado, que almacena las mediciones en una memoria no volátil a prueba de errores. Estos equipos incorporan, en su mayoría, pantallas LCD que verifican las condiciones actuales y las lecturas históricas que pueden ser transferidas remotamente a través de diferentes líneas de comunicación inalámbricas. A modo de ejemplo, en la Figura 1.13 se muestra una estación completa del fabricante Spectrum Technologies WatchDog®. Esta estación cuenta con 10 dispositivos diferentes, incluidos sensores para monitorizar la dirección y velocidad del viento, la precipitación, la humedad relativa y la temperatura del aire, la radiación incidente y la presión barométrica; sus características principales se recogen en la Tabla 1.3.

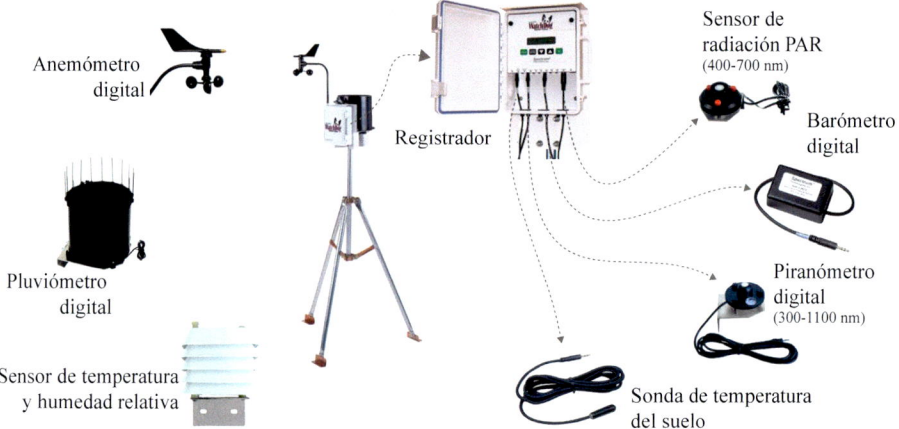

Figura 1.13. Microestación meteorológica WatchDog de Spectrum Technologies con 4 puertos externos y principales componentes (ver especificaciones en la Tabla 1.3).

Tabla 1.3. Principales especificaciones técnicas de los componentes de estaciones meteorológicas.

Parámetro de medición	Rango de medición	Precisión	Unidades por registrador	Altura o profundidad de medición (m)
Velocidad del viento	0-280 km/h	±5 %	1	+4
Dirección del viento	2° incremento	± 7°	1	+4
Precipitación	0,01 pulgadas (0,25 cm)	±2 %	1	+1,5
Temperatura del aire	-40 a 100 °C	±0.7 °C	1	+1,5
Humedad relativa (punto de rocío)	20 a 100 %	±3 %	1	+1,5
	5 a 50 °C	±2 °C	1	
	-73 a 60 °C			
Temperatura del suelo	-40 a 100 °C	±0,7 °C	4	-0,5
Radiación solar	1-1250 W m^{-2}	±5 %	2	+1
Radiación PAR o quantum	0-2500 µmol m^{-2} s^{-1}	±5 %	2	+1
Presión barométrica	880-1080 hPa	±1.7 hPa	1	+1

4.2. Mediciones del estado de energía del suelo: contenido volumétrico de agua y temperatura del suelo, potencial de agua y tensiómetros.

El contenido y la capacidad de retención de agua es una de las características que influye de manera determinante en la fertilidad del suelo. El contenido volumétrico varía temporal y espacialmente y se relaciona directamente con la disponibilidad de agua para las plantas y con otras variables fisiológicas, como los potenciales hídricos y la transpiración.

Existen en el mercado multitud de instrumentos capaces de medir los flujos de agua en el suelo, el estado de energía o potencial de agua en el suelo (Figura 1.14 y Tabla 1.4), aunque básicamente se pueden agrupar en 4 tipos según su principio de funcionamiento:

- Tensiómetros. Son sensores de tipo mecánico que miden el déficit de presión en un tubo lleno de agua, producido por la absorción de dicha agua por el suelo a través de una matriz porosa.

- De conductividad y resistivos. Miden las propiedades de la corriente eléctrica al pasar a través del suelo y la relacionan con la cantidad de agua. La medida es indirecta y requiere calibración. Los más comunes son los tipos TDR (*Time Domain Reflectometry*).

- Capacitivos. Se basan en las propiedades de los condensadores, midiendo la intensidad del campo dieléctrico entre la sonda y el suelo.

- De pulso de calor. Tienen un funcionamiento similar a las sondas de flujo de savia de pulso de calor. El más simple consiste en dos sondas paralelas; una de ellas emite un pulso de calor y otra registra la velocidad e intensidad con la que se transmite dicho pulso por el suelo.

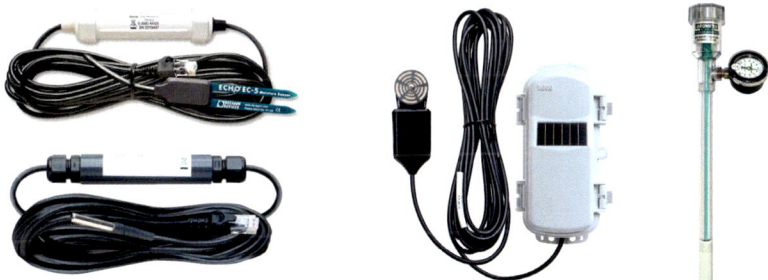

Figura 1.14. Ejemplos de sensores de variables de estado de energía del suelo: sensores HOBO de contenido volumétrico de agua (S-SMC-M005) (sup. izq.) y de temperatura del suelo (S-TMB-M002) (inf. izq.), que se conectan al *data logger* mediante un puerto USB; sensor inalámbrico HOBO RXW TEROS 21 de potencial de agua en el suelo y temperatura; tensiómetro 64xx series de SpectrumTechnologies (dcha.) (ver especificaciones técnicas en la Tabla 1.4).

Los tensiómetros (Figura 1.14. dcha.) se colocan en campo con la copa de cerámica firmemente en contacto con el suelo en la zona de raíces de la planta. La taza de cerámica es porosa para que el agua pueda moverse a través de ella y equilibrarse con el agua del suelo, creándose un vacío parcial a medida que el agua se mueve desde el tubo del tensiómetro sellado. El vacío provoca una lectura en el indicador de vacío resultando en una indicación directa de las fuerzas de atracción entre el agua y las partículas del suelo. A medida que el suelo pierde humedad (se seca), el potencial hídrico disminuye (aumenta la tensión) y aumenta la lectura del vacuómetro (tensiómetro). Por el contrario, cuando llueve el contenido de agua del suelo aumenta, disminuyendo la tensión y reduciendo la lectura del indicador de vacío. De esta forma, un tensiómetro registra continuamente las fluctuaciones del potencial hídrico del suelo en condiciones de campo.

Tabla 1.4. Principales especificaciones técnicas de los medidores de estados de energía del suelo.

Sensor	Rango de medición	Precisión	Unidades por registrador	Altura o profundidad de medición (m)
S-SMC-M005	0 a 0,55 m^{-3} m^{-3} a 0 a 50 °C	±3 % ±2 %	4	-(0,25 – 1)
S-TMB-M002	-40 a 100 °C	±0.2 %	4	-(0,25 – 1)
TEROS 21	-2000 a -9 kPa	±10 %	independiente	-(0,25 – 0,5)
Tensiómetro	0 a 850 hPa	±2 %	independiente	-(0,25 – 0,5)

4.3. Sensores de mediciones fisiológicas

La interacción de los procesos y mecanismos fisiológicos de las plantas bajo el dominio de factores ambientales es una disciplina experimental básica que debemos conocer para entender el funcionamiento de las plantas. Se pueden identificar algunos parámetros básicos del funcionamiento biológico de las plantas que describen con precisión su estado fisiológico; estos parámetros, conocidos como parámetros fisiológicos, pueden ser relacionados con parámetros medibles a través de sensores. Entre ellos, destacan cuatro, que suelen medirse con frecuencia con la ayuda de sensores:

- **Transpiración.** Es la tasa de evaporación de agua desde los tejidos fotosintéticos. Está regulada por la apertura estomática y las condiciones ambientales (principalmente temperatura y humedad relativa del aire). Se relaciona con la fotosíntesis y, en general, con la fisiología de las plantas por ser uno de los mecanismos que regula el potencial hídrico (debido al déficit de vapor que genera en las hojas) y la presencia de agua y CO_2 en el interior de las hojas (debido a la apertura estomática). Se estima de forma indirecta a través de la medida de flujo de savia, para lo que se utilizan diferentes tipos de sondas, como las sondas Granier.

- **Potencial hídrico.** Es la presión equivalente de la columna de agua en los tejidos conductores de la planta que permite el movimiento del agua de las raíces a las hojas. Se mide con la cámara de Scholander. Este equipo suele usarse con la misma frecuencia y bajo las mismas condiciones que los equipos de medida de fotosíntesis; normalmente, no suelen tener conexión con colectores de datos.

- **Fotosíntesis neta.** Es la tasa de intercambio gaseoso, medida como la cantidad de CO_2 fijada en el proceso fotosintético. Es la principal actividad metabólica de la planta, altamente sensible a estados alterados como consecuencia de la presión de factores de estrés biótico o abiótico. Se estima a través de la diferencia de concentración de CO_2 y agua en un circuito cerrado de gases con analizadores de infrarrojos (IRGAs). Estos equipos requieren un grado de atención elevado, por lo que no suelen formar parte de instalaciones autónomas y se utilizan en campañas de medidas puntuales.

- **Crecimiento radial.** Se trata de la variación del diámetro del árbol a una altura determinada. Se estima con un dendrómetro.

Estas medidas suelen, además, completarse con otro tipo de medidas estructurales que aportan información adicional y mejoran la interpretación de las variables con respecto al estado de la vegetación, especialmente las relacionadas con el índice de área foliar (LAI).

Medida de la velocidad y flujo de savia

El flujo de savia es sinónimo de movimiento de agua en las plantas (aunque el fluido en el tallo no es agua pura sino savia). En plantas leñosas, el flujo de savia se mide con un sensor en la albura (no debe confundirse con la savia elaborada que circula por el floema de las plantas).

El flujo de savia también es sinónimo de transpiración y, ocasionalmente, de evapotranspiración (ETo). Sin embargo, el flujo de savia no es estrictamente transpiración ni evapotranspiración, sino el movimiento del fluido dentro de las plantas (la transpiración es la pérdida de agua de la planta en forma de vapor de agua, y la evapotranspiración es la transpiración más la evaporación del agua de otras superficies, particularmente del suelo). La savia contiene otros elementos, como nutrientes y hormonas, por lo que sus características no son exactamente las del agua pura. Sin embargo, la medición del flujo de savia y la estimación del uso total de agua de la planta se considera, a menudo, una aproximación cercana a la transpiración una vez que se han incluido los factores de corrección apropiados en su cálculo. Cualquier movimiento ascendente de la savia, desde la raíz a las hojas, se relaciona con la transpiración de agua en las partes verdes y con el déficit de vapor que genera, lo que se traduce en un potencial hídrico negativo en la hoja y el movimiento del agua desde las partes de la planta con potenciales hídricos mayores.

La transpiración de una planta se puede medir a nivel del árbol completo. Según la teoría de la conducción y la convección del calor, la velocidad de la corriente de transpiración en el tronco de un árbol se puede estimar a partir del transporte (de la transmisión) de un pulso de calor que se aplica al tallo en un punto. El movimiento del pulso de calor se rastrea a través del árbol. Dependiendo de cómo se aplique el calor, los sensores de flujo de savia se pueden clasificar en dos grupos principales: i) pulso de calor (ver un ejemplo de este tipo de sensor en la Figura 1.15 y Tabla 1.5), y ii) calentamiento continuo.

Figura 1.15. Sistema de medición flujo de savia aplicando método de pulso de calor: sensor SFM1 de ICT International Ltd. (ver especificaciones en la Tabla 1.5).

Tabla 1.5. Principales especificaciones del medidor de flujo de savia SFM1.

Rango de medición	Rango de Tª y HR	Resolución	Precisión	Duración medida	Pulso de calor/duración
-100 a 100 cm h^{-1}	-10 a 50 °C 0-99 %	0,01 cm h^{-1}	0,5 cm h^{-1}	120 seg	20 julios (max 40 julios) 3 min (10 min recomendado)

- **Sensores de pulso de calor (HPV)**

Para medir el flujo de savia se requiere medir la velocidad del calor (V_h, cm h^{-1}) monitoreando la tasa de cambio en la temperatura del pulso de calor. El modo de funcionamiento de este tipo de sensores es el siguiente: el pulso de calor es emitido por una sonda (calentador) que se inserta en el vástago; posteriormente, la temperatura se controla mediante otras dos sondas (denominadas sondas de termistor, T_1 y T_2 en la Figura 1.16); finalmente, se realizan una serie de correcciones y cálculos para convertir el V_h observado (cm h^{-1}) en flujo de savia (kg h^{-1}). Dentro de la familia de métodos de pulso de calor, las dos técnicas más practicadas son: el método T-max y el método de relación de calor.

◦ **Método T-max**

Mediante la aplicación de este método, se busca el tiempo que tarda en observarse el aumento máximo de temperatura (T_{max}) en las sondas que se instalan en la dirección del flujo (vertical ascendente) respecto de la sonda calentada (T_1, Figura 1.16).

La velocidad de calor (V_h, cm h^{-1}) es función de T_{max} y se puede determinar mediante la siguiente expresión matemática:

$$V_h = (((\sqrt{(x^2 - 4k\ T_{max})}) / T_{max}) \times 3600 \qquad [1]$$

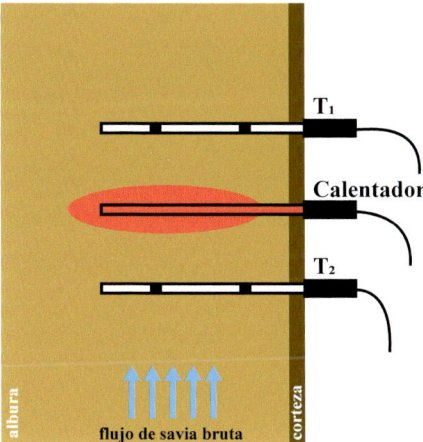

Figura 1.16. Ilustración de la técnica de flujo de savia (método de propagación de pulso de calor). La sonda del calentador (en rojo) se inserta en el vástago y se instalan dos sondas adicionales (T_1 y T_2) equidistantes de la sonda del calentador. El elipsoide rojo simboliza el campo de calor después de que se aplica al tallo un pulso de calor de una intensidad determinada.

Donde x es la distancia (cm) entre T_1 y el calentador, k es un parámetro clave que define la difusividad térmica (cm² s⁻¹) de la albura y T_{max} (s) es el tiempo necesario para alcanzar el máximo aumento de la temperatura T_1.

Inevitablemente, la instalación de las sondas en el vástago provoca que la albura se contraiga, obstruyendo parcialmente el flujo natural de los fluidos. Los efectos derivados de la herida ocasionada se corrigen aplicación la siguiente expresión:

$$V_c = a + b\, V_h + c\, V_h^{\,2} \qquad\qquad [2]$$

Donde a, b, y c son coeficientes empíricos determinados en función de los tamaños de las sondas y la anchura de la herida. Finalmente, V_c se convierte en flujo de savia (Q, cm³ cm⁻² h⁻¹), pudiéndose representar como un flujo volumétrico (kg h⁻¹) una vez considerada el área de la albura (A):

$$Q = ((V_c\, \rho_d\, (c_d + m_c\, c_w)) / (\rho_w\, c_w)) \times 3600 \qquad\qquad [3]$$

Donde ρ_d y ρ_w son la densidad (kg m⁻³) de la albura seca y del agua, respectivamente; c_d y c_w son la capacidad calorífica específica (J kg⁻¹ °C⁻¹) de la matriz de madera seca y la solución de savia, respectivamente; y m_c es el contenido de humedad de la albura (kg kg⁻¹).

◦ **Método de relación de calor**

Este método calcula V_h a partir de la relación entre el aumento de temperatura de la sonda del termistor superior (T_1) y la sonda inferior (T_2). Normalmente, esta relación se calcula como la media de varias relaciones ($\Delta T1/\Delta T2$) medidas entre 60 y 100 s después de cada pulso de calor, estimada a partir de la de la expresión:

$$V_h = (k/x)\ \delta T \times 3600 \qquad\qquad [4]$$

Donde k es la difusividad térmica (cm s⁻¹), x es la distancia (cm) entre el calentador y los termistores y δT es el ln ($\Delta T_1/\Delta T2$), siendo ΔT_1 y ΔT_2 el aumento de temperatura en T_1 y T_2, respectivamente.

Similar al método Tmax, las ecuaciones 2 y 3 se utilizan para tener en cuenta las heridas y estimar con precisión un flujo volumétrico.

- **Sensores de calor continuo**

En este tipo se distinguen: los sensores de calor continuo con disipación técnica (TDP) o método de Granier, que se describe a continuación, y los sensores que siguen el método de equilibrio térmico del vástago.

  ◦ **Método de Granier**

Los sensores de disipación térmica o método de Granier se componen de dos sondas (agujas) idénticas de aproximadamente 1 mm de diámetro y 20-50 mm de longitud. Cada sonda contiene una termocupla de aleación de cobre (Tipo T) y una espiral de resistencia que crea una zona de calentamiento de 10-30 mm de largo. La diferencia de temperatura entre las dos sondas del sensor es trasmitida a través de la señal producida por la conexión de ambas termocuplas. Las dos sondas son instaladas en el tronco o la rama; la superior a, aproximadamente, 10 cm de la inferior. Las sondas son insertadas en la albura dentro de tubitos de aluminio.

La sonda superior es calentada con una corriente constante que generalmente oscila en torno a 0,2 vatios (W) de potencia. La sonda inferior es la sonda de referencia, ya que no es calentada y se mantiene a la temperatura del leño. El sistema registra la diferencia de temperatura entre las dos termocuplas (dT). La velocidad del flujo de savia marca la diferencia de temperatura entre las dos sondas. Cuando no hay flujo de savia durante la noche toda la energía es disipada por conducción en el leño y se produce un máximo de dT (Figura 1.17). Ocurriendo lo contrario en torno al mediodía, cuando la savia circula por la albura, dT disminuye porque la sonda calentada es enfriada por la fracción de calor disipado por convección (Granier, 1985). Es en este momento cuando se produce el máximo movimiento de flujo de savia en la planta.

Medida del potencial hídrico en la planta (cámara de Scholander)

A través de uso de este instrumento se puede conocer el estado hídrico de la planta. El potencial hídrico es la característica física que define la tendencia del agua a trasladarse de un punto a otro dentro de la planta (de los mayores valores de potencial a los menores). Se mide en megapascales (MPa) y se relaciona con la disponibilidad hídrica en el suelo (a mayor contenido de agua, mayor diferencia de potencial entre las raíces y las hojas), con las condiciones ambientales (una mayor temperatura y menor humedad relativa del aire y la acción del viento favorecen una mayor transpiración y, por lo tanto, aumentan el potencial hídrico) y con el funcionamiento biológico de las plantas (como las estrategias de captación de agua; así, las plantas isohídricas cierran estomas y mantienen el potencial cuando la disponibilidad de agua es reducida, mientras que las anisohídricas tienen la estrategia de aumentar la transpiración y elevar la diferencia de potencial entre la raíz y las hojas para aumentar la capacidad de absorción de agua por las raíces (Quero *et al.*, 2011)).

Para medir el potencial hídrico se utiliza la cámara de Scholander, cuyo principio consiste en introducir la hoja o ramillo a medir en una cámara donde se aumenta la presión bombeando un gas inerte, hasta que la presión en la cámara iguala la presión negativa en la hoja, momento en el que la savia del xilema comienza a fluir en sentido contrario, observándose su salida por el extremo del tallo o peciolo (Figura 1.18).

Se puede definir el potencial hídrico en la planta en una serie de momentos a lo largo del día. Idealmente, se toma la primera medida antes del amanecer (potencial en *pre-dawn*), momento en el que la presión se encuentra más relacionada con la disponibilidad de agua en el suelo. Se recomienda repetir el proceso cada cuatro horas hasta la puesta de sol y en diferentes estaciones para estimar fluctuaciones bajo distintos regímenes de temperatura, precipitación y humedad relativa.

Figura 1.18. Esquema de una bomba de Scholander (izq.); cámara modelo SEC-3115P40G4V22 de ICT International (dcha.) (ver especificaciones en la tabla 1.6).

Tabla 1.6. Principales especificaciones del medidor de potencial hídrico SEC-3115P40G4V22.

Rango de medición	Rango de Tª y HR	Resolución	Precisión	Duración medida
64 mm	-40 a 60 °C 0 a 100 %	< 1μm	± 3 °C	5 min a 5 h

De manera alternativa, se puede llevar a cabo la medición del potencial hídrico en cualquier momento del día bajo condiciones controladas. En este caso, se coloca la hoja o rama en el interior de una bolsa de plástico que no deje pasar la luz y, así, evitar cualquier intercambio gaseoso. Pasado un tiempo considerable (preferentemente tras una noche) se alcanza el equilibrio entre el potencial hídrico de esa bolsa y el del tallo de la muestra a analizar, lo que permite tomar medidas no condicionadas por la hora solar.

Medida de fotosíntesis, intercambio de gases y fluorescencia de clorofila en la planta (circuito de gases acoplado a IRGA)

El IRGA es un sensor que mide la concentración de determinados componentes en gases mediante la medida de la absorbancia del gas en el infrarrojo. Es muy utilizado para medir concentraciones de agua y CO_2 en el aire. Existen numerosos modelos de equipos que utilizan IRGAs acoplados a un circuito de aire con una cámara de medida para medir tasa de intercambio gaseoso en vegetales, con lo que se puede calcular la tasa de asimilación neta, o fotosíntesis (A). Entre ellos, uno de los analizadores más utilizados en el campo de la ecofisiología es el analizador de gases LI-COR ® (Figura 1.19). Este equipo portátil consiste en un circuito de gases acoplado a una cámara hermética donde se deposita la muestra (hoja o ramillo), que contiene dos sensores de análisis de gases por infrarrojos (IRGAs) para controlar la entrada y salida de CO_2 y H_2O en la cámara. Además, permite obtener un control automatizado sobre todas las condiciones ambientales de la hoja, como la temperatura, la intensidad lumínica recibida y la tasa de flujo gaseoso, pudiendo alcanzar mediciones de alta precisión de diferentes variables asociadas a la fisiología vegetal.

Los equipos más avanzados, como el modelo LI-6400XT de LIC-COR, ofrecen grandes prestaciones en cuanto al control de los analizadores de gas, la ruta y las condiciones de flujo y las respuestas térmicas (Figura 1.20). El analizador está equipado con dispositivos para humidificar o secar la corriente de aire independientemente del caudal circulante, al poseer un control automático de vapor de agua. También permite el control de un flujo estable de CO_2, eliminándolo del flujo de aire con un filtro o incorporándolo de forma controlada al circuito a través de un inyector de CO_2. Además, permite monitorizar las condiciones de luminosidad, tanto mediante la medida de la radiación incidente, como a través de dispositivos de luz PAR artificial acoplados a la cámara, así como la temperatura del aire en la cámara, que también se puede estabilizar mediante unos módulos Peltier acoplados a la misma. Todas estas prestaciones permiten una alta precisión y flexibilidad en cuanto a su operatividad.

Los flujos de CO_2, H_2O y la conductancia estomática a nivel foliar se pueden caracterizar a través de mediciones de intercambio de gases. Adicionalmente, las mediciones de fluorescencia de la clorofila, que permite este dispositivo con un sensor adicional que se acopla a la cámara de medida, proporciona información sobre los procesos de fotosíntesis, incluyendo la tasa de transferencia de electrones (ETR) alimentada por la luz solar y la extinción no fotoquímica (NPQ) que protege las hojas contra los efectos nocivos cuando

Figura 1.19. Sistema de medición de fotosíntesis portátil LI-6800 LI-COR
(ver especificaciones en la Tabla 1.7).

Tabla 1.7. Principales especificaciones del sistema de medidor de fotosíntesis portátil LI-6800 LI-COR.

Rango de medición (μmol mol^{-1})	Presión (μmol mol^{-1})	Precisión (μmol mol^{-1})	Sensitividad (μmol mol^{-1})	Rango T^a (°C)	Ratio circulación de aire (μmol s^{-1})
CO_2 Gas analizador					
0-3100	400, 4 seg señal (RMS ≤ 0,1)	a 1% de lectura 200; ±2 a <200	≤±1 variación a 400	Funcionamiento (0 a 50 °C) Almacenamiento (-20 a 60 °C)	680 – 1700
H_2O Gas analizador					
0-75	A 10, 4 seg señal (RMS ≤ 0,01)	a 1,5% de lectura a >5, ±0,08 a <5		Funcionamiento (0 a 50 °C) Almacenamiento (-20 a 60 °C)	0 – 1400

Figura 1.20. Detalle de la cámara de medida del LI-COR LI6400XT, con el sensor de
fluorescencia y emisor de luz PAR acoplado.

se absorbe luz en exceso. Al medir de manear simultánea la fluorescencia de clorofila A y el intercambio de gases, se puede obtener un resultado más eficiente de las reacciones de fotosíntesis que producen y consumen energía al mismo tiempo. La relación de ambas medidas es una medición de la eficiencia de la planta en el uso de la energía procedente de la luz absorbida necesaria para asimilar el CO_2. De esta forma, se puede estudiar las afecciones producidas por estreses ambientales, como la escasez de precipitación y el aumento de temperaturas.

La cámara de flujos de CO_2 en suelos no profundos es otro dispositivo que se puede acoplar al equipo; permite hacer mediciones rápidas para conocer la variabilidad espacial de la respiración del suelo en un área determinada.

Medida del crecimiento radial (dendrómetro de banda automático)

Un dendrómetro es un dispositivo que se utiliza para medir las dimensiones de la sección de un árbol. En su forma más simple, un dendrómetro puede ser una cinta métrica o regla que rodea el tronco de un árbol (Figura 1.21). Este medidor, conocido como dendrómetro manual, puede dejarse colocado y monitorizarse diaria, semanal o mensualmente para registrar el crecimiento de las plantas.

Figura 1.21. Dendrómetro de banda automático DRL26C de Environmetal Measuring Systems Brno (ver especificaciones en la Tabla 1.8).

Tabla 1.8. Principales del dendrómetro DRL26C.

Rango de medición	Rango de Tª y HR	Resolución	Precisión	Duración medida
64 mm	-40 a 60 °C 0 a 100 %	< 1 µm	± 3 °C	5 min a 5 h

Existen otros sensores para medir el incremento del radio de una sección del tronco. Por ejemplo, el sensor de posición giratoria no invasiva mide el diámetro de la sección y su crecimiento y registra los datos internamente (Figura 1.21). El registrador de datos interno permite evaluar el crecimiento a largo plazo a través de los registros de los cambios en el diámetro del tallo con una resolución de 0,001 mm, resolución con la que se pueden observar las fluctuaciones diarias en el tejido del tronco producidas por la temperatura y las variaciones diarias del flujo que circula por él. Estas fluctuaciones, al combinarse con las fluctuaciones del flujo de savia, dan lugar a una correlación entre el agua consumida y la compresión de la hidráulica funcional del árbol.

Medida del índice de área foliar (LAI)

La cantidad y espesura del follaje en una copa o dosel vegetal es un indicador de estructura valioso, que se relaciona con el estado fitosanitario del árbol o con el efecto de estreses abióticos, como la temperatura o la falta de agua. Además, la frondosidad y el estado de una copa se relaciona con la capacidad de transpiración de la planta y, por tanto, con el potencial hídrico y el transporte de agua y nutrientes en la planta. Esta frondosidad se estima a través del índice de área foliar (LAI por sus siglas en inglés) y se puede estimar en base a la rapidez con que se atenúa la radiación a medida que pasa por la copa o dosel (Figura 1.22).

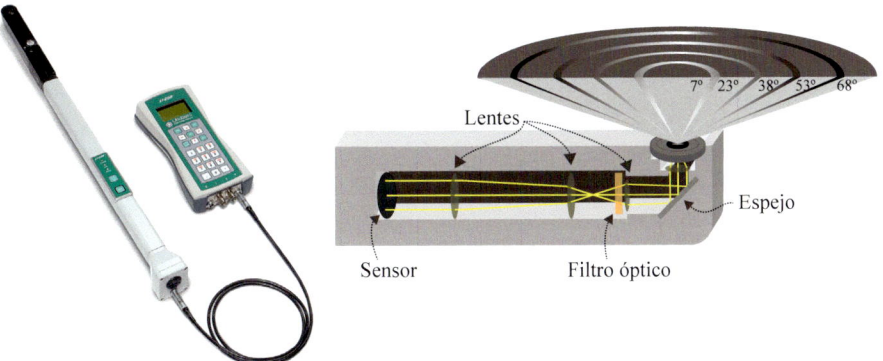

Figura 1.22. Sensor LAI LiCOR LAI 2200C (izq.) (ver especificaciones en la Tabla 1.9); esquema de los componentes del sensor (dcha.).

Tabla 1.9. Principales especificaciones del medidor de índice de área foliar LAI 2200C.

Rango Tª	Rango HR	Precisión	Sensor óptico		
			Radiación	Rango long onda	Cubierta ángulo nominal
Funcionamiento -20 a 50 °C Almacenamiento -40 a 65 °C	0 a 95%	En horizontal 2,5 m CEP a cielo abierto	99% a 490-650 nm 99,9% a 650 nm	320 a 490 nm	Anillo 1: 0,0 a 12,3° Anillo 2: 16,7 a 28,6° Anillo 3: 32,4 a 43,4° Anillo 4: 47,4 a 58,1° Anillo 5: 62,3 a 74,1°

La medida de esta atenuación en un dispositivo LAI se realiza en cinco ángulos desde el cénit, permitiendo obtener orientación de los objetos detectados. El sensor óptico proyecta la imagen de su vista casi hemisféricamente a través de los cinco detectores dispuestos en forma de aros concéntricos (Figura 1.22). Cuando el sensor se encuentra nivelado en orientación cenital, el detector número 1 medirá el brillo situado encima y el detector número 2 medirá el brillo de un aro centrado en el ángulo cenital de 68°. Una medición normal consta de un mínimo de 10 números, 5 proceden de la señal de los detectores y los 5 restantes son las lecturas llevadas a cabo con el sensor situado debajo del objeto/vegetación a medir. Con la orientación del sensor hacia el cielo, se calculan los valores de transmitancia vegetal dividiendo los pares correspondientes a partir de ellas. La cantidad foliar (índice de área foliar, LAI) y la orientación (ángulo promedio de la inclinación foliar, MTA) son estimadas a partir de las transmitancias en los cinco ángulos cenitales.

5. Diseño de una instalación de sensores próximos autónomos en sistemas forestales

Las preguntas que nos hacemos a la hora de definir nuestro trabajo (qué medir y cómo dónde y cuándo medir) hacen referencia directamente al diseño experimental, entendiendo como tal la determinación de aspectos como el número de localizaciones a monitorizar, el número de individuos, las repeticiones necesarias, el número de sensores o la temporalidad de la medida.

Existe un gran número de detalles que van a influir en las respuestas a estas preguntas, y que determinarán la calidad de nuestras estimaciones y de los resultados que obtengamos. Entre estos detalles hay que considerar los que vienen impuestos por el tipo de sensor que se vaya a utilizar. Dependiendo de la naturaleza y la magnitud de la variable que se desee monitorizar y del equipo elegido, la instalación de los sensores nos planteará unas restricciones o condiciones específicas. A continuación, se resumen una serie de restricciones impuestas por la localización del sensor, el origen de la característica a monitorizar y la temporalidad de la medida.

5.1. Restricciones del diseño experimental en función de la localización del sensor

Como se ha visto con anterioridad, los sensores utilizados para el monitoreo de la vegetación pueden dividirse, según su localización, en sensores de suelo y sensores de árbol, copa o dosel.

Sensores de suelo

Los sensores que miden las características de un suelo presentan, en general, el problema de la variabilidad espacial del mismo. Normalmente, dicha heterogeneidad suele abordarse en el sentido vertical, colocando sondas a diferentes profundidades, como se hace comúnmente con las sondas de humedad (Figura 1.23).

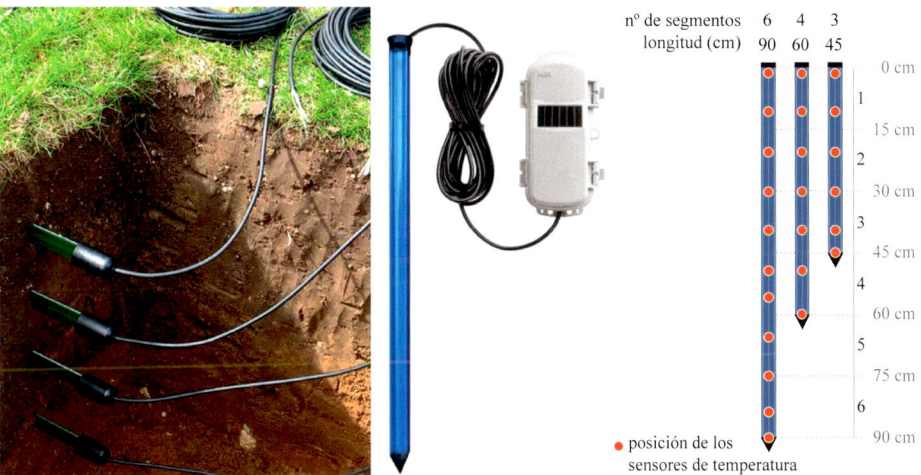

Figura 1.23. Soluciones para recoger la variabilidad vertical de las características de suelo: instalación de sensores de humedad de suelo a varias profundidades (izq.); sensor capacitivo multiprofundidad RXW-GPxA de HOBO (centro) y número de segmentos y profundidad de medición de los modelos disponibles (dcha.).

Existen diferentes alternativas: los equipos de múltiples canales que monitorizan la humedad de sondas enterradas a diferente profundidad (Figura 1.23 izq.) y los sensores multiprofundidad, como la sonda capacitiva HOBONet® que es capaz de determinar la humedad del suelo hasta 90 cm en 6 secciones diferentes (Figura 1.23 centro y dcha.).

En cualquier caso, estas instalaciones no recogen la variabilidad horizontal del suelo, por lo que se debe valorar cuál es la importancia de dicha heterogeneidad en los resultados que se obtengan. Puede suceder que se esté más interesado en la heterogeneidad horizontal dentro de una parcela que en la vertical, por lo que se reduciría el número de sensores en profundidad y se aumentaría el número de localizaciones donde enterrarlos, o viceversa. En este último caso, se debería considerar la opción de adquirir sensores como el HOBONet®, aunque su coste sea más elevado. Así, todas estas ponderaciones y decisiones van a condicionar el número de repeticiones que se puedan tener, así como la calidad final de las estimaciones de la variable en cuestión.

Sensores de árbol, copa o dosel

Las restricciones que imponen los sensores instalados en la parte aérea de la planta guardan relación, normalmente, con la estructura de la misma. Un caso típico es la instalación de dendrómetros en masas forestales irregulares, en masas en las que el manejo incluya podas o en masas situadas en zonas abruptas; en resumen, masas en las que la forma y posición del tronco de los árboles presente gran variabilidad entre individuos. Los dendrómetros mecánicos tienen bajo coste y, por tanto, la mejor opción suele ser colocar tantos como pies monitorizados tengamos; sin embargo, hay que considerar el trabajo que conlleva la toma de datos y el mantenimiento de los mismos. Los sensores próximos autónomos que miden crecimiento diametral solucionan estos problemas, pero plantean otros retos, como la imposibilidad de colocar uno por cada pie, lo que nos lleva a tener que decidir qué pies son los más representativos de la masa. Lo mismo sucede con los dispositivos utilizados para determinar características de la copa o dosel como la transmitancia, o la medida directa o indirecta de LAI, como por ejemplo el sensor multiespectral que incorpora el equipo TT+ de Nature4.0® (Figura 1.24). La medida de LAI se relaciona de forma estrecha con las características de transmitancia y reflectancia de la copa, que dependerán por supuesto de la especie, el estado de madurez del arbolado, su fenología y manejo, y las condiciones lumínicas del momento de la medida. Si se pueden controlar las variables anteriores, es posible crear relaciones significativas entre LAI y transmitancia o reflectancia capturada por un sensor. Con este fin, se pueden colocar sensores espectrales debajo o encima de una copa para monitorizar LAI de una forma continua.

En este caso, el resultado final dependerá de la estructura de la copa, de la posición del sensor, y también de su instalación (orientación). También hay que valorar la necesidad o posibilidad de establecer repeticiones. Por último, uno de los parámetros más utilizados en la monitorización de especies leñosas, el flujo de savia, plantea otros retos específicos, asociados por un lado a la variabilidad en forma y tamaño de los fustes, y por otro lado a la especie que se esté monitorizando. En primer lugar, hay que ser meticulosos con la colocación de las sondas, pero, además, hay que tener en cuenta la capacidad de reacción de la planta ante la herida que supone la colocación de la sonda. Esto influirá en el tiempo en el que la sonda de flujo de savia va a estar midiendo correctamente, por lo que debemos prever su recambio, y la localización de la sonda en las sucesivas instalaciones.

Figura 1.24. Sensores de transmitancia y reflectancia de copa: sensor TreeTalker (Nature 4.0) equipado con un sensor zenital multiespectral de 12 bandas (se instala bajo copa, en el tronco, con una inclinación entre 15 y 25° sobre la vertical del tronco) (izq.); sensor de reflectancia y NDVI y dos sensores de infrarrojos Apogee de Edaphic Scientific instalados sobre la copa de una encina (dcha.).

6. Aplicación de la sensorización próxima al sector forestal

Uno de los retos más importantes en el manejo de masas forestales es la comprensión de las respuestas de la masa forestal a las perturbaciones y al cambio climático. Estas respuestas son complejas, ya que no atañen a una planta sino a un complejo de vegetación, manejo y presiones externas. La pregunta que podemos hacernos pues es ¿cómo podemos aplicar la ecofisiología y los sensores próximos autónomos para predecir y entender las respuestas de árboles individuales a las condiciones ambientales?

La tendencia actual en el manejo de masas forestales es la aplicación de técnicas de análisis espacial como soporte de una gestión eficiente de grandes áreas. Este análisis espacial se basa mayormente en el uso de sensores remotos aéreos y de satélite, y sistemas de información geográfica. Estas técnicas utilizan los modelos, que son aproximaciones a la realidad, para analizar y predecir el estado vegetativo de una masa, la producción y los aprovechamientos de la misma, pero por su naturaleza (un modelo es un constructo estadístico-matemático que utiliza unas variables independientes para predecir el comportamiento de una variable objetivo), estos análisis necesitan datos ambientales y del comportamiento de la vegetación en las masas forestales para su ajuste.

Para tener una mejor comprensión y mejores predicciones de las respuestas de los bosques a las condiciones ambientales cambiantes se requieren estudios de respuesta de árboles individuales. El empleo de fuentes de datos de monitoreo *in situ* impulsan el control forestal al aumentar las escalas espaciales y temporales del monitoreo, traduciéndose en una mejor comprensión de los procesos forestales y las amenazas potenciales.

Los asuntos que más atención requieren actualmente en nuestras masas forestales son la producción sostenible, las perturbaciones (incendios, plagas, fenómenos naturales), y el decaimiento forestal. En estos tres ámbitos, la sensorización próxima autónoma de árboles individuales ofrece numerosas posibilidades para la obtención de un enorme volumen de datos de gran calidad, que ayuden a modelizar y evaluar, entre otros, los siguientes procesos:

- Los sensores de flujo de savia, humedad (de suelo y madera) y meteorológicos, ayudan a monitorizar el riesgo de incendio o procesos de estrés.
- Los dendrómetros son imprescindibles para estimar la producción de biomasa arbolada.
- Los sensores espectrales de copa, LAI, fotosíntesis y potencial hídrico, caracterizan, mediante la ecofisiología, la respuesta diferencial del arbolado ante diferentes tipos de estrés biótico y abiótico, ayudando en la gestión del decaimiento y las enfermedades forestales.
- Se pueden usar diferentes sensores para evaluar la estabilidad estructural del arbolado, permitiendo prevenir riesgos en arbolado urbano ante fenómenos meteorológicos extremos.

Por otro lado, y como se dijo al inicio de este capítulo, las posibilidades de sensorización en el entorno forestal han aumentado al tiempo que ha disminuido el coste de adquisición y la dificultad de manejo y mantenimiento de estos sensores. Los primeros equipos disponibles eran equipos muy costosos, utilizados para investigación, y que requerían de instalaciones complicadas, con baterías, sistemas de recuperación de datos y alimentación complejos y costosos. En la actualidad, existen numerosas empresas que ofrecen soluciones compactas, basadas en tecnologías inalámbricas, más baratas y con necesidades de alimentación mucho menores, que permiten el establecimiento de estas parcelas a un coste y con un esfuerzo asumible. Por tanto, la implementación de estos sensores en el ámbito de la gestión forestal es un proceso en marcha y que no tiene vuelta atrás, como ya se está viendo en el campo de la agricultura.

Bibliografía

Granier, A. 1985. A new method of sap flow measurement in tree stems. Ann. Sci. Forestières, 42, 193-200.

Ariza Salamanca, A.J., Navarro-Cerrillo, R.M., Bonet-García, F.J., Pérez-Palazón, M.J., Polo, M.J. 2019. Integration of a Landsat Time-Series of NBR and Hydrological Modeling to Assess Pinus pinaster Aiton. Forest Defoliation in South-Eastern Spain. Remote Sensing, 11(19): 2291.

Fernández, M.E., Gyenge, J.E. 2010. Técnicas de medición en ecofisiología vegetal: conceptos y procedimientos., Ed. Ediciones INTA, Buenos Aires.

Navarro-Cerrillo, R.M., Trujillo, J., de la Orden, M.S., Hernández-Clemente, R. 2014 Hyperspectral and multispectral satellite sensors for mapping chlorophyll content in a Mediterranean Pinus sylvestris L. plantation. Int. J. Appl. Earth Obs. Geoinf, 26: 88-96.

Navarro-Cerrillo, R.M., Varo-Martínez, M.Á., Acosta, C., Palacios-Rodriguez, G., Sánchez-Cuesta, R., Ruiz-Gómez, F.J. 2019 Integration of WorldView-2 and airborne laser scanning data to classify defoliation levels in Quercus ilex L. Dehesas affected by root rot mortality: Management implications. Forest Ecol. Manag. 117564, 451.

Pérez-Harguindeguy, N., Diaz, S., Garnier, E., Lavorel, S., Poorter, H., *et al.* 2013. Nuevo manual para la medición estandarizada de caracteres funcionales de plantas. Aust. J. Bot. 61: 167-234.

Prasad, M.N.V. 1996. Plant Ecophysiology, Ed. John Wiley & Sons, Nueva York.

Quero, J.L., Sterck, F.J., Martínez-Vilalta, J., Villa R. 2011. Water-use strategies of six co-existing Mediterranean woody species during a summer drought. Oecologia , 166(1):45-57.

Raghavendra, C.S., Sivalingam, K.M., Znati, T. 2006. Wireless Sensor Networks, Ed. Springer, Amsterdam.

Valentini, R., Belelli Marchesini, L., Gianelle, D., Sala, G., Yarovslavtsev, A., Vasenev, V., Castaldi, S. 2019. New tree monitoring systems: from Industry 4.0 to Nature 4.0. Ann. Silvic. Res, 43(2), 84-88.

Violle, C., Navas, M. L., Vile, D., Kazakou, E., Fortunel, C., Hummel, I., Garnier, E. 2007. Let the concept of trait be functional!. Oikos, 116(5), 882-892.

**Acceso al
material complementario**

Ejercicio 1

Ejercicio 2

2

Sistemas de monitorización a escala de bosque

Óscar PÉREZ PRIEGO
Andrew S. KOWALSKI

Resumen

La técnica de covarianza de remolinos −traducción más aproximada de su término anglosajón *eddy covariance* (EC)− es un método micrometeorológico muy popular en la actualidad para observar directamente los intercambios de gases traza, como el CO_2 y el vapor de agua, y energía en superficie. Al ser un método no destructivo que permite la medida directa a grandes escalas espaciales (e.j. escala de rodal y bosque), esta técnica tiene un amplio campo de aplicación en el ámbito agroforestal, la industria y el medio ambiente. Sin embargo, el uso del método EC está limitado por una serie de consideraciones en la instalación de una torre EC, además de por otros aspectos teóricos asociados a la medida de flujos turbulentos. Aunque se han propuesto diferentes enfoques, la medida EC conlleva un tratamiento complejo de los datos brutos que ayudan a minimizar sesgos metodológicos y permiten mejorar la robustez y comparabilidad de los resultados. A modo de introducción, este capítulo proporciona una guía práctica abordando consideraciones básicas desde la instalación de una torre EC, hasta aquellos aspectos teóricos del procesado y análisis de datos EC, así como los recursos necesarios para derivar series temporales de los principales componentes de los flujos de gases y energía a nivel de bosque. A través de una serie de ejercicios prácticos, ilustraremos casos reales del uso de datos EC y ofreceremos una visión general de algunas de sus aplicaciones dentro del ámbito agroforestal.

Palabras clave: *Eddy covariance*, productividad primaria, evapotranspiración, balances de energía.

1. Introducción

Los organismos vivos que constituyen nuestros ecosistemas naturales, principalmente plantas autotróficas, intercambian materia y energía en respuesta a las condiciones ambientales y a la disponibilidad de recursos. A nivel de arbolado o cubierta vegetal, dicha respuesta es la expresión integrada del funcionamiento de un ecosistema y refleja importantes aspectos ecológicos, como productividad o acumulación de biomasa, regulación del ciclo hidrológico y nutrientes, conservación del suelo, entre otros servicios ecosistémicos. Dichas respuestas pueden ser evaluadas a través de un conjunto de propiedades biofísicas de la cubierta vegetal, las cuáles pueden ser conceptualizadas como propiedades funcionales de los ecosistemas (Reichstein *et al.*, 2014). Determinar estos parámetros es fundamental, ya que nos reflejan cómo la energía fluye en un dosel y se diversifica en forma de flujos de radiación, flujos de calor sensible, flujos de calor latente y flujos fotosintéticos. Dichos intercambios de masa (gases) y energía ejercen una influencia en las características y composición gaseosa de la troposfera y, por tanto, mantienen una retroalimentación con el clima.

Sin embargo, definir y predecir el conjunto de factores que determinan la funcionalidad de nuestros ecosistemas es altamente complejo y enormemente limitado por una serie de factores de tipo climático y antropogénico (modelos de gestión del paisaje y del suelo). Esta complejidad se ve agravada por las incertidumbres propias de un escenario de cambio climático. En este contexto, los modelos de vegetación (o incluso los denominados modelos de superficie terrestre) surgen como una herramienta clave para reducir tales incertidumbres. Dichos modelos, sin embargo, requieren parámetros de entrada, como la estructura del arbolado, el albedo, la cantidad de follaje, el contenido de pigmentos fotosintéticos, entre otras variables biofísicas, que son validados con observaciones directas del intercambio de gases y energía en superficie. Por tanto, la combinación de técnicas de monitorización continua que operen a escalas espaciales y temporales son fundamentales para su aplicación en modelos de vegetación.

Con un gran foco en las interacciones entre la cubierta vegetal y clima, en este capítulo nos centraremos en desarrollar métodos de medida de flujo de gases (principalmente CO_2 y vapor de agua) y energía (radiación de onda corta y larga, flujo de calor al suelo) en un bosque. En particular, y a modo de inmersión práctica de un lector poco familiarizado con la micrometeorología, nos centraremos en el método de covarianza de remolinos (traducción más aproximada de su término anglosajón *eddy covariance* (EC)). En este sentido, daremos conceptos básicos y herramientas útiles para el procesado y análisis de datos EC, así como los recursos necesarios para derivar series temporales de los principales componentes de los flujos de gases y energía a nivel de cubierta vegetal. En primer lugar, describiremos los principales elementos de una torre clásica de EC, incluyendo su conjunto de variables meteorológicas asociadas. Una vez familiarizados con los componentes básicos del instrumental EC, desarrollaremos métodos de cálculo de propiedades ecosistémicas (ej. eficiencia en el uso del agua y la radiación, conductancia de la cubierta) que emergen de dichas observaciones. A modo de ejercicios prácticos, ilustraremos casos reales del uso de datos de EC. Estos casos ofrecerán una visión general de algunas de sus aplicaciones dentro del ámbito agroforestal.

2. Bases científico-técnicas

2.1. Principios básicos y conceptos

Transporte de masas

Antes de avanzar en materia, debemos señalar que la técnica de EC es un método en continuo desarrollo y que existen varias corrientes según se interprete la ley de la conservación de masas. Esta ley proporciona el fundamento físico que explica los mecanismos de transporte e intercambio de gases y energía en la superficie de la capa límite atmosférica. Aunque entender los fundamentos de la medida EC requiere ciertos conocimientos previos en micrometeorología, lo cual está fuera de nuestra intención en este capítulo, intentaremos ofrecer algunos aspectos básicos en el diseño experimental e implementación de la técnica de EC para la medida de flujos turbulentos.

Asumamos primero que el intercambio de gases entre una superficie dada y la atmósfera ocurre por un proceso meramente difusivo. A modo de ilustración, imaginemos una capa de aire en contacto con una superficie de agua que se encuentra a 25 °C y en saturación (humedad relativa del 100 % y a nivel del mar). Estas condiciones podrían reflejar la presión parcial de vapor de agua de la atmósfera saturada dentro de los estomas (pequeños poros donde intercambian gases las hojas), que sería de 3,16 kPa. La presión atmosférica a nivel del mar es de 101,325 kPa, por lo que la fracción molar de vapor de agua en aire dentro de la hoja sería del orden de un 3 % (algo considerable en comparación con la del CO_2 que es de aproximadamente un 0,04 %). Si ahora asumimos que la capa de aire en contacto con una cubierta vegetal se encuentra por debajo de saturación (50 % de humedad relativa), tendríamos una presión de vapor de agua de 1,58 kPa (1,5 %). Este gradiente de presión de vapor de agua (déficit de presión de vapor, VPD) o concentraciones forzaría un movimiento libre (transferencia difusiva) de moléculas de vapor de agua desde la hoja hacia la atmósfera (evaporación o, comúnmente denominado, transpiración). Debemos tener en cuenta que la capa de aire cercana a la superficie está sujeta a fuerzas de flotabilidad debido a cambios de densidad. Además, esta ilustración es un caso simplificado de la realidad, ya que estaríamos ignorando otros mecanismos de transporte, como la convección forzada por la velocidad del viento, que determina en muchos casos la transpiración. En el caso de una cubierta forestal, mientras el componente de transporte difusivo es regulado por la fisiología de las plantas, el transporte por convección forzada se vería afectado por el grado de rugosidad de la superficie; de ahí la importancia de la estructura de un bosque en el intercambio de gases y energía.

Sin embargo, existen otros flujos de masa asociados a estas tasas de transpiración. Por ejemplo, en el caso de las plantas observaríamos un flujo descendente de dióxido de carbono (CO_2) proporcional a las tasas fotosintéticas de las hojas. En cierto modo, entendemos que la cantidad de CO_2 en la cavidad subestomática debe encontrase en menor concentración que la atmósfera (ej. en torno a 410 ppm, pero en continuo crecimiento debido a las emisiones antropogénicas de CO_2). A pesar de este gradiente de concentraciones de CO_2, este flujo fotosintético no sería puramente difusivo debido a la interacción entre el flujo ascendente de vapor de agua (H_2O) y el flujo descendente de CO_2. Es decir, ambos flujos no actúan realmente en paralelo o de forma independiente como hemos asumido previamente.

A diferencia de la interpretación clásica, veamos ahora qué otros aspectos fuerzan la dirección de los flujos cuando un componente no difusivo recobra mayor entidad. Por ejemplo, unidades típicas de la eficiencia en la transpiración en un olivar (cantidad de CO_2 asimilado en la fotosíntesis por unidad de agua perdida por transpiración) sugieren que las hojas asimilan entre 5 a 30 g de CO_2 por cada litro de agua evaporado a lo largo de un día (Villalobos *et al.*, 2012; Pérez-Priego *et al.*, 2010). Es decir, usando unidades molares, un mínimo de dos moléculas de CO_2 fluyen dentro de un estoma (digamos por nanómetro cuadrado por segundo) mientras 1000 moléculas de H_2O saldrían en sentido contrario. En términos másicos y no en número de moléculas, este movimiento de moléculas de distinta naturaleza se podría simplificar como un flujo neto de aire fluyendo desde los estomas hacia la atmósfera. Imaginad 5 individuos de 48 kg subiendo por una escalera mecánica cuando hay 1000 individuos de 18 kg rodando hacia abajo a la misma vez. Obviamente, en términos másicos, esto lo podríamos ver como un flujo neto de personas bajando a pesar de ese movimiento inercial ascendente. En el caso de una hoja, debido a que el aire está enriquecido en vapor de H_2O, podríamos verlo también como un flujo neto de aire fluyendo por los estomas hacia la atmósfera; de ahí que el intercambio de CO_2 en las plantas deba ser evaluado más allá de la perspectiva clásica de un transporte puramente difusivo de moléculas moviéndose desde una fuente a un sumidero (Kowalski, 2017). Además, esta interacción se da en otros gases como el oxígeno (O_2), que se encuentra a concentraciones más considerables (21 %) en comparación con el CO_2 o el H_2O. A la vez, según la estequiometría de la fotosíntesis, el estoma emite una molécula de O_2 por cada molécula de CO_2 que asimila. En este caso, ¿qué dirección de difusión seguiría para el caso del O_2?

La dirección de difusión del O_2 se aclara del mismo modo con una sencilla conversión de unidades en cuanto a los flujos de magnitudes conocidas. Es decir, si aislásemos todas las moléculas emitidas en un área de un nanómetro cuadrado durante un segundo en una hoja, observaríamos que, por cada 1000 moléculas, 999 serían H_2O y sólo una de O_2. Ahora bien, al permitir que estas moléculas con 1 parte por 1000 de O_2 se mezclen con una atmósfera que es de 210 partes por 1000 de O_2, ¿en qué dirección sería la difusión de O_2? Creo que deja claro que el O_2 se difunde hacía la fuente de O_2, es decir hacia la superficie, cuya mayor influencia sobre el O_2 es la dilución evaporativa. Sin embargo, no es realmente el gradiente en la fracción molar (o molecular) lo que determina el flujo, si no el de la fracción másica. Es decir, si la superficie emitiese 21 % de O_2 (y 79 % de H_2O) habría difusión de O_2 desde la superficie hacía la atmósfera (y ¡ojo!, difusión de H_2O ¡hacia la superficie!), ya que cada molécula de O_2 pesa más que una de H_2O. En el segundo caso de emisión de 21 % O_2 y 79 % H_2O, la fracción másica sería más grande que la del aire ambiental, porque cada molécula de aire seco (no O_2) pesa más que una de

H_2O. Es decir, en el aire seco, el O_2 es 21% volumétrico (o molar) pero 23% de la masa, mientras en el aire emitido por la superficie (sobre todo H_2O), el O_2 es 21% volumétrico pero 32% de la masa.

Una vez vista la importancia que recobra la naturaleza másica en el componente no difusivo del flujo, es importante que definamos una densidad de flujo (F_i) como la cantidad de materia i (ej. referido como gramos de un gas traza como CO_2, H_2O, O_2, CH_4, N_2O, o incluso calor) que se mueve a través de un área definida y en un determinado intervalo temporal. Por tanto, el área o escala de referencia (que puede venir definida como la superficie de una hoja (ver capítulo 1), planta entera o una parcela (Figura 2.1)), es precisamente otro de los aspectos clave de este capítulo. A partir de ahora nos referiremos a escala de cubierta (ej. en un ámbito forestal podríamos definirlo a la de bosque), y F_i vendría definido por unidad de superficie de suelo (m^{-2}) y por unidad de tiempo (s^{-1}). En este sentido, además de las características de la vegetación (ej. cantidad de hojas por unidad de suelo o índice de área foliar), otros aspectos relevantes a estas escalas son los factores micrometeorológicos que caracterizan F_i.

En adelante, seguiremos con la interpretación clásica de F_i para facilitar al lector el concepto de medida a escala de bosque con la técnica EC. Desde un punto de vista de la dinámica de fluidos, el transporte asociado a F_i en un ecosistema es definido por un movimiento caótico forzado por las condiciones ambientales (ej. viento, radiación, cambios en la concentración, humedad y temperatura del aire), además de las propiedades de la superficie, que en gran medida viene definida por la estructura de la vegetación. Debido a ese movimiento caótico, F_i se clasifica en la micrometeorología tradicional como un flujo turbulento. Siguiendo esta interpretación, en esta sección nos centraremos en los aspectos técnicos de la medida de F_i con EC y lo contextualizaremos dentro de la perspectiva de la ecofisiología forestal (Figura 2.1).

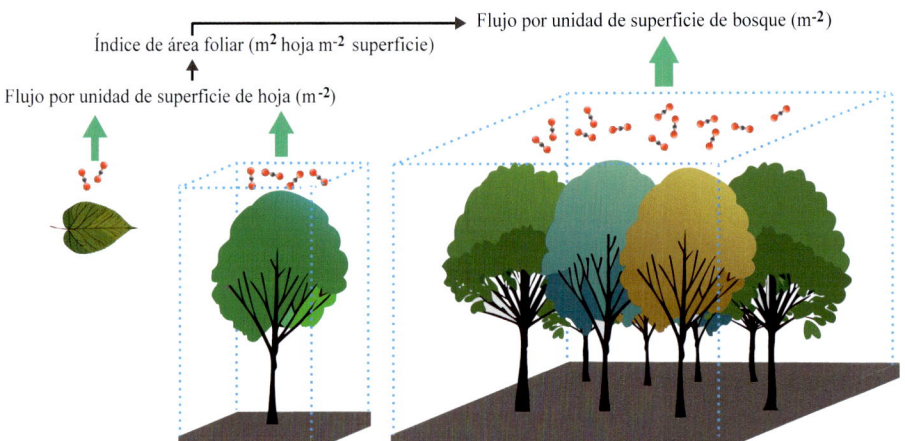

Figura 2.1. Representación de flujos en superficie desde la escala de hoja, de árbol individual hasta la de bosque.

Interacciones entre el bosque y la atmósfera

El concepto de transporte de masas es fundamental para entender aspectos esenciales del funcionamiento de un bosque en respuesta al ambiente. La medida de F_i en una estación de EC refleja funcionalidades de un bosque que emergen de la colección del conjunto de hojas (o plantas) y de otros atributos que conforman el suelo. Para el caso de CO_2 (F_c) o vapor de agua (F_v), los procesos que subyacen son de gran relevancia para el estudio de la fisiología del bosque en toda su amplitud temporal (desde segundos a décadas) y espacial (desde unos cientos de m^2 hasta hectáreas). Así, cabe destacar la influencia de eventos climáticos en procesos biológicos que ocurren a pequeñas escalas temporales. Por ejemplo, la intensidad de luz a lo largo de la mañana afecta a la fotosíntesis en una determinada estructura de bosque; durante la tarde, podríamos observar la respuesta de los estomas a variaciones ambientales como la temperatura y/o la humedad. Esta respuesta estomática es fundamental en el control hídrico, ya que refleja cómo la planta controla la pérdida de agua a través de los estomas por la transpiración. A mayores escalas, la cantidad de agua evaporada por un bosque a la atmósfera (evapotranspiración, F_v) es fundamental para entender aspectos climáticos,   como la persistencia de precipitaciones en un determinado lugar. Otro elemento clave en el balance energético es la manera en la que una cubierta de un bosque interacciona con la radiación. Por ejemplo, el albedo de una determinada superficie vegetal tiene un impacto en la importancia relativa de F_v con respecto a la cantidad de calor emitida (F_H). Desde un ámbito más forestal, la medida del intercambio de masas y energía con la técnica EC proporciona una información precisa para evaluar distintos tratamientos silvícolas.

Aspectos básicos de la técnica de medida

Básicamente, el método de EC calcula F_i a partir de la covarianza entre las fluctuaciones de la velocidad vertical del viento y la concentración de cualquier gas traza, incluyendo CO_2, H_2O, O_2, CH_4, N_2O, o incluso calor. Por tanto, los instrumentos básicos en una estación de EC son un anemómetro tridimensional de respuesta rápida, que mide la velocidad del viento en sus tres direcciones (usualmente 10 o 20 Hz), y un analizador de gases por infrarrojos de similar frecuencia para medir gases, principalmente CO_2 y H_2O (aunque existen otros analizadores centrados en otros gases como CH_4, N_2O, etc.).

Para ayudar en la descripción de la técnica de medida de EC, nos ayudaremos de la ilustración en la Figura 2.2. La condición necesaria es que las moléculas de CO_2 y H_2O contenidas en una "microparcela" de aire cercana a una superficie (ej. hoja, suelo) son idealmente transportadas verticalmente por fuerzas de flotabilidad (*bouyancy*, convección libre) y/o por convección forzada (viento), como hemos descrito previamente. En realidad, este transporte vertical es mediado por un flujo turbulento de aire compuesto por numerosos remolinos de diferentes tamaños (o frecuencias) que van rotando en todas las direcciones. Durante el proceso de transporte, las parcelas de aire que entran en contacto con la superficie del suelo (y/o vegetal) intercambian masa (ej. CO_2 y H_2O a través de la fotosíntesis/respiración y transpiración, respectivamente) y energía (ej. temperatura). Por tanto, en el proceso natural de la fotosíntesis, las microparcelas de aire que contactan la superficie de una hoja pierden una cantidad de CO_2

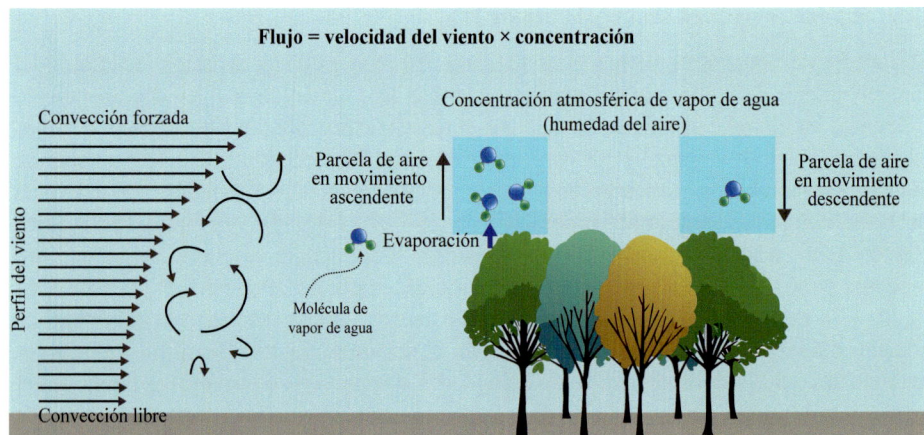

Figura 2.2. Ilustración del proceso de intercambio y transporte de vapor de agua en superficie: transporte neto de moléculas de vapor de agua hacia la parcela de aire al contactar con la superficie vegetal.

en proporción a la velocidad del proceso de captación de CO_2 por los pigmentos fotosintéticos. Además, dicha microparcela de aire se verá humidificada con la ganancia neta de moléculas de H_2O equivalente a las tasas de transpiración. Como hemos detallado, esta ganancia de H_2O tiene un impacto en la densidad de los gases de la microparcela. Por ejemplo, la concentración de CO_2 en la microparcela de aire se vería afectada por el efecto de dilución asociado a la ganancia de moléculas de H_2O. Por tanto, el flujo a estimar es sensible al efecto de dilución. En realidad, la densidad del aire de la microparcela (así como la de cualquier constituyente) se ve influenciada por otros factores, como las fluctuaciones de presión atmosférica y temperatura, además de las variaciones de humedad que acabamos de describir (Webb *et al.*, 1980). Un aspecto fundamental del mecanismo de transporte que debemos considerar es que, cuando la superficie de contacto está más caliente que el aire, las microparcelas de aire en contacto directo con la superficie pierden densidad y empiezan a moverse verticalmente siguiendo movimientos caóticos en forma de remolinos (*eddies*), transportando así materia y energía a una cierta velocidad (velocidad vertical del aire). Como veremos en la siguiente sección, estos cambios de densidad precisan correcciones. Aunque el cálculo y procesado de los flujos turbulentos es matemáticamente complejo, la idea principal es que, si medimos cuatro variables claves como son la concentración del componente i, la humedad, la temperatura y la velocidad vertical del aire, podemos conocer F_i. El principio físico es simplemente que, si conocemos cuantas moléculas se transportan en movimiento descendente en un determinado momento (tiempo 1, t1) y cuantas moléculas se transportan subsecuentemente en movimiento ascendente (tiempo 2, t2) en un mismo punto, podemos calcular el flujo vertical de masas en ese punto para un determinado periodo (t2-t1). Así, el flujo vertical puede ser representado como la covarianza de la velocidad vertical y la concentración del escalar de interés. Obviamente, el reto del instrumento incide en el hecho de que dichas fluctuaciones ocurren de forma muy rápida, por lo que se precisa un analizador y un anemómetro de respuesta rápida (> 10 Hz).

Generalmente, si F_i se refiere a CO_2, este flujo define el intercambio neto de CO_2 (típicamente denominado NEE, del inglés *Net Ecosystem CO_2 Exchange*). Para el caso del H_2O, este flujo define la evapotranspiración (ET, dada generalmente en unidades de mmol m^{-2} s^{-1}, aunque también en mm h^{-1} (particularmente en el ámbito de la hidrología); o como flujo de calor latente (F_v) si lo expresamos en términos de energía (W m^{-2}). De hecho, debido a que el sistema monitoriza procesos de intercambio de calor, otra variable de relevancia es el flujo de calor sensible o cantidad de calor emitido por la superficie (F_H, W m^{-2}). Desde un punto de vista de la conservación de la energía, la suma de F_v y F_H equivale a la energía disponible que resultaría del componente radiativo como la radiación neta (R_n) restando el flujo de calor al suelo (G del inglés *ground*) (Figura 2.3).

$$R_n - G = F_v + F_H \qquad [1]$$

Dichas variables son generalmente medidas en una estación de EC y proporcionan información de cómo la energía fluye en un bosque y, por tanto, de relevancia para estudiar su funcionamiento y su interacción con el clima. En este sentido, la razón de Bowen, conocida como la ratio entre F_H y F_v, es ampliamente usada. Por ejemplo, una cubierta forestal con bajo F_v y alto F_H es característica de un bosque de ambientes áridos, y una cubierta con alto F_v y bajo F_H es más propio de cultivos bien regados o de zonas más húmedas. Generalmente, se observa una proporcionalidad entre F_v y NEE. Por tanto, la interacción entre F_v y F_H, y su relación con NEE reflejan, en amplios rasgos, la disposición espacial (y funcional) de nuestros bosques en relación con las condiciones climáticas. Estos aspectos de funcionalidad, además de los parámetros biofísicos que lo definen, serán tratados con mayor detalle a lo largo del capítulo.

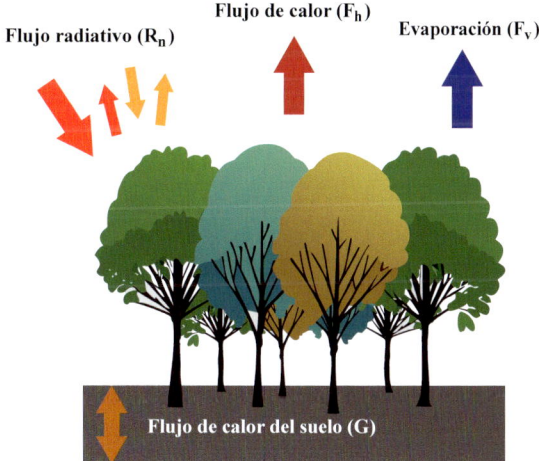

Figura 2.3. Componentes radiativos (R_n) y no radiativos (F_v, F_H, G) del balance de energía intercambiados en un bosque. El componente radiativo R_n es el balance de la radiación incidente y reflejada de onda corta y larga representadas por las cuatro flechas en color rojo y amarillo. Por tanto, R_n (y la energía disponible) se ve influida por las propiedades de la superficie (ej. albedo, emisividad).

2.2. Ventajas y limitaciones

La técnica de EC es considerada como la técnica más precisa y directa para medir los intercambios de gases y energía entre la superficie y la atmósfera. La principal ventaja es que es un método no invasivo y que, por tanto, permite medir flujos sin perturbar el entorno que es generalmente referido a un área extensa que puede llegar a cientos de hectáreas, como es el caso de una torre de 80 m de altura situada en la Amazonia. Además, el sistema de EC es altamente flexible y facilita su aplicación en diferentes ámbitos, desde la agronomía hasta la climatología. Podríamos resaltar que esta técnica tuvo su mayor auge en los años 90 y hoy en día cuenta con redes consolidadas de colaboración, como el Sistema Integrado de Observación del Carbono (ICOS; http://www.icos-etc.eu/icos/home) de ámbito europeo, hasta redes globales como FLUXNET (https://fluxnet.org/). Como aspectos más limitantes, podríamos mencionar que su aplicación está generalmente restringida a ciertos requerimientos locales: superficies planas (o de baja pendiente), con poca variabilidad espacial y/o de las condiciones ambientales (estacionalidad).

3. Diseño experimental, implementación y preprocesado de flujos

3.1. Diseño experimental e implementación

El nivel de simplificación de los equipos de EC es un aspecto fundamental en el diseño experimental de una torre de EC. Como hemos comentado previamente, la medida de F_i requiere un anemómetro tridimensional y un analizador de gases de alta frecuencia. Sin embargo, una estación de EC típica cuenta con un equipo meteorológico para la media de variables ambientales básicas, como la temperatura, la humedad relativa, la radiación y la precipitación. En un grado de mayor complejidad, una estación de EC completa contaría con información adicional del suelo, incluyendo contenido de humedad y temperatura, flujo de calor, aspectos más detallados del balance radiativo (radiación incidente y reflejado de onda larga y corta), así como concentraciones de gases a lo largo del perfil de la torre y variables biológicas (ej. temperatura de la vegetación).

Aunque sin entrar en mayores detalles, cabe mencionar que el consumo de energía requerido está determinado fundamentalmente por el tipo de canal usado por el analizador de gases, por el tipo de gases (CO_2 versus CH_4) y, por supuesto, por el grado de simplificación de la estación de EC. En particular, podríamos indicar que un analizador de gases de canal abierto requiere menos energía que uno de canal cerrado; éste precisa una bomba de aire para la captación continua de la muestra de aire hacia el analizador. En muchos casos, la elección del tipo de canal usado vendrá determinado por las condiciones locales. Así, el analizador de gases de canal cerrado es más eficiente en ambientes húmedos con frecuente niebla o con alta carga de polvo o contaminantes que afecten a los componentes ópticos del analizador. En áreas remotas, la estación de EC puede ser alimentada con fuentes de energía solar; las limitaciones energéticas dan lugar a una preferencia por el uso de un analizador de gases de canal abierto.

Por último, cabe destacar que el correcto emplazamiento y la altura de la estación determinan en gran medida la calidad de los datos. Estos dos aspectos garantizan condiciones necesarias en la medida de EC como la estacionariedad del flujo turbulento.

El grado de complejidad en el producto final requerido es un aspecto clave en el diseño de una estación de EC. Así, una estación básica está constituida por los sensores para la determinación de un flujo de gas (típicamente CO_2 y H_2O). Sin embargo, una estación típica añade información meteorológica, como la temperatura del aire, la humedad relativa y la precipitación. En este sentido, redes internacionales como ICOS requieren estándares que van más allá del diseño de una estación típica. Estos estándares van desde el tipo de analizador (canal cerrado), la inclusión de componentes radiativos, de flujo de humedad y temperatura del suelo, además de información de las variables meteorológicas a lo largo del perfil de la torre (Figura 2.4). Cabe añadir que una estación completa incluiría flujos de otros gases (ej. CH_4), además de los de CO_2 y H_2O.

Preprocesado de flujos

Además de un buen diseño experimental, el principal reto en el uso de la técnica de EC reside en la complejidad en la implementación de una serie de consideraciones en el procesado de un volumen importante de datos (Figura 2.4). Obviamente, estas consideraciones pueden variar en función del propósito del proyecto, las características de la estación y/o las condiciones locales, por lo que volvemos a reseñar que no existe una única receta y algunos requerimientos específicos recaen en la experiencia del usuario. Aunque el desarrollo reciente de *softwares* y otras herramientas de procesado han facilitado el flujo de trabajo asociado al tratamiento de datos, una correcta implementación de la técnica requiere una serie de consideraciones básicas que nos ayuden a entender la complejidad de una serie de ecuaciones matemáticas, asunciones y errores asociados (para más detalle ver Sabbatini *et al.* (2018)). No olvidemos que la técnica de EC sigue en continuo desarrollo.

De forma simplificada, un flujo vertical F puede ser representado como el promedio del producto de la densidad del aire (ρ_d), la velocidad vertical del aire (w) y la fracción molar de aire seco del gas de interés (s).

$$F = \overline{\rho_d \times w \times s} \qquad [2]$$

Hay que tener en cuenta que s es generalmente referido como razón de mezcla. En micrometeorología, la razón de mezcla refiere a la ratio de un escalar (ej. CO_2, CH_4, etc.) con el aire seco, y puede ser definida como los moles (o gramos) del constituyente dividido por los moles (o gramos) del aire seco. Sin embargo, un analizador de gases de canal abierto proporciona concentración de un constituyente referido a aire, por lo que se precisa de correcciones de densidad para pasar a razón de mezcla. Por otro lado, un analizador de gases de canal cerrado proporciona razón de mezcla, por lo que estas correcciones no son necesarias. Este aspecto lo veremos brevemente más adelante. En cualquier caso y siguiendo la interpretación clásica, el componente no difusivo que

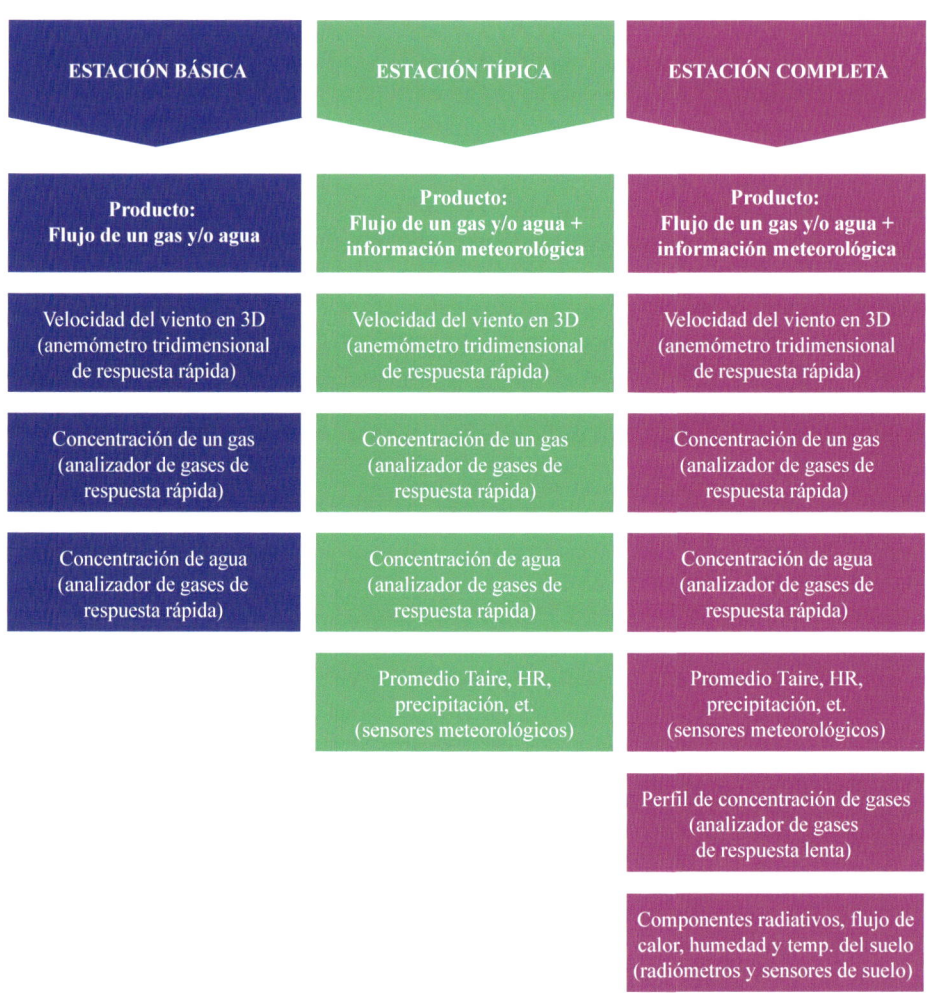

Figura 2.4. Diseño experimental de una estación de EC.

discutimos en la sección 2.1 es ignorado con el argumento de que la razón de mezcla corrige el efecto de H_2O, ya que se refiere a aire seco. A diferencia de esta interpretación clásica, siguiendo estrictamente la ley de conservación de masas, Kowalski *et al.* (2017) proponen el uso de fracción másica (incluyendo H_2O en el denominador) para distinguir entre los componentes difusivos y no difusivos de F.

A pesar de estas controversias en la interpretación de la ley de conservación de masas, aplicando la descomposición de Reynolds en promedios y sus respectivas desviaciones de cada componente en la ecuación 2, teniendo en cuenta dos asunciones importantes (despreciamos las fluctuaciones de la densidad del aire y el promedio de la velocidad vertical), la ecuación 2 puede ser resumida en la siguiente expresión:

$$F \approx \overline{\rho_d \times w' \times s'} \qquad [3]$$

Donde w' y s' representan las fluctuaciones de la velocidad del viento y del constituyente de interés, respectivamente.

Aunque la divergencia de flujos podría ser minimizada en terrenos planos y homogéneos, otro aspecto que deberíamos tener en cuenta en el diseño experimental es la representatividad del muestreo: la posición del analizador y el anemómetro son representativos del área de viento vertical y las medidas se localizan dentro de la capa límite donde asumimos una capa de flujo constante (el promedio de las fluctuaciones de la velocidad vertical es despreciable). Además, deberíamos tener en cuenta aspectos como el área de influencia (*footprint*). De este modo, el flujo medido corresponde al área de interés. Por último, cabe destacar algunos elementos importantes en la instalación de los instrumentos, de tal manera que las variables medidas no sufran perturbaciones por los propios instrumentos o por la estructura de la torre. Estrictamente, estas consideraciones pueden ser aplicadas a condiciones ideales y, en el caso de que alguna de ellas no se cumpla o, en su caso, no se corrija, la medida de EC puede conllevar importantes errores. Más allá de estos aspectos del diseño experimental de la torre, se deben considerar otras fuentes potenciales de errores sistemáticos asociados a la respuesta de frecuencia (ej. respuesta del sistema, efectos de atenuación a analizadores de canal cerrado, separación de los sensores, filtros de frecuencia y muestreo digital, entre otros) o a la propia instalación de los sensores. Por ejemplo, errores potenciales atribuibles al anemómetro se deben a su nivelación, retraso del sensor, ángulo de ataque, flujo de calor sónico, fluctuaciones de densidad, y ruido. Del mismo modo, deberíamos considerar aquellos errores asociados al analizador de gases por infrarrojo como los efectos espectróscopicos del láser, ancho de banda o incluso a efectos de almacenamiento de gases. En el último caso, se necesitaría medir la concentración de gases a lo largo del perfil de la torre. Por último, no podemos olvidar los errores propios del procesado de datos incluyendo el rellenado de huecos de datos (*data gap filling*), así como las técnicas de descomposición (o partición de flujos) en sus componentes que veremos más adelante.

Para minimizar estos errores, la técnica de EC ha desarrollado una serie de correcciones que se aplican en el procesado de datos. Obviamente, estos incluyen aquellas tareas del mantenimiento de los instrumentos (ej. calibraciones, etc.) que afectan a la calidad de los datos. La siguiente tabla proporciona un resumen de aquellas medidas de prevención, así como los métodos para la corrección de errores (Tabla 2.1).

Como parte de un proceso estandarizado, el uso de *softwares* como EddyPro para la corrección automatizada de estos errores es una práctica habitual en la comunidad (ej. FLUXNET). No obstante, un diseño apropiado del experimento y un procesado minucioso de los datos son aspectos determinantes para minimizar el impacto de estos errores. La siguiente figura simplifica el flujo de trabajo desde el diseño experimental, la implementación de la técnica y, por último, el procesado de datos (Figura 2.5).

77

Tabla 2.1. Resumen de los errores potenciales asociados a la medida de EC.

Tipo de errores	Medidas de prevención	Métodos de corrección
Ruido y anomalías	Selección del instrumento	Eliminación de datos anómalos
Desnivel del anemómetro	Instalación del anemómetro y de la torre	Rotación de coordenadas
Ángulo de visión	Selección del instrumento	Corrección del ángulo de ataque
Flujo de calor sónico	–	Correcciones del flujo de calor sónico
Fluctuaciones de densidad	Selección del tipo de instrumento	Salida de la fracción molar de aire seco o correcciones de densidad (*Webb-Pearman-Leuning corrections*)
Efecto espectroscópico del laser	–	Correcciones específicas del instrumento
Ancho de bandas del infrarrojo cercano	–	Correcciones del ancho de banda
Almacenamiento de flujo	Medida de gases a lo largo del perfil de la torre	Término de almacenamiento de gases
Relleno de huecos de datos	Selección del instrumento, mantenimiento adecuado	Metodología usada

DISEÑO EXPERIMENTAL
- Definir los objetivos del proyecto
- Decidir el tipo de *hardware* (instrumentos, estructura y torre de EC)
- Decidir el tipo de *software* (colección y procesado de datos)
- Establecer la ubicación de la estación
- Establecer un plan de mantenimiento

IMPLEMENTACIÓN
- Situar la torre y los instrumentos
- Configurar el proceso de colección de datos
- Configurar y comprobar la cadena de procesado
- Ejecutar el plan de mantenimiento

PROCESADO
- Conversión de unidades
- Eliminación de anomalías (e.j. picos)
- Aplicación de las calibraciones
- Rotación de ejes
- Corrección de retrasos y eliminación de tendencias si es requerido
- Promedio
- Aplicar correcciones
- Control de calidad y rellenado de huecos
- Integración de datos
- Análisis de datos y visualización de resultados

Figura 2.5. Flujo de procesos en el diseño experimental y la implementación de la técnica de EC, así como aquellos relevantes al procesado de datos.

4. Procesado de datos

Una vez aplicados los métodos de corrección (Tabla 2.1), en esta sección abordaremos diferentes cuestiones relevantes en el procesado de datos. Para ello, partimos de los flujos corregidos de EC obtenidos a partir de los datos brutos (incluidos los datos meteorológicos) y promediados para periodos de 30 minutos (Figura 2.6).

En las siguientes secciones incluiremos ejercicios prácticos usando un paquete compilado en lenguaje R, como es ReddyProc (disponible libremente en https://github.com/bgctw/REddyProc), desarrollado por Wutzler *et al.* (2018). En particular, abordamos diferentes aspectos básicos, empezando por el filtrado de calidad de datos, el rellenado de huecos y, finalmente, la partición de flujos de CO_2 y H_2O.

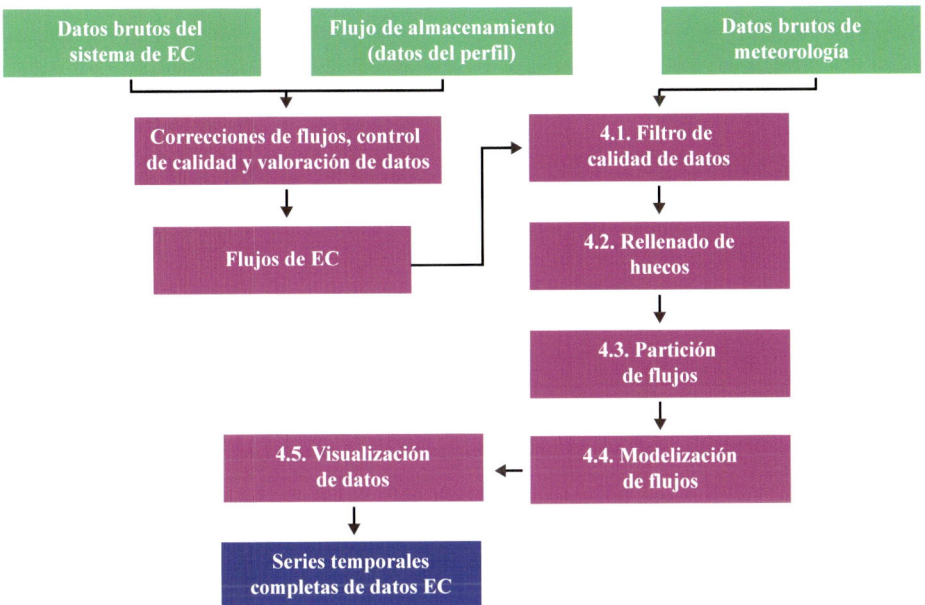

Figura 2.6. Flujo de trabajo del procesado de flujos de EC.

4.1. Filtrado de datos

La medida de flujos turbulentos con EC es poco efectiva para condiciones de estratificación atmosférica y baja turbulencia. Estas condiciones se dan generalmente durante las noches y llevan a importantes incertidumbres y desviaciones en el cálculo de flujos de EC. Durante las últimas décadas se han propuesto una serie de *test* de calidad que permite identificar condiciones atmosféricas que incumplen algunas de las principales asunciones necesarias para la correcta aplicación de la técnica (Foken y Wichura, 1996). En esta sección, a modo de simplificación, abordaremos una clase heurística de métodos que se basan en la relación entre el flujo de EC y la velocidad de fricción (u∗) como filtro para la eliminación de datos de baja calidad. Este límite es generalmente establecido por la relación entre los flujos nocturnos y u* (incluyendo su covariación con la temperatura) y es específico del sitio experimental (Papale *et al.*, 2006). El objeto del filtrado es, por tanto, identificar un límite para u*, que varía estacionalmente, por el que rechazaremos todos los datos medidos con EC. Como resultado, crearemos una cantidad de huecos (periodos sin datos) en nuestra serie temporal que serán rellenados en el postproceso mediante varias técnicas de rellenado de datos.

Ejercicio 1: Filtrado de datos

De una forma pragmática describiremos el método de filtrado de datos usando un caso de estudio mediante un algoritmo de filtrado compilado en el paquete R ReddyProc (Wutzler *et al.*, 2018). En primer lugar, nos descargaremos datos de flujos de un caso de estudio de la base de datos europea (http://www.europe-fluxdata.eu). En este ejercicio usaremos datos del sitio experimental Tharandt, un bosque de abetos en Alemania (https://fluxnet. org/doi/FLUXNET2015/DE-Tha). Para visualizar los datos procedemos previamente a armonizar algunas variables y a generar una gráfica de tipo *fingerprint*. En ésta gráfica podemos ver un gradiente de color que representa el rango de magnitud de los flujos (ej. NEE) a lo largo del día y de la estación (código 1). En la Figura 2.7 podemos observar flujos de NEE promediados en periodos de 30 minutos para el año 1998. Como podemos observar, el *fingerprint* muestra algunos huecos con periodos en blanco en los que no existen medidas, particularmente en agosto.

Código 1

```
#+++ Librerías
library(dplyr) # gestion de datos.
library(ReddyProc) # paquete de procesado de datos.

#+++ Cargar datos del archivo de datos con encabezado y una fila con las unidades.
fileName <- getExamplePath('Example_DETha98.txt', isTryDownload = TRUE)
EddyData <- if (length(fileName)) fLoadTXTIntoDataframe(fileName) else
  # o usa el ejemplo en formato RData incluido en REddyProc.
Example_DETha98

#+++ Replace long runs of equal NEE values by NA
EddyData <- filterLongRuns(EddyData, "NEE")

#+++ Añade un time stamp en formato POSIX.

EddyDataWithPosix <- fConvertTimeToPosix(
  EddyData, 'YDH',Year = 'Year',Day = 'DoY', Hour = 'Hour') %>%
  filterLongRuns("NEE")
```

```
#+++ Iniciar una clase sEddyProc de referencia 5 (ver envRefClass-class (Burnham et al.)) para
el postprocesado de datos EC con las variables necesarias.

EProc <- sEddyProc$new('DE-Tha', EddyDataWithPosix, c('NEE','Rg','Tair','VPD', 'Ustar'))

#+++ Fingerprint

EProc$sPlotFingerprintY('NEE', Year = 1998)
```

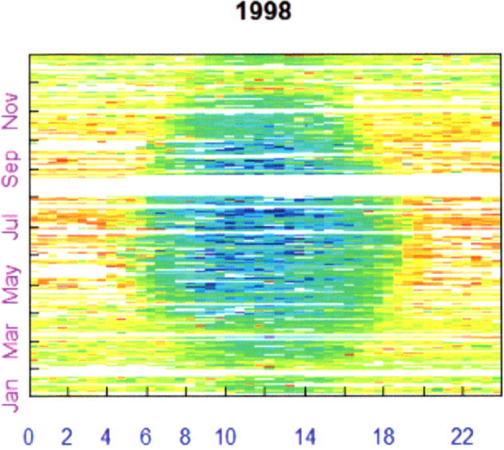

Figura 2.7. *Fingerprint* del intercambio neto de CO_2 en Tharandt (Dresden, Alemania).

En el siguiente código pasaremos a identificar periodos con baja velocidad de fricción (u∗) y estudiaremos la distribución temporal de estos umbrales. De esta forma, descartaríamos los periodos donde NEE presentaría desviaciones. El algoritmo incluye un método de *bootstrapping* para caracterizar los cuartiles de la distribución de los umbrales estimados (inferior 5 %, mediana 50 %, superior 95 %). Como hemos descrito anteriormente, estos umbrales pueden variar temporalmente debido a cambios en la estructura de la cubierta forestal, por lo que podríamos definirlos en términos de estación (*seasons*) o para periodos definidos por el usuario (ej. intervenciones selvícolas, como podas, etc.). Por defecto, el algoritmo nos calcula los umbrales agregados al año en cuestión y por estaciones (código 2).

4.2. Rellenado de huecos

Una vez pasado el filtro y habiendo obtenido datos de calidad, vamos a rellenar huecos en los datos basado en información ambiental. Siguiendo con el mismo ejemplo, decidimos usar el umbral calculado para cada estación y estimar su valor válido, además de los errores para cada registro (ver FillAll; código 3).

Código 2

```
EProc$sEstimateUstarScenarios(
  nSample = 100L, probs = c(0.05, 0.5, 0.95))
EProc$sGetEstimatedUstarThresholdDistribution()
```

```
## aggregationMode seasonYear season    u*      5%      50%      95%
## 1    single    NA   <NA> 0.4162500 0.3701250 0.4449412 0.6671111
## 2    year    1998   <NA> 0.4162500 0.3701250 0.4449412 0.6671111
## 3    season  1998 1998001 0.4162500 0.3701250 0.4449412 0.6671111
## 4    season  1998 1998003 0.4162500 0.3186189 0.3958947 0.6141736
## 5    season  1998 1998006 0.3520000 0.3100000 0.3873571 0.4500000
## 6    season  1998 1998009 0.3369231 0.2460490 0.3825395 0.5026841
## 7    season  1998 1998012 0.1740000 0.2479375 0.4194048 0.6520208
```

Código 3

```
EProc$sMDSGapFillUStarScens('NEE')
```

Ejercicio 2: Rellenado de datos

El mensaje de salida después de ejecutar el código 3 en la consola de R studio muestra que el filtro y rellenado de huecos fue realizado para cada umbral de u∗ (ver columna u∗ThAnnual). En el ejemplo podremos observar valores desde 24 % de los datos como huecos para un umbral de Th_1 = 0,41625 m s⁻¹ y de 38 % para Th_1 = 0,62290 m s⁻¹. Para cada hueco, el algoritmo proporciona en columnas separadas estimaciones de NEE (sufijo _f de *filled*, rellenado en inglés) y su respectivo error (desviación estándar de su incertidumbre). Por último, podemos visualizar un *fingerprint* con el resultado de los huecos rellenados (código 4; Figura 2.8).

Código 4

```
EProc$sSetLocationInfo(LatDeg = 51.0, LongDeg = 13.6, TimeZoneHour = 1)
EProc$sMDSGapFill('Tair', FillAll = FALSE,  minNWarnRunLength = NA)
EProc$sMDSGapFill('VPD', FillAll = FALSE,  minNWarnRunLength = NA)
EProc$sFillVPDFromDew() # Rellenar otros huecos presents en VPD_f

grep("NEE_.*_f$",names(EProc$sExportResults()), value = TRUE)

grep("NEE_.*_fsd$",names(EProc$sExportResults()), value = TRUE)

[1] "NEE_uStar_fsd" "NEE_U05_fsd"  "NEE_U50_fsd"  "NEE_U95_fsd"
```

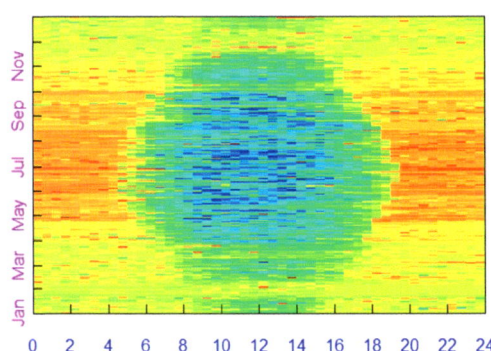

Figura 2.8. *Fingerprint* del intercambio neto de CO_2 en Tharandt con huecos rellenados (Dresden, Alemania).

Cabe mencionar que el algoritmo de rellenado en ReddyProc es el de distribución de muestreo marginal (*marginal distribution sampling*, MDS), debido a su flexibilidad en el uso de métodos numéricos basados en relaciones funcionales entre los flujos y otras variables ambientales (Reichstein *et al.*, 2005).

4.3. Partición de flujos

Como tercer paso en el postproceso, en esta sección trataremos brevemente los principales métodos de separación de flujos. Para el caso del flujo neto de CO_2 (NEE), procederemos con dos métodos de partición para su separación en sus dos componentes: el flujo bruto de fotosíntesis (conocido como producción primaria bruta, en inglés *gross primary production* GPP) y la respiración de ecosistema (Reco). Para el caso de los flujos de vapor de agua (evapotranspiración, F_v), trataremos tres de los principales algoritmos de separación en evaporación y transpiración.

Partición del intercambio neto de CO_2 (NEE) en fotosíntesis (GPP) y respiración (Reco)

Esta técnica se fundamenta en métodos numéricos basado en relaciones funcionales que podríamos resumirlo en dos: i) métodos nocturnos basados en la relación funcional entre la respiración y la temperatura, y ii) métodos diurnos basados en la relación funcional entre la fotosíntesis y la radiación.

- **Método nocturno**

Partiendo de la base de que asumimos que el intercambio neto gaseoso de CO_2 en un ecosistema (NEE) se debe a dos componentes biológicos, la fotosíntesis (GPP) y la respiración (Reco), la idea principal es que si filtramos los datos para periodos nocturnos (ej. radiación global Rg < 10 W m^{-2}), cuando las tasas de fotosíntesis son nulas, podríamos asumir que las medidas de NEE corresponden básicamente a las tasas de respiración; es decir, NEE ≈ Reco. Por tanto, si exploramos relaciones funcionales basándonos en la respuesta de la respiración a cambios en la temperatura (Lloyd y Taylor, 1994), podríamos extrapolar estas relaciones a condiciones de día y estimar, así, GPP como el residual entre el flujo medido (NEE) y el estimado de Reco a partir de los datos de temperatura como única variable independiente.

$$R_{eco} = R_{ref} \; \exp[E_0 \times ((1/(T_{ref} - T_0)) - (1/(T_{air} - T_0)))] \qquad [4]$$

Donde T_0 es una constante (-46.02 °C), T_{ref} es fijada a 15°C, y E_0 y R_{ref} son los parámetros del ajuste que definen la sensibilidad a la temperatura y la respiración basal a la temperatura de referencia, respectivamente. Estos dos parámetros son ajustados de forma consecutiva para cada ventana temporal de siete días y asignado al valor central del periodo una vez aplicada una interpolación lineal.

En este caso, debemos resaltar que la aplicación de rellenado de huecos es, también, susceptible a las variables meteorológicas, como la temperatura (T_{air}) o el déficit de presión de vapor (VPD). En el caso de la radiación, podríamos estimar sus valores (asumiendo días despejados) a partir de la localización de la torre (ej. latitud y longitud, código 5).

Código 5

```
#+++ Partición de NEE basado en el método nocturno

EProc$sMRFluxPartitionUStarScens()

#+++ Ver resultados en columnas

grep("GPP.*_f$|Reco",names(EProc$sExportResults()), value = TRUE)

#+++ Visulaizar el fingerprint para la fotosíntesis (GPP)

EProc$sPlotFingerprintY('GPP_U50_f', Year = 1998)
```

Ejercicio 3: Partición de flujos

• **Método diurno**

Este método es computacionalmente más costoso debido a un mayor componente en modelización o parametrización. En este sentido, es necesario considerar varios parámetros relacionados con la respuesta de NEE a la luz con objeto de efectuar su estimación mediante la siguiente ecuación hiperbólica:

$$NEE = ((\alpha \times \beta \times R_g)/((\alpha \times R_g) + \beta))) + (R_{ref} \; \exp[E_0 \times ((1/(T_{ref} - T_0)) - (1/(T_{air} - T_0))]) \; [5]$$

Donde α representa la eficiencia en la utilización de la luz, y β es la máxima tasa de asimilación para valores infinitos de radiación (R_g). En un mayor nivel de modelización, variaciones en β podríamos ajustarlas como una función exponencial decreciente como respuesta a incrementos en VPD (Lasslop *et al.*, 2010).

$$\beta = \begin{cases} \beta_0 \exp[-k \times (VPD - VPD_0)] \\ \beta_0 \end{cases}$$ [6]

Donde VPD_0 representa el umbral (ej. 10 hPa) y β_0 y k son parámetros de ajuste (código 6).

Código 6

```
#++++ Partición de NEE basado en el método diurno
EProc$sGLFluxPartitionUStarScens()
```

Aunque cada método se basa en una serie de asunciones, ambos enfoques necesitan una adaptación, particularmente en ambientes carbonatados cuando la emisión de flujos del suelo por procesos advectivos controla NEE (Perez-Priego *et al.*, 2013).

Partición de agua: transpiración *vs.* evaporación

A diferencia de la partición de NEE, la partición de la evapotranspiración (ET) es más dificultosa debido a que la evaporación persiste durante la noche (Stoy *et al.*, 2019). Actualmente, el desarrollo de metodologías para la partición de flujos de agua está en pleno auge. A modo de resumen, estos métodos podríamos clasificarlos en base a su desarrollo numérico (teórico o empírico), así como por su área de aplicación (micrometeorología, teledetección y fisiología, entre otras). En este capítulo pasaremos a describir brevemente la aplicación de tres algoritmos de partición (Nelson *et al.*, 2020).

• **Método basado en el concepto de la eficiencia en la transpiración potencial (WUE_p, (Zhou** *et al.***, 2016))**

Este método se basa en la hipótesis de que WUE_p puede ser definida en periodos donde la evaporación (E) puede ser aproximada por la ET ($E \approx ET$). Basándose en la hipótesis de la optimalidad y asumiendo una WUE_p constante, Zhou et al (2016) sugirieron que la relación entre T/ET es proporcional a la ratio entre WUE_a/WUE_p, siendo WUE_a la eficiencia en la transpiración aparente. Mientras que la WUE_p puede ser determinada mediante la regresión por percentiles (regresión cuantílica) entre la expresión GPP $\times$ $VPD^{0.5}$ y la ET (Figura 2.9, código 7).

En este ejemplo podemos ver que la relación existente entre T/ET y WUE_p/WUE_a es del orden de 0,6. Esto sugiere que la transpiración constituye el 60 % de la ET para la semana del ejemplo. Como podéis comprender, esta relación variaría debido a factores fisiológicos (estrés hídrico), meteorológicos y estructurales (área foliar, etc.).

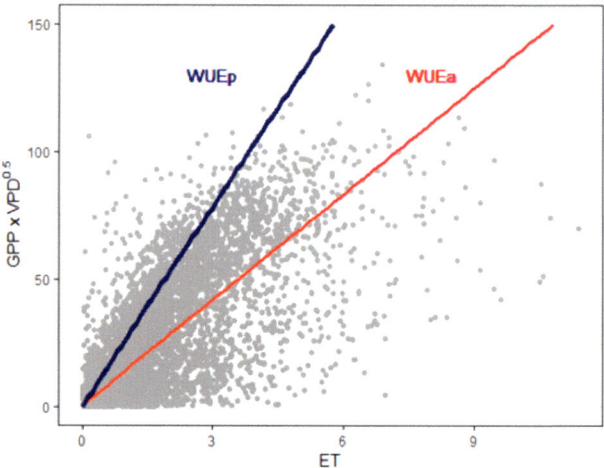

Figura 2.9. Cálculo de la eficiencia en la transpiración potencial y la actual para una semana de datos.

Código 7

```
#+++ Partición de ET basado en el método de WUEp

#+++ Extraer datos y cambio de unidades
FilledEddyData <- EProc$sExportResults()
CombinedData <- cbind(EddyData, FilledEddyData)
CombinedData$ETkg <- LE.to.ET(CombinedData$LE, CombinedData$Tair)
CombinedData$ETmol <- kg.to.mol(CombinedData$ETkg*1000)

library(bigleaf) # dependencias del paquete bigleaf

tmp <- data.frame(x = ds$ETmol, y= ds$GPP_U50_f*ds$VPD_f^0.5, DoY= ds$DoY)
df <- tmp %>% filter(DoY > 170 & DoY < 178) # partición para la semana 170-178

library(ggplot2)

ggplot(data = tmp, aes(x = x, y = y)) +
 geom_point(color ="grey") +
 geom_smooth(formula = y~x+0, se = FALSE, color = "red") +
 geom_quantile(formula = y~x+0, quantiles = 0.9, color = "darkblue", size=1.5) +
 theme_bw()+ylim(0,150)+   labs(x = expression(ET),
                  y =  expression(GPP~"x"~VPD^0.5),
                  color = "Legend") +
 geom_text(x=3, y=130, label="WUEp", color="darkblue")+geom_text(x=8, y=130,
```

```
label="WUEa", color="red")

library(quantreg)

modelo_WUEp <- rq(formula = y ~ x+0, tau = 0.9, data = tmp)
modelo_WUEa <- lm(formula = y ~ x+0, data = df)

T.over.ET <- modelo_WUEa$coefficients/modelo_WUEp$coefficients
```

- **Método basado en el concepto de la optimalidad**

Este método se fundamenta en que la función de las plantas es la de maximizar la relación entre la cantidad de CO_2 fijada por la fotosíntesis por unidad de agua usada en el proceso de transpiración. Basándonos en este preámbulo teórico, podríamos calcular una WUE_p a través de una aproximación de un parámetro χ_o (denominado Chi_o en el código) estimado de forma teórica (Wang *et al.*, 2017). Este parámetro representa la diferencia entre el suministro y la demanda de CO_2 para el proceso de fotosíntesis; se optimiza en base a las condiciones ambientales (agua disponible) y que puede ser entendido como una aproximación a la WUE. Mediante una novedosa técnica de optimización numérica de parámetros de un conjunto de ecuaciones fisiológicas, Perez-Priego *et al.* (2018) desarrollaron un algoritmo de partición fundamentado en esta idea de maximizar WUE_a. Este algoritmo fue implementado en código abierto R en el paquete https://github.com/oscarperezpriego/ETpartitioning/blob/master/inst/main_ETpartitioning.r

Código 8

```
#+++ Partición de ET basado en la teoría de la optimalidad

#+++ Estimar una variable (Chi_o) como aproximación a WUEp basandonos en el modelo
Pmodel (Stocker, et al 2019). P-model v1.0: An optimality-based light use efficiency model
for simulating ecosystem gross primary production. Geosci. Model Dev. Discuss., 2019, 1-59.
doi:10.5194/gmd-2019-200. Esa función es implementada en la siguiente línea:

calc_chi_o <- function (data, ColPhotos, ColVPD, ColTair, C, Z)
{
  iMissing <- which(!(c(ColPhotos, ColVPD, ColTair) %in% names(data)))
  if (length(iMissing))
    stop("Need to provide columns ", paste(c(ColPhotos,
                         ColVPD, ColTair)[iMissing], collapse = ", "))
  names(data)[names(data) == ColPhotos] <- "Photos"
  names(data)[names(data) == ColVPD] <- "VPD"
  names(data)[names(data) == ColTair] <- "Tair"
  data$VPD <- data$VPD/10
  Growth.Threshold <- quantile(data$Photos, probs = 0.85, na.rm = T)
  tmp <- data[data$Photos > Growth.Threshold, , drop = FALSE]
```

```
  Tair_g <- mean(tmp$Tair, na.rm = T)
  VPD_g <- mean(tmp$VPD, na.rm = T)
  logistic_chi_o = 0.0545 * (Tair_g - 25) - 0.5 * log(VPD_g) -
    0.0815 * Z + C
  chi_o <- exp(logistic_chi_o)/(1 + exp(logistic_chi_o))
  return(chi_o)
}


Chi_o <- calc_chi_o(data= df
                ,ColPhotos = "GPP_U50_f"
                ,ColVPD = "VPD_f"
                ,ColTair = "Tair_f"
                ,C = 1.189 ##<< Empirical coeficient for C3 species (see Wang et al., 2017; Plant
Nature).
                ,Z=0.3) ##<< altitude (km)


WUE_o <- calculate_WUE_o(data= ds
                ,ColPhotos = "GPP_U50_f"
                ,ColVPD = "VPD_f"
                ,ColTair = "Tair"
                ,C = 1.189 ##<< Coeficiente empírico para especies C3 species (ver Wang et al.,
2017; Plant Nature).
                ,Z=0.181) ##<< altitude (km)


#+++ Partición de ET basado en la teoría de la optimalidad

days_to_run <- seq(170,178)
 tmp <- subset(CombinedData,DoY %in% days_to_run) ##<< Defining days window

 tmp_day <- subset(tmp, Rg_f > 10)

 #-- optimizar los parámetros del modelo. Por simplificación, asuminos valores fijos para las
siguientes variables ambientales:

 tmp_day$CO2_f<- 400
 tmp_day$Pair_f<- 101
 tmp_day$WS_f<- 0.1
 tmp_day$PPFD_IN<- tmp_day$Rg*2
 tmp_day$SW_IN_f<- tmp_day$Rg


        #-- optimizar los parámetros usando un análisis MonteCarlo

 ans <-  optimal_parameters(par_lower= c(0,0, 10, 0)
                ,par_upper = c(400,0.4, 30, 1)
                ,data=tmp_day
                ,ColPhotos="GPP_U50_f"
                ,ColPhotos_unc="NEE_U50_fsd"
```

```
                   ,ColH="H_U50_f"
                   ,ColVPD="VPD_f"
                   ,ColTair="Tair_f"
                   ,ColPair="Pair_f"
                   ,ColQ="PPFD_IN"
                   ,ColCa="CO2_f"
                   ,ColUstar="Ustar"
                   ,ColWS="WS_f"
                   ,ColSW_in="SW_IN_f"
                   ,Chi_o = Chi_o
                   ,WUE_o= WUE_o)

par <- as.numeric(ans)

              #-- Estimar la transpiración a partir los parámetros estimados

tmp_day$transpiration_mod <- transpiration_model(
  par=par
  ,data=tmp_day
  ,ColPhotos="GPP_U50_f"
  ,ColH="H_U50_f"
  ,ColVPD="VPD_f"
  ,ColTair="Tair_f"
  ,ColPair="Pair_f"
  ,ColQ="PPFD_IN"
  ,ColCa="CO2_f"
  ,ColUstar="Ustar"
  ,ColWS="WS_f"
  ,ColSW_in="SW_IN_f"
  ,Chi_o = Chi_o
  ,WUE_o= WUE_o)

 # Condición: Los valores estimados de transpiración deben ser menores a los valores
observados en la ET:
 summary(tmp_day$transpiration_mod/tmp_day$ETmol, na=T)
```

- **Método basado en *machine learning* (TEA)**

El método numérico TEA estima WUE*a* vía *machine learning*. Este método asume periodos en los que el componente de evaporación es despreciable y T es aproximado a ET (Nelson *et al.*, 2018). Para dichos periodos, el algoritmo ajusta un modelo estadístico *Random Forest* basado en la respuesta funcional entre T y un número de variables ambientales.

Para un mayor detalle de los tres métodos, el lector puede seguir la guía online en el siguiente repositorio: https://github.com/jnelson18/ecosystem-transpiration

4.4. Calculo de propiedades funcionales de ecosistema con datos *EC*

Además de algunos de los rasgos más fundamentales que emergen de los flujos de datos EC (ej. WUE_p, WUE_a, α, β) que acabamos de detallar en secciones anteriores, podríamos incluir otras propiedades de gran relevancia, como la conductancia de superficie (G_s). Esta última es fundamental para entender la interacción de los ciclos de carbono y agua. Aunque estas propiedades emergen a escalas de bosque, reflejan, sin duda, rasgos funcionales y estructurales a nivel de hoja, como son la capacidad de carboxilación ($V_{c,max}$), masa específica de hoja (LMA), el contenido de nitrógeno, y de planta, como son la altura de la cubierta, la densidad de madera, etc. Obviamente, estas relaciones covarían espacialmente debido a factores climáticos, edáficos y relativos a la estructura de la masa vegetal; todos ellos aspectos biogeográficos de gran importancia para entender la dinámica de nuestros bosques.

5. Aplicaciones en el sector agroforestal

De forma breve, en esta sección vamos a resaltar algunas de las aplicaciones más prácticas en el uso de la técnica de EC. Esta técnica ha sido ampliamente usada en diferentes aplicaciones científicas durante los últimos 40 años. A pesar de que ha sido considerada como una técnica propia de micrometeorólogos, físicos e ingenieros, el avance en el desarrollo de *softwares* ha facilitado su amplio uso en otros campos, como la ecología y otras áreas del conocimiento propias de las ciencias de la tierra, como la agronomía y la climatología. En los últimos años incluso, se ha extendido su uso en ecosistemas urbanos para aplicaciones ambientales e hidrológicas relevantes para la industria. Como técnica estándar, su principal demanda se centra en cuestiones globales que requieren cuantificación de balances como información fundamental para la toma de decisiones (ej. mitigación de impacto climático mediante sumideros de carbono). En este sentido, existe una red Andaluza de torres de EC dentro de la red global FLUXNET que proporcionan información a gran detalle de la respuesta de los ecosistemas áridos al cambio climático, incluyendo ecosistemas gestionados susceptibles al cambio climático, donde se estudian aspectos de manejo (ej. cubiertas vegetales, clareos, fertilización, riego, etc.) durante los últimos 20 años. Estas estaciones son calve para detectar pequeños cambios temporales, que, en cierta extensión, tienen un impacto a escala regional y global.

6. Retos científico tecnológicos

Con el avance tecnológico ocurrido en la última década, la técnica de EC ha abordado retos importantes en su implementación en campos de aplicación más allá de la ciencia, como la monitorización ambiental, el secuestro y captura de carbono, las emisiones industriales y la detección de fugas (Figura 2.10). Dentro del ámbito forestal, la aplicación práctica de la técnica de EC se centra en la silvicultura de precisión. En este sentido, adecuar la técnica para su uso en sistemas forestales típicamente montañosos y caracterizados por pendientes acusadas y con poca accesibilidad, representa unos de los grandes retos tecnológicos para los próximos años. Sin duda, su integración con otras técnicas es fundamental para explorar cuestiones de manejo forestal en toda su dimensión espaciotemporal. Por ejemplo, los flujos de EC representan una información crucial para la calibración de modelos basados en la teledetección, así como en la inventariación forestal.

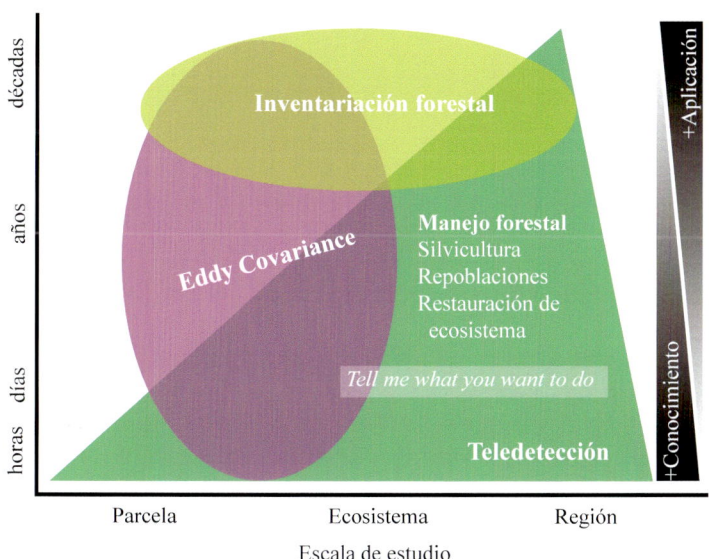

Figura 2.10. Enfoque en la integración de la técnica EC y la teledetección como herramienta en el manejo forestal.

Bibliografía

Burnham, K. P., & Anderson, D. R. (2004). Multimodel inference: understanding AIC and BIC in model selection. Sociol. method. Res., 33(2), 261-304.

Foken, T. and Wichura, B., 1996. Tools for quality assessments of surface-based flux measurements. Agr. Forest Meteorol., 78: 83 - 105.

Kowalski, A.S., 2017. The boundary condition for vertical velocity and its interdependence with surface gas exchange. Atmos. Chem. Phys., 17(13): 8177-8187.

Lasslop, G. *et al.*, 2010. Separation of net ecosystem exchange into assimilation and respiration using a light response curve approach: critical issues and global evaluation. Glob. Change Biol., 16(1): 187-208.

Lloyd, J. and Taylor, J.A., 1994. On the Temperature Dependence of Soil Respiration. Funct. Ecol., 8(3): 315-323.

Nelson, Jacob A. *et al.*, 2018. Coupling Water and Carbon Fluxes to Constrain Estimates of Transpiration: Thc TEA Algorithm. Journal of Geophysical Research: Biogeosciences, 123(12): 3617-3632.

Nelson, J.A. *et al.*, 2020. Ecosystem transpiration and evaporation: Insights from three water flux partitioning methods across FLUXNET sites. Glob. Chang Biol., 26(12): 6916-6930.

Papale, D. *et al.*, 2006. Towards a standardized processing of Net Ecosystem Exchange measured with eddy covariance technique: algorithms and uncertainty estimation. Biogeosciences, 3(4): 571-583.

Perez-Priego, O. *et al.*, 2018. Partitioning Eddy Covariance Water Flux Components Using Physiological and Micrometeorological Approaches. J Geophys Res Biogeosci, 123(10): 3353-3370.

Perez-Priego, O., Serrano-Ortiz, P., Sanchez-Canete, E.P., Domingo, F. and Kowalski, A.S., 2013. Isolating the effect of subterranean ventilation on CO2 emissions from drylands to the atmosphere. Agr. Forest Meteorol., 180: 194-202.

Reichstein, M. *et al.*, 2005. On the separation of net ecosystem exchange into assimilation and ecosystem respiration: review and improved algorithm. Glob. Change Biol., 11(9): 1424-1439.

Sabbatini, S. *et al.*, 2018. Eddy covariance raw data processing for CO2 and energy fluxes calculation at ICOS ecosystem stations. Int Agrophys, 32(4): 495-+.

Stoy, P.C. *et al.*, 2019. Reviews and syntheses: Turning the challenges of partitioning ecosystem evaporation and transpiration into opportunities. Biogeosciences, 16(19): 3747-3775.

Wang, H. *et al.*, 2017. Towards a universal model for carbon dioxide uptake by plants. Nature Plants, 3(9): 734-741.

Webb, E.K., Pearman, G.I. and Leuning, R., 1980. Correction of Flux Measurements for Density Effects Due to Heat and Water-Vapor Transfer. Q J R Meteorol. Soc., 106(447): 85-100.

Wutzler, T. *et al.*, 2018. Basic and extensible post-processing of eddy covariance flux data with REddyProc. Biogeosciences, 15(16): 5015-5030.

Zhou, S., Yu, B., Zhang, Y., Huang, Y. and Wang, G., 2016. Partitioning evapotranspiration based on the concept of underlying water use efficiency. Water Resour. Res., 52(2): 1160-1175.

Unidad II
Sistemas de Información Geográfica

3

Avances en SIG móviles y servidores de mapas de Internet para mejorar la gestión forestal

Pablo FERNÁNDEZ CORBIS
Rafael M.ª NAVARRO CERRILLO
Francisco J. RUIZ GÓMEZ

Resumen

La evolución continua de la tecnología SIG móvil representa una vía muy prometedora para la integración de los trabajos de campo y los servicios cartográficos de Internet aplicados a la gestión forestal y a la conservación de los hábitats naturales. Este capítulo ofrece una descripción general de las posibles aplicaciones para dispositivos móviles que integran herramientas SIG (OruxMap y Qfield) y servicios inalámbricos de servidores de mapas de Internet (IMS) orientados a optimizar los trabajos de campo relacionados con la gestión forestal. En el capítulo se muestran i) varias aplicaciones de servidores de mapas/imágenes basadas en internet, ii) algunos ejemplos de aplicaciones de SIG móviles y su integración con sistemas de posicionamiento global (GPS), y iii) algunos ejemplos de aplicaciones a ciencias forestales. También se detallan las consideraciones más generales que deben tenerse en cuenta en el diseño del trabajo de campo mediante el uso de SIG sobre dispositivos móviles, destacando las ventajas de su aplicación a los *softwares* de uso más frecuente. Por la especificidad de este libro, el capítulo se orienta muy particularmente a los trabajos de inventario forestal, y su relación con otros capítulos relacionados con datos de campo. Por último, se incluye un ejemplo para ilustrar el uso de las herramientas portables para todos aquellos interesados en los aspectos más prácticos de la adquisición de datos en campo y su relación con otras herramientas geoespaciales.

Palabras clave: cartografía de Internet, SIG móvil, GPS, comunicación inalámbrica, cartografía forestal.

1. Introducción

Muchas actividades forestales requieren acceder a cartografía a tiempo real de forma precisa, y asociar unas coordenadas de referencia a la información utilizada. El acceso a la cartografía durante los trabajos de campo ha requerido mucho tiempo y recursos hasta la irrupción de los Sistemas de Información Geográfica asociados a dispositivos portables (Löwe *et al.*, 2022). La aparición de los servicios de SIG, que pueden integrar SIG, sistemas de posicionamiento global (GPS), acceso a datos cartográficos y a conjuntos de datos geoespaciales a través de dispositivos móviles ha cambiado esta situación. Los SIG integrados en dispositivos portables (SIG-p) suponen un marco tecnológico nuevo para acceder a datos geoespaciales a través de dispositivos móviles, como *tablets*, asistentes personales digitales (PDA, *Personal Digital Assistant*) o teléfonos inteligentes. Con el avance y la convergencia de los GPS, Internet y la comunicación inalámbrica, los SIG-p han desarrolla un gran potencial para desempeñan un papel muy importante en la adquisición de datos de campo y su validación (Nowak *et al.*, 2020).

Estas aplicaciones SIG-p utilizan diferentes tipos de tecnologías, *software* y dispositivos, y se conocen con diferentes nombres, como SIG de campo (Pundt y Brinkkotter-Runde, 2000), SIG basados en la ubicación de servicios (LBS, *Location Based Services*) (Peng y Tsou, 2003), Mapeo SIG (Xue *et al.,* 2002) y tele cartografía (Gartner, 2003). De hecho, las diferencias entre estos nombres reflejan la naturaleza de las aplicaciones de SIG móvil y el progreso tan rápido que ha experimentado la relación entre los SIG y el acceso a datos a través de las telecomunicaciones convencionales. Se puede definir un SIG móvil como un sistema integrado de *software/hardware* para el acceso a datos y servicios geoespaciales a través de dispositivos móviles vía cable o redes inalámbricas. Actualmente se dispone de un número cada vez mayor de SIG móviles y aplicaciones establecidas por empresas privadas (OruxMap, Qfield), agencias gubernamentales (ej., Instituto Geográfico Nacional de España) y centros académicos y de investigación.

El uso de SIG-p para la gestión forestal tiene numerosas ventajas, como su fácil integración en los trabajos de campo (ej., telefonía móvil), la capacidad de asociar coordenadas geográficas durante la recopilación de datos o la realización de tareas de validación. Gracias a la comunicación inalámbrica, los usuarios pueden realizar actualizaciones de datos en tiempo real e intercambiar información con diferentes servidores de mapas centralizados. Otra ventaja de las soluciones SIG-p es que la información se puede integrar perfectamente con equipos GPS, lo que proporciona mediciones geodésicas completas y funciones de navegación. Los principales usuarios de los SIG-p son los trabajadores de campo, los técnicos y los investigadores. Por ejemplo, un gestor de un parque nacional puede utilizar un GPS y un SIG-p para validar, agregar o eliminar las ubicaciones de especies de plantas sensibles (ej., FAME. Aplicación web de apoyo al seguimiento, localización e integración de la información sobre flora amenazada y de interés generada en Andalucía); un responsable de un inventario forestal puede utilizar un teléfono inteligente para localizar el centro de las parcelas y crear la ruta más corta para navegar a lo largo de plan de medición de parcelas usando un mapa de inventario a través de redes inalámbricas.

Hay dos áreas principales para la aplicación de SIG-p: los SIG de campo y los servicios basados en localización (LBS). Un SIG de campo se centra en la recopilación de datos SIG, y en la validación y la actualización de datos en campo, tales como agregar nuevos puntos o cambiar los atributos en tablas en un conjunto de datos SIG ya existentes. Por el contrario, los SIG basados en la localización se centran en la gestión de ubicaciones orientada a las diferentes funciones como la navegación, la gestión de rutas, el acceso a una ubicación específica o el seguimiento de dispositivos como vehículos (Niu y Silva, 2020. Las principales diferencias entre el SIG de campo y el LBS están en la capacidad de edición de los datos. La mayoría de las aplicaciones SIG de campo necesitan editar o cambiar los datos SIG originales, o modificar sus atributos. Sin embargo, los servicios basados en la localización rara vez cambian los conjuntos de datos SIG originales, sino que, más bien, los usan como fondo o recurren a mapas de referencia. En la Tabla 3.1 se muestran las principales tecnologías y aplicaciones utilizadas en SIG-p y LBS.

Tabla 3.1. Tecnología y algunas aplicaciones SIG móviles (Tsou, 2004).

	SIG de campo	LBS
Hardware	PDA, *tablet* o teléfono inteligente	Teléfonos móviles 4G o 5G
Software	*Software* SIG/GPS móvil (ej., OruxMap, ArcPAD, Qfield).	Sistemas basados en proveedores con lenguajes de codificación móviles (WAP, C-HTML, etc.)
Herramientas de programación	Java, Python	Java y .NET Compact Framework
Comunicación inalámbrica	Wi-Fi o señales de teléfono celular	Teléfonos móviles o satélites
GPS	Bluetooth externo o conectado por cable	Integrado con teléfonos móviles o vehículos
Servicios web		Servidores LBS privados o públicos
Principales aplicaciones	Gestión de recursos naturales Recogida de datos de campo Ciencia ciudadana Sistemas de gestión de elementos espaciales (parcelas, infraestructuras, etc.) Respuesta a emergencias y gestión de peligros	Navegación de vehículos (informe de tráfico en tiempo real y rutas) Servicios de consulta de direcciones/mapas Servicios de seguimiento geográfico (monitoreo de ubicaciones de vehículos) Emergencias Ciencia ciudadana

2. La arquitectura del SIG un móvil

La arquitectura de un SIG integrado en dispositivos portables móviles es muy similar al de un SIG de Internet. Los componentes de SIG-p del lado del usuario son los dispositivos de hardware que pueden mostrar mapas o proporcionar resultados analíticos de un SIG. Los componentes del lado del servidor son los que proporcionan datos geoespaciales completos y capacidad para realizar operaciones SIG basadas en las solicitudes del usuario. El usuario y el servidor se relacionan a través de redes de comunicación (como las conexiones inalámbricas) para facilitar los intercambios de geodatos y servicios (Figura 3.1). Los componentes básicos de un SIG-p son:

- **Sistemas de posicionamiento.** Son los dispositivos que proporcionan información de coordenadas georreferenciadas (x, y, z) a los receptores SIG móviles. Hay dos sistemas principales: los sistemas de posicionamiento local y los sistemas de posicionamiento global. Los sistemas de posicionamiento local se basan en la triangulación de las señales telefónicas desde múltiples estaciones base para calcular la posición de un dispositivo, o bien en dispositivos GPS para calcular la posición. A veces, las aplicaciones SIG móviles pueden requerir ambos tipos de sistemas de posicionamiento para generar resultados satisfactorios.

- **Receptores GPS móviles.** Están integrados en las terminales y pueden mostrar mapas e información sobre la ubicación de los usuarios. Sus componentes de *hardware* incluyen dispositivos de almacenamiento, entrada/salida de datos, conexiones y funciones de visualización como los teléfonos inteligentes o las *tablets*, que son los receptores SIG móviles más populares.

- ***Software* de SIG móvil.** *Software* especializado empleado por las aplicaciones de SIG móviles. Debido a las limitaciones de los receptores de SIG móviles (unidades de visualización más pequeñas, almacenamiento limitado, etc.), el diseño del *software* de SIG móvil debe centrarse en operaciones SIG específicas (como geo codificación, coincidencia de direcciones, búsqueda espacial, servicios de rutas o visualización de mapas) en lugar de un SIG completo. El *software* de SIG móviles puede requerir diferentes sistemas operativos (como Android o iPhone).

- **Sincronización de datos/comunicación inalámbrica.** Mecanismo de comunicación que une el receptor SIG móvil con los servidores de contenidos SIG. Estos enlaces pueden ser comunicaciones inalámbricas en tiempo real (a través de Wi-Fi o señales de teléfono celular) o por cable (vía USB o puertos seriales). Ambos mecanismos deberían proporcionar comunicación bidireccional. Para facilitar las comunicaciones bidireccionales, existen varios paquetes de *software* de sincronización de datos o *middleware* (servicios web).

- **Datos geoespaciales.** Capas de SIG personalizadas utilizadas en aplicaciones SIG móviles. Con el espacio de almacenamiento limitado en los receptores SIG móviles, la mayoría de los datos SIG deben comprimirse o presentarse como subconjuntos de sus extensiones originales. Los receptores SIG almacenan datos geoespaciales en un geo datos caché ubicado en un espacio de almacenamiento SIG temporal o en una

Componentes del cliente   Componentes del servidor de mapas

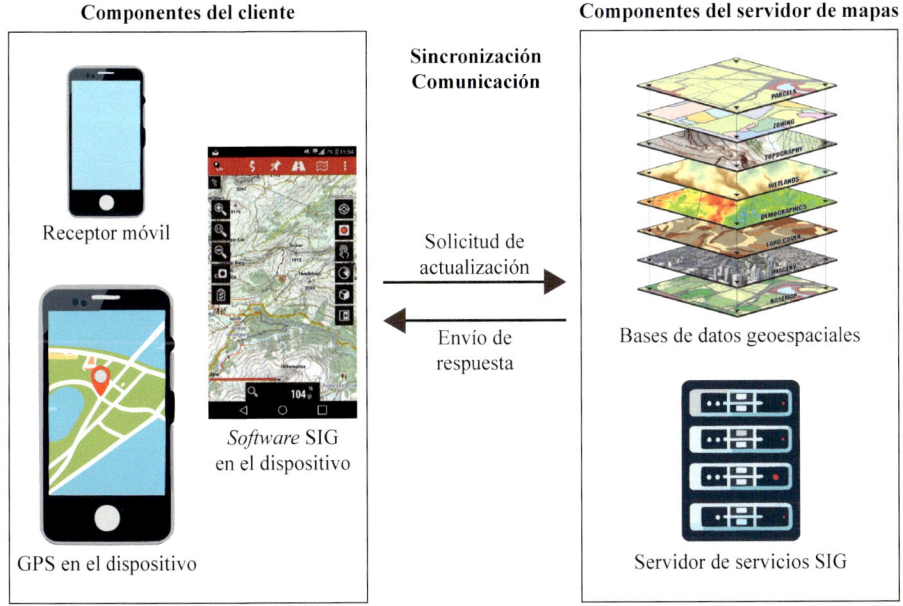

Figura 3.1. Estructura de un SIG móvil (adaptado de Tsou, 2004)

tarjeta de memoria. A menudo, los conjuntos de datos personalizados son descargado y sincronizado desde servidores SIG. Un enfoque alternativo es utilizar tecnología inalámbrica para acceder a capas SIG de gran tamaño y/o imágenes que se captan del contenido del servidor directamente. La ventaja del acceso inalámbrico directo es que los usuarios de SIG móviles pueden recuperar la información geoespacial directamente del servidor sin un proceso complicado de sincronización entre el receptor de SIG móvil y los servidores de contenidos.

* **Servidores de contenidos SIG.** Pueden enviar geo datos a los receptores (almacenados en caché de geo datos) y el receptor puede cargar geo datos actualizados al servidor. Para la comunicación inalámbrica, el SIG móvil puede solicitar un servicio o mapa específico desde el servidor de contenido SIG; el servidor responderá a la solicitud enviando el nuevo mapa al receptor.

3. Aplicaciones SIG

Los SIG-p representan un paso significativo para la recopilación de datos en el campo y la planificación estratégica, por lo que se han posicionado como una herramienta esencial en muchos ámbitos, incluida la gestión de recursos forestales. La capacidad de visualizar y de analizar datos en tiempo real facilita la identificación de patrones, la toma de decisiones, la ejecución de proyectos y las actuaciones a través de mapas interactivos.

Algunos ejemplos de aplicación de los SIG-p en el ámbito de los recursos forestales son los siguientes (Pratihast *et al.*, 2016):

- Vigilancia ambiental y ciencia ciudadana
- Recopilación de datos de campo
- Mantenimiento de infraestructuras forestales
- Sistemas de gestión de medios (incendios)
- Rutas de campo para inventarios forestales, etc.
- Respuesta a emergencias y peligros
- Servicios web
- Acceso a bases de datos a tiempo real
- Servicios de actualización de bases de datos (basada en la ubicación, verificaciones, etc.)
- Servicios de consulta/cartografía
- Servicios de seguimiento geográfico (*track*ing de especies, etc.)
- Ejecución de proyectos

4. Concepto de Oruxmaps

Los avances recientes en el mundo de los dispositivos móviles y la aparición de aplicaciones cartográficas han supuesto la aparición de diferentes aplicaciones móviles para gestión forestal, como la app Oruxmaps. Oruxmaps es una aplicación para teléfonos inteligentes y *tablets* que destaca por su versatilidad y facilidad de uso, lo que la convierte en una herramienta que ayuda a gestionar, analizar y trabajar con datos geográficos y cartográficos.

La versión más reciente de la aplicación Oruxmaps se puede descargar desde Google Play (aportando una pequeña donación), pero se puede realizar una descarga gratuita desde la página web https://www.Oruxmaps.com/cs/es/ mediante la descarga de un archivo apk e instalando el mismo en el dispositivo móvil. Existe una aplicación muy similar llamada Mapas de España IGN disponible en Google Play, totalmente gratuita. Oruxmaps es una aplicación que sirve para la visualización de mapas y elementos digitales, como archivos vectoriales (kml, shp), utilizando las capacidades GPS de los dispositivos móviles. Fue desarrollado por José Vázquez en el año 2009 como aplicación de ayuda a actividades recreativas en el medio ambiente, pero su versatilidad ha hecho que se expanda a otros campos.

En este apartado se muestran algunas utilidades generales de la aplicación y el uso de Oruxmaps de forma directa en la gestión forestal sobre el terreno; y cómo utilizar la información disponible en los diferentes canales existentes en Internet, como el Centro de Descargas del IGN o infraestructuras de datos especiales (IDE) de diferentes organismos públicos (ej.,

Red de Información Ambiental de la Junta de Andalucía). La aplicación Oruxmaps permite muchas configuraciones diferentes en base al uso que vayamos a darle o al tamaño de nuestro dispositivo móvil, ya que puede ser preferible una configuración u otra.

4.1. Uso de Oruxmaps en la gestión forestal

Algunos ejemplos de aplicaciones forestales de Oruxmaps son:

- **Inventario.** Uno de los aspectos básicos del inventario forestal es la recopilación de datos precisa y completa. Oruxmaps ofrece capacidades de mapeo detallado que permiten a los profesionales forestales registrar datos de manera eficiente utilizando dispositivos móviles. La aplicación puede integrarse con tecnologías de posicionamiento global (GPS) para proporcionar coordenadas exactas, lo que garantiza la ubicación precisa de cada elemento en el inventario, desde parcelas y especies de interés hasta condiciones ambientales.

- **Gestión de recursos forestales.** Oruxmaps permite a los gestores forestales visualizar y analizar datos de inventario en tiempo real. Esto facilita la adquisición de los datos de inventarios mediante la elaboración de herramientas y recopilación de datos (ej., SurveyMonkey, Google Forms, etc.).

- **Ordenación de montes.** Un aspecto clave en los proyectos de ordenación de montes son los informes selvícolas. El informe selvícola es fundamental para la descripción de las unidades dasocráticas (cantón, rodal), ya que supone una síntesis de toda la información presentada hasta el momento para la vegetación, pero combinada con un reconocimiento de campo que confirme o matice los datos existentes previos a la visita.

  En el informe selvícola se plasman los diagnósticos sobre el estado selvícola, que son una de las fases cruciales en la gestión del patrimonio forestal. Esta fase consiste en la indicación del conjunto de análisis y evaluaciones que se realizan para determinar cuál es la situación en la que se encuentra un rodal, sus antecedentes y sus tendencias de evolución. Con Oruxmaps podemos realizar rutas para la elaboración del informe selvícola, subir datos o material gráfico georreferenciado (ej., fotos, vídeos, etc.).

- **Monitoreo de cambios ambientales.** El medio ambiente es dinámico y sujeto a cambios constantes. Oruxmaps permite a los profesionales forestales monitorear los cambios ambientales a lo largo del tiempo. Al registrar datos periódicos mediante esta aplicación, los usuarios pueden identificar tendencias, evaluar la efectividad de diferentes tratamientos selvícolas y ajustar estrategias en función de los cambios experimentados en las condiciones cambiantes.

- **Integración con SIG.** Oruxmaps es compatible con la integración de datos en sistemas de información geográfica, lo que facilita la colaboración y el intercambio de información entre diferentes usuarios. La capacidad de compartir datos entre equipos de trabajo, organismos y empresas mejora la coordinación y promueve una gestión forestal más efectiva y sostenible.

- **Planificación de rutas y accesos.** En el terreno, el acceso rápido y eficiente a las áreas de inventario es crucial. Oruxmaps permite la planificación de rutas optimizadas, considerando factores como la topografía del terreno, la distancia entre puntos de interés y la accesibilidad. De esta manera, no solo se ahorra tiempo, sino que también se reduce el impacto ambiental al minimizar la perturbación de áreas sensibles.

4.3. Ejemplo: informe selvícola en campo con Oruxmaps

En el ejemplo vamos a organizar una visita de campo para la elaboración de los informes selvícolas de las unidades dasocráticas planteadas en la revisión de un proyecto de ordenación. El proyecto de ordenación en este caso es del monte localizado en el municipio de El Gastor, provincia de Cádiz, denominado "La Ladera y Peñón del Lagarín" (CA-11008-JA) y con una superficie de 80,60 ha.

Para la elaboración del informe selvícola de este ejemplo, se siguen los siguientes pasos:

- **Recopilación de información geográfica básica.** El primer paso será obtener la información geográfica de partida, como son los límites del monte, los límites de los cantones, los límites de los rodales y realizar una digitalización previa de las unidades de vegetación en un SIG basándonos en la información que puede aportar el proyecto de ordenación, las coberturas de usos del suelo o la cobertura de vegetación de la REDIAM, con el apoyo de las ortofotos del PNOA y de Google Earth.

- **Elección de la simbología y definición de atributos.** Una vez obtenidas las capas de partida, se asignará una simbología adecuada, con una transparencia del 60%, para poder superponerlas con la ortofoto en Oruxmaps (Figura 3.2). En estas capas asignaremos los elementos gráficos junto con los atributos que correspondan. Por ejemplo, en la capa de vegetación se va a crear una serie de atributos como el cantón, el rodal, el estrato de inventario, la unidad de vegetación, la densidad del arbolado, la cobertura, los límites, la regeneración, las actuaciones selvícolas, etc. Es decir, todos los datos que deben aparecer en el informe selvícola que, tras la visita de campo, se debe completar.

- **Configuración de los sistemas de referencia, coordenadas y unidades.** Este es uno de los puntos más importantes que hay que especificar antes de utilizar Oruxmaps para el trabajo de campo. Lo primero es elegir el datum oficial ETRS89, las unidades métricas y el tipo de coordenadas mostradas

  ◦ Datum: Desde la pantalla principal accedemos al menú Mapa/Ajustes del Mapa/Datum mapa, buscamos y seleccionamos ETRS 89: Europe (Figura 3.3).

  ◦ Unidades y coordenadas: Para cambiar el tipo de coordenadas y las unidades, volveremos al menú Configuración Global/Unidades (Figura 3.4).

  ◦ Configuración GPS: Para ajustar el uso que la aplicación hace del GPS del dispositivo, primero seleccionamos en el menú *Tracks*/Configuración GPS para acceder al menú de sensores, y ajustar el tiempo mínimo que debe pasar entre una medición y otra, y la distancia y la precisión mínimas.

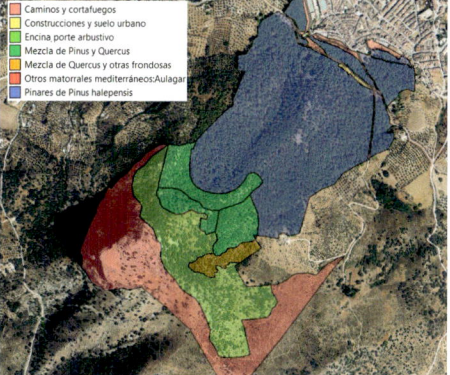

Figura 3.2. Capas de partida para la realización del informe selvícola monte "La Ladera y Peñón del Lagarín" (CA-11008-JA) mediante Oruxmaps.

- **Elección de los mapas de interés y acceso.** Una de las mayores potencialidades de Oruxmaps es la cantidad de opciones que ofrece para visualizar mapas de fondo, pudiendo usar mapas *online* de Openstreetmap, Google, Bing y del Plan Nacional de Ortofotografía Aérea (PNOA), así como cargar cualquier mapa guardado en nuestro dispositivo, lo que supone un ahorro de uso de datos móviles y la posibilidad de trabajar en zonas que no tienen cobertura de red móvil.

El paso previo para acceder a las bases cartográficas es configurar el directorio de mapas. Por defecto, al instalar la aplicación, se crea una carpeta en la memoria interna (excepto cuando se configura el dispositivo para que las apps se instalen en una memoria externa). En esta carpeta es donde se almacenan los mapas *offline* para que la aplicación sea capaz de leerlos y mostrarlos. No obstante, estos mapas suelen ocupar bastante espacio, por lo que es posible modificar la ruta para volcar los mapas en una tarjeta SD.

Oruxmaps trae precargada una serie de mapas del mundo y, en particular, de España (PNOA), y también algunos servicios WMS. También permite cargar cualquier

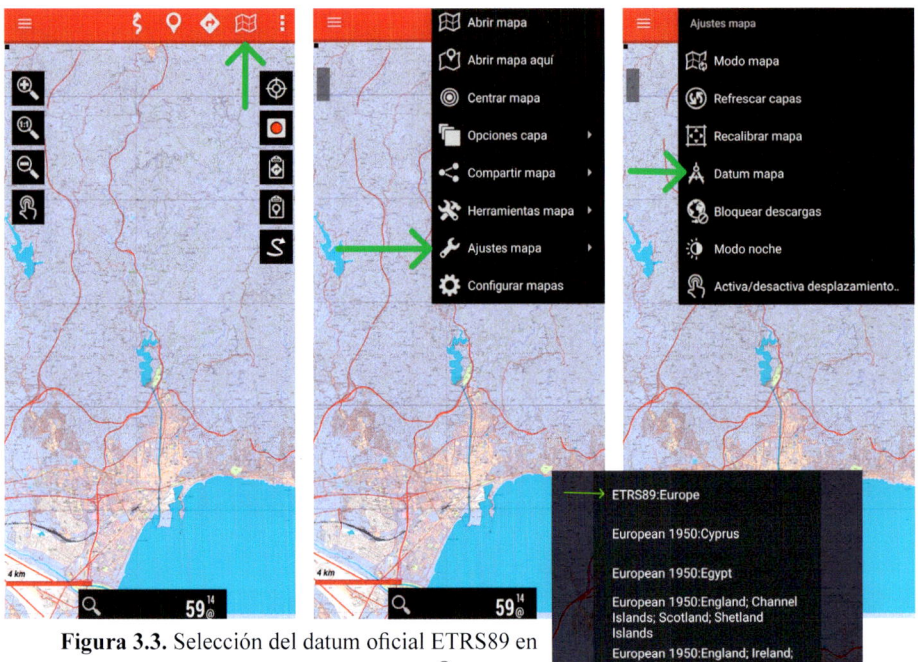

Figura 3.3. Selección del datum oficial ETRS89 en Oruxmaps.

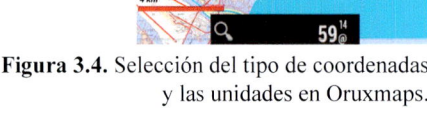

Figura 3.4. Selección del tipo de coordenadas y las unidades en Oruxmaps.

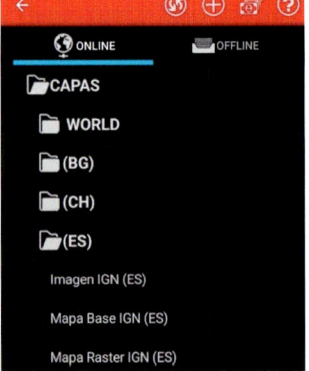

Figura 3.5. Acceso a los servicios interoperable WMS en Oruxmaps.

servicio interoperable WMS, crear multimapas, incluso añadir las imágenes de Google. En este ejemplo se utiliza directamente el servicio WMS del PNOA, pero también se puede descargar un mapa offline de la zona para poder trabajar si hay cobertura de datos en el dispositivo. Además, por defecto y para España, aparecen el mapa topográfico nacional y el mapa base del Instituto Geográfico Nacional (Figura 3.5).

En primer lugar, se muestra cómo añadir un nuevo WMS. Una vez que se ha realizado la descarga, el mapa queda guardado, por lo que sólo hay que realizar el proceso una vez. En este ejemplo, se realiza la descarga del servicio WMS de Catastro, ya que las ortofotos del PNOA ya están integradas por defecto en la aplicación. Para ello, desde el menú mapa se entra en Abrir Mapa/Clic sobre más y marcamos la opción WMS (*online*) (Figura 3.6).

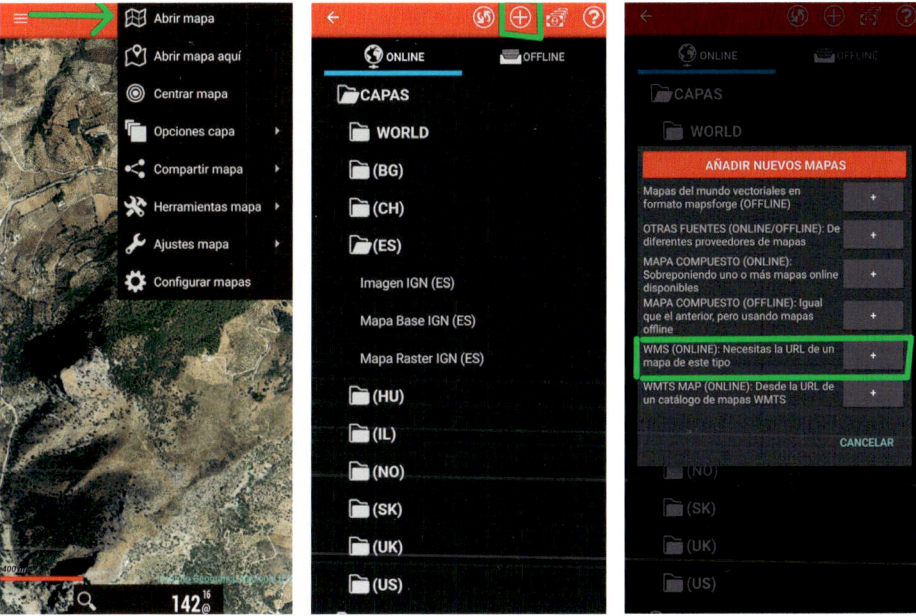

Figura 3.6. Proceso para añadir un nuevo WMS en Oruxmaps.

En la ventana del creador de WMS se debe introducir la dirección URL del servicio sin la sentencia http, se pulsa OK y se seleccionan las capas que se quieren cargar (Figura 3.7). La URL de Catastro es ovc.catastro.meh.es/Cartografia/WMS/ServidorWMS.aspx

Posteriormente, en la parte inferior de la pantalla se completa el zoom mínimo con el valor 0 y el máximo con el valor 20, y se marca las opciones Cacheable y Descargable, ponemos un nombre al servicio y hacemos clic sobre el OK de la parte superior derecha de la ventana (Figura 3.8).

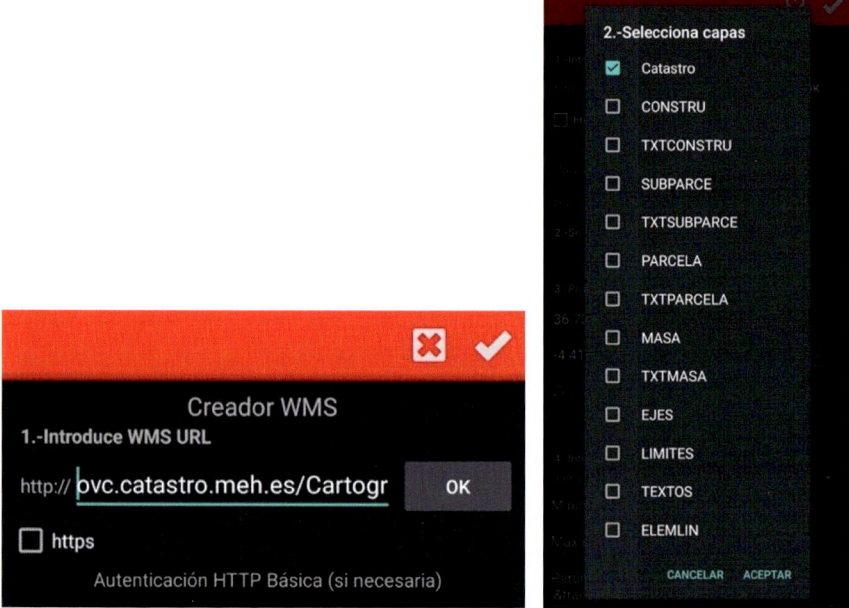

Figura 3.7. Acceso a la URL del Catastro (izq.) y selección de capas del Catastro (dcha.).

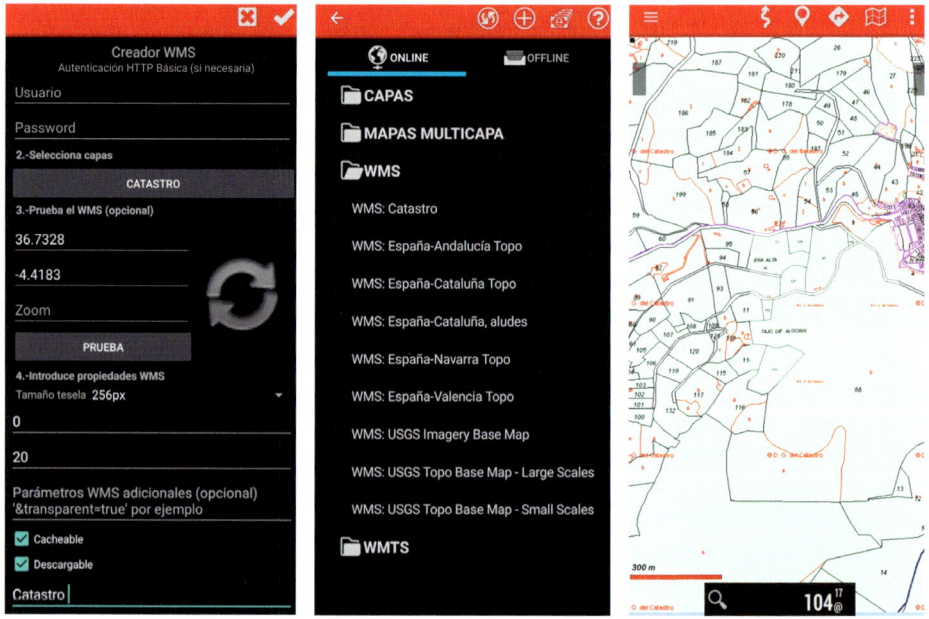

Figura 3.8. Selección del zoom mínimo y máximo y descarga de un mapa en Oruxmaps.

En el caso de que se quiera crear un mapa *offline* desde Oruxmaps para cargarlo en la vista de la aplicación, se puede proceder a recortar un área de los mapas disponibles *online*, y proceder a su descarga en el dispositivo móvil. Estos mapas pueden ser las capas precargadas y, también, servicios WMS. Para ello se accede desde la pantalla principal al menú Mapas/Herramientas de mapas/Creador de mapas (Figura 3.9 superior).

Se selecciona en la esquina superior izquierda pulsando directamente sobre el mapa. Después se selecciona la segunda esquina en la parte inferior derecha y se pulsa sobre el icono azul (OK). Seguidamente, se seleccionan los niveles de zoom que se quiere visualizar en el mapa offline (el nivel 19 es el zoom más cercano; al activar los niveles del 15 al 19 el espacio que ocupa es mucho mayor; la aplicación indica el espacio que ocupa la descarga). Por último, se pone un nombre al mapa de salida y se pulsa sobre descargar (Figura 3.9 inferior). Para cargar un mapa *offline*, accedemos al menú Mapa/ Abrir mapa/Seleccionar la pestaña *offline* y marcamos uno de los mapas disponibles.

Una vez que se ha realizado la descarga de un mapa *offline*, se puede acceder a él a través del menú Mapa/Abrir mapa/Seleccionar la pestaña *offline* y marcamos uno de los mapas disponibles.

• **Gestión de capas.** Una vez que se ha configurado Oruxmaps y se ha descargado la cartografía de trabajo, se procede a exportar los archivos *shape* a formato kml/ kmz para cargarlos en Oruxmaps.

Los archivos kml/kmz se deben cargar en una carpeta predeterminada por la app, copiando los archivos desde un ordenador al dispositivo móvil, siendo esta carpeta la denominada como *overlay*. La carga de los archivos kml/kmz y shp se realiza desde esa carpeta, entrado en la app y haciendo clic sobre el menú Mapas/ Opciones de Capa/Cargar capa kml/shp (Figura 3.10).

Para estas capas, la app es capaz de mostrar la información alfanumérica asociada a un registro, para lo que basta con pulsar en el mapa sobre el elemento elegido, y se despliega una ventana emergente con los datos.

Teniendo en pantalla un archivo kml/shp, en el menú Mapas/Opciones de la capa aparecen dos opciones más:

◦ Limpiar capas: para borrar todas las capas kml/shp del visor de mapas.

◦ Ajusta capas: para activar/desactivar la vista en pantalla de las capas cargadas.

• **Gestión de *tracks* y *waypoints*.** En el ejemplo mostrado en este capítulo, para completar los datos de la capa de unidades vegetación y completar el informe selvícola, se muestra cómo realizar un recorrido en campo mediante un *track* en Oruxmaps, marcando *waypoints* con la información de cada zona, e incluyendo fotos georreferenciadas en los *waypoints*. De esta forma, toda la información recogida en campo podrá ser trasladada a un SIG para posteriormente completar los datos de la capa de unidades de vegetación y realizar el informe selvícola completo y con total detalle.

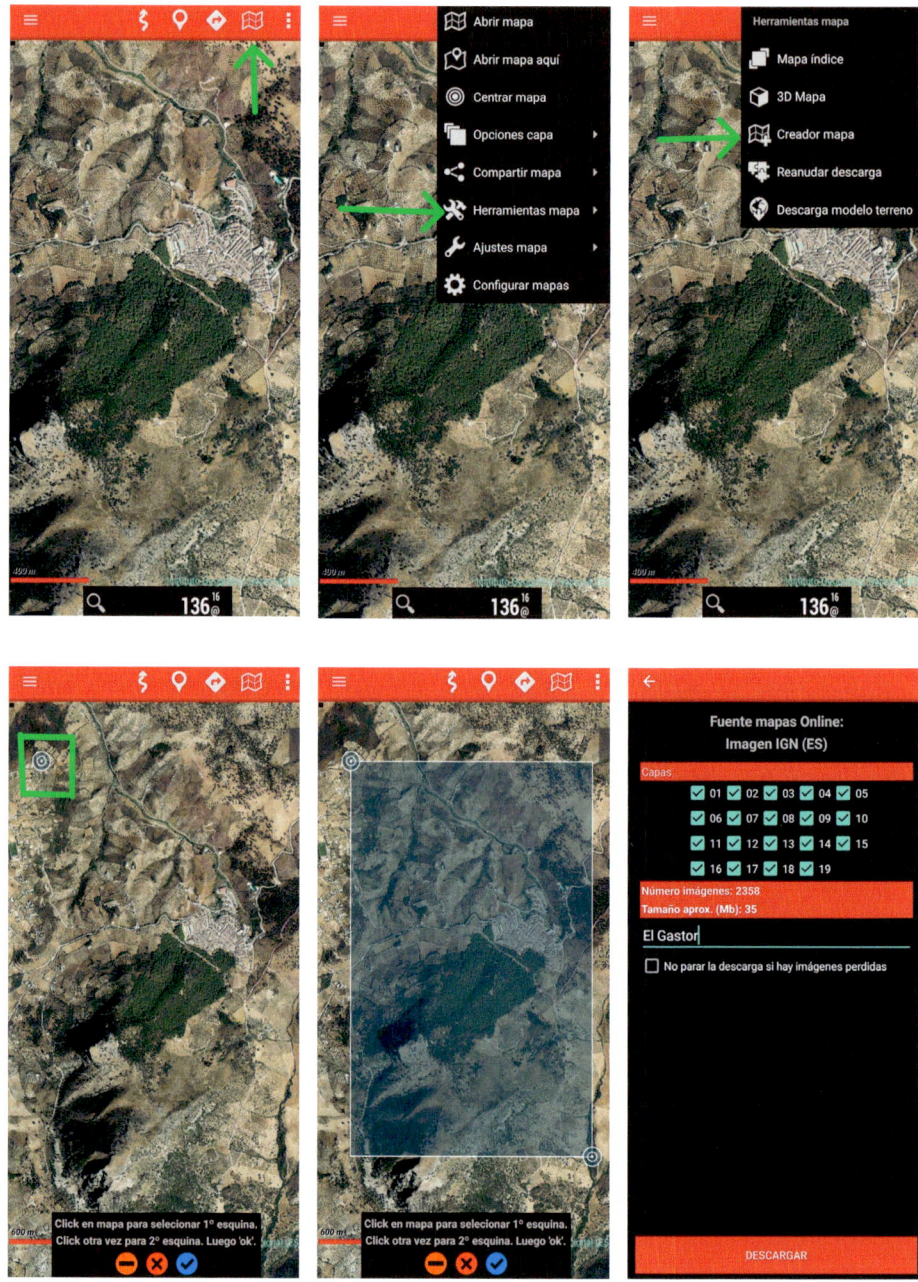

Figura 3.9. Procedimiento para crear un mapa *offline* desde Oruxmaps.

Figura 3.10. Procedimiento para exportar archivos shp
a formato kml/kmz en Oruxmaps.

Oruxmaps utiliza la tecnología GPS para crear rutas (*tracks*) y puntos (*waypoints*) y ofrece muchas posibilidades y opciones, como tomar una foto de un *waypoint*, asignar fotos, videos y documentos a los *tracks*, etc. Antes de iniciar la grabación de un *track*, es necesario configurarlo para que la aplicación solicite los datos de éste al inicio de uno nuevo, además de iniciar el GPS y ponerlo activo. Para ello se debe acceder al menú *Track*/Ruta/Configurar *track*/Rutas/Marcar la opción "Introducir datos Track" (Figura 3.11)

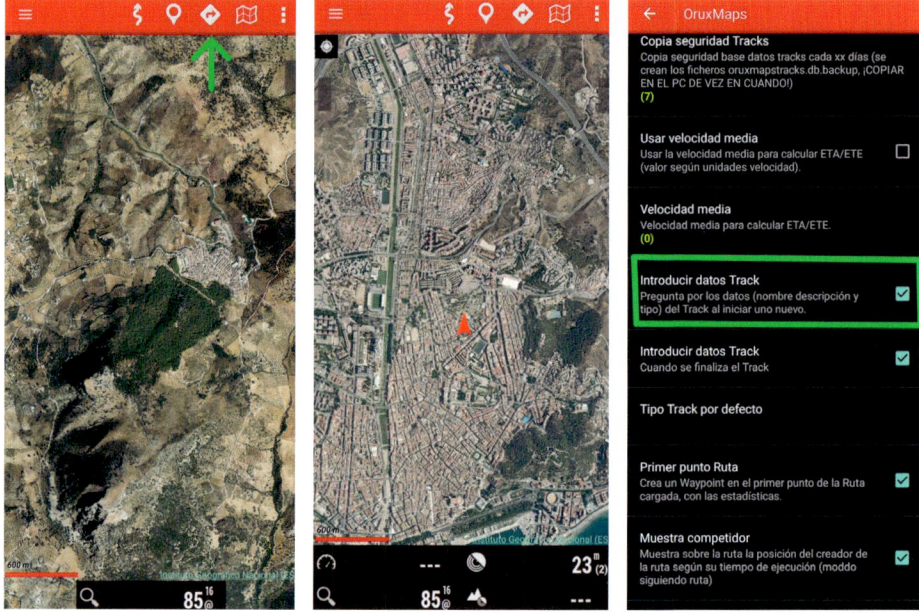

Figura 3.11. Procedimiento para crear rutas (tracs) y puntos (*waypoints*) en Oruxmaps.

El proceso para crear un *track* se realiza de la manera siguiente (Figura 3.12): desde el menú *Tracks* se pulsa "Iniciar GPS". Cuando se inicia el GPS aparece: la barra de estado indica GPS activo; el visor de mapas señala nuestra posición GPS; el cuadro de mandos indica la precisión del GPS y el número de satélites. Cuando la precisión del GPS sea aceptable, desde el menú *Tracks* se pulsa "Iniciar Grabación".

Cuando se inicia un nuevo *track*, se abre un cuadro de dialogo donde se puede asignar un nombre, una localización, observaciones, etc. Si no se escribe ninguna información, la aplicación incluye, por defecto, la fecha y la hora de creación. Cuando se termina de grabar el *track* o, si se hace un descanso durante la grabación, desde el menú *Tracks* se pulsa "Parar grabación"

Un *waypoint* es un punto al que se asocian unas coordenadas a partir dc las capacidades GPS del dispositivo, o bien introduciendo manualmente las coordenadas. Oruxmaps permite crear puntos independientes o que formen parte de una *track*. Para crear un

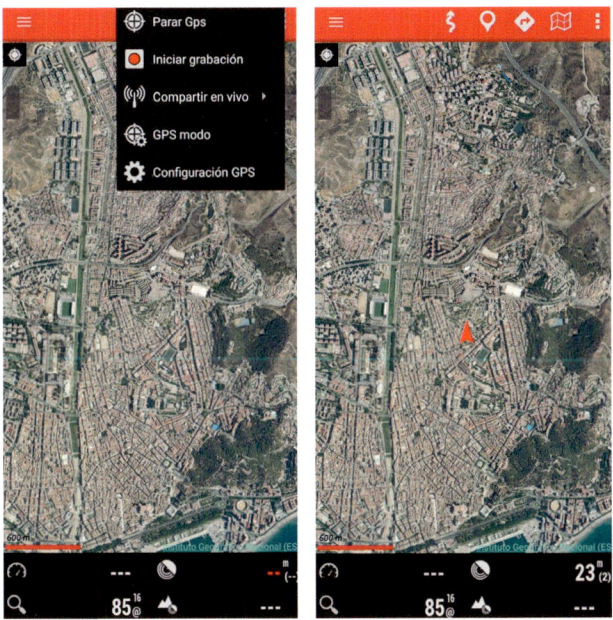

Figura 3.12. Proceso para activar
un *track* en Oruxmaps.

waypoint y asociarle una foto wpt mientras se graba un *track*, es necesario entrar en el menú *Waypoint* > Crear (o foto wpt) (Figura 3.13): seleccionar Crear *waypoint* y Foto *waypoint*; se abre la cámara de fotos del dispositivo.

La aplicación se puede configurar para que no tome automáticamente los puntos, por lo que, al crear un nuevo *waypoint*, surge una ventana para que rellenemos los datos del punto. Mediante los *waypoints*, además de añadir fotos georreferenciadas, se pueden tomar notas para el informe selvícola, además de añadir información complementaria, como infraestructuras, zonas de tratamientos selvícolas, etc.

5. Conclusiones

La aplicación Oruxmaps es un ejemplo de tecnología SIG móvil muy utilizada para la integración de los trabajos de campo y los servicios cartográficos de Internet aplicados a la gestión forestal. En este capítulo se han mostrado las posibles aplicaciones para dispositivos móviles que integran herramientas SIG y el acceso a servicios inalámbricos de mapas; en concreto, el proceso para la elaboración de un informe selvícola. Oruxmaps se ha posicionado como una herramienta esencial para: i) el acceso a servidores de mapas/imágenes basadas en internet, ii) la integración con sistemas de posicionamiento global (GPS), y iii) el desarrollo de trabajos de campo en diferentes ámbitos.

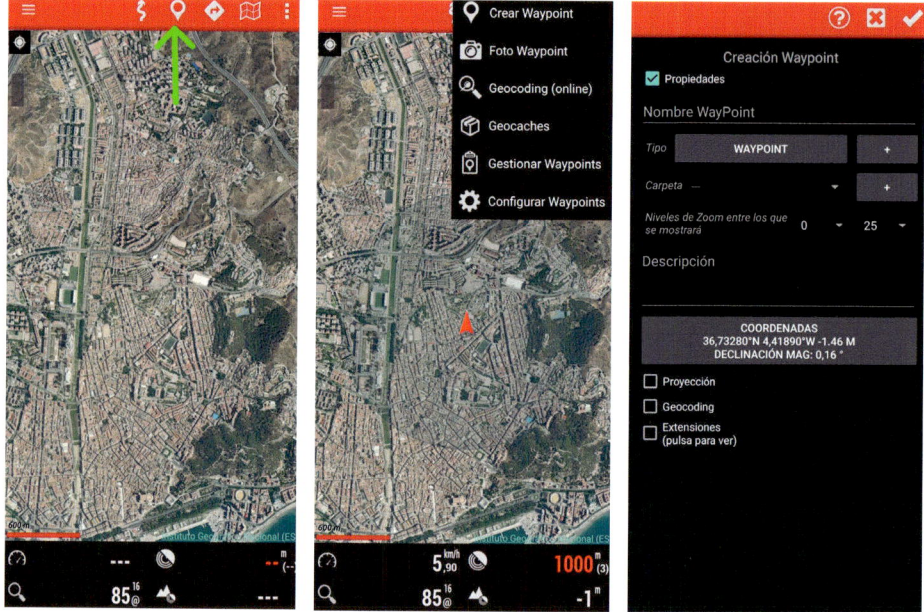

Figura 3.13. Procedimiento para crear un *waypoint*
y asociarle una foto mediante Oruxmaps.

Bibliografía

Gartner, G., Bennett, D. A., & Morita, T. (2007). Towards ubiquitous cartography. Cartog. Geogr. Inf. Sc., 34(4), 247-257.

Löwe, P., Anguix Alfaro, Á., Antonello, A., Baumann, P., Carrera, M., Durante, K., Wessel, P. 2022. Open Source–GIS. In Springer Handbook of Geographic Information (pp. 807-843). Cham: Springer International Publishing.

Niu, H., Silva, E. A. 2020. Crowdsourced data mining for urban activity: Review of data sources, applications, and methods. J. Urban Plan. Dev. 146(2), 04020007.

Nowak, M. M., Dziób, K., Ludwisiak, Ł., Chmiel, J. 2020. Mobile GIS applications for environmental field surveys: A state of the art. Glob. Ecol. Conserv., 23, e01089.

Peng, Z. R., Tsou, M. H. 2003. Internet GIS: distributed geographic information services for the internet and wireless networks. John Wiley & Sons.

Pundt, H., Brinkkötter-Runde, K. 2000. Visualization of spatial data for field-based GIS. Comput. and Geosci., 26(1), 51-56.

Pratihast, A. K., DeVries, B., Avitabile, V., De Bruin, S., Herold, M., Bergsma, A. 2016. Design and implementation of an interactive web-based near real-time forest monitoring system. PloS one, 11(3), e0150935.

Tsou, M. H. 2004. Integrated mobile GIS and wireless internet map servers for environmental monitoring and management. Cartog. Geogr. Inf. Sc., 31(3), 153-165.

Xue, Y., Cracknell, A. P., Guo, H. D. 2002. Telegeoprocessing: The integration of remote sensing, geographic information system (GIS), global positioning system (GPS) and telecommunication. Int. J. Remote Sens., 23(9), 1851-1893.

4

Bases de datos con aplicaciones forestales

M.ª Ángeles VARO MARTÍNEZ
Rafael M.ª NAVARRO CERRILLO
Juan José GUERRERO ÁLVAREZ
Fernando GIMÉNEZ DE AZCÁRATE
Antonio J. ARIZA SALAMANCA

Resumen

En este capítulo se describen diferentes bases de datos de interés forestal, las principales plataformas de acceso a información cartográfica y numérica que se utiliza en trabajos relacionados con ecosistemas forestales, así como diferentes criterios para la armonización de esa información. Se señalan diferentes fuentes disponibles que proporcionan información útil para la evaluación de los recursos forestales a escala internacional, nacional y autonómica. Actualmente existen en España más de 100 organismos que aportan e intercambian información relacionada con el inventario, el seguimiento y la evaluación de ecosistemas forestales. Algunos de ellos han colaborado para desarrollar bases de datos forestales comunes, que permiten una evaluación forestal coherente a escala nacional o regional. Estos datos se complementan con las bases cartográficas aportadas por otros organismos a escala nacional (por ejemplo, el Instituto Geográfico Nacional), que son fundamentales para la interpretación espacial de los recursos forestales mediante la integración de bases de datos numéricas y cartográficas. El capítulo está organizado en cuatro secciones: i) bases de datos cartográficas, ii) bases de datos relacionales, iii) armonización de datos, y iv) ejemplos de aplicaciones de bases de datos forestales. El capítulo se ilustra utilizando como ejemplo autonómico la Red de Información Ambiental de la Junta de Andalucía, así como su acceso, operatividad y opciones de análisis, haciendo hincapié en la armonización de los datos de inventarios forestales y su integración con otras fuentes de datos. Se incluye, asimismo, un ejemplo desarrollado a partir de las bases de datos relacionadas con los pinsapares de Andalucía.

Palabras clave: inventario forestal, biodiversidad, armonización de datos, ecología espacial.

1. Introducción

La superficie forestal en España representa más del 55 % de la superficie del país, con 14,5 millones de ha de superficie arbolada según el Inventario Nacional Forestal. Muchos de los ecosistemas forestales, arbolados y no arbolados, ocupan amplias extensiones; pero su adecuada gestión requiere un conocimiento profundo de sus características ambientales, sociales y selvícolas. Por ello, diferentes organismos competentes a nivel nacional y de las Comunidades Autónomas han desarrollado bases de datos orientadas a ofrecer información adecuada para la gestión forestal. La amplitud de los objetivos de gestión a los que se enfrentan los recursos forestales abarca aspectos ambientales, económicos y sociales; y, aunque el énfasis se orientó a datos principalmente cartográficos y ambientales (por ejemplo, el Primer Inventario Forestal Nacional), rápidamente han evolucionado hacia otros aspectos como la biodiversidad, la salud de los bosques y las funciones productivas y protectoras de los ecosistemas forestales en su conjunto. Las administraciones con competencias en medio ambiente deben, por tanto, satisfacer y equilibrar estas diferentes necesidades, y las bases de datos públicas deben ofrecer información para todas las partes interesadas.

Los modelos de datos tradicionales fueron diseñados especialmente para sistemas que requerían que la información fuese totalmente consistente (no existiesen duplicidades, modificaciones de distintos usuarios sobre los mismos datos, etc.). Sin embargo, en los últimos años, la cantidad de datos digitales que se genera en el mundo se ha multiplicado y crece exponencialmente. El cada vez más fácil acceso a Internet hace que el volumen de tráfico y de datos que se generan sea cada vez mayor. Este volumen, y la variedad de información producida, ha puesto de manifiesto las necesidades de escalabilidad, acceso rápido y disponibilidad que no se habían tenido hasta ahora, así como nuevas necesidades para las que los sistemas tradicionales presentaban multitud de problemas: lentitud de acceso, problemas de bloqueo, dificultad para mantener bases de datos distribuidas geográficamente, necesidades avanzadas de partición de la información, etc. En este contexto, estas bases de datos deben adoptar los principios rectores FAIR, (del inglés *Findable, Accesible, Interoperable* y *Reusable*) que establecen que los datos deben ser fáciles de encontrar, accesibles, interoperables y reutilizables. No obstante, es importante destacar que no todos los datos deben ser de acceso público (por ej., los IFN en algunos países), ya que, en ciertas situaciones, involucran información sensible relacionada con la seguridad, la protección económica, la privacidad, la protección ambiental u otros aspectos relevantes, que deben tratarse de manera individual y cuidadosa.

La mayoría de las bases de datos con aplicaciones forestales se desarrolla para apoyar la toma de decisiones a diferentes escalas, desde la escala nacional hasta el nivel de monte. Sin embargo, debe tenerse en cuenta que es importante aportar datos y estadísticas sobre ecosistemas que atraviesan fronteras autonómicas e internacionales. Así, las interacciones entre sistemas naturales en grandes cuencas hidrográficas, los ciclos biogeoquímicos (por ejemplo, el balance de C) o la conservación, entre otros muchos otros enfoques, superan los límites administrativos; por lo tanto, los ecosistemas forestales requieren datos que permitan analizar los ecosistemas de forma integrada. En ese sentido, la información sobre ecosistemas forestales requiere marcos de presentación-organización de los datos que sean coherentes. Sin embargo, en muchos casos, las características de las bases de datos utilizan diferentes definiciones y metodologías, lo que obliga a la armonización de variables y supone un esfuerzo muy importante previo a su uso (preanálisis). Se han realizado esfuerzos para armonizar parcialmente los inventarios forestales en Europa (Chirici *et al.*, 2011; Vidal *et al.*, 2016; Gschwantner *et al.*, 2016; Traub *et al.*, 2017) y en España (Alberdi *et al.*, 2017; Vega-Gorgojo *et al.*, 2022, web https://forestexplorer.gsic.uva.es/) con resultados esperanzadores. Por otro lado, los diferentes objetivos, criterios, recursos e intereses de las distintas CCAA y la necesidad de informar a usuarios múltiples, hacen imprescindible que cualquier profesional que quiera desempeñar su labor en diferentes condiciones (por ejemplo, gestores de montes, empresas privadas, etc.) disponga de herramientas para acceder y armonizar bases de datos.

2. Tipos de bases de datos

La función principal de una base de datos es almacenar información. Con este criterio tan genérico hay múltiples soluciones y muchos tipos de bases de datos con características muy distintas y, como consecuencia, existen múltiples formas de clasificarlas. Una de las clasificaciones que más se utiliza en la actualidad distingue entre bases de datos relacionales SQL (*Structured Query Language*) y bases de datos no relacionales o NoSQL (Figura 4.1). SQL es el lenguaje que se utiliza para administrar y recuperar las bases de datos relacionales y que ha terminado identificándolas.

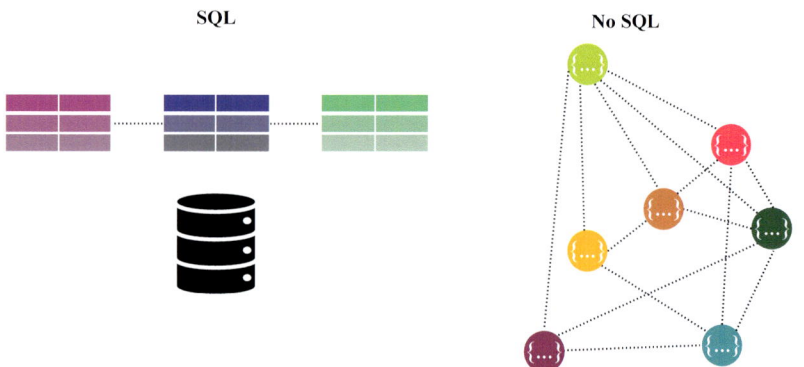

Figura 4.1. Esquema de modelos de bases relacionales (SQL) y no relacionales (No SQL).

2.1. Bases de datos relacionales

En las bases de datos relacionales se establece un modelo de datos en el que se define cómo se organiza la información en una serie de tablas con unos campos dados y cuáles son las relaciones que deben existir entre estas tablas (relaciones) con objeto de poder explotar la base de datos y hacer las consultas necesarias. Este enfoque supone que hay que tener muy claro desde el inicio cuál es la información que se va a manejar, su organización y sus relaciones; de esta forma, se podrá diseñar adecuadamente la estructura de una base de datos que cumpla el modelo relacional.

Este modelo es uno de los más utilizados en la actualidad; de hecho, hoy por hoy, es el utilizado en la mayoría de los sistemas. En el modelo relacional todos los datos son almacenados en relaciones. De manera simple, una relación representa una tabla que no es más que un conjunto de filas (también llamada registro). Cada fila es un conjunto de campos y cada campo representa un valor. Las tablas se vinculan entre sí a través de restricciones establecidas entre sus campos. Las principales ventajas de estas bases de datos son:

- Consistencia y coherencia en la información. Las bases de datos relacionales aseguran que los datos sean coherentes, que estos datos no sean modificados por múltiples usuarios a la vez y que una operación determinada sólo se almacene en la base de datos si termina satisfactoriamente.
- El modelo relacional está ampliamente extendido y estandarizado.

Normalmente, las bases de datos relacionales se gestionan a través de un Sistema Gestor de Bases de Datos Relacionales, también conocido como motor de base de datos. Se trata de una aplicación que gestiona los permisos y la conexión de distintos usuarios a una misma base de datos, mantiene la coherencia del modelo, las restricciones, etc. Hay muchos SGBD relacionales, entre ellos podríamos destacar:

- ORACLE Database. Es un SGBD de tipo objeto-relacional (ORDBMS, *Object Relational Database Management System*) propietario, de alto rendimiento y de tipo empresarial. Es el motor relacional comercial más antiguo. Los sistemas de información geográfica contienen extensiones para el manejo y el tratamiento de información espacial como Oracle Locator u Oracle Spatial
- PostgreSQL. Es un sistema de gestión de bases de datos relacionales orientado a objeto y de código abierto. Tiene una potente extensión para gestionar información geográfica, PostGis. Esta extensión, unida a su condición de *software* libre, hace que sea uno de los SGBD más utilizados para SIG hoy en día.
- SQLite. Es una base de datos embebida en un programa, convirtiéndolo en un sistema de gestión ligero y portable. Posee, igualmente, una extensión espacial que le proveen de funcionalidades de geodatabases, llamada Spatialite.

2.2. Bases de Datos No Relacionales

Las bases de datos no relacionales o No SQL no trabajan con tablas y estructuras definidas, si no que almacenan la información en forma de documentos. Son muy útiles para gestionar grandes volúmenes de datos de información no estructurada o semiestructurada. Es un sistema más moderno que el anterior; normalmente, tienen un rendimiento muy alto y es muy útil cuando no se tiene clara la estructura que tiene la información.

Las características generales de las bases de datos NoSQL son las siguientes:

- Son fácilmente escalables y tienen un carácter descentralizado, estando pensadas para arquitecturas distribuidas en múltiples nodos (ordenadores). Para mejorar el rendimiento basta con añadir más nodos.

- Gracias a su estructura distribuida, permiten manejar grandes cantidades de datos.

- Se pueden ejecutar en máquinas con pocos recursos, ya que apenas requieren computación.

- No utilizan SQL como lenguaje de consultas. La mayoría de las bases de datos NoSQL evitan utilizar este tipo de lenguaje o lo utilizan como un lenguaje de apoyo.

- No utilizan estructuras fijas, como tablas o columnas, para almacenar la información, sino que almacenan la información en documentos. Esta característica las hace mucho más flexibles, por lo que pueden adaptarse más fácilmente a los requisitos de distintas aplicaciones.

- Su principal inconveniente es la falta de estandarización. En algunos casos tienen, además, problemas para soportar sistemas operativos que no sean Linux.

- Por sus características (distribuidas, escalables), que le aportan un alto rendimiento en el manejo de grandes cantidades de datos y optimización en operaciones de consultas, son ampliamente utilizadas en sistemas *Bigdata*.

Existen numerosos tipos de bases de datos No SQL, pero su descripción escapa al alcance de este capítulo. Algunos ejemplos son bases de datos tipo clave–valor, que almacenan datos como un conjunto de pares clave-valor en los que una clave sirve como un identificador único. Tanto las claves como los valores pueden ser cualquier cosa, desde objetos simples hasta objetos compuestos complejos, y tienen una estructura extremadamente simple (Ej., Big Table de Google). En el caso de las No SQL documentales la unidad principal de almacenamiento se hace en formato de documento; y en las orientadas a Grafos, la información se representa como nodos de un grafo y relaciones entre nodos.

2.3. Compatibilidad de bases de datos

Otra cuestión también muy importante a la hora de trabajar con información digital, a parte de la más instrumental, es considerar que la información que se maneja debe permitir establecer relaciones entre sí, para lo que tendrán que ser compatibles, aunque procedan de diferentes fuentes u organismos. La compatibilidad entre diferentes bases de datos se garantiza siempre que éstas se ajusten a unos estándares establecidos (Figura 4.2).

2.4. *Data Lakes* o lago de datos

Se trata de un nuevo concepto surgido por la gran cantidad y diversidad de datos recogidos con múltiples propósitos y que pueden ser reestructurados y reutilizados en todos los ámbitos, especialmente el de la gestión del territorio y que, además, están alojados en la nube.

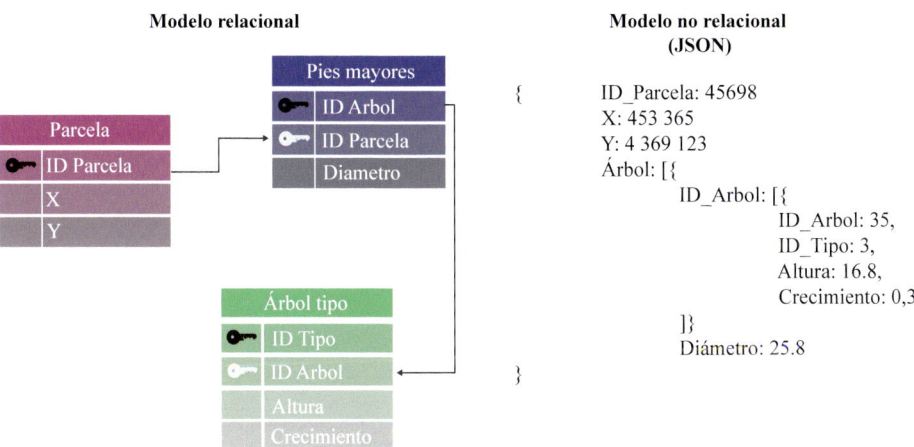

Figura 4.2. Estándares establecidos para la compatibilidad entre diferentes bases de datos.

Un *Data Lake* es algo más que un almacén de datos de una base de datos clásica. Consiste en un repositorio centralizado que, no sólo se limita a seguir una estructura definida de datos, sino que se crea para almacenar el dato en estado puro. Es decir, el dato se puede guardar sin modificar o transformado. De hecho, los tipos de datos que permite van desde estructurados (modelo relacional tradicional), semiestructurados (csv, xml, json, etc.), datos no estructurados (correos electrónicos, PDFs, documentos) hasta datos binarios (como audios o videos).

Hoy en día, las plataformas en la nube de Amazon Web Services (AWS) y Microsoft Azure son las opciones comerciales más utilizadas. AWS fue lanzado en 2006 por Amazon y tiene entre sus servicios Earth on AWS (https://aws.amazon.com/earth/), que admite aplicaciones a escala planetaria con datos geoespaciales abiertos procedentes de varios satélites, como los pertenecientes al programa Sentinel de Copernicus y el programa Landsat o NOAA de la NASA (Tamiminia *et al.*, 2020; Phan-Duc *et al.*, 2023). Azure (https://azure.microsoft.com/en-us/) arrancó en 2010 de la mano de Microsoft; proporciona servicios de aprendizaje automático e inteligencia artificial para abordar desafíos ambientales, como el cambio climático y global que afecta a la agricultura y la biodiversidad (Mahdavi *et al.* 2018). Azure sólo proporciona productos Landsat y Sentinel-2 para Norteamérica desde 2013, e imágenes MODIS desde 2000.

3. Infraestructura de datos espaciales

Una Infraestructura de Datos Espaciales (IDE) es una red virtual integrada por datos georreferenciados y servicios interoperables de información geográfica distribuidos en diferentes sistemas de información; son accesibles a través de Internet utilizando protocolos y especificaciones normalizadas que facilitan diversas funciones (Canut, 2006):

- Localización. Los datos georreferenciados pueden ser localizados mediante sus metadatos, que son publicados a través de servicios de localización CSW (Catálogo de Servicios Web).
- Visualización. Los datos pueden ser visualizados a través de servicios de visualización WMS/WMTS (*Web Map Service* y *Web Map Tile Service*).
- Acceso o consulta. Los datos pueden ser accesibles o consultados mediante servicios de descarga WFS (*Web Feature Service*)/ATOM Feed (*Atom Syndication Format*)/WCS (*Web Coverage Services* o Servicios de Cobertura Web).

Para asegurar que la información geográfica producida por las instituciones se puede compartir, y para promover su uso entre los ciudadanos y la sociedad en general, es necesario seguir los siguientes pasos:

1. Establecer un marco legal. La Unión Europea ha establecido una Infraestructura de Datos Espaciales común basada en las infraestructuras de información geográfica creadas por los Estados miembros. El marco legal que regula esta infraestructura es la Directiva 2007/2/CE, de 14 de marzo de 2007, conocida como INSPIRE (infraestructura de información espacial en la Comunidad Europea). En España, la transposición de INSPIRE al marco legal se lleva a cabo mediante la Ley 14/2010, de 5 de julio, sobre las infraestructuras y los servicios de información geográfica en España (LISIGE), que establece las bases para la constitución de la Infraestructura de Información Geográfica de España.

2. Crear un geoportal. Para que la IDE sea accesible, se debe desarrollar un geoportal que facilite el acceso a los datos georreferenciados y a los servicios interoperables.

3. Desarrollar clientes o aplicaciones web Es necesario crear visualizadores y catálogos, como aplicaciones web, para permitir la visualización de los datos y el uso de los demás servicios web proporcionados por la IDE. Estos desarrollos deben ser accesibles a través de una plataforma.

4. Publicar un catálogo de información geográfica. Se debe proporcionar un catálogo que permita buscar conjuntos de datos y de servicios a través del contenido de sus metadatos.

La interoperabilidad es una característica clave para ofrecer estos servicios, ya que permite que la información, los servicios y las aplicaciones puedan ser localizados y compartidos sin importar la plataforma que utilice el usuario o su ubicación geográfica.

La normalización de la información geográfica digital de las IDE se lleva a cabo mediante el Reglamento (UE) Nº 1089/2010, que se refiere a la interoperabilidad de los conjuntos y los servicios de datos espaciales. Además, diversos organismos de normalización, como ISO (International Organization for Standardization) a nivel internacional, CEN (European Committee for Standardization) en Europa y AENOR (Asociación Española de Normalización y Certificación) en España, adoptan la serie ISO 19100 para este propósito.

En resumen, los servicios OGC (*Open Geospatial Consortium*) permiten la consulta y la descarga de grandes volúmenes de información ambiental georreferenciada y actualizada para su uso en Sistemas de Información Geográfica (SIG) o visualizadores geográficos en línea. Esto contribuye a mejorar la disponibilidad y la accesibilidad de la información geográfica para su uso en diferentes aplicaciones y proyectos.

Por ejemplo, la Red de Información Ambiental de Andalucía (REDIAM) ofrece tres tipos de servicios que cumplen con los estándares de interoperabilidad establecidos por el OGC:

- Servicios WMS. Estos servicios proporcionan mapas que permiten la visualización de cartografía.
- Servicios WFS. Los servicios de entidades ofrecen la descarga de capas geográficas vectoriales.
- Servicios WCS. Los servicios de coberturas permiten la descarga de capas geográficas ráster.

Para acceder a los Servicios OGC, el Catálogo de Datos y Servicios Ambientales de la Red de Información Ambiental de Andalucía (REDIAM https://www.juntadeandalucia.es/medioambiente/portal/acceso-rediam/geoportal/servicios-ogc) permite buscar, consultar y acceder a los servicios interoperables de información geográfica desarrollados por la Rediam de acuerdo con las especificaciones OGC. Cada ficha del catálogo contiene los metadatos básicos que caracterizan a cada uno de los geoservicios, como la fecha, la URL, el resumen y el organismo responsable. Además, proporciona referencias complementarias para acceder a la información en otras opciones, como kml, y visualizador o descargas de datos, entre otros. Este catálogo web también ofrece acceso interactivo a todos estos servicios desde clientes SIG (Sistemas de Información Geográfica). Está configuración permite funcionar como un Servicio de Catálogo en la Web (CSW, *Catalogue Service Web*).

4. Bases de datos cartográficas

Una primera fuente de información sobre sistemas forestales es la que se puede obtener de bases cartográficas (Tabla 4.1). El territorio forestal no puede evaluarse completamente examinando sólo los datos numéricos, sin que, en la mayor parte de los casos, tengan un reflejo espacial. Por eso, una base de datos cartográfica combina información espacial x-y con una gran variedad de variables del área geográfica de representación. Este sistema de referencia territorial ayuda a la interpretación e integración de los datos de diferentes fuentes.

Algunos ejemplos de bases cartográficas a nivel nacional se presentan en la Tabla 4.2, y se describen a continuación:

- Vuelo orto fotogramétrico a diferentes escalas, desde 1:5.000 hasta 1:10.000. Son las imágenes que se han utilizado tradicionalmente para estudios forestales debido

121

Tabla 4.1. Geoservicios web adscritos a diferentes Ministerios (Ministerio de Transportes, Movilidad y Agenda Urbana, 2019).

Ministerio	Responsable	Productos	Bases de datos	Geoservicios web	Servicios cartográficos	Total
Defensa	Armada Española	13	0	16	4	45
	Ejército de Tierra	5	0	0	0	
	Ejército del Aire	7				
Hacienda y función publica	Dirección General de Catastro	1	0	7	0	8
Interior	Dirección General de Protección Civil	1	2	1	0	4
Transporte, Movilidad y Agenda Urbana	Instituto Geográfico Nacional	16	15	64	1	98
	Secretaria General Técnica	2	0	0	0	
Agricultura, Pesca y Alimentación	Fondo Europeo de Garantía Agraria	0	2	3	0	5+ (4)
	Dirección General Servicios	0	0	(4)	0	
CSIC-IGME		11	4	61	0	76
Transición Ecológica y el Reto Demográfico	Dirección General del Agua	2	0	0	2	23 + (4)
	Dirección General de Biodiversidad, Bosques y Desertificación	0	19	0	0	
Transición Ecológica y el Reto Demográfico	Dirección General de Costas y el Mar	4	0	0	0	
Total		62	42	156	7	259 (8)

a su alto grado de detalle espacial y a la oportunidad que presentan para interpretar la cobertura terrestre y los atributos espaciales (teselación) de los ecosistemas forestales (https://www.ign.es/web/ign/portal). Las imágenes son ortorectificadas por el Ministerio o las CCAA y se utilizan para tipificar y atribuir cobertura forestal según diferentes especificaciones (ej., https://www.siose.es/SIOSEtheme-theme/documentos/pdf/Manual_Fotointerpretacion_SIOSE_AR_v3.4.pdf). Los primeros vuelos fotogramétricos (que posteriormente han sido orto rectificados) fueron adquiridos en 1945-1956, en blanco y negro; posteriormente se han realizado vuelos nacionales (1:33.000), un vuelo interministerial en 1977-78 (b/n, 1:18.000), vuelo general de España en 1984-85 (b/n, 1:30.000). En la actualidad, el Plan Nacional de Ortofotografía Aérea (PNOA) suministra ortofotografías aéreas digitales con resolución de 25 o 50 cm y modelos digitales de elevaciones (MDE) de alta precisión de todo el territorio español, con un período de actualización de 2 o 3 años, según las zonas.

- Vuelos realizados por las CCAA en diferentes fechas y con distintas características, con una resolución media de 1:10.000 (ej., https://www.icgc.cat/).

- Mapa Forestal de España. Es una base cartográfica de los principales sistemas forestales realizada desde el Banco de Datos de la Naturaleza (https://www.miteco.gob.es/es/biodiversidad/servicios/banco-datos-naturaleza/default.aspx), siguiendo un modelo conceptual de usos del suelo jerarquizados, desarrollados en las clases forestales, especialmente en las arboladas. Proporciona una cartografía nacional que es consistente con otras clasificaciones de vegetación (ej., Mapa Forestal de Castilla La Mancha, https://castillalamancha.maps.arcgis.com/home/index.html), y datos relacionados con sus características ecológicas, o forestal (IFNs). El Mapa Forestal de España de máxima actualidad es el MFE25 a escala 1:25.000. La base de datos está compuesta por una serie de campos que describen la ecología y la estructura de las masas forestales. Dentro del uso forestal arbolado, recogen hasta tres especies diferentes, cada una con su estado de desarrollo (repoblado, monte bravo, latizal y fustal), ocupación (porcentaje que la especie representa respecto del total de árboles) y la fracción de cabida cubierta para el arbolado en su conjunto (porcentaje de suelo cubierto por la proyección horizontal de las copas de los árboles). Esta cartografía se puede integrar fácilmente con otras cartografías de vegetación de CCAA o nacionales (ecorregiones, mapas fitoclimáticos, etc., ej., https://agroambient.gva.es/es/web/medio-natural/descarrega-cartografia-forestal).

Tal y como se indica, es frecuente que estas cartografías nacionales se complementen con las cartografías que cada CCAA ha ido desarrollando para adecuarlas a sus objetivos de gestión del territorio, lo que permite acceder a información adicional de mejor resolución espacial y descriptiva. Por ejemplo, la cartografía de vegetación de Andalucía a escala 1:10.000 se puede complementar con el Mapa Forestal de España a escala 1:25.000. Otro ejemplo es Extremadura, donde se puede integrar la base espacial del Mapa Forestal de España y su correspondencia con el tipo de vegetación a escala nacional, y las variables dasométricas asociadas (http://sitex.gobex.es/SITEX/centrodescargas/viewsubcategoria/56).

Estos productos integrados se pueden utilizar para estratificar las ecorregiones de las CCAA para el tratamiento estadístico de los datos de inventarios a escala de monte (por ejemplo, con LiDAR PNOA en parcelas georeferenciadas con precisión submétrica del IFN) y hacer distintos tratamientos de los datos (Sánchez Pellicer *et al.*, 2017).

Tabla 4.2. Descripción y referencia de las principales bases cartográficas empleadas en los sistemas forestales.

Base cartográfica	Escala	Utilidad	Referencia
Vuelo orto fotogramétrico	1:5000 – 1:10000	Fotointerpretación de la cobertura terrestre y de los atributos espaciales	https://www.ign.es/web/ign/portal
Mapa Forestal de España	1:25000 – 1:50000	Distribución de ecosistemas forestales españoles	https://www.miteco.gob.es/es/biodiversidad/servicios/banco-datos-naturaleza/informacion-disponible/mfe50_descargas_ccaa.html
Base Topográfica Nacional	1:25000 – 1:100000	Conjunto de datos geográficos territoriales: delimitaciones territoriales, altimetría, hidrografía, poblaciones, infraestructuras, etc.	http://centrodedescargas.cnig.es/CentroDescargas/catalogo.do?Serie=MAUT

Ejemplo 1
Acceso a base de datos cartográficos

En este ejercicio se va a aprender a descargar y visualizar bases de datos relacionados con el monte público Pinar de Yunquera, con código MA-30037-AY. Se trata de un monte de unas 2.000 ha de titularidad pública, perteneciente al Ayuntamiento de Yunquera y cuya gestión está a cargo de la Consejería de Medio Ambiente de la Junta de Andalucía. Está localizado en el interior del Parque Nacional de Sierra de las Nieves y contiene una variedad florística de incalculable valor.
1.1. Mapas
1.2. Ortofotos e imágenes
1.3. Otras fuentes cartográficas

(Ver QR al final del capítulo para acceder a ejemplos)

5. Bases de datos relacionales

Junto a las bases de datos cartográficos, existen numerosas bases de datos complementarias de tipo numérico y geográficamente referenciadas que extraen datos de un gran número de fuentes existentes a diferentes niveles administrativos. A ellas se accede a través de distintas plataformas de gestión de bases de datos. Estas bases de datos son independientes, y pueden tener características muy diferentes, y se actualizan con mayor o menor periodicidad. La estructura de estas bases de datos suele estar diseñadas, aunque no siempre, para proporcionar flexibilidad y escalabilidad para que la base de datos se puede ampliar en fases posteriores de desarrollo sin requerir cambios en su estructura.

El IFN (Inventario Forestal Nacional) utiliza un diseño de muestreo sistemático, con unidades de muestra cuadradas de 1 × 1 km ubicadas en la intersección de la cuadrícula UTM y que se correspondan con una cobertura forestal (Alberdi *et al*., 2016; https://www.miteco.gob.es/es/biodiversidad/servicios/banco-datos-naturaleza/documentador_bdsig_ifn3_tcm30-293905.pdf). Dispone de una metodología de campo detallada Los procedimientos se pueden encontrar en el manual de campo (https://www.miteco.gob.es/es/biodiversidad/servicios/banco-datos-naturaleza/documentador_bdsig_ifn3_tcm30-293905.pdf; Alberdi *et al*., 2016).

El Ministerio también realiza muestreos sistemáticos en la Red de Seguimiento de Bosques ICP europea (Nivel I), así como en un subconjunto seleccionado de parcela (Nivel II), que se utilizan principalmente para respaldar investigaciones sobre temas como la dinámica del estado de salud de los bosques, el seguimiento de contaminantes, etc. (https://www.miteco.gob.es/es/biodiversidad/temas/inventarios-nacionales/redes-europeas-seguimiento-bosques/default.aspx; https://www.miteco.gob.es/es/biodiversidad/temas/inventarios-nacionales/informetecnico2020_tcm30-524113.pdf).

Por otro lado, muchas de estas bases de datos se han diseñado para beneficiarse de los recientes avances en la gestión de datos para agilizar la recopilación, el acceso y el análisis de la información. Estas iniciativas reducen la heterogeneidad y la dificultad de acceso, y aportan una mayor coherencia a los usuarios, al hacer posible el uso de los datos en diferentes formatos.

Ejemplo 2
Acceso a bases de datos

En este ejemplo se muestra cómo acceder a la información que proporcionan las parcelas del Inventario Forestal Nacional (IFN). Este inventario caracteriza los tipos de montes en España, cuantificando los recursos forestales y presentando datos, entre otros, de densidades, existencias, crecimientos, y facilitando otros parámetros que describen los bosques, así como su biodiversidad. Utiliza una metodología y características comunes para todo el territorio.
2.1. Recopilación de los datos
2.1.1. IFN2
2.1.2. IFN3
2.2. Preparación y limpieza de los datos
2.2.1. IFN2

(Ver QR al final del capítulo para acceder a ejemplos)

6. Acceso a otras bases de datos de interés forestal

Los distintos organismos que generan bases de datos cartográficas, numéricas o de otro tipo, de interés forestal, disponen de diferentes niveles de acceso, desde datos abiertos (por ejemplo, el Banco de Datos de la Naturaleza) hasta datos a los que sólo pueden acceder y consultar personas (instituciones) autorizadas.

Algunos organismos guardan los datos en sistemas de ficheros en textos planos (como, por ejemplo, Excel). Sin embargo, cuando las bases de datos empiezan a crecer, estos sistemas de acceso y de formato de datos genera diferentes problemas como datos redundantes, seguridad, dificultad de acceso, etc. Por tanto, una vez identificados los datos que pueden ser de interés para nuestro trabajo, el siguiente paso es plantear el acceso a la información de las diferentes bases de datos.

Los modelos en los cuales se encuentran la mayor parte de las bases de datos de interés forestal suelen ser los denominados bases de datos de escritorio, aunque hay varios tipos de base de datos (relacionales, distribuidas, orientadas a objetos; gráficas, etc.). La base de datos relacional es una recopilación de la información organizada de tal forma que se puede consultar, actualizar, analizar y sacar los datos fácilmente, y donde la información se encuentra en tablas y campos relacionados entre sí (ver 2. Tipos de bases de datos). Suelen ser bases de datos de escritorio que residen en una sola máquina (generalmente la misma en la que se ejecuta la aplicación), y sólo puede tener acceso a la misma un único usuario (por ejemplo, Access). Las aplicaciones de los usuarios (los clientes) deben solicitar los datos al servidor, utilizando algún protocolo predefinido o específico de la base de datos que utilicemos.

El formato más frecuente de información forestal suelen ser tablas, que contienen información numérica o categórica, así como relaciones debido a su capacidad de referirse mutuamente entre ellas con un enlace lógico. Las tablas se componen de filas o registros (con todos los datos de una variable, etc.) y columnas o atributos (conjunto de valores de un tipo en concreto). No debemos olvidar que cada vez es más frecuente la opción de tener/acceder a bases de datos en la nube (por ejemplo, Google Earth Engine). Esto se debe al aumento de la demanda de este tipo de información en cantidad, accesibilidad y capacidad de procesado.

> **Ejemplo 3**
> **Análisis y visualización de los datos**
>
> En este ejemplo se analiza la información que proporcionan las parcelas del Inventario Forestal Nacional (IFN).
> 2.3. Análisis de los datos
> 2.4. Visualización de los datos
>
> (Ver QR al final del capítulo para acceder a ejemplos)

7. Gestión de los datos

En cualquier proyecto de geoinformática que use datos forestales, es habitual contar con distintas fuentes de información, pero si dichas bases de datos son heterogéneas, es muy complicado operar con esa información. Por tanto, para poder realizar proyectos que cubran varios ámbitos y/o fuentes de información necesitaremos que los datos sean interoperables. La armonización de datos es un proceso iterativo de captura, definición, análisis y conciliación (unificando formatos, definiciones y estructuras) de información procedente de diferentes fuentes, y su estandarización conforme a unas normas comunes para lograr datos consistentes y coherentes de manera que sean compatibles y comparables.

Tal y como hemos visto en los epígrafes previos, los diferentes organismos con competencia en materia forestal dedican mucho tiempo y recursos para obtener, procesar e interpretar datos. Asimismo, cada administración abarca un ámbito específico, ya sea a nivel territorial (ej., municipal, provincial, autonómico o estatal), o a nivel competencial (ej., cada ministerio se enfoca en datos de áreas concretas como transición ecológica, sanidad, movilidad, entre otras). En la actualidad, las administraciones públicas gestionan vastas cantidades de datos en diversos formatos y con diferentes métodos de gestión. Lo común es alojar múltiples copias en numerosos repositorios distintos. Sin embargo, cuando los requisitos para generar esos datos no se armonizan ni estandarizan, cada entidad y cada documento pueden tener diferentes requisitos. El análisis de datos forestales, dada la variedad de fuentes y formatos disponibles, requiere, previo a su utilización, de procesos que permitan su uso conjunto. Las diferencias en los conjuntos de datos aumentan la complejidad de manejar los datos, incrementan la probabilidad de que se cometan errores, e inhiben el intercambio entre las entidades. Generalmente, se considera que el procesado para la utilización de los datos contiene 5 etapas (Figura 4.3).

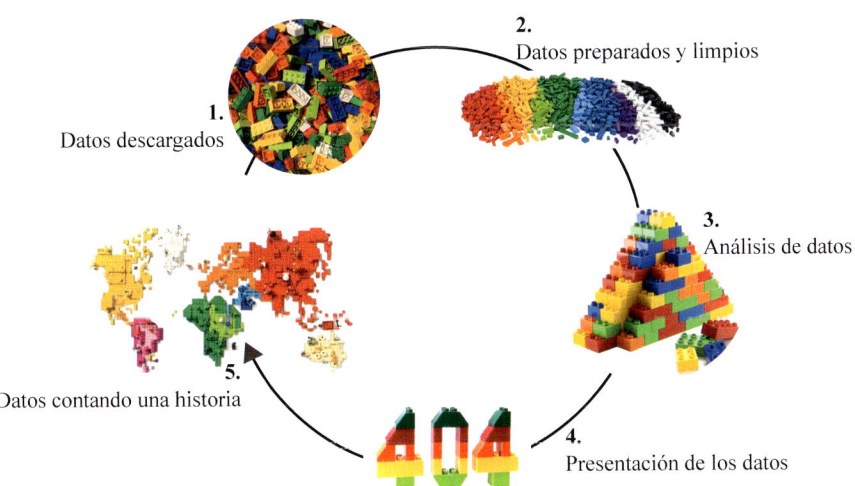

Figura 4.3. Flujo de trabajo para el procesado de datos.

7.1. Recopilación de los datos

Antes de comenzar a recopilar datos de distintas fuentes y orígenes, es necesario comprender qué se quiere hacer con ellos y plantear el objetivo del trabajo que se pretende emprender. Se deben plantear unas preguntas claras, lo que ayudará a seleccionar qué datos las responden mejor, en qué escala, qué fuentes disponen de ellos y cómo deben procesarse.

7.2. Armonización de los datos

La armonización de datos involucra un conjunto de actividades que mejora la consistencia en el uso de los elementos de datos en términos de su significado y su formato de representación. Generalmente se lleva a cabo a nivel "semántico" antes de considerar las estructuras de los documentos. Posteriormente, se elaboran unas especificaciones técnicas estándar. Se trata del punto clave del proceso, sin el cual no se podrá llegar a conclusiones confiables.

Cuando se están preparando datos para responder a un objetivo propuesto, se debe dedicar un tiempo a revisar y construir un conjunto de datos que pueda aportar información coherente y real y que, además, sea fácilmente comprensible y manejable para los procesos posteriores que se necesiten. En esta etapa, se dedicará un tiempo a pulir los datos. Es lo que se conoce como preparación y limpieza de datos y consiste en modificar o eliminar datos incorrectos, redundantes, incompletos o inconsistentes. Algunos ejemplos muy típicos suelen ser limpiar espacios, tildes o símbolos en cadenas de texto; corregir faltas ortográficas; incoherencias entre singulares y plurales; proporcionar sinónimos a los elementos que se refieren al mismo objeto; cambiar mayúsculas y minúsculas; o buscar valores duplicados por error. Se trata de un paso de vital importancia porque la precisión del análisis posterior dependerá de la calidad de los datos.

El proceso generalmente se inicia preparando un inventario de los requisitos actuales de datos, se definen los datos recabados, se analizan los requisitos de información y los elementos de datos, y se concilian los datos.

El resultado de estos pasos es un conjunto de datos simplificado y estandarizado para que permitan el desarrollo posterior de diferentes análisis. La armonización y estandarización simplifican la presentación y el procesamiento de la información, lo que puede proporcionar los siguientes beneficios:

- Reducir los requisitos de información al eliminar redundancias y duplicaciones, se facilita la presentación de la información, lo que a su vez simplifica los procesos relacionados.
- Mejorar la calidad de los datos reduciendo la cantidad de errores y asegurando que la información sea más confiable y precisa.
- Facilitar la recepción, el procesamiento y la verificación de la información al seguir estándares comunes, lo que agiliza los flujos de trabajo.

- Simplificar el intercambio de datos, lo que garantiza la interoperabilidad, facilita el intercambio de datos entre diferentes sistemas y plataformas y mejora la automatización y la integración de la información.

En resumen, este paso es esencial para mejorar la eficiencia, precisión y confiabilidad de la información, al tiempo que facilita la comunicación y colaboración entre diferentes entidades y sistemas.

Precisamente, uno de los grandes retos de la gestión de bases de datos forestales es la armonización de diferentes inventarios, desde el IFN hasta los inventarios de las ordenaciones. El IFN recopila datos sobre una base espacial continua de 1 km de lado, para cumplir con la necesidad de una evaluación a escala nacional. Recientemente, el Ministerio ha publicado varios trabajos que describen con detalle las características de las bases de datos del IFN (atributos y variables), y sus posibles aplicaciones en diferentes ámbitos como la biodiversidad (Pescador *et al.*, 2019) o la capacidad de secuestro de C (Ruiz Benito *et al.*, 2012). Un análisis de estas bases de datos muestra que muchos de esos campos son comunes a otros inventarios autonómicos (ej., IF Cataluña, Vayreda *et al.*, 2016) o de ordenaciones (por ejemplo, Montes Públicos Ordenados de Andalucía; Navarro Cerrillo *et al.*, 2016), y otros que son exclusivos de un solo tipo de inventario (Ruiz-Benito y García-Valdés, 2016). Un pequeño subconjunto de los datos del IFN se pueden integrar en muchos trabajos de interés forestal (Figura 4.4), que incluyen varios bloques comunes de variables. Algunas de estas variables, como la altura, la cobertura, o la densidad del arbolado son fundamentales para estimar áreas forestales, volumen, o biomasa aérea. En la Tabla 4.3 se incluye un ejemplo de atributos seleccionados para trabajar todo el proceso de armonización de datos en el Parque Nacional de Sierra de las Nieves.

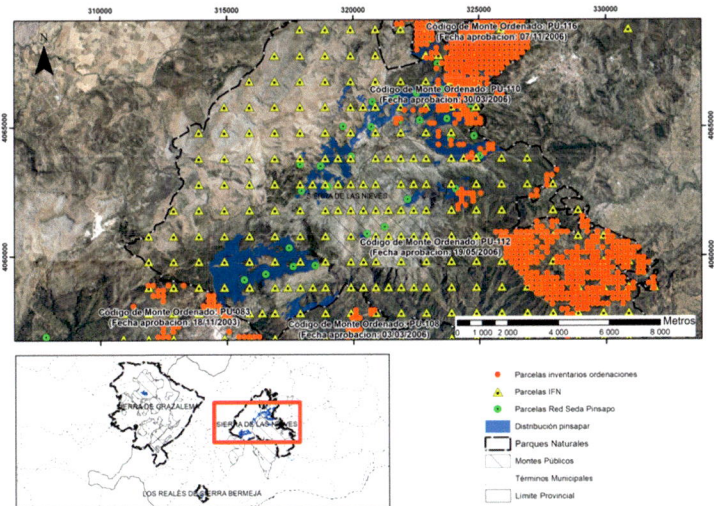

Figura 4.4. Integración de redes de información en el Parque Nacional Sierra de las Nieves (Málaga).

7.3. Análisis de los datos

Durante esta etapa se perfilan los datos para buscar e identificar patrones, detectar valores atípicos y así encontrar relaciones interesantes o patrones. Aquí es donde entra en juego el *Data Mining* que consiste en el conjunto de técnicas y tecnologías que permiten identificar patrones que expliquen el comportamiento de los datos con la intención de comprenderlos mejor. Algunos ejemplos son la creación de grupos o clúster de datos, análisis de regresión, árboles de decisión o redes neuronales. El objetivo que se haya propuesto para el procesado de los datos marcará las herramientas necesarias.

7.4. Visualización de los datos

El siguiente paso consiste en crear visualizaciones explicativas de los análisis efectuados con los gráficos y mapas más adecuados. Las representaciones visuales ayudan a extraer información útil y simplificada a partir de relaciones complejas. Algunos ejemplos de tipos de visualización de datos son:

- Visualización temporal de datos: los cambios de diversos factores en el tiempo suelen resultar útiles para su gestión
- Visualización jerárquica: es una forma de representación de los vínculos comunes de un elemento principal con el resto del sistema.
- Visualización de las relaciones de los datos: son los gráficos de dispersión o los gráficos de burbujas que también añaden una tercera variable en su representación.
- Visualización de datos geoespaciales: son los clásicos mapas que, al tener una representación geográfica, además, permiten la gestión y el conocimiento pragmático, realista y sintético del territorio, dando acceso a la automatización de decisiones estratégicas.

Por otro lado, hay que tener en cuenta la aplicación de cierto grado de tratamiento estético a la visualización para que transmita eficazmente el mensaje.

7.5. Los datos contando historias

El conocido como *storytelling* de los datos, que implica presentar los resultados, no solamente con gráficos bonitos, sino como una narración inteligible por los humanos. Se trata de incluir un contenido interactivo, dinámico y entretenido que permita hacer la información más agradable al público receptor de la misma. Para ello, es frecuente emplear las *dashboards* como herramienta para visualizar indicadores de elementos clave de la información. Un ejemplo es el caso del Portal de Datos Forestales de Castilla y León (https://estadistica.cesefor.com/v2/indices/bosques/Superficie%20y%20propiedad/23#) o los registros de incendios mundiales de Greenpeace (https://maps.greenpeace.org/fire_dashboard/?lang=es).

Tabla 4.3. Comparación de las bases de datos del IFN y del inventario asociado a la ordenación del monte en el P.N. Sierra de las Nieves.

Tabla-IFN	Campo-IFN	Campo-Ordenaciones	Tabla-Ordenaciones	Necesita armonización	Motivo
General	Coord. X de la parcela	Coord. X de la parcela	General	sí	Distintos sistemas de coordenadas
	Coord. Y de la parcela	Coord. Y de la parcela	General	sí	Distintos sistemas de coordenadas
	Rumbo del pie al centro de la parcela	Rumbo del pie al centro de la parcela	General	no	
	Distancia del pie al centro de la parcela	Distancia del pie al centro de la parcela	General	no	
Árbol	Especie/Cambio de especie	Especie	Árbol	sí	Valor numérico del campo en un caso y alfanumérico en otro
	Diámetro	Diámetro	Árbol	sí	Distintas unidades de medición (cm/mm)
	Altura	Altura		sí	Recalcular la altura de los pies de la tabla Árbol en el inventario de ordenaciones a través de ecuaciones alométricas generadas a partir de la tabla Árboles tipo
	Estimación de la edad	-	Árboles tipo	no	
	Espesor de corteza en árboles tipo	-		no	
	Forma	-		no	
	Volumen maderable en árboles tipo	-		no	
Regenerado	Especie	Especie	Regenerado	sí	Valor numérico del campo en un caso y alfanumérico en otro
	Número/Densidad	Número	Regenerado	sí	Reajustar a la medición común en ambos casos
	Altura media	-		no	

Ejemplo 4
Los datos contando historias

Se muestra un ejemplo de interpretación de la información contenida en el Inventario Forestal Nacional (IFN).
2.5. Los datos contando historias

(Ver QR al final del capítulo para acceder a ejemplos)

Bibliografía

Alberdi, I., Bombín, R. V., González, J. G. Á., Ruiz, S. C., Ferreiro, E. G., García, S. G., de Viñas, I. C. R. 2017. The multi-objective Spanish national forest inventory. For. Syst., 26(2), 14.

Canut, C. G. 2006. Avances en las infraestructuras de datos espaciales (Vol. 26). Publicacions de la Universitat Jaume I. Valencia.

Chirici, G., Winter, S., McRoberts, R. E. (Eds.). 2011. National forest inventories: Contributions to forest biodiversity assessments (Vol. 20). Springer Science & Business Media.

Gschwantner, T., Lanz, A., Vidal, C., Bosela, M., Di Cosmo, L., Fridman, J., Schadauer, K. 2016. Comparison of methods used in European National Forest Inventories for the estimation of volume increment: towards harmonisation. Ann. For. Sci., 73(4), 807-821.

Mahdavi S, Salehi B, Granger J 2018. Remote sensing for wetland classification: a comprehensive review. Giscience Remote Sens 55, 623–658.

Ministerio de Transportes, Movilidad y Agenda Urbana 2019. Plan Cartográfico Nacional 2021-2024. Consejo Superior Geográfico, Comisión Especializada del Plan Cartográfico Nacional. Ministerio de Transportes, Movilidad y Agenda Urbana, Madrid.

Navarro-Cerrillo, R.M., Calvero Rumbaó, I., Vidaña, A.L., Quero, J.L, Duque-Lazo, J. 2016. Integración de datos de inventario y modelos dehábitat para predecir la regeneración de especies leñosas mediterráneas en repoblaciones forestales. Ecosistemas, 25(3), 6-21.

Pescador, D. S., Vayreda, J., Escudero, A., Lloret, F. 2019. Identificación y descripción de las variables utilizadas en el Inventario Forestal Nacional para la evaluación de la 'Estructura y función de los tipos de hábitat de bosque. Serie "Metodologías para el seguimiento del estado de conservación de los tipos de hábitat". Ministerio para la Transición Ecológica. Madrid.

Pham-Duc, B., Nguyen, H., Phan, H. 2023. Trends and applications of google earth engine in remote sensing and earth science research: a bibliometric analysis using scopus database. Earth. Sci. Inform. 16, 2355–2371.

Ruiz Benito, P., Gómez Aparicio, L., Benito Garzón, M., Zavala, M. A. 2012. Factores determinantes del secuestro de carbono en los bosques españoles: desarrollo de herramientas de análisis y prospectiva. Centro Vasco por el Cambio Climático, Primer workshop sobre mitigación de emisión de gases de efecto invernadero provenientes del sector agroforestal.

Ruiz-Benito, P; García-Valdés, R 2016. Inventarios forestales para el estudio de patrones y procesos en Ecología. Ecosistemas 25 (3):1.

Sánchez Pellicer, T., Alcón, S. M., Morán, J. T., Navarro, J., Fernández-Landa, A. 2017. ForestCO2: monitorización de sumideros de carbono en masas de Pinus halepensis en la Región de Murcia. In XVII Congreso de la Asociación Española de Teledetección, Murcia, Spain (pp. 3-7).

Tamiminia, H., Salehi, B., Mahdianpari, M., Quackenbush, L., Adeli, S., Brisco, B. 2020. Google Earth Engine for geo-big data applications: A meta-analysis and systematic review. ISPRS J. Photogramm. Remote Sens. 164, 152–170.

Traub, B., Meile, R., Speich, S., Rösler, E. 2017. The data storage and analysis system of the Swiss National Forest Inventory. Comput. Electron. Agric., 132, 97-107.

Vayreda, J., Martínez-Vilalta, J., & Vilà-Cabrera, A. 2016. El Inventario Ecológico y Forestal de Cataluña: una herramienta para la ecología funcional. Ecosistemas, 25(3), 70-79.

Vega-Gorgojo, G., Giménez-García, J. M., Ordóñez, C., Bravo, F. 2022. Pioneering easy-to-use forestry data with Forest Explorer. Semantic Web, 13(2), 147-162.

Vidal, C., Alberdi, I., Redmond, J., Vestman, M., Lanz, A., Schadauer, K. 2016. The role of European National Forest Inventories for international forestry reporting. Ann. For. Sci., 73(4), 793-806.

Acceso al
material complementario

Unidad III
Teledetección

5

Sensores, acceso y procesado de imágenes multiespectrales y térmicas de interés forestal

Rafael M.ª NAVARRO CERRILLO
M.ª Ángeles VARO MARTÍNEZ
Antonio J. ARIZA SALAMANCA

Resumen

El uso de sensores, el acceso a imágenes multiespectrales y térmicas y su procesamiento son componentes críticos para la aplicación de la teledetección en la gestión forestal. Estas tecnologías permiten obtener información valiosa sobre muchas características de los ecosistemas forestales, lo que puede ser fundamental para la toma de decisiones para su conservación y gestión. Los sensores multiespectrales son dispositivos que pueden detectar la radiación electromagnética en múltiples bandas o rangos espectrales, como el visible, el infrarrojo cercano (NIR) y el infrarrojo térmico. Los sensores térmicos, como las cámaras infrarrojas, permiten medir la radiación térmica emitida por los objetos facilitando la detección de diferencias de temperatura en la superficie de la Tierra. El acceso a imágenes multiespectrales y térmicas puede hacerse a través de diversas fuentes, como satélites de observación de la Tierra, aviones equipados con sensores, drones y estaciones terrestres. Las imágenes de satélite se usan para estudios a gran escala, mientras que los drones y las aeronaves son ideales para la obtención de datos de alta resolución en áreas específicas de interés. El procesamiento de imágenes multiespectrales y térmicas implica la extracción de información relevante a partir de estas imágenes. Este procesamiento puede incluir la corrección radiométrica y geométrica de las imágenes, las técnicas de clasificación y los análisis específicos propios de diferentes estudios. Para ellos, se utilizan algoritmos y *softwares* especializados, que pueden ser ejecutados en estaciones de trabajo o usando técnicas de *cloud computing*. Los sensores multiespectrales y térmicos, junto con el acceso a imágenes y el procesamiento de datos, se han convertido en herramientas esenciales para la gestión forestal moderna; ayudan a los profesionales forestales a tomar decisiones informadas para la protección y el manejo sostenible de los recursos forestales.

Palabras clave: sensores remotos, radiación electromagnética, imágenes satelitales, adquisición de imágenes, procesamiento de imágenes, análisis multiespectral, análisis térmico, algoritmos de procesamiento, *software* de análisis de imágenes.

1. Introducción

Por teledetección entendemos, de modo genérico, cualquier técnica de adquisición de datos de la superficie terrestre desde sensores ubicados en diferentes plataformas (ej., satélites, aeronaves o plataformas pilotadas a distancia) con resolución espacial, temporal y espectral muy diferente a la medición que se puede hacer mediante los procedimientos convencionales (Sobrino, 2001). Sin embargo, de un modo más restringido y en el ámbito de las ciencias de la Tierra, la teledetección es entendida como una técnica que tiene por objeto detectar y monitorear las características físicas de los ecosistemas terrestres, atmosféricos y acuáticos (Pérez y Muñoz, 2006). La teledetección permite medir varios parámetros al mismo tiempo y de forma remota con respecto al objeto medido, incluidas observaciones globales. En el ámbito de la teledetección, se entiende por plataformas a los soportes físicos sobre los que se colocan los distintos instrumentos que permiten obtener información de un objeto (sensores); pueden ser satélites (por ejemplo, Landsat, SPOT, Pléyades, GeoEye, Sentinel o WorldView), aeronaves tripuladas (por ejemplo, aviones) o pilotadas a distancia (por ejemplo, drones). Los sensores son, por tanto, los instrumentos necesarios para captar, codificar y transmitir las imágenes o los datos del objeto de estudio.

Este capítulo está organizado en secciones de acuerdo con los principales tipos de sensores que se usan en el ámbito de las ciencias forestales. En cada caso se exponen los fundamentos del sensor, así como los aspectos geométricos de estas tecnologías. Posteriormente se desarrolla el procesado de los datos, es decir, los procesos que deben llevarse a cabo para transformar los datos brutos procedentes del sensor en el producto final objetivo. Se reseñan diversas aplicaciones y algoritmos de código libre que pueden utilizarse para realizar el tratamiento de los datos, enfatizando sus bondades y las características clave en diversos ámbitos de los recursos forestales. A continuación, se aborda un ejemplo que compara ambas tecnológicas en inventarios forestales. Finalmente, se presentan algunas conclusiones y desarrollos futuros.

2. Principios físicos de la teledetección

Los sensores activos y pasivos son los dos tipos principales de sensores utilizados en diversas aplicaciones para detectar, medir y recopilar información sobre el territorio. Cada tipo define, respectivamente, la teledetección activa y la teledetección pasiva. Estas diferencias se basan en cómo funcionan y en su forma de interactuar con la fuente de señales.

Los sensores pasivos no emiten ninguna señal o energía hacia el objeto o área que están monitoreando, sino que simplemente detectan la radiación o energía electromagnética que es emitida naturalmente por el objeto o la fuente en cuestión (por ejemplo, una cubierta vegetal) y que se refleja en parte y vuelve a la atmósfera, generando una firma espectral propia de la superficie con la que interactúa (Figura 5.1 superior). Estos sensores se basan en la radiación electromagnética preexistente, como la luz visible, la radiación infrarroja o las ondas de radio, que son emitidas por el objeto objetivo o reflejadas por él debido a la radiación ambiental, la iluminación, el calor, etc. (Figura 5.1 inferior). Algunos ejemplos de sensores pasivos incluyen cámaras fotogramétricas, sensores multiespectrales sobre plataformas espaciales, etc. Por el contrario, los sensores activos emiten una señal o energía hacia el objeto o área que están monitoreando. Esta señal puede ser luz, sonido, radiofrecuencia, microondas u otros tipos de ondas electromagnéticas. Después de emitir la señal, el sensor activo espera a que la señal se refleje o rebote en el objeto para, posteriormente, recoger y analizar la señal reflejada para obtener información sobre el objeto o la característica que se está monitoreando. Algunos ejemplos de sensores activos incluyen el radar, el LIDAR (detección y medición de distancias mediante luz láser) o los sonares utilizados en aplicaciones náuticas (Figura 5.1 inferior).

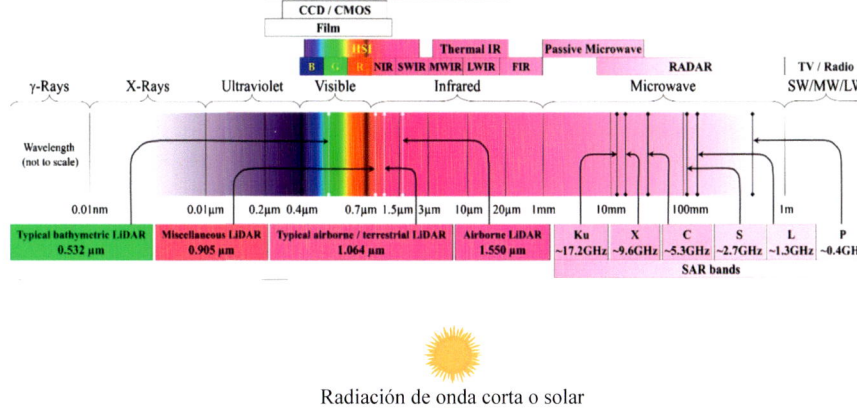

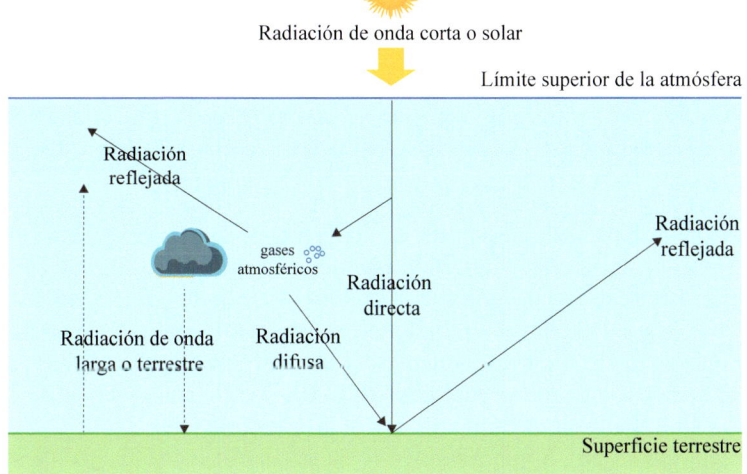

Figura 5.1. Espectro electromagnético en el que se distinguen las regiones más utilizadas por las diferentes técnicas de teledetección (superior) y flujo de radiación emitida por el sol y la Tierra (inferior).

En teledetección, los sensores pasivos más frecuentes operan en los rangos de la luz visible (~ 430–720 nm), el infrarrojo cercano (NIR, ~ 750–950 nm, 780 nm–1 μm, 750 nm–1,4 μm), el infrarrojo de onda corta (SWIR, 1,4–3 μm), el infrarrojo medio (MIR, 3 a 8 μm), el infrarrojo de onda larga (LWIR, 8 a 15 μm) y el infrarrojo lejano (FIR, 15 a 1000 μm) (Figura 5.1 inferior). En general, en función del tipo y número de bandas, los sensores generan imágenes pancromáticas, multiespectrales o hiperespectrales. Por ejemplo, un sistema pancromático es un detector de canal mono espectral que es sensible a la radiación dentro de una gama de longitudes de onda que ofrecen una imagen que incluye el color negro y una escala de blanco o gris. Una imagen pancromática generalmente presenta una resolución más alta que una imagen multiespectral o hiperespectral. Por otro lado, las imágenes ópticas utilizan el infrarrojo cercano visible y espectros infrarrojos de onda corta, mientras que las imágenes térmicas emplean longitudes de onda infrarroja de onda media a larga.

La radiación solar que atraviesa la atmósfera sufre un proceso de atenuación por dispersión (por aerosoles), reflexión (por nubes) y absorción (por moléculas de gas y partículas en suspensión); por tanto, la radiación solar reflejada o absorbida por la superficie terrestre será menor que la radiación correspondiente en el límite superior de la atmósfera, que depende de la longitud de onda, de la energía transmitida y del tamaño y naturaleza de las sustancias que modifican la radiación. Por otro lado, la radiación reflejada está nuevamente expuesta a la dispersión y a la reflexión por varias sustancias presentes en la atmósfera como aerosoles, vapor de agua, partículas de polvo, etc., por lo que, para poder usar imágenes de satélite, se utilizan los valores de los niveles digitales (*Digital Number*, DN) que se corresponden con los valores de los píxeles de la imagen (se correlacionan con la energía que se mide en el sensor). Aunque los DN están relacionados con los valores de reflectancia de la superficie, no son lo mismo. Dependiendo del propósito del estudio, se pueden comparar los DN adquiridos por un satélite sin corregir los efectos atmosféricos, o bien se pueden corregir en función de la radiación reflejada en el límite superior de la atmósfera (*Top of Atmosphere* TOA *reflectance values*) (Figura 5.1 superior). Como veremos más adelante, estos efectos de dispersión pueden corregirse en una fase de preprocesamiento.

Un ejemplo de las potencialidades de la teledetección en sistemas naturales es su capacidad para distinguir entre diferentes coberturas vegetales, usos del suelo, masas de agua e, incluso, detectar otros fenómenos naturales provocados por la actividad humana (ej., deforestación). Tal y como se ha mencionado, estas características se pueden analizar gracias a la existencia de diferentes bandas del espectro electromagnético (Figura 5.1). Una imagen monocromática se puede ver en escala de grises con una paleta de 256 tonos (ND); por tanto, cada píxel de la imagen puede contener un valor entre el negro (valor 0) y el blanco (valor 256). Sin embargo, la representación de una imagen de satélite es más representativa cuando se realiza con composición de color, ya que el ojo humano percibe mejor las diferencias de color que las escalas de grises o las sombras. Para poder visualizar la imagen de teledetección en color, es necesario realizar una combinación de tres bandas, a las que se les da el nombre de imagen compuesta en color (rojo-verde-azul) o en falso color (rojo-verde-azul-infrarrojo cercano). La teledetección permite, además, la visualización simultánea de información de diferentes regiones del espectro, lo que facilita la delimitación de ciertos valores medios. La selección de bandas para lograr la composición y el orden de color especificado para cada una de ellas depende del sensor en el que se trabaje y de la aplicación final del proyecto, siendo las posibilidades de composición de bandas prácticamente ilimitadas, aunque sólo unas pocas combinaciones serán de particular interés para una aplicación determinada.

Por ser uno de los objetivos preferentes de la teledetección forestal, se puede usar como ejemplo la respuesta espectral de la vegetación. Como cualquier objeto, la vegetación emite una reflectividad, que recoge el sensor, siendo ésta diferente según sus características y situación. Así, el procesamiento digital de imágenes multiespectrales e hiperespectrales permite detectar de manera automatizada y con mayor nitidez los cambios en la vegetación mediante operaciones de realce entre dos o más bandas o canales espectrales. Esto es posible con los ND de las imágenes, más una cadena de procesamiento de éstas que finalmente permite conocer la reflectancia espectral de las principales coberturas (Figura 5.2), diferenciando, por ejemplo, el estado de vigor de la vegetación.

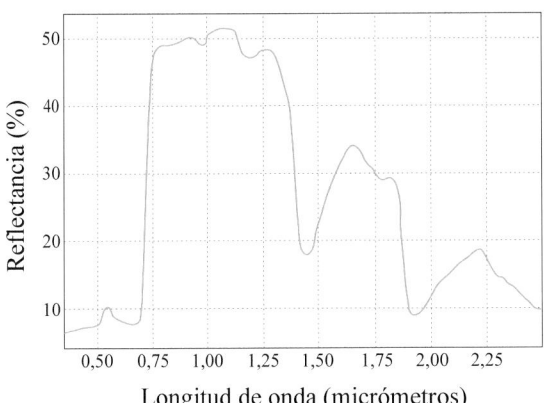

Figura 5.2. Firma espectral de hojas de encina con buen estado sanitario (fuente: Ecostress Spectral Library, NASA, https://speclib.jpl.nasa.gov/).

En efecto, la vegetación sana tiende a presentar una elevada reflectancia a partir de una longitud onda próxima a 0,7 μm y hasta 1,3 μm. Por tanto, si se quiere estudiar el estado de la vegetación se deben llevar a cabo operaciones que contemplen tanto los valores de las bandas visibles como las bandas del infrarrojo. Para ello, se utilizan los índices o cocientes, que son un conjunto de operaciones algebraicas usando dos o más bandas pertenecientes a la misma escena. Sin embargo, se deben tener en cuenta factores como la propia reflectividad de la cubierta vegetal, que varía según su forma, el contenido de humedad, su altura (pastizal, matorral, arbolado), la litología, la edafología o la topografía.

Los índices de vegetación tienen múltiples aplicaciones en el ámbito de la teledetección forestal; por ejemplo, la medida del índice de área foliar (*Leaf Area Index*-LAI), la radiación fotosintética activa absorbida por la planta, la productividad neta de la vegetación, la dinámica fenológica o el contenido de clorofila en la hoja. La estandarización que ofrece el procesamiento de las imágenes permite aplicar algoritmos y transformaciones capaces de caracterizar, cuantificar con precisión y cartografiar esos parámetros, como también el análisis espectral entre distintas fuentes y momentos. Otros procedimientos permiten identificar relaciones estadísticas entre diferentes conjuntos de datos (de campo y espectrales) mediante la aplicación de modelos empíricos que pueden cartografiarse.

La teledetección, por tanto, tiene numerosas ventajas cuando se aplica para el estudio de los recursos naturales en general y de los sistemas forestales en particular (Tabla 5.1), y la convierten en una de las herramientas tecnológicas más importantes de la selvicultura actual.

Tabla 5.1. Ventajas y desventajas de la teledetección en sistemas forestales.

Ventajas	Desventajas
Permite obtener información de toda la superficie objetivo de estudio a diferentes escalas (coberturas a diferentes escalas)	La resolución espacial puede limitar el estudio de procesos de los sistemas forestales a meso o microescala
Ofrece información en muchas bandas del espectro electromagnético que permiten o mejoran el estudio de procesos que no pueden evaluarse, (o sólo parcialmente) a partir de otro tipo de información	Hay procesos que requieren usar bandas muy específicas, que están limitadas en muchos de los sensores de acceso más global
La alta resolución temporal de muchos de los productos permite los estudios temporales de sistemas forestales	
Cada vez es más frecuentemente el acceso público y gratuito a los datos	Hay productos comerciales que requieren programación previa y el pago para la adquisición de datos

3. Sensores multiespectrales y térmicos

3.1. Características generales de los sensores

Los sensores aplicados a la teledetección han experimentado un desarrollo sin precedentes desde la década de los 70 del siglo pasado cuando se empezaron a desarrollar redes de satélites, primero meteorológicos geoestacionarios, que proporcionaban cobertura global y continua (cada media hora), y, posteriormente, sensores multiespectrales de pocas bandas hasta los actuales sensores hiperespectrales. Además, la resolución espacial ha ido mejorando desde 80 m en el caso del sensor Landsat-1 hasta 31 cm en Worldview-3. Actualmente, aproximadamente 50 países están operando más de 1000 sensores sobre satélites.

Hay dos tipos básicos de satélites, los geosíncronos (o geoestacionarios) y los síncronos con el sol. El primer tipo se localiza siempre en la vertical de un punto determinado, acompañando a la Tierra en su rotación (ej., Meteosat). Los satélites sincrónicos se mueven en órbitas circulares y polares (el plano de la órbita es paralelo al eje de rotación de la Tierra), por lo que, aprovechando la rotación de la Tierra, pueden tomar fotografías de puntos diferentes cada vez que pasa por dichos puntos, en órbitas entre 300 y 1500 km de altitud diseñadas para que el satélite pase siempre por el mismo punto a la misma hora local.

Respecto a la orientación con la que el sensor capta las imágenes se distinguen tres tipos: de orientación vertical, habitual en satélites de resolución espacial baja (Meteosat) o media (Landsat); de orientación oblicua, típica del radar; y de orientación modificable, propia de los sensores de alta resolución, que permite mantener una elevada resolución espacial y tener una resolución temporal (tiempo de revisita) también elevada.

3.2. Resolución de los sensores

Los sensores miden la radiación emitida o reflejada en cuatro dimensiones: espacio, tiempo, longitud de onda y radiancia. Estas dimensiones definen los cuatro tipos de resolución con los que se trabaja en teledetección (Tabla 5.2):

- **Resolución espacial.** Es aquella relacionada con el tamaño de un píxel. En algunos casos se utiliza el concepto de IFoV (*Instant Field of View*), definido como la fracción angular (en radianes) observada en un momento dado. La actual oferta de sensores ofrece una amplia gama de resoluciones espaciales. La resolución puede ser muy baja (los satélites Meteosat y geoestacionarios proporcionan una resolución espacial de 5000 m debido a su cobertura global de la superficie terrestre), baja (ej., MODIS, 250 m), media (ej., Landsat con 30 m, Sentinel 2A con 10 m) o alta (ej., Ikonos con 1 metro, Worldview-3 con 31 cm). Al respecto, debe tenerse en cuenta que resulta esencial que exista una buena equivalencia entre la resolución espacial y la escala en la que ocurren los fenómenos observados.

- **Resolución espectral.** La resolución espectral indica el número y el ancho de las bandas sobre las que el sensor puede captar la radiación electromagnética. En principio, cuantas más bandas incluya el sensor, mayor será la información disponible, ya que cada banda recoge una variable distinta para la caracterización de la superficie cubierta. Por otro lado, estas bandas deben reducirse para aumentar la posibilidad de discriminación. Si las bandas son muy anchas, recogerán valores medios que "oscurecerán" los distintos factores. Por ejemplo, se obtiene más información de una superficie si se capturan 3 bandas (rojo, verde, azul) que una sola banda (imagen en blanco y negro). El número de bandas y su posición en el espectro dependerá de los objetivos cubiertos por la operación del sensor (Figura 5.1 superior).

- **Resolución radiométrica.** La resolución radiométrica indica la sensibilidad del sensor, es decir, su capacidad para distinguir pequeñas variaciones en la radiación

Tabla 5.2. Características de los principales sensores multiespectrales de media y alta resolución espacial con aplicaciones al seguimiento de sistemas forestales a escala regional o planetaria.

Nombre	Descripción	Nº de bandas	Resolución temporal (días)	Misión	Acceso
ASTER	Advanced Spaceborne Thermal Emission and Reflection Radiometer	14	16	Terra	Japón-NASA
ETM	Enhanced Thematic Mapper	8	16	Landsat 7	NASA
HiRI	High Resolution Optical Imager	5	26	Pleiades 1A, Pleiades 1B	CNES
HRG	High Resolution Geometric	4	1-3	SPOT 5	CNES
HRS	High Resolution Stereoscopic	1	1-3	SPOT 5	CNES
HRV	High Resolution Visible	4	1-3	SPOT 1-2-3	CNES
HRVIR	High Resolution Visible and Infra-red	4	1-3	SPOT 4	CNES
LandIS	Landsat Next Instrument Suite	26	16	Landsat	NASA
MODIS	Moderate Resolution Imaging Spectroradiometer (PFM on Terra, FM1 on Aqua)	36	1-2	Aqua, Terra	NASA
MSS (LS 1-3)	Multispectral Scanner - Landsat 1,2,3	5	16	Landsat 1-2-3	NASA
MSS (LS 4-5)	Multispectral Scanner - Landsat 4,5	4	16	Landsat 4-5	NASA

Nombre	Descripción	Nº de bandas	Resolución temporal (días)	Misión	Acceso
PlanetScope	Planet.com	4	variable	Planet	Planet Labs, Inc.
Pleiades Neo	Mono, stereo and tri-stereo acquisition capability	7	26	Pleiades	CNES
Quickbird	High resolution: Pan: 61 cm (nadir) to 72 cm (25° off-nadir), MS: 2.44 m to 2.88 m	4	3-6	Quickbird	DigitalGlobe
REIS	Records in five spectral bands on VIR and NIR	5	1	RapidEye	MacDonald Dettwiler (MDA)
SpaceView 110 Imaging System	formerly GIS-2, GeoEye Imaging System-2	5	1-3	WorldView-4	DigitalGlobe
TM	Thematic Mapper	7	16	Landsat 4-5	NASA
VEGETATION		4	1-3	SPOT 4-5	CNES
WV-3 CAVIS	WorldView-3: Cloud, Aerosol, water Vapor, Ice, Snow	12	1-3	WorldView-3	DigitalGlobe
WV-3 MSS	WorldView-3: Multi spectral sensor	8	1-3	WorldView-3	DigitalGlobe
WV-3 PAN	WorldView-3: Panchromatic sensor	1	1-3	WorldView-3	DigitalGlobe
WV-3 SWIR	WorldView-3: Shortwave Infrared sensor	8	1-3	WorldView-3	DigitalGlobe
WV110	Standard 4 colors + New 4 colors	8	1-3	WorldView-2	DigitalGlobe
WV60	PAN band for WorldView -2	1	1-3	WorldView-2	DigitalGlobe

que capta. Por lo general, se expresa en términos de la cantidad de bits necesarios para almacenar cada píxel. Por ejemplo, Landsat TM utiliza 8 bits que permiten detectar 256 niveles de potencia (ND). Cuanto mayor sea la precisión radiométrica, mayor será la cantidad de información (respuesta espectral) que se puede capturar en la imagen.

- **Resolución temporal.** La resolución temporal indica el intervalo en tiempo entre cada imagen adquirida por la plataforma para un mismo punto. La resolución temporal varía entre media hora en el caso de los satélites geosíncronos y semanas en el caso de algunos satélites asíncronos. Si se usan aeronaves (tripuladas y no tripuladas) la resolución temporal dependerá de la programación de los vuelos, pero permiten una mejor adecuación de la frecuencia al estudio para el que se utilicen.

En general, una mayor resolución espacial reduce la resolución espectral y temporal. Este inconveniente se debe a que al aumentar la resolución se multiplica la cantidad de datos que hay que almacenar y procesar. Sin embargo, los sensores de orientación variable han hecho posible conciliar una resolución espacial alta con una resolución temporal también alta, a expensas de imágenes no sistemáticas. Muchas veces, la resolución espacial se asocia con la calidad de la imagen, pero esa relación no es directa ya que cada sensor tiene la resolución óptima para los objetivos que pretende cubrir. Por ejemplo, los satélites meteorológicos como Meteosat, debido a que se utilizan para analizar fenómenos muy dinámicos, necesitan una resolución temporal muy alta (30 minutos) e imágenes de cobertura global (planeta entero), será difícil multiplicar su resolución espacial. Por sus aplicaciones en el estudio de recursos naturales, en este capítulo se da más importancia a los sensores de imágenes ópticas que funcionan en los rangos del visible y del infrarrojo. Este tipo de plataformas espaciales incluyen sistemas multiespectrales y sistemas hiperespectrales.

3.3. Satélites multiespectrales con mayor aplicación a recursos naturales

Los sensores que más se utilizan para estudiar recursos naturales son los sensores multiespectrales. Se trata de sensores multicanal con un número reducido de bandas de longitud de onda estrecha. Más recientemente se han incorporado los sensores hiperespectrales, que recogen información de múltiples bandas (entre 10 y 200 bandas espectrales) (Tabla 5.2, Figura 5.2). Para una revisión más amplia sobre las plataformas y los sensores más utilizados se puede consultar a Toth y Jóźków (2016), aunque aquí se mencionan los de uso más frecuente.

Sensores multiespectrales de resolución espacial baja

En este grupo de sensores se incluyen numerosos programas. El sensor más representativo de esta categoría es MODIS (*Moderate Resolution Imaging Spectroradiometer*) que opera sobre los satélites TERRA y AQUA de la misión *Earth Observing System* de la NASA. MODIS dispone de 36 bandas del espectro electromagnético (que abarcan longitudes de onda desde 0,4 a 14,4 µm), con una resolución de 250-1000 metros (con dos bandas de 250 m, cinco de 500 m y las 29 bandas restantes de 1 km) y un período de revisita promedio de 2 días, con una alta sensibilidad radiométrica (12 bits).

La alta versatilidad de este sensor lo convierte en una herramienta fundamental para comprender mejor las propiedades físicas de la tierra, el océano y la atmósfera. Por ejemplo, se usan sus 16 bandas térmicas para medir la temperatura de la superficie terrestre y del océano. Por otro lado, debido a su enorme cobertura, permite monitorear procesos globales, como los incendios forestales activos, los cambios de uso de suelo o la deforestación. Además de las imágenes multiespectrales, MODIS cuenta con 44 productos de datos estándar que refuerzan su capacidad para el seguimiento de la dinámica global y de los procesos asociados a los modelos de predicción del cambio climático global. Algunos de los productos que ofrece incluyen coberturas de índices de vegetación de MODIS (MOD13), EVI (*Enhanced Vegetation Index*) y NDVI (*Normalized Difference Vegetation Index*) cada 16 días a partir del febrero del año 2000 hasta hoy día.

Sensores multiespectrales de resolución espacial media

Entre este tipo de sensores, el más conocido es el programa Landsat, que dispone de varios sensores: MSS (*Multispectral Scanner*, 79 m, 4 bandas, Landsat 2-3), TM (*Thematic Mapper*, 30 m, 7 bandas, Landsat 4-5), ETM (*Enhanced Thematic Mapper*, bandas ya disponibles y un canal pancromático con resolución espacial de 15 metros, Landsat-7) y OLI (*Operational Land Imager*, con 9 bandas en el espectro visible y en el infrarrojo cercano, Landsat 8), junto con TIRS (*Thermal InfraRed Sensor*, que opera en el rango de infrarrojos de onda larga).

Otro ejemplo es el proyecto SPOT (Centro Nacional de Estudios Espaciales francés), con cuatro misiones de satélites en órbita heliosíncrona, con una resolución temporal de hasta 6 días y que cuenta con varios sensores: generación Spot 1, 2 y 3 (sensor HRV-*High Resolution Visible*, imágenes en el visible e infrarrojo cercano, de 10-20 m de resolución, con una resolución temporal entre 2-3 días y 26 días dependiendo de la latitud); generación SPOT-4 (añade a los canales del HRV un infrarrojo de 10-20 m de resolución y VEGETATION-1, de 4 bandas espectrales con una resolución espacial del orden de 1 km y una repetitividad diaria en latitudes templadas); SPOT-5 (incorpora el instrumento de alta resolución geométrica − de 2,5-5 metros de resolución en modo pancromático y de 10 metros multiespectral− y pares estereoscópicos −Alta Resolución Estereoscópica, VEGETATION-2); por último, SPOT 6 y 7 (operan en fase sobre la misma órbita que Pleiades 1 y 2 con muy alta resolución −de 1,5 m pancromático, de 1,5 m color y de 6 m multiespectral−).

Sensores multiespectrales de resolución espacial alta

Se consideran sensores de alta resolución espacial aquellos con un tamaño de pixel de menos de 5 metros. Las fotografías aéreas fueron los primeros productos de resolución alta y muy alta utilizados ampliamente, y que continúan utilizándose, en cartografía de la vegetación y en aplicaciones forestales. Recientemente, las fotografías aéreas digitales se han generalizado como un producto de muy alta resolución en aplicaciones forestales. La oferta de ortofotos y la posibilidad de adquirir fotografías aéreas digitales con cámaras digitales de formato pequeño (p. ej., Kodak DCS 420 y DCS 460) y de gran formato (p. ej., Leica Helava ADS40, Zeiss/Intergraph DMC 2001), con tamaño de píxel menor de 25 cm y el uso de filtros espectrales intercambiables o espectrógrafos permiten definir la resolución espectral dentro de los 10 nm. Estas características, junto con las tecnologías de video y la velocidad de procesamiento, han impulsado una nueva generación de productos fotogramétricos de alta resolución espacial y espectral.

Además, las mejoras introducidas recientemente en la adquisición de imágenes multiespectrales con sistemas ópticos de alto rendimiento han permitido el desarrollo y el acceso a un conjunto de sensores que ofrecen imágenes multiespectrales e hiperespectrales de muy alta resolución que complementan los programas de fotografía aérea existentes.

En esta categoría también se encuentran instrumentos aerotransportados de detección remota, como el *Compact Airborne Spectrographic Imager* (CASI) y, más recientemente, sensores de resolución espacial alta sobre satélites operados comercialmente. Los sensores transportados por satélites permiten la recopilación de datos desde una plataforma estable, a intervalos de tiempo regulares y con un tamaño de huella relativamente grande. Como se ha indicado previamente, estos sensores al ganar en resolución espacial pierden resolución espectral y temporal, lo que se resuelve, en algunas ocasiones, incorporando un canal pancromático de alta resolución espacial y otros en bandas concretas del visible (azul, rojo, verde) con tamaños de pixel mayores. Por ejemplo, el programa IKONOS, lanzado en septiembre de 1999, recopila datos pancromáticos (con un rango espectral de 450 a 900 nm) con una resolución espacial de aproximadamente 1 m y cuatro canales de datos multiespectrales (azul, verde, rojo e infrarrojo cercano) con una resolución espacial de aproximadamente 4 m en una franja de 11 km de ancho. El satélite QuickBird, lanzado en octubre de 2001, recopila datos pancromáticos (también de 450 a 900 nm) con una resolución espacial de aproximadamente 0,61 m y datos multiespectrales (azul, verde, rojo e infrarrojo cercano) con una resolución espacial de aproximadamente 2,44 m en una franja de 16,5 km de ancho (Tabla 5.2). Otros programas muy interesantes para su aplicación en análisis forestales son los programas Rapid Eye, o WordView 2-3 (Tabla 5.2).

La calidad de los productos ofrecidos por estos grupos de sensores permite su aplicación a muchos aspectos relacionados con la gestión y la evaluación de sistemas forestales (Tabla 5.1).

3.4. Sensores hiperespectrales

Los sensores hiperespectrales están diseñados para registrar centenares de longitudes de onda del espectro electromagnético (alta resolución espectral), a diferencia de las multiespectrales que, como hemos visto, se diseñan para un número limitado de bandas

(Figura 5.3, Tabla 5.3). Los sensores hiperespectrales recogen la información espectral en forma de una imagen tridimensional (un "cubo" de datos o perfil hiperespectral), para su posterior procesamiento y análisis. Estos sensores son especialmente útiles en aplicaciones forestales debido a su capacidad para proporcionar información detallada y precisa sobre las propiedades físicas y químicas de la vegetación (contenido de humedad, carbono orgánico en el sustrato, temperatura, emisividad y albedo superficial, estrés de la vegetación, concentración de pigmentos fotosintéticos como clorofila a, clorofila b, xantofilas, antocianinas y carotinoides, etc.).

En la actualidad ya se han realizado numerosos estudios que usan imágenes hiperespectrales en estudios forestales, por ejemplo mediante los sensores Hyperion, modelos de radiación del dosel vegetal y cálculo de índices de vegetación, empleando bandas más sensibles a diversas propiedades fisiológicas de la vegetación, la mayoría imposibles de obtener mediante imágenes multiespectrales, debido al escaso número y la amplia anchura de sus bandas.

Es importante tener en cuenta que el uso de sensores hiperespectrales en aplicaciones forestales puede requerir análisis avanzados y técnicas de procesamiento de imágenes muy complejas para extraer información relevante. Estos sensores se pueden montar en plataformas aéreas (satélites, aviones, drones) proporcionando información muy detallada y completa del entorno forestal. La principal dificultad de esta tecnología es el acceso a los datos de sensores hiperespectrales comerciales, así como el proceso de adquisición de las imágenes. Aunque existen misiones comerciales, tanto aéreas como satelitales, destinadas a adquirir imágenes hiperespectrales de la superficie terrestre, éstas normalmente requieren una programación previa del área de adquisición (sujetas a las condiciones atmosféricas y de iluminación para la captura de datos) y resoluciones espaciales entre 20 y 30 m.

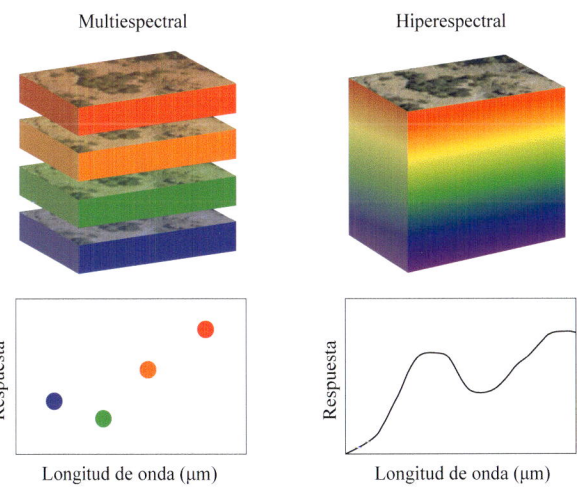

Figura 5.3. Resolución espectral en sensores multiespectrales e hiperespectrales.

Tabla 5.3. Características de los principales sensores hiperespectrales y multiespectrales de media resolución espacial con aplicaciones al seguimiento de sistemas forestales a escala regional o planetaria.

Nombre	Descripción	N° de bandas	Resolución temporal (días)	Resolución espacial	Misión	Acceso
Sensores hiperespectrales						
CHRIS	Compact High Resolution Imaging Spectrometer	18	Programación		PROBA-1	ESA
Hyperion	High resolution hyperspectral imager with 220 spectral bands (from 0.4 to 2.5 μm)	220	Programación	30	EOS-1	EOS Data Analytics
HyS-SWIR	Hyperspectral SWIR	150	5-6		EOS-3	EOS Data Analytics
HyS-VNIR	Hyperspectral VNIR	60	5-6		EOS-3	EOS Data Analytics
Sensores multiespectrales						
ASTER	Advanced Spaceborne Thermal Emission and Reflection Radiometer	14	16	90	Terra	Japón-NASA
ECOSTRESS (PHyTIR)	Prototype HyspIRI Thermal Infrared Radiometer (PHyTIR)	6		38-69	ECOSTRESS on ISS	NASA
MODIS	Moderate Resolution Imaging Spectroradiometer (PFM on Terra, FM1 on Aqua)	36	1-2	1000	Aqua, Terra	NASA
TIRS	Thermal Infrared Sensor	2	16	100	Landsat 8	NASA
TIRS-2	Thermal Infrared Sensor 2	2	16	30-100	Landsat 9	NASA

3.5. Sensores térmicos

Los objetos que tienen una temperatura por encima de cero grados pueden emitir radiación infrarroja y producir una imagen térmica, por lo que se vuelven más "visibles" en una imagen capaz de captar esta radiación. Así, la teledetección térmica ofrece medidas obtenidas por un sensor ubicado a bordo de una plataforma que capta la radiación emitida en el espectro electromagnético en rangos medios y lejanos del infrarrojo (la región del infrarrojo térmico, TIR; $8.0 - 14.0$ µm) y en el rango de microondas, aproximadamente entre 9 y 14 µm (Sobrino et al. 2000, Tabla 5.3). Este tipo de teledetección es especialmente útil para rastrear desde organismos (por ej., personas, animales, etc.) hasta procesos geológicos (por j., volcanes) y perturbaciones (por ej., incendios forestales), ya que las imágenes térmicas son independientes de la luz y pueden obtenerse de día o de noche. El uso de sensores térmicos ha sido una técnica muy utilizada en los estudios de estrés de la vegetación desde la década de los 60, en particular para el estudio de atributos biofísicos como el estado de vigor del arbolado.

Algunos sensores que se han utilizado para teledetección térmica en sistemas naturales han sido el *Advanced Very High Resolution Radiometer* (AVHRR) de NOAA, aunque este sensor presentaba la limitación de la resolución espacial, el Landsat TM (120 m resolución espacial), el Landsat ETM + (60 m) o el ASTER (90 m), que se han utilizado para investigar cambios de temperatura a escala de dosel. El interés creciente por el uso de sensores térmicos también se ha puesto de manifiesto por el desarrollo de nuevos sistemas de obtención de imágenes que incorporan sensores de este tipo (Tabla 5.3). Por ejemplo, el sensor *Airborne Hyperspectral Scanner* (AHS) tiene bandas espectrales en la región del térmico que permiten la estimación de la temperatura superficial a resoluciones espaciales muy altas (<10 m).

4. Fuentes de datos de imágenes

El desarrollo de la teledetección ha venido acompañado de un impulso muy importante al acceso público a imágenes y datos de diferente naturaleza, lo que permite disponer actualmente de información sobre cualquier parte del planeta sin grandes limitaciones. En este contexto, existe una multitud de fuentes de disposición libre, lo que obliga a seleccionar la fuente más conveniente para acceder a la imagen o los datos más adecuados al objetivo del estudio que se quiere realizar. Algunas de las opciones de imágenes gratuitas son las siguientes:

- USGS *Earth Explorer*
  - La agencia United States Geological Survey (USGS) dispone del mayor registro de datos de satélite gratuitos (datos ópticos, radar, modelos digitales del terreno, etc.), con una serie temporal de más de 40 años; están disponibles a través de su explorador EarthExplorer: https://earthexplorer.usgs.gov/
  - Productos: NASA (Terra y Aqua MODIS, ASTER, VIIRS, etc.), ISRO (Resourcesat-1 y 2), ESA (Sentinel-2) y algunos datos de satélite comerciales de alta resolución (IKONOS-2, OrbView-3, datos históricos SPOT).

- ◦ Permite restringir la búsqueda de imágenes de satélite por área, fecha, porcentaje de cobertura de las nubes, e incluir tantos sensores como se desee.
- ◦ Descarga: requiere instalar su aplicación de descarga masiva (*Bulk Download Application*). Se pueden descargar varios tipos de datos (Nivel-1, 2,3, imágenes en color natural, imágenes térmicas, etc.).
- ◦ Análisis: EE permite la búsqueda, vista previa y descarga gratuita de datos de satélite, pero no analizar imágenes.

- EOS
  - ◦ LandViewer es una base de datos SIG gratuita que da acceso a las imágenes de satélite más usadas, y que están disponibles a través de su explorador: https://eos.com/es/products/landviewer/
  - ◦ Productos: Landsat 7-8, Sentinel-1 y 2, CBERS-4, MODIS e imágenes de satélite históricas de Landsat 4-5. También cuenta con una impresionante lista de imágenes de satélite de alta resolución gratuitas para buscar y previsualizar, disponibles para su compra (SPOT 5-7, Pleiades-1, Kompsat-2, 3, 3A o SuperView-1).
  - ◦ La interface es muy simple a través del área de interés, la selección del tipo de sensor, las fechas, el porcentaje de cobertura de nubes, el ángulo de elevación del sol y el porcentaje de cobertura del AOI.
  - ◦ Descarga: permite descargar imágenes en formato JPEG, KMZ o GeoTIFF, aunque también se pueden almacenar datos en la nube EOS Storage o WMS.
  - ◦ Análisis: permite la visualización y el análisis instantáneo de los datos de satélite, ofreciendo más de 20 combinaciones de bandas e índices predeterminados, como NDVI, NBR, SAVI, un generador de índices personalizado similar a una calculadora ráster, análisis de series temporales, análisis de grupos y más herramientas pensadas para ayudar a extraer el valor de las imágenes.

- Copernicus Open Access Hub
  - ◦ Se trata del portal de acceso abierto de la Agencia Espacial Europea (ESA), y ofrece acceso gratuito a los productos del programa Copernicus (Sentinel-1, Sentinel-2, Sentinel-3 and Sentinel-5P) a través de su repositorio: https://scihub.copernicus.eu/
  - ◦ Productos: Sentinel-1 (radar), Sentinel-2 (imágenes ópticas multiespectrales), Sentinel-3 (vigilancia medioambiental) y Sentinel-5P (datos atmosféricos y de calidad del aire).
  - ◦ Descarga: la interfaz de Copernicus Hub es muy sencilla y tiene algunas limitaciones.
  - ◦ Análisis: no hay herramientas analíticas.

- Sentinel Hub
  - ◦ Sentinel Hub permite el acceso a una amplia gama de imágenes de satélite de código abierto a través de sus dos servicios, EO Browser y Sentinel Playground: https://www.sentinel-hub.com/

- Productos: Sentinel, Landsat 5-7 y 8, MODIS, Envisat Meris, Proba-V y productos GIBS.
- Descarga: cuenta con una interfaz sencilla, con diferentes filtros de búsqueda para la descarga de imágenes a resolución completa en varios formatos (JPEG, KMZ, GeoTiff) o bandas separadas y combinaciones de bandas.
- Análisis: EO Browser contiene herramientas para la visualización y análisis de imágenes de satélite.

• NASA Earthdata Search

- NASA's Earthdata Search permite el acceso a una amplia gama de colecciones de datos EOSDIS de la NASA (*Earth Observing System Data* and *Information System*): https://search.earthdata.nasa.gov/search
- Productos: Aqua y Terra, ENVISAT, GOES, satélites de NOAA, METEOSAT, Suomi-NPP, Nimbus, CALIPSO, Landsat.
- Descarga: la interface es compleja y la descarga gratuita de imágenes de satélite puede ser tediosa.
- Análisis: no dispone de herramientas de análisis.

• Google Earth Engine

- Google Earth Engine es un servicio de procesamiento geoespacial, que utiliza la tecnología de Google *Cloud Platform* y proporciona una plataforma interactiva para el desarrollo de algoritmos geoespaciales a escala: https://earthengine. google.com/
- Productos: dispone de datos de satélites actualizados y datos históricos (Programa Sentinel, Landsat, Aqua y Terra, ALOS, etc.)
- Descarga: se hace a través del servicio Earth Engine mediante una de las API usando las bibliotecas de cliente para JavaScript y Python.
- Análisis: dispone de multitud de herramientas de análisis.

• Catálogo de Imágenes del Centro Nacional de Información Geográfica (CNIG)

- El Centro Nacional de Información Geográfica (CNIG, España) tiene un catálogo muy amplio de productos cartográficos dentro del Plan Nacional de Observación del Territorio (PNOT), a través del Plan Nacional de Teledetección (PNT): https://centrodedescargas.cnig.es/CentroDescargas/index.jsp
- Productos: el catálogo del CNIG es la fuente más amplia de productos cartográficos de España. Presenta datos de satélite de las misiones Aqua, Terra, Landsat, Sentinel, etc., así como mapas en formato imagen, datos topográficos, imágenes de fotografías aéreas y ortofotografías de varios años y con distintos tamaños de pixel, imágenes de satélite, mapas vectoriales y bases cartográficas y topográficas, información geográfica temática, documentación geográfica y cartografía antiguas, mapas impresos escaneados y modelos digitales de elevaciones, entre otros.

- ◦ Descarga: el catálogo es simple, aunque a veces puede ser limitada en cuanto aéreas específicas, fechas o porcentaje de cobertura de nubes. La descarga se realiza a través de un enlace FTP enviado a su dirección de correo electrónico.
- ◦ Análisis: no dispone de herramientas de análisis.
- ◦ Existen portales análogos en todas las CCAA y en todos los países.

Ejemplo 1
Acceso y descarga de imágenes

En el presente ejercicio se va a aprender a gestionar la búsqueda y descarga de datos de imágenes satelitales empleando el lenguaje de R, lo que facilitará un posterior procesado de los datos gracias a su potencia estadística y analítica.

Existen numerosas fuentes de datos públicos que nos permiten obtener imágenes de satélites de forma gratuita. Sin embargo, este ejercicio se va a centrar en el portal de datos Earth Explorer del USGS Servicio Geológico de Estados Unidos. Como base del ejercicio se estudiará el incendio acaecido entre los días 7 y 10 de agosto de 1993 en la provincia de Granada, afectando a unas 7.000 ha, de las cuales unas 250 ha estaban localizadas en el interior del Parque Natural de la Sierra de Huétor. En ella se quemaron repoblaciones de *Pinus pinaster*, *Pinus halepensis*, *Pinus nigra* y, en menor medida, con *Pinus sylvestris* y *Populus* realizadas en la década de los años 40 del siglo pasado. Tras el incendio, han sido escasas las labores de reforestación desarrolladas en la zona. La más significativa se ejecutó a finales de 1996 y consistió en una siembra aérea de 16 especies de pinos y matorral con poco éxito.

1.1. Registro en la plataforma Earth Explorer del USGS

1.2. Búsqueda y selección de las imágenes

(Ver QR al final del capítulo para acceder al ejemplo)

5. Preprocesado de imágenes

La radiación reflejada que capta el sensor está alterada por diferentes factores que introducen diversos tipos de error. Los principales factores que alteran la señal son aquellos relacionados con la plataforma (por ejemplo, oscilaciones aleatorias de su altitud, velocidad y orientación), la rotación terrestre (por ejemplo, los desplazamientos de la superficie terrestre durante la toma de la imagen), las distorsiones geométricas y radiométricas del sensor (por ejemplo, la calibración) y las distorsiones provocadas por la atmósfera, debidas a la interacción de la radiación con la atmósfera.

La corrección de los tres primeros tipos de error se denomina corrección geométrica y se realiza mediante la georreferenciación de la imagen. La corrección radiométrica aborda el cuarto tipo de errores, y el quinto, la corrección atmosférica. El objetivo de este tema no es profundizar en los diferentes métodos de corrección, sino describir los tipos de correcciones y su importancia en la interpretación de imágenes.

5.1.Corrección radiométrica

La calibración radiométrica es un requisito indispensable y previo para la creación de datos científicos de alta calidad y, en consecuencia, generar productos posteriores de mayor nivel. Es la más sencilla de realizar; de hecho, las estaciones receptoras de imágenes llevan siempre a cabo algún tipo de corrección en el momento de recepción de la imagen.

Radiancia espectral

El cálculo de radiancia espectral es un paso fundamental para convertir los valores de una imagen de distintos sensores y plataformas a una escala radiométrica común físicamente significativa. La calibración radiométrica de los sensores consiste en ajustar los números digitales sin procesar, transmitidos desde el satélite, a números digitales calibrados. Esto implica que todas las escenas de un mismo sensor tendrán una misma escala radiométrica en un periodo específico de toma de la imagen.

Conversión a reflectancia *Top-of-Atmosphere* (TOA)

La conversión a reflectancia TOA es un paso intermedio antes de realizar cualquier corrección atmosférica. La reflectancia TOA es la ratio de la energía reflejada con respecto al total de la energía incidente, por lo que combina la reflectancia de la superficie y la reflectancia atmosférica. Hay tres ventajas en usar la reflectancia TOA en lugar de la radiancia espectral *at-sensor*: elimina el efecto coseno de diferentes ángulos cenitales solares debido a la diferencia de tiempo entre las adquisiciones de datos, compensa los diferentes valores de la irradiancia solar exoatmosférica que surgen de las diferencias de bandas espectrales y corrige la variación en la distancia Tierra-Sol entre diferentes fechas de adquisición de datos.

5.2. Corrección geométrica

Las imágenes de satélite, al igual que las fotografías aéreas, requieren georreferenciar la información contenida en cada pixel en un sistema de coordenadas estándar (UTM, Lambert, coordenadas geográficas) para poder integrar la imagen en un entorno SIG. Una vez realizada la georreferenciación, la información de cada pixel lleva asociada una tabla donde cada columna corresponde con un valor de longitud y cada fila con un valor de latitud. El proceso de georreferenciación de la imagen corrige las distorsiones asociadas a su adquisición, la corrección orbital y la distribución de errores en la imagen utilizando puntos de control. Las correcciones geométricas son relativamente sencillas, ya que casi todos los programas de SIG disponen de algún procedimiento para realizar una transformación de coordenadas a partir de ecuaciones de transformación. En algunos productos, como las imágenes obtenidas en plataformas tripuladas a distancia, se requieren puntos de control sobre el terreno; por ejemplo, para evitar errores en la georreferenciación por los cambios bruscos de altitud dentro de una imagen. Los procedimientos más frecuentes son el método del vecino más próximo y la interpolación bilineal.

5.3. Corrección atmosférica

La corrección atmosférica está orientada a reducir o eliminar las distorsiones que introduce la atmósfera en los valores de radiancia y generar, así, la forma espectral más cercana a la específica de la superficie estudiada. Se han propuesto numerosos métodos de corrección atmosférica, aunque hay dos categorías principales: los métodos basados en escenas y los modelos de transferencia radiativa. En la actualidad, la corrección atmosférica se resuelve gracias a que diversas agencias como la NASA y la ESA ponen a disposición colecciones y productos con distintos niveles de procesamiento y corrección en las imágenes.

6. Métodos de fusión de imágenes

La fusión de imágenes es una transformación radiométrica obtenida mediante la combinación de varias imágenes para formar otra que integra la información contenida en las imágenes individuales (Figura 5.4). La fusión de imágenes permite incrementar la información contenida en cada píxel, mejorando la resolución espacial y proporcionando una mejor visualización de una imagen multibanda en una imagen de banda única de alta resolución. El resultado es una imagen que tiene un contenido de información mayor que cualquiera de las imágenes de entrada y que proporciona información complementaria. Un ejemplo es la combinación de imágenes multiespectrales con imágenes radar para obtener información en áreas con alta cobertura de nubes (ej., bosques tropicales). Otro ejemplo es la fusión de imágenes pancromáticas y multiespectrales para mejorar la resolución espacial de las bandas espectrales generando una imagen multibanda con la resolución del ráster pancromático.

Imagen Landsat 8, 2014   Imagen Landsat 8, 2014   Imagen Sentinel
Color natural   Falso color   y Ortofoto

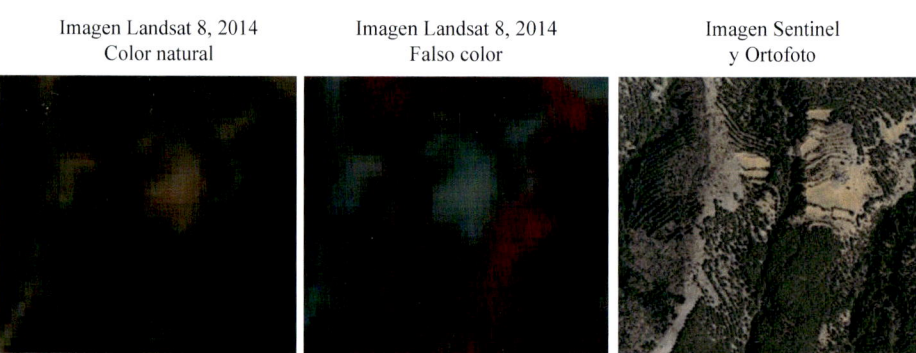

Figura 5.4. Imágenes Landsat 8 (color natural y falso color) y mosaico de ortofoto PNOA e imágenes Sentinel 2 A de un área forestal de la Sierra de los Filabres (Almería) (EPSG 3857, Nivel de zoom 16, Escala 1:8530).

En la actualidad, la fusión de imágenes se puede hacer utilizando diferentes metodologías y algoritmos, que se aplican principalmente para la fusión de imágenes ópticas. Las técnicas más populares son las basadas en operaciones aritméticas, como la transformación Brovey,

Synthetic Variable Ratio o *Ratio Enhancement*, las basadas en Análisis de Componentes Principales (PCA), la transformación Intensidad- Brillo-Saturación (IHS, *Intensity-Hue-Saturation*) o el método de nitidez espectral Gram-Schmidt (Hurtado et al., 2021). Sin embargo, la baja calidad espectral de las imágenes fusionadas ha hecho que se recurra a otros métodos basados en técnicas de Análisis Multiresolución (MRA, *Multiresolution Analysis*) o a la fusión basada en el uso de Redes Neuronales Artificiales para la fusión de imágenes hiperespectrales.

7. Descripción del software que permite trabajar con imágenes satélite

En paralelo al desarrollo de la teledetección, se han desarrollado números *softwares* para el procesado de las imágenes. Por ello, están disponibles numerosos programas de ordenador con diferentes características que obliga a seleccionar el o los más adecuados para el objetivo del estudio que se quiere realizar. En la Tabla 5.4 se resumen las 5 mejores opciones de *software* para el procesado de imágenes de satélite y se describen aspectos esenciales de los mismos con objeto de orientar la elección del más adecuado para un uso concreto.

Tabla 5.4. Ejemplos de herramientas y paquetes de R para tratamiento de datos de teledetección (https://mappinggis.com/2020/09/paquetes-de-r-para-trabajar-con-imagenes-de-satelite/).

Paquete	Descripción	Fuente
sen2r	Paquete de R que ayuda a descargar y preprocesar las imágenes Sentinel-2. Proporciona herramientas que permiten crear una cadena de procesamiento Sentinel-2 completa sin necesidad de intervenciones de otras herramientas o manuales. Además, posee una GUI muy intuitiva para quienes no están familiarizados con la programación en R	Github ranghetti/sen2r.
getlandsat	Facilita a los usuarios el acceso a las imágenes Landsat 8 alojadas en AWS3 en https://registry.opendata.aws/landsat-8/	https://registry.opendata.aws/landsat-8/.
MODIS	Paquete de R para trabajar con imágenes de satélite que permite procesar y obtener archivos de LP DAAC, LAADS y NSIDC. Cuando se utiliza por primera vez, se requiere realizar unos pasos adicionales para configurar correctamente la herramienta.	# Instalación y carga de MODIS install.packages("MODIS") library(MODIS)
Rtoolbox	Proporciona un conjunto de herramientas para el procesamiento de imágenes	install.packages("RStoolbox") library(RStoolbox)

Bibliografía

Pérez, C., Muñoz, A. L. 2006. Teledetección: nociones y aplicaciones. Universidad de Salamanca. URL https://mundocartogeo.files.wordpress.com/2015/03/teledeteccion-nocionesaplicaciones-2006publico.pdf

Sobrino, J. A. 2001. Teledetección. Universitat de Valencia.

Toth, C., Jóźków, G. 2016. Remote sensing platforms and sensors: A survey. ISPRS J. Photogramm. Remote Sens., 115, 22-36.

**Acceso al
material complementario**

6

Técnicas de clasificación de imágenes de satélite en ciencias forestales

Rafael M.ª NAVARRO CERRILLO
M.ª Ángeles VARO MARTÍNEZ
Antonio J. ARIZA SALAMANCA
Víctor RODRÍGUEZ GALIANO

Resumen

La clasificación de imágenes de satélite en ciencias forestales es una de las principales aplicaciones de la teledetección. Estas técnicas permiten identificar diferentes tipos de información a partir de imágenes con distinta resolución espectral y aplicarlas al estudio de los ecosistemas forestales. En este capítulo se describen algunas de las técnicas de clasificación, tanto supervisadas como no supervisada, más comunes en ciencias forestales. También se describen aspectos relacionados con la clasificación basada en objetos y otras técnicas avanzadas de clasificación, como la fusión de datos multiespectrales, el estudio de series temporales y la clasificación de texturas. La elección de la técnica de clasificación más adecuada para un estudio en particular depende de su objetivo, de la disponibilidad de datos y de la complejidad del ecosistema forestal analizado. En muchos casos, se utilizan combinaciones de estas técnicas para obtener resultados más precisos. Además, es fundamental evaluar la precisión de la clasificación mediante su validación y proceder a los ajustes posteriores si éstos son necesario. El capítulo está organizado en tres secciones: i) información espectral de las imágenes e índices de vegetación, ii) técnicas de clasificación, y iii) errores de clasificación. Por último, el tema se ilustra con la aplicación de las técnicas de clasificación al seguimiento de grandes incendios.

Palabras clave: clasificación de imágenes de satélite, algoritmos de clasificación, índices de vegetación, análisis de imágenes de satélite.

1. Introducción

La clasificación de imágenes de satélite es una herramienta fundamental para la aplicación de la teledetección a la gestión forestal, ya que aporta datos cuantitativos y cualitativos que reducen la complejidad del trabajo de campo y el tiempo de los estudios vinculados al análisis de la superficie terrestre. La teledetección recopila imágenes de numerosos sensores (ver Capítulo 5) a intervalos regulares y con resoluciones espectrales diferentes, por lo que el volumen de datos disponibles es enorme. Las técnicas de clasificación utilizan algoritmos de aprendizaje automático y técnicas de procesamiento de imágenes para analizar esa gran cantidad de datos con diferentes objetivos, como identificar y clasificar diferentes tipos de coberturas o usos del suelo, realizar inventarios o evaluar los cambios de los recursos forestales y la biodiversidad. Por ejemplo, mediante la comparación de imágenes de satélite tomadas en diferentes momentos, se puede detectar la deforestación, la degradación del suelo o los patrones de migración de especies. Además, la clasificación de imágenes de satélite también es fundamental en la gestión de desastres naturales, como incendios forestales, inundaciones y sequías. Al proporcionar información detallada sobre la extensión y la gravedad de estas perturbaciones, los responsables de la gestión forestal pueden coordinar una respuesta efectiva y tomar medidas preventivas para mitigar los impactos negativos en el medio ambiente.

En este contexto, resulta necesario disponer de metodologías que faciliten la extracción y la interpretación de la valiosa información que proporcionan las imágenes de satélite. Las técnicas de clasificación son las más utilizadas para extraer información de una gran cantidad de imágenes de satélite. La clasificación de imágenes de satélite se puede definir como el proceso de agrupación de píxeles en clases con significado temático (extracción de información); se basa en la idea de que esas clases vienen establecidas por unos límites entre las respuestas espectrales y temporales de los diferentes pixeles de la imagen. Al respecto, debe tenerse en cuenta que, en ocasiones, los límites no son precisos, sino que se trata de gradientes (como en el caso de la lógica difusa), o son límites no lineales (como en el caso de las máquinas de vectores soporte). En cualquier caso, la clasificación digital de imágenes debe emplear metodologías que sean operativas, interpretables, replicables y susceptibles de ser altamente automatizadas. La clasificación de imágenes implica la interpretación de imágenes, la extracción de características (*feature extraction*) de datos espaciales (por ejemplo, índices de vegetación), la aplicación a un objetivo concreto de análisis (por ejemplo, los incendios forestales) y la generación de cartografía temática (por ejemplo, litología, tipos de vegetación, usos del suelo, etc.).

En este capítulo se revisan los métodos y las técnicas de clasificación de imágenes de satélite más frecuentes, así como los de más reciente aplicación, haciendo hincapié en los métodos y técnicas de clasificación digital. Las técnicas de clasificaciones se estudian atendiendo a diferentes criterios: i) automáticas o supervisadas, ii) "duras" o "suaves", iii) orientada a pixel o a objeto, iv) paramétrica o no paramétrica, principalmente.

2. Información espectral de las imágenes

2.1. Las firmas espectrales

Tal y como se ha visto en el capítulo 5, la teledetección se basa en la medida de la energía electromagnética (EM) en un rango de longitudes de onda (espectro electromagnético) que va desde los rayos gamma hasta las ondas de radio. Los sensores ópticos captan la energía reflejada derivada de la interacción de la energía del Sol con la atmósfera y con la superficie de la Tierra. Las firmas espectrales (FE, *spectral signature*) son la "huella" única de la radiación electromagnética reflejada o emitida por un objeto en diferentes longitudes de onda del espectro electromagnético; permiten establecer una curva de reflectancia específica, por lo que son la base de los análisis espectrales relacionados con imágenes obtenidas en diferentes plataformas. La FE de una superficie representa sus propiedades físicas, químicas y biológicas, a través de su interacción con la radiación emitida a determinadas longitudes de onda del espectro electromagnético. Estas firmas espectrales son útiles para identificar y distinguir entre diferentes materiales o tipos de superficies en imágenes de satélite o datos espectrales. Por ejemplo, en el caso de la vegetación, la firma espectral muestra una alta reflectancia en las bandas del espectro visible, especialmente en el rango del verde, debido a la clorofila presente en las hojas. Sin embargo, la reflectancia disminuye significativamente en el infrarrojo cercano (NIR) debido a la estructura celular de las plantas, lo que permite diferenciar entre vegetación y otros tipos de cobertura terrestre. Este comportamiento de absorción y reflexión a lo largo de los canales muestra una curva de comportamiento que "delata" los elementos que forman esa superficie y permite su identificación. Por tanto, una parte importante de la teledetección se basa en el estudio y el análisis de las firmas espectrales de los diferentes tipos de superficies (ej., suelo desnudo, vegetación, agua, etc.).

Vegetación

La firma espectral de la vegetación depende, entre otros factores, de las propiedades de las hojas, incluida la orientación y la estructura del dosel foliar. Entre estas propiedades, la proporción de la radiación reflejada en las diferentes partes del espectro depende principalmente de los pigmentos foliares, el grosor y la composición de la hoja (estructura celular), así como de la cantidad de agua en el tejido foliar. Esta respuesta espectral varía, por tanto, con el estado fisiológico de la planta (Figura 6.1). La FE de una planta sana presenta un patrón distintivo de radiación electromagnética reflejada por la hoja en diferentes longitudes de onda del espectro electromagnético. Una hoja sana exhibe características espectrales únicas que son el resultado de la interacción entre la luz incidente y los pigmentos fotosintéticos presentes en la hoja, como la clorofila, que se traducen en una reflexión comparativamente baja en la banda azul y roja, ya que estas longitudes de onda son absorbidas por la planta (principalmente por la clorofila) para realizar la fotosíntesis, y refleja relativamente más luz en la banda verde: Sin embargo, la reflectancia disminuye en el infrarrojo cercano (NIR) debido a la dispersión y reflexión interna en la estructura celular de la hoja. En el infrarrojo medio, la reflectancia está determinada principalmente por el agua libre en el tejido foliar. Cuando las hojas experimentan algún cambio fisiológico (por ej., fenología, estrés, etc.) se producen cambios del contenido o composición de los pigmentos, hasta el punto de sufrir una reducción de su actividad metabólica (por ej., reducción o ausencia de la fotosíntesis), lo que provoca un cambio (un incremento) en la reflectancia en la banda roja del espectro. Si las hojas se secan, se observa una mayor reflectancia en el infrarrojo medio y una disminución de la reflectancia en el infrarrojo cercano. Por ello, la relación entre la reflectancia en diferentes longitudes de onda proporciona información sobre la salud y la fisiología de la hoja. Por ejemplo, la relación entre la reflectancia en el rojo y en el infrarrojo cercano, conocida como NDVI (*normalized difference vegetation index*), se utiliza comúnmente como un indicador de la salud y la actividad fotosintética de la vegetación.

Cuando se trata de analizar una cubierta de vegetación, y no una planta individual, debe tenerse en cuenta que se integran las firmas espectrales de la vegetación, del suelo (ej., geología) y de la humedad dentro del sistema planta-suelo, entro otros elementos.

Suelo desnudo

Al igual que pasa con las hojas, la FE de la superficie de un suelo desnudo depende de múltiples factores (ej., geología, contenido de elementos minerales, topografía, color, humedad, etc.), lo que impide disponer de una FE típica de reflectancia del suelo. La reflexión del suelo desnudo puede desplazarse ligeramente de las bandas del visible hacia las bandas del infrarrojo en función de estos componentes. La mayoría de las FE de los suelos muestran una forma convexa entre las bandas comprendidas entre 0,5-1,3 μm y caídas entre 1,45-1,95 μm, asociadas a la absorción de agua y a la presencia de humedad en el suelo.

Agua

En comparación con la vegetación y los suelos, el agua tiene menor reflectancia, ya que refleja como máximo un 10% de la radiación entrante en las bandas comprendidas entre el visible y el infrarrojo cercano. En términos generales, el agua sólo refleja las bandas de luz visible, ya que casi no se refleja en la banda del infrarrojo cercano, lo que permite distinguir muy bien las láminas de agua de otras superficies, que aparecen como áreas oscuras (valores de píxel bajos) en imágenes que incluyen la banda del infrarrojo cercano. Más allá de 1,2 μm se absorbe toda la energía. No obstante, la firma espectral puede variar en función de las características de la lámina de agua; por ejemplo, por la turbidez (ej., presencia de particular en suspensión), la contaminación (ej., presencia de elementos químicos) o la presencia de organismos vivos (ej., microorganismos).

Las colecciones de firmas espectrales, o bibliotecas espectrales (*spectral library*), son conjuntos de datos que contienen información sobre las firmas espectrales de diversos materiales y objetos en diferentes longitudes de onda del espectro electromagnético.

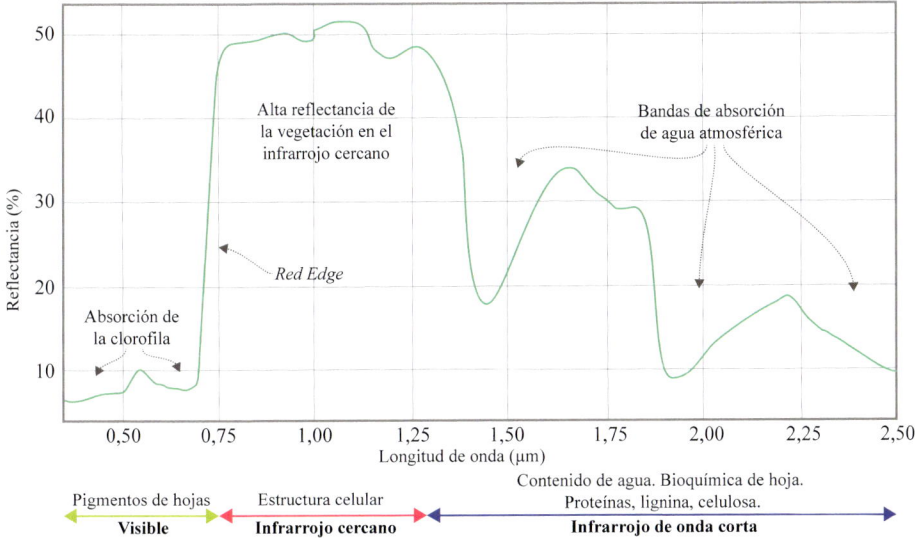

Figura 6.1. Espectro en el visible (400 - 700 nm) y en el infrarrojo (aquí 700 - 1000 nm) de una hoja de encina, donde se observa un valor bajo de reflectancia en el visible, con un valor máximo en aproximadamente 550 nm y un incremento muy marcado en el *red edge*, alcanzando un valor casi constante en el infrarrojo.

Estas bibliotecas son herramientas fundamentales en la teledetección y la investigación científica, ya que permiten la identificación y clasificación de objetos en base a sus características espectrales. Las firmas espectrales en estas bibliotecas son medidas experimentales o simuladas de la radiación electromagnética reflejada, emitida o transmitida por diversos materiales, como suelos, rocas, vegetación, agua y otros. Cada material tiene una firma espectral única que se deriva de su composición química, su estructura física y las condiciones ambientales.

Las bibliotecas espectrales se utilizan en una variedad de aplicaciones, incluyendo la detección de cambios en la cobertura terrestre, la evaluación de la calidad del agua, la identificación de minerales en la exploración geológica, y la evaluación de la salud de la vegetación, entre otras. Estas aplicaciones se basan en la comparación de las firmas espectrales medidas en el terreno o mediante sensores remotos con las firmas espectrales disponibles en las bibliotecas.

Las bibliotecas espectrales se actualizan y amplían continuamente con nuevos datos obtenidos a través de mediciones de campo, experimentos de laboratorio y misiones de teledetección. Este dinamismo hace que las bibliotecas sean un recurso muy valioso para la comunidad científica y los profesionales que trabajan en el campo de la teledetección y la caracterización espectral de la Tierra y de otros cuerpos celestes. Existen galerías de firmas espectrales libres en la red, vinculadas especialmente a organismos de investigación científica y espacial, Estas instituciones ofrecen acceso a bibliotecas de firmas espectrales obtenidas con radiómetros de laboratorio en condiciones controladas, que sirven de referencia para conocer el comportamiento típico de una determinada cubierta (Tabla 6.1; Zhang *et al.*, 2017; Borisova *et al.*, 2020; https://www.usgs.gov/labs/spectroscopy-lab/science/spectral-library; https://speclib.asu.edu/).

Tabla 6.1. Bibliotecas de firmas espectrales obtenidas con radiómetros de laboratorio.

Biblioteca	Acceso	Descripción
Biblioteca espectral USGS (Servicio Geológico Estadounidense)	http://speclab.cr.usgs.gov/spectral-lib.html.	Incluye espectros muy variados, aunque los de cubiertas vegetales son limitados
Librería Aster (Jet Propulsion Laboratory)	http://speclib.jpl.nasa.gov/	Incluye espectros de minerales, rocas, suelos, meteoritos, vegetación, agua, nieve y cubiertas humanas
Librería del departamento de Geografía de la Universidad de Alcalá	https://geogra.uah.es/espectra/	Incluye espectros de especies vegetales mediterráneas
PDS Spectral Library	https://speclib.rsl.wustl.edu/	La biblioteca espectral PDS es una recopilación de mediciones radiométricas de laboratorio diferentes materiales como minerales o rocas en los rangos visible, infrarrojo cercano e infrarrojo medio

Ejemplo 1

Visualización de imágenes

En este ejercicio se va a aprender a visualizar y manipular imágenes satelitales, además de a operar con ellas para generar índices de vegetación empleando el lenguaje R. Los datos e imágenes utilizados en este capítulo son los que se descargaron en el Capítulo 5 Sensores, acceso y procesado de imágenes multiespectrales y térmicas de interés forestal.

Primero se va a aprender a visualizar y manejar las imágenes de satélite, intentando comprender la organización interna de las mismas, cómo se configura la estructura de sus datos y la información que aportan sobre terreno.

1.1. Preparación de los datos en el entorno RStudio Cloud

1.2. Recorte de la zona de interés

1.3. Estadísticas de la imagen

1.4. Visualización

1.5. Guardar imagen multibanda generada

(Ver QR al final del capítulo para acceder a ejemplos)

2.2. Los índices de vegetación

La mayor parte de las aplicaciones de la teledetección han estado dirigidas al uso de misiones espaciales multiespectrales, tal y como hemos visto en el Capítulo 5 (MODIS, Landsat, ASTER, SPOT, Sentinel, etc.). Sin embargo, varios estudios han demostrado que los datos procedentes de las diferentes bandas espectrales presentan limitaciones para la determinación de las propiedades biofísicas de la vegetación. Por ello, se han desarrollado combinaciones entre bandas espectrales que ofrecen nuevas oportunidades para los estudios de parámetros biofísicos a escala de planta y de dosel. La forma más frecuente para establecer estas relaciones entre las bandas de las imágenes son los denominados índices espectrales (*spectral index*).

Un índice espectral se define como una relación algebraica obtenida mediante la combinación de dos o más bandas (valores de la reflectancia a distintas longitudes de onda) pertenecientes a la misma escena en un pixel determinado. Un caso particular de estos índices, por estar orientados a los estudios de la cubierta de vegetal, son los índices espectrales de la vegetación (IV, *spectral vegetation indexes*); se trata, por tanto, de todos aquellos índices que, por su respuesta espectral, son particularmente sensible a la cubierta vegetal (Chuvieco, 2002, Xue y Su, 2017). En su mayoría, emplean la reflectancia sólo en dos bandas, aunque algunos usan tres o más. Estos índices tienen como objetivo principal mejorar la discriminación entre la vegetación y otros componentes del medio (ej., suelo, humedad, etc.) o entre diferentes estados relacionados con algún parámetro biofísico (ej., pigmentos, índice foliar, etc.), reduciendo el efecto de otros componentes en la respuesta espectral del pixel.

Índices de vegetación relacionados con variables biofísicas a nivel de hoja y de dosel

La teledetección permite utilizar IV obtenidos mediante medidas de reflectancia directamente asociados a variaciones en la absorción de longitudes de onda específicas. La mayor parte de los IV se han desarrollado como un medio para solucionar los problemas derivados del comportamiento espectral de los pigmentos y de los efectos de la estructura de hoja. Dada la importancia de las variables biofísicas (ej. pigmentos, superficie foliar, contenido hídrico, conductancia estomática, etc.), en los estudios sobre el estado fisiológico del arbolado, el acceso a datos sobre la variabilidad temporal y espacial de las características del dosel mediante teledetección es esencial para comprender una amplia gama de procesos relacionados con los ecosistemas forestales. Además, esta información puede ser fundamental para la configuración de modelos físicos y ecológicos que incorporan la vegetación como un elemento dinámico. Sin embargo, las posibilidades de ofrecer esta información son limitadas, ya que las técnicas tradicionales para medir variables biofísicas involucran procedimientos de campo caros y laboriosos. Por lo tanto, cuando se pretende trabajar en grandes superficies y para doseles forestales, debe recurrirse a metodologías basadas en la teledetección espacial.

Índices de pigmentos

Se han propuesto numerosos IV para el cálculo de los pigmentos foliares (consultar Barceló Coll *et al.*, 2000 para ampliar la información sobre pigmentos, en particular para la clorofila (Chl)), utilizando bandas del visible y del infrarrojo cercano, aunque hay algunos que usan proporciones de bandas del visible con la región del *red edge* (Tabla 6.2). La mayor parte de estos IV se han desarrollado para el cálculo de la Chl total, aunque algunos diferencian entre Chl a y b o carotenos. Los trabajos más recientes se han dirigido a mejorar la generalización de los IV relacionados con la Chl y los carotenos para un amplio rango de condiciones y de especies a nivel de hoja y de dosel. En general, se ha encontrado una gran dificultad para definir índices universales.

Índices de índice de área foliar (LAI)

Al igual que los pigmentos, el índice de área foliar (LAI, *Leaf Area Index*) es una variable clave para estudiar diferentes procesos biofísicos en sistemas forestales y para pronosticar su crecimiento, la productividad o el intercambio gaseoso. El LAI es una medida que describe la cantidad de área de hojas por unidad de área terrestre. Es un indicador crucial en ecología vegetal y teledetección, ya que proporciona información sobre la estructura y la productividad de la vegetación vegetal. El LAI se calcula como el cociente entre el área total de las hojas y el área del suelo que las soporta. Se trata de una cantidad adimensional expresada en $m^2 \, m^{-2}$. Actúa como un indicador de la capacidad de captación de luz de un dosel vegetal, que se relaciona directamente en la fotosíntesis, la transpiración, la respiración y la productividad primaria neta. Un LAI alto sugiere una mayor eficiencia en la captación de luz y una mayor productividad del ecosistema, mientras que un LAI bajo puede indicar estrés hídrico, deficiencias nutricionales o perturbaciones ambientales.

El LAI tiene implicaciones importantes en la gestión forestal y en la modelización de los ciclos biogeoquímicos, ya que permite estimar, por ejemplo, la cantidad de carbono almacenado en los bosques, prever el crecimiento futuro de la vegetación y evaluar el impacto de cambios ambientales, como el cambio climático o la deforestación en la salud y la resiliencia de los ecosistemas forestales.

El LAI está relacionado con la reflectancia del dosel, lo que ha llevado a proponer numerosos índices que buscan mejorar su estimación sobre grandes superficies, principalmente a través del análisis de mezclas espectrales (Tabla 6.3). El enfoque más común ha sido desarrollar relaciones entre los datos de LAI de campo y los diferentes índices de vegetación, con un amplio rango de resultados. La correlación entre índices de vegetación y LAI está principalmente asociada a la utilización de índices estructurales basados en las bandas 680-690 nm y 720-740 nm. En las últimas décadas también se han realizado numerosos trabajos para mejorar el NDVI (índice de vegetación de diferencia normalizada, *Normalized Difference Vegetation Index*) y los índices modificados para reducir el efecto del suelo y los efectos atmosféricos. Sin embargo, hasta ahora, no ha sido posible diseñar un índice que se relacione únicamente con LAI y que sea insensible

Tabla 6.2. Relación de índices propuestos para la determinación de clorofila (para consultar las referencias originales ver Xue y Su, 2017).

Índice de vegetación	Ecuación
Índices en el Espectro Visible	
Greenness Index	$G = R_{554} / R_{677}$
Simple R. Pigment Ind.	$SRPI = R_{430} / R_{680}$
Normalized Phaeophytinization Index	$NPQI = (R_{415} - R_{435}) / (R_{415} + R_{435})$
Photochemical Reflectance Index	$PRI1 = (R_{528} - R_{567}) / (R_{528} + R_{567})$
	$PRI2 = (R_{531} - R_{570}) / (R_{531} + R_{570})$
Normalized Pigment Chlorophyll Index	$NPCI = (R_{680} - R_{430}) / (R_{680} + R_{430})$
Lichtenthaler Indices	$Lic1 = (R_{800} - R_{680}) / (R_{800} + R_{680})$
	$Lic2 = R_{440} / R_{690}$
Índices en el Espectro Visible/NIR	
Lichtenthaler Indices	$Lic1 = (R_{800} - R_{680}) / (R_{800} + R_{680})$
	$Lic2 = R_{440} / R_{690}$
Structure Intensive Pigment Index	$SIPI = (R_{800} - R_{450}) / (R_{800} + R_{650})$
Normalized Difference Vegetation Index	$NDVI = (R_{NIR} - R_{red}) / (R_{NIR} + R_{red})$
Gitelson & Merzlyak	$GM1 = R_{750} / R_{550}$
	$GM2 = R_{750} / R_{700}$
Índices en Red Edge	
Carter Indices	$Ctr1 = R_{695} / R_{420}$
	$Ctr2 = R_{695} / R_{760}$
Vogelmann Indices	$Vog1 = R_{740} / R_{720}$
	$Vog2 = (R_{734} - R_{747}) / (R_{715} + R_{726})$
	$Vog3 = (R_{734} - R_{747}) / (R_{715} + R_{720})$
Gitelson & Merzlyak	$GM1 = R_{750} / R_{550}$
	$GM2 = R_{750} / R_{700}$
Otros índices	
Modified Chlorophyll Absorption in Reflectance Index	$MCARI = [(R_{700} - R_{670}) - 0.2 \times (R_{700} - R_{550})] \times (R_{700} / R_{670})$
Transformed CARI	$TCARI = 3 \times [(R_{700} - R_{670}) - 0,2 \times (R_{700} - R_{550}) \times (R_{700} / R_{670})]$
Triangular Vegetation Index	$TVI = 0,5 \times [120 \times (R_{750} - R_{550}) - 200 \times (R_{670} - R_{550})]$
Zarco-Tejada & Miller	$ZM = R_{750} / R_{710}$
Fluorescence Ratio Indices	$FRI1 = R_{740} / R_{800}$
	$FRI2 = R_{690} / R_{600}$

a otros parámetros de la vegetación, lo que ha supuesto que se hayan propuesto un gran número de índices para estimar este parámetro de la manera menos sesgada. En la práctica, la estimación de LAI a partir de sensores tiene tres limitaciones importantes: i) los índices de vegetación tienden a saturarse cuando el LAI excede un valor entre 2 y 5 m^2 m^{-2}, dependiendo del tipo de índice de vegetación, lo que dificulta la discriminación entre diferentes niveles de LAI; ii) no hay una relación única entre los valores de LAI y los índices de vegetación, ya que dependen de la concentración de clorofila y de otras características de dosel como la sombra, la geometría del dosel y la presencia de otros elementos, como el suelo desnudo o el agua; y iii) la clorofila y el LAI (y otros componentes bioquímicos de las hojas) absorben longitudes de onda muy próximas, lo que dificulta relacionar valores de reflectancia con un único parámetro individual. Además, la relación entre el LAI y los índices de vegetación puede variar según el tipo de vegetación, la escala espacial y temporal y las condiciones ambientales, lo que dificulta la generalización de los resultados.

Para abordar estos problemas, se requiere un enfoque integrado que combine datos de diferentes fuentes, como imágenes de satélite, datos de campo y modelos de vegetación (ver Capítulo 12). Es importante desarrollar y validar métodos específicos para estimar el LAI en diferentes tipos de vegetación y condiciones ambientales, utilizando técnicas avanzadas de teledetección y modelos estadísticos.

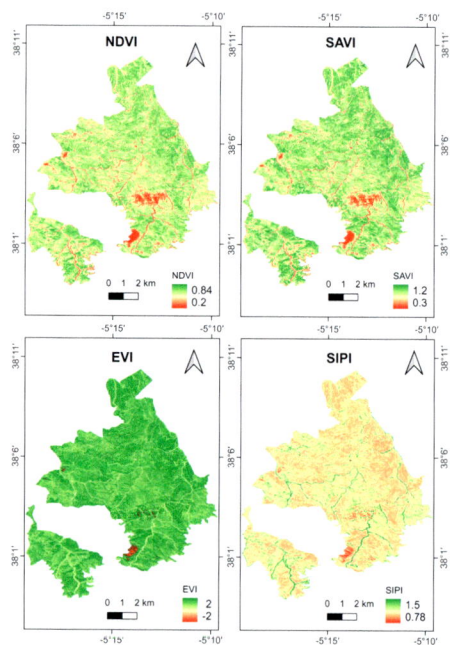

Figura 6.2. Cartografía de un área forestal usando cuatro índices de vegetación (NDVI, SAVI, ARVI y EVI, ver Tabla 6.3).

Tabla 6.3. Relación de índices propuestos para la determinación del índice foliar (LAI) (para referencias de los índices, ver Xue y Su (2017)).

Índice de vegetación	Ecuación
Normalized Difference Vegetation Index	$NDVI = (R_{800} - R_{670}) / (R_{800} + R_{670})$
Modified Triangular Vegetation Index	$MTVI1 = 1,2 \times [1,2 \times (R_{800} - R_{550}) - 2,5 \times (R_{670} - R_{550})]$ $MTVI2 = (1,5 \times [1,2 \times (R_{800} - R_{550}) - 2,5 \times (R_{670} - R_{550})]) / ([(2 \times R_{800} + 1)^2 - (6 \times R_{800} - (5 \times (R_{670})^{-0,5}))] - 0,5)^{-0,5}$
Renormalized Difference Vegetation Index	$RDVI = (R_{800} - R_{670}) / (R_{800} + R_{670})^{0,5}$
Simple Ratio Index	$SR = R_{800} / R_{670}$
Modified Simple Ratio Index	$MSR = ((R_{800} / R_{670}) - 1) / [(R_{800} / R_{670}) + 1]^{0,5}$
Modified Chlorophyll Absorption in Reflectance Index	$MCARI1 = 1,2 \times [2,5 \times (R_{800} - R_{670}) - 1,3 \times (R_{800} - R_{550})]$ $MCARI2 = (1,5 \times [2,5 \times (R_{800} - R_{670}) - 1,3 \times (R_{800} - R_{550})]) / ([(2 \times R_{800} + 1)^2 - (6 \times R_{800} - 5 \times (R_{670})^{-0,5})] - 0,5)^{-0,5}$
Soil Adjusted Vegetation Index	$SAVI = (1 + L) \times (R_{800} - R_{670}) / (R_{800} + R_{670} + L)$ $[L \, \varepsilon \, (0,1)]$
Improved SAVI with self-adjustment factor L	$MSAVI = 0,5 \times [2 \times R_{800} + 1 - ((2 \times R_{800} + 1)^2 - 8 \times (R_{800} - R_{670}))^{-0,5}]$
Optimized Soil-Adjusted Vegetation Index	$OSAVI = (1 + 0,16) \times (R_{800} - R_{670}) / (R_{800} + R_{670} + 0,16)$
Enhanced Vegetation Index	$EVI = G \times [(R_{800} - R_{670}) / (R_{800} + C1 \times R_{670} - C2 \times R_{500} + L)]$ MODIS-EVI: L =1; C1 = 6; C2 = 7,5; G (*gain factor*) = 2,5 $EVI2 = 2,5 \times [(R_{800} - R_{670}) / (R_{800} + 2,4 \times R_{670} + 1)]$

2.3. Índices de vegetación relacionados con la humedad de la vegetación

Los índices de vegetación se utilizan ampliamente en teledetección para evaluar las relaciones planta-agua esenciales para definir la distribución, la estructura y la fisiología de la vegetación y que permiten estimar procesos medioambientales cruciales como las sequías, el estado sanitario de los bosques o la humedad de combustibles forestales. Estos índices aprovechan las características espectrales de la vegetación relacionadas con el contenido de agua foliar y el potencial hídrico. En los ecosistemas mediterráneos, donde los recursos hídricos son limitados, la aplicación de la teledetección es crucial para generar datos que recojan la variación espacial y temporal debida a factores derivados de la heterogeneidad de las precipitaciones y de la humedad del suelo, así como a la propia ecofisiología de las plantas. Por lo tanto, para evaluar de forma precisa las relaciones planta-agua es esencial comprender esta heterogeneidad espaciotemporal, medirla y modelizarla correctamente.

Un índice de vegetación comúnmente utilizado relacionado con la humedad de la vegetación es el Índice de Diferencia Normalizada de Agua (NDWI, *Normalized Difference Water Index*). El NDWI se calcula utilizando las bandas del infrarrojo cercano (NIR) y del infrarrojo de onda corta (SWIR, donde el agua muestra tres picos fuertes de absorción a 14,5, 19,4 y 25 μm) que son sensibles a los cambios en el contenido de agua de la vegetación. Los valores más altos del NDWI indican un mayor contenido de agua en la vegetación, mientras que los valores más bajos sugieren condiciones más secas. Otro índice de vegetación relevante para la humedad de la vegetación es el Índice de Vegetación Mejorado (EVI, *Enhanced Vegetation Index*), que combina información de las bandas roja, azul y NIR. Si bien el EVI se utiliza principalmente para evaluar la salud y el vigor de la vegetación, también refleja indirectamente la humedad de la vegetación. La vegetación sana y con niveles bajos de estrés tiende a tener valores de EVI más altos, mientras que la vegetación estresada o deshidratada exhibe valores más bajos. Sin embargo, es importante tener en cuenta que muchos de estos índices, como el NDVI, no miden directamente el contenido de agua de la planta, sino más bien la cantidad de biomasa verde, que está relacionada con el área foliar y el contenido de clorofila (Tabla 6.4).

El Índice de Vegetación Ajustado del Suelo (SAVI, *Soil Adjusted Vegetation Index*), que es una modificación del NDVI, tiene en cuenta el brillo del suelo y minimiza los efectos de fondo del suelo. Si bien SAVI no está directamente relacionado con la humedad de la vegetación, puede reflejar indirectamente cambios en el contenido de agua de la vegetación al reducir el ruido de fondo del suelo. Esto hace que SAVI sea particularmente útil en regiones áridas o semiáridas, donde el brillo del suelo puede confundir las evaluaciones de la salud de la vegetación.

Tabla 6.4. Relación de índices propuestos para la determinación de la humedad de la vegetación (para referencias, ver Xue y Su (2017)).

Índice de vegetación	Ecuación
Normalized Difference Vegetation Index	$NDVI = (R_{800} - R_{670})/(R_{800} + R_{670})$
Soil Adjusted Vegetation Index	$SAVI = (1 + L) \times (R_{800} - R_{670}) / (R_{800} + R_{670} + L)$ $[L \, \varepsilon \, (0,1)]$
Enhanced Vegetation Index	$EVI = G \times [(R_{800} - R_{670}) / (R_{800} + C1 \times R_{670} - C2 \times R_{500} + L)]$
Visible Atmospherically Resistant Index	$VARI = (R_{550} - R_{670}) / (R_{550} + R_{670})$
Normalized Difference Water Index	$NDWI = (R_{800} - R_{1600}) / (R_{800} + R_{1600})$
Water Index	$WI = R_{900} / R_{970}$
Moisture Stress Index	$MSI = R_{1600} / R_{820}$

2.4. Índices de vegetación relacionados con el comportamiento térmico

Frente a los índices de vegetación que usan las regiones visibles e infrarrojo cercano del espectro electromagnético (entre 0,4 y 2,5 μm), cuya respuesta está condicionada por el contenido de agua y de pigmentos dentro de la hoja, lo que dificulta su aplicación a distintas situaciones y especies, el comportamiento espectral de las hojas es más estable cuando se utilizan los espectros de la región del infrarrojo térmico (TIR, *Thermal infrared*; 8,0 – 14,0 μm). En este caso, la respuesta espectral está dominada por los tejidos de las hojas que modifican las superficies externas y el estado fisiológico de la planta y la composición química de los tejidos superficiales. El uso práctico de estas particularidades requiere conocer las diferencias de temperatura dentro del dosel atribuible a cambios en el estado fisiológico de las plantas, tanto a nivel de hoja como de dosel. Este tipo de estudios es particularmente importante cuando se trata de detectar el estrés hídrico en vegetación forestal con carácter previsual a partir de la interacción de la radiación con la vegetación y la transferencia de calor entre la vegetación y el ambiente. En la mayor parte de los trabajos, se utiliza la diferencia de temperatura entre la cubierta (Tc) y el aire (Ta) con variables de respuesta a partir de la fisiológica de la vegetación, como estimador del déficit de presión de vapor y el estrés hídrico (CWSI, *Crop Water Stress Index*). Se ha observado que los valores de Tc−Ta más altos corresponden a las plantas con mayor déficit hídrico. Uno de los parámetros fisiológicos más frecuentemente utilizados para establecer la relación entre niveles de estrés y temperatura de dosel es la conductancia estomática (WDI, *Water Deficit Index*) (Tabla 6.5). El cierre estomático, condicionado por el estado hídrico de la planta, modifica la disipación de energía en forma de calor. Los trabajos que utilizan índices basado en bandas térmicas han ido mejorando en precisión a medida que la calidad de los datos de los sensores ha ido aumentando su resolución espacial (Sobrino *et al.* 2004).

Tabla 6.5. Relación de índices propuestos para la determinación de parámetros biofísicos a partir de bandas térmicas.

Índice de vegetación	Ecuación
Crop Water Stress Index	$CWSI = 1 - (ET / PET)$ ET and PET from MODIS 16
Depth Water Index	$DWI = (R_{816} - R_{2218}) / (R_{816} + R_{2218})$

3. Técnicas de clasificación

3.1. Conceptos previos

Definición

La clasificación de imágenes de satélite se define como el método que se aplica a una imagen para asignar cada pixel a una clase o categoría definida previamente. Estas clases pueden describir distintos tipos de variables nominales o categóricas (por ej., un tipo de cobertura del suelo) o bien una variable ordinal (por ej., intervalos de una misma categoría de interés como la severidad de un incendio o de una plaga).

Tipos de clasificación en teledetección

Se han propuesto numerosas técnicas de clasificación de imágenes de satélite, que se resumen en la Figura 6.3 y en la Tabla 6.6. Sin embargo, hay dos grandes tipos de técnicas de clasificación: las clasificaciones supervisadas y las clasificaciones no supervisadas, aunque a menudo se combinan en metodologías híbridas que utilizan más de una de ellas (Mehmood *et al.*, 2022).

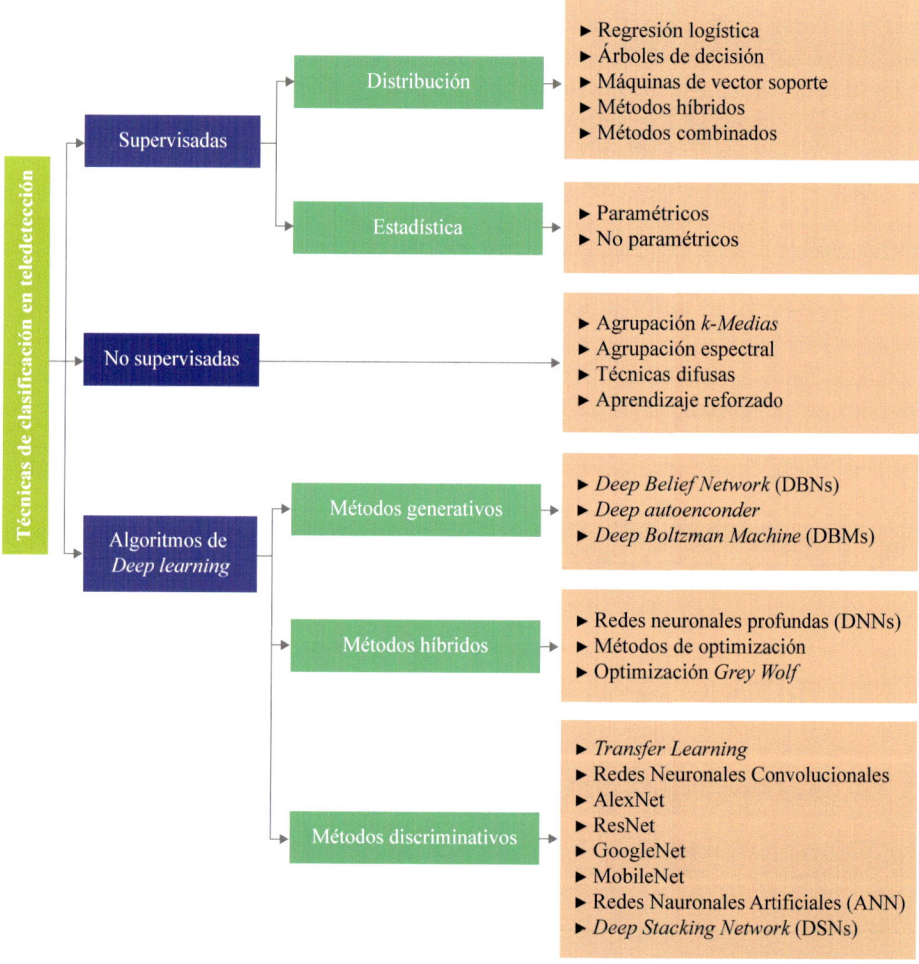

Figura 6.3. Técnicas de clasificación de imágenes de satélite (Mehmood *et al.*, 2022).

Tabla 6.6. Resumen de técnicas de clasificación de imágenes de satélite (Jensen, 2005).

Métodos	Ejemplos	Características
Paramétrica	Clasificación paramétrica de máxima verosimilitud y clasificación no supervisada etc.	Normalidad datos. Conocimiento de las funciones de densidad de clase
No-Paramétrica	Clasificación no paramétrica del vecino más cercano, clasificación difusa, redes neuronales, *Support Vector Machine*	No se hacen suposiciones previas
No métrica	Árbol de decisiones no métrico basado en reglas de clasificación.	Puede operar tanto con datos de valor real como nominales
No supervisada	ISODATA y K-*means* no supervisados, etc.	Se desconoce la información previa sobre el terreno. Píxeles con características espectrales similares se agrupan según criterios estadísticos específicos
Supervisada	Máxima verosimilitud, mínima distancia, paralelepípedo de clasificación, etc.	Se identifican sitios de entrenamiento para representar las clases y cada píxel se clasifica en función de análisis estadístico
"Dura" (paramétricas)	Duro (paramétrico) supervisado y no supervisado	Clasificación usando categorías discretas
"Suave" (borrosa o difusa) (no paramétricas)	Lógica de clasificación de conjuntos difusos	Considera la heterogeneidad de cada píxel. A cada píxel se le asigna información intrapíxel
Pre-Píxel	Clasificación de la imagen píxel por píxel	
Orientada a objetos		Imagen orientada a objetos regenerada en objetos homogéneos. Clasificación realizada en cada objeto y píxel
Enfoque híbrido		Incluye sistemas expertos e inteligencia artificial

Creación de la matriz de datos

En teledetección es muy importante tener una buena comprensión de los datos que se usan en el análisis de la información, así como la diferente terminología utilizada al describir los datos. Las imágenes digitales, como ya hemos visto previamente, se pueden considerar de forma genérica como una matriz (bidimensional), donde la información se organiza por filas (ej., observaciones, áreas de entrenamiento) y por columnas (variables/características, *feature*) (Figura 6.4). Esta es una estructura tradicional para datos y es la más común cuando se aplican técnicas de clasificación de imágenes (aunque en *maching learning* se pueden usar datos no estructurados, como imágenes, videos o texto.

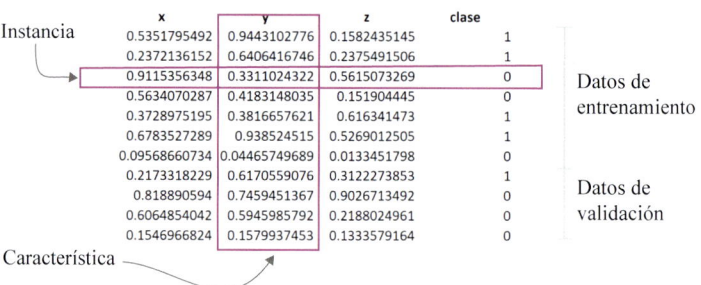

Figura 6.4. Estructura de datos para la clasificación de una imagen que muestra una instancia, una función y conjuntos de datos de prueba de entrenamiento.

Algunos conceptos importantes relacionados con la estructura de los datos son:

- Instancia (*instance*). una sola fila de datos se denomina instancia. Es una observación del dominio.

- Característica (*feature*). Una sola columna de datos se denomina característica. Es un componente de una observación y también se denomina atributo de una instancia de datos. Algunas características pueden ser entradas para un modelo (los predictores) y otras pueden ser salidas o las características que se van a predecir.

- Tipo de datos (*data type*). Las características tienen un tipo de datos. Pueden ser reales o de valor entero o pueden tener un valor categórico u ordinal. Puede tener cadenas, fechas, horas y tipos más complejos, pero normalmente se reducen a valores reales o categóricos cuando se trabaja con técnicas tradicionales de clasificación.

- Conjuntos de datos (*datasets*). Una colección de instancias es un conjunto de datos. Cuando se trabaja con clasificación de imágenes, se necesitan, generalmente, algunos conjuntos de datos para diferentes propósitos.

   ◦ Conjunto de datos de entrenamiento (*training dataset*). Es el conjunto de datos que alimentan el algoritmo de clasificación para entrenar el modelo.

   ◦ Conjunto de datos de validación (*testing dataset*). Es un conjunto de datos que se usa para validar la precisión del modelo, pero que no se usa para entrenar el modelo.

Las técnicas de clasificación en teledetección utilizan, principalmente, información espectral de cada una de las bandas o bien los índices de vegetación, de tal forma que cada celda de la matriz va a contener esa información. Sin embargo, a veces se utilizan otros tipos de variables, como la información textural (*textural feature*) o la información contextual (*contextual feature*). La información textural hace referencia principalmente a dos aspectos: i) las características en la vecindad de un pixel; y ii) a la coherencia en cuanto a la clasificación de los píxeles vecinos. En el primer caso, se parte de una serie de variables (reflectividad media, varianza, autocorrelación, etc.) que cuantifican algunas de las propiedades cualitativas de la clasificación. En el segundo caso, se evitan incoherencia en las clasificaciones entre las clases. La incorporación de información textural y contextual requiere un análisis cuidadoso de las variables, ya que condiciona las técnicas estadísticas de clasificación (estadística paramétrica o no paramétrica). Por último, en algunos casos, la matriz incluye información independiente a la imagen de teledetección, como la derivada de Modelos Digitales del Terreno (MDT).

En el caso particular de los métodos de clasificación supervisada, la matriz de datos debe incluir información sobre la verdad terreno como conjunto de entrenamiento, que se conoce con diferentes términos: áreas de entrenamiento o áreas de interés (AOI, *area of interest*), regiones de interés (ROI, *regions of interest*), o bien observaciones o instancias (en *machine learning*); representan el conjunto de pixeles de entrenamiento caracterizados en función de un conjunto de variables que definen *a priori* y de forma clara su pertenencia a una de las clases. Estas AOI se corresponden con una firma espectral característica de cada una de las clases, denominadas clases informacionales en contraposición a las clases espectrales que genera la clasificación no supervisada. La muestra de entrenamiento es el factor más importante en los métodos de clasificación supervisada; la precisión de los métodos depende en gran medida de su definición, por lo que es muy importante conocer los criterios para su elección y caracterización.

3.2. Descripción de las técnicas de clasificación

Clasificaciones manuales de imágenes

Los métodos manuales son aquellos que se basan en las características visuales de la imagen, así como en la experiencia del fotointérprete para identificar teselas (o pixeles) en categorías significativas para el conjunto de la imagen. Son métodos robustos, eficaces y eficientes, pero consumen mucho tiempo. Un ejemplo clásico de los métodos manuales es la fotointerpretación de fotografías aéreas o la fotointerpretación digital. En los métodos manuales de clasificación de imágenes se requiere que el analista esté familiarizado con el área cubierta por la imagen de satélite, ya que la eficiencia y la precisión de la clasificación dependen en gran medida del conocimiento y la familiaridad del analista con el campo de estudio. Es esencial que el analista comprenda la variabilidad espacial y temporal de la cobertura terrestre, así como las características particulares de los objetos y paisajes presentes en la imagen para identificar patrones, interpretar características sutiles de la vegetación (ej., color, textura, sombras proyectadas, etc.), e incorporarlas al proceso de clasificación. Además, el conocimiento previo del área de estudio facilita la selección de las clases de interés y la definición de criterios de clasificación adecuados.

Es bueno destacar que la llegada de los programas de ortofotogrametría nacional (espectro visible e infrarrojo cercano) y las plataformas no tripuladas (uso de cámaras digitales sincronizadas con sistemas de posicionamiento espacial y de navegación inercial, GPS/ INS) han supuesto un resurgimiento de la fotogrametría digital aplicada tanto a la fotogrametría métrica (información métrica bidimensional y tridimensional), como a la fotogrametría interpretativa (reconocer e identificar objetos).

Clasificaciones no supervisadas

La clasificación no supervisada utiliza técnicas de agrupamiento (*clustering*) de los píxeles de la imagen de satélite en clases/grupos sin establecer ninguna clase *a priori*. Posteriormente, se asignan las etiquetas a los grupos y se produce una imagen de satélite clasificada. No obstante, es necesario determinar el número de clases que queremos establecer, bien de forma empírica o bien a través de un procedimiento estadístico. Las técnicas de clasificación de imágenes satelitales no supervisada más comunes son ISODATA, *Support Vector Machine* (SVM, en su versión automática) y los Clúster jerárquicos (K-Means) (Tabla 6.7; Chuvieco, 2002; https://www.um.es/geograf/sigmur/teledet/tema09.pdf).

Clasificación supervisada

En teledetección, las técnicas de clasificación supervisadas son fundamentales para la interpretación y el análisis de imágenes satelitales. A diferencia de la clasificación no supervisada, se parte de un conjunto de clases conocido *a priori*. La Figura 6.5 muestra el proceso de clasificación de imágenes de satélite supervisado. En estos métodos, la matriz de datos debe incluir información sobre la verdad terreno como conjunto de entrenamiento durante el proceso de entrenamiento de los algoritmos de clasificación, y que se conoce con diferentes términos: áreas de entrenamiento o áreas de interés (AOI, *area of interest*), regiones de interés (ROI, *regions of interest*), o bien observaciones o instancias (en *machine learning*). Este conjunto de entrenamiento se caracteriza en función de un conjunto de variables que definen de forma clara su pertenencia a una de las clases y sirven para generar una signatura espectral característica de cada una de las clases; se denominan clases informacionales (en contraposición a las clases espectrales que genera la clasificación no supervisada).

Los AOI son áreas específicas dentro de una imagen donde se concentra la atención del analista debido a su importancia para el estudio que esté llevando a cabo. Estas áreas pueden ser seleccionadas manualmente por el usuario en función de su conocimiento previo del área o mediante técnicas automatizadas para identificar características de interés. Por otro lado, las ROI son subconjuntos de datos dentro de una imagen que se destacan por sus propiedades o características particulares. Estas regiones se utilizan para entrenar algoritmos de clasificación

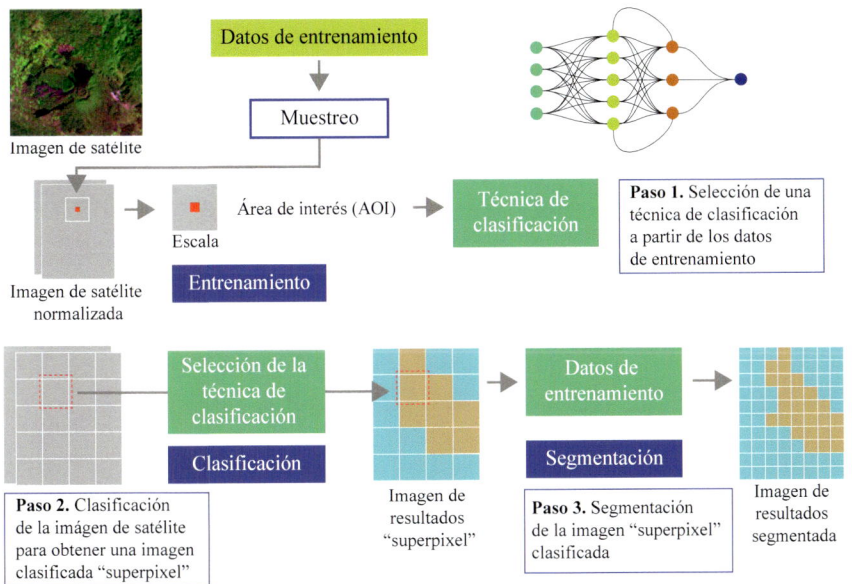

Figura 6.5. Flujo de trabajo de una clasificación supervisada.

supervisada, ya que contienen información relevante sobre las clases de interés que se desean identificar en la imagen. En el contexto del aprendizaje automático, las instancias se refieren a ejemplos individuales o muestras de datos que se utilizan para entrenar modelos predictivos. En teledetección, las instancias pueden ser píxeles individuales o conjuntos de píxeles que se asocian con clases de tierra específicas, como bosques, agua, cultivos, etc. El uso de áreas de interés, regiones de interés o instancias en técnicas de clasificación supervisada permite que los algoritmos aprendan a reconocer patrones y características relevantes en los datos satelitales. Al proporcionar ejemplos representativos de las clases de interés, se mejora la capacidad del modelo para generalizar y clasificar de manera precisa nuevas imágenes, lo que resulta en productos finales de mayor fiabilidad.

La elección adecuada de las zonas de entrenamiento es un paso crucial en las técnicas de clasificación supervisada en teledetección. Estos procedimientos ayudan a garantizar que los datos utilizados para entrenar el clasificador sean representativos y proporcionen resultados precisos y generalizables. Algunos procedimientos recomendados para seleccionar las zonas de entrenamiento son:

- Poseer o adquirir un conocimiento del área de estudio y su entorno.

- Usar una imagen de referencia, preferiblemente de alta resolución espacial, que muestre las clases que se quieren clasificar (ej., ortofotos del PNOA, Google Earth Engine, librerías espectrales, etc.). Esta imagen de referencia servirá como base para la identificación y delimitación de las AOI.

Tabla 6.7. Técnicas de clasificación no supervisada de imágenes de satélite.

Tipo	Ventajas	Inconvenientes	Script R
ISODATA	• Crea un número predefinido de grupos / clases sin etiquetar que posteriormente se asignan a una clase.	• Necesitan varios parámetros que controlan el número de clústeres e iteraciones que se ejecutarán. • Los clústeres pueden contener píxeles de diferentes clases. En tales situaciones, ISODATA utiliza la técnica de ruptura de agrupaciones para etiquetar las clases complejas.	https://rpubs.com/NataliaMZ/no_supervisada https://rpubs.com/marialorena/clasificacion_no_supervisada
Clúster jerárquico (K-means)	• Genera un proceso iterativo en el que se identifican los dos individuos más similares (próximos), y se forman clases que se sustituyen por el centroide de la clase resultante, lo que va reduciendo el número de individuos clasificados. • El resultado final es un clúster jerárquico que representa un conjunto de clases (definido a priori) con sus signaturas espectrales. • Son sencillas de procesar y de rápida ejecución.	• Debe conocerse a priori el número de clases.	https://rpubs.com/NataliaMZ/no_supervisada https://rpubs.com/marialorena/clasificacion_no_supervisada
CLARA (Clustering Large Applications)	• Algoritmo que divide la base de datos original en muestras de tamaño "s", aplicando el algoritmo PAM (extensión del algoritmo K-means), donde cada clúster está presentado por un medioide y no un centroide) sobre cada una de ellas, seleccionando la mejor clasificación de las resultantes.	• Este algoritmo está indicado para bases de datos con gran cantidad de objetos, y su principal característica es que minimiza la carga computacional en detrimento de una agrupación óptima y precisa.	https://rpubs.com/NataliaMZ/no_supervisada https://rpubs.com/marialorena/clasificacion_no_supervisada
Support Vector Machine (SVM, en su versión automática)	• Algoritmo de aprendizaje supervisado que genera un hiperplano que separa de la mejor forma posible dos clases diferentes de puntos de datos. • Es eficaz en espacios de grandes dimensiones (número de dimensiones es mayor que el número de muestras). • Utiliza un subconjunto de puntos de entrenamiento en la función de decisión (llamada vectores de soporte), por lo que también es eficiente en memoria. • Versátil. Se pueden especificar diferentes funciones del núcleo para la función de decisión.	• Si el número de características es mucho mayor que el número de muestras, para evitar el sobre ajuste es crucial elegir las funciones del Kernel y el término de regularización. • N no proporcionan directamente estimaciones de probabilidad, éstas se calculan utilizando una validación cruzada.	https://rpubs.com/NataliaMZ/no_supervisada https://rpubs.com/marialorena/clasificacion_no_supervisada

- Realizar una segmentación para dividirla en regiones homogéneas. La segmentación ayuda a reducir la variabilidad dentro de las AOI y mejora la precisión de la clasificación.
- Utilizar técnicas de muestreo para asegurar que las clases estén representadas adecuadamente en el conjunto de entrenamiento y minimizará el sesgo.
- Recurrir a la experiencia para identificar y delimitar las áreas que correspondan a las diferentes clases.
- Seleccionar una cantidad adecuada de AOI para cada clase, que estén distribuidas uniformemente en el área de estudio y que abarquen una amplia variabilidad dentro de cada clase. Evitar seleccionar AOI que contengan mezclas de diferentes clases.
- Si la clasificación inicial muestra baja precisión, puede ser necesario ajustar las AOI seleccionadas o agregar nuevas AOI para mejorar la representación de ciertas clases.
- Si se están clasificando imágenes de series temporales, se deben seleccionar AOI que sean representativas de cada período de tiempo para capturar la variabilidad temporal de las clases.

Una vez seleccionada las muestras de entrenamiento, normalmente se dividen en dos conjuntos, uno para la clasificación y otro para evaluar la exactitud de la clasificación. El conjunto de entrenamiento se puede proporcionar antes de ejecutar la clasificación o bien se puede recurrir a la validación cruzada, que no requiere una separación *a priori* entre conjunto de entrenamiento y de validación. La clasificación supervisada incluye, además, otras funciones adicionales, como el análisis de los datos de entrada, la creación de muestras de entrenamiento y archivos de firmas espectrales y la determinación de la calidad de las muestras de entrenamiento y de los archivos de firmas espectrales.

Los métodos más usados en clasificación supervisada son el método de árboles de clasificación, de mínima distancia, del paralelepípedo y de máxima verosimilitud, que son enfoques estadísticos supervisados para reconocer los patrones y que asigna los píxeles a las clases apropiadas según los valores de probabilidad de los píxeles (Tabla 6.8, Figura 6.5).

Métodos basados en *maching learning*

El desarrollo de la capacidad computacional, la complejidad de las variables usadas en las técnicas de clasificación y los requerimientos estadísticos de algunas de estas técnicas (que limitan su aplicación práctica), han dado lugar a la generalización de técnicas de clasificación más sofisticadas y flexibles que las técnicas tradicionales de clasificación. Esto ha permitido utilizar algoritmos basados en *maching learning*, como alternativa a las técnicas paramétricas convencionales de clasificación. Se trata de algoritmos no paramétricos, no lineales, que pueden incorporar información categórica y que permiten la interpretabilidad en algunos casos. Los principales métodos de clasificación supervisada que utilizan estas técnicas se resumen en la Tabla 6.9.

Tabla 6.8. Técnicas de clasificación supervisada de imágenes de satélite.

Tipo	Ventajas	Inconvenientes	Script R
Método de mínima distancia	• Calcula los espectros medios (reflectividad media) de cada clase predefinida como un centroide en un espacio de variables, y asigna cada pixel a un grupo que tiene la menor distancia. Posteriormente, y en este espacio de variables se calcula la distancia entre un pixel cada una de las clases.	• Sobreclasifica la imagen, es decir ningún pixel queda sin clasificar. Es preferible dejar áreas sin clasificar que clasificarlas sin garantías. • No se tiene en cuenta la desviación típica de cada una de las bandas para cada una de las clases, así una clase con una baja desviación típica no debería absorber pixeles alejados de su centroide. • Los pixeles de suelo muestran una alta dispersión (especialmente en cuanto a reflectividad en el rojo debido a las diferentes composiciones mineralógicas).	https://rpubs.com/marialorena/clasificacion_supervisada
Método de distancia de Mahalanobis	• Es muy similar al método de distancia mínima, y que utiliza la matriz de covarianza para la clasificación de imágenes de satélite.		https://rpubs.com/marialorena/clasificacion_supervisada

Tipo	Ventajas	Inconvenientes	Script R
Método del paralelepípedo	• Se ejecuta basándose en cajas en forma de paralelepípedo que definen cada clase. Los límites los paralelepípedos para cada clase están predeterminados, y se identifican a partir de los píxeles de verificación de las imágenes de prueba (trabajo de campo o zonas de entrenamiento) teniendo en cuenta los valores máximos y mínimos de reflectividad para cada una de las bandas. El método de paralelepípedo es rápido y fácil de ejecutar, pero la superposición puede producir resultados falsos.	• El método de paralelepípedo es rápido y fácil de ejecutar, pero la superposición puede producir resultados falsos. • Pueden aparecer píxeles sin asignar o píxeles asignados a varias clases. • Un paralelepípedo no es una forma adecuada de modelizar la dispersión de las áreas de entrenamiento, especialmente teniendo en cuenta la elevada correlación entre bandas que supone que los píxeles de las áreas de entrenamiento se dispongan como líneas oblicuas en el espacio de variables.	https://rpubs.com/marialorena/clasificacion_supervisada
Máxima verosimilitud	• Es un método basado en la distribución de probabilidad, aceptando su comportamiento normal, para asignar la probabilidad de que un píxel cualquiera pertenezca a cada una de las clases. El píxel se asigna de este modo a la clase a la que es más pro-bable que pertenezca. • Este método puede usarse de forma automática, o puede establecerse algún criterio que permita as gnar píxeles a una clase sólo si la probabilidad correspondiente es superior a determinado umbral. Permite por otro lado definir algún tipo de criterio para medir la calidad de la asignación, por ejemplo, la diferencia entre la máxima probabilidad y la siguiente.	• La hipótesis de que los datos de reflectividad siguen una distribución normal no siempre se cumple y debería verificarse siempre. • Este método es eficaz para clasificar imágenes, pero es laborioso, y si los datos reales de campo (áreas de entrena-miento) son insuficientes los resultados son deficientes.	https://rpubs.com/marialorena/clasificacion_supervisada

Tabla 6.9. Técnicas de clasificación de imágenes de satélite basados en *maching learning.*

Tipo	Ventajas	Inconvenientes	Script R
Red neuronal artificial (RNA)	• Simulan el proceso de aprendizaje humano para asociar los píxeles de la imagen a las etiquetas correctas de las clases. • Es fácil incorporar datos contextuales en el proceso de clasificación, lo que mejora la precisión de la clasificación.	• Es difícil de interpretar el proceso analítico ("caja negra"). • El proceso de entrenamiento es lento. • Problemas de sobreajuste. • Depende de la elección de los parámetros que hace el analista.	https://nkaza.github.io/post/machine-learning-for-remote-sensing/
Árbol de decisión binario (ADB)	• Incluyen un conjunto de reglas binarias que definen las clases significativas a las que se asocian los píxeles individuales.		https://nkaza.github.io/post/machine-learning-for-remote-sensing/
Máquinas de Vectores soporte (MVS)	• Utilizan múltiples variables predictoras, y, en ocasiones, también con variables auxiliares (modelos digitales del terreno…).	• El proceso de entrenamiento demanda mucho tiempo. • Dificultad para entender la estructura de análisis de los datos. • Depende de la elección de los parámetros que hace el analista.	https://nkaza.github.io/post/machine-learning-for-remote-sensing/
Random Forest (RF)	• Utiliza árboles de decisión como clasificadores base	• Es sensible a ligeras variaciones de los datos de entrada (cambios en el entrenamiento, *outliers*, ruido…).	https://nkaza.github.io/post/machine-learning-for-remote-sensing/
Clasificaciones por contexto espacial	• Se utilizan cuando el tamaño del pixel es más pequeño que las unidades de paisaje, por lo que utiliza la información de los pixeles de alrededor para estimar la pertenencia a una clase. • Incorporar otras fuentes de información distintas a las bandas para la clasificación.		

Ejemplo 2

Clasificación supervisada

Continuando con los ejemplos anteriores, en este ejercicio se realiza la clasificación supervisada de una imagen.

2.1. Preparación de los datos y definición del esquema de clasificación

2.1.1. Preparar la fase de entrenamiento

2.1.2 Firma espectral de las áreas de entrenamiento

2.2. Aplicación de algoritmos para realizar la clasificación supervisada

2.2.1 Clasificación supervisada por el método de máxima probabilidad

2.2.2 Clasificación supervisada por el método de *random forest*

2.2.3 Guardar clasificación generada

(Ver QR al final del capítulo para acceder a ejemplos)

4. Errores de clasificación

El cálculo de errores de una clasificación se puede hacer mediante la estimación teórica del error basada en los estadísticos de los algoritmos de clasificación, o analizando una serie de áreas de validación obtenidas de la misma forma que las áreas de entrenamiento. El segundo enfoque permite una estimación más realista del error siempre que la muestra de píxeles utilizada para la estimación del error sea suficientemente grande y representativa.

4.1. Matriz de confusión

El procedimiento más frecuente para determinar la "calidad" de una clasificación es elaborar una matriz de confusión, que es una herramienta estadística para conocer y evaluar la bondad de un algoritmo (o modelo) de clasificación. Con la matriz de confusión es posible obtener no sólo las características de los errores cometidos, sino también estimar la correspondencia de las clasificaciones con la realidad. Esta matriz muestra la comparación entre las clases reales (observadas) y las clases predichas por el modelo para un conjunto de datos (Figura 6.6).

La matriz de confusión permite estimar:

- Verdaderos positivos (VP, *True Positives*). Número de muestras que pertenecen a la clase real y que han sido correctamente clasificadas en la clase predicha.
- Verdaderos negativos (VN, *True Negatives*). Número de muestras que no pertenecen a la clase real y que han sido correctamente clasificadas como no pertenecientes a esa clase en la clasificación.
- Falsos Positivos (FP, *False Positives*). Número de muestras que no pertenecen a la clase real, pero que han sido incorrectamente clasificadas como pertenecientes a esa clase.

- Falsos Negativos (FN, *False Negatives*). Número de muestras que pertenecen a la clase real, pero que han sido incorrectamente clasificadas como no pertenecientes a esa clase.

```
                      Clase Predicha
                 | Clase 1 | Clase 2 | ... | Clase n |

  Clase Real  |    TP    |    FN    | ... |    FN    |

  Clase Real  |    FP    |    TP    | ... |    FN    |

     ...      |   ...    |   ...    | ... |   ...    |

  Clase Real  |    FP    |    FP    | ... |    TP    |
```

Figura 6.6. Estructura de una matriz de confusión mostrando las clases reales (observadas) y las clases predichas por el modelo de clasificación.

Una matriz de confusión perfecta tendría todos los valores fuera de la diagonal principal igual a cero, lo que indicaría que todas las muestras están clasificadas correctamente. Sin embargo, en la práctica, es común encontrar ciertos errores de clasificación; el objetivo es minimizar estos errores para obtener una clasificación más precisa y confiable.

La matriz de confusión es una herramienta valiosa para comprender dónde se están cometiendo errores y cómo mejorar el modelo de clasificación. Estos valores son fundamentales para calcular diferentes métricas de evaluación del rendimiento del modelo:

- Precisión Global (*Accuracy*). Es la proporción de muestras correctamente clasificadas sobre el total de muestras. Se calcula como:

$$\text{Precisión Global} = (VP + VN) / (VP + VN + FP + FN) \tag{1}$$

- Error de Clasificación (*Error Rate*). Es la proporción de muestras incorrectamente clasificadas sobre el total de muestras. Se calcula como:

$$\text{Error de Clasificación} = 1 - \text{Precisión Global} \tag{2}$$

- Precisión por Clase (*Precision*). Es la proporción de muestras correctamente clasificadas de una clase específica sobre el total de muestras clasificadas en esa clase. Se calcula para cada clase y se puede expresar como:

$$\text{Precisión (Clase i)} = VP\,(\text{Clase i}) / (VP\,(\text{Clase i}) + FP\,(\text{Clase i})) \tag{3}$$

- Sensibilidad por Clase (*Recall* o *Sensitivity*). Es la proporción de muestras correctamente clasificadas de una clase específica sobre el total de muestras reales de esa clase. Se calcula para cada clase y se puede expresar como:

$$\text{Sensibilidad (Clase i)} = VP\,(\text{Clase i}) / (VP\,(\text{Clase i}) + FN\,(\text{Clase i})) \tag{4}$$

- F1-*Score*. Es una métrica que combina la precisión y la recuperación en una sola medida. Se utiliza para encontrar un equilibrio entre ambas métricas. Se calcula como:

$$\text{F1-}Score \text{ (Clase i)} = 2 \times (\text{Precisión (Clase i)} \times \text{Sensibilidad (Clase i)}) / (\text{Precisión (Clase i)} + \text{Sensibilidad (Clase i)}) \qquad [5]$$

- Especificidad (*Specificity*). Es la proporción de muestras correctamente clasificadas como negativas de una clase específica sobre el total de muestras reales negativas de esa clase. Se calcula para cada clase y se puede expresar como:

$$\text{Especificidad (Clase i)} = \text{VN (Clase i)} / (\text{VN (Clase i)} + \text{FP (Clase i)}) \qquad [6]$$

- Índice Kappa. Es una medida que evalúa la concordancia entre las clasificaciones reales y las predicciones del modelo, teniendo en cuenta la proporción de acuerdos que podrían haber ocurrido por azar. Un índice Kappa de 1 indica una clasificación perfecta, mientras que un índice Kappa cercano a 0 indica un rendimiento cercano al azar.

La combinación de la precisión y la sensibilidad permiten interpretar el rendimiento de los análisis estadísticos de las técnicas de clasificación:

- Si la precisión y la sensibilidad tienen valores altos, significa que el análisis estadístico es capaz de producir resultados cercanos al valor verdadero y de detectar correctamente la presencia de la condición de interés. Se trataría de un rendimiento óptimo del análisis.

- Si la precisión es alta pero la sensibilidad es baja, significa que el análisis estadístico produce resultados cercanos al valor verdadero, pero que puede perder la capacidad de detectar la presencia de la condición de interés en algunos casos. Esta situación puede llevar a falsos negativos, donde la condición esté presente pero la prueba no la identifica correctamente.

- Por último, si la sensibilidad es alta pero la precisión es baja, significa que el análisis estadístico es capaz de detectar correctamente la presencia de la condición de interés, pero los resultados pueden no ser precisos y pueden diferir significativamente del valor verdadero.

A partir de la matriz de confusión, se pueden calcular varias métricas para evaluar el rendimiento del modelo:

- Tasa de Error (*error rate*) (complementario a la exactitud (*accuracy*)). Se define como la proporción de clasificaciones incorrectas en relación con el total de clasificaciones. Se calcula como la suma de los falsos positivos y los falsos negativos dividida por el total de clasificaciones.

- Prevalencia. Es otra métrica importante, que representa la proporción de casos positivos en la población total y se calcula como la suma de los verdaderos positivos y los falsos negativos dividida por el total de clasificaciones. Se recomienda que este valor sea superior al 50% para evitar conjuntos desbalanceados.

- El índice de Jaccard es una métrica de similitud que se utiliza para evaluar la superposición entre dos conjuntos de datos. En el contexto de la matriz de confusión, el índice de Jaccard se utiliza para evaluar la similitud entre los casos positivos predichos por el modelo y los casos positivos reales. Se calcula como el cociente entre los verdaderos positivos y la suma de los falsos positivos, los falsos negativos y los verdaderos positivos. El índice de Jaccard va desde 0 a 1. Si toma el valor de 1 el índice de Jaccard indica que se trata de conjuntos completamente idénticos.

4.2. Validación cruzada

La técnica de validación cruzada se utiliza ampliamente en teledetección para evaluar y validar la precisión de los algoritmos de clasificación y los modelos de predicción. El objetivo es medir cómo se generaliza el modelo entrenado en un conjunto de datos desconocido, lo que permite estimar su rendimiento en situaciones del mundo real. Hay varias técnicas de validación cruzada en teledetección, pero las más comunes son las siguientes:

- Validación cruzada por separación temporal (*Time Series Cross-Validation*), donde los datos se dividen en conjuntos de entrenamiento y prueba según una división temporal. Por ejemplo, se puede entrenar el modelo con datos de un año y probarlo en datos de otro año diferente. Esto es especialmente útil cuando se trabaja con imágenes de series temporales, ya que permite verificar la capacidad de generalización del modelo a diferentes momentos.

- Validación cruzada K-*fold* (*K-Fold Cross-Validation*), donde los datos se dividen en K subconjuntos (*folds*) aproximadamente del mismo tamaño. El modelo se entrena K veces utilizando un subconjunto diferente como conjunto de prueba en cada iteración; los K resultados se promedian para obtener una estimación general de la precisión del modelo. Es una técnica eficiente que utiliza todos los datos, tanto para entrenamiento como para prueba.

- Validación cruzada *Leave-One-Out* (LOO), que es una variante de la validación cruzada K-*fold* donde K es igual al número de muestras en el conjunto de datos. Es decir, en cada iteración, se utiliza un solo punto como conjunto de prueba y el resto se utiliza para entrenar el modelo. Esta operación se repite hasta que todas las muestras han sido utilizadas para prueba. La validación cruzada LOO puede ser útil cuando se dispone de un número limitado de muestras.

- Validación cruzada estratificada, si se tiene un conjunto de datos desequilibrado y algunas clases están subrepresentadas. La validación cruzada estratificada asegura que cada *fold* tenga una proporción aproximada de cada clase para que el modelo se evalúe de manera más equitativa.

Independientemente de la técnica utilizada, la validación cruzada es una herramienta fundamental para evaluar la precisión del modelo de clasificación en teledetección y que proporciona una medida más realista del rendimiento del algoritmo cuando se aplica a nuevos datos no utilizados durante el entrenamiento.

Ejemplo 3

Evaluación de la clasificación

Continuando con los ejemplos anteriores, en este ejercicio se evalúa la precisión de la clasificación realizada.

3.1. Evaluación de la clasificación supervisada

3.1.1. Introducción de la clasificación a valorar

3.1.2. Evaluación

(Ver QR al final del capítulo para acceder a ejemplos).

Ejemplo 4

Obtención del perímetro y la severidad de un incendio

En este ejercicio se va a trabajar tanto con la imagen Landsat previa al incendio como con la imagen posterior al mismo en forma de los índices calculados en ejercicios anteriores. El objetivo es determinar el perímetro y grado de severidad del incendio ocurrido en la zona de estudio, Granada, en el verano de 1993.

4.1. Preparación de las imágenes

4.2. Cálculo del delta del índice NBR (dNBR *differenced Normaliced Burn Ratio*)

4.3. Clasificación del mapa dNBR en niveles de severidad

4.4. Creación del mapa dNBR umbralizado

4.5. Estimar el perímetro del incendio

4.6. Poligonizar la clasificación del incendio. Cálculo de superficies

4.7. Estimar la superficie quemada en cada grado de severidad

4.8. Comparar el perímetro del incendio calculado por métodos tradicionales y el estimado a partir de Landsat. Continuando con los ejemplos anteriores, en este ejercicio se evalúa la precisión de la clasificación realizada

(Ver QR al final del capítulo para acceder a ejemplos)

Bibliografía

Barceló Coll, J. (2000). Fisiología vegetal. Ed. Pirámide, Madrid.

Borisova, D., Hristova, V., Dimitrov, V. 2020. Thematic spectral library for remote sensing monitoring of land covers in local scale. Earth Res. Environ. Remote Sens. GIS Appl. (11): 11534, 1153408.

Chuvieco Salinero, E. 2002. Teledetección ambiental: la observación de la Tierra desde el espacio. Ariel.

Jensen, J, R. 2005. Introductory Digital Image Processing: A Remote Sensing Perspective. 3rd Edition, Up-per Saddle River: Prentice-Hall, 526 p.

Mehmood, M., Shahzad, A., Zafar, B., Shabbir, A., Ali, N. 2022. Remote sensing image classification: A comprehensive review and applications. Math. Probl. Eng. 1-24.

Sobrino, J. A., Jiménez-Muñoz, J. C., & Paolini, L. (2004). Land surface temperature retrieval from LANDSAT TM 5. Remote Sens. Environ., 90(4), 434-440.

Xue, J., Su, B. 2017. Significant remote sensing vegetation indices: A review of developments and applications. J. Sensors., 1353691.

Zhang, Y. T., Xiao, Q., Wen, J. G., You, D., Dou, B., Tang, Y., Peng, S. 2017. Review on spectral libraries: Progress and application. J. Remote Sens., 21(1), 12-26.

**Acceso al
material complementario**

7

Google Earth Engine aplicado a ciencias forestales

Javier PÉREZ ROMERO
Javier MESAS CARRASCOSA
Rafael M.ª NAVARRO CERRILLO

Resumen

La ciencia forestal, tiene como objetivo conocer y comprender la evolución de los ecosistemas para poder realizar una correcta gestión de los recursos naturales y contribuir a su preservación y sostenibilidad. Para lograr estos objetivos, la ciencia forestal ha integrado la teledetección, ya que permite obtener una visión mucho más amplia, espacial y temporalmente, de la superficie terrestre. En este contexto, algunas de las principales limitaciones a las que se enfrentan los gestores forestales son el ingente volumen de información a procesar, el excesivo tiempo requerido para almacenar y procesar toda esta información y la falta de conocimiento sobre las diferentes plataformas de descarga de datos disponibles. Con el fin de simplificar estos procesos, Google creó una plataforma de almacenamiento y análisis en la nube para múltiples tipos datos geoespaciales denominada Google Earth Engine (GEE). Este servicio, además de almacenar una gran cantidad de información (petabytes), permite realizar múltiples procesos para el tratamiento de datos, procedentes principalmente de distintos programas de observación de la Tierra. Dada la versatilidad de esta herramienta para el sector forestal, el objetivo de este trabajo es mostrar la amplia gama de información y de procesos basados en datos de teledetección que se pueden desarrollar en GEE. Para facilitar la comprensión de estas funciones, este capítulo se desarrolla como un manual de usuario, donde se muestra la forma y los pasos que deben seguirse para diferentes aplicaciones de la teledetección a las ciencias forestales.

Palabras clave: teledetección, series temporales, clasificaciones, perturbaciones.

1. Introducción

Uno de los principales problemas que afronta el análisis de imágenes de satélite es el almacenamiento y el procesado de toda la información que se genera, por el enorme volumen de datos geoespaciales existentes, su variedad de orígenes y tipos de formatos y la creciente diversidad y accesibilidad. Esta ingente cantidad de información (*Big data*) significa manejar un conjunto de datos que son complicados de almacenar, administrar y procesar por las herramientas tradicionales en entornos locales (ver Capítulo 4). Esta realidad pone de manifiesto la necesidad de desarrollar nuevos entornos de trabajo capaces de gestionar grandes volúmenes de datos en un tiempo reducido, a fin de generar información de valor que apoye a la toma de decisiones. Por ello, grandes compañías tecnológicas han desplegado diferentes servicios basados en procesamiento en la nube o *cloud computing* para el manejo de información geográfica.

Google Earth Engine (GEE) nació a finales de 2010 como una solución innovadora para el manejo de datos geoespaciales de forma masiva, haciendo frente a las limitaciones computacionales que sufrían los usuarios. Esta plataforma se basa en la nube para el procesado y el análisis geoespacial a escala planetaria e incorpora las capacidades computacionales masivas de Google para abordar una variedad de trabajos ambientales (Gorelick *et al.*, 2017). GEE permite realizar procesos de teledetección con grandes cantidades de datos, sin la necesidad de almacenarlas en un disco local, y poder extraer la información de interés. Pese a ser una plataforma de supercomputación, GEE está diseñado para ayudar a investigadores y otros usuarios a difundir fácilmente sus trabajos (Moore y Hansen, 2011). Así, GEE permite producir resultados de forma sistemática una vez que los usuarios han desarrollado sus algoritmos; pueden crear y compartir aplicaciones interactivas, incluso sin ser programadores expertos. A través de la interfaz de programación de aplicaciones (API, *Application Programming Interfaces*), en lenguaje de programación JavaScript, o sincronizándola con Python, se accede al catálogo de datos públicos ubicados en un servicio de computación paralelo de alto rendimiento. Estos datos incluyen una gran variedad de información espaciotemporal, imágenes aéreas y satelitales (en longitudes de onda ópticas y no ópticas), variables ambientales, pronósticos y retrovisores meteorológicos y climáticos, cobertura terrestre, topográficos y sociodemográficos, incluso datos económicos (Tamiminia *et al.*, 2020). Además, se puede disponer de otros datos de carácter privado que el usuario proporcione a la plataforma.

Otro aspecto importante de esta plataforma es la gran cantidad de procesos que se pueden realizar con los datos disponible; desde crear bases de datos propias, con procesos de selección personalizados, hasta realizar clasificación con imágenes de diferentes tipos. Estos procesos pueden realizarse gracias a innumerables algoritmos implementados en la plataforma, que están listos para facilitar los análisis. Además, dada la réplica de los códigos desarrollados, se pueden utilizar muchos pasos de los ejemplos que la propia plataforma proporciona o de algoritmos geoespaciales desarrollados en otros trabajos. Por todas estas ventajas, GEE representa una herramienta versátil y poderosa para su aplicación en trabajos en el ámbito de las ciencias forestales.

El objetivo de este capítulo es mostrar el uso de GEE para aplicaciones forestales. De este modo, cualquier usuario con una base de conocimiento en teledetección, se pueda iniciar y aprovechar la polivalencia que esta plataforma proporciona para la gestión y la evaluación de los ecosistemas forestales, permitiéndole disponer de una herramienta de alta potencialidad para la extracción y procesado de información espaciotemporal referida a múltiples temas. Para alcanzar esta meta, el capítulo incluye una parte teórica y otra práctica que orientan sobre el proceso de recopilación de información y facilitar la comprensión del método de trabajo de esta plataforma (la interfaz, los datos disponibles, los procesados y tipos de resultados que se pueden obtener). En una segunda parte, se muestran algunas aplicaciones con objeto de mostrar los principales usos en los que se ha empleado GEE en ciencias forestales, que pueden servir de guía o hilo conductor para el desarrollo de los futuros trabajos que los gestores tengan que abordar.

Al igual que en otros capítulos del libro GEOFOREST, en este caso se vincula el desarrollo teórico-práctico del texto con el acceso a un curso específico sobre GEE, que ofrece a los usuarios disponer de un material de aprendizaje guiado para poder aplicar a sus propios estudios en esta plataforma, realizando procesos y análisis geoespaciales masivos. Tener recopilada y estructurada la información necesaria para entender y poder aplicar GEE a diferentes niveles de trabajo (académicos, científicos, etc.) mediante un aprendizaje autónomo, permite que se canalice mejor la información y se eviten distracciones y esfuerzos innecesarios. La información que se tiene hasta el momento hace referencia de la documentación propia de la plataforma de GEE y a los códigos de estudios particulares de usuarios que suben a repositorios GitHub a modo de tutoriales.

Los contenidos de este capítulo se organizan siguiendo los grandes bloques que componen GEE; empezando por conocer el entorno de trabajo y las posibilidades que ofrece esta plataforma, seguido de los datos disponible que hay en el repositorio de GEE y de cómo incorporar datos propios. La parte práctica incluye el procesado de la información para poder extraer la información necesaria. y, por último, generar los resultados definitivos. Al final, se ofrece un último apartado que incluye varias aplicaciones forestales utilizando GEE y ejemplos de cada una de ellas a partir de los puntos teóricos-prácticos explicados.

2. Google Earth Engine

2.1. Entorno de trabajo

GEE es un espacio de trabajo de desarrollo integrado (IDE) llamado *Code Editor*, que es una web para la interfaz de programación de aplicaciones (API). *Code Editor* utiliza el lenguaje de programación JavaScripts. Las principales características que tiene este entorno es el fácil e intuitivo diseño para realizar trabajos geoespaciales (https://code.earthengine.google.com/). Su diseño se compone de siete partes (Figura 7.1):

- Barra de búsqueda (1). Permite buscar lugares en el mundo o conjuntos de datos vectoriales o ráster disponibles en el catálogo de datos, sean imágenes únicas o colecciones; pueden ser importadas para trabajar con ellas.

- Panel de entorno de trabajo (*Scripts-Docs-Assets*) (2). Se encuentra en la parte superior izquierda de la interfaz y contiene 3 pestañas:

  ○ La primera es *Scripts*. En ella, las listas de *scripts* se agrupan en 5 grupos (propios, editables, leíbles, archivados y ejemplos). En el primero, *Owner*, se almacenan los códigos creados anteriormente por el propio usuario. Los siguientes *Writter* y *Reader* son directorios que nos han dado acceso y en el último, *Examples*, se pueden ver códigos pregenerados, que muestran algunos procesos que se pueden realizar en el entorno de la API.

  ○ La segunda pestaña es *Docs*, donde está la documentación de los algoritmos empleados en la programación de la plataforma, mostrando al usuario los argumentos y atributos que debe llevar cada función.

  ○ La tercera pestaña es *Assets*, donde se pueden importar los datos propios del disco local, como imágenes o tablas vectoriales, para poder trabajar con ellos en la plataforma.

- Panel de programación (3). Es la parte superior central de la interfaz; aquí es donde se introduce, edita y ejecuta el código cargado. Dispone de cinco botones que se explican por sí mismos:

  ○ Compartir enlace, *Get Link*, permite mandar el trabajo a otro usuario para que compruebe los resultados que se obtienen o para que ayude a solucionar algún problema de programación.

  ○ Ejecutar, *Run*, hace que el código se lance a los servidores y empiece hacer las operaciones implementadas.

  ○ Guardar, *Save*, hace que los códigos se almacenen en los repositorios propios del panel de entorno de trabajo (parte superior-izquierda).

  ○ Restablecer, *Reset*, borra por completo todas las líneas de código.

  ○ Aplicación, *App*, permite gestionar un código propio si ha sido programado para tener una interfaz de aplicación creada por el usuario.

- Panel de información (*Inspector-Console-Tasks*) (4). Este panel sirve como área de estado de procesos y se compone de tres pestañas:

  ○ La pestaña *Inspector* actúa como un revisor de puntos sobre el mapa, mostrando la información de las capas cargadas en el mapa y permitiendo hacer una búsqueda interactiva de los valores de los píxeles.

  ○ La pestaña *Console* muestra las variables que se convocan por el usuario con la sentencia *print* ().

  ○ La pestaña *Tasks* es el administrador de tareas donde se ejecuta el proceso de exportación de los resultados cuando el usuario utiliza la sentencia *Export*.

- Herramientas de edición de geometría (5). Sirve para dibujar a mano alzada puntos, líneas y polígonos que sirvan como región de interés para el trabajo que se está llevando a cabo.

- Panel de capas (6). Muestra las capas agregadas al mapa. En la parte superior derecha, hay una barra de capas; si se pasa el cursor sobre ella, aparece una lista de las capas que se han agregado. Se puede ajustar la transparencia o activar y desactivar capas individuales; también se puede cambiar la capa base.
- Ventana de mapa (7). En esta ventana se ven las capas de mapa que han agregado.

Existen otras dos posibilidades de trabajar con la información de esta plataforma con otros entornos de trabajos. Una es a través del Explorer de GEE (https://explorer.earthengine. google.com/#workspace), que sigue trabajando con JavaScript como lenguaje de programación, pero sin la libertad de desarrollar código como en el *Code Editor* visto anteriormente. La otra forma es sincronizando GEE con Python, como se ha dicho en el apartado de Lenguaje de programación; de esta forma, el entorno de trabajo sería el IDE de Python (Pycharm, Spyder, Pydev, Visual Studio) que utilice cada usuario.

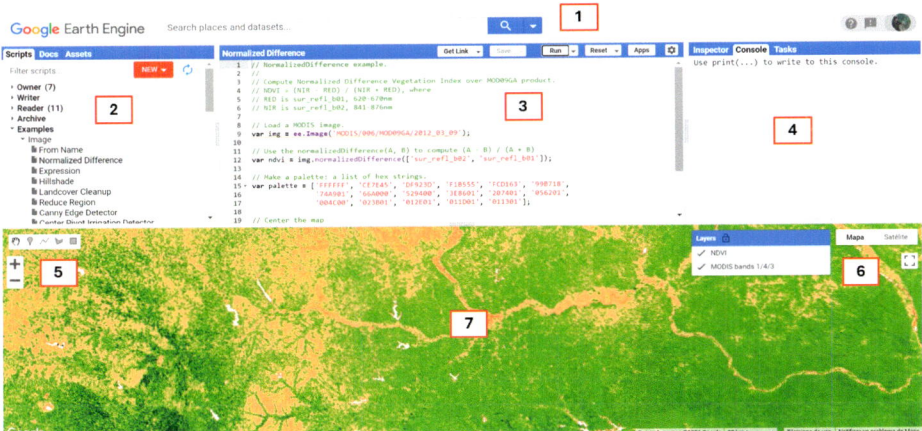

Figura 7.1. Elementos de la API de Google Earth Engine: 1) barra de búsqueda; 2) panel del entorno de trabajo; 3) panel de programación; 4) panel de información; 5) herramientas de edición de geometría; 6) panel de capas; 7) ventana de mapa.

2.2. Catálogo de datos

La información geoespacial disponible en la plataforma se agrupa en dos tipos de datos: vectoriales e imágenes ráster. Este último tipo procede de fuentes aéreas o espaciales en el que los datos presentan múltiples variaciones, pudiendo ser multibandas o de una única banda (Figura 7.2). Se puede comprobar todo el catálogo disponible en (https:// developers.google.com/earth-engine/datasets/catalog).

Estos datos pueden variar, de acuerdo con la temporalidad de las escenas, de manera estática o dinámica. Esta última depende de la periodicidad en la obtención de datos que tenga cada misión espacial. De igual forma, la resolución espacial es variada y depende de la misión o de cada producto. Para comprobar todas estas variantes, simplemente hay que ver los metadatos del producto que se están utilizando (Figura 7.3).

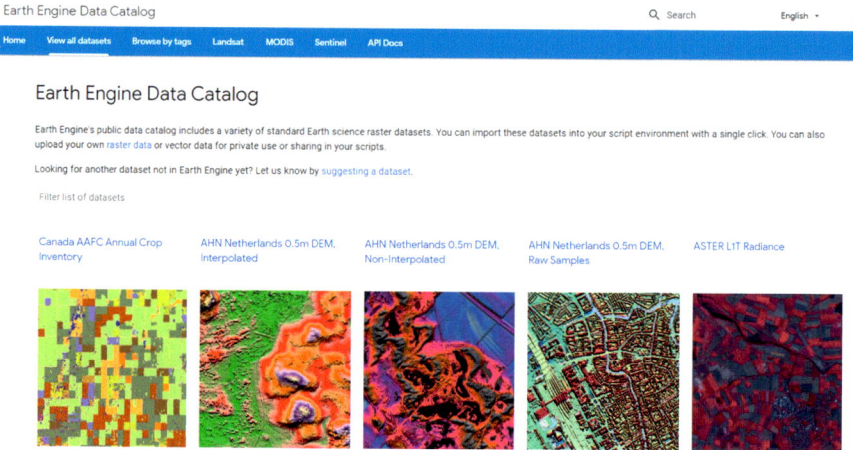

Figura 7.2. Catálogo de datos disponibles GEE.

Figura 7.3. Ejemplo de metadatos del producto.

Esta información se estructura en las siguientes partes:

- Nombre de colección. Es el código con una breve descripción de la base de datos.

- Fechas con datos disponible. Es el período comprendido entre la fecha en la que se inició hasta la fecha en la que se finalizó el almacenado de datos.

- Código de importación. Es la sentencia necesaria para usar la información en el *Code Editor*.

- Información complementaria. Recoge datos de descripción, bandas, términos de uso y citación.

- Resolución espacial de la imagen. Se indica el tamaño que tiene cada píxel.
- Información de las bandas. Incluye nombres de las bandas, unidades, escala, valor mínimo - máximo y descripción.

Los datos que se encuentran en la plataforma pueden estructurarse en: datos estáticos, variables geográficas, variables hidrológicas, datos dinámicos, imágenes espectrales, imágenes SAR, LiDAR satelital, variables climáticas y coberturas terrestres.

Datos estáticos

Los datos incluidos en este epígrafe, tanto en formato ráster como en vectorial, hacen referencia a un momento temporal, por tanto, no sufren variación en el tiempo. Un ejemplo es la capa de unidades administrativas. Son datos en formato vectorial, que tienen una cobertura global con varios niveles de detalle, empezando con capas que tienen el contorno de los países y otras que tienen más detalle, con información a nivel de región, estado o provincia (Figura 7.4). Estas capas son útiles para filtrar imágenes por unidades administrativas.

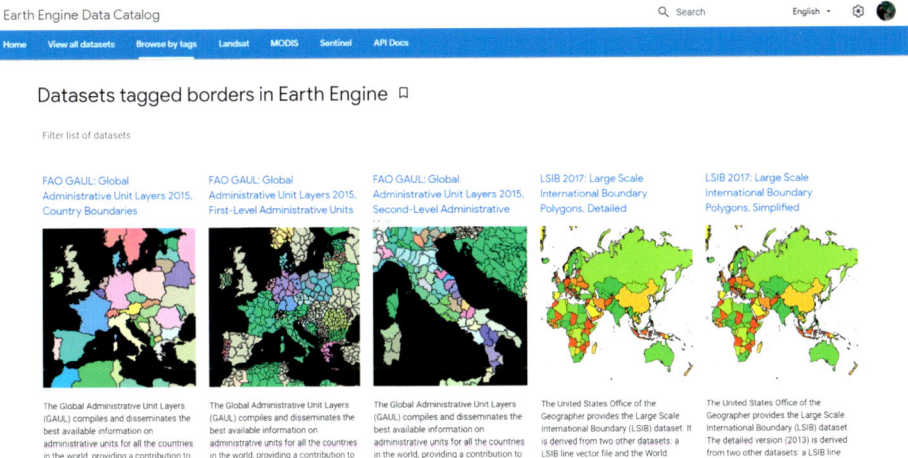

Figura 7.4. Ejemplo de contornos de unidades administrativas.

Variables geográficas

Las variables geográficas incluyen información sobre el medio físico de diferentes países o regiones, por lo que su calidad (en términos de resolución, definición de las variables, etc.) depende del lugar de estudio. Un caso concreto son los Modelos Digitales de Elevación (DEM) que permiten, además de obtener la altitud, conocer la orientación y la pendiente (Figura 7.5), así como otras variables derivadas de la topografía del terreno, y que tienen numerosas aplicaciones en estudios espaciales. Otro ejemplo son las variables de caracterización del suelo (Figura 7.6), como la textura, la profundidad efectiva, el contenido en carbono, el Ph o la capacidad de campo del suelo, entre otras.

195

Variables hidrológicas

Otros ejemplos de este tipo de variables son las relacionadas con la hidrología, que contiene un conjunto de métricas como cuencas hidrográficas, flujos superficiales o cuerpos de agua permanentes que ayudan a caracterizar más en profundidad la superficie terrestre.

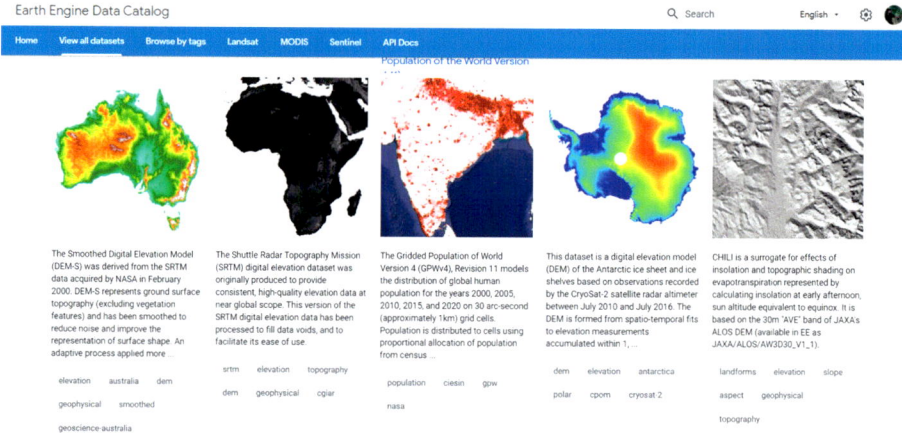

Figura 7.5. Modelos digitales de elevación.

Figura 7.6. Variables de caracterización del suelo.

Datos dinámicos

En esta categoría se incluyen datos geográficos, tanto de naturaleza vectorial como ráster, que varían a lo largo del tiempo y que, cada cierto periodo, se evalúan y cuantifican nuevamente para tener un registro de su evolución temporal y permitir, así, usar series temporales.

Imágenes espectrales

Este grupo se puede dividir en dos tipos: imágenes multiespectrales e hiperespectrales. El primer grupo incluye imágenes procedentes de varias misiones, destacando entre ellas los programas de observación de la Tierra Landsat, MODIS y Copernicus. Estas colecciones tienen diferentes niveles de procesados en sus imágenes (Figura 7.7). En el caso de Landsat hay 3 niveles: Nivel 1 (T1) para los datos que cumplen con los requisitos de calidad geométricos y radiométricos; Nivel 2 (T2) para los datos que no cumplen con los requisitos del Nivel 1; y Tiempo Real (RT) para los datos que aún no se han evaluado (se necesita hasta un mes). También hay imágenes procesadas que se distribuyen como productos derivados, como por ejemplo índices de vegetación como NDVI o EVI en el caso de MODIS. Dentro del grupo de las imágenes hiperespectrales están disponibles las procedentes de una única misión espacial, Hyperion, que ofrece imágenes con más de 200 bandas del espectro electromagnético.

Figura 7.7. Colección de misiones satelitales de Landsat.

Imágenes SAR

Completando el grupo anterior, se encuentran las imágenes de satélites procedentes de sensores activos (Figura 7.8). Estas colecciones son facilitadas por la misión Sentinel 1 y el sensor PALSAR de la Misión ALOS. Esta última misión permite, por medio de la retrodispersión de la onda, estudiar la estructura de la vegetación.

LiDAR satelital

Un producto incluido recientemente en el catálogo ha sido la información LiDAR satelital, que permite complementar la información aportada por SAR para el estudio de la estructura de los bosques. La misión GEDI ha permitido incluir esta información estructural de escala global con una componente temporal (Figura 7.9).

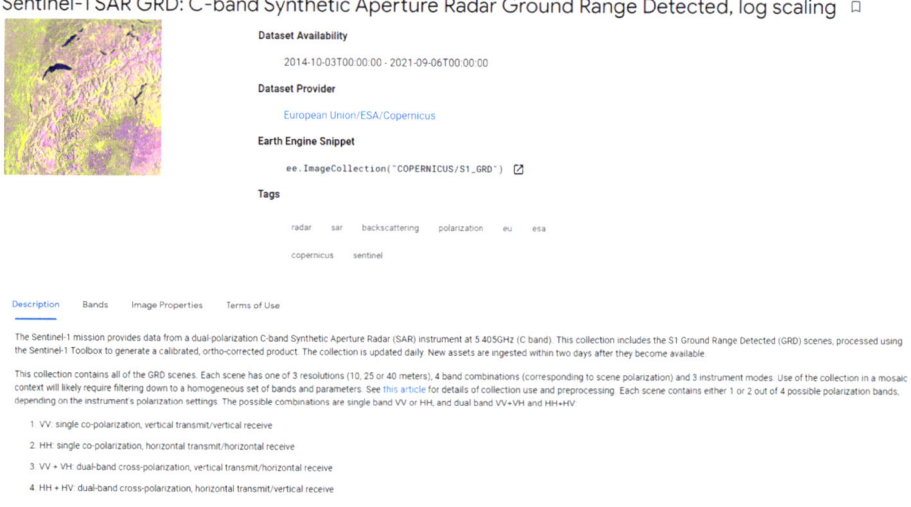

Figura 7.8. Radar de apertura sintética de Sentinel 1.

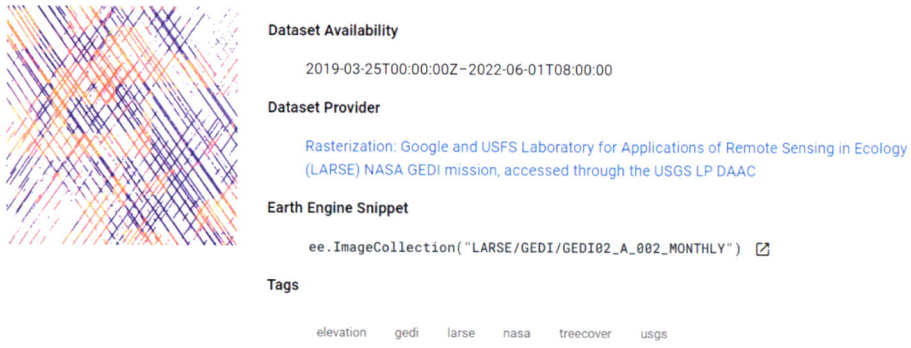

Figura 7.9. Lidar GEDI.

Variables climáticas

La información climática procede de múltiples bases de datos en formato ráster que han puesto disponibles en GEE diferentes universidades y proyectos de investigación (Figura 7.10). Los datos cubren, por lo tanto, distintas regiones geográficas con diferente resolución espacial y temporal. Se dispone de muchos tipos de datos que permiten caracterizar el clima, como temperaturas máximas, mínimas y medias, precipitaciones, radiación solar, velocidad del viento o evapotranspiración, entre otras.

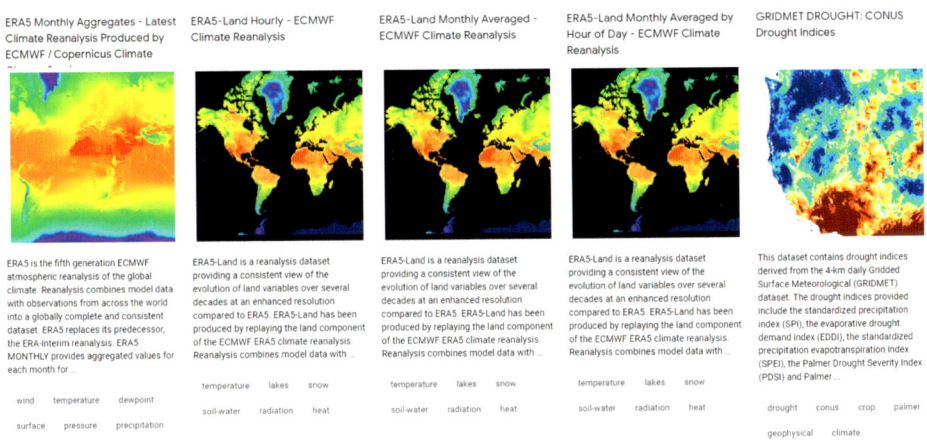

Figura 7.10. Variables climáticas.

Coberturas terrestres

Se dispone de información sobre coberturas y usos del suelo, que permite caracterizar y diferenciar de forma dinámica la superficie terrestre (Figura 7.11).

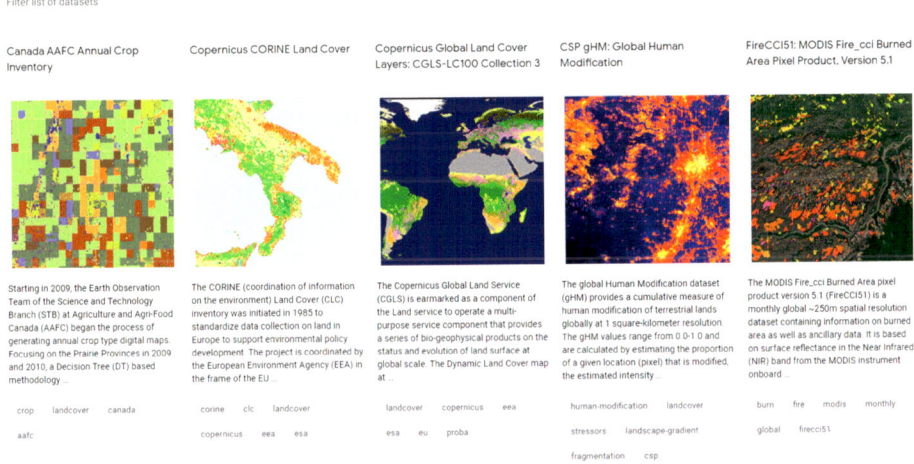

Figura 7.11. Variables de cobertura terrestre.

Datos Locales

La información disponible en GEE se puede completar con datos facilitados por usuarios, accediendo a través de otras Infraestructuras de Datos Espaciales (IDE), o procedentes de cualquier otra fuente. Esta versatilidad permite utilizar los procesadores de Google para realizar operaciones y análisis de cualquier información, e incluso cruzarla con los datos disponibles en GEE, en el marco de estudios con diferentes objetivos analíticos. Para importar los datos propios, el usuario debe navegar por el panel de entorno de trabajo en la pestaña *Assets* y pulsar el botón *NEW* para se despliega una ventana de diálogo donde se puede elegir qué información se va a subir al entorno de trabajo propio. El tipo de formato soportado son imágenes ráster (GeoTIFF) y tablas vectoriales (*shapefile* o CSV).

3. Procesado de la información

La plataforma GEE permite extraer información de las bases de datos disponibles y realizar múltiples procesos antes de extraer la información. En este epígrafe se van a mencionar los principales procesados que se pueden aplicar a la información disponible en el catálogo de datos. En el ejercicio práctico se describe con mayor detalle el procedimiento que debe seguirse para el procesado de la información.

3.1. Filtrados

Uno de los principales procesos que se aplica cuando se trabaja con colecciones de imágenes es el filtrado, dado que al usuario no le interesa cargar toda la información espacial y temporal disponible en una colección de datos. Además, también se usa el filtrado cuando se trabaja con imágenes únicas o vectores, ya que, de igual modo, no interesa toda la información espacial que la base de datos contiene. Los principales tipos de filtrado son:

- Por región. Este filtro se usa para limitar los datos que se importan al entorno de trabajo, acotándose a la zona de estudio o el área de interés.
- Por fecha. Una vez que se tiene delimitado espacialmente la colección, el siguiente paso es acotar o reducir el rango de imágenes de interés para la fecha de estudio. Este paso puede realizarse con varios comandos.
- Por metadatos. Además de filtrar por características temporales y espaciales, se pueden filtrar colecciones de imágenes o datos vectoriales por atributos o propiedades concretas de la base de datos.

3.2. Selecciones

Otro proceso fundamental que se puede aplicar a las imágenes o colecciones son las selecciones. Estas pueden ser útiles para filtrar información una vez que se tiene delimitada la fecha y el espacio de trabajo. Las dos selecciones más utilizadas son las siguientes:

- Selección de bandas. Permite seleccionar el número de bandas de una imagen o una colección. Este paso es útil si se quieren hacer operaciones con bandas.
- Selección de valores. Sirve para seleccionar píxeles concretos de la imagen a modo de máscara. Dependiendo de los valores que interesa obtener, se pueden

usar diferentes funciones ya establecidas en la plataforma para cambiar por 0 aquellos valores que no cumplan la condición; sólo se conserva el valor de los píxeles que sí cumplen la condición.

3.3. Reducciones

Este proceso consiste en pasar las colecciones de imágenes a una imagen única que pueda visualizarse en el mapa o que sirva como base para futuros procesos, como podría ser crear una clasificación. Existen diferentes funciones que permiten pasar una colección de imágenes a una imagen única. Este proceso es uno de los más usados para visualizar colecciones como imagen en el mapa. Consiste en crear una imagen única sin solape de píxeles entre escenas diferentes. Las funciones principales son:

- .Mosaic(). Es una de las más usadas para visualizar colecciones. Consiste en crear una imagen única sin solape de píxeles entre escenas diferentes.
- .First(): Esta función hace que aparezca, como imagen de interés, la primera imagen de la colección que se quiere reducir.
- .mean(), .median(), .stdDev(), .max(), .min() son otras funciones muy usadas para reducir colecciones de imágenes como una imagen única; son las funciones que calculan estadística básica del conjunto.

3.4. Combinación

Un paso muy habitual en el procesado de información es agrupar, bajo una misma variable, diferentes elementos del mismo tipo de datos, ya sean geometrías o imágenes. Este proceso es muy útil para combinar elementos sobre los que debe realizarse la misma operación o si se quiere sacar información comparativa de ellos.

Por otro lado, con la combinación de imágenes puede ser que se desee obtener una imagen única o una colección de imágenes. Si se pretende obtener una imagen única que tenga como resultado la combinación de imágenes como bandas, se utiliza ee.Image.cat([Imagen1,Imagen2]). De este modo, se pueden crear colecciones de imágenes a las que se le pueden aplicar procesos como si se tratara de colecciones ya creadas en la plataforma. En cambio, si se quiere combinar imágenes para crear una colección imágenes independientes una de otras y cada una que contenga sus bandas, se debe utilizar la función ee.ImageCollection([Imagen1,Imagen2]).

3.5. Operaciones

Geometrías

Las operaciones más comunes que se suelen utilizar con funciones geométricas son:

- Diferencia. da como geometría resultante el área diferente entre dos geometrías distintas.

- Intersección. Proporciona como resultado una geometría que es el área común entre dos geometrías cruzadas.
- Unión. Origina una geometría conjunta de las dos geometrías con las que se opera.

Imágenes

- Algebraicas. Las operaciones algebraicas son las más simples de aplicar a las imágenes. Además, son las más utilizadas para realizar algunos cambios. Estas funciones simples aplican la operación deseada a cada uno de los píxeles de la imagen. Cuando se quiere aplicar este cambio a una colección, se debe crear una función propia para que el proceso afecte a todos sus elementos. El uso de estas operaciones resulta útil para hacer, por ejemplo, una corrección topográfica a una imagen con objeto de corregir la inclinación del terreno y poder calcular los índices sobre dicha escena; de esta forma, los valores de los píxeles no estarían subestimados por la oscuridad que se pudiera producir por la elevación del terreno.
- Booleanas. Las operaciones booleanas permiten generar una imagen binaria donde se filtran los valores de interés, eligiendo los valores de los pixeles que deben adquirir el valor 1 en la máscara que aplica dicha función.
- Convoluciones. Las convoluciones son procesos que se aplican a las imágenes en los que se modifican los valores de los pixeles en función de la forma y el peso que se le aplica a la transformación de cada pixel mediante una transformación Kernel. Esta modificación puede utilizarse tanto para reducir el ruido de una imagen como para detectar aquellos pixeles que cambian de valor drásticamente al detectar una gran variación en los valores de los pixeles vecinos.
- Otras funciones. Además de las funciones anteriores, en la plataforma hay otras muchas funciones disponibles para realizar transformaciones y operaciones que se pueden aplicar a las imágenes y que permiten transformar u operar con los píxeles.

3.6. Funciones

Las funciones son una secuencia de sentencias que se ejecutan para devolver un valor o una tarea deseada. Son muy útiles para aplicar diferentes procesos a un mismo elemento o para ejecutar un proceso común a múltiples elementos con las mismas características. Las funciones pueden aplicarse, por tanto, a un elemento individual o a una colección.

3.7. Máscaras

Las máscaras son funciones que se aplican a las imágenes o colecciones de imágenes para eliminar los píxeles que no cumplen una determinada condición. Son muy útiles para eliminar los valores que no se quiere que influyan en las operaciones calculadas con los píxeles de las imágenes, u ocultar píxeles que no se desea que se mapeen en el visualizador. Dentro de la plataforma, existen diferentes funciones que permiten enmascarar píxeles con distintos criterios. Además de estas funciones ya implementadas en la plataforma, cada usuario puede crear otras funciones, de tal modo que permitan filtrar valores de pixeles por medio de condiciones. Un ejemplo común es la máscara de nubes y de sombra de las imágenes multiespectrales de Landsat o Sentinel; con la banda de control de calidad de cada imagen se pueden detectar pixeles que tienen nubes o sombrar y, por tanto, enmascararlos.

3.8. Transformaciones

Las transformaciones hacen referencias a la aplicación de un cambio sobre el tipo de dato que tiene una variable, realizando una conversión para pasar de un tipo de dato a otro; es decir, pasar de una imagen a un vector o viceversa. Para ello, se emplean funciones específica de esa tipología (vector: geometry(), feature() o FeatureCollection; ráster: Image() o ImageCollection). De este modo, se puede continuar con los procesos que se quieran llevar a cabo en la plataforma con los datos transformados.

4. Resultados

El último bloque importante de GEE permite generar resultados que pueden adaptarse a los previstos en el estudio o proyecto. Para ello, GEE posibilita una amplia libertad de edición en el diseño de los resultados. Una vez que se tiene el producto definitivo, éste se puede exportar y sacar los resultados de la plataforma. En este capítulo se describen algunos diseños posibles y cómo crear una aplicación web en la cual se puede visualizar la integración de todos los puntos vistos hasta el momento (información, procesos, análisis y resultados) y facilitar su replicabilidad.

4.1. Diseño

Los elementos que se pueden visualizar y editar en GEE son gráficos y mapas.

Gráficos

Los gráficos se pueden mostrar de forma interactiva en la consola del Editor de código o en pestañas independiente del navegador. Existe una gran variedad de tipos de gráficos: dispersión, línea, barra, gráfico circular e histograma. Específicamente, se puede generar cualquier tipo de gráfico que esté disponible en el paquete de Google Charts, a los que se puede agregar un título principal, dar nombre a los ejes, elegir el color o el tipo de letra, etc. (Figuras 7.12 y 7.13).

También se pueden graficar series temporales de los valores de diferentes bandas (o índices) para una misma región o geometría (Figuras 7.14 y 7.15). Además, se pueden representan datos procedentes de matrices y listas, permitiendo realizar gráficos de dispersión de varias bandas a la vez en un mismo eje (Figura 7.16).

Mapas

Los mapas son otros elementos resultantes de la información procesada (Figura 7.17).

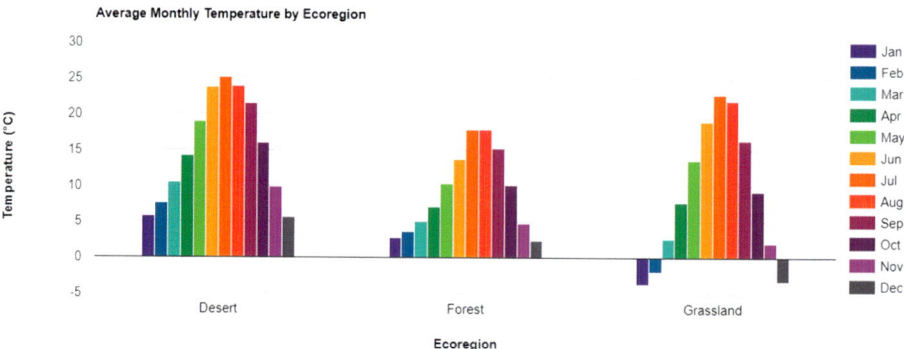

Figura 7.12. Gráfico de columnas con ui.Chart.feature.byFeature. Ejemplo de tipos de ecosistemas categorizados por las temperaturas mensuales.

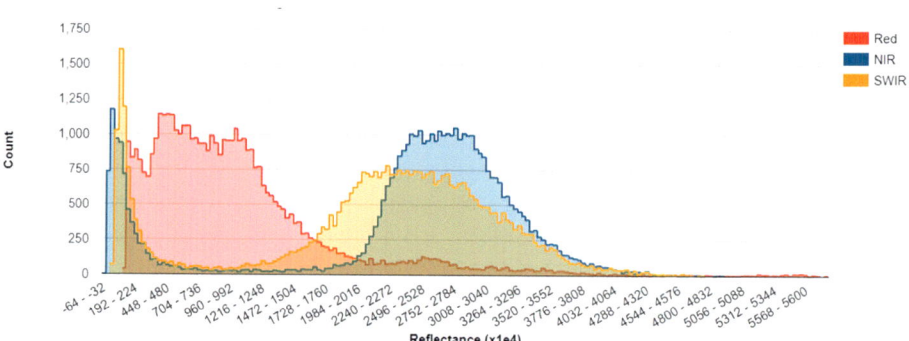

Figura 7.13. Histograma de frecuencia ui.Chart.image.histogram. Ejemplo de frecuencia de valores para tres bandas del sensor Modis.

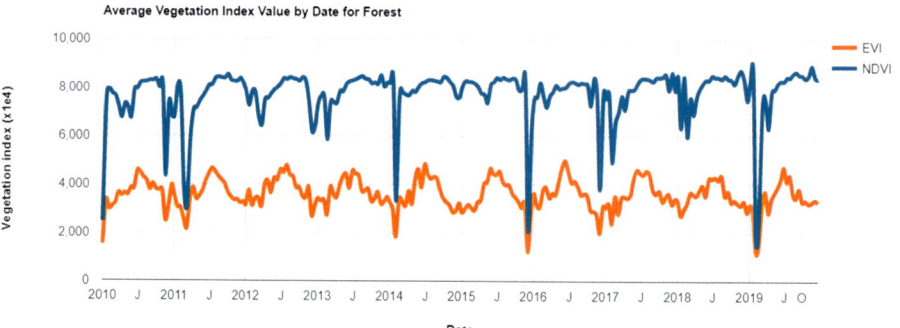

Figura 7.14. Gráfico de líneas con la función ui.Chart.Image.series. Ejemplo de serie temporal de dos índices.

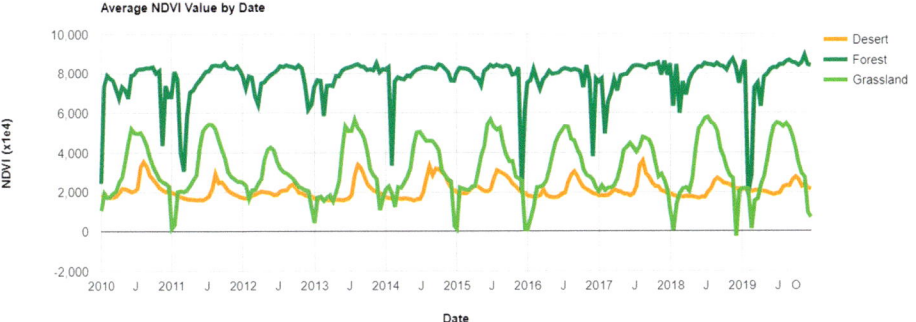

Figura 7.15. Gráfico de líneas con la función ui.Chart.image.seriesByRegion. Ejemplo de serie temporal del mismo índice para diferentes zonas.

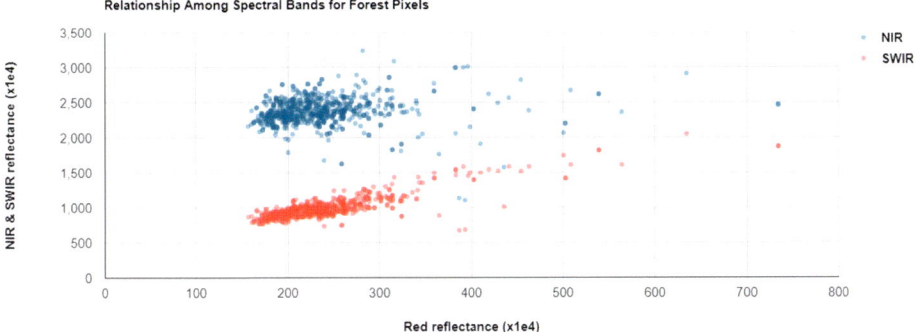

Figura 7.16. Gráfico de dispersión con la función ui.Chart.array.values. Ejemplo cruzar dos bandas (NIR y SWIR) con otra (RED).

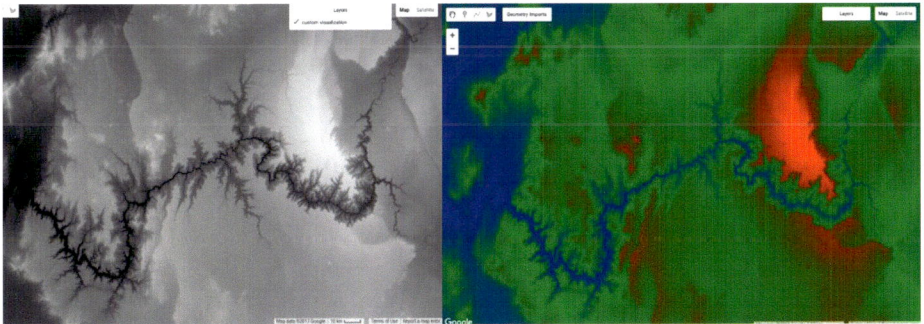

Figura 7.17. Visualización de imagen de modelo digital del terreno: escala de grises (izq.) y paleta de color (dcha.).

4.2. Exportación

GEE permite exportar imágenes, mosaicos de mapas, tablas y videos. En el caso de los gráficos, la exportación es muy sencilla. Las imágenes se pueden exportar en formato GeoTIFF o TFRecord, siendo el más utilizado el primero de ellos. Las tablas o vectores se pueden guardar desde una FeatureCollection a un archivo en diferentes formatos: CSV, shp, GeoJSON, KML, KMZ o TFRecord. El último tipo de resultado que se puede exportar es un video, que consiste en preparar la colección de imágenes con unos parámetros de visualización.

4.3. App

Un último resultado, que puede englobar a los anteriores, es el que proporcionan las App. Se trata de interfaces dinámicas de usuario que permiten compartir análisis, gráficos o mapas iterativos. Con la creación de estas aplicaciones, los usuarios de GEE pueden utilizar elementos simples de la interfaz de usuario para aprovechar el catálogo de datos y el poder analítico, y que, además, pueden utilizar otros usuarios. Se puede acceder a las aplicaciones publicadas desde la URL específica de la aplicación generada en el momento de la publicación. No se requiere una cuenta de GEE para ver o interactuar con una aplicación publicada. GEE proporciona acceso a los *widgets* de la interfaz de usuario (IU) a través del paquete ui. Este paquete se utiliza para construir interfaces gráficas con los *scripts* de GEE. Estas interfaces pueden incluir *widgets* de entrada simples como etiquetas, botones, casillas de verificación, controles deslizantes, cuadros de texto y menús de selección; pero también *widgets* más complejos, como gráficos, mapas o paneles. Los diseños pueden ser muy variados; el usuario puede estructurar las partes prestando diferente importancia a los gráficos o los mapas (Figura 7.18). Además, muchas Apps no tienen el diseño cerrado y están en estado experimental, teniendo el código abierto y pudiéndose utilizar el cuerpo de éste para otros estudios, sólo ajustando ciertos cambios. Este resultado es muy interesante para compartir un trabajo con otros usuarios que no tienen conocimientos de programación y quieren replicar procesos que internamente ya estén configurados; así, sólo tienen que parametrizar pequeños criterios que un usuario experto haya codificado.

5. Aplicaciones forestales

La plataforma GEE dispone de una gran cantidad de datos almacenados en el repositorio. A esta ventaja, hay que sumar un modo de trabajo flexible, que permite a los usuarios realizar diferentes estudios geoespaciales en función de sus necesidades, gracias a la libertad para programar procesos y operaciones en el editor de código. Por todo esto, los resultados que se generan pueden no requerir un procesado fuera de la plataforma para darles la apariencia definitiva. Todas estas ventajas hacen que GEE sea una herramienta cada vez más empleada en los trabajos de teledetección. Además, permite el autoaprendizaje, dado que se trata de un entorno de código abierto y su comunidad de usuarios es cada vez más grande, compartiendo en muchos casos sus códigos en diferentes páginas.

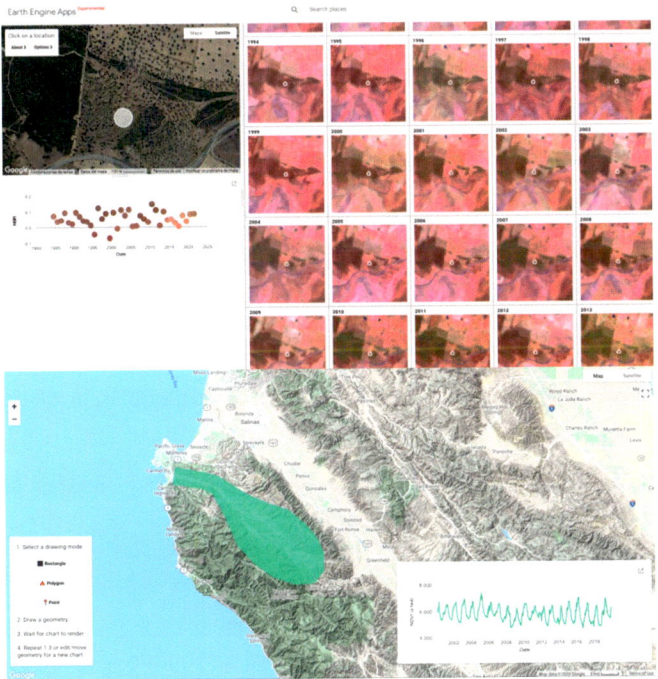

Figura 7.18. Ejemplos de diseños de App: múltiples mapas y serie temporal puntual (superior) y selección de zona de interés y serie temporal promedio (inferior).

En la actualidad, muchos estudios aplicados a las ciencias forestales utilizan la teledetección para evaluar o gestionar procesos a diferentes escalas temporales y espaciales, lo que requiere efectuar análisis geoespaciales. Por esta razón, el uso de la plataforma GEE ha sido bien acogida por las ciencias forestales y, desde su aparición en 2010, su uso ha sido creciente (Tamiminia *et al.*, 2020) (Figura 7.19).

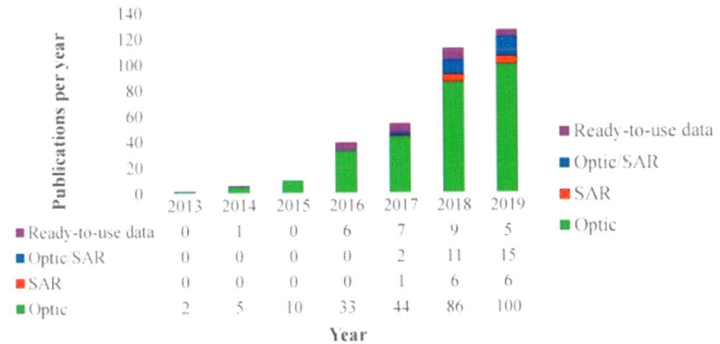

Figura 7.19. Frecuencia de publicaciones científica con GEE (Tamiminia *et al.* 2020).

Las principales áreas de trabajo han sido la agricultura, el agua y la cobertura del suelo; pero también se ha utilizado para los estudios de los ecosistemas forestales, las catástrofes y el cambio climático (Figura 7.20).

Las áreas geográficas donde más se ha empleado GEE son EEUU y China. Europa ocupa uno de los últimos lugares, aunque España es el país más representado del continente (Figura 7.21).

En el caso concreto de las ciencias forestales, las principales áreas de aplicación son:

- Cartografía de coberturas del suelo mediante el uso de índices de vegetación o de clasificaciones.

- Seguimiento de la vegetación; por ejemplo, la evolución de la dinámica del estado fitosanitario.

- Detección y seguimiento de perturbaciones, como sequías, incendios, deforestación o plagas.

En los siguientes apartados se describe el flujo de trabajo que se debe seguir para desarrollar una aplicación concreta con GEE.

5.1. Análisis exploratorio

Antes de empezar a desarrollar un estudio particular (*script*), es necesario hacer una búsqueda profunda sobre la información que haya disponible en el catálogo de datos. De esta forma se puede evaluar qué recursos son los más adecuados para las necesidades del proyecto en el que se quiere trabajar. Por ello hay que hacerse diferentes preguntas:

- ¿Qué resultados se quieren obtener? Dependiendo del objetivo del estudio que se va a realizar, la información necesaria será diferente.
- ¿Qué tipo de información se quiere? En particular, se debe tener claro los tipos de imágenes (ej., multiespectrales, radar, etc.) o la información ambiental de la que se desea partir para ver qué posibilidades hay de cada tipo.
- ¿Dónde se va a trabajar? La información disponible puede ser diferente para distintas áreas objeto de estudio. Los productos procesados de imágenes multiespectrales o las bases de datos ambientales suelen ser distintas entre continentes o países.
- ¿Qué año se va a necesitar? Dependiendo del año que se quiera evaluar o del que extraer información, tiene que usarse una misión satelital u otra. Por ejemplo, si se quiere trabajar con datos anteriores a 1990 se debe utilizar Landsat.
- ¿Cuál es la escala temporal? Dependiendo de la misión satelital, las imágenes se obtienen con diferente frecuencia.
- ¿Qué extensión se va a cubrir? La escala de trabajo es fundamental para valorar si la resolución espacial de cada misión aporta la información requerida y dimensionar el tamaño de la colección de imágenes con el que se va a trabajar.
- ¿Qué resolución espacial se va a necesitar? Se trata del detalle al que se pretende trabajar y que define la resolución espacial necesaria para detectar los diferentes procesos con distinto grado de detalle en el área de estudio.

Figura 7.20. Aplicaciones de GEE por disciplinas (Tamiminia *et al.* 2020).

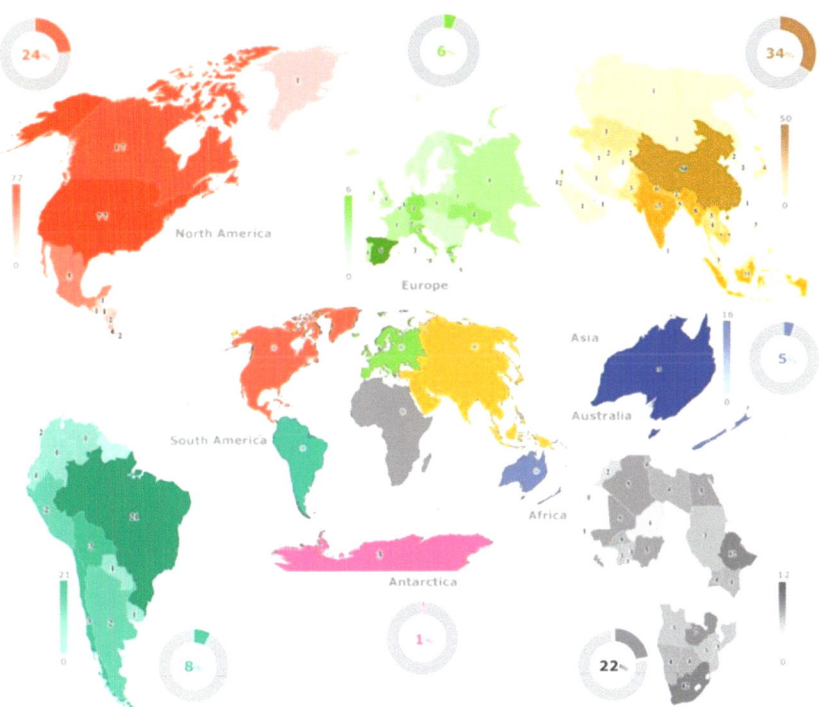

Figura 7.21. Distribución mundial de estudios GEE (Tamiminia *et al.* 2020).

Una vez que se tiene clara la información de partida requerida, el siguiente paso es efectuar una revisión de los códigos disponibles y ver cuál se acerca al objetivo que se quiere conseguir y, si es posible, utilizar parte de la programación disponible al nuevo trabajo.

5.2. Cálculos de índices

Una de las aplicaciones más frecuentes de GEE, fundamental para los estudios de teledetección, es operar con las bandas de las imágenes para generar índices espectrales o de vegetación (ver Capítulo 7). Algunos de estos índices ya están calculados por la propia plataforma GEE, como son el NDVI y el EVI para el sensor MODIS (valor integrado cada 16 días, Figura 7.22); por ello es importante operar con la escena o el rango de fechas de interés si se quieren obtener los índices deseados.

Además, se debe tener en cuenta la formulación del índice que se desea obtener con objeto de seleccionar las bandas adecuadas que correspondan con la longitud de onda requerida. Al respecto, debe tenerse en cuenta que las bandas cambian entre sensores; por ejemplo, la banda NIR (*near infrared*) en Sentinel 2 es B8, mientras que en Landsat 8 es B5.

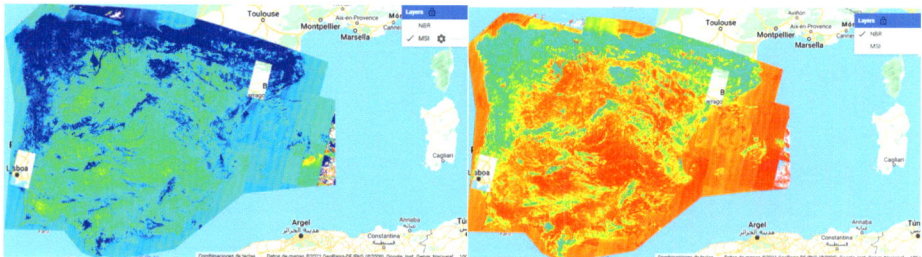

Figura 7.22. Visualización de índices de vegetación.

5.3. Obtención de series temporales

Otra de las aplicaciones más frecuentes de GEE es la extracción de series temporales de índices de vegetación (Figura 7.23); es decir, se trata de obtener el valor del índice para un conjunto de escenas de un mismo sensor. Esto se puede hacer a la vez para las diferentes áreas de interés, incluso cuando éstas están muy distanciadas, o cuando se trata de una superficie o un rango de fecha muy amplio, permitiendo obtener series temporales desde los años 80 del siglo pasado con la misión Landsat (1984), lo que supone casi 40 años de datos. Lograr el cálculo de estos índices fuera de GEE requeriría mucho tiempo y espacio.

5.4. Métodos de clasificación

GEE permite a los usuarios realizar multitud de análisis avanzados; entre ellos, cabe destacar las técnicas de aprendizaje automático para la clasificación de imágenes. Esta clasificación puede llevarse a cabo por dos métodos: con técnicas supervisadas o no supervisadas (ver Capítulo 8). La clasificación de imágenes supone un gran esfuerzo de

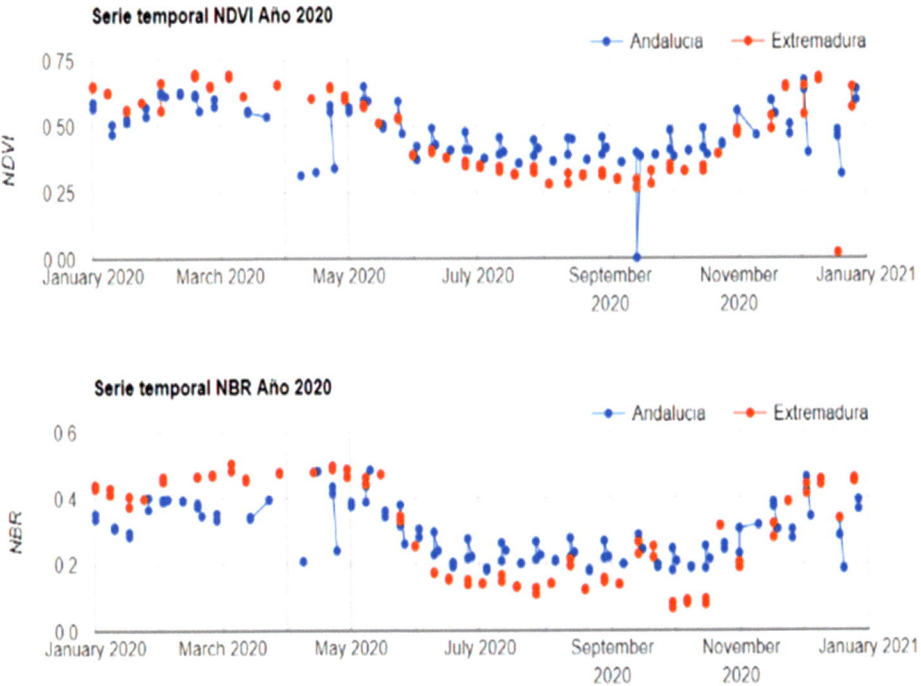

Figura 7.23. Generar gráficos de puntos. Series temporales de dos zonas distintas.

procesado, y más aún cuando las áreas de estudios cubren una superficie muy amplia, que implica cargar muchas imágenes a la vez. GEE permite clasificar imágenes a escala global con un bajo esfuerzo computacional. Además, GEE ofrece diferentes algoritmos de clasificación. Entre los métodos supervisados, los más utilizados son CART (*Classification and Regression Trees*), RF (*Random Forest*), k-NN (*Nearest Neighbor*) y SVM (*Support Vector Machine*), mientras que el método no supervisado más empleado es el k-mean (Capítulo 8) (Figura 7.24).

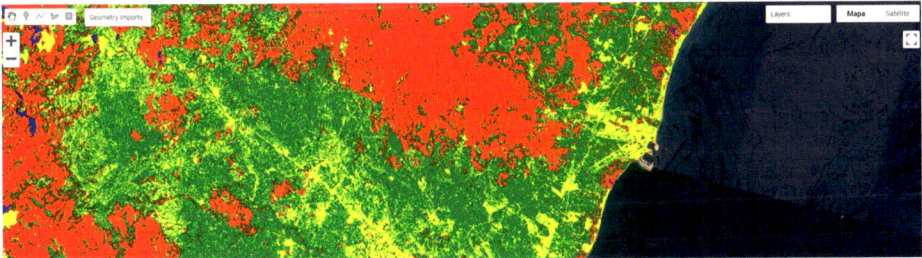

Figura 7.24. Mapa de la clasificación.

5.5. Detección de cambios

Los cambios en la cubierta forestal ponen en riesgo multitud de servicios ecosistémicos, incluida la biodiversidad, la regulación del clima, el almacenamiento de carbono y el suministro de agua. Las imágenes de satélite son una de las principales fuentes de información y análisis para la observación de los fenómenos dinámicos en la superficie de la Tierra, detectando perturbaciones o alteraciones en el vigor del dosel, incluso antes de ser visibles al ojo humano. Esto es posible gracias a los sensores espectrales que llevan embarcados las distintas plataformas espaciales. El programa que más se ha aplicado en estos trabajos ha sido Landsat, gracias a sus casi 40 años de datos.

La teledetección ha ayudado a monitorizar todo el planeta y registrar la evolución de los ecosistemas forestales, permitiendo:

- Mejorar el conocimiento sobre la extensión y los cambios espaciales de los ecosistemas forestales a escala global.
- Cuantificar la pérdida o ganancia bruta de superficie forestal.
- Proporcionar información sobre las tendencias en la pérdida de los ecosistemas forestales.
- Identificar cambios de usos del suelo.

GEE se ha empleado en múltiples trabajos de detección de cambios, siendo uno de los primeros a escala global el realizado por Hansen *et al.* (2013), que detectó los cambios globales que han sufrido el bosque en términos de pérdidas y ganancias. Dicho trabajo ha dado lugar a la creación de una aplicación https://google.earthengine. app/view/forest-change para el seguimiento de los ecosistemas forestales a escala global (Figura 7.25).

Además, hay una base de datos propia de GEE que se va actualizando año tras año que permite filtrar y visualizar tanto la ganancia como la perdida de superficie forestal (Figura 7.26). Esta base de datos facilita el cálculo de la perdida de superficie forestal anual para cualquier zona del mundo. Las principales perturbaciones por las que se producen los cambios en la cobertura forestal de todo el planeta son los incendios forestales, las sequías, las plagas y los cambios de uso de suelo (deforestación o agricultura).

Deforestación

La deforestación es la principal amenaza a la que se enfrentan los ecosistemas forestales del mundo, centrándose este problema principalmente en las áreas tropicales, aunque no de forma exclusiva. Sólo en el Amazonas se ha perdido más de 17% de selva en los últimos 50 años. Estas pérdidas de bosques ocurren en zonas remotas o casi inaccesibles, por lo que la teledetección es una herramienta fundamental para su detección. Otro gran problema para el seguimiento y control de estas zonas tropicales eran las nubes, hasta la aparición de los sensores radares. Por ejemplo, Sentinel 1 permite trabajar en la detección de cambios de coberturas del suelo en zonas con nubosidad permanente, aportando, además, una alta resolución temporal a escala regional o global.

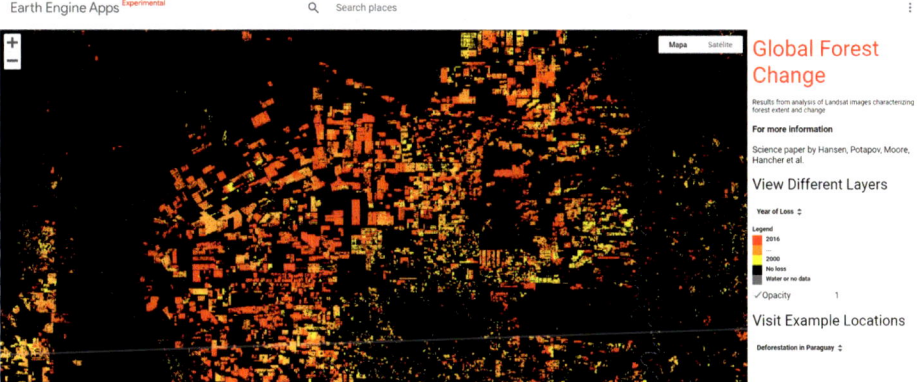

Figura 7.25. Aplicación de Detección de Cambio.

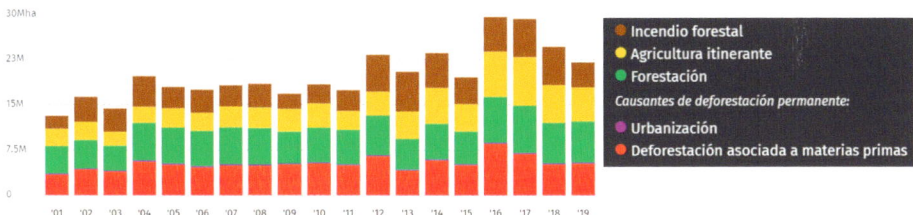

Figura 7.26. Datos de perdida de bosque anual global (https://www.globalforestwatch.org/).

Así, GEE se utiliza mucho en estudios de deforestación dada su replicabilidad y capacidad de análisis a partir de las bases de datos de imágenes (Multiespectral o SAR- Synthetic Aperture Radar). Tal es la potencialidad de esta plataforma que se han creado multitud de aplicaciones para el monitoreo de los cambios de cobertura (Figura 7.27), como es el caso de Global Forest Watch (https://www.globalforestwatch.org/), que permite ver la evolución espaciotemporal a la que están sometidos los bosques por diferentes factores.

Sequía

La sequía es uno de los desastres naturales más costosos a diferentes escalas. Puede ocurrir de forma abrupta o progresiva y asociada a las variaciones de diferentes indicadores climáticos o hidrológicos (temperatura del aire, humedad, nivel freático, escorrentía superficial, temperatura de la superficie terrestre, transpiración, evapotranspiración, humedad del suelo, precipitación y nivel de calor, etc.). GEE se ha utilizado principalmente para la cartografía de índices de sequía a escala global (Khan y Gilani, 2021a, 2021b). En el siguiente enlace se puede ver un caso práctico para calcular a escala global el Índice de Precipitación Estandarizado (SPI, Figura 7.28) que se encuentra entre el material de prácticas recomendadas de Naciones Unidas: https://www.un-spider.org/advisory-support/recommended-practices/recommended-practice-drought-monitoring-spi/step-by-step.

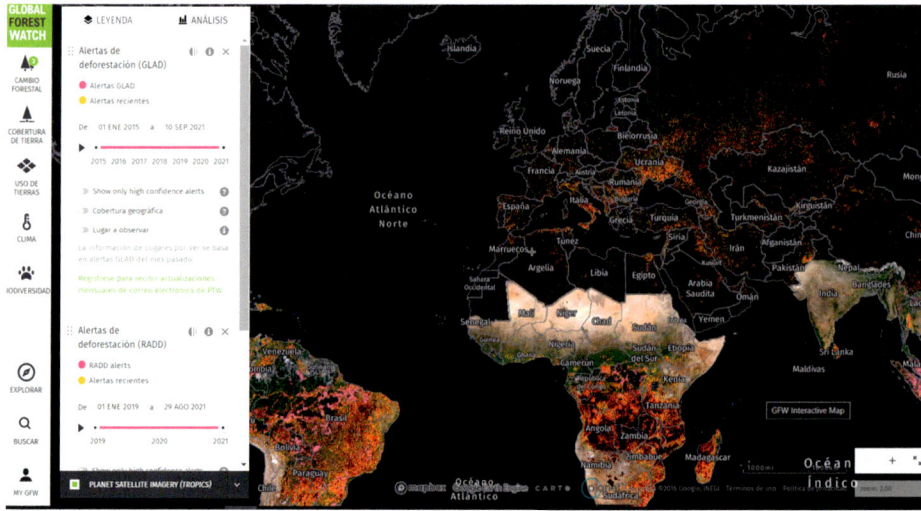

Figura 7.27. Aplicación de monitoreo de deforestación global.

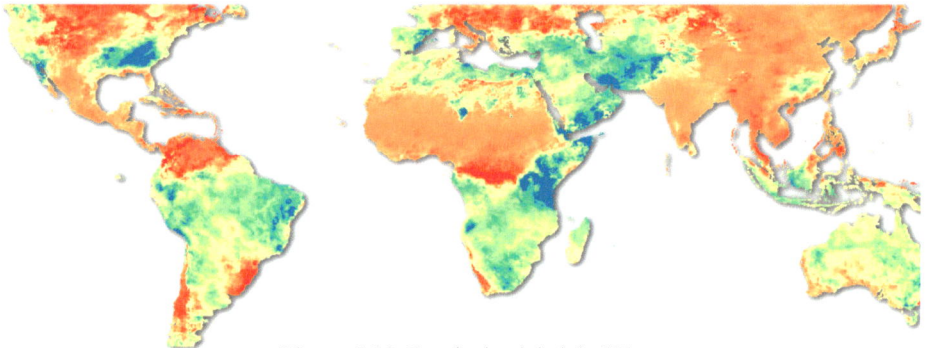

Figura 7.28. Resultado global de SPI.

Incendios forestales

Los incendios forestales son fenómenos que alteran la dinámica de los ecosistemas; muchos dependen de ellos para regenerarse, pero en muchos otros producen su destrucción (Figura 7.29). En las últimas décadas, la frecuencia e intensidad de los incendios ha aumentado por diferentes causas, como el cambio climático o el factor antrópico. La teledetección se ha convertido en una herramienta fundamental para el seguimiento y la evaluación del impacto de los incendios forestales (Arruda *et al.*, 2021). Existe una base de datos de productos de MODIS (Figura 7.30) que registra los incendios forestales que han ocurrido a escala global desde el 2000 (https://developers.google.com/earth-engine/datasets/catalog/FIRMS).

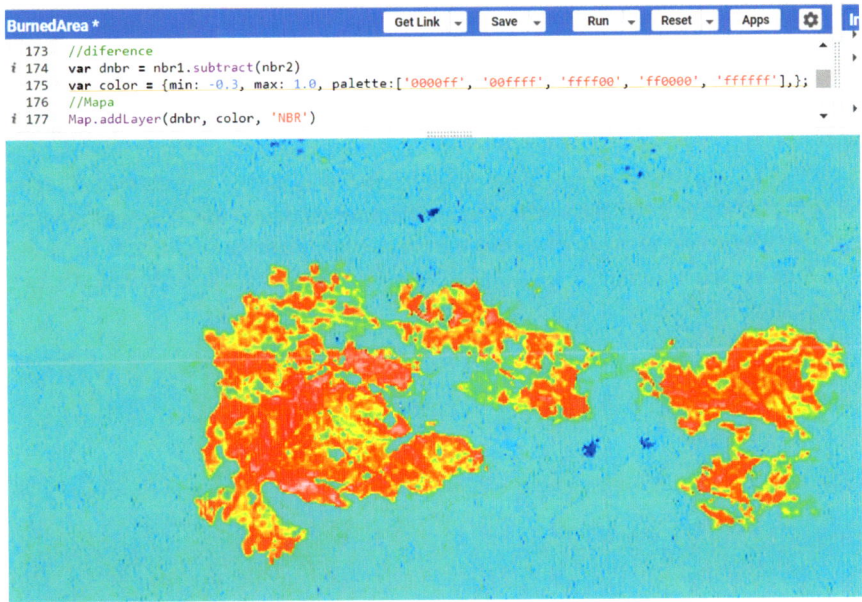

Figura 7.29. Cartografía de severidad mediante el cálculo del valor del delta NBR.

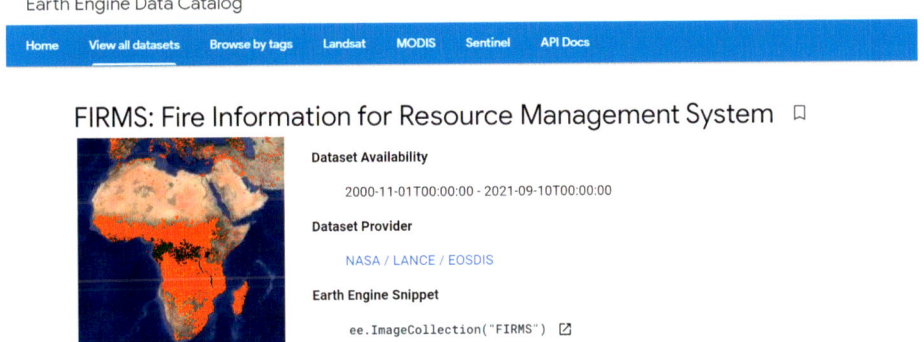

Figura 7.30. Base de datos de incendios ocurridos.

Agricultura

La agricultura extensiva e intensiva demanda cada vez más superficie de cultivo, en muchas ocasiones provocando cambios de las coberturas del suelo (por ej., la destrucción de áreas forestales) o la demanda de otros recursos naturales (por ej., recursos hídricos), ocasionando un daño irreparable sobre la biodiversidad y la conservación de los hábitats. Un ejemplo a escala global, son las plantaciones para la producción de aceite de palma; multitud de bosques ecuatoriales han sido sustituidos por este cultivo. En el trabajo de Lee *et al.* (2016) se puede ver un ejemplo de cómo GEE permite detectar estas plantaciones en estado maduro e inmaduro y controlar las superficies que se están destinando a este uso. El uso de esta herramienta facilita, en última instancia, evaluar estos cambios y facilitar el establecimiento de medidas para reducir su impacto ambiental.

Plagas

La salud de los bosques es uno de los grandes problemas que enfrentan los recursos forestales en el siglo XXI. La posibilidad de evaluar los daños o la detección temprana de las plagas permite mejorar la gestión de estas perturbaciones (Figura 7.31). En la Tabla 7.1 se recogen algunos ejemplos del uso de GEE para el seguimiento de plagas en bosques mediterráneos.

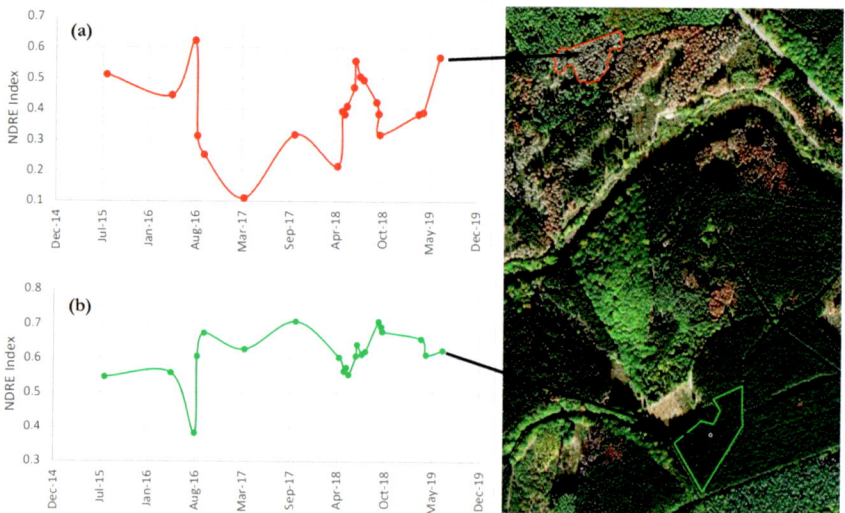

Figura 7.31. Serie temporal y mapeo de bosque: (a) zonas dañas por insectos y (b) zonas sanas (Housman *et al.*, 2018).

Tabla 7.1. Búsqueda de publicaciones por temática en WOS.

Área de trabajo	Aplicación	Referencias
Deforestación	Cambio de uso	Zurqani *et al.* (2018)
	Perturbación	Hua *et al.* (2021)
Sequías	Monitoreo Global	Khan y Gilani (2021a, 2021b)
	Índices de estrés	Mehravar *et al.* (2021); Zhao *et al.*, (2021)
Incendios forestales	Mapeo de áreas quemadas	Long *et al.* (2019)
	Recuperación postincendio	Sharma *et al.* (2022)
Agricultura	Cultivos de palma	Lee *et al.* (2016)
Plagas forestales	Defoliación y series temporales	Pérez-Romero *et al.* (2019); Trujillo-Toro y Navarro-Cerrillo (2019)

6. Conclusiones

GEE es una herramienta geoespacial polivalente y con una gran proyección en las ciencias forestales debido al uso creciente que tiene desde su aparición en 2010. Esta plataforma permite realizar multitud de estudios específicos, ajustados a las necesidades de los usuarios, tanto con un perfil vinculado a la gestión como investigador, que requieren analizar información geoespacial. Permite replicar cómodamente las metodologías desarrolladas y generar información periódica en una gran cantidad de formatos gráficos y con una amplia capacidad para personalizar las salidas cartográficas. A estas facilidades, se une la posibilidad que ofrece de crear entornos propios de trabajo por medio de aplicaciones, que se pueden compartir con otros usuarios y ejecutarlos de forma personalizada.

Bibliografía

Arruda, V.L.S., Piontekowski, V.J., Alencar, A., Pereira, R.S., Matricardi, E.A. 2021. An alternative approach for mapping burn scars using Landsat imagery, Google Earth Engine, and Deep Learning in the Brazilian Savanna. Remote Sens. Appl.: Soc. Environ. 22, 100472.

Gorelick, N., Hancher, M., Dixon, M., Ilyushchenko, S., Thau, D., Moore, R., 2017. Google Earth Engine: Planetary-scale geospatial analysis for everyone. Remote Sens. Environ. Big Remotely Sensed Data 202, 18–27.

Hua, J., Chen, G., Yu, L., Ye, Q., Jiao, H., Luo, X., 2021. Improved Mapping of Long-Term Forest Disturbance and Recovery Dynamics in the Subtropical China Using All Available Landsat Time-Series Imagery on Google Earth Engine Platform. IEEE J. Sel. Top. Appl. Earth Obs. Remote Sens. 14, 2754–2768.

Khan, R., Gilani, H., 2021a. Global drought monitoring with big geospatial datasets using Google Earth Engine. Environ Sci Pollut Res 28, 17244–17264.

Khan, R., Gilani, H., 2021b. Global drought monitoring with drought severity index (DSI) using Google Earth Engine. Theor Appl Climatol. 146(1), 411-427.

Lee, J.S.H., Wich, S., Widayati, A., Koh, L.P., 2016. Detecting industrial oil palm plantations on Landsat images with Google Earth Engine. Remote Sens. Appl.: Soc. Environ. 4, 219–224.

Long, T., Zhang, Z., He, G., Jiao, W., Tang, C., Wu, B., Zhang, X., Wang, G., Yin, R., 2019. 30 m Resolution Global Annual Burned Area Mapping Based on Landsat Images and Google Earth Engine. Remote Sens. 11, 489.

Mehravar, S., Amani, M., Moghimi, A., Dadrass Javan, F., Samadzadegan, F., Ghorbanian, A., Stein, A., Mohammadzadeh, A., Mirmazloumi, S.M., 2021. Temperature-Vegetation-soil Moisture-Precipitation Drought Index (TVMPDI); 21-year drought monitoring in Iran using satellite imagery within Google Earth Engine. Adv. Space Res. 68, 4573–4593.

Moore, R.T., Hansen, M.C., 2011. Google Earth Engine: a new cloud-computing platform for global-scale earth observation data and analysis. En AGU Fall Meeting Abstracts (Vol. 2011, pp. IN43C-02).

Sharma, S.K., Aryal, J., Rajabifard, A., 2022. Leveraging Google Earth Engine (GEE) and Land-sat Images to Assess Bushfire Severity and Postfire Short-Term Vegetation Recovery, in: Advances in Remote Sensing for Forest Monitoring. John Wiley & Sons, Ltd, pp. 196–220.

Tamiminia, H., Salehi, B., Mahdianpari, M., Quackenbush, L., Adeli, S., Brisco, B., 2020. Google Earth Engine for geo-big data applications: A meta-analysis and systematic review. ISPRS J. Photogramm. Remote Sens. 164, 152–170.

Zhao, X., Xia, H., Pan, L., Song, H., Niu, W., Wang, R., Li, R., Bian, X., Guo, Y., Qin, Y., 2021. Drought Monitoring over Yellow River Basin from 2003–2019 Using Reconstructed MODIS Land Surface Temperature in Google Earth Engine. Remote Sens. 13, 3748.

Zurqani, H.A., Post, C.J., Mikhailova, E.A., Schlautman, M.A., Sharp, J.L., 2018. Geospatial analysis of land use change in the Savannah River Basin using Google Earth Engine. International Int. J. Appl. Earth Obs. Geoinf. 69, 175–185.

**Acceso al
material complementario**

Unidad IV
Teledetección avanzada

8

Introducción al uso de sensores hiperespectrales aplicados a ciencias forestales

Rafael M.ª NAVARRO CERRILLO
M.ª Ángeles VARO MARTÍNEZ

Resumen

Las imágenes multiespectrales han demostrado ser útiles en muchas aplicaciones forestales, si bien carecen del rango espectral necesario para registrar información precisa sobre determinadas variables biofísicas de la vegetación. La espectroscopia de alta resolución que ofrecen los sensores hiperespectrales, que operan sobre diferentes tipos de plataformas como satélites, aviones o, más recientemente, UAS, ofrecen nuevas alternativas a diferentes problemas relacionados con la gestión forestal. Sin embargo, la capacidad de los sensores hiperespectrales para medir cientos de bandas aumenta la complejidad de su procesado dada la gran cantidad de datos adquiridos, por lo que su utilidad depende tanto de la calibración como de las correcciones necesarias para su posterior aplicación a la resolución de problemas específicos de la gestión forestal. En este capítulo, se hace una introducción breve al uso de sensores hiperespectrales en las ciencias forestales. Así, se incluye la descripción de algunos sensores hiperespectrales, y sus ventajas e inconvenientes con respecto a los sensores multiespectrales. Se recogen las principales misiones espaciales que disponen de sensores hiperespectrales, incluidos los tipos de sensores y los modos de adquisición y descarga de datos. Posteriormente se describe el procesado de imágenes hiperespectrales y algunas aplicaciones en la gestión forestal. Con el objetivo de ilustrar esta información, se presenta un ejemplo sencillo de aplicación de datos hiperespectrales a la rodalizacion en inventarios forestales.

Palabras clave: sensores hiperespectrales, procesamiento de datos, índices de vegetación, selvicultura.

1. Introducción

La teledetección basada en sensores multiespectrales es un campo con un importante desarrollo en el sector forestal; se aplica de manera generalizada en números trabajos relacionados con la selvicultura (Capítulo 5). Sin embargo, a pesar de sus múltiples aplicaciones, en algunos casos se requiere una mayor fidelidad espectral que la que pueden ofrecer los sensores hiperespectrales (por ej., estudios de pigmentos, Upadhyay y Kumar, 2018). Al igual que un sensor multiespectral, los sensores hiperespectrales adquieren imágenes en diferentes bandas del espectro de energía que llega el sensor. La principal diferencia entre ellos es el número de bandas y su ancho (Figura 8.1): mientras que en las imágenes multiespectrales el número de bandas varia generalmente entre cinco y doce, las imágenes hiperespectrales registran un número de bandas mucho mayor (desde cientos a miles) con anchos de banda más estrecho (en general entre 5 y 20 nm). La mayor resolución espectral de los datos hiperespectrales permite la detección remota de variables biofísicas a nivel de hoja y de dosel que no pueden detectar los sensores multiespectrales debido a la naturaleza discreta y "estrecha" de sus bandas. Por ejemplo, en la Figura 8.2 se muestra que un sensor multiespectral, al no disponer de información espectral en las bandas del *red edge* (670–780 nm), no puede evaluar con precisión el contenido de clorofila de la hoja, el estado fenológico o el estrés de la vegetación, que son parámetros que se manifiestan en ese rango espectral (Adão *et al.*, 2017). Por otro lado, un sensor hiperespectrales tiene la capacidad de discriminar componentes que pueden agruparse involuntariamente cuando se trabaja con bandas multiespectrales.

Sin embargo, la mejora de la resolución espectral supone un aumento en la complejidad del procesamiento de datos debido al incremento del número de bandas, lo que dificulta manejar tanta información en tiempo real con recursos computacionales reducidos. Además, por la mayor sensibilidad espectral, la información radiométrica adquirida está sujeta a un número mayor de variaciones dependiendo de la exposición a la luz y de las condiciones atmosféricas, distorsiones que han llevado a sugerir la aplicación de diferentes procesos de adquisición de imágenes para controlar las condiciones ambientales y/o metodologías de análisis para corregir el "ruido" derivado de estos factores.

Actualmente, el aumento de la oferta de sensores hiperespectrales que operan sobre diferentes tipos de plataformas (plataformas espaciales, aeronaves, UAS) y con una amplia cobertura espacial, junto con las mejoras que se han llevado a cabo en materia de resolución espacial y espectral, han permitido una mayor generalización de la teledetección hiperespectral a diferentes ámbitos de la gestión del territorio (ej., agricultura, deforestación, incendios, etc.).

En la primera parte de este capítulo se describen los principales tipos de sensores y las fuentes de datos hiperespectrales; a continuación, se describen los procedimientos de preprocesamiento y procesado de datos para la calibración de imágenes, específicamente el uso de técnicas de clasificación e índices de vegetación, incluyendo algunos ejemplos de *software* de soporte para estos análisis. Por último, se incluyen algunos ejemplos de aplicaciones de sensores hiperespectrales en selvicultura.

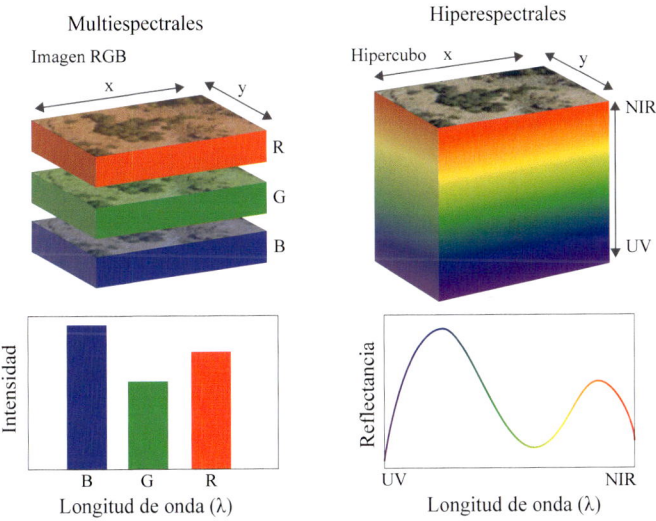

Figura 8.1. Comparación entre el espectro de un sensor multiespectral (con 5 bandas) y el de un sensor hiperespectrales formado por varias bandas estrechas.

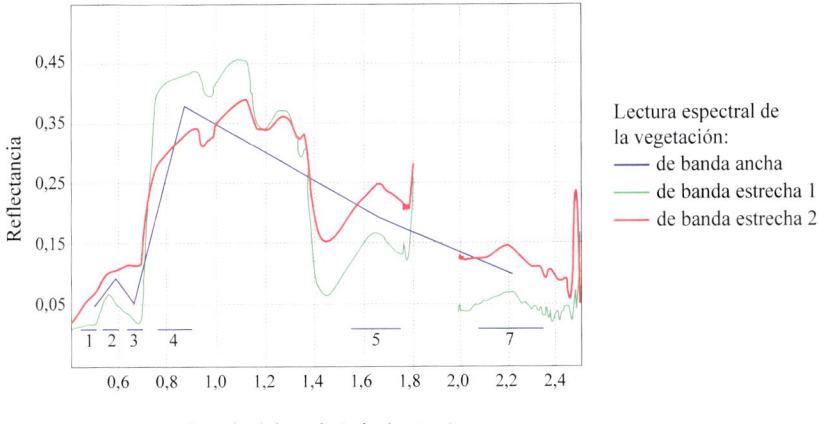

Figura 8.2. Comparación entre la firma espectral de un sensor multiespectral e hiperespectral para analizar el cambio espectral del *red edge* (670–780 nm) asociado con el contenido de clorofila de las hojas, el estado fenológico y el estrés de la vegetación (Adão *et al.*, 2017).

2. Sensores hiperespectrales

Independientemente de la plataforma aérea, el tipo de sensor desempeña un papel fundamental en la adquisición de datos. En comparación con otros tipos de sensores,

223

los sensores hiperespectrales son capaces de capturar más detalles en un mayor número de rangos espectrales con respecto a otro tipo de imágenes como las RGB (por ej., una ortofoto) o las imágenes multiespectrales (por ej., Landsat, SPOT, MODIS, etc.) que, a pesar de su capacidad para detectar datos tanto espectrales como espaciales, adolecen de una falta de resolución espectral (Tabla 8.1).

Tabla 8.1. Principales diferencias entre imágenes hiperespectrales, multiespectrales, espectroscopia e imágenes RGB (Adão *et al.*, 2017).

Imagen	Información espectral	Información espacial
Imágenes hiperespectrales	alta	alta
Imágenes multiespectrales	media	alta
Espectroscopía	alta	baja
Imágenes RGB	baja	alta

Los sensores hiperespectrales se clasifican, según el procedimiento de adquisición de los datos, en cuatro tipos: escaneo de puntos (o batidor), escaneo de líneas (o empuje), escaneo de planos y de disparo único (Figura 8.3).

Existe una amplia oferta de sensores hiperespectrales sobre diferentes plataformas; desde satelitales a UAS, que han ampliado notablemente la disponibilidad de datos, hasta los equipos de adquisición (ej., sensores hiperespectrales para UAS con capacidad de registro de más de 300 bandas espectrales). Los sensores hiperespectrales espaciales más relevantes en aplicaciones forestales se resumen en la Tabla 8.2. La mayoría de ellos han iniciado su operación recientemente (EnMAP, HyspIRI) y otros han dejado de operar (Hyperion).

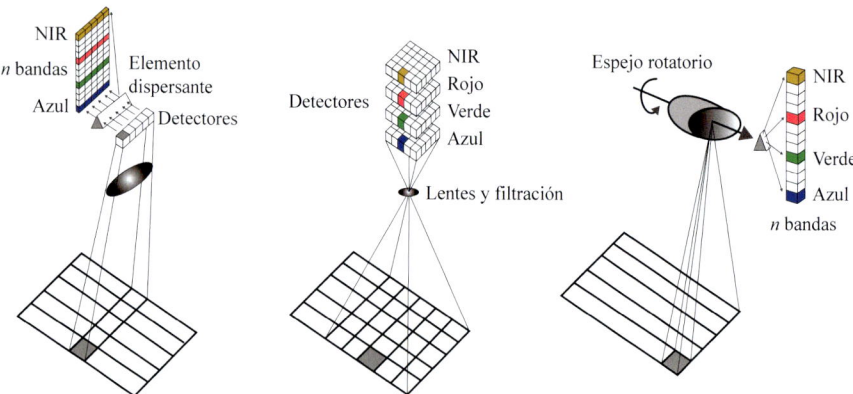

Figura 8.3. Modos de adquisición de datos hiperespectrales: lineal (izq.), barrido matricial (centro), de rotación (dcha.) (Wu *et al.*, 2013).

Tabla 8.2. Comparación de las especificaciones de Sentinel-2 con respecto a diferentes sensores hiperespectrales (fuente: Transon *et al.*, 2018).

Características	Sensor				
Instrumento	MSI	Hyperion	EnMAP HSI	PRISMA	HyspIRI
Plataforma	Sentinel-2	EO-1	EnMAP	PRISMA	HyspIRI
Tipo sensor	Multiespectral	Hiperespectral		Hiperespectral	
Rango espectral (nm)	443–2190	357–2576	30	400–2505	145–600
VNIR		357–1000	420–2450	400–1010	380–2510
SWIR		900–2576	420–1000	920–2500	380–1400
Número de bandas	13	220	900–2450	249	1400–2510
Resolución			244		214
Espacial (m)	10–20–60	30	30	30	30(60)
Temporal (días)	5	16–30	27 (VZA ≥ 5)	14-7	5–16
Espectral (nm)	15–180	10	4 (VZA ≥ 30) 6.5 (VNIR) 10 (SWIR)	10	
VNIR	89:1 a 168:1	144:1 a 161:1		200:1	
			400:1	600:1 hasta 650 nm	560:1 hasta 500 nm
SWIR	50:1 a 100:1	40:1 a 110:1	>400:1 hasta 495 nm	200:1	
			180:1	400:1 hasta 1550 nm	356 hasta 1500 nm
			>180:1 hasta 2200 nm	100:1	236 hasta 2200 nm
				200:1 hasta 2100 nm	
Objetivo	Observación terrestre	Observación terrestre	Observación terrestre	Recursos naturales	Vegetación, suelo
Organización	ESA	NASA -National Aeronautics and Space Administration	DLR – Deutchen Zemtrums Für Luft-Und Raumfahrt	ASI – Agenzia Spaziale italiana	NASA

Ejemplo 1

Descarga de datos hiperespectrales de diferentes Infraestructuras de datos espaciales

En este ejercicio se va a aprender a descargar y preprocesar datos hiperespectrales para conseguir información sobre el estado del arbolado usando índices de vegetación.

1. Descarga de datos hiperespectrales varias fuentes

(Ver QR al final del capítulo para acceder a ejemplos)

3. Procesado de imágenes hiperespectrales

Este capítulo se centra en imágenes hiperespectrales ya adquiridas por sensores comerciales. No obstante, se anima al lector a profundizar en Upadhyay y Kumar (2018) en los procedimientos para la adquisición y preprocesado de datos hiperespectrales obtenidos por otras plataformas, en particular UAS, dada su creciente importancia en aplicaciones forestales.

Independientemente de la plataforma desde la que se adquieran los datos hiperespectrales (satélite, aérea, UAS, laboratorio, etc.), los métodos de procesamiento de los datos son similares, con la excepción de la etapa de preprocesamiento, que plantea diferentes cuestiones (Figura 8.4). Los datos hiperespectrales adquiridos por plataformas tradicionales, como satélites y aviones, suelen estar influenciados por las condiciones atmosféricas o la operación del sensor, que provocan una pérdida de calibración que, a su vez, resulta en una disminución del rendimiento radiométrico (Li *et al.*, 2021). Estos inconvenientes dificultan su uso, especialmente en selvicultura de precisión, donde la calidad radiométrica de la información tiene mucha importancia. Por ello, incluso cuando se trabaja con imágenes ya procesadas, conviene considerar la calibración radiométrica (por ej., mediante el uso de una esfera integradora óptica) para corregir las imágenes. Por ejemplo, el "ruido" radiométrico es la principal preocupación con respecto a los sensores hiperespectrales que operan en UAS, debido a los cambios en las condiciones de iluminación, mientras que el "ruido" atmosférico debe considerarse como una fuente importante de distorsión cuando se trata de imágenes satelitales. Aunque estos aspectos superan el alcance de este texto, las personas interesadas en usar imágenes hiperespectrales deben tener presentes estos problemas y obtener las imágenes en las condiciones adecuadas para aplicar, posteriormente, el conjunto de etapas de procesamiento más adecuado para el resultado previsto (por ejemplo, clasificación o detección de píxeles).

Una vez calibrados radiométricamente los datos, es necesario la corrección/mejora de las señales mediante la fusión de datos espectrales y espaciales. Este proceso se hace usando varios métodos que incluyen la reducción de "ruido" y la mejora espectral, la fusión de datos espaciales (para mejorar la resolución basada en información de subpíxeles), la fusión de datos espaciales-espectrales (para mejorar la resolución basada en la fusión de diferentes partes de una imagen hiperespectral) y la fusión de datos multifuente (mejora de la resolución considerando más de un proveedor de datos; por ejemplo, satélites y UAV). Posteriormente se puede realizar el procesamiento y el análisis de datos hiperespectrales, incluidas las operaciones de detección de objetos, las técnicas de clasificación y el cálculo de los índices de vegetación (VI).

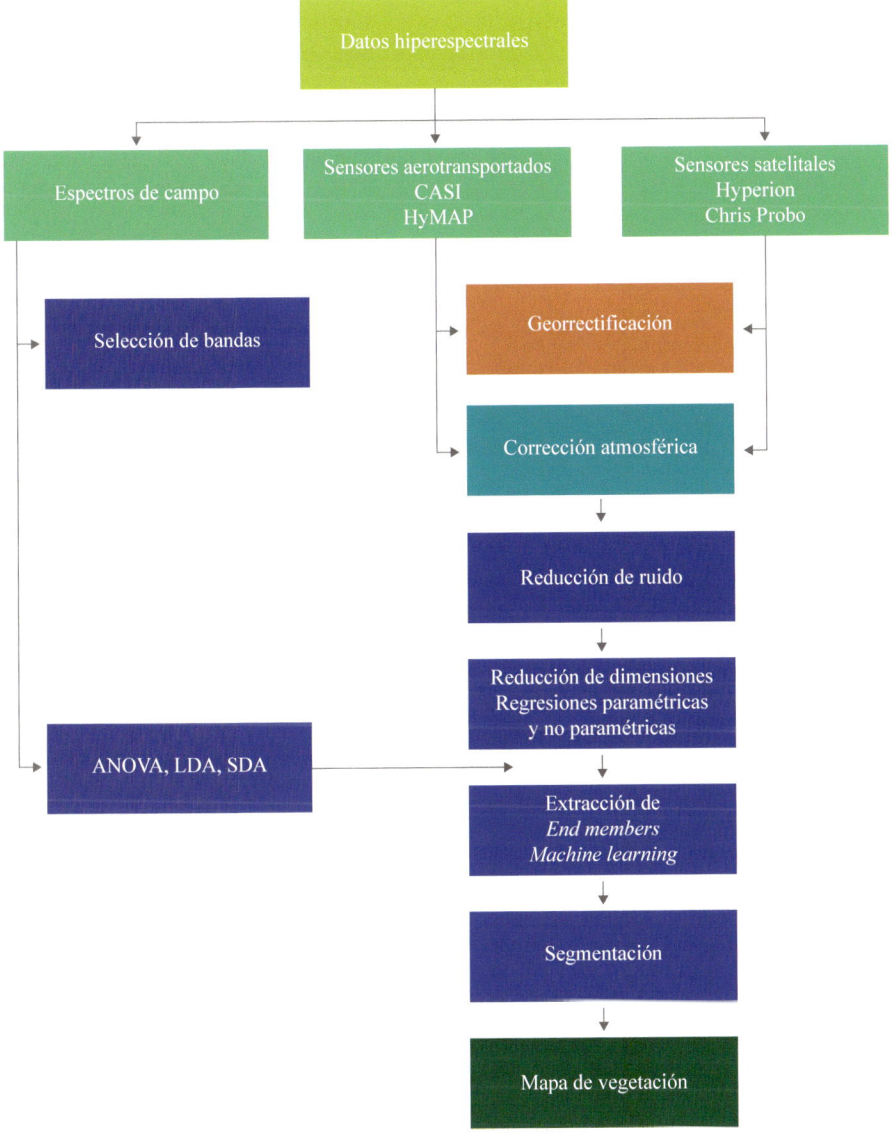

Figura 8.4. Diagrama de flujo para procesamiento de datos hiperespectrales y extracción de información.

De forma muy sintética, algunos de estos procesamientos suponen:

- **Reducción de dimensiones.** La etapa de preprocesamiento de datos hiperespectrales suele ir seguida de una operación de reducción de dimensiones. Existen algunos métodos de compresión y de reducción de dimensiones (reducción de las dimensiones de los cubos hiperespectrales) que tienen como objetivo lograr un manejo eficiente de los datos: compresión *wavelet*, selección de bandas y métodos de proyección (ver Upadhyay y Kumar, 2018).

- **Detección de objetos y anomalías.** Esencialmente, la detección de objetivos y anomalías consiste en una técnica de clasificación binaria que etiqueta cada píxel en el cubo hiperespectrales como perteneciente a un objetivo o a un valor atípico. Se utilizan numerosos algoritmos de detección de objetivos/anomalías, pero su aplicación depende de algunos factores, como los modelos utilizados para la variabilidad espectral, la pureza de los píxeles y los modelos utilizados para describir píxeles mixtos. Además, es probable que la mayoría de las lecturas de espectros adquiridas para aplicaciones reales sean aleatorias debido a la combinación de ciertos factores de variabilidad, lo que hace que las correlaciones directas con bibliotecas espectrales (colecciones de espectros de reflectancia medidas a partir de materiales de composición conocida) sean inviables, por lo que para su análisis se usan modelos probabilísticos (modelos de densidad de probabilidad, modelos subespaciales, modelos de mezcla espectral correspondientes a diferentes componentes-*endmembers*) (Shippert, 2003). No obstante, los métodos de detección de objetivos se pueden clasificar en dos tipos fundamentales: píxel completo y subpíxel (Manolakis *et al.*, 2003). El primero se refiere a píxeles puros que no tienen interferencias "contaminantes" dentro del propio pixel; los segundos, los métodos de subpíxeles, involucran espectros mixtos, correspondientes a materiales distintos dentro del pixel (el objetivo de interés sólo ocupa parte del píxel) (Figura 8.5). Hay dos formas principales de analizar espectros mixtos: i) utilizando modelos lineales mixtos (LMM) que suponen que un píxel está constituido por un pequeño conjunto lineal de espectros conocidos como miembros finales; y ii) a través de modelos de mezcla estocástica en los que existe aleatoriedad e independencia de los espectros del miembro final. En definitiva, se trata de restaurar la información de los miembros finales espectrales y sus abundancias dentro de un pixel. Existen varios factores que pueden modificar esa capacidad, como la luz, la composición espacial de los miembros finales o la resolución espectral del propio sensor. Estos aspectos se pueden ampliar en el Capítulo 9 (Modelos de transferencia radiativa).

- **Métodos de clasificación.** En este caso, se trata de un proceso similar al que se desarrolla en la Capítulo 6 (Técnicas de clasificación en ciencias forestales), que tiene por objetivo asignar los píxeles a clases o temas. Por ejemplo, en tareas de clasificación de cobertura terrestre, el usuario tiene que determinar las clases utilizando conjuntos de entrenamiento, bibliotecas espectrales y/o información real del terreno, considerando como criterio la minimización de la probabilidad de clasificación errónea. Al igual que los casos que se muestran en el Capítulo 6, se han propuesto numerosas aproximaciones a la clasificación de imágenes hiperespectrales mediante algoritmos de clasificación y regresión, incluidos métodos no supervisados, clasificación supervisada por agrupamiento jerárquico, métodos basados en máquinas de vectores de soporte o técnicas basadas en cadenas de Markov (ver Upadhyay y Kumar, 2018).

- **Índices de vegetación.** Los índices de vegetación (IV) es la aproximación más sencilla de las imágenes hiperespectrales y supone un procedimiento de análisis similar al que se emplea con imágenes multiespectrales (ver Capítulo 6), Los IV permiten la evaluación de parámetros biofísicos, fisiológicos o bioquímicos de la vegetación. La principal diferencia es que, cuando se habla de índices de vegetación a partir de imágenes hiperespectrales, se pueden considerar un número mayor de índices que usan bandas anchas y estrechas, siendo considerado este último grupo como el más adecuado para datos hiperespectrales (Roberts *et al.*, 2018; Tabla 8.3). Algunos ejemplos de IV que utilizan este tipo de bandas, que se han utilizado en estudios forestales, son: el índice de absorción de clorofila (CARI), el índice de verdor (GI), el índice de vegetación verde (GVI), el índice de absorción de clorofila modificado (MCARI), el índice de vegetación diferenciado normalizado modificado (MNDVI), el índice simple (SR , incluidas las variantes de banda estrecha 1 a 4), el índice de tasa de absorción de clorofila transformada (TCARI), el índice de vegetación triangular (TVI), la tasa de estrés de la vegetación modificada (MVSR), el índice de vegetación ajustado al suelo modificado (MSAVI) y el índice de reflectancia fotoquímica (PRI), entre otros. Estos IV se han utilizado ampliamente en estudios forestales a partir de datos hiperespectrales; por ejemplo, para la evaluación de LAI, pigmentos (clorofila-carotenoides Cab/Cx+c), nutrientes, etc., bien mediante técnicas de clasificación o a través de modelos de transferencia radiativa (ver, por ejemplo, Hernández-Clemente *et al.*, 2011; Navarro-Cerrillo *et al.*, 2014).

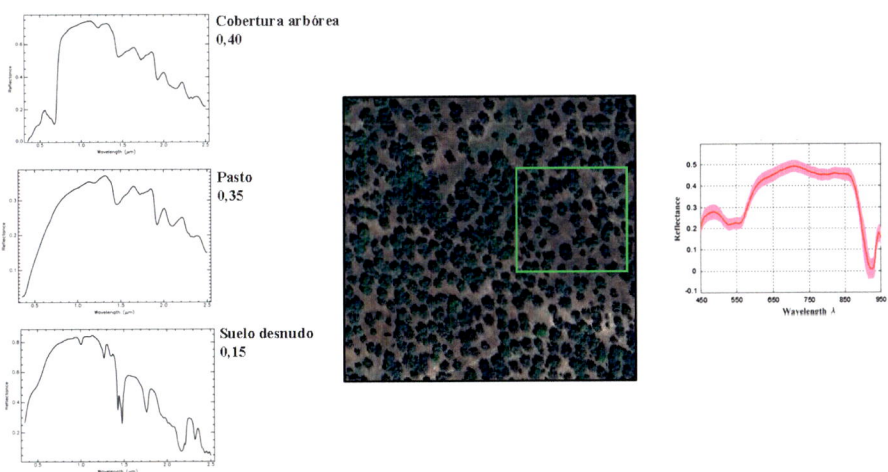

Figura 8.5. Métodos de generación de espectro a partir de la mezcla de espectros distintos dentro de un pixel.

Tabla 8.3. Ejemplos de índices ópticos calculados mediante los datos de reflectancia obtenidos de imágenes hiperespectrales (para ver las referencias originales consultar Zarcos-Tejada et al., 1999; Xue y Su, 2017).

Índice de vegetación	Ecuación
Índices en el espectro visible	
Greenness Index (G)	$G = (R_{554}) / (R_{677})$
Simple R. Pigment Ind. (SRPI)	$SRPI = (R_{430}) / (R_{680})$
Normalized Phaeophytinization Index (NPQI)	$NPQI = (R_{415} - R_{435}) / (R_{415} + R_{435})$
Photochemical Reflectance Index (PRI)	$PRI1 = (R_{550} - R_{531}) / (R_{550} + R_{531})$ $PRI2 = (R_{531} - R_{570}) / (R_{531} + R_{570})$ $PRI3 = (R_{570} - R_{539}) / (R_{570} + R_{539})$
Normalized Pigment Chlorophyll Index (NPCI)	$NPCI = (R_{680} - R_{430}) / (R_{680} + R_{430})$
Índices en el espectro visible / NIR	
Lichtenthaler Indices	$Lic1 = (R_{800} - R_{680}) / (R_{800} + R_{680})$ $Lic2 = (R_{440}) / (R_{690})$
Structure Intensive Pigment Index (SIPI)	$SIPI = (R_{800} - R_{450}) / (R_{800} + R_{650})$
Renormalized Difference Vegetation Index (RDVI)	$RDVI = (R_{800} / R_{670}) / [(R_{800} / R_{670})]^{0,5}$
Modified Simple Ratio Index (MSR)	$MSR = ((R_{800} / R_{670}) - 1) / [((R_{800} / R_{670}) + 1)]^{0,5}$
Optimized Soil-Adjusted Vegetation Index (OSAVI)	$OSAVI = (1 + 0,16) \times (R_{800} - R_{670}) / (R_{800} + R_{670} + 0,16)$
Enhanced Vegetation Index (EVI)	$EVI = G \times ((R_{800} - R_{670}) / [(R_{800} + C1) \times (R_{670} - C2) \times (R_{500} + L)]$ MODIS-EVI: L=1; C1 = 6; C2 = 7,5; G (gain factor) = 2,5
Normalized Difference Vegetation Index (NDVI)	$NDVI = (R_{800} - R_{670}) / (R_{800} + R_{670})$

Índice de vegetación	Ecuación
Índices en *Red Edge*	
Carter Indices	$Ctr1 = (R_{695}) / (R_{420})$ $Ctr2 = (R_{695}) / (R_{760})$
Vogelmann Indices	$Vog1 = (R_{740}) / (R_{720})$ $Vog2 = (R_{734} - R_{747}) / (R_{715} + R_{726})$ $Vog3 = (R_{734} - R_{747}) / (R_{715} + R_{720})$
Gitelson and Merzlyak	$GM1 = R_{750} / R_{550}$ $GM2 = R_{750} / R_{700}$
Otros índices	
Modified Chlorophyll Absorption in Reflectance Index (MCARI)	$MCARI = [(R_{700} - R_{670}) - 0,2 \times (R_{700} - R_{550})] \times (R_{700} / R_{670})$
Modified Chlorophyll Absorption in Reflectance Index (MCARI1)	$MCARI1 = 1,2 \times [2,5 \times (R_{800} - R_{670}) - 1,3 \times (R_{800} - R_{550})]$
Modified Chlorophyll Absorption in Reflectance Index (MCARI2)	$MCARI1 = 1,5 \times [2,5 \times (R_{800} - R_{670}) - 1,3 \times (R_{800} - R_{550})] / [(2 \times R_{800} + 1)^2 - (6 \times R_{800} - 5 \times (R_{670})^{0,5}) - 0,5)]^{0,5}$
Transformed CARI (TCARI)	$TCARI = 3 \times [(R_{700} - R_{670}) - 0,2 \times (R_{700} - R_{550}) \times (R_{700} / R_{670})]$
Triangular Vegetation Index (TVI)	$TVI = 0,5 \times [120 \times (R_{750} - R_{550}) - 200 \times (R_{670} - R_{550})]$
Zarco-Tejada & Miller	$ZM = (R_{750}) / (R_{710})$
Fluorescence Ratio Indices	$FRI1 = (R_{740}) / (R_{800})$ $FRI2 = (R_{690}) / (R_{600})$

Ejemplo 2

Cálculo de índices hiperespectrales de vegetación

Continuando con el ejemplo anterior, en este ejercicio se obtendrán e interpretaran diferentes índices de vegetación que usan bandas hiperespectrales:

2.1. Preparación de los datos y definición de los índices de mayor interés para el problema propuesto.

2.2. Interpretación de las bandas utilizadas y de la información aportada por los índices seleccionados.

2.3. Cartografía básica a partir del índice de mayor interés interpretativo.

(Ver QR al final del capítulo para acceder a ejemplos)

4. *Software* y bibliotecas para trabajar con datos hiperespectrales

El procesamiento de datos de imágenes hiperespectrales conlleva, en general, una mayor complejidad matemática que el que se realiza para datos multiespectrales. Por ello, se han realizado esfuerzos para desarrollar *software* y bibliotecas centradas en el procesamiento de datos hiperespectrales.

En relación con las herramientas de *software*, existen algunas soluciones que permiten procesar datos hiperespectrales y que sólo exigen conocimiento de los procesos para realizar el análisis de datos (más que el conocimiento matemático inherente) (Tabla 8.4). Por ejemplo, ERDAS (https://hexagon.com/products/erdas-imagine) es un *software* comercial que dispone de una interfaz gráfica de usuario para procesar y analizar imágenes hiperespectrales y que admite muchas de las operaciones abordadas en las secciones anteriores (ej., preprocesado o técnicas de clasificación). Otra herramienta es el *software* ENVI (https://www.geospace-solutions.com/envi), que combina el procesamiento avanzado de imágenes y tecnología geoespacial para facilitar la extracción de información significativa de todo tipo de imágenes. También existen otras herramientas que permiten el procesado datos procedentes de diversas técnicas de imagen espectroscópica, como la radiación submilimétrica (banda THz), óptica, ultravioleta-visible (UV-Vis) o infrarroja, y que permiten al usuario analizar y clasificar imágenes hiperespectrales adquiridas y fusionarlas con mapas de propiedades biofísicas o fotografías RGB de alta resolución (ver por ejemplo, Expresso, http://brandywinephotonics.com/, o Spectronon, http://docs.resonon.com/spectronon/pika_manual/SpectrononProManual.pdf).

En bibliotecas de programación de código abierto se pueden consultar el módulo Spectral Python (SPy) (http://www.spectralpython.net/), Hyperspectral Python (HypPy) (https://www.itc.nl/personal/bakker/hyppy.html), que funciona con el formato de archivo de ENVI para imágenes, el Hyperspectral Image Analysis Toolbox (HIAT) (Rosario-

Tabla 8.4. Programas de *software* libre para procesar datos hiperespectrales

Software	Capacidades	URL descarga
MATLAB®	Procesado de datos hiperespectrales. Algoritmos para la extracción de miembros finales, la corrección radiométrica y atmosférica, la reducción de dimensionalidad, la selección de bandas, la correspondencia espectral y la detección de anomalías	https://la.mathworks.com/help/images/hyperspectral-image-processing.html
ERDAS	Es un software comercial que dispone de una interfaz gráfica de usuario para procesar y analizar imágenes hiperespectrales, y que admite muchas de las operaciones abordadas en las secciones anteriores (ej., preprocesado o técnicas de clasificación)	https://hexagon.com/products/erdas-imagine
ENVI	Combina el procesamiento avanzado de imágenes hiperespectrales	https://www.geospace-solutions.com/envi
R	Análisis de datos hiperespectrales en formato HDF5	https://www.neonscience.org/resources/learning-hub/tutorials/hsi-hdf5-r https://gis.stackexchange.com/questions/338914/r-code-for-hyperspectral-indices
ENVI	Software diseñado para análisis de todo tipo de imágenes que incluye algoritmos y *plugins* específicos para imágenes hiperespectrales	https://www.geospace-solutions.com/envi
Expresso	Permiten al usuario analizar y clasificar imágenes hiperespectrales adquiridas y fusionarlas con mapas de propiedades biofísicas o fotografías RGB de alta resolución	http://brandywinephotonics.com/
Unscrambler	Procesado de datos hiperespectrales. Algoritmos para la extracción de miembros finales, la corrección radiométrica y atmosférica, la reducción de dimensionalidad, la seleccion de bandas, la correspondencia espectral y la detección de anomalías	https://www.spectroscopyonline.com/view/camo-software-1
Python	Módulo Spectral Python (SPy) e Hyperspectral Python (HypPy) que consisten en una colección de funciones para el análisis de datos hiperespectrales	Spectral Python (SPy) (http://www.spectralpython.net/) Hyperspectral Python (HypPy) (https://www.itc.nl/personal/bakker/hyppy.html)

Torres *et al.*, 2005) que consiste en una colección de funciones para el análisis de datos hiperespectrales y multiespectrales en entorno Matlab, o MultiSpec (ftp://bsa.bf.lu.lv/pub/TIS/atteelu_analiize/MultiSpec/Intro9_11.pdf), que es un sistema de procesamiento gratuito para analizar imágenes multiespectrales e hiperespectrales.

5. Aplicaciones de los sensores hiperespectrales en selvicultura

Las imágenes hiperespectrales se han aplicado en numerosos ámbitos de la selvicultura. La integración de este tipo de sensores en plataformas UAS (ver Capítulos 17, 18 y 19) ha incrementado considerablemente nuevos desarrollos (Tabla 8.5).

Tabla 8.5. Ejemplos de aplicaciones forestales de imágenes hiperespectrales.

Aplicación	Sensores	Referencia tipo
Especies Identificación	AVIRIS (*Airborne Visible/Infrared Imaging Spectrometer*), HySpex, AISA (*Airborne Imaging Spectrometer for Applications*), CASI (*Compact Airborne Spectrographic Imager*)	Miyoshi *et al.* (2020)
Sanidad forestal	SPECIM, ASD (*Analytical Spectral Devices*), Headwall Photonics, SVC (*Spectral Visual Colorimeter*) HySpex, AVIRIS, SPECIM, ASD, TASI (*Tethered Airborne Spectral Imaging*)	Lassalle (2021)
Estimación de biomasa	CASI, AVIRIS, HySpex, SPECIM, PRISM (*Panchromatic Remote-sensing Instrument for Stereo Mapping*)	Halme *et al.* (2019)
Deforestación	HySpex, CASI, Hyperion	Gao *et al.* (2020)
Incendios forestales	Hyperion, AVIRIS, HySpex, AISA, ROSIS (*Reflective Optics System Imaging Spectrometer*)	Veraverbeke *et al.* (2018)
Estructura forestal	HySpex, AVIRIS, AISA, CASI, SPECIM	Halme *et al.* (2019)
Composición del suelo	HySpex, SPECIM, ASD, CASI, AVIRIS	Vibhute y Kale (2023)

5.1. Clasificación de la vegetación

Las imágenes hiperespectrales mejoran la clasificación de tipos de vegetación. Por ejemplo, el sensor HyspIRI se ha utilizado de forma integrada con Landsat-8 y Sentinel 2-A para clasificar tipos de formaciones forestales, así como la fusión con LiDAR (es decir, la combinación de datos de alta resolución espacial y temporal disponibles gratuitamente), aunque los resultados suelen estar limitados por la baja resolución espacial de los sensores hiperespectrales (60 m). Por tanto, los mejores resultados suelen obtenerse con imágenes hiperespectrales sobre plataformas aéreas de mayor resolución espacial y espectral, que podrán, en el futuro, integrarse con sensores hiperespectrales de próxima generación (por ejemplo, EnMAP, HISUI, HyspIRI, PRISMA, etc.). Otros sensores, como Hyperion pueden usarse en contextos con formaciones vegetales heterogéneas (ej., baja cobertura de vegetación -sabanas- o bosques con estructuras complejas -manglares -), ya que aportan información sobre la fracción de cobertura fotosintética a partir de las diferencias espectrales entre el infrarrojo cercano (NIR, fracciones de cobertura verde) y la reflectancia de las bandas de onda corta (SWIR, fisonomías con más vegetación no fotosintética).

Además, la dificultad para distinguir especies dentro de un tipo de formación forestal también se puede reducir usando sensores hiperespectrales; por ejemplo, en ecosistemas mediterráneos, aunque la baja resolución espacial limita sus aplicaciones. Estos resultados también pueden relacionarse con los cambios de la vegetación (y la composición asociada) a lo largo de gradientes ambientales (por ejemplo, con algoritmos de *machine learning*) aprovechando la mejor resolución temporal y espectral de EnMAP (30 m). Cuando se clasifican especies es importante considerar la fenología asociada a cada especie, en particular cuando la riqueza de especies es elevada.

Ejemplo 3

Aplicación de índices hiperespectrales de vegetación para el seguimiento de procesos de decaimiento del arbolado

Continuando con el ejemplo anterior, en este ejercicio se aplicarán algunos de los índices seleccionados en el ejercicio dos para hacer una cartografía de daos en masas artificiales de pinar afectadas por procesos de decaimiento:

3.1. Selección y validación del índice.

3.2. Cartografía de clases de daños sobre el arbolado a partir del índice de vegetación seleccionado.

3.3. Aplicaciones selvícolas de la cartografía

(Ver QR al final del capítulo para acceder a ejemplos)

5.2. Detección y cartografía de plagas

La detección de plagas y enfermedades forestales es otra aplicación de la teledetección hiperespectral. Las imágenes Hyperion se han utilizado para detectar daños en sistemas forestales usando índices combinados de las bandas VNIR con la banda de 1660 nm sensible a la humedad, o bien las regiones SWIR y NIR, aunque, de nuevo, la baja resolución espacial limita la calidad de los resultados. Los datos HyspIRI de las bandas del *red edge* también se han utilizado para evaluar el estrés asociado a plagas y enfermedades forestales.

5.3. Estimación de parámetros biofísicos

Además de la identificación y clasificación de la vegetación, muchas aplicaciones hiperespectrales se han orientado a la estimación de parámetros biofísicos, como el índice de área foliar (LAI) o pigmentos. Los sensores Hyperion y EnMAP han dado buenos resultados utilizando un modelo PROSAIL, muy cercanos a los obtenidos con sensores hiperespectrales aéreos (ej., HySpex) y mejores que los obtenidos con sensores óptimos (ej., RapidEye y Landsat). En el caso de la estimación de LAI, las bandas SWIR parecen ser las mejores, debido a las características de absorción espectral de las hojas (pigmentos, agua y otros productos bioquímicos). En el caso de los pigmentos, las bandas del *red edge* (705 y 750 nm) han mostrado una alta sensibilidad al contenido de clorofila, aunque la escala espacial actual de los sensores hiperespectrales sobre satélite limita mucho su aplicación a nivel de especie. Las bandas verde y NIR parecen ser las mejores para evaluar el contenido de clorofila (Figura 8.6).

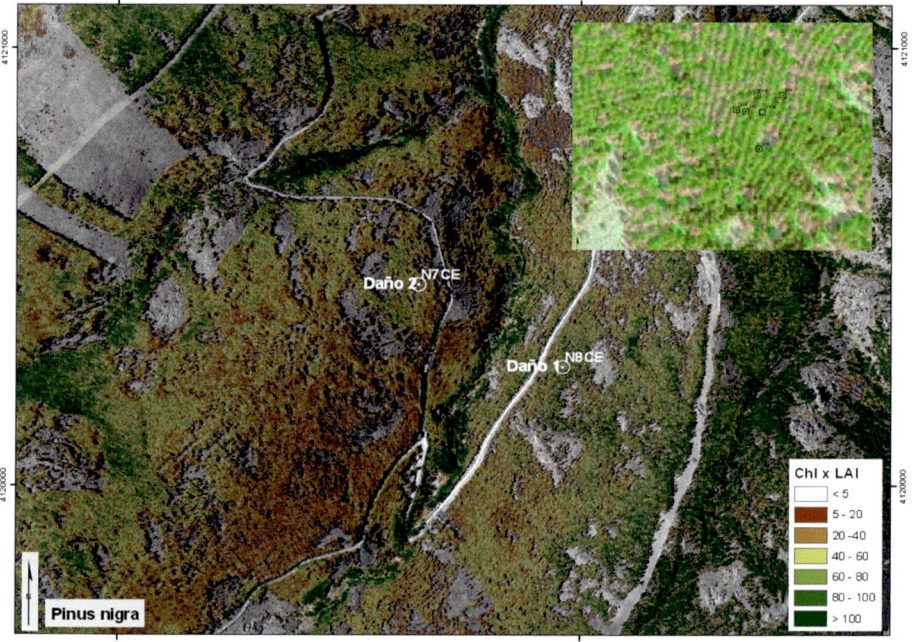

Figura 8.6. Estimación del contenido de clorofila en masas artificiales de *Pinus sylvestris* y *P. nigra* en la Sª de los Filabres (Almería) a partir de imágenes hiperespectrales del sensor AHS (*Airborne Hyperspectral Scanner*).

5.4. Biomasa

Otro parámetro característico de los sistemas forestales que puede evaluarse a través de imágenes hiperespectrales es la biomasa. Para estimación de este parámetro, se han usado datos de los señores Hyperion y HyspIRI, mejorando los resultados obtenidos con sensores multiespectrales, como Sentinel 2-A, debido a la mayor resolución espectral y al ancho de banda más estrecho de los sensores hiperespectrales. Esto se debe principalmente a las variaciones espectrales causadas por la estructura del dosel y a la composición de especies.

5.5. Estreses abióticos

Las imágenes hiperespectrales también se pueden usar para evaluar el estrés hídrico de la vegetación a corto y largo plazo, incluso con carácter previsual. Normalmente se usan indicadores de sequía a través de índices de vegetación, como el índice de reflectancia fotoquímica (PRI), o mediante la combinación de datos hiperespectrales y térmicos.

Bibliografía

Adão, T., Hruška, J., Pádua, L., Bessa, J., Peres, E., Morais, R., Sousa, J.J. 2017. Hyperspectral imaging: A review on UAV-based sensors, data processing and applications for agriculture and forestry. Remote Sens., 9(11), 1110.

Gao, Y., Skutsch, M., Paneque-Gálvez, J., Ghilardi, A. 2020. Remote sensing of forest degradation: a review. Environ. Res. Lett., 15(10), 103001.

Halme, E., Pellikka, P., Mottus, M. 2019. Utility of hyperspectral compared to multispectral remote sensing data in estimating forest biomass and structure variables in Finnish boreal forest. International Int. J. Appl. Earth Obs. Geoinf., 83, 101942.

Hernández-Clemente, R., Navarro-Cerrillo, R. M., Suárez, L., Morales, F., Zarco-Tejada, P. J. 2011. Assessing structural effects on PRI for stress detection in conifer forests. Remote Sens. Environ., 115(9), 2360-2375.

Lassalle, G. 2021. Monitoring natural and anthropogenic plant stressors by hyperspectral remote sensing: Recommendations and guidelines based on a meta-review. Sci. Total Environ., 788, 147758.

Li, Y.H., Tan, X., Zhang, W., Jiao, Q.B., Xu, Y.X., Li, H., Fang, Y.P. 2021. Research and application of several key techniques in hyperspectral image preprocessing. Front. Plant Sci., 12, 627865.

Manolakis, D.; Marden, D.; Shaw, G.A. 2003. Hyperspectral image processing for automatic target detection applications. Linc. Lab. J., 14, 79–116.

Miyoshi, G.T., Arruda, M.D., Osco, L.P., Marcato Junior, J., Gonçalves, D.N., Imai, N., Gonçalves, W. 2020. A novel deep learning method to identify single tree species in UAV-based hyperspectral images. Remote Sens., 12(8), 1294.

Navarro-Cerrillo, R.M., Trujillo, J., de la Orden, M.S., Hernández-Clemente, R. 2014. Hyperspectral and multispectral satellite sensors for mapping chlorophyll content in a Mediterranean Pinus sylvestris L. plantation. International Int. J. Appl. Earth Obs. Geoinf., 26, 88-96.

Rosario-Torres, S.; Arzuaga-Cruz, E.; Velez-Reyes, M.; Jimenez-Rodriguez, L.O. 2005. An update on the MATLAB hyperspectral image analysis toolbox. En Proceedings of the Defense and Security, Orlando, FL, USA, 1 June 2005; pp. 743–752.

Shippert, P. 2003. Introduction to hyperspectral image analysis. Online J. Space Commun, 3, 13.

Transon, J., d'Andrimont, R., Maugnard, A., Defourny, P. 2018. Survey of hyperspectral earth observation applications from space in the sentinel-2 context. Remote Sens., 10(2), 157.

Upadhyay, V., Kumar, A. 2018. Hyperspectral remote sensing of forests: technological advancements, opportunities and challenges. Earth Sci. Inform., 11(4), 487-524.

Veraverbeke, S., Dennison, P., Gitas, I., Hulley, G., Kalashnikova, O., Katagis, T., Stavros, N. 2018. Hyperspectral remote sensing of fire: State-of-the-art and future perspectives. Remote Sens. Environ., 216, 105-121.

Vibhute, A.D., Kale, K.V. 2023. Mapping several soil types using hyperspectral datasets and advanced machine learning methods. Results in Optics, 12, 100503.

Wu, D.; Sun, D.W. 2013. Advanced applications of hyperspectral imaging technology for food quality and safety analysis and assessment: A review—Part I: Fundamentals. Innov. Food Sci. Emerg. Technol. 2013, 19, 1–14.

Xue, J., Su, B. 2017. Significant remote sensing vegetation indices: A review of developments and applications. J. Sens., 1353691, 1-17.

Zarcos Tejada, P., Miller, J.R., Mohammed, G.H., Noland, T., Sampson, P.H. 1999. Índices ópticos obtenidos mediante datos hiperespectrales del sensor" CASI" como indicadores de estrés en zonas forestales. En Teledetección: avances y aplicaciones (pp. 68-71). Diputación Provincial de Albacete.

**Acceso al
material complementario**

9

Aplicación de modelos de transferencia radiativa al ámbito agroforestal

Óscar PÉREZ PRIEGO

Resumen

Los modelos de transferencia radiativa (MTR) han emergido en el ámbito agroforestal como una herramienta complementaria a los métodos de teledetección. La modelización de la propagación de la radiación solar en un dosel o cubierta vegetal es clave para entender la naturaleza y la funcionalidad de la vegetación, así como para la descripción cuantitativa de variables biofísicas y estructurales (ej. pigmentos fotosintéticos, índice de área foliar) de gran interés en disciplinas como la agronomía, el medio ambiente, la hidrología y la geología, entre otros. En este sentido, los modelos físicos (Modelos de Transferencia Radiativa, MTRs) son de gran relevancia, no sólo para la interpretación efectiva de la información óptica contenida en una imagen espectral tomada remotamente por un sensor aerotransportado o satelital, sino también por su enfoque cuantitativo. El objetivo de este capítulo es proporcionar fundamentos básicos de los MTRs, así como dar una visión global de su aplicación en el ámbito agroforestal. A modo práctico, presentaremos unos ejemplos de la aplicación de uno de los MTRs más usados como es PROSPECT.

Palabras clave: índice de área foliar, pigmentos, estructura forestal, inversión de modelos.

1. Introducción

1.1. Principios básicos y conceptos

Los MTR constituyen una herramienta útil para entender la interacción de la radiación electromagnética, principalmente en la región espectral de las bandas visible e infrarroja, con una cubierta vegetal. La habilidad de absorber, transmitir y emitir radiación es una propiedad intrínseca de la superficie de una hoja o un dosel. Esta propiedad está asociada a cambios en el estado energético de los átomos y de las moléculas que componen la estructura de dicha superficie.

Antes de avanzar en el contenido del capítulo, resulta necesario conocer algunos conceptos básicos de la radiometría. En concreto, es imprescindible definir una serie de magnitudes que caracterizan la energía radiante.

La energía transportada por la radiación debe ser entendida como un flujo de energía (dE) por unidad de tiempo (W o J s^{-1}) (no debe confundirse con potencia eléctrica).

$$\Phi = dE / dt \qquad [1]$$

Al igual que se indica en el capítulo 2, también es importante introducir el concepto de superficie de referencia en la definición de un flujo. El flujo de radiación que fluye a través de una superficie (dA) en una unidad de tiempo debe ser expresado como una densidad de flujo (F, W m^{-2}):

$$F = d\Phi / dA \qquad [2]$$

El flujo F puede ser referido a emitancia cuando es emitido desde la superficie fuente, o irradiancia cuando es recibida.

Otro concepto básico que merece especial atención es el ángulo sólido, que define el componente direccionalidad en la propagación de F. Es decir, F variará dependiendo de la dirección hacia la que se emita. A modo de ilustración, se puede considerar una fuente de energía con superficie dA que emite una cantidad de radiación L por unidad de ángulo sólido en una dirección determinada (Figura 9.1). Sobre la base de este aspecto de direccionalidad, la magnitud L (expresada por unidad de estereorradián, W m^{-2} sr^{-1}) se define como:

$$L = dF / cos\theta \, d\omega \qquad [3]$$

donde θ es el ángulo cenital formado por la dirección del flujo (i.e. eje del cono) con el vector normal a la base de éste, $d\omega$ es el diferencial de ángulo sólido en la dirección de propagación (i.e. altura del cono) y φ vendría dado por el ángulo azimutal.

Así, el flujo total F emitido podría calcularse como:

$$F = \int_0^{2\pi} L \, cos\theta \, d\omega \qquad [4]$$

Para el caso de una superficie lambertiana, en la que L se emite en todas las direcciones, el flujo se expresa como:

$$F = L \int_0^{2\pi} d\varphi \int_0^{\pi/2} sen\theta \, cos\theta \, d\theta = \pi L \qquad [5]$$

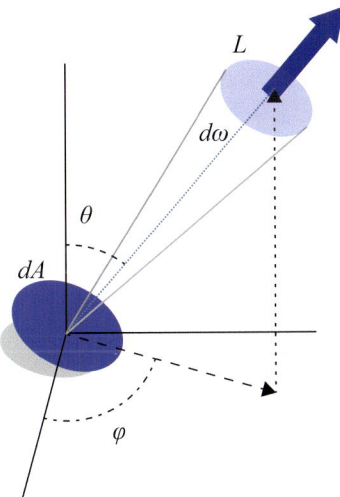

Figura 9.1. Cantidad de radiación L emitida por
una de energía de superficie dA.

Dependiendo de las características de la superficie, la reflexión puede ser i) especular, cuando la energía es reflejada es una sola dirección (como ocurre en superficies planas), o ii) difusa, cuando la energía se propaga de forma casi homogénea en todas las direcciones, (como ocurre en superficies rugosas).

Debe tenerse presente que el flujo de radiación (F) se propaga como una onda electromagnética, variando, así, con su longitud de onda (λ). La energía asociada a un fotón se puede expresar como una función mediante la ecuación conocida como de Planck-Einstein, donde la energía o flujo radiante ($E\lambda$) es igual a hc / λ; donde hc es una constante conocida como constante de Planck. Debido a que $E\lambda$ varía inversamente a l, este valor conforma un espectro característico de radiación como el que se ilustra en el diagrama de colores de la Figura 9.2. En dicho espectro, la región de onda corta (el azul y el verde) está definida por una franja espectral con mayor energía (como se ve en el espectro de radiación solar) que la definida por la radiación de onda larga (el rojo).

En la Figura 9.2 se puede observar que la irradiancia espectral fuera de la atmósfera muestra ciertas diferencias cuantitativas y cualitativas con respecto a la que se puede observar en la superficie de la Tierra. Estas diferencias se deben al efecto atmosférico; en concreto a su composición (principalmente gaseosa y carga de aerosoles). Cabe destacar que los MTRs de tipo atmosféricos podrían ser igualmente usados para estudiar el estado de la atmósfera. Esta posibilidad es de particular importancia para imágenes tomadas por sensores aerotransportados y satelitales, que requieren corregir el efecto atmosférico. De aquí en adelante, se hará referencia a las propiedades ópticas de la vegetación (i.e. hoja y dosel) y se obviará dicho efecto.

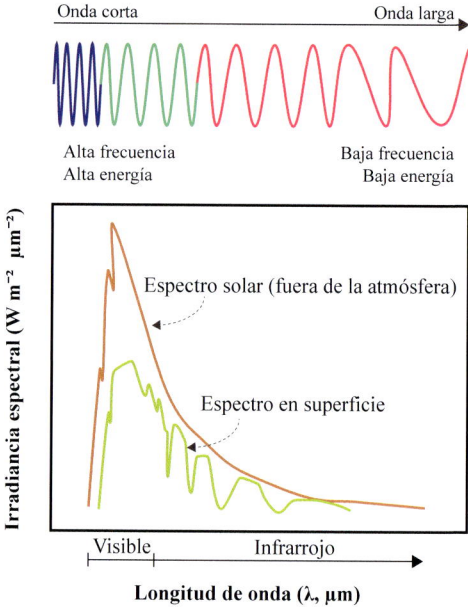

Figura 9.2. Espectro de radiación.

Transferencia radiativa de una hoja

En este apartado se aborda cómo la vegetación exhibe diferente comportamiento a diferentes longitudes de onda y se estudia cómo su estructura y composición modula la reflexión, la absorción y la transmisión de la radiación a través de una hoja. Al respecto, cuando un fotón interacciona con una superficie, la radiación puede absorberse, reflejarse y/o transmitirse a través de la hoja (Figura 9.3).

Las hojas, en particular los pigmentos fotosintéticos, absorben radiación de onda corta (i.e. zona del espectro visible comprendido entre 400 y 700 nm) durante el proceso de fotosíntesis, y reflejan radiación principalmente en la zona del espectro infrarrojo (700-1300 nm) debido a su estructura (Figura 9.3). Por ello, la interacción de la radiación electromagnética con una hoja depende de las características estructurales y de la composición bioquímica de los elementos de las hojas.

Si se considera las características de la firma espectral reflejada por una hoja sana, se pueden diferenciar tres regiones espectrales de interés: el visible (400-700 nm), el infrarrojo cercano (700-1300 nm) y el infrarrojo de onda corta (1300-2400 nm). En la región del visible se observa, en términos relativos, una menor reflectividad debido a que la mayor parte de la radiación solar en superficie es absorbida por los pigmentos de las hojas. En particular, las clorofilas absorben radiación principalmente en la banda azul (400-500 nm) y en la banda roja (600-700 nm) y emiten en la banda verde (500-600 nm). Esta es la principal razón por lo que se asocia a la vegetación sana con el grado de verdor.

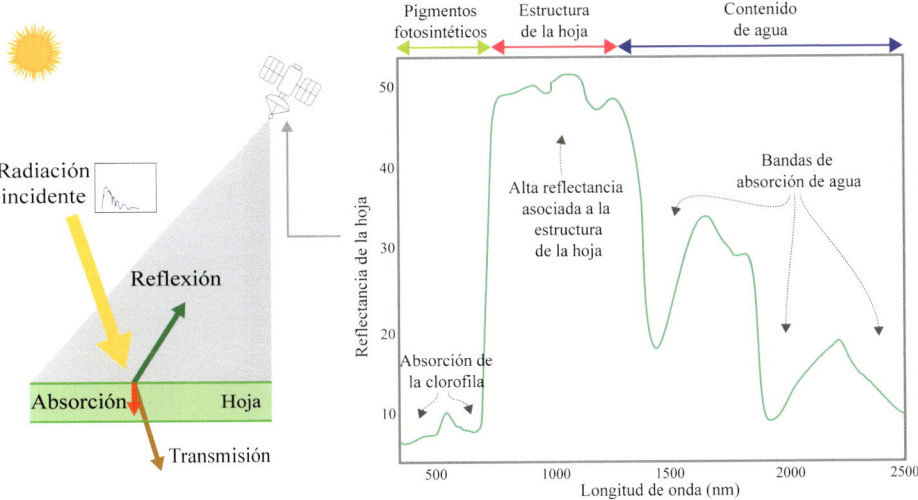

Figura 9.3. Interacción de la radiación solar incidente en una hoja. El espectro de radiación simulado muestra el espectro de reflectancia característico de una hoja sana.

Un aspecto importante es que una vegetación sana también exhibe ciertas características estructurales (o propiedades internas) que se pueden observar en la zona del infrarrojo (700-1300 nm). Obviamente, dichas propiedades internas varían a lo largo de las especies vegetales. Esta región espectral, por tanto, es interesante para determinar, por ejemplo, la biodiversidad de especies. Por último, el contenido de agua en una hoja está asociado con la absorción de radiación en la zona del infrarrojo de onda corta. Generalmente, una hoja sana, con un buen estado hídrico, exhibe una fuerte absorción alrededor de las bandas cercanas a 1300, 1950 y 2500 nm.

Las propiedades ópticas de una hoja son difíciles de simular debido a la complejidad en su estructura interna. A un mayor nivel de simplificación, los primeros modelos conceptualizaron una hoja como una capa compacta (también conocida como plato) donde la energía se difunde como una superficie de Lambert (Figura 9.4). Sin embargo, los modelos de hojas no compactos, describen la estructura interna de la hoja de una forma más realista, ya que incluyen un número de capas o platos (N) y tienen en cuenta el espacio intercelular propio de la estructura del mesófilo de la hoja. Este parámetro N mejora la representación del efecto de la estructura en la dispersión de la radiación. Los MTRs de hoja ampliamente usados, como PROSPECT (Jacquemoud y Baret, 1990), han avanzado en este sentido y permiten la simulación de la reflectancia hemisférica y la transmitancia en todo el espectro de radiación comprendido entre 400 y 1500 nm. Existen otras versiones de MRTs más sofisticadas que permiten considerar las diferentes capas de una hoja (cutícula, epidermis, parénquima en empalizada, parénquima lagunar) a partir de información sobre el índice reflectivo y los coeficientes de absorción específicos del constituyente en cada capa. Estos coeficientes de absorción incluyen en la reflectancia la influencia de los principales componentes bioquímicos de una hoja (concentración de clorofila, celulosa, contenido de agua y nitrógeno).

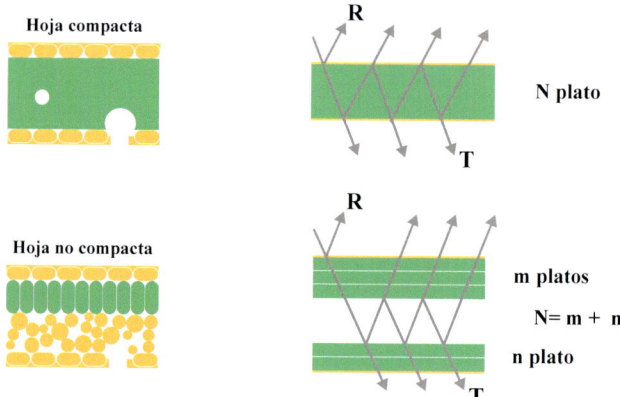

Figura 9.4. Modelos de hoja compacta (Allen *et al.*, 1969) y no compacta (Breece y Holmes, 1971).

Mientras estos modelos han sido tradicionalmente usados en una gran variedad de tipos de hoja, otros modelos como el LIBERTY han sido desarrollados para hojas aciculares (Dawson *et al.* 1998), como las de las coníferas. En esta configuración, la hoja es conceptualizada como una agregación de células, de modo que la reflectancia y la transmitancia son simuladas a partir de parámetros como el diámetro de las células, el espacio intercelular y el espesor de hoja, además de los coeficientes de absorción de cada componente bioquímico. Existen otro tipo de MTRs que usan un enfoque estocástico, donde la transmisión de la radiación a lo largo de las diferentes capas de una hoja es tratada en términos probabilísticos (Tucker y Garratt, 1977).

Transferencia radiativa de un dosel

Como en las hojas, la absorción y la reflexión están fuertemente afectadas por las propiedades estructurales de un dosel. Para entender la interacción de la radiación con un dosel determinado es necesario, por tanto, incluir un modelo físico más complejo que combine, además de la vegetación, la contribución del suelo. Por ejemplo, el modelo PROSAIL combina un MTR de hoja (PROSPECT) y un MTR de cubierta (SAIL). Además de los parámetros de PROSPECT, este modelo incluye el índice de área foliar (superficie de hoja por unidad de área proyectada), la distribución del ángulo de inclinación foliar, la reflectancia del suelo y algunos parámetros relativos a la geometría solar y los componentes de radiación directa y difusa. Estos últimos son particularmente importantes para tener en cuenta el componente direccional de la radiación, definida entre la señal observada (posicionamiento del sensor) y la fuente (hojas del dosel).

1.2. Modelos: ventajas y limitaciones

Actualmente, se dispone de varios métodos para estimar variables biofísicas de la vegetación a partir de información remota. Estos métodos pueden clasificarse en dos grandes grupos: i) los modelos empíricos (ej. modelos de regresión paramétricos y no paramétricos), y ii) los modelos físicos de transferencia radiativa. Aunque los primeros son computacionalmente más eficientes, resultan poco generalizables; por tanto, su uso para interpretar relaciones altamente complejas, como las derivadas entre el espectro de reflectancia y las características de un dosel, es limitado. En cambio, los modelos físicos de transferencia radiativa tienen como principal ventaja la capacidad de describir la interacción de la luz con la vegetación a escalas de hoja y de rodal, así como con otros componentes, como el suelo; de ahí su utilidad para simular las propiedades ópticas y la reflectancia de un dosel a partir de sus propiedades biofísicas.

Los modelos físicos disponibles tienen ventajas y limitaciones; la elección de uno de ellos dependerá del propósito del estudio que se va a llevar a cabo. Se han diseñado modelos físicos o numéricos complejos, como SCOPE, que combina transferencia radiativa con modelos de balances de energía en superficie y fotosíntesis, o como DART, que describe espacialmente el dosel en tres dimensiones. Su inconveniente es su coste computacional y los problemas asociados a nivel de indeterminación en el proceso de optimización de las variables. Otros modelos analíticos más sencillo, como SAIL (Verhoef, 1984), describen la superficie como un número infinito de capas que conforman un medio turbio. Esta clase de modelos ha sido ampliamente usada debido a su facilidad de ejecución. Sin embargo, esta simplificación puede conllevar mayores incertidumbres en comparación con los modelos numéricos más complejos. El uso de modelos analíticos de una dimensión se recomienda particularmente cuando el principal propósito es la inversión, ya que se requiere una menor cantidad de parámetros. Generalmente, el grado de restricción en el número de variables viene dado por el número de variables independientes a determinar en el proceso de inversión. La restricción de variables es, por tanto, un proceso fundamental a la hora de invertir el modelo, particularmente en situaciones donde se dan varias soluciones para un mismo problema, dándose una situación que se conoce como problema mal planteado (*ill-posed problem*) de la solución numérica de la inversión (Verhoef, 2008).

2. Descripción del modelo PROSPECT

El modelo PROSPECT puede definirse como un modelo de simulación en el que la interacción de la luz con la superficie de la hoja se representa mediante un modelo físico conformado por un sistema de ecuaciones matemáticas que reflejan la influencia de diferentes rasgos funcionales y estructurales de la hoja en el espectro de radiación electromagnético. De este modo, sobre la base del conocimiento de las propiedades biofísicas de un conjunto de constituyentes bioquímicos y de los parámetros estructurales (ej., N), PROSPECT permite simular la firma espectral de una hoja en la región del espectro entre 400 nm y 2500 nm. El modelo PROSPECT está basado en el modelo físico de hoja desarrollado por Jacquemoud y Baret (1990).

Es importante considerar que las simulaciones de las propiedades ópticas de la hoja con el modelo PROSPECT corresponden a la firma espectral de reflectancia y transmitancia cónica hemisférica. Esta firma espectral es típicamente referida a la direccional-hemisférica derivada a partir de medidas con esfera integrante. Esta consideración es importante a la hora de estimar variables biofísicas mediante inversión de la reflectancia obtenida con un espectro radiómetro de campo (ej. ASD FieldSpec *spectroradiometer*), ya que esta reflectancia no corresponde a la reflectancia y transmitancia cónica hemisférica descrita en el modelo PROSPECT. En este caso, la reflectancia bidireccional requiere una transformación de longitudes de onda con objeto de ajustar el efecto de la reflectancia de la superficie en los elementos de absorción de los constituyentes de la hoja (Li *et al.*, 2018).

A modo de ejercicio práctico, se desarrolla una serie de simulaciones con la versión de PROSPECT compilado en el paquete R prospect (Féret y de Boissieu, 2024). Una breve descripción de la base física del modelo de transferencia radiativa PROSPECT puede encontrarse en http://photobiology. info/Jacq_Ustin.html.

2.1 Simulación de las propiedades ópticas de una hoja con PROSPECT

La función PROSPECT ejecuta el modelo PROSPECT para una muestra individual con las siguientes variables de entrada:

- SpecPROSPECT. *Dataframe* que incluye el índice refractivo y los coeficientes de absorción para el rango espectral entre 400 nm y 2500 nm. La simulación e inversión del modelo en rangos específicos del espectro es posible mediante el ajuste de las constantes ópticas en SpecPROSPECT.

- Variables bioquímicas y biofísicas:
  - N = parámetro asociado al número de capas que conforman la estructura interna de la hoja (por defecto = 1,5).
  - CHL = contenido de clorofilas a + b (por defecto = 40,0 μg cm^{-2}).
  - CAR = contenido de carotenoides (por defecto = 8,0 μg cm^{-2}).
  - ANT = contenido de antocianinas (por defecto = 0,0 μg cm^{-2}).
  - BROWN = contenido de pigmentos secos (por defecto = 0,0 *arbitrary units*).
  - EWT = espesor equivalente de agua (por defecto = 0,01 g cm^{-2}).
  - LMA = masa específica de hoja (por defecto = 0,008 g cm^{-2}).
  - PROT = contenido de proteínas (por defecto = 0,0 g cm^{-2}).
  - CBC = constituyentes carbonatados de materia seca y otras proteínas (por defecto = 0,0 g cm^{-2}).
  - Alpha = ángulo de incidencia máximo relativo a la dirección normal de la hoja (por defecto = 40,0 grados para una superficie rugosa).

Durante la última década, desde sus primeras versiones PROPSPECT-5 hasta su versión más actualizada PROPSPECT-PRO, PROSPECT ha ido incluyendo diferentes constituyentes de la hoja (Tabla 9.1).

Tabla 9.1. Variables bioquímicas y biofísicas de entrada PROSPECT.

Variables	Versión					
	5	5B	D	DB	PRO	PROB
CHL	●	●	●	●	●	●
CAR	●	●	●	●	●	●
ANT			●	●	●	●
BROWN		●		●		●
EWT	●	●	●	●	●	●
LMA	●	●	●	●		
PROT					●	●
CBC					●	●
N	●	●	●	●	●	●

La función PROSPECT devuelve una lista con los resultados de la simulación para las variables de entrada. Esta lista contiene la reflectancia y transmitancia direccional-hemisférica (*reflectance and transmittance*) y sus correspondientes longitudes de onda en la lista de elementos wvl (Figura 9.5).

Ejemplo 1

Ejecuta PROSPECT usando el set de parámetros definidos sobre el rango espectral entre 400 nm y 2500 nm

Considera que las demás variables que no son indicados en la función vendrán definidas por sus valores por defecto que mostrado en la relación previa.

sim1 <- PROSPECT(SpecPROSPECT,N = 1.4,CHL = 30,CAR = 6,EWT = 0.02,LMA = 0.01)

Se procede ahora a visualizar las propiedades ópticas de la hoja que se han definido para esas variables de entrada.

opt_prop <- data.frame(wvl=sim1$wvl, Reflectance=sim1$Reflectance, Transmittance =sim1$Transmittance)

ggplot(data = opt_prop , acs(x=wvl, y−100*Reflectance))+ theme_bw()+ ylim(0,100)+
geom_line(col= "blue")+ ylab("Reflectance   (%)   1-Transmittance")+
xlab("Wavelength (nm)")+ geom_line(aes(x=wvl, y=100*(1-Transmittance)), col= "red")

Ejemplo 2

Estudiar cómo influye la estructura interna en las propiedades ópticas de la hoja

Para estudiar cómo influye la estructura en las propiedades ópticas de una hoja, se realizan tres simulaciones con varios valores del parámetro estructural N que se ha descrito en el documento asociado al guion de prácticas. Para hacer estas simulaciones de forma iterativa usaremos la función PROSPECT_LUT y se definen una serie de valores de N entre 1 y 3 (Figura 9.6).

N <- c(1,1.5,3)

Input_PROSPECT <- data.frame('N'= N, LMA = 0.008, N = 1.4,CHL = 30,CAR = 6,EWT = 0.02)

LUT <- PROSPECT_LUT(SpecPROSPECT,Input_PROSPECT)

res <- data.frame(wv=sim1wvl, LUTReflectance)

df <- melt(res, id.vars = "wv", variable.name = "N")

thenames <- as.character(unique(N))

ggplot(df, aes(wv, value, colour=N))+ theme_bw()+
ylab("Reflectance")+xlab("Wavelength (nm)")+ geom_line(aes())+
    scale_color_discrete(name = "N", labels = thenames)

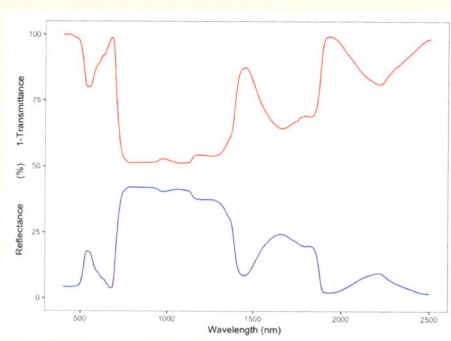

Figura 9.5. Resultados de PROSPECT usando el set de parámetros definidos sobre el rango espectral entre 400 nm y 2500 nm.

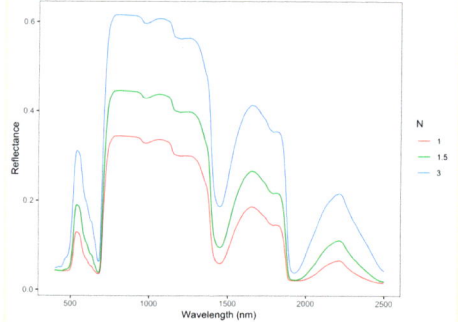

Figura 9.6. Resultados de la influencia de la estructura interna en las propiedades ópticas de la hoja.

Ejemplo 3

Estudiar cómo influye los constituyentes bioquímicos en las propiedades ópticas de la hoja

En el ejercicio 2 se ha utilizado un parámetro relacionado con la estructura interna de la hoja. Para estudiar el efecto parcial de cada constituyente en el espectro de la hoja se realiza ahora un análisis de sensibilidad similar al ejercicio anterior. En esta ocasión se fijan los parámetros estructurales y se hará variar individualmente cada constituyente empezando por: a) la concentración de clorofilas (CLH, Figura 9.7), b) la concentración de los carotenoides (CAR, Figura 9.8), c) la concentración de las antocianinas (ANT, Figura 9.9), d) los contenidos de pigmentos marrones (BROWN, Figura 9.10), e) la masa específica de hojas (LMA: proteínas y otros compuestos carbonatados, Figura 9.11), y f) el contenido de agua (EWT, Figura 9.12).

a) Contenido de clorofilas

```
CHL <- c(20,50,80)
Input_PROSPECT <- data.frame(N = 1.4,CHL = CHL, CAR = 6,EWT = 0.02,LMA = 0.01)
LUT <- PROSPECT_LUT(SpecPROSPECT,Input_PROSPECT)
res <- data.frame(wv=sim1$wvl, LUT$Reflectance)
df <- melt(res, id.vars = "wv", variable.name = "CHL")
thenames <- as.character(round(unique(CHL), 3))
ggplot(df, aes(wv, value, colour=CHL))+ theme_bw()+
ylab("Reflectance")+xlab("Wavelength (nm)")+ geom_line(aes())+
    scale_color_discrete(name = "CHL", labels = thenames)
```

b) Contenido de Carotenoides

```
CAR <- c(5,10,20)
Input_PROSPECT <- data.frame(N = 1.4,CHL = 30, CAR = CAR,EWT = 0.02,LMA = 0.01)
LUT <- PROSPECT_LUT(SpecPROSPECT,Input_PROSPECT)
res <- data.frame(wv=sim1$wvl, LUT$Reflectance)
df <- melt(res, id.vars = "wv", variable.name = "CAR")
thenames <- as.character(round(unique(CAR), 3))
ggplot(df, aes(wv, value, colour=CAR))+ theme_bw()+
ylab("Reflectance")+xlab("Wavelength (nm)")+ geom_line(aes())+
    scale_color_discrete(name = "CAR", labels = thenames)
```

c) Contenido de Antocianinas

```
ANT <- c(5,10,20)
Input_PROSPECT <- data.frame(N = 1.4,CHL = 30, CAR = 6,EWT = 0.02,LMA = 0.01, ANT=ANT)
LUT <- PROSPECT_LUT(SpecPROSPECT,Input_PROSPECT)
res <- data.frame(wv=sim1$wvl, LUT$Reflectance)
df <- melt(res, id.vars = "wv", variable.name = "ANT")
thenames <- as.character(round(unique(ANT), 3))
```

```
ggplot(df, aes(wv, value, colour=ANT))+ theme_bw()+
ylab("Reflectance")+xlab("Wavelength (nm)")+ geom_line(aes())+
    scale_color_discrete(name = "ANT", labels = thenames)
```

d) Contenido de pigmentos marrones

```
BROWN <- c(0.2,0.4,0.6)
Input_PROSPECT <- data.frame(N = 1.4,CHL = 30, CAR = 6,EWT = 0.02,LMA = 0.01,
ANT=6, BROWN=BROWN)
LUT <- PROSPECT_LUT(SpecPROSPECT,Input_PROSPECT)
res <- data.frame(wv=sim1$wvl, LUT$Reflectance)
df <- melt(res, id.vars = "wv", variable.name = "BROWN")
thenames <- as.character(round(unique(BROWN), 3))
ggplot(df, aes(wv, value, colour=BROWN))+ theme_bw()+
ylab("Reflectance")+xlab("Wavelength (nm)")+ geom_line(aes())+
    scale_color_discrete(name = "BROWN", labels = thenames)
```

e) Masa específica de hoja

```
LMA <- c(0.01,0.02,0.03)
Input_PROSPECT <- data.frame(LMA=LMA, N = 1.4, CHL = 30,CAR = 6,EWT = 0.02)
LUT <- PROSPECT_LUT(SpecPROSPECT,Input_PROSPECT)
res <- data.frame(wv=sim1$wvl, LUT$Reflectance)
df <- melt(res, id.vars = "wv", variable.name = "LMA")
thenames <- as.character(round(unique(LMA), 3))
ggplot(df, aes(wv, value, colour=LMA))+ theme_bw()+
ylab("Reflectance")+xlab("Wavelength (nm)")+ geom_line(aes())+
    scale_color_discrete(name = "LMA", labels = thenames)
```

f) Contenido de agua

```
EWT <- c(0.01,0.02,0.03)
Input_PROSPECT <- data.frame(N = 1.4,CHL = 30, CAR = 6,EWT = EWT,LMA = 0.01,
ANT=6)
LUT <- PROSPECT_LUT(SpecPROSPECT,Input_PROSPECT)
res <- data.frame(wv=sim1$wvl, LUT$Reflectance)
df <- melt(res, id.vars = "wv", variable.name = "EWT")
thenames <- as.character(round(unique(EWT), 3))
ggplot(df, aes(wv, value, colour=EWT))+ theme_bw()+
ylab("Reflectance")+xlab("Wavelength (nm)")+ geom_line(aes())+
    scale_color_discrete(name = "EWT", labels = thenames)
```

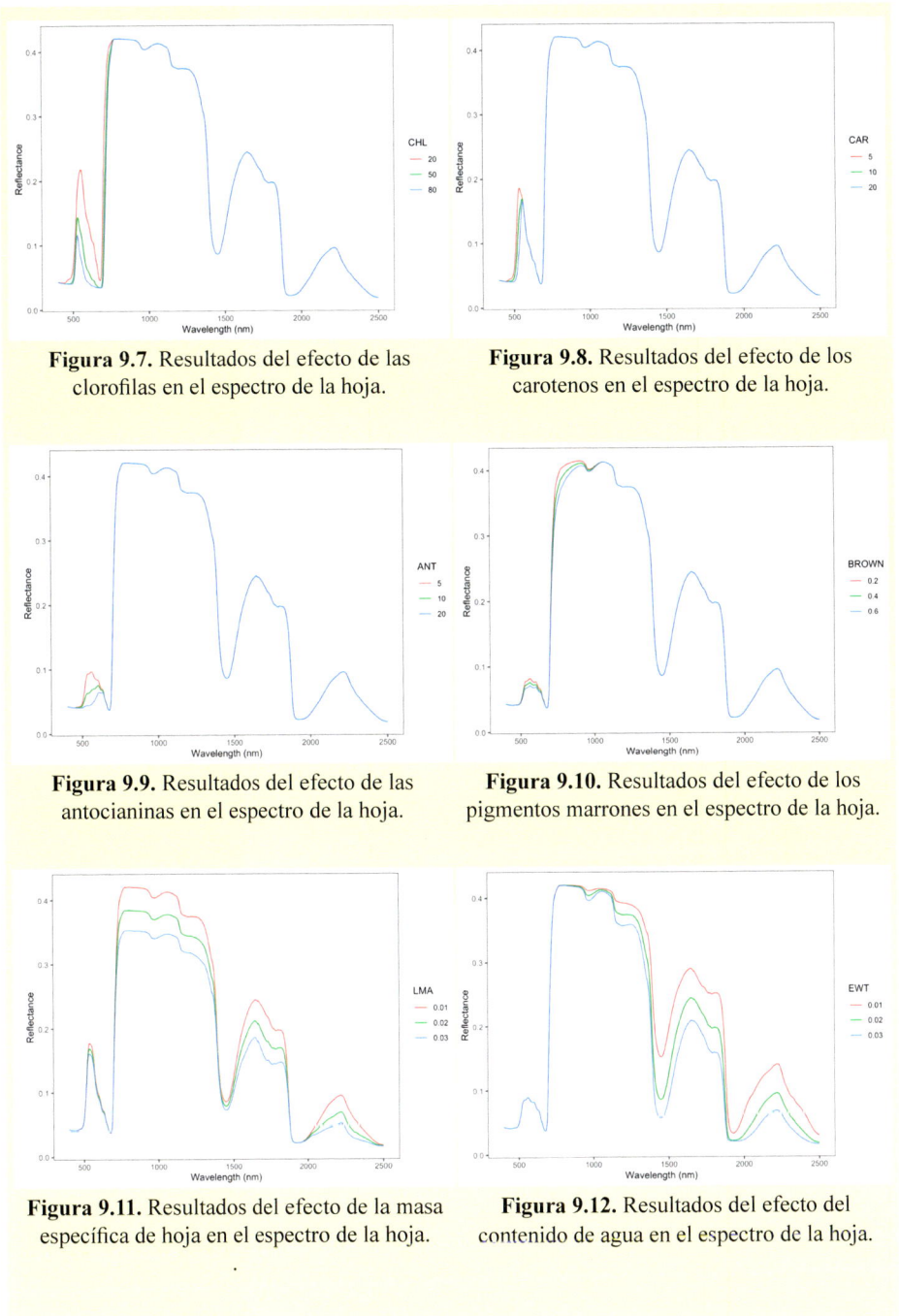

Figura 9.7. Resultados del efecto de las clorofilas en el espectro de la hoja.

Figura 9.8. Resultados del efecto de los carotenos en el espectro de la hoja.

Figura 9.9. Resultados del efecto de las antocianinas en el espectro de la hoja.

Figura 9.10. Resultados del efecto de los pigmentos marrones en el espectro de la hoja.

Figura 9.11. Resultados del efecto de la masa específica de hoja en el espectro de la hoja.

Figura 9.12. Resultados del efecto del contenido de agua en el espectro de la hoja.

2.2. Estimación de parámetros biofísicos mediante inversión del modelo PROSPECT

La estimación de parámetros biofísicos mediante inversión del modelo PROSPECT se plantea como una de las principales aplicaciones de los modelos de transferencia radiativa (Figura 9.13). El termino inversión se adopta para describir el proceso inverso a la simulación. Es decir, a partir de las propiedades ópticas, usando la reflectancia y/o la transmitancia y los índices de reflectividad y los coeficientes específicos de absorción, se estiman las variables biofísicas de la hoja.

Para la inversión se usa la función Invert_PROSPECT, que requiere la reflectancia o la transmitancia, o ambas. Como opción, se puede especificar la variable a estimar o, incluso, fijar el valor para aquellas variables conocidas y que, por tanto, no van a ser optimizadas en la inversión. Esto ayudaría a reducir la complejidad en el proceso de optimización. Las variables de entrada y salida son:

- Variables de entrada
  - SpecPROSPECT: *data frame* que incluye los índices reflactivos y los coeficientes específicos de absorción para el rango espectral entre 400 y 2500 nm. Como se verá más adelante, tanto la simulación como la inversión pueden ser ejecutadas dentro de un dominio espectral o definirse simplemente adaptando la información en SpecPROSPECT
  - Refl: valor numérico referido a la reflectancia correspondiente al rango espectral definido en SpecPROSPECT. Es NULL si la inversión se realiza usando solamente la transmitancia.
  - Tran: valor numérico referido a la transmitancia correspondiente al rango espectral definido en SpecPROSPECT. Es NULL si la inversión se realiza usando solamente la reflectancia.
  - Parms2Estimate: lista de parámetros a estimar. Todas las variables son incluidas por defecto mediante ALL.
  - InitValues: *data frame* en el que se incluyen los valores *a priori* de los parámetros de entrada.
  - PROSPECT_version: carácter que corresponde a la versión de PROSPECT ('5', '5B', 'D', 'DB', 'PRO', 'PROB'). Se puede usar la versión terminada en 'B' si se quiere estimar los pigmentos marrones.
  - MeritFunction: carácter que define la función objetivo a minimizar durante la optimización. Aunque ésta puede ser definida por el usuario, la función usa por defecto la más extendida (i.e. la raíz cuadrada del promedio del error cuadrático RMSE).
  - Xlub: *data frame* en cl que se fijan los límites de los parámetros a estimar. Debe contener las columnas correspondientes a la lista Parms2Estimate, siendo la primera el límite inferior y la segunda el superior.

- ◦ alphaEst: generalmente definido por su valor por defecto (40).
- • Variables de salida
  - ◦ Invert_PROSPECT devuelve una lista con las variables biofísicas.

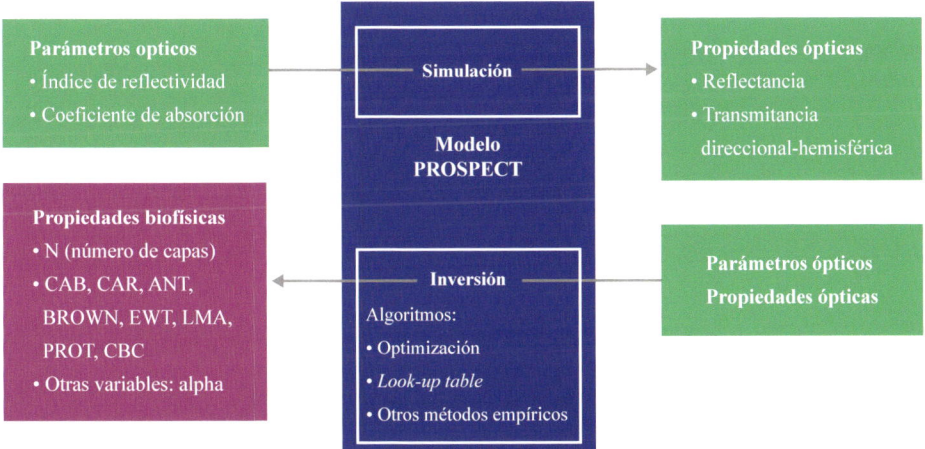

Figura 9.13. Resultados del efecto del contenido de agua en el espectro de la hoja.

Ejercicio 4

Ejecuta una serie de inversiones del modelo PROSPECT en función de Rango Espectral definido.

Ejecuta la inversión de PROSPECT-D en el rango espectral entre 400 nm y 2500 nm

Excepto Alpha y BROWN que son definidos por su valor por defecto, se estiman todas las variables restantes.

\# Primero simularemos las siguientes propiedades ópticas

CHL <- 45;   CAR <- 10;   ANT <- 0.2

EWT <- 0.012;   LMA <- 0.010; N <- 1.3

LRT_D <-

PROSPECT(SpecPROSPECT,CHL=CHL,CAR=CAR,ANT=ANT,EWT=EWT,LMA=LMA,N=N)

\# Ahora definiremos las variables a estimar

Parms2Estimate <- 'ALL'

\# Aunque no debería tener un impacto en el resultado, vamos a definir los valores iniciales de la simulación (no debe afectar al resultado final)

InitValues <- data.frame(CHL=40, CAR=5, ANT=0.1, BROWN=0, EWT=0.01, LMA=0.01, N=1.5)

\# Ahora procedemos a invertir PROSPECT con las mismas variables que hemos usado para la simulación

OutPROSPECT <- Invert_PROSPECT(SpecPROSPECT=SpecPROSPECT,Refl = LRT_ D$Reflectance,Tran = LRT_D$Transmittance,

Parms2Estimate = 'ALL',PROSPECT_version = 'D')

Invertir PROSPECT para la región del SWIR entre 1700 nm y 2400 nm

En este ejercicio se estima EWT, LMA y N con las mismas propiedades ópticas usadas en los ejemplos anteriores.

\# Definir los parametros a estimar

Parms2Estimate <- c("EWT", "LMA", "N")

\# Definir los valores iniciales

InitValues <- data.frame(CHL=0, CAR=0, ANT=0, BROWN=0, EWT=0.01, LMA=0.01, N=1.5)

\# Definir la region espectral de interes

SpectralSubDomain <- c(1700,2400)

\# Ajustar el la region espectral

SubData <- FitSpectralData(SpecPROSPECT=SpecPROSPECT,lambda=LRT_ Dwvl,LRT_DReflectance, Tran = LRT_D$Transmittance,

UserDomain = SpectralSubDomain,UL_Bounds = TRUE)

SubSpecPROSPECT = SubData$SpecPROSPECT

Sublambda   = SubData$lambda

SubRefl   = SubData$Refl

SubTran   = SubData$Tran

\# invertir PROSPECT con las propiedades opticas simuladas

OutPROSPECT <- Invert_PROSPECT(SpecPROSPECT=SubSpecPROSPECT,Refl = SubRefl,Tran = SubTran,

Parms2Estimate = Parms2Estimate,PROSPECT_version = 'D')

Invertir PROSPECT-D usando la configuración óptima para la estimación de los constituyentes de las hojas

La función Invert_PROSPECT_OPT automáticamente define el rango espectral óptimo de cada constituyente durante la inversión (Féret et al. 2019),

No es necesario en el Parms2Estimate, ya que es estimado automáticamente cuando es necesario.

```
# Define el conjunto de variables a estimar
Parms2Estimate  = c('CHL','CAR','ANT','EWT','LMA')
# Valores iniciales
InitValues <- data.frame(CHL=40, CAR=8, ANT=0.1, BROWN=0, EWT=0.01,
LMA=0.01, N=1.5)
# Usa Invert_PROSPECT_OPT para proceder automaticamente con una estimacion
optima de los parametros acorde a los ultimos resultados publicados
ParmEst <- Invert_PROSPECT_OPT(SpecPROSPECT=SpecPROSPECT, lambda=LRT_
D$wvl, Refl = LRT_D$Reflectance,Tran = LRT_D$Transmittance,
                PROSPECT_version = 'D',Parms2Estimate = Parms2Estimate,
                InitValues = InitValues, verbose=FALSE)
```

Bibliografía

Dawson, T.P., Curran, P.J., Plummer, S.E. 1998. LIBERTY—Modeling the Effects of Leaf Biochemical Concentration on Reflectance Spectra. Remote Sens. Environ, 65, 50-60.

Féret, J.-B., de Boissieu, F. 2024. Prospect: an R package to link leaf optical properties with their chemical and structural properties with the leaf model PROSPECT. J. Open Source Softw., 94, 6027.

Féret, J.B., le Maire, G., Jay, S., Berveiller, D., Bendoula, R., Hmimina, G., Cheraiet, A., Oliveira, J.C., Ponzoni, F.J., Solanki, T., de Boissieu, F., Chave, J., Nouvellon, Y., Porcar-Castell, A., Proisy, C., Soudani, K., Gastellu-Etchegorry, J.P., Lefèvre-Fonollosa, M.J. 2019. Estimating leaf mass per area and equivalent water thickness based on leaf optical properties: Potential and limitations of physical modeling and machine learning. Remote Sens. Environ, 231, 110959.

Jacquemoud, S., Baret, F. 1990. Prospect - a Model of Leaf Optical-Properties Spectra. Remote Sens. Environ., 34, 75-91.

Li, D., Cheng, T., Jia, M., Zhou, K., Lu, N., Yao, X., Tian, Y., Zhu, Y., Cao, W. 2018. PROCWT: Coupling PROSPECT with continuous wavelet transform to improve the retrieval of foliar chemistry from leaf bidirectional reflectance spectra. Remote Sens. Environ., 206, 1-14.

Tucker, C.J., Garratt, M.W. 1977. Leaf optical system modeled as a stochastic process. Appl. Opt., 16, 635-642.

Verhoef, W. 1984. Light-Scattering by Leaf Layers with Application to Canopy Reflectance Modeling - the Sail Model. Remote Sens. Environ., 16, 125-141

Verhoef, W. 2008. A Bayesian optimisation approach for model inversion of hyperspectral-multidirectional observations: the balance with A Priori information. In: Schaepman, M.E. (Ed.), 10th international symposium on physical measurements and spectral signatures in remote sensing. ISPRS, Davos, Switzerland, pp. 208-213.

Unidad V
Aplicaciones de sensores activos LiDAR y Radar en ciencias forestales

10
Sensores activos en ciencias forestales: LiDAR y Radar

Rafael M.ª NAVARRO CERRILLO
M.ª Ángeles VARO MARTÍNEZ
Antonio J. ARIZA SALAMANCA
Guillermo PALACIOS RODRÍGUEZ
Edward A. VELASCO PEREIRA

Resumen

El desarrollo y la generalización de sensores activos ha supuesto una importante contribución a la silvicultura de precisión, al aportar información muy precisa sobre la estructura vertical de la vegetación. La aparición de los sensores activos en la década de los 80 del siglo pasado supuso una ventaja significativa de los estudios que requieren estimar parámetros estructurales de la vegetación. Los esfuerzos recientes se han orientado hacia el uso de este tipo de sensores, en particular de LiDAR y Radar, en el ámbito de la dasometría y de la selvicultura en general. Este capítulo está organizado en dos secciones principales, de acuerdo con los sensores activos de mayor importancia en el ámbito de las ciencias forestales: LiDAR y Radar. Se exponen los fundamentos de ambos sensores, así como los aspectos geométricos de estas tecnologías. Posteriormente se desarrolla el procesado de los datos; es decir, los procesos que deben llevarse a cabo para transformar los datos brutos procedentes del sensor en el producto final objetivo. A continuación, se reseñan diversas aplicaciones y algoritmos de código libre que pueden utilizarse para realizar el tratamiento de los datos, destacando sus ventajas y las características más relevantes en diversos ámbitos de los recursos forestales. También se aborda un ejemplo que compara el uso de ambas tecnológicas en inventarios forestales. Finalmente, se presentan algunas conclusiones y opciones tecnológicas futuras.

Palabras clave: silvicultura de precisión, inventario forestal, variables estructurales, gestión forestal.

1. Introducción

La estructura vertical de la vegetación proporciona información necesaria para el análisis de diferentes aspectos de los ecosistemas forestales, desde la arquitectura del árbol hasta la organización espacial de las distintas especies, diferentes estratos de vegetación, combustibles forestales, etc. El análisis de este tipo de información siempre ha estado limitado por la dificultad intrínseca que presenta su medición. La teledetección basada en sensores ópticos proporciona una gran cantidad de información sobre los atributos forestales distribuidos horizontalmente, pero poca sobre su estructura vertical. La aparición de los sensores activos en la década de los 80 del siglo pasado supuso una ventaja significativa para estudiar los parámetros estructurales de la vegetación. Los esfuerzos recientes se han orientado hacia el uso de este tipo de sensores, como los sensores LiDAR (acrónimo en inglés de *Light Detection and Ranging*) y los sensores Radar (acrónimo en inglés de *Radio Detecting and Ranging*), en múltiples aplicaciones forestales.

Los sensores LiDAR generan una nube de puntos que registra todas las reflexiones (ecos o retornos) producidas por un objeto al ser impactado por un haz de luz láser. La tecnología Radar utiliza microondas para "iluminar" un objeto con una geometría lateral, y mide la diferencia de tiempo entre las ondas transmitidas y reflejadas al interactuar con ese objeto. La información que recogen ambos tipos de sensores permite procesar modelos físicos que suministran un conjunto de métricas en función de una serie de parámetros del objeto medido. Los modelos obtenidos a partir de datos LiDAR o Radar pueden ser invertidos, lo que permite estimar parámetros forestales para el conjunto de una superficie. Hoy en día, los sensores LiDAR y Radar son tecnologías de uso habitual en el ámbito de la dasometría en particular y de la selvicultura en general. Esta opción puede generalizarse gracias a las nuevas misiones LiDAR y Radar a escala nacional (e.j., Plan Nacional de Observación del Territorio-PNOT, Instituto Geográfico Nacional, España), y global (e.j., *Global Ecosystem Dynamics Investigation*-GEDI, NASA-Universidad de Maryland, Sentinel 1 A-ESA-Copérnico).

En términos operativos, los sensores activos, tanto LiDAR como Radar, han reducido los costos de adquisición de forma significativa, e incluso se puede acceder a ellos de forma gratuita, como veremos en este capítulo. Por ello, la inversión requerida para su uso es relativamente pequeña y, a cambio, se logran grandes ventajas: se reducen los costos que conllevan los inventarios tradicionales, se mejorar en la calidad de la información registrada y obtiene una alta fidelidad y precisión de medición para un buen número de variables dendrométricas. Las imágenes, si así las podemos denominar, proporcionan un producto geométrico independiente del tipo de terreno, de las condiciones atmosféricas y hasta de las condiciones espectrales, que convierten a este tipo de sensores en uno de los productos de mayor aplicación actual y futura en el ámbito de las ciencias forestales. Además, el aumento de *software* y de la capacidad computacional permiten niveles elevados de automatización del procesado, el análisis y la generación de modelos tridimensional de sistemas forestales.

2. Sensores LiDAR

2.1. Fundamentos de los sensores LiDAR

LiDAR es un sensor activo; es una de las técnicas de adquisición de datos que más se ha desarrollado en las últimas décadas en el ámbito de las ciencias forestales, contribuyendo de forma significativa al avance de la dasometría (Carson *et al.*, 2004; Beland *et al.*, 2019). Este tipo de dispositivo utiliza rayos láser de alta intensidad para interactuar con un objeto y captura la luz difusa reflejada en un sistema óptico; esta información se analiza electrónicamente para proporcionar una medición precisa de la "forma" del objeto en función de la distancia entre éste y el sensor. Los pulsos LiDAR, emitidos con una densidad de puntos y a intervalos predefinidos, están asociados a coordenadas sobre el plano (x, y) y sobre la altura (z) y generan retornos con datos, como la intensidad de las señales retornadas, entre otros. Básicamente, se puede entender un sensor LiDAR como un distanciómetro, pero con capacidad para medir decenas de miles de puntos por segundo. Esta información se registra en bases de datos masivas que se pueden almacenar, visualizar, analizar e intercambiar usando diferentes tipos de formatos de archivos y de *software*.

Un sistema LiDAR consiste en un equipo formado por una plataforma (satélite, aeronave tripulada, aeronave tripulada a distancia-dron o soporte terrestre), un sistema de escáner láser y un sistema de posicionamiento para transformar las medidas a un sistema de coordenadas tridimensionales, lo cual comprende un sistema GPS y una Unidad de Medida Inercial (IMU; McManamon, 2019). El sistema IMU mide la rotación, la inclinación y el "encabezamiento" del sistema LiDAR (Figura 10.1).

El láser emite pulsos de luz de longitud de onda variable, parte de los cuales se refleja sobre los diferentes componentes de la superficie y que son registrador por un receptor (un telémetro láser). Los vuelos LiDAR estándar suelen incluir algún producto fotogramétrico infrarrojo (Figura 10.2), con longitudes de onda comprendidas, normalmente, entre 900 nm, 1.060 nm y 1.500 nm, que aportan información espectral del dosel vegetal (Figura 10.3). Los datos registrados están determinados por la diferencia de tiempo entre la transmisión y la recepción del pulso láser (Figura 10.1). Esta información, combinada con la posición (GPS e INS), se transforma en coordenadas tridimensionales reales del objetivo reflector. Generalmente, los sistemas LiDAR se clasifican por el sistema de escaneo láser (detección de luz y rango), o por la plataforma sobre la que operan (satelital, aerotransportado y terrestre) (Figura 10.2). Los LiDAR aerotransportados (ALS, por sus siglas en inglés, *Airborne Laser Scanning*), que se operan sobre soporte aéreos como aviones o helicópteros, son una de las formas más comunes de obtener datos LiDAR en comparación con los sistemas de escaneo terrestres (como trípodes o vehículos) y espaciales (satélites). Para ampliar la información sobre los principios físicos de los sensores LiDAR recomendamos la lectura de Giongo *et al.* (2010).

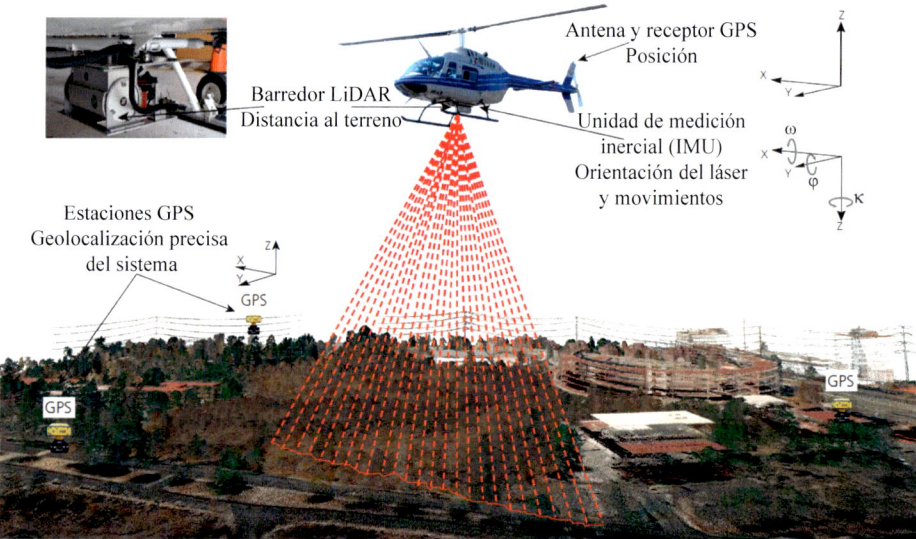

Figura 10.1. Elementos de un sistema LiDAR Aerotransportado (*Airborne Laser Scanner*, ALS): sistema de Posicionamiento Global (GPS), unidad de medición inercial (IMU), sensor LiDAR, reloj de temporización y computadora (Peralta Higuera y Ramírez Beltrán, 2016).

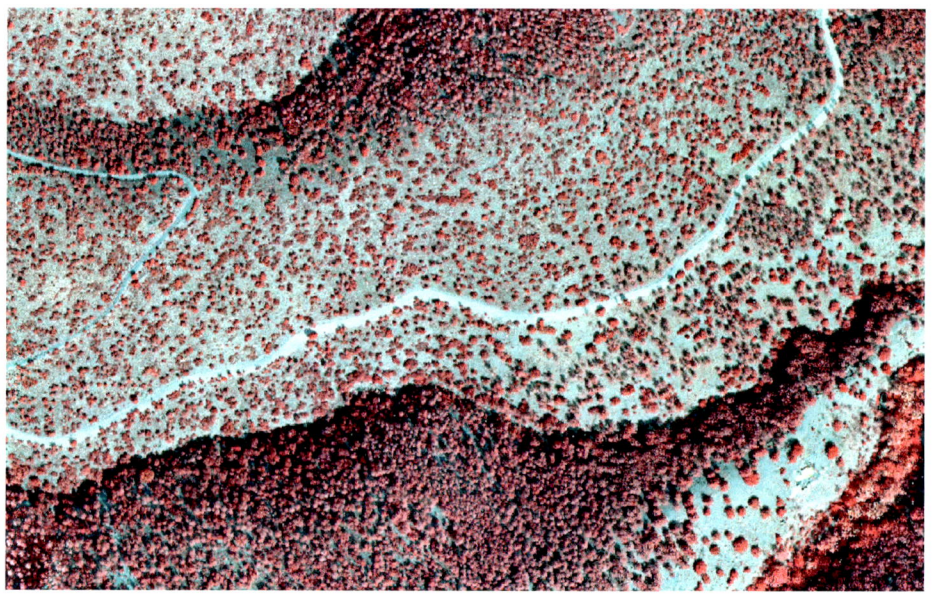

Figura 10.2. Imagen infrarroja digital con información LiDAR.

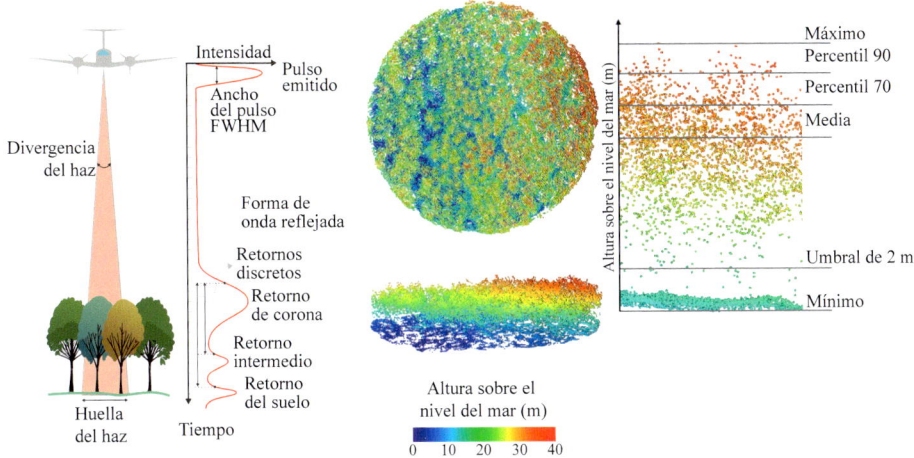

Figura 10.3. Captura de datos LiDAR de un entorno forestal (fuente: Fernández-Diaz *et al.* 2013).

2.2. Nociones de geometría LiDAR

La calidad de la señal LIDAR está determinada por los aspectos geométricos de las ópticas del emisor y del receptor. Aspectos tales como la forma y la divergencia, las propiedades ópticas del receptor (el foco, la longitud al radio-diámetro), el campo de receptor y la localización de los ejes ópticos del emisor y el receptor definen todo el proceso de adquisición de datos LiDAR (Céspedes y Castillo, 2008; McManamon, 2019, Tabla 10.1).

Tabla 10.1. Ejemplo de especificaciones técnicas para la adquisición de un vuelo LiDAR.

Características	Valor
Sistema de escaneo LiDAR	Leica ALS60
Longitud de onda	1064 nm
Altura media de vuelo	11000 fts
Angulo máximo de escaneo	24°
Densidad media de pulsos	9,88 puntos m^{-2}
Precisión *Across Track*	0,14 m
Precisión *Along Track*	0,14 m
Precisión de la nube de puntos (RMSEz)	≤ 0,07 m

El GPS integrado mide la posición del sensor láser y georreferencia los datos de altura y posición obtenidos por el sistema LiDAR, lo que permite convertir los intervalos de tiempo en distancia. La precisión de los datos LIDAR depende de varios factores, como la altura de vuelo, las características físicas y geométricas del rayo láser, la calidad de los datos del GPS y de la IMU, los procesos de postprocesamiento y el *software* utilizado (Céspedes y Castillo, 2008). Bajo condiciones óptimas en todos estos parámetros, es posible lograr precisiones de aproximadamente un metro en horizontal y 15 centímetros en vertical. En el caso de cartografía de grandes superficies, es recomendable validar la precisión de los datos mediante la superposición de los puntos en 3D generados por el LIDAR sobre imágenes digitales en una estación fotogramétrica digital. Este proceso permite verificar la exactitud de los datos obtenidos y asegurarse de que se ajusten correctamente al entorno real.

2.3. Tipos y acceso a datos LiDAR

Del conjunto de sistemas LiDAR, en este capítulo se describe el uso de datos procedentes de sistemas ALS, por sus potenciales aplicaciones forestales.

Tipos de datos

Uno de los primeros problemas al manejar datos LiDAR es que el almacenamiento y el procesado de datos de alta calidad suponen la generación de archivos de gran tamaño, lo que limita notablemente su manejo. Para entender el almacenamiento de los datos de un sensor LiDAR, es necesario conocer los formatos de los ficheros más comunes utilizados para tal fin; en función de su formato, los ficheros pueden contener más o menos información. De este modo, un formato de texto ordenado como *.xyz* sólo puede contener las tres coordenadas de un punto, mientras que otro formato de texto ordenado como *.xyzrgb* contiene las tres coordenadas del punto y los valores de color (RGB). Determinadas compañías tienen sus propios formatos de texto (ordenados y no ordenados). Inicialmente, era común el intercambio de datos LiDAR a través de ficheros de texto ASCII, en los que cada línea del fichero correspondía a las coordenadas x, y y z de un punto LiDAR. Pronto resultó obvio que ese formato no era práctico porque la velocidad de procesamiento y visualización resultaba extremadamente lenta, ya que la lectura de los datos requiere de un alto esfuerzo computacional.

Actualmente, la mayor parte de los sistemas y aplicaciones LiDAR trabaja con un mismo formato, el conocido como LAS (*Laser File Format Exchange Activities*), cuya especificación ha sido desarrollada por la Sociedad Americana para la Fotogrametría y la Teledetección (ASPRS - *American Society for Photogrammetry & Remote Sensing*). Este formato se ha convertido en un estándar para trabajar con datos LiDAR. Posteriormente surgió el formato LAZ, que es un tipo de archivo binario obtenido de la compresión de los ficheros LAS. Otro utilizado es el formato SPD (*Sorted Pulse Data*) de datos ordenados e indexado que está optimizado para el acceso rápido a los datos y en el que es posible trabajar con toda la señal del pulso de retorno.

En un fichero LiDAR existen varios datos que son opcionales; pero siempre debería suministrar la siguiente secuencia de datos básicos:

- Información de posicionamiento GPS
- Datos inerciales del avión (INS/IMU)
- Coordenadas "X"
- Coordenadas "Y"

- Dato "*Elevation*": distancia a la superficie
- Dato "Intensidad": valor adimensional de la energía recibida
- Número del pulso emitido
- Número del pulso reflejado
- Ángulo Nadir

El formato LAS contiene datos que se pueden dividir en tres grupos (Figura 10.4) (Jiménez-Berni, 2021):

- Bloque de cabecera pública: incluye la información básica del fichero y datos genéricos, como el número de puntos y las coordenadas de la extensión espacial que cubre la nube de puntos.
- Registros de longitud variable: contiene diferentes tipos de datos, incluyendo la proyección y los metadatos.
- Registros de la nube de puntos.

Como se ha mencionado anteriormente, cada sensor LiDAR captura los datos en un formato específico; no obstante, un determinado formato se puede transformar en función de las necesidades del proyecto. Actualmente existe una gama de programas y algoritmos de código libre que permiten almacenar y transformar los datos en una amplia variedad de formatos.

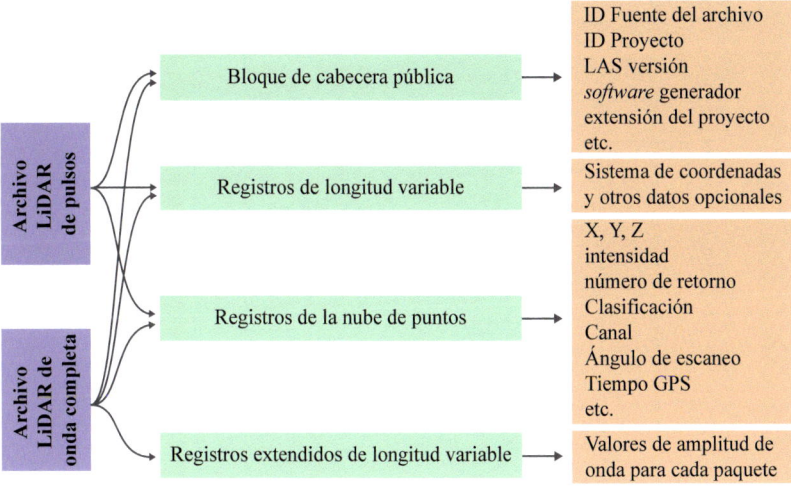

Figura 10.4. Estructura de datos de un fichero *.las*.

Acceso a fuentes de datos LiDAR

La creciente demanda de datos LiDAR ha hecho que se hayan multiplicado las plataformas que ofrecen información LiDAR con diferentes características y en distintas condiciones (Tabla 10.2.a y 10.2.b).

Tabla 10.2a. Plataformas españolas que ofrecen información LiDAR de diferentes características y en distintas condiciones (https://mappinggis.com/2016/09/descargar-datos-lidar-gratis/).

Institución	Producto	Formato	URL descarga
Instituto Geográfico Nacional	Densidad de 0,5 puntos m-2, y posteriormente clasificadas de manera automática y coloreadas mediante RGB obtenido a partir de ortofotos del Plan Nacional de Ortofotografía Aérea (PNOA) con tamaño de pixel de 25 o 50 cm. Sistema geodésico de referencia ETRS89 en la Península, Islas Baleares, Ceuta y Melilla, y REGCAN95 en las Islas Canarias. Alturas ortométricas	Ficheros digitales con información altimétrica de la nube de puntos LiDAR, distribuidos en ficheros de 2×2 km de extensión. El formato de descarga es un archivo LAZ.	https://pnoa.ign.es/estado-del-proyecto-lidar
Junta de Andalucía	Ortofotos, Modelos Digitales de Elevaciones (MDE) o Datos LiDAR, referidos al territorio de Andalucía. Datos del PNOA LiDAR Andalucía desarrollado en colaboración IGN-CMAOT	Formatos interoperables (JP2, ASCII_XYZ, LAS...) y se encuentra correctamente georreferenciada en el Sistema de Referencia Oficial ETRS89	https://www.juntadeandalucia.es/medioambiente/portal/datos-ambientales?categoryVal=
Junta de Castilla y León	LiDAR realizado por el IGN-CNIG en 2010 para los cuadrantes NW, NE y SE y en 2015 para el cuadrante SW de Castilla y León. Densidad mínima de un punto por cada 2 metros cuadrados. Cada punto no solo tiene la información de la altura respecto al nivel medio de mar en Alicante, según el geoide EGM08 y en Datum ETRS89, sino que también contiene la información específica del LIDAR: clasificación, color, intensidad, número de ecos. La precisión métrica en altimetría (h) ronda los 15-20 cm.	Formato. LAZ por hojas 5.000 según la distribución de hojas del Mapa Topográfico Nacional.	https://cartografia.jcyl.es/web/es/datos-servicios/servicio-descargas.html
Instituto Cartográfico y Geológico de Cataluña	LiDAR de Cataluña en diferentes fechas (2008-2011 y 2016-2017). Densidad mínima: 0,5 puntos/m2. Cada punto LiDAR lleva asociada la fecha de vuelo (dd/mm/aaaa) en que fue registrado y el tiempo GPS absoluto.	Los datos se distribuyen por bloques de 2 x 2 km, en formato LAS 1.2 comprimido	https://www.icgc.cat/es/Administracion-y-empresa/Descargas/Elevaciones/Datos-lidar
Información Xeográfica de la Xunta de Galicia	Datos LiDAR de los años 2009-2010 y 2015-2016.	Datos de elevación (LAS)	https://mapas.xunta.gal/visores/descargas/
Comunidad de Madrid	Datos LiDAR del año 2016, con una densidad media es de 1,6 puntos m-2, con una precisión horizontal superior a 20 cm y vertical superior a 15 cm.	Datos de elevación (LAS)	https://idem.madrid.org/cartografia/lidar/LIDAR-SRV/

Institución	Producto	Formato	URL descarga
Diputación Foral de Gipuzkoa	Datos LiDAR en cuadrículas de 1×1 km.		https://b5m.gipuzkoa.eus/url5000/index.php?lengua=0
Región de Murcia	Diversa información cartográfica: ortoimágenes, modelos de elevaciones, índices de vegetación y pulsos e intensidades LiDAR. Proyecto NATMUR-08.		https://www.murcianatural.carm.es/natmur08/descarga.html
Comunidad de Madrid	Datos LiDAR del año 2016, con una densidad media es de 1,6 puntos m-2, con una precisión horizontal superior a 20 cm y vertical superior a 15 cm.	Datos de elevación (LAS)	https://idem.madrid.org/cartografia/lidar/LIDAR-SRV/
Diputación Foral de Gipuzkoa	Datos LiDAR en cuadrículas de 1×1 km.		https://b5m.gipuzkoa.eus/url5000/index.php?lengua=0
Región de Murcia	Diversa información cartográfica: ortoimágenes, modelos de elevaciones, índices de vegetación y pulsos e intensidades LiDAR. Proyecto NATMUR-08.		https://www.murcianatural.carm.es/natmur08/descarga.html
Gobierno de Navarra-SITNA	Vue o LiDAR realizados en los años 2011-2012 y 2017. El vuelo LiDAR de 2011-2012 es un vuelo LiDAR convencional, realizado con un sensor (ALS60) de barrido lineal, de 1 punto m-2 y clasificado semiautomáticamente, y el de 2017 se ha realizado con el Single Photon LiDAR (SPL100), con una densidad de 10 puntos por m2.	Cada archivo contiene el LiDAR de 2km x 2km y 1km x 1km, según sea 2011-2012 o 2017 respectivamente	https://filescartografia.navarra.es/5_LIDAR/
Infraestructura de Datos Espaciales del Gobierno de La Rioja	Datos LiDAR con un servidor WMS a través de clientes SIG estándar que implementen protocolos OGC (QGIS, gvSIG, ArcGIS). Alternativamente, las explotaciones LiDAR también se pueden explorar a través de una interfaz HTML capaz de enviar una solicitud GetFeatureInfo.	La capa WMS contiene atributos de cada tesela que incluye enlaces de descarga a archivos LIDAR comprimidos (formato LAZ) o documentos técnicos adicionales	https://iderioja.github.io/clasificacion_lidar/
Instituto Cartográfico Valenciano	Datos LiDAR de la Comunidad Valenciana del año 2009, distribuidos en ficheros de 2×2 km de extensión. Sistema geodésico de referencia ETRS89 y proyección UTM en el huso correspondiente a cada fichero. Alturas ortométricas. Densidad de 0,5 puntos m-2, y posteriormente clasificadas de manera automática y coloreadas mediante RGB obtenido a partir de ortofotos del Plan Nacional de Ortofotografía Aérea (PNOA) con tamaño de pixel de 25 o 50cm.	Están disponibles tanto como servicio WMS como en formato .laz	http://icv.gva.es/auto/aplicaciones/icv_geocat/#/results

Tabla 10.2b. Plataformas internacionales que ofrecen información LiDAR de diferentes características y en distintas condiciones (https://mappinggis.com/2016/09/descargar-datos-lidar-gratis/).

Institución	Producto	URL descarga
Open Topography	Se basa en un sistema de comunidad abierta. Incluye datos LiDAR fundamentalmente de Estados Unidos, pero también de Nueva Zelanda o de otros países	https://www.opentopography.org/
Instituto Nacional de Estadística y Geografía-México	Modelos Digitales de Elevación de Alta Resolución LiDAR, con resolución de 5m.	https://www.inegi.org.mx/
USGS Earth Explorer-Estados Unidos.	Herramienta en línea de búsqueda de datos procedentes de satélites, aeronaves y otros sensores remotos del Servicio Geológico de los Estados Unidos.	https://www.usgs.gov/tools/earthexplorer
NOAA Digital Coast	Datos LiDAR de zonas costeras estadounidenses o la Red Nacional de Observatorios ecológicos National Ecological Observatory Network (NEON).	https://www.coast.noaa.gov/dataviewer/#/

2.4. Procesado de datos LiDAR

Software de procesado de datos LiDAR

El procesado de datos LIDAR se puede hacer utilizando diferentes tipos de *software* especializados, que usan sofisticados algoritmos para el tratamiento digital de los puntos colectados. En la tabla 10.3 se resumen los programas de *software* libre para procesar datos LiDAR y en la tabla 10.4 los *softwares* comerciales de mayor difusión para trabajar con datos LiDAR.

Ejemplo 1

Descarga de datos LiDAR de diferentes Infraestructuras de datos espaciales

En este ejercicio se va a aprender a descargar y manipular datos LiDAR para conseguir información de la estructura de la vegetación tanto a nivel de masa, como a nivel de árbol individual.

1. Descarga de datos LiDAR-PNOA

(Ver QR al final del capítulo para acceder a ejemplos).

Tabla 10.3. Programas de *software* libre para procesar datos LiDAR (https://geoinnova.org/blog-territorio/programas-lidar-gratuitos-parte-1/).

Software	Capacidades	URL descarga
Fugro Viewer	Permite analizar datos geoespaciales, leer datos ráster y vectoriales, además de las propias nubes de puntos LiDAR. También nos permite crear nuestras propias áreas o puntos de interés, así como crear mapas de cortornos.	https://www.fugro.com/about-fugro/our-expertise/technology/fugroviewer
Fusion	Su uso para realizar inventario forestal con LiDAR está extendido. El programa puede ser utilizado tanto desde la consola de FUSION, como desde la línea de comandos. Además, puede usarse FUSION como un *plugin* desde QGIS.	http://forsys.sefs.uw.edu/fusion/fusionlatest.html
CloudCompare	*Software* diseñado para LiDAR terrestre y la mayor parte de sus algoritmos y *plugins* están enfocados a nubes de puntos a pequeña escala, por ejemplo, edificios, maquinaria industrial, arqueología etc. Su uso para LiDAR aerotransportado se incluyó más tarde y actualmente presenta numerosas funcionalidades para este tipo de LiDAR.	https://www.danielgm.net/cc/
LAStools	LAStools permite modificar nubes de puntos, reclasificar o borrar manualmente retornos, adelgazar nubes de puntos, utilizar el visor *lasview*, filtrar nuestro LiDAR de diferentes maneras, convertir nubes de puntos LAS o LAZ and TXT o CSV y viceversa, comprimir o descomprimir LiDAR, validar y obtener reportes de información sobre nubes de puntos, fusionar nubes de puntos y mucho más.	https://rapidlasso.com/
3DForest	Software para el análisis de datos tridimensionales geoespaciales. Perm ite visualizar y manipular los datos de nubes de puntos para realizar análisis cuantitativos, estadísticos y de modelado. También permite segmentar y etiquetar regiones de interés en los datos, lo que facilita la identificación y el análisis de características específicas.	https://www.3dforest.eu/
lidR	Un paquete de software R que permite la manipulación de ALS y su visualización	https://cran.r-project.org/web/packages/lidR/index.html
Whitebox GAT	SIG con herramientas básicas y avanzadas para el procesamiento de ALS	https://www.whiteboxgeo.com/
GRASS GIS	SIG con herramientas básicas y avanzadas para el procesamiento de ALS	https://grass.osgeo.org/

Tabla 10.4. Programas de *software* con licencia para procesar datos LiDAR (https://geoinnova.org/blog-territorio/programas-para-procesar-datos-lidar-licencia-comercial/)

Software	Capacidades	URL descarga
Global Mapper	Global Mapper es un software de GIS que incorpora herramientas para analizar datos LiDAR. Crear modelos digitales del terreno y de elevaciones. Algoritmos de autoclasificación y detección de cables, torres eléctricas, edificios, etc.	https://www.bluemarblegeo.com/index.php
eCognition	eCognition permite trabajar con imágenes multibanda y desarrollar algoritmos y flujos de trabajo para la extracción de objetos a partir de ráster. Dispone de un módulo de *machine learning*, y presenta una serie de algoritmos de detección automática de objetos. El módulo de LiDAR permite visualizar nubes de puntos en 3D, crear todo tipo de ráster a partir de la nube de puntos y algoritmos de autoclasificación	https://geospatial.trimble.com/products-and-solutions/ecognition
FME	FME, es una plataforma de integración de datos espaciales que permite el tratamiento de datos LiDAR: Visualización e inspección de nubes de puntos, Lectura y escritura de nubes de puntos, etc.	https://www.safe.com/fme/.
ArcGIS	ArcGIS permite trabajar con datos LiDAR: Realizar vistas en 3D, Cambiar la calificación del LiDAR, Clasificar puntos usando entidades GIS, etc. En ArcGIS se puede incorporar LAStools para procesar LiDAR de forma mucho más eficiente y con múltiples funcionalidades.	
Terra Scan	Terra Scan es, posiblemente, el software más potente para el tratamiento de datos LiDAR, y permite la mayor parte de los tratamientos de datos LiDAR.	https://www.terrasolid.com/download/tscan.pdf
LiDAR360	Es un paquete de software que dispone de herramientas para la interacción efectiva y la manipulación de nubes de puntos LiDAR. Las funciones incluyen gestión de datos, alineación automática de trayectorias de vuelo, clasificación de nubes de puntos y actualización de módulos específicos como terreno y ALS/TLS forestal.	https://aerovant.com/lidar-360/

Esquema general de procesado de datos LiDAR

En este epígrafe se presenta de forma esquemática la cadena de procesos que tiene lugar para transformar la nube de puntos "cruda" en el producto final. En función de las especificaciones del proyecto, esta cadena de procesado será más o menos compleja. El resultado del procesado de los datos puede adoptar distintos formatos: modelos digitales (Modelo Digital de Elevación, Modelo Digital de Superficie, etc.), planos 2D, o modelos 3D totalmente texturizados. Generalmente, para llegar a un resultado final más avanzado, los resultados anteriormente mencionados se generan de forma automática como subproductos del procesado. En la parte práctica del capítulo, se puede acceder a un caso desarrollado, que permite profundizar en cada uno de los pasos del procesado de información LiDAR.

Los principales pasos del procesado de datos LiDAR son los siguientes (Figura 10.5):

1. Crear con LAStools un archivo LAZ con una nube de puntos LiDAR del área de trabajo a partir de varios bloques de datos descargados.

2. Recortar el archivo obtenido para el área de trabajo.

3. Obtener modelos digitales de elevaciones a partir de los datos LiDAR de la zona de estudio.

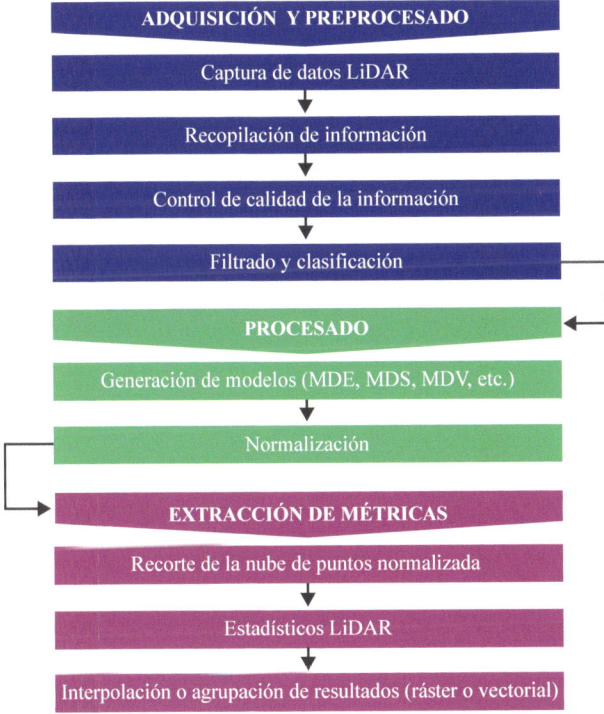

Figura 10.5. Flujo de trabajo para el procesado de datos LIDAR.

Generación de modelos digitales

El principal producto derivado del preprocesado de datos LiDAR son los Modelos Digitales del Terreno y de la Vegetación (MDT, MDV); es decir, una representación numérica de una variable espacial que se distribuye de forma continua sobre el territorio. Los Modelos Digitales de Elevaciones (MDE) representan la topografía del terreno mediante el modelado de su cota o altura. Cuando se modela el terreno, junto con los objetos que se encuentran sobre él, se utiliza el término Modelo Digital de Superficie (MDS) (https://iderioja.github.io/). El modelo digital de superficie genera una representación de la superficie normalizada (nDSM), que incluye la altura del objeto de estudio (por ej., la vegetación) considerando las alturas relativas de otros objetos (ej., suelo).

En su aplicación a las ciencias forestales, además de los modelos digitales de elevaciones, tienen especial interés los modelos relacionados con variables vinculadas a la vegetación, como el modelo de altura de la vegetación, o bien otras variables rasterizadas (altura dominante, diámetro normal, densidad, etc.).

En el análisis de datos LiDAR, los modelos digitales tienen un interés especial, ya que son los productos cartográficos de mayor valor interpretativo en función de su valor clasificado, lo que permite un análisis visual muy rápido de los resultados de la clasificación (https://iderioja.github.io/).

Los MD que se generan a partir de datos LiDAR se desarrollan normalmente en un entorno SIG o CAD y en formato ráster, donde los valores de elevación se almacenan en celdas bidimensionales mediante una interpolación, y donde los valores de elevación de los puntos de terreno que no contienen datos se obtienen a partir de otros puntos muestreados.

Se han desarrollado un gran número de técnicas de interpolación (Montealegre *et al.*, 2014). Entre los métodos más usados están los basado en técnicas geoestadísticas. La selección del método de interpolación se basa fundamentalmente en el uso que se quiera dar a los datos LiDAR, ya que las nubes de puntos LiDAR permiten generar MD de gran precisión y exactitud. Es importante indicar que los resultados producidos por los diferentes métodos pueden diferir considerablemente, por lo que es crucial la elección del que se va a utilizar. Una elección equivocada puede llevar a resultados de simulación defectuosos. Los MD se elaboran, normalmente, mediante una malla cuadrada con distinta resolución: 1×1 m, 2×2 m y 5×5 m, cubriendo el territorio completo de la zona objeto de análisis.

Ejemplo 2

Modelos digitales del terreno y un modelo digital normalizado de superficies (nMDS)

En este ejercicio se va a aprender a elaborar un Modelo Digital del Terreno o MDT, partiendo del archivo LiDAR trabajado en el ejercicio anterior y, sabiendo que contiene puntos clasificados correctamente como suelo.

1. Generar el modelo digital del terreno o MDT.

2. Generar el modelo digital normalizado de superficies (nMDS) o modelo digital de vegetación o de copas (MDC).

(Ver QR al final del capítulo para acceder a ejemplos).

Visualización 3D de los datos LIDAR

El usuario final puede visualizar la información procesada de un vuelo LiDAR, que tendrá un aspecto visual diferente al que tendría si los datos procedieran de técnicas fotogramétricas convencionales. La visualización de los datos LiDAR se obtiene a partir de diferentes *softwares* o SIG-3D (ver Tablas 10.3 y 10.4; Figura 10.6).

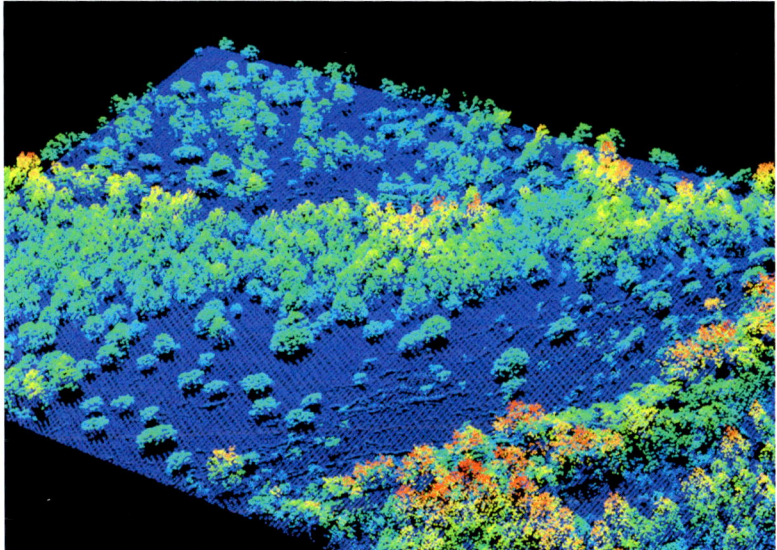

Figura 10.6. Modelo 3D con datos LIDAR de un área forestal.

Ejemplo 3

Visualización de datos LiDAR mediante la librería lidR en lenguaje R

En este ejercicio se va a aprender a visualizar datos LiDAR para conseguir información de la estructura de la vegetación tanto a nivel de masa, como a nivel de árbol individual.

1. Visualización y comprobaciones previas

(Ver QR al final del capítulo para acceder a ejemplos).

3. Aplicaciones forestales de la tecnología LIDAR

3.1. Aplicaciones al inventario forestal

Los gestores forestales reconocen cada vez más las ventajas de la aplicación de la tecnología LiDAR al inventario forestal, incluyendo su uso en la identificación de especies, el cálculo de variables dendrométricas y dasométricas (e.j., altura, dbh, densidad, área basimétrica, etc.), el desarrollo de modelos alométricos, la descripción de hábitats o los procesos de mortalidad forestal (Beland *et al.*, 2019). Posiblemente la aplicación más común de los datos LiDAR en ciencias forestales es la predicción de los atributos del inventario forestal, lo que permite crear mapas muy detallados de dichos atributos a escala de rodal o de árbol individual, que se pueden agregar a otros niveles de la planificación (ej., cantones).

La selvicultura fundamenta gran parte de sus actuaciones en el inventario forestal, así como en los conceptos de rodalización (segmentación) y de organización espacial de la vegetación, aspectos todos ellos de gran relevancia en la gestión forestal. Los métodos tradicionales para caracterizar la estructura de las masas forestales y capturar las características individuales de los árboles incluyen el inventario de campo y la interpretación de fotografías aéreas. Ambos métodos se siguen utilizando en este tipo de estudios, pero presentan limitaciones técnicas y económicas (e.j. son laboriosos, lentos y limitados por la accesibilidad espacial). Además, la fotografía aérea óptica no proporciona directamente información sobre la estructura del bosque en tres dimensiones, lo que hace recomendable el desarrollo de nuevas alternativas. El uso de la tecnología LiDAR, debido a su capacidad para generar datos tridimensionales (3D) con alta precisión y (muy) alta resolución espacial, es una herramienta insustituible para estudios forestales y del medio natural (Fernández-Landa *et al.*, 2013; Campón *et al.*, 2019). Son numerosas las revisiones sobre la aplicación de LiDAR a la dasometría y la selvicultura, así como a la cartografía forestal en ecosistemas complejos y heterogéneos (Rosette *et al.*, 2011; Wulder *et al.*, 2013; Beland *et al.*, 2019).

La aplicación más importante de la tecnología LiDAR en el ámbito de la selvicultura es el desarrollo de inventarios dendrométricos de gran precisión, a un costo bajo y con un mejor análisis de los errores y las inconsistencias entre los datos a diferentes escalas (árbol-rodal-cantón-cuartel). El incremento de las fuentes públicas de datos LiDAR (ver Tabla 10.2a y 10.2.b) ha multiplicado el acceso a estos datos y el desarrollo de diferentes aplicaciones, convirtiéndose en una herramienta cada vez más frecuente en una amplia variedad de disciplinas que incluyen inventarios de diferente naturaleza (ej., dasométricos, combustibles, composición específica, sanidad forestal, etc.), así como su integración/ fusión con otras imágenes (datos) en entornos SIG.

En ese sentido, el uso de datos LiDAR en estudios de la vegetación, desde cualquier de sus perspectivas (e.g., ecología, selvicultura, dinámica de la vegetación, etc.), requiere delimitar la unidad especial de trabajo, que puede ser el rodal (tesela) o el individuo (árbol o planta). La escala de trabajo define las dos principales aproximaciones al uso de LiDAR en ciencias forestales: i) las metodologías basadas en variables de masas a nivel de área (rodal) (ABA, *Area-Based Approach*), y ii) las de árbol individual con delineación de copas (ITC, *Individual Tree Crown Approach*). Ambas metodologías suponen un esfuerzo de procesado de la información y de toma de datos en campo muy diferente, siendo la metodología ITC más costosa que la ABA. Por otro lado, la ITC permite la estimación de variables dendrométricas que no podrían obtenerse mediante la metodología ABA. En el estudio realizado por González-Ferreiro *et al.* (2014), se observó que una reducción significativa en la densidad de datos LiDAR (de 8 a 0,5 pulsos m^{-2}) no afectó de manera importante a la estimación de variables relevantes para la gestión forestal a escala de rodal (ver también Guerra-Hernández *et al.*, 2016). Los modelos desarrollados mediante el enfoque ABA pueden aplicarse posteriormente para estimar, de manera espacialmente explícita, variables forestales de interés y generar mapas temáticos de predicción para cada una de las variables analizadas (Guerra-Hernández *et al.*, 2016) para toda el área forestal cubierta por el vuelo. Existen diversos estimadores, incluyendo los basados en modelos de regresión paramétrica y no paramétrica, que abordan este tipo de situaciones y que permiten obtener inferencias estadísticas sobre las variables de interés aplicadas a la gestión forestal (Tabla 10.5, Coops *et al.*, 2021). Una vez elegida la escala espacial (y segmentada ésta con precisión), se pueden derivar los atributos estructurales del árbol, como la altura, el diámetro de la copa, el diámetro normal, el área basimétrica, el volumen de madera, la biomasa o la especie. Por tanto, es importante tener un criterio de selección del método a emplear en función de los resultados esperados y de los errores admisibles.

3.2. Inventarios a escala de rodal

Los enfoques para obtener datos forestales basados en áreas (rodales) (ABA) predicen las variables forestales en función de la relación estadística entre las variables medidas en el campo y las características predictivas derivadas de las métricas ALS (Figura 10.7). El enfoque ABA, ampliamente adoptado, combina parcelas de radio fijo con datos coincidentes de LiDAR (normalmente, ALS o drones) para generar predicciones de inventario forestal para un conjunto de celdas regulares que cubren el área de estudio. Las celdas se tratan como la población de interés y su tamaño depende del tamaño de la parcela de entrenamiento utilizada para las mediciones de campo. Los resultados del inventario forestal a nivel de rodal se agregan sumando y ponderando las predicciones a nivel del conjunto de celdas que hay dentro de un rodal. Los ABA se basan, normalmente, en datos de altura obtenidos a través de ALS, que están altamente correlacionados con otras variables forestales, como el diámetro normal o el volumen total o medio (o biomasa) (Figura 10.8). En la actualidad, la metodología ABA se aplica ampliamente en España para los inventarios forestales; especialmente, a partir de la disponibilidad de datos ALS-PNOA y del acceso a parcelas de inventario (por ej., IFN4 e inventarios de ordenaciones georrefenciados con precisión submétrica).

Tabla 10.5. Estimadores de variables forestales a partir de datos LiDAR mediante métodos basados en modelos de regresión paramétrica y no paramétrica.

Método	Ventajas	Desventajas
Regresión (paramétrico)	• Fácil de entender y compartir • Familiar para la mayoría de los usuarios • Extrapolación posible fuera del rango de los datos de muestra utilizados para construir el modelo (proporcionando el modelo es imparcial y describe correctamente la población de interés) • Varias formas disponibles que ofrecen flexibilidad relativa a identificados necesidades de información: regresión mínimos cuadrados ordinarios (*Ordinary Least Squares regression*, OLS), regresión por mínimos cuadrados parciales (*Partial Least Squares*, PLS) y regresiones aparentemente no relacionadas (*Seemingly unrelated regressions*, SUR)	• Se deben realizar numerosas suposiciones probado y satisfecho (por ejemplo, normalidad, homogeneidad de varianza, no colinealidad de predictores). Los usuarios deben: i) conocer cuáles son estos supuestos; ii) saber cómo probarlos; iii) y saber qué hacer si los supuestos son violados • Las variables predictoras deben ser independiente • Transformaciones variables a menudo necesario para lograr la linealidad y para tener en cuenta la heterocedasticidad si está presente, transformaciones y corrección para el sesgo también se requieren • Los valores faltantes son problemáticos
Ramdom forests	• Menos suposiciones que para regresión paramétrica • No se requiere un formulario modelo especifico • El uso de tanto continuo como variables categóricas posibles como predictores o variables de respuesta • Rápido y relativamente fácil de usar • Importancia relativa de las variables puede ser determinado	• Relativo a la regresión paramétrica, a menudo visto como una "caja negra" como el modelo no está ilustrado de ninguna manera • Requiere una mayor cantidad de terreno parcela muestras • No se puede extrapolar más allá de los datos de entrenamiento, por lo que los datos de entrenamiento deben ser representativo del bosque variación estructural en el área de estudio • El componente aleatorio hace que los resultados varían ligeramente cuando se ejecutan varias veces en los mismos datos (a menos que la iniciación los parámetros son fijos)

Método	Ventajas	Desventajas
	• Se nacen menos suposiciones que la regresión paramétrica • No se requiere un formulario modelo específico • El uso de tanto continuo como variables categóricas como predictores o variables de respuesta • Asume que existe una relación sólida entre atributos y predictores; sin embargo, la naturaleza de ese la relación no necesita ser plenamente conocido	• En relación con la regresión paramétrica, es a menudo visto como una "caja negra" como el modelo no está ilustrado de ninguna manera • Sin extrapolación más allá del entrenamiento o conjunto de datos de referencia (denominado "Sesgo de extrapolación") y por lo tanto requiere más grande y más representativo datos de muestra del suelo • Sesgo de extrapolación agravado con un número creciente de vecinos (es decir, k> 1)
Método k-NN-MSN	• Correlación de predictor variables posibles • Estimación simultánea de múltiples variables dependientes (multivariante) habilitado • Varias versiones del enfoque permitir diferentes métodos para especificación de la métrica de distancia • Varianza-covarianza compleja La estructura de los datos del terreno puede ser retenido cuando k = 1 • Es probable que las predicciones estén dentro del límites de plausibilidad biológica	• Determinación posiblemente crítica del número apropiado de vecinos (si demasiados vecinos, el k-NN tiende hacia una estimación de la media) • Selección de una métrica de distancia

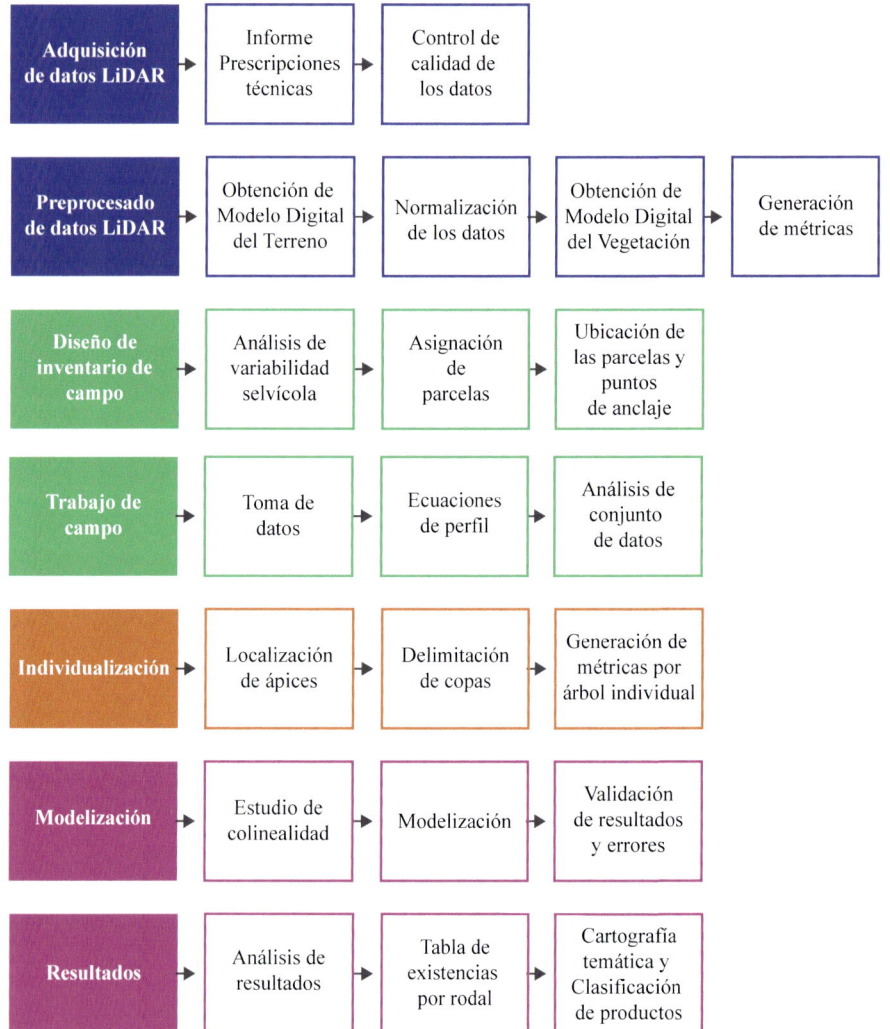

Figura 10.7. Metodología LiDAR para inventarios forestales
basados en áreas (rodales) (ABA).

La principal ventaja del ABA es que no requiere medir la posición de los árboles individuales, ya que sólo se necesita la posición de la parcela (con precisión submétrica) para georreferenciar la métrica LiDAR. Por otro lado, la proyección de los inventarios a escala de rodal resuelve muchas de las necesidades de información en diferentes situaciones selvícolas. Sin embargo, en otros casos, las predicciones están restringidas a la resolución de las celdas seleccionadas (parcelas), lo que limita la capacidad de predecir atributos a escalas más finas.

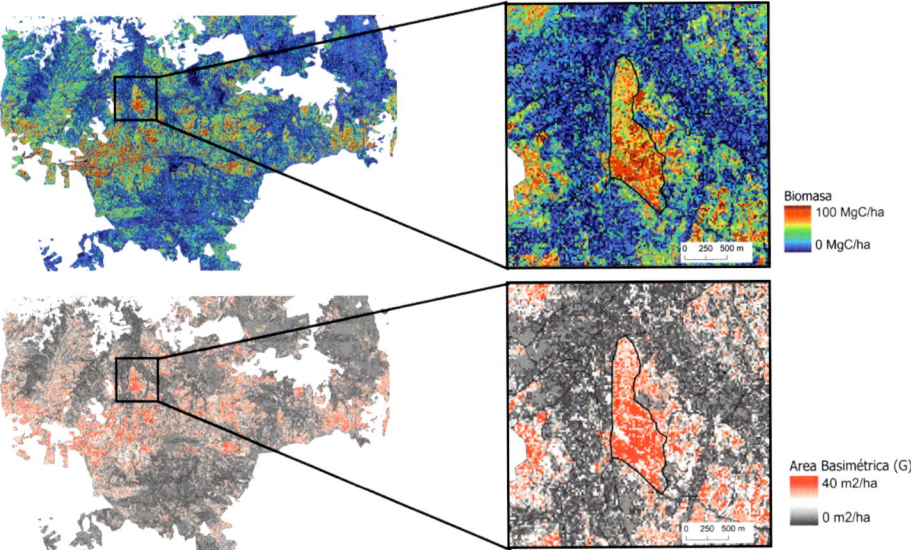

Figura 10.8. Ejemplo de inventario forestal a partir de datos
LiDAR basado en áreas (rodales) (ABA).

En cuanto a las aproximaciones estadísticas, se han utilizado modelos paramétricos y no paramétricos que permiten agregar las predicciones realizadas a nivel de unidades individuales (p. ej., píxeles o segmentos de árboles) a niveles más grandes (rodales o cantones). Los estimadores de error basados en estos modelos evalúan la incertidumbre para estas predicciones agregadas, tanto para rodales muestreados como no muestreados (Anexo I. Principales estadísticos de cálculo de errores en inventarios forestales con LiDAR). Los gestores forestales necesitan medidas de la incertidumbre para predicciones de rodales específicos (es decir, evaluaciones "locales" de incertidumbre), así como para rodales no muestreados. Los estimadores de error basados en modelos LiDAR cubren estas necesidades, asumiendo que las suposiciones del modelo y de las estimaciones de los parámetros son válidas para toda la población.

Ejemplo 4

Extracción de métricas de parcela y modelización de variables de inventario mediante LiDAR

Siguiendo el flujo de trabajo habitual de un inventario LiDAR, en este ejemplo se puede ver el procedimiento para la extracción de las métricas LiDAR de las parcelas y su modelización con las variables de campo.

(Ver QR al final del capítulo para acceder a ejemplos).

3.3. Inventarios a escala de árbol

En los últimos años ha irrumpido con fuerza un enfoque de uso de datos LiDAR en inventarios forestales a escala de árbol (*Treecentric approach*) (Dalponte y Coomes, 2016), dando lugar a un incremento en el desarrollo de métodos de segmentación de árboles individuales (*Individual Tree Segmentation,* ITS). El uso de métodos de detección de árboles individuales (ITS) ofrece una alternativa al enfoque basado en el área (ABA), aunque éste último sigue siendo el más utilizado. El ITS implica la detección de árboles individuales y la medición o predicción de variables a nivel de árbol, como la altura y el volumen. La unidad básica en el método ITS es un árbol individual, por lo que los resultados del inventario forestal a nivel de rodal se agregan sumando los datos de un conjunto de árboles. El análisis de variables dendrométricas a escala de árbol individual puede ser un tipo de información muy deseable en algunos inventarios (ej., selvicultura intensiva, masas huecas –dehesas–, detección de plagas, etc.). Sin embargo, en un inventario se pude buscar agregar las predicciones a escala de rodal. En tales casos, los métodos ITS a menudo presentan sesgos negativos debido a errores de omisión en el proceso de detección y comparación de árboles. En los últimos años, ha habido numerosos intentos de mejorar los métodos ITS, aunque el principal factor que influye en la calidad de los datos es la precisión en la medida de la ubicación y de la altura de los árboles del inventario, mientras que el impacto del aumento de la densidad de puntos es marginal (Frank *et al.*, 2020; Lara-Gómez *et al.*, 2023).

En un inicio, para la segmentación de árboles individuales se utilizaban métodos de campo o basados en fotointerpretación a partir de la morfología de la copa de los árboles ("binarización"). Sin embargo, las fotografías aéreas o las imágenes de satélite no son adecuadas para obtener un resultado en tres dimensiones de la superficie de la copa o para estimar la altura del árbol, por lo que se ha impuesto el uso de tecnología LiDAR, tanto con sensores aerotransportados (ALS) como terrestres (*Terrestrial Laser Scanning*, TLS). Se han desarrollado numerosas metodologías para realizar inventarios a escala de árbol individual, basadas en el conocimiento sobre la forma de los árboles y la detección de los bordes de las copas para determinar automáticamente la ubicación, la altura y el diámetro de la copa de árboles (Tabla 10.6; Koch *et al.*, 2013).

En general, la aplicación del método ITS comprende dos pasos: i) determinar la posición y la altura aproximada de los árboles detectados, lo que proporciona datos valiosos para modelar diversos atributos de los árboles; y, ii) extraer la información sobre las variables dendrométricas para cada árbol. Una de las metodologías ITS más utilizadas es el enfoque basado en la identificación de alturas máximas locales (CHM, *Canopy Height Model*) para lograr un número deseado de máximos locales bajo diferentes condiciones del dosel, y que utilizan distintos algoritmos (paquete EBimage, Pau *et al.*, 2010).

Aunque siempre surge la pregunta cuál de los dos enfoques, ABA o ITC, proporciona mejores predicciones a nivel de rodal, la respuesta va a depender de muchos factores relacionados con la planificación del inventario y de la aplicación de los resultados, teniendo en cuenta que es fundamental que las predicciones del inventario sean confiables.

Tabla 10.6. Métodos de segmentación de árboles individuales (ITS).

	Método
Métodos basados en ráster	Detección de copas de árboles
	Segmentación y postprocesamiento del resultado
	Métodos basados en objetos
Métodos basados en nubes de puntos	Técnicas de agrupamiento de k-medias
	Segmentación de árbol único basada en vóxeles
Combinación de información ráster, puntual y *a priori* para la creación de objetos de árbol	Adaptación de algoritmos de segmentación y detección de árboles con información *a priori*
	Análisis combinados de imágenes y nubes de puntos
	Integración de funciones de eco para segmentación
Tree Shape Reconstruction	Casco convexo
	Formas alfa
	Supercuádricos
	Modelos prismáticos 3D

Ejemplo 5

Extracción de métricas de árbol individual mediante LiDAR

Siguiendo el flujo de trabajo habitual de un inventario LiDAR, en este ejemplo se puede ver el procedimiento para la extracción de las métricas LiDAR de las parcelas y su modelización con las variables de campo.

(Ver QR al final del capítulo para acceder a ejemplos).

3.4. Otras aplicaciones en ciencias forestales

A pesar de la importancia de los datos LiDAR en los inventarios forestales, su uso a otras aplicaciones forestales. Por ejemplo, se han utilizado para el reconocimiento de especies, la caracterización de modelos de combustible, simulaciones de impactos ambientales, vías forestales, aprovechamientos forestales, detección de obstáculos, definición de hábitat, conectividad y fragmentación, restauración de ecosistemas, medio ambiente urbano, modelos digitales tridimensionales, interacción de la vegetación con líneas eléctricas, identificación de áreas con riesgo de inundaciones, evaluación de cauces de ríos, etc. En la Tabla 10.7 se sintetizan las principales áreas de desarrollo de aplicaciones LiDAR en ciencias forestales, incluyendo una o varias referencias que pueden ayudar a profundizar en dichas opciones. Cabe indicar que se puede aumentar considerablemente la capacidad de análisis si se combinan los datos LiDAR con otros datos, en particular los derivados de ortofotografías aéreas, fotogrametría digital, imágenes procedentes de sensores espaciales o bases de datos topográficos.

Tabla 10.7. Ejemplos de aplicaciones forestales de datos LiDAR.

Aplicaciones	Resultados principales	Referencia
Topografía	Balance de masas de las capas de hielo y nivel global del mar, altimetría, investigaciones geomórficas, análisis del territorio y modelización hidrológica.	Moreno-Baños *et al.*, 2011; Carrasco *et al.*, 2020; Gómez-Heras *et al.*, 2019; Fernández *et al.*, 2017; Casas *et al.*, 2010; Prendes *et al.*, 2019
Medición de la estructura y función de la cubierta forestal	Patrones horizontales y verticales de estructuras forestales, caracterización de inventarios forestales, indicadores de sanidad forestal, optimización de aprovechamientos forestales y modelización del combustible forestal.	García *et al.*, 2010; Tejerín *et al.*, 2022; Fernández-Landa *et al.*, 2018; Navarro-Cerrillo *et al.*, 2019; Crespo *et al*; 2023; Navarro-Cerrillo *et al.*, 2024
Predicción de la estructura y evolución de las masas forestales	Dinámicas de la vegetación postincendio, capacidad de secuestro de carbono e indicadores de rendimiento.	Viana-Soto *et al.*, 2022; Hirigoyen *et al.*, 2021; Navarro-Cerrillo *et al.*, 2018; Arias-Rodil *et al.*, 2018

4. Sensores Radar

4.1. Fundamentos de los sensores de imágenes de Radar

Un sensor de imágenes Radar (acrónimo de *Radio Detection and Range*) es un sensor activo que opera en el campo electromagnético comprendido en un rango del espectro entre 1 mm y 1 m (microondas), y que recibe una fracción de energía reflejada, la cual se amplifica y se analiza para determinar la localización y las propiedades de los objetos (Figura 10.9 y 10.10). Los sensores Radar, a diferencias de los sensores LiDAR, usan microondas para "iluminar" un objetivo en tierra con una geometría lateral, y miden la diferencia de tiempo entre las ondas transmitidas y reflejadas por los objetos situados el suelo (Irwin, 2019).

Los principios más relevantes de los sensores Radar espaciales son (IGN, 2018):

- Transmisión y recepción. Emite pulsos de energía electromagnética hacia la Tierra. Estos pulsos son generados por un transmisor a bordo del satélite y luego transmitidos a través de una antena hacia la superficie terrestre. Después de la transmisión, el sensor cambia al modo de recepción para detectar y medir la energía reflejada.

- Tiempo de vuelo. Mide el tiempo que tarda la señal en viajar desde el satélite hasta la superficie terrestre y regresar al sensor. Utilizando el principio del tiempo de vuelo, el sensor puede determinar la distancia entre el satélite y los objetos en la Tierra.

- Retorno de la señal. Cuando las ondas electromagnéticas inciden en la superficie terrestre, parte de la energía es absorbida por los objetos y la vegetación, y parte de ella es reflejada hacia el sensor. El sensor mide la energía reflejada, conocida como retorno de la señal, que proporciona información sobre las características de los objetos y la superficie terrestre.

- Polarización. Pueden transmitir y recibir ondas electromagnéticas en diferentes polarizaciones. La polarización se refiere a la orientación del campo eléctrico de la onda electromagnética. Al utilizar diferentes polarizaciones, los sensores Radar pueden obtener información adicional sobre las características de los objetos y la superficie terrestre.
- Resolución espacial. Pueden proporcionar imágenes de alta resolución espacial. Esto significa que pueden capturar detalles finos de la superficie terrestre y de los objetos presentes en ella. La resolución espacial depende de varios factores, como la frecuencia de operación del Radar y la altitud del satélite.
- Interferometría de Radar. Al utilizar múltiples imágenes de Radar tomadas en diferentes momentos, los sensores Radar espaciales pueden realizar la interferometría de Radar, que permite medir los cambios en la elevación de la superficie terrestre con alta precisión.

Las principales ventajas de los sensores Radar sobre los sensores ópticos son las siguientes:

- Operan en cualquier tipo de condiciones climáticas (capacidad de penetración a través de nubes)
- Tienen la capacidad de adquirir datos diurnos y nocturnos (independiente de la intensidad y ángulo de iluminación solar)
- Pueden penetrar a través de la vegetación, del suelo y de la nieve (hasta cierta profundidad)
- Son sensibles a la rugosidad de la superficie, a las propiedades dieléctricas y a la humedad (en forma líquida o de vapor)
- Son sensible a la polarización y a la frecuencia de las ondas
- Permiten el análisis volumétrico de un objeto.
- Mejoran el análisis de áreas inaccesibles

Estas características y ventajas hacen que los sensores Radar sean muy adecuados para analizar muchos aspectos relacionados con los ecosistemas forestales, por lo que se utilizan cada vez más en selvicultura. En particular, los sensores Radar permiten la reconstrucción 3D de la estructura de la vegetación y proporcionan información biofísica confiable, de forma comparable a otras herramientas convencionales, así como otros sensores, tanto pasivos como activos (LiDAR). Sin embargo, tradicionalmente, los tipos de sensores Radar y las limitaciones del procesado de este tipo de datos han limitado su generalización en el ámbito forestal, aunque en los últimos años el aumento de la disponibilidad de datos y la mejora de la capacidad de procesado han hecho que sea una de las técnicas que ha experimentado un mayor desarrollo en dicho el ámbito. Por otro lado, el hecho de que los datos Radar muestren diferencias en la rugosidad y en la geometría de la superficie, así como en el contenido de humedad del suelo, hace que se complementen con los sensores multiespectrales pasivos, y que, a menudo, se utilicen juntos para estudiar diferentes procesos (Figura 10.9).

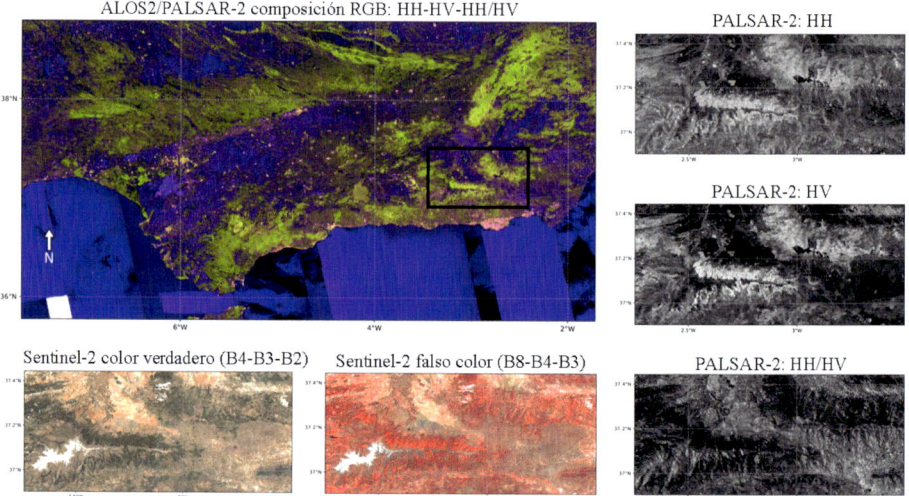

Figura 10.9. Composición RGB (HH, HV, NDBI) Imagen de una Radar (ALOS 2) con filtro de moteado utilizando el algoritmo de media de la Sª de los Filabres (Almería, España). La imagen de Radar posee originalmente una resolución de 25 m y una banda L.

4.2. Nociones sobre la geometría de los sensores Radar

Tal y como se ha indicado, los sistemas Radar son dispositivos que utilizan ondas electromagnéticas para detectar la presencia, la ubicación, la velocidad y otras características de un objeto en su entorno. Operan principalmente en el rango de microondas, que abarca frecuencias de aproximadamente 300 MHz a 300 GHz, y polarizadas en un plano vertical u horizontal (IGN, 2018). Dentro de este rango, las bandas de frecuencia más comunes para aplicaciones de Radar se incluyen las bandas L, S, C, X, Ku y Ka. Cada banda de frecuencia tiene características únicas que la hacen adecuada para ciertos tipos de aplicaciones. Por ejemplo, las bandas de frecuencia más bajas, como la banda L (aproximadamente 1-2 GHz), tienen mayor capacidad de penetración a través de materiales sólidos, como la tierra, lo que las hace adecuadas para aplicaciones de detección a larga distancia y en condiciones adversas, como en Radares meteorológicos. Por otro lado, las bandas de frecuencia más altas, como la banda Ka (aproximadamente 26,5 a 40 GHz), ofrecen una mayor resolución espacial, lo que las hace ideales para aplicaciones que requieren una alta precisión, como en Radares de control de tráfico aéreo.

El proceso físico detrás del funcionamiento de un Radar implica la transmisión de una señal electromagnética desde una antena (hasta 1500 pulsos de alta energía por segundo y con una duración entre 10 y 50 microsegundos) hacia un objeto en el espacio. Cuando esta señal choca con el objeto, parte de la energía se refleja de vuelta hacia la antena receptora del Radar. La magnitud y el tiempo de llegada de la señal reflejada (eco o *backscatter*) es recibido por la antena con una polarización específica (horizontal o vertical, pero no necesariamente la misma de la del pulso emitido) y proporciona información sobre la distancia al objeto, mientras que el cambio en la frecuencia de la señal reflejada (efecto Doppler) proporciona información sobre la velocidad del objeto. Los valores de la señal recibida se almacenan en formato digital y quedan registrados para su posterior procesamiento y conversión en una imagen (IGN, 2018). A partir de la medida del tiempo entre el pulso emitido y el reflejado se puede calcular la distancia al objeto reflector.

Los sensores Radar presentan diferentes tipos de resolución, aunque las más importantes cuando se aplican en el ámbito de la selvicultura son:

- Resolución espacial. Se determina por la anchura del haz de la antena del Radar; cuanto más estrecho es el haz, mayor será la resolución espacial. La resolución espacial es esencial para la detección de objetivos pequeños y la discriminación de detalles en imágenes Radar.

- Resolución de rango. Se refiere a la capacidad de un Radar para distinguir entre objetivos que están ubicados a distancias cercanas entre sí. Se determina por la duración del pulso de Radar y la anchura del ancho de banda de la señal Radar; cuanto más corto es el pulso y más ancho el ancho de banda, mayor será la resolución de rango. Una mayor resolución de rango es esencial para identificar objetos pequeños y realizar análisis de estructuras complejas de la vegetación.

- Resolución de azimut. Se refiere a la capacidad de un Radar para distinguir entre objetivos que están ubicados en direcciones azimutales cercanas entre sí. Se determina por la anchura del haz de la antena en el plano horizontal; cuanto más estrecho es el haz, mayor será la resolución de azimut.

Los datos de Radar se estructuran típicamente en una matriz de píxeles (que representa el eco proveniente de un área correspondientes sobre el terreno) para su posterior procesamiento e interpretación. Esta representación matricial permite una visualización conveniente de la información recopilada por el Radar y facilita el análisis de patrones, características y cambios en el entorno observado. En conjunto, dicha matriz incluye:

- Datos de adquisición. Información sobre la longitud de onda (o frecuencia), la distancia, la velocidad, la polarización, la dirección y el ángulo de observación, entre otras características de los objetos detectados en el área de observación.

- Datos espaciales, que representan la ubicación específica en el área de observación y la información relativa a los objetos detectados en esa ubicación.

- Datos temporales, ya que capturan la evolución de los objetos detectados a lo largo del tiempo, lo que implica la adquisición de múltiples muestras de datos en intervalos regulares.

Una vez adquiridos, los datos Radar se procesan para extraer información relevante y generar una imagen Radar. Este proceso implica la combinación de los datos de los múltiples pulsos de Radar para cada píxel de la matriz, lo que permite mejorar la calidad de la imagen y reducir el "ruido" generados por diferentes factores (ej., topografía). Finalmente, los datos de Radar procesados se visualizan en forma de una imagen Radar, donde cada píxel de la matriz representa una ubicación en el área de observación y tiene un valor correspondiente que indica la intensidad de la señal Radar en esa ubicación. Esta imagen proporciona una representación visual (textura de la superficie, propiedades dieléctricas, ángulo y orientación de la pendiente) de los objetos detectados y sus características en el área de observación.

A partir de este matriz, de forma muy simplificada, una imagen Radar puede contener diferentes tipos de información (Figura 10.10; IGN, 2018):

- La respuesta del terreno a la radiación emitida por el sensor y su distribución espacial.
- El tiempo de retorno del pulso de radiación emitido, que se utiliza para generar modelos de elevación.
- El retardo entre dos bandas con polarización diferente, que es útil para estimar los tipos de suelo presentes.
- La rugosidad del terreno, con un nivel de detalle comparable a la longitud de onda utilizada.
- El ángulo de depresión, que es el ángulo formado entre la dirección de observación y la horizontal.
- El ángulo de incidencia, que es el ángulo formado entre la dirección de observación y la perpendicular al objetivo, y que puede variar dentro de una misma imagen.
- La polarización u orientación (horizontal o vertical) de la onda emitida por el sensor y la polarización con la que se recibe la onda de vuelta. Esto permite obtener cuatro combinaciones posibles (HH, HV, VH, VV), que se pueden utilizar como si fueran cuatro bandas distintas, ya que cada una contiene información diferente.

Las imágenes de Radar, debido a los cambios de tono y textura, no tienen una interpretación tan "intuitiva" como las imágenes procedentes de los satélites ópticos (Figura 10.10). Además, suelen presentar un aspecto granulado ("sal y pimienta"), que es inherente a la naturaleza misma del Radar. El "tono" de una imagen Radar se refiere a la intensidad de la señal reflejada por un objeto en la escena observada. Esta intensidad está relacionada con la cantidad de energía Radar devuelta por el objeto y se representa mediante la escala de grises en la imagen. Los objetos que reflejan más energía Radar aparecerán con tonos más claros en la imagen, mientras que los objetos con superficies planas (por ej., una lámina de agua), aparecen con tonos oscuros (la reflexión es, principalmente, especular y genera poco retorno); la vegetación aparece con tonos intermedios. Por otro lado, el tono en una imagen de Radar puede variar según el material y la textura (fina, media o gruesa) de la superficie del objeto. Por ejemplo, las superficies metálicas tienden a reflejar más energía Radar y pueden aparecer más brillantes en la imagen, mientras que las superficies rugosas pueden dispersar la energía Radar en varias direcciones, lo que resulta en tonos más oscuros. Además del material y la textura, la topografía y la geometría del terreno también pueden influir en el tono de una imagen de Radar; por ejemplo, las áreas con pendientes pronunciadas pueden producir sombras Radar que aparecen como tonos oscuros en la imagen, mientras que las áreas planas y horizontales pueden producir tonos más claros.

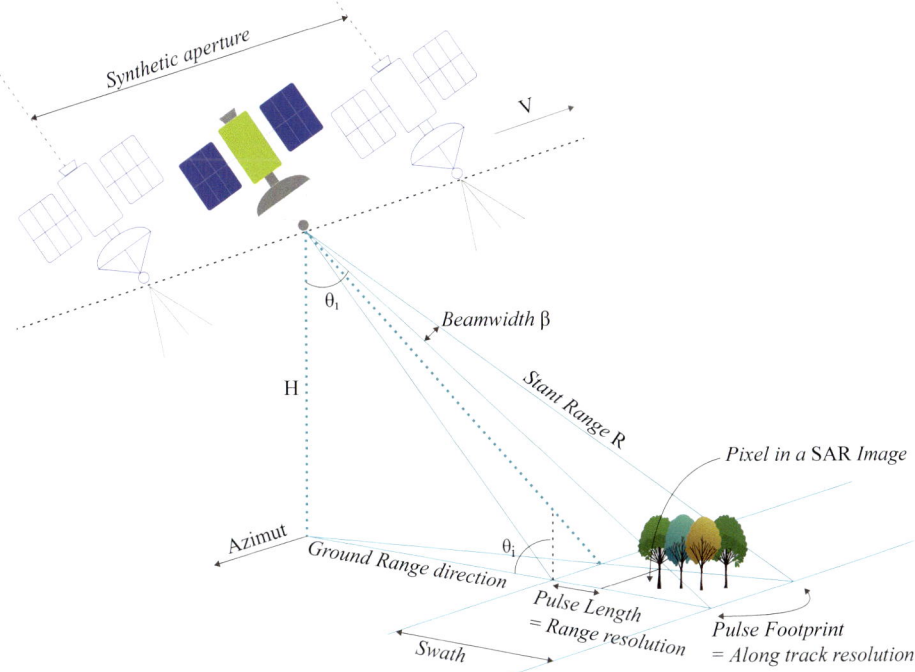

Figura 10.10. Geometría de observación de un generador de imágenes SAR. El Radar se desplaza a lo largo de una línea recta a una altitud H y observa la Tierra con un ángulo de observación oblicuo θ_l. En lugar del ángulo de observación, a veces se anota el ángulo de incidencia $\theta_i = (90° - \theta_l)$. El tamaño de la huella iluminada viene definido por la anchura del haz de la antena β y la distancia entre el satélite y el suelo R.

Los sensores Radar de apertura sintética (SAR, por sus siglas en inglés *Synthetic Aperture Radar*) son sistemas que utilizan técnicas avanzadas de procesamiento de señales para generar imágenes de alta resolución de la superficie terrestre. A diferencia de los Radares convencionales, los SAR aprovechan el movimiento relativo entre la plataforma del sensor (como un satélite o un avión) y el objeto medido. Los sensores SAR se han generalizado en diversas aplicaciones forestales, como la cartografía de cobertura forestal, el monitoreo de cambios en la superficie terrestre, el seguimiento de desastres naturales, etc. (Tsokas *et al.*, 2022).

4.3. Tipos y acceso a datos Radar

En la tabla 10.8 se indican las longitudes de onda más frecuentes en los sistemas Radar, que determina el poder de penetración en la vegetación y en el suelo. Esta penetración será mayor a mayor longitud de onda, o sea a menor frecuencia. En general, cada sistema de Radar aéreo o satelital utiliza sólo una de estas bandas, según su campo de aplicación.

Tabla 10.8. Longitudes de onda más frecuentes en los sistemas Radar (IGN, 2018).

Banda	Longitud de onda (cm)	Frecuencia (GHz)	Aplicaciones potenciales	Ejemplos de sensores
X	2,4–3,8	8–12	Cartografía de alta resolución	TerraSAR-X (SAR: *Synthetic Aperture Radar*) Tandem-X CosmoSky-Med
C	3,8–7,5	4–8	Agricultura, selvicultura e hidrología	Envisat-ASAR (ASAR: *Advanced Synthetic Aperture Radar*) Radarsat-2 Sentinel-1
L	15–30	1–2	Estudios de vegetación, suelos, humedad y biomasa	JERS-1 (JERS: *Japanese Earth Resources Satellite*) ALOS/PALSAR ALOS-2/PALSAR-2 (ALOS: *Advanced Land Observing Satellites*; PALSAR: *Phased Array Lband, Synthetic Aperture Radar*)
P	30–100	0,3–1	Vegetación y biomasa	BIOMASS (ESA) (ESA: *European Space Agency*)

La baja resolución espacial de los sistemas de Radar quedó resuelta con el uso de los SAR. Los sensores SAR se pueden clasificar en función de varios criterios:

- Plataforma sobre la que operan. Al igual que otros sensores, pueden ser plataformas espaciales o aerotransportadas (Tabla 10.9).
- Combinación de bandas de frecuencia y los modos de polarización utilizados en la adquisición de datos. Se pueden clasificar como de frecuencia única (banda L, banda C o Banda X), de frecuencia múltiple (una combinación de dos o más bandas de frecuencia), de polarización única (VV, HH o HV) y de polarización múltiple (una combinación de dos o más polarizaciones modos). Las características específicas de cada banda se pueden encontrar en la Tabla 10.8.

- Frecuencia de las bandas en las cuales operan. Es decir, frecuencias de ondas en las que operan (que generan productos de diferente resolución espacial y espectral). Existen diferentes tipos de técnicas de SAR, como el SAR de banda ultra ancha, el SAR teraherz, interferometría diferencial (D-InSAR) y el SAR interferométrica (InSAR) (ver Tabla 10.8).

Ejemplo 6

Descarga de datos SAR ALOS-2 L-Band en Google Earth Engine

En este ejercicio se va a aprender a descargar y manipular datos radar ALOS 2 provenientes de la Agencia espacial japonesa JAXA. También se aplicará un filtro de moteado y se filtraran las polarizaciones HH y HV.

El mosaico global ALOS PALSAR/PALSAR-2 de 25 m es una imagen SAR global perfecta creada mediante el mosaico de franjas de imágenes SAR de PALSAR/ PALSAR-2. para el *dataset* de GEE Las imágenes SAR se ortorectificaron y se corrigió la pendiente utilizando el modelo de superficie digital ALOS World 3D - 30 m (AW3D30).

(Ver QR al final del capítulo para acceder a ejemplos).

Ejemplo 7

Descarga de datos SAR SENTINEL 1 C-Band en Google Earth Engine

En este ejercicio se va a aprender a descargar y manipular datos Radar Sentinel 1 c-band. También se aplicará un filtro de moteado y se seleccionaran las polarizaciones VV y VH.

La misión Sentinel-1 proporciona datos de un instrumento de radar de apertura sintética (SAR) de banda C de doble polarización a 5,405 GHz (banda C). Esta colección incluye las escenas de rango de terreno detectado (GRD) S1, procesadas con Sentinel-1 Toolbox para generar un producto calibrado y ortocorregido. La colección se actualiza diariamente. Los nuevos activos se incorporan dentro de los dos días posteriores a su disponibilidad.

(Ver QR al final del capítulo para acceder a ejemplos).

4.4. *Software* de procesado de datos Radar

El procesado de datos Radar-SAR se puede hacer utilizando diferentes tipos de *software* especializados que usan distintos algoritmos para el tratamiento digital de las imágenes. En la tabla 10.10 se resumen los programas de *software* libre para procesar datos SAR, y en la tabla 10.11 los *softwares* comerciales de mayor difusión para trabajar con datos SAR.

Tabla 10.9. Plataformas que ofrecen información Radar de diferentes características y en distintas condiciones (* = lanzamiento programado para 2024).

Producto	Formato
ESA - COPERNICUS - Sentinel-1 | Copernicus Data Space Ecosystem	
https://developers.google.com/earth-engine/datasets/catalog/COPERNICUS_S1_GRD	
La misión Sentinel-1 comprende una constelación de dos satélites en órbita polar que operan día y noche y generan imágenes de Radar de apertura sintética en banda C, lo que les permite adquirir imágenes independientemente del clima. Sentinel-1 funcionará en un modo de operación preprogramado para evitar conflictos y producir un archivo de datos consistente a largo plazo creado para aplicaciones basadas en series de tiempo largas. Sentinel-1 es la primera de las cinco misiones que la ESA está desarrollando para la iniciativa Copernicus.	Cada escena tiene 3 resoluciones (10, 25 o 40 m), 4 combinaciones de bandas (correspondientes a la polarización de la escena) y 3 modos de instrumento. El uso de la colección en un contexto de mosaico probablemente requerirá filtrar hasta un conjunto homogéneo de bandas y parámetros. • VV: copolarización única, transmisión vertical/recepción vertical • HH: copolarización única, transmisión horizontal/recepción horizontal • VV + VH: polarización cruzada de doble banda, transmisión vertical/recepción horizontal • HH + HV: polarización cruzada de doble banda, transmisión horizontal/recepción vertical
ESA – Biomass *	
https://earth.esa.int/eogateway/missions/biomass	
La misión Biomass, que lleva un novedoso Radar de apertura sintética de banda P, está diseñada para brindar información crucial sobre el estado de nuestros bosques y cómo están cambiando y para ampliar nuestro conocimiento sobre el papel que desempeñan los bosques en el ciclo del carbono.	Lleva, por primera vez desde el espacio, un instrumento de Radar de apertura sintética (SAR) de banda P para determinar la cantidad de biomasa y carbono almacenados en los bosques.

Producto	Formato
JAXA - Advanced Land Observing Satellite-2 (ALOS-2)	
https://www.eorc.jaxa.jp/ALOS/en/dataset/alos_open_and_free_e.htm https://code.earthengine.google.com/18927a33b2f3197e12bdead34062581d https://github.com/awslabs/open-data-registry/blob/main/datasets/jaxa-alos-palsar2-scansar.yaml	
El mosaico global PALSAR/PALSAR-2 de 25 m es una imagen SAR global perfecta creada mediante el mosaico de franjas de imágenes SAR de PALSAR/PALSAR-2. Para cada año y ubicación, los datos de la franja se seleccionaron mediante inspección visual de los mosaicos de ramoneo disponibles durante el período, utilizándose preferentemente aquellos que muestran una respuesta mínima a la humedad de la superficie. Para cada mosaico anual, sólo se han utilizado datos del año objetivo y, por lo tanto, no se han utilizado datos de años anteriores para cubrir lagunas en el caso de lagunas en la cobertura global anual. No hay datos para 2011-2014 debido a la brecha entre la cobertura temporal de ALOS y ALOS-2. Las imágenes SAR se rectificaron orto y se corrigió la pendiente utilizando el modelo de superficie digital ALOS World 3D - 30 m (AW3D30).	Los mosaicos globales PALSAR-2/PALSAR son conjuntos de datos anuales gratuitos y abiertos generados por JAXA utilizando el Radar de apertura sintética de banda L (PALSAR-2 y PALSAR) en el Satélite Avanzado de Observación Terrestre-2 (ALOS-2) y el Satélite Avanzado de Observación Terrestre. (ALOS). Los mosaicos se han creado ensamblando largos trayectos de imágenes de retrodispersión PALSAR-2/PALSAR observadas a través del Escenario de Observación Básica global ALOS-2/ALOS. Corrección de distorsiones geométricas (ortorrectificación) y efectos topográficos en la intensidad de la imagen (corrección de pendiente radiométrica). Los conjuntos de datos están disponibles en polarizaciones HH y HV, dadas como retrodispersión Gamma-0 de amplitud lineal. Se proporcionan como mosaicos de 1×1 grados en coordenadas geográficas (latitud/longitud) con una separación entre píxeles de 0,8 segundos de arco (aproximadamente 25 m en el ecuador).
JAXA - Advanced Land Observing Satellite-4 (ALOS-4) *	
https://www.eorc.jaxa.jp/ALOS/en/alos-4/a4_about_e.htm	
ALOS-4 (*Advanced Land Observing Satellite-4*) es sucesor de la misión SAR de ALOS y ALOS-2. Está equipado con un Radar de apertura sintética en banda tipo L (PALSAR-3). El ancho de observación del ALOS-4 se incrementa drásticamente de 50 km (ALOS-2) a 200 km, manteniendo la alta resolución.	• Misma órbita que ALOS-2 • Órbita subrecurrente heliosincrónica • Altitud: 628 km • Ángulo de inclinación: 97,9 grados • Hora local del sol al descender: 12:00 ± 15min. • Tiempo de revisita: 14 días (15-3/14 rev/día)

Tabla 10.9. (cont.)

Producto	Formato
SAOCOM	
https://catalogos.conae.gov.ar/catalogo/catalogoSaocomDocs.html https://catalog.saocom.conae.gov.ar/catalog/#/ https://catalogos.conae.gov.ar/catalogo/docs/SAOCOM/Manual_Usuario_SAOCOM_Feb-2023.pdf	
Consiste en la puesta en órbita de dos satélites SAOCOM 1A y 1B, idénticos, que al ser dos permiten obtener la revisita adecuada de la superficie terrestre monitoreada. Los satélites SAOCOM, junto con 4 satélites de la Constelación Italiana COSMO- SkyMed de la Agencia Espacial Italiana (ASI), integran el Sistema Ítalo Argentino de Satélites para la Gestión de Emergencias (SIASGE), creado por la Comisión Nacional de Actividades Espaciales (CONAE) y la ASI para beneficio de la sociedad, la gestión de emergencias y el desarrollo económico.	Propiedades de la adquisición: • Modo de vista: RIGHT • Modo de adquisición: por el momento sólo STRIPMAP • Tipo de órbita: ASCENDING y DESCENDING • Polarización: QP - Quad Pole, DPHHHV y DPVHVV - Dual Pole y SPHH y SPVV - Single Pole
ESA COSMO-SkyMed	
https://earth.esa.int/eogateway/missions/cosmo-skymed#instruments-section https://earth.esa.int/eogateway/catalog/cosmo-skymed-esa-archive	
COSMO-SkyMed (CSK) es una constelación italiana de imágenes de la Tierra que consta de cuatro satélites idénticos que se lanzaron entre 2007 y 2010. CSK-1, CSK-2 y CSK-4 siguen operativos. COSMO-SkyMed significa 'Constelación de pequeños satélites para la observación de la cuenca mediterránea'. La misión pertenece y está operada por ASI (*Agenzia Spaziale Italiana*) y está financiada por el Ministerio de Investigación y el Ministerio de Defensa italianos.	Spotlight: un modo de alta resolución recopilado en un área pequeña dirigiendo el haz del Radar ligeramente de adelante hacia atrás durante el periodo de recopilación. Stripmap: un modo de resolución media recopilado en franjas largas y continuas en las que el haz apunta lateralmente a la trayectoria del satélite. ScanSAR: un modo de baja resolución que crea franjas extra anchas al recolectar segmentos cortos en diferentes rangos y luego unirlos en mosaico. Todos los modos utilizan una polarización seleccionable entre HH, VV, HV o VH, excepto Stripmap PING PONG con dos polarizaciones seleccionables entre HH, VV, HV o VH.

Producto	Formato
NISAR (*)	
https://www.asc-csa.gc.ca/eng/satellites/Radarsat/access-to-data/about.asp https://www.eodms-sgdot.nrcan-rncan.gc.ca/index-en.html	• Resolución Espacial: RadarSAT-2 ofrece una variedad de modos de operación que proporcionan diferentes resoluciones espaciales, que van desde unos pocos metros hasta varias decenas de metros. • Frecuencias: Opera en la banda C de frecuencia (aproximadamente de 5,4 a 5,8 GHz), lo que le permite penetrar la atmósfera y las nubes para adquirir datos independientemente de las condiciones climáticas. • Modos de Adquisición: RadarSAT-2 puede operar en varios modos de adquisición, incluyendo ScanSAR (Wide, Narrow, y Extra-Wide), Spotlight, StripMap (Ultra-Fine, Fine, y Standard), y Polarimetría. • Cobertura: Tiene la capacidad de adquirir datos en cualquier lugar del mundo, con una amplia cobertura en latitudes altas y polares. • Formato de Datos: Los datos de RadarSAT-2 generalmente se distribuyen en formato de imagen SAR en bruto, que luego puede ser procesado para diversas aplicaciones.
La misión satelital RadarSAT-2 ofrece poderosos avances técnicos que mejoran la vigilancia marina, el monitoreo del hielo, la gestión de desastres, el monitoreo ambiental, la gestión de recursos y la cartografía en todo el mundo. Este proyecto representa una colaboración única entre gobierno (Agencia Espacial Canadiense - CSA) e industria (MacDonald, Dettwiler y Associates Ltd.). Aunque los datos de RadarSAT-2 no son de acceso completamente abierto y gratuito para todos los usuarios, la CSA puede proporcionar opciones de acceso a datos a través de diferentes programas y acuerdos, dependiendo de las necesidades y circunstancias específicas del usuario. Los usuarios en los campos de la agricultura, cartografía, hidrología, silvicultura, oceanografía y estudios de hielo se beneficiarán de datos de Radar más fácilmente accesibles.	
ESA TerraSAR-X	
https://earth.esa.int/eogateway/missions/terrasar-x-and-tandem-x	Resolución y tamaño de escena de los modos de imágenes SAR que se difunden en el marco de las Misiones de Terceros (TPM) : • StripMap (SM): 3 m; 30×50 km² (hasta 30×1650 km²) • SpotLight (SL): 2 m; 10×10 km² • Staring SpotLight (ST): 0,25 m; 4×3,7 km² • SpotLight de alta resolución (HS): 1 m; 10×5 km² • ScanSAR (SC): 18 m; 100×150 km² (hasta 100×1650 km²) • Wide ScanSAR (WS): 40 m; 270×200 km² (hasta 270×1500 km²)
La colección de archivos TerraSAR-X de la ESA consta de productos TerraSAR-X y TanDEM-X solicitados por proyectos apoyados por la ESA en sus áreas de interés en todo el mundo. El conjunto de datos crece periódicamente a medida que la ESA recopila nuevos productos a lo largo de los años. Los productos de imagen TerraSAR-X/TanDEM-X se pueden adquirir en 6 modos de imagen con resoluciones y tamaños de escena flexibles. Gracias a diferentes combinaciones polarimétricas y niveles de procesamiento, las imágenes entregadas se pueden adaptar específicamente para cumplir con los requisitos de la aplicación.	

Tabla 10.10. Programas de *software* libre para procesar datos SAR.

Software	Capacidades	Limitaciones	URL descarga
ISCE	ISCE (InSAR *Scientific Computing Environment*) es una *suite* de *software* de código abierto desarrollada principalmente por JPL (*Jet Propulsion Laboratory*) de la NASA para el procesamiento de datos InSAR (Interferometria SAR). Ofrece capacidades para la corrección de datos SAR, el procesamiento de interferogramas y la generación de mapas de deformación. También incluye herramientas para el procesamiento de datos polarimétricos y de interferometría de apertura.	Aunque ISCE es una herramienta poderosa, puede tener una curva de aprendizaje pronunciada para los usuarios nuevos debido a su complejidad y a la necesidad de conocimientos técnicos en procesamiento de Radar.	https://github.com/isce-framework/isce2
ROI_PAC	ROI_PAC (*Repeat Orbit Interferometry Package*) es otro *software* de código abierto utilizado para el procesamiento de datos InSAR. Ofrece herramientas para la corrección de datos SAR, el procesamiento de interferogramas y la estimación de la deformación del terreno.	Puede tener una curva de aprendizaje similar a ISCE y, para su uso eficaz, puede requerir conocimientos avanzados en procesamiento de Radar.	https://sioviz.ucsd.edu/~fialko/roi_pac.html
GMTSAR	GMTSAR es una extensión del *software* GMT (*Generic Mapping Tools*) que se utiliza para el procesamiento de datos SAR. Proporciona herramientas para la corrección de datos SAR, la generación de interferogramas y la visualización de resultados.	GMTSAR puede tener una curva de aprendizaje pronunciada y puede ser menos intuitivo para usuarios nuevos en comparación con otras herramientas de procesamiento SAR.	https://topex.ucsd.edu/gmtsar/
DORIS	DORIS (*Delft Object-oriented Radar Interferometric Software*) es una *suite* de *software* de código abierto desarrollada por la Universidad de Delft para el procesamiento de datos InSAR. Ofrece capacidades para el procesamiento de datos SAR, la generación de interferogramas y la estimación de la deformación del terreno.	DORIS puede tener una base de usuarios más pequeña en comparación con otras herramientas más establecidas, como ISCE y ROI_PAC, lo que puede significar menos recursos y documentación disponibles.	http://doris.tudelft.nl/

Software	Capacidades	Limitaciones	URL descarga
Sentinel-1 Toolbox	SNAP es un conjunto de herramientas desarrollado por la Agencia Espacial Europea (ESA) para el procesamiento de datos de la misión Sentinel-1, que utiliza tecnología SAR. Ofrece capacidades para la corrección de datos SAR, el procesamiento de interferogramas, la clasificación de imágenes, entre otras.	NAP está más centrado en el procesamiento de datos de la misión Sentinel-1. Puede tener algunas limitaciones en comparación con herramientas más especializadas, como ISCE y ROI_PAC, para ciertos tipos de análisis SAR.	European Space Agency https://sentinel.esa.int/web/sentinel/toolboxes/sentinel-1
SARbian	SARbian es una distribución de Linux diseñada específicamente para el procesamiento de datos SAR. Incluye ur a variedad de herramientas y paquetes de *software* para el análisis SAR, como herramientas de corrección de datos, procesamiento de interferogramas y generación de productos SAR.	Puede requerir cierto conocimiento técnico para su instalación y configuración, ya que es una distribución de Linux especializada. Además, su comunidad de usuarios puede ser más pequeña en comparación con *softwares* más establecidos, como SNAP o ISCE	https://eo-college.org/sarbian/
PolSAR Pro	PolSAR Pro es una herramienta gratuita desarrollada por la Agencia Espacial Europea (ESA) para el procesamiento y análisis de datos de polarimetría SAR (PolSAR). Ofrece una variedad de funciones para la visualización, análisis y procesamiento de datos PolSAR.	Aunque PolSAR Pro es una herramienta gratuita y poderosa, puede tener una curva de aprendizaje pronunciada para los usuarios nuevos, especialmente aquellos sin experiencia previa en el análisis de datos PolSAR.	https://earth.esa.int/eogateway/tools/polsarpro

Tabla 10.11. Programas de software comerciales para procesar datos SAR.

Software	Capacidades	Limitaciones	URL descarga
Gamma	Proporciona un conjunto completo de herramientas para el procesamiento de datos SAR, incluyendo corrección de imagen, generación de interferogramas, estimación de movimiento del suelo y análisis de deformación. También ofrece capacidades avanzadas para el procesamiento de datos polarimétricos y de interferometría de apertura.	Puede tener un costo significativo, lo que puede limitar su accesibilidad para algunos usuarios. Además, puede requerir una curva de aprendizaje pronunciada debido a su amplia gama de funciones y su enfoque en aplicaciones científicas y profesionales.	https://www.gamma-rs.ch/
ENVI SARScape	Es una *suite* de *software* especializada en el procesamiento y análisis de datos SAR. Ofrece herramientas avanzadas para la corrección de imagen SAR, generación de interferogramas, análisis de polarimetría SAR y clasificación de imágenes SAR.	Puede tener un costo asociado y puede no estar disponible para todos los usuarios debido a restricciones de licencia. Además, su uso puede requerir cierto nivel de experiencia en el procesamiento SAR	https://www.nv5geospatialsoftware.com/Products/ENVI-SARscape
DIAPASON	Es una herramienta comercial especializada en el procesamiento y análisis de datos SAR para aplicaciones geofísicas y de monitoreo del terreno. Ofrece capacidades para la corrección de datos SAR, generación de interferogramas, análisis de deformación y modelado geodésico.	Costo asociado y puede no estar disponible para todos los usuarios debido a restricciones de licencia. Además, puede requerir cierto nivel de experiencia en el procesamiento SAR y geodésico para su uso efectivo.	https://terradue.github.io/doc-tep-geohazards-v2/tutorials/diapason-iw.html

Software	Capacidades	Limitaciones	URL descarga
IMAGINE Radar Mapping Suite	Es una *suite* de *software* comercial desarrollada por Hexagon Geospatial que proporciona herramientas para el procesamiento, análisis y visualización de datos SAR. Incluye capacidades para la corrección de imagen SAR, generación de interferogramas, análisis de polarimetría SAR y clasificación de imágenes SAR.	Costos asociados y altos niveles de experiencia en la manipulación de datos y procesamiento SAR.	https://supportsi.hexagon.com/s/ article/IMAGINE-Radar-Mapping-Suite?language=en_US
SARSCAPE	Es una *suite* de *software* comercial desarrollada por Norut para el procesamiento y análisis de datos SAR. Ofrece una amplia gama de herramientas para el procesamiento de datos SAR, incluyendo corrección de imagen, generación de interferogramas, análisis de polarimetría SAR, clasificación de imágenes SAR y modelado geoespacial. Proporciona capacidades avanzadas para el análisis de imágenes SAR, incluyendo herramientas para la detección de cambios, la monitorización de desastres naturales y la gestión de recursos naturales.	Costos asociados. Curva de aprendizaje dado su amplio conjunto de funciones y puede requerir cierto nivel de experiencia en el procesamiento SAR y geoespacial, lo que puede limitar su accesibilidad para usuarios nuevos o menos experimentados.	https://www.sarmap.ch/index.php/ software/sarscape/

4.5. Esquema de procesado de datos Radar

El procesamiento de datos SAR para aplicaciones forestales implica efectuar una serie de pasos y técnicas específicas (ver Figura 10.5, Figura 10.11, Flores-Anderson *et al.*, 2019):

- Calibración. Corrección de los datos SAR para eliminar los efectos del sistema de adquisición y de los factores ambientales. Incluye la corrección del ruido, la compensación de la atenuación y la calibración de la amplitud y fase de los datos.

- Filtrado y eliminación de ruido. Los datos SAR pueden contener diversos tipos de ruido, como el ruido *speckle*, que es inherente a las imágenes SAR. Se aplican técnicas de filtrado para reducir el ruido y mejorar la calidad de la imagen.

- Georreferenciación para asociar las coordenadas geográficas precisas a los píxeles de la imagen. Implica utilizar modelos digitales de elevación (DEM) y técnicas de corrección geométrica para alinear correctamente la imagen SAR con el terreno.

- Segmentación y clasificación. En esta etapa se realizan análisis de segmentación y clasificación para identificar y delimitar áreas forestales en la imagen SAR. Se aplican algoritmos de segmentación para agrupar píxeles similares y técnicas de clasificación supervisada o no supervisada para asignar clases forestales a los segmentos.

- Estimación de parámetros forestales. Utilizando los datos SAR procesados y las características extraídas de la imagen, se pueden estimar parámetros forestales importantes, como la altura del dosel, la densidad de la vegetación y la biomasa forestal. Estas estimaciones se logran mediante técnicas de modelado y regresión, que relacionan las características SAR con los parámetros forestales.

- Monitoreo de cambios forestales. Los datos SAR también se pueden utilizar para el monitoreo de cambios en los ecosistemas forestales. Es decir, se comparan imágenes SAR de diferentes fechas y se analizan las diferencias en la estructura y la cobertura forestal. Se utilizan algoritmos de detección de cambios para identificar áreas afectadas por la deforestación, incendios forestales u otros cambios significativos.

Es importante destacar que el procesamiento de datos SAR para aplicaciones forestales puede ser complejo y requiere conocimientos especializados en el manejo de imágenes SAR y en la interpretación de las características forestales. Como ya se ha señalado, los datos SAR suelen complementarse con otros tipos de datos, como datos ópticos o LiDAR, para obtener una visión más completa de los ecosistemas forestales.

4.6. Aplicaciones de la tecnología Radar

Principales productos Radar

Una vez se ha completado el procesado de una imagen Radar para aplicaciones forestales, se pueden extraer dos clases de entidades principales:

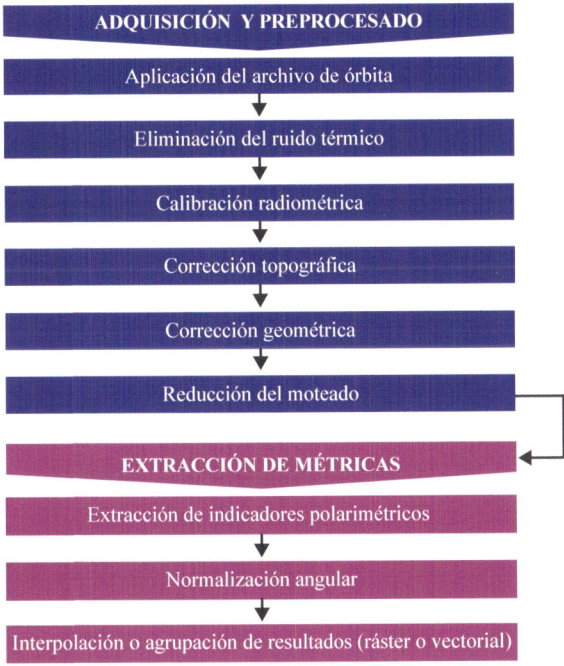

Figura 10.11. Flujo de trabajo para el procesado de datos Radar

- Imágenes tomográficas para la determinación de parámetros estructurales y de propiedades dieléctricas. Al igual que con los datos LiDAR, la altura del dosel de la vegetación es la variable dendrométrica que permite determinar el resto de los parámetros biofísicos o dendrométricos en estudios forestales y de vegetación a diferentes escalas. Además, es la entrada principal de muchos elementos alométricos relaciones con las características del bosque.

- La topografía del suelo debajo del dosel vegetal también se puede considerar como un producto independiente, pero que, sin embargo, proporciona un análisis más profundo de la vegetación. A partir del MDT, la tomografía permite conocer las alturas específicas con respecto al nivel del suelo (MDE) que, como ya hemos visto, tiene múltiples aplicaciones en inventario forestal.

A partir de estos productos, los sensores de Radar tienen diversas aplicaciones en el estudio de ecosistemas forestales:

- Detección y seguimiento de la cobertura forestal. Los sensores Radar pueden detectar y cartografiar cambios de la cobertura forestal sobre grandes superficies de forma rápida y sencilla, aportando información detallada sobre la densidad, la altura y la estructura vertical de los árboles, lo que es útil para la gestión forestal, la estimación de biomasa y la evaluación de los recursos forestales.

- Estimación de balances de carbono. A través de la estimación de la biomasa forestal, los sensores Radar se usan para el seguimiento de la cantidad de carbono almacenado en los ecosistemas forestales.

- Seguimiento de procesos de deforestación, incendios forestales e impactos de eventos naturales, como tormentas o plagas. Los datos de Radar se utilizan para identificar áreas afectadas y evaluar la magnitud de los cambios ocurridos.

- Evaluación de la estructura del dosel forestal. Pueden proporcionar información detallada sobre la estructura del dosel forestal, incluyendo la altura de los árboles, la distribución vertical de la vegetación y la presencia de diferentes capas en el dosel. Estos datos son muy útiles para comprender la complejidad de los ecosistemas forestales y su función como hábitat para diversas especies.

- Cartografía de la humedad del suelo. Pueden estimar la humedad del suelo, lo que permite estudiar los patrones hidrológicos y comprender cómo el agua se distribuye y se utiliza dentro de un ecosistema forestal.

Aplicaciones al inventario forestal

Elección del sensor

Los datos SAR tienen un potencial muy alto para aplicaciones forestales (parámetros biofísicos), a través del análisis volumétrico de la vegetación basado en la capacidad intrínseca de penetración de SAR a través de las copas de los árboles, y que depende principalmente de la frecuencia. Los sensores que emiten en bandas con frecuencias más bajas, como la banda L y la banda P (Tabla 10.8; Figura 10.12; Aghababaei *et al.*, 2020), pueden penetrar mejor el dosel e interactuar más extensamente con sus componentes estructurales (hojas, ramas, y troncos). Por el contrario, los sensores que emiten a frecuencias más altas (banda C) tienden a interactuar principalmente con la parte superior del dosel, por lo que tienen un uso potencial más limitado en la discriminación de variables estructurales del dosel (por ej., la biomasa). Los sensores que emiten en las bandas L y P ofrecen, por tanto, mejor discriminación de estas variables (Figura 10.12).

Junto con la frecuencia, la polarización del sensor también determina la capacidad para ofrecer información de parámetros biofísicos de la vegetación (Figura 10.12). En general, se ha observado que la retrodispersión para la polarización HV y VV en longitudes de onda más largas se puede utilizar de manera más eficaz para caracterizar la biomasa forestal (principalmente de copa), mientras que el retorno de HH está vinculado tanto con la biomasa del tronco como del dosel. Las longitudes de onda más largas (bandas L y P) con polarizaciones cruzadas (HV y VH) son la mejor opción para los estudios relacionados con la biomasa, mientras que las longitudes de onda cortas (bandas X y C) con copolarizaciones (HH o VV) resultan menos adecuadas.

No obstante, es importante tener en cuenta que existen algunos inconvenientes al usar SAR para estudiar parámetros forestales, como el efecto del ángulo de incidencia local en

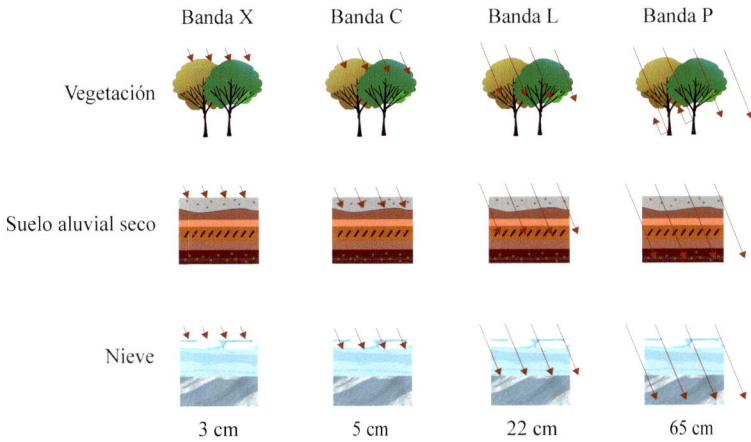

Figura 10.12. Mecanismos de dispersión de las diferentes bandas radar en función de la vegetación, los suelos, y la nieve (ver Tabla 10.8)

la resolución, lo que requiere de un buen conocimiento de la interacción de la frecuencia de microondas con diferentes objetos, o las distorsiones (superposición, escorzo y sombras) debido a la topografía. Otro problema es la saturación de los niveles de un parámetro determinado, que dependen de la longitud de onda, la polarización y la estructura del rodal de vegetación y de las condiciones de humedad del suelo. Se ha propuesto el uso de la relación entre la banda C y la banda L o P para resolver este problema de saturación.

Análisis numérico

Los dos enfoques más utilizados para la aplicación de datos SAR a estudios forestales son: i) los valores de retrodispersión, y ii) las técnicas de interferometría, junto con el análisis polarimétrico.

El análisis de los datos Radar es similar al que se hace a partir de datos LiDAR. Los modelos más frecuentes siguen siendo los modelos paramétricos que relaciona los valores de retrodispersión con la variable dasométrica medida en campo. Estos modelos se han utilizado en diferentes tipos de sistemas forestales (Lapini *et al.*, 2020; Velasco Pereira *et al.*, 2023).

La otra opción es estimar los parámetros mediante interferometría, basada en la interacción de ondas que están correlacionadas entre sí, ya sea por su misma fuente de origen o debido a la misma o casi la misma frecuencia. La interferencia puede ser constructiva o destructiva, dependiendo de la diferencia de fase entre las ondas. Esta técnica ha dado lugar a los Radar interferométrico de apertura sintética (InSAR o IfSAR), que utilizan simultáneamente dos o más imágenes SAR con diferentes fases de las ondas que retornar al sensor. La interferometría permite reducir el problema de saturación de la señal, ya que aumenta el valor de retornos al cual se produce este efecto. Otra forma de mejorar la precisión de la estimación de variables de la vegetación es utilizar imágenes SAR multitemporales adquiridas en condiciones favorables. En diferentes biomas (bosques boreales, templados y tropicales), el mejor resultado se obtiene usando imágenes de la banda L con intervalo de 1 día y las bandas X y P. Por último, es importante indicar que la técnica InSAR se puede combinar con imágenes ópticas hiper/multiespectrales e imágenes LiDAR, que pueden mejorar la estimación de la estructura vertical de la vegetación.

Otras aplicaciones forestales

De forma sintética se incluyen otras aplicaciones de Radar a la gestión forestal (Tabla 10.12).

Tabla 10.12. Ejemplos de aplicaciones forestales de datos Radar.

Objetivo	Resultados principales	Referencia
Identificación de especies	Identificación de tipos forestales y especies mediante técnicas de clasificación de imágenes Sentinel-1 C-Band SAR	Amitrano *et al*. (2021).
Patrones horizontales de estructuras forestales	Estudios de estructura forestal a partir de tomografía SAR banda L	Tello *et al*. (2018).
Dinámicas de la vegetación postincendio	Algoritmo no supervisado de detección de áreas quemadas en el mediterráneo a partir de Sentinel-1 SAR	De Luca *et al*. (2021).
Sanidad forestal	Detección de daños de escolítidos a partir de imagen Radar	Hollaus *et al*. (2019).
Fenología	Studio de la fenología de bosques de haya en el Mediterráneo a partir de Radar-SAR	Proietti *et al*. (2020).
Estimación de biomasa forestal	Cambio temporal de la biomasa en formaciones de pinar mediterráneo a partir de modelos combinados de imágenes ALOS PALSAR-Sentinel 1-Landsat 8	Velasco Pereira *et al*. (2023)
Detección de zonas inundadas	Análisis temporal de imagen Radar-SAR	Amitrano *et al*. (2021).

Identificación de especies

Los datos SAR se pueden usar para diferenciar tipos de cobertura forestal (ej., bosques primarios/secundarios, plantaciones, bosques alterados, pastos, sistemas agroforestales, humedales y sabanas), ya que el dosel de la vegetación actúa como un sustituto de la topografía. Sin embargo, en cubiertas densas no se recibe retrodispersión SAR desde el suelo en las frecuencias más altas; y en formaciones tipo sabanas, la vegetación es escasa y el suelo seco interfiere en la respuesta del sensor, dado que la retrodispersión está controlada principalmente por la humedad del suelo y la rugosidad de la superficie. Por lo tanto, para la cartografía de tipos de cobertura forestal, es recomendable usar imágenes Radar con ángulos de incidencia poco profundos, que proporcionan una mejor discriminación de la cobertura forestal, e integrar la información sobre áreas forestales adquiridas en periodos con el suelo seco en comparación con las imágenes de la estación húmeda, lo que permite una mejor discriminación entre las clases de bosques.

Cartografía de deforestación

En relación con la definición de los tipos de cubierta forestal, la cartografía de deforestación y los procesos de cambio de la vegetación asociados a la degradación o destrucción de los bosques (ej., REDD+) son dos de las principales aplicaciones de los sensores SAR. En general, como se ha mencionado, se recomienda utilizar datos SAR multitemporales con ángulos de incidencia poco profundos y durante condiciones secas. Las áreas deforestadas tienen una retrodispersión más baja que el bosque natural y se pueden cartografiar usando datos de polarización HH, HV o VH en cualquiera de las frecuencias de banda C, L o P. Los factores que inciden en el contraste entre la zona deforestada y la vegetación forestal son la humedad del suelo, la pendiente y el aspecto relativo a la iluminación, la rugosidad y la vegetación residual en orden de importancia.

Estimación de balances de carbono

Posiblemente, una de las aplicaciones más importantes de los sensores SAR es la estimación de los balances de carbono a diferentes escalas. La estimación de la biomasa forestal, como indicador del efecto de los bosques como fuente o sumidero de carbono, requiere estudios de alta recurrencia temporal para evaluar los cambios en la superficie cubierta por bosques (ej., alternancia degradación-deforestación-regeneración) en periodos de 5-10 años, ya que la dinámica del carbono es muy rápida durante los procesos de degradación/regeneración. En este contexto, en los últimos años se ha dedicado un gran esfuerzo a estudiar la relación entre la biomasa forestal y la retrodispersión de sensores Radar (Flores-Anderson *et al.*, 2019). La mayoría de estos estudios ha utilizado datos lineales polarizados, que tienen una correlación más alta con la biomasa forestal en comparación con las otras polarizaciones cruzadas.

Evaluación de incendios forestales

Los incendios forestales producen cambios en la cubierta vegetal, que se traducen en cambios en la respuesta dieléctrica (contenido de agua) de la vegetación, así como en su arquitectura vertical, las características estructurales (composición, densidad) y las características del suelo (vegetación, rugosidad). Estos cambios se usan para cartografiar las áreas afectadas por el fuego a partir de datos SAR, en función de la frecuencia, la polarización y el ángulo de incidencia.

Los incendios que afectan al dosel vegetal (ej., incendios de copa) aumentan la retrodispersión en ángulos de incidencia pronunciados, lo que permite una mejor discriminación entre bosque quemado y no quemado. Si los estratos superiores (copas) no se han visto afectados significativamente, la probabilidad de detectar cambios asociados al fuego se reduce considerablemente. Como en otros casos, el uso de imágenes adquiridas durante el periodo con el suelo más seco y en varias fechas aumenta las posibilidades de cartografiar con mayor precisión las áreas incendiadas.

Seguimiento de sanidad forestal

Los datos SAR se pueden utilizar para evaluar la salud de los bosques a través de cambios en diferentes variables, como la biomasa (ej., los cambios en la biomasa pueden indicar variaciones en la salud del bosque), la densidad y cobertura del dosel (ej., lo que puede indicar problemas como la defoliación) o el contenido de humedad y estrés hídrico (ej., contenido de humedad del suelo). El cambio del estado de un bosque para diferentes variables debido a la acción de agentes nocivos da como resultado cambios en las propiedades de dispersión que pueden ser detectados a partir de datos Radar.

Ejemplo 8

Modelamiento de Biomasa (AGB) a partir de datos multisensor radar SAR, ópticos y topográficos en R

En este ejercicio se va a aprender a descargar y manipular los datos radar y su combinación con otro tipo de sensores para el modelamiento de biomasa a partir de datos de inventario forestales, es un flujo de trabajo que se basa en software y datos libres con cobertura mundial como lo son el Mosaico anual SAR Alos2, Sentinel 1, datos ópticos Landsat 8 (incluye el script para procesamiento y descarga de 15 índices espectrales Landsat 8) y la descarga del ALOS World 3D - 30m. el procesamiento se llevara a cabo a partir de Google Earth Engine y R.

(Ver QR al final del capítulo para acceder a ejemplos).

Bibliografía

Aghababaei, H., Ferraioli, G., Ferro-Famil, L., Huang, Y., d'Alessandro, M.M., Pascazio, V., Tebaldini, S. 2020. Forest SAR tomography: Principles and applications. IEEE Geosci. Remote Sens. Mag. 8(2), 30-45.

Amitrano, D., Di Martino, G., Guida, R., Iervolino, P., Iodice, A., Papa, M. N., Riccio, D., Ruello, G. 2021. Earth Environmental Monitoring Using Multi-Temporal Synthetic Aperture Radar: A Critical Review of Selected Applications. Remote Sens. 13, 604.

Arias-Rodil, M., Diéguez-Aranda, U., Álvarez-González, J. G., Pérez-Cruzado, C., Castedo-Dorado, F., & González-Ferreiro, E. 2018. Modeling diameter distributions in radiata pine plantations in Spain with existing countrywide LiDAR data. Ann. For. Sci. 75, 1-12.

Beland, M., Parker, G., Sparrow, B., Harding, D., Chasmer, L., Phinn, S., Strahler, A. 2019. On promoting the use of lidar systems in forest ecosystem research. Forest Ecol. Manag., 450, 117484.

Crespo Calvo, R., Varo Martínez, M.Á., Ruiz Gómez, F., Ariza Salamanca, A.J., Navarro-Cerrillo, R.M. 2023. Improvements of Fire Fuels Attributes Maps by Integrating Field Inventories,

Low Density ALS, and Satellite Data in Complex Mediterranean Forests. Remote Sens., 15(8), 2023.

Campón, L. F., Rosado, E. M. Q., Gallego, J.A. 2019. Clasificación supervisada de imágenes PNOA-NIR y fusión con datos LiDAR-PNOA como apoyo en el inventario forestal: Caso de estudio: Dehesas. Cuad Soc Esp Cienc For 40:151–158 (45), 77-96.

Carrasco, R.M., Soteres, R.L., Pedraza, J., Fernández-Lozano, J., Turu, V., Antonio López-Sáez, J., Muñoz-Martín, A. 2020. Glacial geomorphology of the high gredos massif: gredos and pinar valleys (Iberian Central System, Spain). J. Maps, 16(2), 790-804.

Carson, W.W., Andersen, H.E., Reutebuch, S.E., McGaughey, R.J. 2004. LIDAR applications in forestry–an overview. In Proceedings of the ASPRS Annual Conference (pp. 1-9).

Casas, A., Lane, S. N., Yu, D., Benito, G. 2010. A method for parameterising roughness and topographic sub-grid scale effects in hydraulic modelling from LiDAR data. Hydrol. Earth Syst. Sci., 14(8), 1567-1579.

Céspedes, J.E., Castillo, J.N. 2008. LIDAR, una tecnología de última generación, para planeación y desarrollo urbano. Ingeniería, 13(1), 67-76.

Coops, N.C., Tompalski, P., Goodbody, T.R., Queinnec, M., Luther, J. E., Bolton, D. K., Hermosilla, T. 2021. Modelling lidar-derived estimates of forest attributes over space and time: A review of approaches and future trends. Remote Sens. Environ. 260, 112477.

Dalponte, M., Coomes, D.A. 2016. Tree-centric mapping of forest carbon density from airborne laser scanning and hyperspectral data. Methods Ecol. Evol., 7(10), 1236-1245.

De Luca, G., Silva, J. M., Modica, G. 2021. A workflow based on Sentinel-1 SAR data and open-source algorithms for unsupervised burned area detection in Mediterranean ecosystems. GIsci Remote Sens., 58(4), 516–541.

Fernández, T., Pérez, J.L., Colomo, C., Cardenal, J., Delgado, J., Palenzuela, J.A., Chacón, J. 2017. Assessment of the evolution of a landslide using digital photogrammetry and LiDAR techniques in the Alpujarras region (Granada, southeastern Spain). Geosciences, 7(2), 32.

Fernandez-Diaz, J.C. 2013 Chapter 31: "LiDAR Remote Sensing", En Handbook of Satellite Applications; Pelton, Madry y Camacho Lara (Edt). New York, Springer.

Fernández-Landa, A., Fernández-Moya, J., Tomé, J.L., Algeet-Abarquero, N., Guillén-Climent, M.L., Vallejo, R., Marchamalo, M. 2018. High resolution forest inventory of pure and mixed stands at regional level combining National Forest Inventory field plots, Landsat, and low density lidar. Int. J. Remote Sens. 39(14), 4830-4844.

Fernández-Landa, A., Rodríguez, F., López, D., González-Olabarria, J.R., Mola-Yudego, B., Lasala, D., Gómez, A. 2013. Los sensores aerotransportados LiDAR y multiespectrales en la descripción y cuantificación de los recursos forestales. Montes, 112, 31-36.

Flores-Anderson, A.I., Herndon, K.E., Thapa, R.B., Cherrington, E. 2019. The SAR handbook: Comprehensive methodologies for forest monitoring and biomass estimation (No. MSFC-E-DAA-TN67454).

Frank, B., Mauro, F., Temesgen, H. 2020. Model-based estimation of forest inventory attributes using lidar: A comparison of the area-based and semi-individual tree crown approaches. Remote Sens. 12(16), 2525.

García, M., Riaño, D., Chuvieco, E., Danson, F.M. (2010). Estimating biomass carbon stocks for a Mediterranean forest in central Spain using LiDAR height and intensity data. Remote Sens. Environ., 114(4), 816-830.

Giongo, M., Koehler, H.S., do Amaral Machado, S., Kirchner, F. Marchetti, M. 2010. LiDAR: princípios e aplicações florestais. Pesquisa Florestal Brasileira, 30(63), 231-231.

Gomez-Heras, M., Ortega-Becerril, J.A., Garrote, J., Fort, R., Lopez-Gonzalez, L. 2019. Morphometric measurements of bedrock rivers at different spatial scales and applications to geomorphological heritage research. Prog. earth planet. Sci., 6, 1-18.

González-Ferreiro, E., Diéguez-Aranda, U., Crecente-Campo, F., Barreiro-Fernández, L., Miranda, D., Castedo-Dorado, F. 2014. Modelling canopy fuel variables for Pinus radiata D. Don in NW Spain with low-density LiDAR data. Int. J. Wildland Fire, 23(3), 350-362.

Guerra-Hernández, J., Tomé, M., González-Ferreiro, E. 2016. Cartografía de variables dasométricas en bosques Mediterráneos mediante análisis de los umbrales de altura e inventario a nivel de masa con datos LiDAR de baja resolución. Revista de Teledetección, 46, 103-117.

Hirigoyen, A., Acosta-Muñoz, C., Ariza Salamanca, A.J., Varo-Martínez, M.Á., Rachid-Casnati, C., Franco, J., Navarro-Cerrillo, R. 2021. A machine learning approach to model leaf area index in Eucalyptus plantations using high-resolution satellite imagery and airborne laser scanner data. Ann. For. Res., 64(2), 165-183.

Hollaus, M., Vreugdenhil, M. 2019. Radar Satellite Imagery for Detecting Bark Beetle Outbreaks in Forests. Curr. For. Rep. 5(4), 240–250.

IGN 2018 Fundamentos de teledetección Radar. Proyecto co-financiado por la Comisión Europea Framework Partnership Agreement 275/G/GRO/COPE/17/10042 Specific Grant Agreement number: 2018/SI2.810140/04.

Irwin, D. 2019 The Synthetic Aperture Radar (SAR) Handbook: Comprehensive Methodologies for Forest Monitoring and Biomass Estimation. SERVIR Global Science Coordination Office National Space Science and Technology Center.

Jiménez-Berni, J.A. 2021 The use of LiDAR in Agriculture: from breeding to precision farming applications. Seminar "Regione del Veneto: programma per rafforzare la sostenibilità delle produzioni vitivinicole venete e promuovere iniziative di alta formazione per la qualificazione specialistica di figure professionali" Legnaro el 23 de noviembre de 2021.

Koch, B., Kattenborn, T., Straub, C., Vauhkonen, J. 2013. Segmentation of forest to tree objects. En: Forestry applications of airborne laser scanning: Concepts and case studies, 89-112.

Lapini, A., Pettinato, S., Santi, E., Paloscia, S., Fontanelli, G., Garzelli, A. 2020. Comparison of machine learning methods applied to SAR images for forest classification in mediterranean areas. Remote Sens. 12(3), 369.

Lara-Gómez, M. Á., Navarro-Cerrillo, R. M., Clavero Rumbao, I., Palacios-Rodríguez, G. 2023. Comparison of errors produced by ABA and ITC methods for the estimation of forest inventory attributes at stand and tree level in Pinus radiata plantations in Chile. Remote Sens. 15(6), 1544.

McManamon 2019 LiDAR Technologies and Systems. SPIE--The International Society for Optical Engineering.

Montealegre, A.L., Lamelas, M.T., Riva, J.D. 2014. Evaluación de métodos de interpolación utilizados en la creación de modelos digitales de elevaciones para la normalización de la nube de puntos LIDAR-PNOA en aplicaciones forestales. Tecnologías de la información para nuevas formas de ver el territorio: XVI Congreso Nacional de Tecnologías de Información Geográfica, Alicante, AGE, pp. 116-122

Moreno Baños, I., Ruiz García, A., Marturià i Alavedra, J., Oller i Figueras, P., Piña Iglesias, J., Martínez i Figueras, P., Talaya López, J. 2011. Assessment of airborne LIDAR for snowpack depth modeling. Bol. Soc. Geol. Mex. 63(1), 95-107.

Navarro-Cerrillo, R.M., Duque-Lazo, J., Rodríguez-Vallejo, C., Varo-Martínez, M.Á., Palacios-Rodríguez, G. 2018. Airborne laser scanning cartography of on-site carbon stocks as a basis for the silviculture of Pinus halepensis plantations. Remote Sens., 10(10), 1660.

Navarro-Cerrillo, R.M., Padrón Cedrés, E., Cachinero-Vivar, A.M., Valeriano, C., Camarero, J.J. 2024. Integrating Dendrochronological and LiDAR Data to Improve Management of Pinus canariensis Forests under Different Thinning and Climatic Scenarios. Remote Sens., 16(5), 850.

Navarro-Cerrillo, R.M., Varo-Martínez, M.Á., Acosta, C., Rodriguez, G.P., Sanchez-Cuesta, R., Ruiz Gomez, F.J. 2019. Integration of WorldView-2 and airborne laser scanning data to classify defoliation levels in Quercus ilex L. Dehesas affected by root rot mortality: Management implications. Forest Ecol. Manag., 451, 117564.

Pau, G., Fuchs, F., Sklyar, O., Boutros, M., Huber, W. 2010. EBImage—an R package for image processing with applications to cellular phenotypes. Bioinformatics, 26(7), 979-981.

Peralta Higuera, A., Ramírez Beltrán, M.A. 2016. Capítulo 22. Los datos LIDAR: nuevas interacciones entre la geografía y las tecnologías avanzadas. En Mocada Maya, J y López López, A (Ed.) Geografía de México: una reflexión espacial contemporánea. UNAM, Instituto 341-353.

Prendes, C., Buján, S., Ordóñez Galán, C., Canga Líbano, E. 2019. Large scale semi-automatic detection of forest roads from low density LiDAR data on steep terrain in Northern Spain. iForest 12, 366-374.

Proietti, R., Antonucci, S., Monteverdi, M.C., Garfì, V., Marchetti, M., Plutino, M., Di Carlo, M., Germani, A., Santopuoli, G., Castaldi, C., Chiavetta, U. 2020. Monitoring spring phenology in Mediterranean beech populations through in situ observation and Synthetic Aperture Radar methods. Remote Sens. Environ., 248, 111978.

Rosette, J., Suárez, J., North, P., Los, S. 2011. Forestry applications for satellite lidar remote sensing. Photogramm. Eng. Remote Sensing., 77(3), 271-279.

Tello, M., Cazcarra-Bes, V., Pardini, M., Papathanassiou, K. 2018. Forest structure characterization from SAR tomography at L-band. IEEE J. Sel. Top. Appl. Earth Obs. Remote Sens., 11(10), 3402–3414.

Tijerín-Triviño, J., Moreno-Fernández, D., Zavala, M. A., Astigarraga, J., & García, M. (2022). Identifying forest structural types along an aridity gradient in peninsular Spain: integrating low-density LiDAR, forest inventory, and aridity index. Remote Sensing, 14(1), 235.

Tsokas, A., Rysz, M., Pardalos, P.M., Dipple, K. 2022. SAR data applications in earth observation: An overview. Expert Syst. Appl. 205, 117342.

Velasco Pereira, E.A., Varo Martínez, M.A., Ruiz Gómez, F.J., Navarro-Cerrillo, R.M. 2023. Temporal Changes in Mediterranean Pine Forest Biomass Using Synergy Models of ALOS PALSAR-Sentinel 1-Landsat 8 Sensors. Remote Sens. 15(13), 3430.

Viana-Soto, A., García, M., Aguado, I., Salas, J. 2022. Assessing post-fire forest structure recovery by combining LiDAR data and Landsat time series in Mediterranean pine forests. Int. J. Appl. Earth Obs. Geoinf., 108, 102754.

Wulder, M.A., Coops, N.C., Hudak, A.T., Morsdorf, F., Nelson, R., Newnham, G., Vastaranta, M. 2013. Status and prospects for LiDAR remote sensing of forested ecosystems. Can. J. Remote Sens., 39, S1-S5.

Anexo I . Algunas definiciones estadísticas

Sesgo (*bias*) (o error sistemático)

- Se define como la diferencia entre la media poblacional de las mediciones o los resultados de las pruebas y una referencia o valor verdadero.
- Se refiere a la dirección de las diferencias entre las estimaciones y los valores de referencia. El sesgo da como resultado una subestimación o una sobreestimación del valor de referencia.
- Un buen modelo debe ser imparcial, de modo que una distribución uniforme de subestimaciones y sobreestimaciones conduzca a un sesgo de cero.
- Sesgo de medición: es causado por dispositivos o procedimientos de medición defectuosos y no disminuye con un mayor esfuerzo de muestreo.
- Sesgo de muestreo: es el resultado de un muestreo no representativo de la población objetivo y no disminuye con un mayor esfuerzo de muestreo.
- Sesgo de estimación: es causado por un estimador sesgado; El promedio de estimaciones repetidas difiere de un valor real y disminuye con el aumento del esfuerzo de muestreo.
- ¿Cómo se mide el sesgo? Con el error medio (ME), también llamado desviación media, diferencia media o, simplemente, sesgo.

Precisión (*precision*)

- Es una medida de la varianza estadística de un procedimiento de estimación o, en situaciones de muestreo, la dispersión de los datos resultantes de la variabilidad estadística presente en la muestra.
- La precisión es la ausencia de error aleatorio.
- Un buen estimador debe ser preciso para que sus estimaciones muestren poca variación.
- ¿Cómo se mide la precisión? Con la varianza o la desviación estándar de la estimación.

Precisión (*accuracy*)

- Es la distancia total entre los valores estimados y los valores reales.
- Un buen modelo debe ser preciso, de modo que sus estimaciones estén lo más cerca posible de los valores de referencia.
- La precisión se refiere a la magnitud de las diferencias entre las estimaciones y los valores de referencia.
- ¿Cómo se mide la precisión? Con el error cuadrático medio (MSE) o desviación cuadrática media (MSD) y error cuadrático medio (RMSE).
- RMSE puede estar dominado por valores atípicos (es decir, las mayores diferencias entre la estimación y el valor de referencia); para evitar esta situación, se puede utilizar el error absoluto medio (MAE) o la mediana de todas las diferencias absolutas (MAD).

Acceso al material complementario

LiDAR

Radar

11
Integración de LiDAR con sensores espectrales: rodalización

M.ª Ángeles VARO MARTÍNEZ
Rafael M.ª NAVARRO CERRILLO

Resumen

La estructura de un rodal forestal se caracteriza a través de diferentes variables, como el diámetro, la altura media, la densidad, el área basimétrica o el volumen, entre otras. El análisis espacial de dicha estructura se ha realizado tradicionalmente mediante la rodalización usando la fotointerpretación a partir de ortofotos, técnica que permite interpretar los rodales con relativa facilidad. Con la incorporación de los Sistemas de Información Geográfica y la teledetección, se han mejorado notablemente los métodos tradicionales de rodalización mediante el uso de diferentes metodologías de clasificación que integran datos de campo, sensores y métodos estadísticos. En este capítulo se presentan las técnicas de segmentación que se utilizan para la definición de rodales forestales o árboles individuales. El capítulo se estructura en cuatro grandes bloques. i) el contexto general sobre la segmentación a partir de datos de teledetección, ii) los tipos de datos que se pueden utilizar, iii) el proceso de segmentación a escala de rodal, y iv) la segmentación a escala de árbol individual. También se detallan las consideraciones generales que deben tenerse en cuenta en el diseño del trabajo de campo para la rodalización basada en teledetección, destacando los compromisos entre la escala del rodal y su aplicación a la gestión forestal, así como las diferentes variables que se pueden usar en este proceso. Sin embargo, por su especificidad, el capítulo se orienta a las variables biofísicas de mayor interés en la selvicultura y en la ordenación de montes. Por tanto, el objetivo del capítulo es mostrar las técnicas de rodalización a partir de datos de teledetección como una herramienta de trabajo para selvicultores y ecólogos forestales y su relación con la gestión forestal.

Palabras clave: rodalización semiautomática, segmentación, árbol individual, variables biofísicas.

1. Introducción

La estructura forestal hace referencia a la forma en la que se organizan espacialmente los componentes vegetales de un sistema forestal, teniendo especial importancia la distribución de las diferentes especies y sus dimensiones; esta estructura influye en muchos de los procesos de los ecosistemas, como los ciclos de carbono, el agua y los nutrientes. La estructura se caracteriza a través de diferentes variables (por ej., el diámetro, la altura media, el área basimétrica, el volumen, la edad, la densidad, etc.) con la finalidad de lograr una caracterización más precisa de los rodales (Serrada, 2011).

En la gestión forestal, un rodal se define como el área mínima homogénea basada en una serie de criterios o características particulares, en la cual se aplica una selvicultura uniforme (Molina *et al.*, 2006). La rodalización es una herramienta para describir las características de los recursos forestales y ambientales, de manera que el manejo forestal pueda simplificarse y planificarse de forma más sencilla. Por otra parte, las decisiones estratégicas de la gestión forestal, tales como cuándo, dónde o cómo actuar a través de un tratamiento selvícola, se toman sobre la base de los valores dasométricos a escala de rodal. Por lo tanto, es necesaria una rodalización precisa para definir las diferentes actuaciones selvícolas a lo largo de un área forestal, así como la organización económica de esas actuaciones.

El análisis espacial de la estructura se ha realizado tradicionalmente mediante la rodalización (*stand segmentation*) usando la fotointerpretación a partir de ortofotos, ya que permite interpretar ("apear") los rodales con relativa facilidad. Sin embargo, los métodos basados en fotointerpretación, aunque precisos, requieren de mucho tiempo, tienen cierto grado de subjetividad, y no se pueden automatizar. Con la incorporación de los Sistemas de Información Geográfica y la teledetección, se han mejorado notablemente los métodos tradicionales de rodalización mediante diferentes metodologías de clasificación que integran datos de campo, sensores y métodos estadísticos. Desde la perspectiva de la teledetección, la delineación de rodales plantea el problema de cómo abordar la segmentación, es decir, cómo identificar un área específica que se corresponda con una entidad, en este caso el rodal, con significado homogéneo y de fácil interpretación (Koch *et al.*, 2014). La segmentación se convierte, por tanto, en una forma de reducir la complejidad estructural de un sistema forestal en unidades que faciliten su gestión.

En este capítulo se aborda, en particular, la integración de sensores pasivos y activos para la rodalización. Para los métodos de rodalización basado sólo en imágenes espectrales, se recomienda al lector leer el Capítulo 8 de este libro (Técnicas de clasificación en ciencias forestales).

1.1. Integración de la estructura de la vegetación y la información espectral

La teledetección ofrece la posibilidad de describir los ecosistemas y los procesos asociados a su dinámica en grandes superficies, usando diferentes escalas espaciales y temporales e integrando información espectral inalcanzable para el ojo humano. Por ello, la teledetección ha dado lugar a un enfoque totalmente diferente en la interpretación y evaluación de los recursos forestales. Los sensores ópticos pasivos, que incluyen a los aerotransportados y a los satelitales, presentan una gran capacidad para captar información predictiva o previsual de variables biofísicas y estructurales de los sistemas forestales o para la discriminación entre especies vegetales. En capítulos previos (ver Capítulos 5 y 6) se han mostrado diferentes aproximaciones que combinan los datos de imágenes de satélite y los datos de campo para la estimación de variables forestales a diferentes escalas. Muchos de estos trabajos proyectan las estimaciones desde el nivel de píxel a la escala de rodal mediante un promedio de las estimaciones de los píxeles dentro de cada rodal. Sin embargo, está aproximación supone, en muchos casos, estimaciones erróneas y una excesiva simplificación de la estructura horizontal de los sistemas forestales.

Durante las dos últimas décadas, el desarrollo de los sensores activos, particularmente LiDAR (Capítulo 10), y la integración con sensores multiespectrales han mejorado la capacidad de interpretación de la estructura espacial de los sistemas forestales. Si bien la información espectral permite conocer la organización horizontal del dosel de la vegetación, los sistemas de teledetección activos proporcionan datos directos sobre la distribución vertical de los elementos de una masa forestal, cuya organización espacial es una condición fundamental en los procesos de los ecosistemas. Es aquí donde la técnica LiDAR se convierte en un protagonista fundamental, incorporándose en varias aplicaciones en el sector forestal, ya que proporciona abundantes datos de alta resolución espacial de la estructura vertical de la vegetación (ver Capítulos 10 y 12). Por tanto, la información sobre la estructura de los ecosistemas forestales que se puede derivar de los sistemas LiDAR permite caracterizar su complejidad vertical y horizontal, lo que proporciona una valiosa información para mejorar su gestión. Además, el fuerte vínculo entre la altura de la vegetación y otras características dasométricas (ej., área basimétrica, volumen de madera, biomasa o cantidad de C, entre otras), refuerza la importancia de utilizar la altura de la vegetación para modelar las características estructurales del dosel que no pueden estimarse directamente a partir de los sensores espectrales.

Por otro lado, la disponibilidad de un número cada vez mayor de sensores ha venido acompañada de un aumento de la resolución espectral y espacial de los mismo; por ejemplo, mediante la inclusión de bandas en el rango de longitud de onda entre el rojo y las bandas del infrarrojo (690-730 nm) y la denominada banda *red edge* (recogida por varios sensores, como Rapid-Eye o WorldView). Esta tecnología ha mejorado la capacidad para el análisis estructural de la vegetación y de la información espectral relacionada con la estimación de las variables biofísicas (ej., LAI o pigmentos, ver Capítulo 6), lo que también ha permitido nuevas aproximaciones metodológicas para la rodalización de los sistemas forestales, y su relación con diferentes procesos, tales como el estrés por sequía, los daños relacionados con el fuego (ej., combustibles), y la distribución espacial y temporal de enfermedades y plagas. Por tanto, el uso integrado de imágenes multiespectrales y de datos LiDAR se ha propuesto como un método alternativo para la rodalización automática de áreas forestales, lo que permite obtener de forma conjunta información estructural y del estado de la masa (Varo-Martínez *et al.*, 2017).

2. Integración de datos y su papel en la rodalización

2.1. ¿Qué aporta la combinación de datos LiDAR y multiespectrales?

La fusión de datos LiDAR y multiespectrales presenta numerosas ventajas para los trabajos de rodalización. Una de ellas es poder integrar distintas escalas espaciales, espectrales o temporales, dependiendo de las características del estudio. La elección de las diferentes escalas de trabajo está determinada por el proceso que se necesita estudiar. La rodalización, basada en variables explicativas de procesos fisiológicos relacionados con el comportamiento de los árboles, requiere, preferiblemente, trabajar a escala de rodales pequeños (pocas hectáreas) o, incluso, de árbol individual. En cambio, se usan rodales de mayor entidad (decenas de hectáreas) para estudiar, por ejemplo, la distribución espacial de variables dasométricas. Por tanto, es imprescindible conocer la escala adecuada para el objetivo selvícola de la rodalización.

En la Tabla 11.1 se pueden consultar algunos ejemplos de diferentes metodologías aplicadas a trabajos de segmentación. Por ejemplo, se puede trabajar a escala de paisaje (cientos de hectáreas) a través de imágenes de baja resolución espacial (ej., MODIS) junto con LiDAR de baja densidad de pulsos (ej. PNOA); o a nivel de monte (decenas de hectáreas), como es el caso de la gestión integral del monte en la planificación de la selvicultura de precisión, junto con los tratamientos necesarios por rodal, mediante el empleo de imágenes de satélite de resoluciones medias (ej. Landsat 8 OLI o Sentinel 2 A) y con LiDAR de baja densidad de pulsos (ej., PNOA).

Sin embargo, si se pretende determinar el estado de vigor de un sistema forestal (ej., estrés estival o por factores bióticos o abióticos), a través de la estimación de pigmentos fotosintéticos o la detección de muertes de árboles individuales, la escala de trabajo debe ser la de árbol individual, por lo que es necesario detectar y delimitar cada pie. Este último tipo de análisis requiere imágenes de muy alta resolución espacial, como pueden ser las obtenidas por plataformas aerotransportadas (ej., un avión o un UAS), aunque la nueva generación de satélites de alta resolución espacial (ej., Planet, WorldView-2 y WV-3) ofrecen nuevas perspectivas, ya que han aumentado considerablemente la resolución radiométrica y espectral. La inclusión en estos sensores de bandas del *red edge* o del infrarrojo cercano (NIR), mejoran notablemente la capacidad de interpretación de variables biofísicas a escala de árbol individual o de rodales pequeños (Navarro-Cerrillo *et al.*, 2019).

En el caso de los sensores activos, en particular para LiDAR, la detección individual de árboles también supone trabajar con mayor densidad de pulsos. La capacidad de adquisición de datos LiDAR, junto con el objetivo del trabajo, determinan la densidad de pulsos y, por tanto, si resulta adecuado emplear o no los datos públicos (ej., LiDAR-PNOA); es decir, si se necesita o no un vuelo LiDAR específico. En este sentido, para abordar las necesidades de información en áreas que carecen de vuelo LiDAR o datos de inventario, o donde estos datos están desactualizados, los datos de teledetección óptica se pueden utilizar para estimar

Tabla 11.1. Descripción de los principales métodos de segmentación de imágenes aplicados para la rodalización, fortalezas y debilidades y ejemplos de aplicación (simplificado de Kotaridis y Lazaridou (2021); consultar referencia original para terminología en inglés).

Método de segmentación		Ventajas	Inconvenientes
Basados en información espectral	Algoritmos basados en umbrales	• Son computacionalmente sencillos • No se requiere información previa sobre las imágenes	• No funciona bien para imágenes con histogramas poco contrastados
	Algoritmos basados en agrupamiento	• Son generalmente fáciles de ejecutar.	• Pueden producir una sobresegmentación, con presencia de píxeles aislados ("sal y pimienta").
Basada en datos espacialmente explícitos	Algoritmos basados en bordes	• Son apropiados para áreas internamente homogéneas (ej., edificios y caminos).	• Los bordes frecuentemente son imprecisos (ej., como los árboles)
	Algoritmos de crecimiento de regiones	• Se basan en unos pocos píxeles semilla dados. • Funcionan mejor en imágenes homogéneas.	• Son computacionalmente intensos. • Falta de control sobre el criterio de segmentación • Las estadísticas de un objeto pueden cambiar significativamente a medida que crece.
	Algoritmos de fusión y división de regiones	• División de las regiones se asemeja a la estructura de datos utilizada para representar la imagen	
	Algoritmos basados en gráficos	• Permite aumentan el volumen de datos a procesar.	• Complejidad computacional.
Métodos híbridos		• Superan los problemas de los métodos antes mencionados.	
Segmentación semántica		• Capacidad para examinar la información de contexto a varios niveles.	• Baja resolución espacial de la segmentación. • Límites de clase poco claros. • Los modelos de aprendizaje profundo comúnmente requieren que se ajusten muchos parámetros.

las variables dasométricas a partir de datos de inventario y nubes de puntos cercanas para generar modelos espacialmente extensos para la estimación de los atributos buscados.

Por último, otra importante ventaja de la combinación de los datos LiDAR y multiespectrales es la capacidad de ajustar la escala temporal al ámbito de estudio. Se podría, incluso, llegar a conseguir una biblioteca de información dónde cada tipo de imagen corresponda a un momento temporal distinto. Los métodos de composición de imágenes permiten generar compuestos estacionales o anuales sin huecos espaciales, salvando el efecto de las nubes. De las tendencias espectrales de la reflectancia superficial derivada de dichos productos y mediante la aplicación de modelos combinados con LiDAR, se consiguen extender estimaciones de la estructura forestal a través del tiempo (Matasci *et al.*, 2018). De esta manera, se puede estudiar el crecimiento forestal o la recuperación postincendio de una masa durante el periodo de tiempo necesario, más allá de la ventana temporal que el vuelo LiDAR permita.

2.2. Métodos de segmentación

Los algoritmos de segmentación basado en el procesamiento de imágenes están en continuo desarrollo, aunque una clasificación básica se puede consultar en la Tabla 11.1 (ver Surový y Kuželka, 2019):

- Basado en regiones
- Basado en bordes
- Basado en umbrales
- Agrupación o clúster basado en características
- Basado en modelos

2.3. Evaluación de la segmentación

En el ámbito forestal, no es necesario evaluar la fiabilidad de la rodalización comprándola con la realidad terreno de manera similar a cómo se hizo en el capítulo 6 de técnicas de clasificación, ya que, normalmente, eso se hace al generar las variables de entrada que se utilizan para realizar la segmentación. En este punto se trata más bien de valorar cómo de robusta es la segmentación realizada. La evaluación de la calidad de la segmentación se puede basar en los cuatro criterios propuestos por Haralick y Shapiro (1985):

- Los segmentos deben ser uniformes y homogéneos con respecto a algunas características (ej., dasométrica).
- Los segmentos adyacentes deben tener diferencias significativas con respecto a la característica por las que se define la uniformidad.
- Los interiores de los segmentos deben ser simples y sin "agujeros".
- Los límites de los segmentos deben ser simples, no excesivamente irregulares y espacialmente precisos.

Estas métricas se pueden dividir, en gran medida, en tres categorías: i) las que miden la uniformidad intrasegmento (criterio i), las que miden la disparidad entre segmentos (criterio ii) y las que miden las señales semánticas de los objetos, como la forma (criterio iii y iv). Por otro lado, se han propuesto numerosos métodos para evaluar los criterios mencionados. Durante las últimas décadas, a medida que se han propuesto nuevos métodos de segmentación, han ido surgiendo una variedad de métodos de evaluación (Figura 11.1).

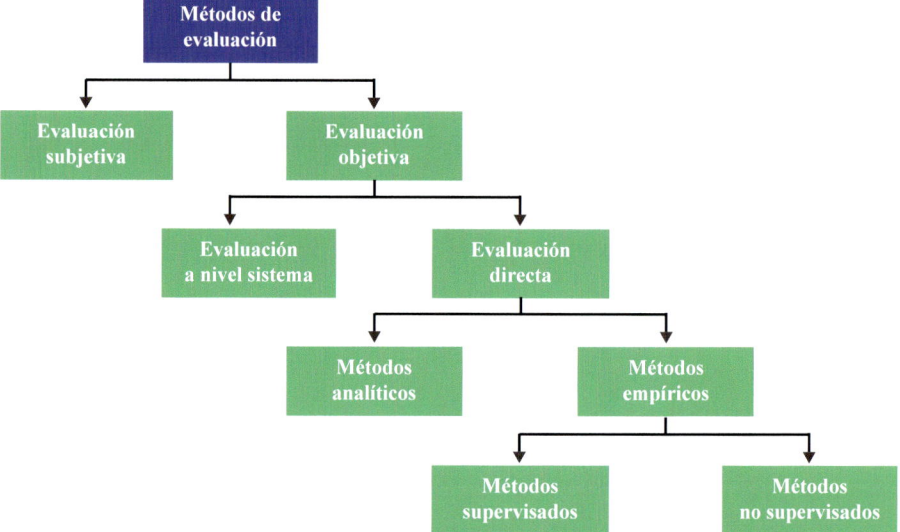

Figura 11.1. Jerarquía de métodos de evaluación de la segmentación (adaptado de Zhang *et al.* (2008); ver referencia original para terminología en inglés)

La forma más inmediata de evaluar la imagen segmentada es visualmente (evaluación subjetiva); o bien por métodos numéricos (evaluación objetiva). El método de evaluación subjetiva se asimila a las técnicas de fotointerpretación; se basa en la experiencia y calidad del fotointérprete, con las ventajas y los inconvenientes propios de esta técnica (ver Capítulo 6).

La evaluación objetiva utiliza métodos que comparan la bondad del ajuste a la realidad de distintas segmentaciones o bien el método de segmentación de forma independiente. Por lo tanto, los métodos de evaluación objetiva se dividen en "evaluación a nivel de sistema" y "evaluación directa". La evaluación objetiva directa se puede dividir en métodos analíticos y métodos empíricos, según se esté examinando el método en sí o los resultados que generó. Los métodos empíricos se dividen en métodos no supervisados y métodos supervisados, en función de si el método requiere una imagen de referencia de la verdad terreno o no. Mientras que los métodos supervisados evalúan el resultado frente a una imagen segmentada manualmente, que se considera como "verdad terreno", los métodos no supervisados utilizan métricas que determinan cómo es el ajuste de la segmentación a cada uno de los criterios arriba mencionados (ver Zhang *et al.*, 2008 y Kotaridis y Lazaridou, 2021).

Estas categorías no se excluyen mutuamente. Los métodos de evaluación pueden utilizar técnicas de varias categorías. Lo más recomendable es utilizar métodos de evaluación que combinen técnicas de varias categorías. Por ejemplo, se puede realizar una valoración subjetiva previa de las segmentaciones, descartando las que peores resultados arrojan basándose en el conocimiento previo del terreno o por fotointerpretación, para posteriormente valorar la homogeneidad interna y la heterogeneidad externa media del conjunto de rodales mediante estadísticos objetivos, como la varianza de la variable segmentada en cada rodal (ej. área basimétrica o LAI) o el índice de Moran.

3. Selección y programación del método de segmentación

3.1. Herramientas disponibles

Hoy en día existen una gran variedad de herramientas y/o programas que implementan alguno o varios algoritmos para la segmentación de imágenes. Aunque hace unos años el *software* comercial e-Cognition monopolizaba el ámbito de las segmentaciones, hoy en día existe una gran variedad de alternativas, comerciales y gratuitos (Hossain y Chen, 2019, Tabla 11.2). La razón principal de este cambio radica en el mejor acceso a la información geoespacial, así como a la mejora computacional de los sistemas.

3.2. Criterios para la selección de métodos

Cada uno de los niveles espaciales de organización de la gestión forestal necesita unos algoritmos específicos, dependiendo del enfoque al que vaya dirigido.

Trabajando a escala de rodal

Puesto que, a nivel de masa, lo que se pretende es conseguir rodales que sirvan para la planificación de la selvicultura, se deben incluir todas las capas que se emplearían en el proceso manual tradicional de rodalización (Figura 11.2). Entre ellas, se podrían enumerar: pendientes y orientaciones calculadas de un MDT, capas con la información dasométrica extraída de un vuelo LiDAR, pero también información espectral que determine su estado sanitario, si así fuera necesario para su gestión. En muchos casos, por tanto, será necesario el empleo conjunto de herramientas de Sistemas de Información Geográfica para el cálculo de dichas capas derivadas y de segmentación. En este sentido, ofrecen una mayor ventaja *softwares* integradores y de gran capacidad, como son QGIS y ArcGIS. Por ejemplo, desde la caja de herramientas de procesos de QGIS, se puede acceder a los algoritmos de SAGA, GRASS u OTB, así como Lastools o Fusion para los procesados de nubes de datos 3D, que pueden emplearse indistintamente sin necesidad de abrir o cerrar programas.

Tabla 11.2. Selección de los programas/herramientas más empleadas en la segmentación dirigida a objeto con fines forestales.

Programa	Algoritmo	Disponibilidad	Acceso
ArcGIS	Detección de bordes, Regiones de crecimiento y k-medias	Comercial	https://www.esri.com/en-us/arcgis/products/arcgis-online/overview
e-Cognition	Multirresolución y detección de bordes	Comercial	https://es-la.geospatial.trimble.com/what-is-ecognition
ENVI	Regiones de crecimiento	Comercial	https://www.l3harrisgeospatial.com/Software-Technology/ENVI
ERDAS	Detección de bordes y Regiones de crecimiento	Comercial	https://www.hexagongeospatial.com/products/power-portfolio/erdas-imagine
GRASS	Regiones de crecimiento	Gratuito	https://grass.osgeo.org/
IDRISI	Detección de bordes	Comercial	https://clarklabs.org/terrset/idrisi-image-processing/
InterSeg InterCloud	Regiones de crecimiento	Bajo demanda	http://www.lvc.ele.puc-rio.br/wp/?p=2081
OTB	K-medias y detección de bordes	Gratuito	https://www.orfeo-toolbox.org/
Python Scikit	K-medias y detección de bordes	Gratuito	https://scikit-learn.org/stable/
R lidR	Detección de bordes y Regiones de crecimiento	Gratuito	https://github.com/r-lidar/lidR
RSGISLib	k-medias	Gratuito	http://rsgislib.org/
SAGA	Detección de bordes y Regiones de crecimiento	Gratuito	https://saga-gis.sourceforge.io/en/index.html
SPRING	Regiones de crecimiento	Gratuito	http://www.dpi.inpe.br/spring/english/download.php
TerraLib	Multirresolución y basado en regiones	Gratuito	http://www.dpi.inpe.br/terralib5/wiki/doku.php?id=wiki:downloads#terraview

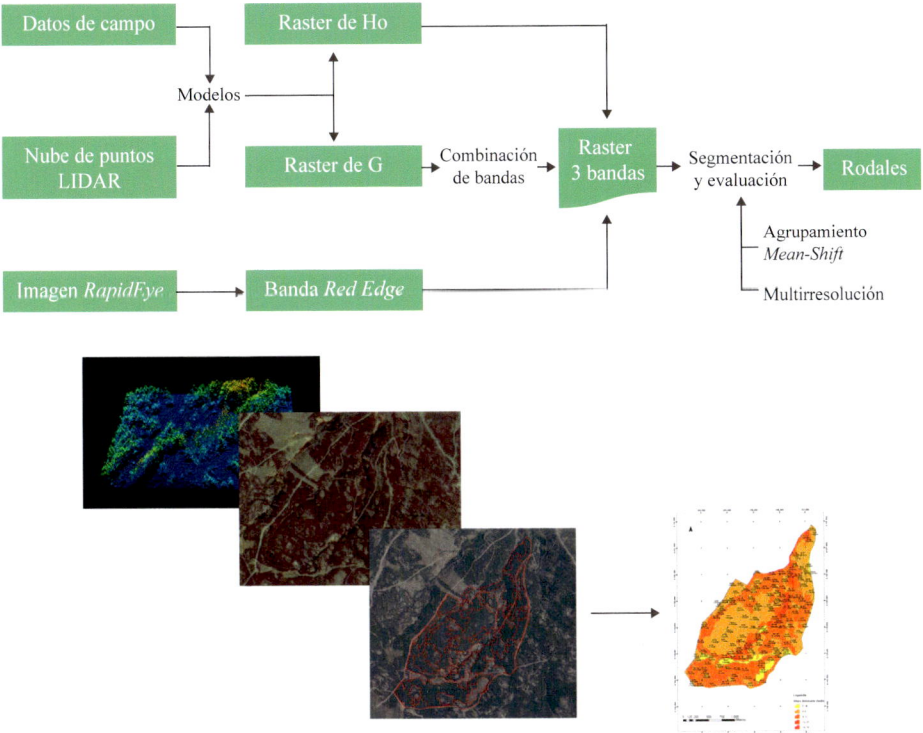

Figura 11.2. Ejemplo de flujo de trabajo para la rodalización de un monte a través de la segmentación en el que, partiendo de los datos de campo y de un vuelo LiDAR se consigue un ráster con la información dasométrica de toda la superficie (en este caso, de altura dominante (Ho) y de área basimétrica (G)). La combinación de este ráster con la información espectral de la banda del *red edge* dan lugar a una segmentación conjunta. Los rodales resultantes están diseñados según la información que aportan dichas bandas.

Trabajando a escala de árbol individual

Cuando se trabaja a nivel individual, se requiere un esfuerzo computacional mayor: desde el mayor peso de la información de partida, ya que será necesario que la nube LiDAR original contenga gran densidad de pulsos o bien que la ortofoto o imagen espectral sea de una resolución espacial suficiente, hasta el manejo de un desmesurado número de registros resultantes, que equivaldrá al número de pies del monte (Figura 11.3). De ahí que se tienda al empleo de herramientas que permiten un manejo más sencillo de los datos a través de programación en R o Python. En cualquier caso, lo anterior no invalida un procesado menos automatizado que no incluya lenguajes de programación. Cualquier algoritmo de detección de cuencas o de crecimiento de regiones que esté implementado en un *software* permite hacer una detección correcta de los pies.

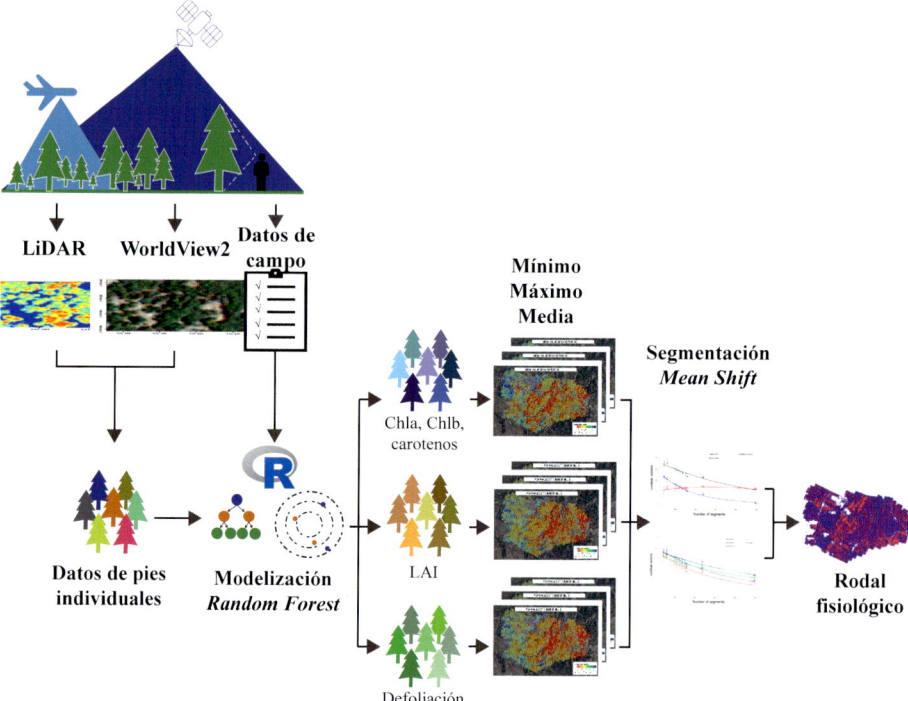

Figura 11.3. Ejemplo de flujo de trabajo para la rodalización de un monte mediante la segmentación por árbol individual en el que, partiendo de un vuelo LiDAR, de información satelital multiespectral y de información de campo, se determina el estado sanitario de cada pie para posteriormente generar un ráster que resume dicha información en sus valores medios y en la desigualdad de los datos por pixel, que se combinan para una segmentación conjunta. De esta forma, se consiguen dos niveles de conocimiento de la realidad.

4. Metodologías de integración de datos

4.1. A escala de rodal

Los métodos basados en la integración de los datos consisten en el tratamiento por separado de la información espectral y estructural para que, en la posterior segmentación, puedan contribuir de forma conjunta a la separación de rodales.

Selección de las variables descriptivas del rodal

En una primera fase, es necesario analizar qué información explica mejor los procesos que interesa conocer a escala de rodal. De dicho examen se deduce qué datos se van a utilizar y de dónde se van a extraer. Por ejemplo, si el temperamento de una especie es un factor determinante en la rodalización, será necesario incluir la orientación extraída del modelo digital del terreno (MDT) derivado de los datos LiDAR. Si se quiere distinguir entre rodales con un estado vegetativo más o menos vigoroso, se deberá tener en cuenta un índice espectral que lo describa, como podría ser el NDVI. Si en la zona se localizan varios índices de sitio, la altura dominante calculada a partir de la nube de puntos será parte fundamental de las entradas para la rodalización. El gran número de variables dasométricas que se podría contemplar en este paso podría atomizar la rodalización; por tanto, hay que ser cuidadoso en la selección de esas variables y elegir las que tengan "sentido" selvícola (Figura 11.4). Su cálculo se realiza como se ha visto en el Capítulo 5. Por otro lado, muchos índices multiespectrales explican procesos similares, como ya se comentó en el Capítulo 6. Por consiguiente, es necesario realizar un estudio de multicolinealidad para descartar las variables menos explicativas (ver Capítulo 15).

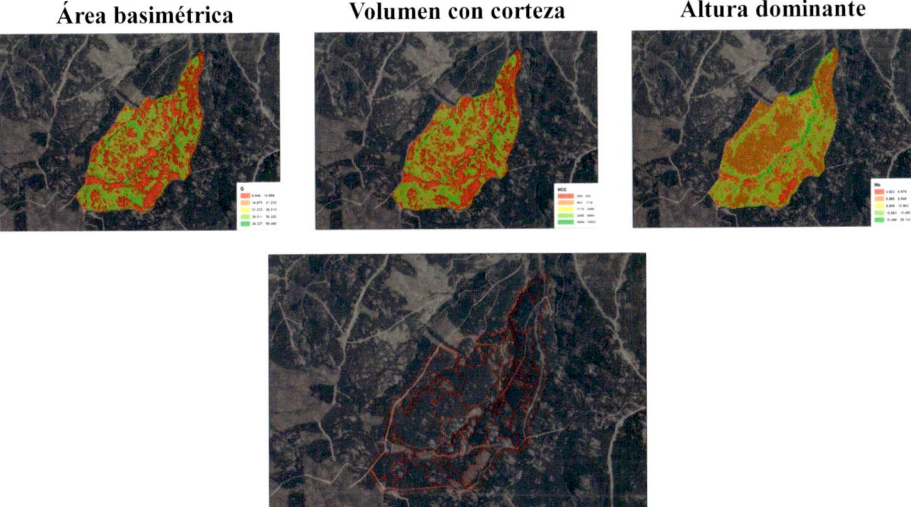

Figura 11.4. Segmentación a partir de imagen multibanda compuesta por las bandas de área basimétrica, volumen con corteza y altura dominante calculadas a partir de vuelo LiDAR.

Generación de una imagen multibanda

La mayoría de los algoritmos de segmentación utilizan imágenes multiespectrales. En el caso de la rodalización para la gestión forestal, el tipo de imágenes multibanda que se utiliza será parecido, pero con un significado completamente distinto. Cada una de las variables seleccionadas como descriptoras de la información espacial de la zona, se unirán en una única imagen donde cada capa ya no hará referencia a los datos recogidos en un ancho del espectro electromagnético, sino que consistirán en variables que describen el comportamiento de la masa; por ejemplo, la altura dominante, la densidad, la orientación del terreno o índices espectrales. Como se explica más adelante, es fundamental que las bandas que integren esta nueva imagen estén normalizadas.

4.2. A escala de árbol individual

En otros estudios, por razones de producción (selvicultura de precisión) o por otras razones relacionadas con la gestión forestal (ej., hábitat, sanidad forestal, etc.), se puede justificar la desagregación de la masa en árboles individuales. En este caso, la integración de los datos LiDAR y ópticos es más completa, puesto que se necesitan ambos tipos de información alternativamente en la metodología.

Delineación individual de los pies

El proceso de delineación de árboles individuales consiste en determinar dónde está el árbol y, posteriormente, delimitar su copa. Aunque parece ser el mismo proceso, ambos usan distintos algoritmos. La segmentación de copas se ha realizado tradicionalmente en teledetección con imágenes de alta resolución. Sin embargo, el empleo de los datos LiDAR en lugar de los datos multiespectrales conlleva la ventaja asociada de la información estructural agregada. Se pueden usar dos procedimientos:

- partir de un ráster con la información de la altura del dosel (MDV, Modelo Digital de la Vegetación), o bien
- utilizar la misma nube de puntos para realizar la separación de los pies.

El primer método es un proceso tremendamente eficaz a un coste computacional aceptable. En éste, se delimita cada pie a partir de los puntos de los percentiles más altos del ráster del modelo de copas, según un tamaño de ventana de búsqueda a elegir por el usuario. La elección del tamaño de ventana correcto según las características de la masa es fundamental, puesto que condiciona que se identifiquen ramas como posibles árboles, causando una sobresegmentación o bien que haya pies que queden fundidos en otros en el caso de masas de baja variabilidad en las alturas dominantes. Por el contrario, el método de segmentación sobre la nube de puntos suele ser computacionalmente más costoso, pero consigue resultados más ajustados a la realidad. La mayoría de los sistemas emplean un procedimiento en el que se separan los puntos de la nube en distintas capas según niveles de altura (percentiles), para, a partir de semillas generadas con un determinado criterio, ir agregando puntos en función del distanciamiento entre ellos, hasta completar la segmentación de cada árbol (Ayrey *et al.*, 2017).

Validación de la segmentación de copas

Una vez finalizada la delineación de las copas, es necesario evaluar su precisión. Para ello se pueden utilizar diversos métodos: el más común tiene en cuenta los pies correctamente evaluados (TP, *True Positive*), los pies omitidos (FN, *False Negative*) y los errores de comisión (FP, *False Positives*) que se corresponden con pies segmentados que no existen en la realidad (Sokolova *et al.*, 2006, ver Capítulo 6) (Figura 11.5).

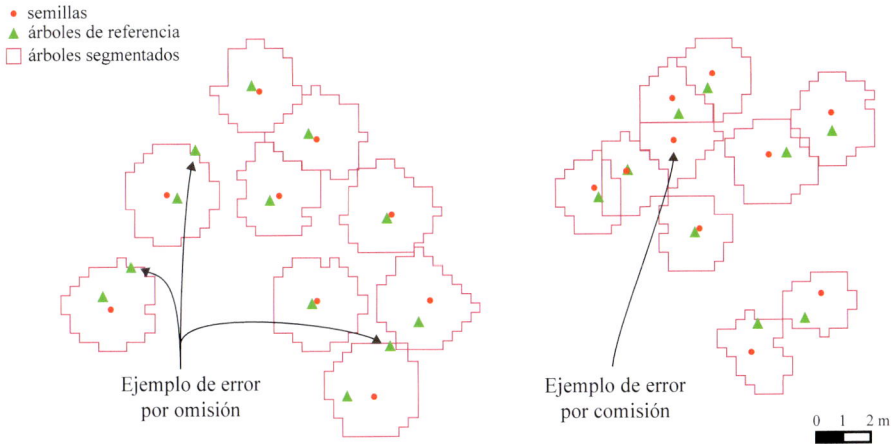

Figura 11.5. Ejemplo de error por omisión, que marcará el número de pies omitidos o falsos negativos dentro de la parcela, y ejemplo de error por comisión, que dará lugar a contar pies que realmente no existen en la realidad de campo, conocidos como los falsos positivos.

A partir de estos recuentos, se calculan la precisión (P), el índice de detección (R, *recall*) y el F-*score*, según las ecuaciones:

$$P = TP / (TP + FP) \tag{1}$$

$$R = TP / (TP + FN) \tag{2}$$

$$F\ score = (2 \times (P \times R)) / (P + R) \tag{3}$$

Extracción de métricas LiDAR y multiespectrales de cada pie

Dependiendo de la extensión de la zona de estudio, la extracción de métricas puede resultar un reto computacional. En ocasiones, se puede superar fácilmente el millón de individuos para una superficie no mayor de 1.000 ha. Los sistemas de información geográfica se ven limitados por los grandes recursos de memoria que necesitan para almacenar la localización individual de cada árbol. Recordemos que en cada polígono que delimita cada copa quedan registradas las coordenadas de todos los vértices que lo conforman. Si se multiplica por el número total de copas, se puede hacer una idea de la dificultad que conlleva.

En este punto, es más adecuado aprovechar la potencia de las bases de datos geográficas cuyo acceso se puede dar a través de librerías de R. Así, al realizar búsquedas geográficas de las copas a través lotes de tamaño ajustado a la capacidad de la máquina con la que se esté trabajando, se puede reducir la muestra para la extracción de métricas y agilizar el proceso, reduciendo tiempos de días a horas.

323

Modelización

La modelización que se lleva a cabo en este caso no tiene diferencia metodológica con la realizada en el Capítulo 12.

5. Aplicación de las metodologías para la segmentación

5.1. A escala de rodal

La importancia de la normalización de las capas

Los algoritmos de segmentación están programados para utilizar imágenes multibanda con información espectral, en la que los niveles digitales de los pixeles varían entre rangos coherentes en todas las bandas. Si se trata de imágenes en 8 bits, variarán entre 0 y 255. Si la imagen está corregida atmosféricamente, variarán entre 0 y 1. Sin embargo, cuando se crea una imagen multicapa con intención de segmentar, es necesario realizar una normalización previa de las capas. Así, por ejemplo, si estamos empleando una banda de altura dominante, con un rango de valores entre 0 y 30 m, junto con una banda de un índice espectral que varía entre -1 y 1, al normalizar, se igualan los rangos de los histogramas de ambas, uniformando los pesos que recibirán al ejecutarse el algoritmo. La forma de normalizar más empleada es la siguiente ecuación:

$$\frac{\text{Valor del pixel} - \text{Valor mínimo de la banda}}{\text{Valor máximo de la banda} - \text{Valor mínimo de la banda}} \qquad [4]$$

Selección de la mejor rodalización

La variedad de algoritmos de segmentación y sus características no permiten que, *a priori*, se conozcan los mejores parámetros a introducir para la computación. Por eso, lo más razonable es establecer un sistema de modificaciones de los parámetros de entrada para obtener una variedad de soluciones para la zona de estudio, de entre las que se evaluará la mejor rodalización.

Por las mismas singularidades que definen los rodales forestales, a la hora de evaluar las segmentaciones, las que puntúan con un criterio de uniformidad interna alto se encuentran fragmentadas en multitud de unidades de pequeño tamaño y con una puntuación baja en el criterio de heterogeneidad respecto de las regiones vecinas. En el polo opuesto, las segmentaciones con un criterio de homogeneidad interno bajo, están compuestas por escasos rodales de gran tamaño y muy diferentes respecto de los vecinos (Figura 11.6).

Por tanto, generalmente, es necesario establecer, generalmente, un principio de equilibrio entre homogeneidad interna y heterogeneidad externa en la selección de la mejor rodalización, y en el que el gestor pueda participar, además, en la decisión con criterios relacionados con el tamaño medio de los segmentos (rodales) generados (Figura 11.7).

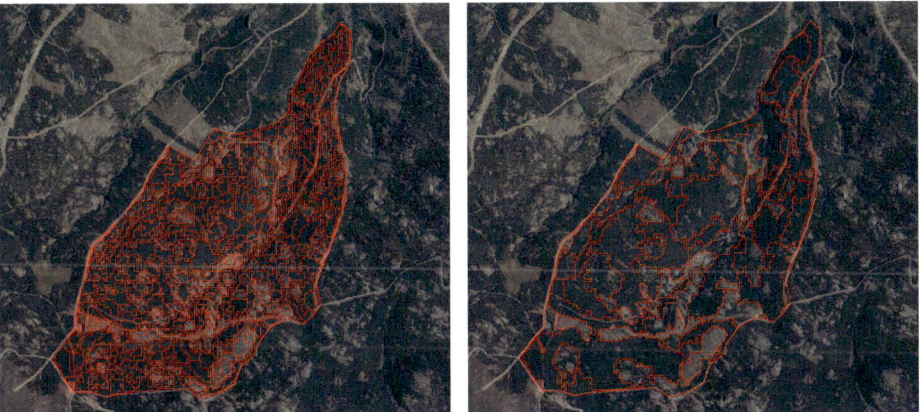

Figura 11.6. Dos ejemplos de segmentación. La imagen de la izquierda muestra rodales resultantes de tamaño pequeño, muy uniformes internamente, pero también muy parecidos entre sí. La imagen de la derecha muestra rodales resultantes de gran tamaño, muy diferentes unos de otros, pero con baja coherencia interna.

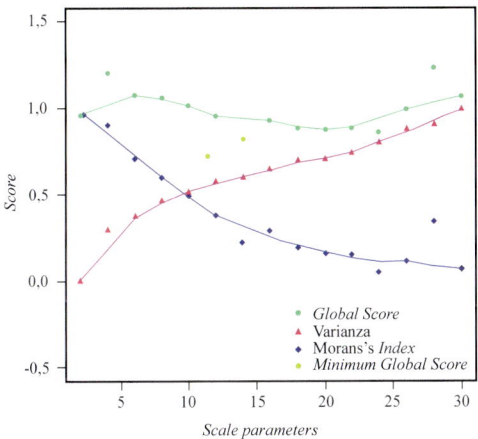

Figura 11.7. Ejemplo de comportamiento de la varianza entre rodales, representada por la variable (*Variance*) y la homogeneidad entre rodales, representada por el Índice de Moran (*Moran's Index*) con respecto a la variación del parámetro de escala. El estadístico de puntuación global de ambas métricas (*Global Score*) corresponde a la suma de ambos parámetros y valora el comportamiento general de cada segmentación.

5.2. Árbol individual

La gran diferencia metodológica en la rodalización de masas forestales empleando la técnica de árbol individual es la necesidad de un paso intermedio que condense la información para aumentar la escala de trabajo (Figura 11.8).

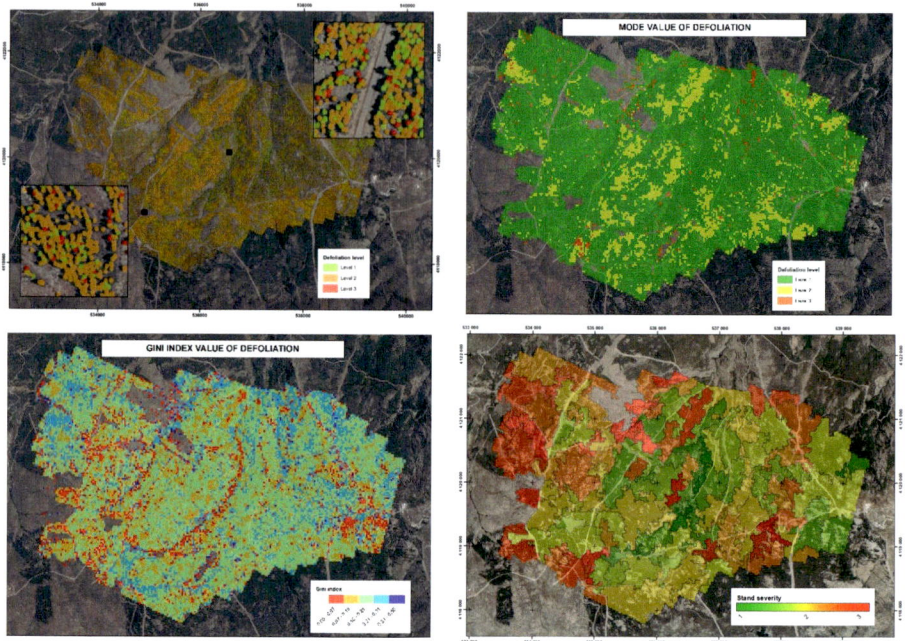

Figura 11.8. Ejemplo de una rodalización donde cada rodal recibe un valor de severidad de daño. Se ha realizado a partir de una segmentación basada en la simplificación de la información individual del nivel de defoliación de cada árbol extraída a partir del vuelo LiDAR y resumida mediante los valores del índice Gini y la moda.

Resumir variables de árbol individual en un pixel

En el caso de segmentación de árboles individuales, es necesario determinar con precisión las variables de árbol más relevantes (ej., si la situación sanitaria del arbolado es inadecuada, se puede usar la defoliación o el contenido de pigmentos); aunque, muchas veces, para hacer un manejo operativo de la masa, también se aplique una simplificación a nivel de rodal, sintetizándolo en un escalado (*scaling-up*) del sistema.

En estos casos, es necesario generar un *grid* aleatorio en el que se vuelquen los valores que resuman la información obtenida a nivel de rodal. Esas variables descriptivas del rodal que simplifican la información individual deberán seleccionarse dependiendo de la finalidad de la gestión, del mismo modo que se describió en el apartado previo del presente capítulo. En cualquier caso, se debe tener en cuenta, no sólo los valores medios de los pies incluidos en el pixel, sino también la dispersión y distribución de los mismos. Una variable muy útil en la estimación de la equidad en la distribución de los datos es el índice Gini, aunque también podría emplearse una medida de cálculo más simple, como es la desviación estándar de la variable en los árboles del interior de cada píxel del *grid* generado.

6. Retos científicos tecnológicos

La segmentación de rodales y de árboles individuales es una aplicación de la teledetección fundamental en la selvicultura basada en datos, ya que implica identificar y delinear los límites de unidades de gestión forestal a partir de datos de teledetección como LiDAR, imágenes espaciales o aéreas.

Si bien esta tecnología ofrece numerosas ventajas, tal y como hemos visto en este capítulo, también enfrenta varios desafíos, entre los cuales caben destacar:

* Estructuras forestales complejas, con copas superpuestas, capas de vegetación y formas de árboles variables.
* Mezcla de especies y de clases de edad, cada una con características distintas.
* Variabilidad de la calidad de los datos (por ejemplo, LiDAR, imágenes) entre diferentes segmentos o conjuntos de datos, lo que afecta a la precisión de los algoritmos de segmentación.
* Sombra y oclusión causadas por el dosel y la vegetación circundante, que pueden oscurecer partes de los árboles, lo que dificulta su delineación.
* Interferencia del sotobosque y de la vegetación herbácea (suelo), que pueden modificar la firma espectral de los segmentos.
* Escalamiento y eficiencia para poder procesar áreas forestales a gran escala con datos de alta (adecuada) resolución, lo que requiere algoritmos eficientes capaces de manejar grandes conjuntos de datos.
* Detección de cambios en entornos forestales dinámicos, donde los rodales/árboles crecen ("desacoplado" temporal de los datos) o pueden verse afectados por perturbaciones, como incendios forestales o tratamientos selvícolas.
* Generalización a diferentes tipos de bosques o localizaciones, que pueden poseer características únicas (ej., espectrales). La obtención de algoritmos generalizados que puedan funcionar bien en diversos entornos forestales sigue siendo un desafío.
* Etiquetado de datos y datos reales sobre el terreno para las fases de entrenamiento y validación (ej., precio de adquisición, fiabilidad de los datos, georreferenciación, etc.). El etiquetado de árboles individuales en masas densas puede ser especialmente laborioso.

En los últimos años, se han ofrecido diferentes soluciones para abordar estos desafíos mediante el desarrollo y la mejora de algoritmos de segmentación, la integración de técnicas de aprendizaje automático y el uso de tecnologías innovadoras de detección remota. A pesar de los desafíos, la segmentación forestal representa una herramienta fundamental para numerosas aplicaciones en selvicultura basada en datos digitales.

Ejemplo 1.

Aplicación de la segmentación a la rodalización

La segmentación como medio para obtener una rodalización dasocrática uniforme de la estructura forestal es una técnica especialmente interesante cuando se combinan datos dasocráticos obtenidos a partir de la modelización LiDAR, que se vio en el capítulo 10 del presente libro, junto con información espectral (por ejemplo, un índice NDVI de una imagen Landsat podría aportar información del estado fisiológico del arbolado) o mapas de orientaciones para que los rodales resultantes sigan las reglas de la rodalización tradicional basada en líneas permanentes del terreno.

Ver QR al final del capítulo para acceder a ejemplos.

Bibliografía

Ayrey, E., Fraver, S., Kershaw, J.A., Kenefic, L.S., Hayes, D., Weiskittel, A.R., Roth, B.E., 2017. Layer Stacking: A Novel Algorithm for Individual Forest Tree Segmentation from LiDAR Point Clouds. Can. J. Remote Sens. 43, 16–27.

Haralick, R.M., Shapiro, L.G., 1985. Image segmentation techniques En: 1985 Technical Symposium East. International Society for Optics and Photonics, pp. 2–9.

Hossain, M.D., Chen, D., 2019. Segmentation for Object-Based Image Analysis (OBIA): A review of algorithms and challenges from remote sensing perspective. ISPRS J. Photogramm. Remote Sens. 150, 115–134.

Koch, B., Kattenborn, T., Straub, C., Vauhkonen, J., 2014. Segmentation of Forest to Tree Objects. En: Maltamo, M., Næsset, E., Vauhkonen, J. (Eds.), Forestry Applications of Airborne Laser Scanning: Concepts and Case Studies, Managing Forest Ecosystems. Springer Netherlands, Dordrecht, pp. 89–112.

Kotaridis, I., Lazaridou, M. (2021). Remote sensing image segmentation advances: A meta-analysis. ISPRS J. Photogramm. Remote Sens. 173, 309-322.

Matasci, G., Hermosilla, T., Wulder, M.A., White, J.C., Coops, N.C., Hobart, G.W., Bolton, D.K., Tompalski, P., Bater, C.W., 2018. Three decades of forest structural dynamics over Canada's forested ecosystems using Landsat time-series and lidar plots. Remote Sens. Environ. 216, 697–714.

Molina, J.M.G., Nicolau, M.P., Grau, P.V., 2006. Manual de ordenación por rodales. Centro Tecnológico de Cataluña, Solsona.

Navarro-Cerrillo, R. M., Varo-Martínez, M. Á., Acosta, C., Rodriguez, G. P., Sánchez-Cuesta, R., Ruiz Gomez, F.J. 2019. Integration of WorldView-2 and airborne laser scanning data to classify defoliation levels in Quercus ilex L. Dehesas affected by root rot mortality: Management implications. Forest Ecol. Manag. 451, 117564.

Serrada Hierro, R 2011. Apuntes de Selvicultura. Fundación del Conde del Valle de Saluzar, Universidad Politécnica de Madrid, Madrid.

Sokolova, M., Japkowicz, N., Szpakowicz, S., 2006. Beyond Accuracy, F-Score and ROC: A Family of Discriminant Measures for Performance Evaluation. En: Sattar, A., Kang, B. (Eds.), AI 2006: Advances in Artificial Intelligence, Lecture Notes in Computer Science. Springer, Berlin, Heidelberg, pp. 1015–1021.

Surový, P., Kuželka, K. 2019. Acquisition of forest attributes for decision support at the forest enterprise level using remote-sensing techniques—A review. Forests, 10(3), 273.

Varo-Martínez, M. Á., Navarro-Cerrillo, R. M., Hernández-Clemente, R., Duque-Lazo, J. 2017. Semi-automated stand delineation in Mediterranean Pinus sylvestris plantations through segmentation of LiDAR data: The influence of pulse density. Int. J. Appl. Earth Obs. Geoinf., 56, 54-64.

Zhang, H., Fritts, J.E., Goldman, S.A., 2008. Image segmentation evaluation: A survey of unsupervised methods. Comput. Vis. Image Underst. 110, 260–280.

**Acceso al
material complementario**

12
Aplicaciones del escaneado láser terrestre en ciencias forestales

Antonio J. ARIZA SALAMANCA
Juan Alberto MOLINA VALERO

Resumen

La aplicación del láser escáner o LiDAR terrestre en selvicultura y ecología forestal es cada vez más popular y efectiva debido al grado de detalle que esta tecnología puede proporcionar. De hecho, ya existen numerosos estudios sobre su uso para proporcionar estimaciones precisas en el ámbito forestal. La mayor parte de los esfuerzos se han dirigido a su utilización en inventarios forestales a nivel de parcela para la obtención de parámetros básicos, como los diámetros y las alturas de las plantas. Sin embargo, su versatilidad y precisión han propiciado la innovación en el campo, llevando al desarrollo de algoritmos que permiten caracterizaciones más complejas e inventarios de mayor detalle. Estas estimaciones se consiguen a partir de cálculos métricos obtenidos del modelado de cortes o secciones de la nube de puntos registrada por el láser escáner. No obstante, el reto sigue siendo la extracción de estos parámetros de forma correcta a partir de los datos en bruto de TLS. En los últimos años se han desarrollado metodologías que pretenden automatizar las fases de adquisición y procesado de datos TLS. El presente capítulo constituye una guía teórico-práctica para la extracción de parámetros de interés forestal a partir de nubes de puntos de LiDAR terrestre, con aplicación en la selvicultura y en la ecología forestal. La primera parte del capítulo se centra en los fundamentos del escaneado láser terrestre. Seguidamente se describen las aplicaciones en selvicultura y ecología forestal. El capítulo termina con un desarrollo de la cadena de procesos que tiene lugar para transformar la nube de puntos en el producto final. Se acompaña este capítulo de un tutorial en R del paquete FORTLS para la extracción de parámetros forestales a partir de una nube de puntos de LiDAR terrestre.

Palabras clave: láser escáner terrestre, segmentación, ajuste geométrico, voxelización, FORTLS.

1. Introducción

El escaneado láser terrestre o LiDAR terrestre (TLS, en adelante; acrónimo de *Terrestrial Laser Scanning*) es un dispositivo de precisión muy elevada, capaz de trabajar en diferentes entornos y condiciones atmosféricas. Esta versatilidad está permitiendo su uso en múltiples aplicaciones en diversos campos de la ciencia y la tecnología; desde la ingeniería civil y la conservación del patrimonio cultural, hasta la industria del entretenimiento; destacando su gran potencial en el ámbito forestal debido a la medición rápida y no destructiva que hace de los ecosistemas forestales (Liang *et al.*, 2016). El propósito de los TLS es crear una nube de puntos (representación discreta) muy próxima a las superficies continuas de los objetos medidos. Para ello, el TLS se basa en el mismo principio que el LiDAR aerotransportado (Capítulo 10), con la diferencia de que el barrido se realiza desde un equipo ubicado en la superficie.

1.1. Principios del láser escáner

Los TLS emiten una señal óptica sobre un determinado objeto (sensores activos) y detectan su reflexión con el fin de medir ángulos, distancias e intensidad de los puntos iluminados. En función de la manera en la que el escáner recibe y/o analiza la señal reflejada, se pueden distinguir entre dos tipos:

- Escáneres láser de cambio de fase.
- Escáneres láser de tiempo de vuelo.

Los TLS utilizados en ingeniería se basan en el principio de tiempo de vuelo. Estos dispositivos miden un intervalo de tiempo entre dos sucesos. Dado que las ondas de luz viajan a una velocidad finita y constante a través de un medio, puede medirse el tiempo durante el cual la luz viaja del dispositivo a un objeto y regresa al mismo. La distancia a dicha superficie puede calcularse mediante la siguiente fórmula (Ecuación 1):

$$\text{Distancia} = ((\text{tiempo de recorrido}) \times (\text{velocidad de la luz})) / 2 \qquad [1]$$

En general, hay dos modalidades de detectores LiDAR basados en el principio de tiempo de vuelo: escáneres discretos y escáneres de forma de onda completa (Figura 12.1). Los escáneres discretos registran retornos individuales representando los picos en la curva de la forma de onda. Este sistema puede registrar de uno (Figura 12.1 (sup.)) a cinco (Figura 12.1 (centro)) retornos de cada pulso láser. Una colección de puntos de retorno de LiDAR discretos se conoce como una nube de puntos LiDAR. Los retornos se registran cuando la intensidad sobrepasa un umbral predefinido del sistema.

Los escáneres de forma de onda completa registran la distribución de la luz retornada (Figura 12.1 (inf.)). Esta modalidad puede que contengan más información que los procedentes de sensores LiDAR discretos, pero el procesamiento de datos es complejo y requieren algoritmos para filtrar los datos y extraer la información útil.

Los dos últimos tipos de sensores (Figuras 12.1 (centro) y 12.1 (inf.)) proporcionan información de múltiples profundidades cuando el punto láser no es interceptado totalmente por el primer objeto encontrado, sino parcialmente por varios objetos.

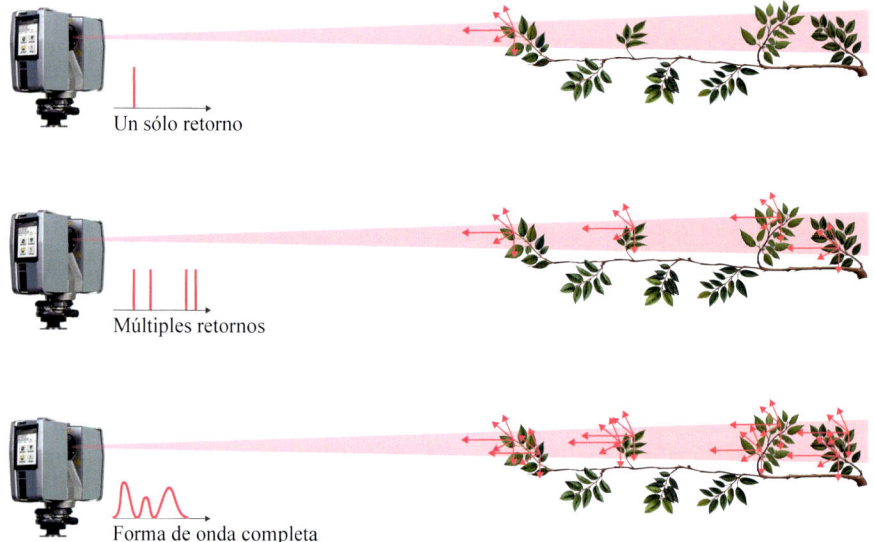

Un sólo retorno

Múltiples retornos

Forma de onda completa

Figura 12.1. Modalidades de detectores LiDAR según el número de señales de retorno calculadas para cada dirección y las capacidades de detección del sensor: captura de un solo retorno (sup.) (primer objeto que refleja una parte del pulso láser); captura de múltiples retornos (centro); y captura la forma de onda completa de la señal de retorno (inf.) (basado en Dassot *et al.* (2011)).

1.2. Funcionalidad y principios de medición

El TLS barre todo su campo visual (*Field of View*; FoV) variando la dirección del rayo láser para medir múltiples puntos desde el mismo punto de vista del escáner; bien rotando el propio dispositivo o bien utilizando una unidad de desviación. Generalmente, se emplean tres métodos para desviar el haz hacia una dirección específica:

- Prisma óptico reflectante.
- Círculo de fibra óptica.
- Espejo oscilante.

Este último método es el más utilizado, puesto que los espejos son más ligeros y pueden girar rápidamente y con una gran precisión. El escáner horizontal se denomina *frame scan* y puede tener un FoV desde 40° hasta 360°. El escáner vertical es el *line scan* y puede lograr un FoV desde 40° hasta 320° (Figura 12.2 (izq.)). Por cada señal reflejada, se obtienen dos ángulos correspondientes (α y θ), la distancia ρ y la intensidad. Mediante los ángulos se puede definir la posición de cada uno de los puntos de la escena en un sistema de coordenadas polares, que internamente es transformado a un sistema cartesiano (Figura 12.2 (dcha.)). Con todo, el TLS crea una nube de puntos dónde cada punto queda determinado por su posición (X, Y, Z).

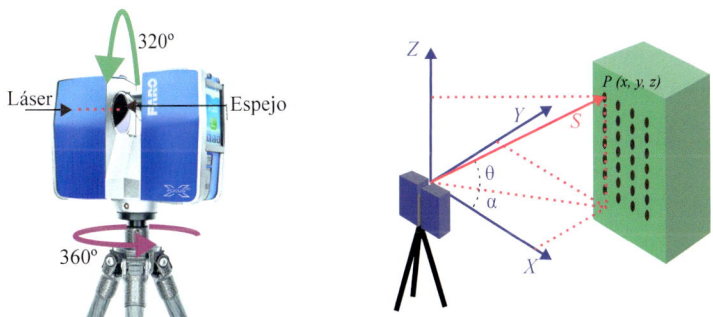

Figura 12.2. Funcionalidad (izq.) y principio de medición (dcha.) del láser escáner terrestre (basado en Salehi y Wang (2017) y Xu *et al.* (2018)).

Los dispositivos TLS no sólo capturan información espacial, sino que también pueden adquirir de manera directa la intensidad de la señal devuelta y, de manera indirecta (a través de una cámara integrada o externa), la representación del espacio de color (RGB) de cada punto. Además, algunos equipos integran otros dispositivos auxiliares que permiten obtener imágenes térmicas o imágenes esféricas en alta resolución.

1.3. Escaneado láser estático y dinámico

El escaneado láser terrestre se puede dividir en dos categorías: escaneado láser estático y escaneado láser dinámico (Figura 12.3). El caso más común es que el equipo se estacione en un punto fijo (escaneado láser estático), generalmente sobre un trípode. Lo único que se precisa es el propio escáner y un instrumento de referencia que permita obtener coordenadas absolutas, generalmente un GPS diferencial (aunque se puede prescindir de éste y trabajar en coordenadas relativas). En los casi 60 años de historia del escaneado láser terrestre, los sistemas utilizados con mayor frecuencia han sido los escáneres láser terrestres estáticos o de posición fija, dada la creciente exactitud y precisión de la tecnología.

Cuando el proceso de toma de datos se realiza sobre una plataforma móvil, se llama escaneado láser dinámico (SLAM, en adelante; *Simultaneous Location and Mapping*). Estos sistemas requieren la integración en el dispositivo de otros componentes adicionales, tales como una unidad de medición inercial (INS) o un sistema de posicionamiento global (GPS), lo que hace que el sistema sea más complejo. Los datos capturados con un escáner en movimiento son menos precisos que los capturados con el equipo estacionado en un punto fijo, debido a la propagación de errores de posicionamiento dentro de la nube de puntos. Sin embargo, este enfoque ofrece ciertas, ventajas como la velocidad de captura de datos, la facilidad de uso, el ahorro de costos y la movilidad de su tecnología. Según el refrán "no dejes que la perfección sea enemiga de lo bueno", un escaneo móvil de alta velocidad y menor resolución puede ser más que suficiente para determinados proyectos (https://www.faro.com/es-MX/Resource-Library/Article/Motionless-vs-Mobile-Scanning). Un escaneo móvil basado en SLAM puede capturar un gran espacio de volumen sin necesidad de triangulación GPS o un posterior co-registro de los datos (ver sección 1.3).

Hasta ahora, estas dos categorías (estático y dinámico) han recorrido caminos separados. Actualmente, los avances en los algoritmos de *software* basados en SLAM y las velocidades de procesamiento de datos están ayudando a unificar ambos enfoques.

Figura 12.3. Diferencias en el proceso de toma de datos entre escaneado láser estático (izq.) y dinámico (dcha.).

1.4. Aspectos metodológicos

En relación con la calidad de la medida del TLS, cada nube de puntos contiene un considerable número de puntos que presentan errores groseros. Las fuentes de error en el escaneado láser se dividen en cuatro categorías: i) errores instrumentales, ii) errores relacionados con el objeto, iii) errores relacionados con el entorno y iv) errores metodológicos. En aplicaciones forestales, los errores más frecuentes se deben a las condiciones ambientales (por el entorno) y al planteamiento metodológico.

Con respecto a las condiciones ambientales, podemos destacar los siguientes factores:

- Temperatura. Los escáneres láser sólo funcionan adecuadamente cuando se utilizan dentro de un cierto rango de temperatura. Se debe tener en cuenta que la temperatura en el interior del escáner puede ser bastante más alta que la exterior, debido al calor interno o al calor resultante de la radiación externa (radiación solar). Este hecho puede provocar dilataciones puntuales del dispositivo, distorsionando lentamente los datos tomados por el escáner; incluso podría limitar el funcionamiento del dispositivo.

- Humedad ambiental. En situaciones de elevada humedad (p.ej., niebla), pueden formarse gotas de agua por condensación sobre el escáner, afectando gravemente al correcto funcionamiento del dispositivo.

- Viento. Aunque la mayoría de los escáneres láser son muy rápidos, como cada parte de la nube de puntos se toma en un tiempo diferente, cualquier movimiento del escáner o del objeto escaneado distorsiona los datos tomados. Este efecto es especialmente importante cuando planteamos un diseño de posicionamientos múltiples (ver más adelante).

Los errores metodológicos se deben al método topográfico elegido o a la experiencia de los usuarios con esta tecnología. Por ejemplo, a la hora de establecer la resolución, una resolución más alta que la precisión por punto del escáner genera mayor ruido y un incremento en el tiempo de procesado. Otro error frecuente se produce a la hora de posicionar el escáner. Si la distancia entre el escáner y el objeto se encuentra próxima al alcance máximo del dispositivo, los escaneos contendrán mediciones menos precisas y un posible ruido.

Las compañías que fabrican estos dispositivos publican las precisiones de sus equipos. En las especificaciones del fabricante se proporciona el rango de distancias del dispositivo; aunque, usualmente, los valores de precisión y exactitud se indican sólo para una determinada distancia. Como a mayor distancia se produce una mayor dispersión del rayo y, por tanto, una menor intensidad de los retornos, es importante determinar hasta qué distancia se pueden asumir los valores de precisión y exactitud dados en las especificaciones del dispositivo (Ramos *et al.*, 2015). Estas restricciones, junto con las limitaciones por visibilidad, obligan en muchos casos a plantear escaneos parciales desde varios puntos y un posterior co-registro de ellos en un mismo sistema de coordenadas. Este enfoque se utiliza principalmente con dispositivos estáticos. Dependiendo del método de registro seleccionado, también se pueden producir errores. Los posibles errores generados durante la fase de registro también se encuentran en la categoría de errores metodológicos.

En los levantamientos con posicionamientos múltiples, el mismo espacio de volumen se escanea desde diferentes posiciones, produciéndose un solape entre las nubes de puntos capturadas desde cada posicionamiento. Por tanto, se deberán referenciar estos posicionamientos entre sí para obtener las nubes de puntos bajo el mismo sistema de referencia. Existen diferentes formas de llevar a cabo el registro. Las técnicas de registro se pueden clasificar en dos categorías: directas o indirectas. En el registro indirecto no se conocen las coordenadas del punto de posicionamiento. El registro mediante técnicas indirectas se puede realizar de tres formas distintas (Figura 12.4), y todas ellas deben tenerse en cuenta a la hora de planificar el trabajo.

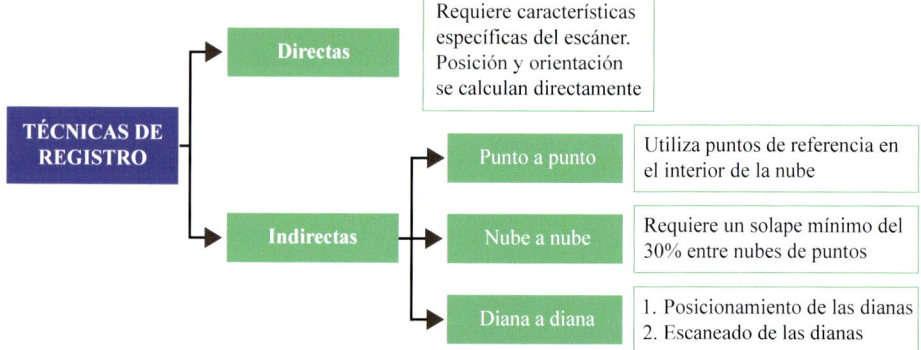

Figura 12.4. Técnicas de registro de nubes de puntos procedentes de TLS.

Excepto en el registro "nube a nube", donde el registro se produce gracias al solape existente entre las nubes de puntos, el resto de las técnicas indirectas requieren del establecimiento de puntos de control. En cada posicionamiento se debe asegurar que se pueden medir varios puntos de control (dianas) que permitan relacionar los diferentes escaneos. Las dianas son identificadas en el interior de la nube de puntos por su forma y alta reflectividad (Figura 12.5). Estas dianas se sitúan en lugares visibles desde varios estacionamientos, es decir, en las zonas de solape, debiendo permanecer fijas durante todo el trabajo.

Figura 12.5. Posicionamiento de las dianas dentro del área de acción del láser escáner (izq.) y visualización en la nube de puntos LiDAR (dcha.).

Otro aspecto que se debe considerar cuando se trabaja con dianas es la ubicación de éstas sobre el terreno. Las dianas deben estar distribuidas lo más ampliamente posible, no sólo en las direcciones de los ejes X e Y, sino también en la dirección del eje Z. Algunas configuraciones de las dianas no producen una solución única cuando se realiza el registro. Por ejemplo, si todas las dianas se encuentran alineadas, tenemos un grado de libertad: la rotación en torno a esa línea. Algunos autores (Alba *et al.*, 2008; Wilkes *et al.*, 2017) indican que, dependiendo de la técnica de registro empleada, debe haber, al menos, cuatro dianas bien distribuidos en la zona de solape (Figura 12.5).

Para el registro directo, la nube de puntos debe estar georreferenciada. Eso se puede realizar de dos formas. En la primera de ellas, la posición y la orientación del escáner se calculan directamente, lo que requiere que el dispositivo cuente con algunas funciones de estación total. En la segunda opción, se fijan una serie de puntos de control (mínimo tres) dentro del espacio de trabajo. Las coordenadas de los puntos de control se capturan con un dispositivo GPS portátil. A continuación, en gabinete, se aplica una matriz de transformación para transformar la nube de puntos de un sistema de coordenadas locales a geográficas a partir de las coordenadas de estos puntos de control. El registro directo no requiere que las nubes de puntos se solapen y es, normalmente, más rápido que el indirecto. Sin embargo, se consiguen mejores precisiones con la georreferenciación indirecta que con la directa.

2. Aplicaciones del láser escáner terrestre en ciencias forestales

La correcta gestión de los sistemas forestales requiere de un amplio y pleno conocimiento de su realidad. El TLS posee la capacidad de registrar en detalle la estructura vertical y horizontal de una parcela de bosque. Esta posibilidad ha provocado un enorme interés por la implementación del TLS en la obtención de variables forestales. La mayor parte de los esfuerzos se han dirigido a su utilización en inventarios forestales a nivel de parcela, de los que se obtienen parámetros básicos como los diámetros normales y las alturas (Liang *et al.*, 2016). Sin embargo, su versatilidad y precisión han propiciado la innovación en el campo, llevando al desarrollo de algoritmos que permiten caracterizaciones más complejas e inventarios de mayor detalle (Calders *et al.*, 2020). A continuación, se muestran las principales aplicaciones del TLS en selvicultura y ecología forestal.

En la Tabla 12.1 se muestran solo algunas de las principales aplicaciones. Sin embargo, el conjunto de variables indicado anteriormente permite su aplicación en múltiples ámbitos de la selvicultura y la ecología forestal. Los primeros estudios de aplicación del TLS en el ámbito forestal se centraron en la caracterización de parámetros dendrométricos estándar (diámetro de los árboles y altura total). Su objetivo era demostrar el potencial de esta tecnología para realizar mediciones más rápidas y precisas, en comparación con los inventarios de campo tradicionales mediante útiles clásicos como la forcípula y el hipsómetro (Dassot *et al.*, 2011). Estos estudios pioneros demostraron el potencial del TLS en inventariación forestal. Posteriores casos de estudio evaluaron su capacidad para determinar volúmenes de árboles en pie y la detección automática de fustes. Los resultados de estos trabajos abrieron la puerta a otras investigaciones relacionadas; por ejemplo, la determinación y el cálculo de la biomasa forestal a partir de datos procedentes de TLS.

Tabla 12.1. Aplicaciones del TLS en selvicultura y ecología forestal.

Aplicación	Variables	Ejemplos
Inventariación forestal	Densidad de árboles, diámetro del fuste, altura total, área basimétrica y volumen maderable	Moskal y Zheng, 2011; Liang et al., 2016, 2018; Krok et al., 2020; Molina-Valero et al., 2022
Tecnología e industria de la madera	Volumen, diámetros a lo largo del fuste, curvatura, sinuosidad, inclinación, coordenadas del centro de la sección y detección de nudos	Pyörälä et al., 2019; Alvites et al., 2021; Nguyen et al., 2021
Caracterización de la cubierta forestal	Índices de complejidad estructural, índice de área foliar, fracción de cabida cubierta, atenuación de la luz y orientación foliar	Zheng et al., 2012; Zheng y Moskal, 2012; Nunes et al., 2022
Desarrollo de modelos digitales	Modelos digitales de elevación, pendientes y vegetación	Crespo-Peremarch et al., 2020; Klapa et al., 2022

3. Procesado de los datos

Las nubes de puntos son datos no estructurados y, por tanto, deben ser tratados para poder extraer información. Por ello, se han desarrollado numerosas técnicas y algoritmos capaces de estimar parámetros forestales a partir de datos procedentes de TLS. Algunas compañías han incorporado estos flujos de trabajo en *softwares* especializados (Tabla 12.2).

Tabla 12.2. Ejemplos de *software* para la extracción de parámetros forestales a partir de nubes de puntos de TLS.

Software	Aplicaciones	Enlace
Computree	Preprocesado de las nubes de puntos, desarrollo de modelos digitales, extracción de parámetros dendrométricos estándar, estimación de parámetros de dosel y volumen de madera	https://computree.onf.fr
AMAPVox	Estimación de parámetros de dosel, como fracción de cabida cubierta, interceptación de la luz, densidad de área foliar, entre otros	https://amapvox.org
LiDAR360	Preprocesado de las nubes de puntos, extracción de parámetros dendrométricos estándar, estimación de densidad de árboles y desarrollo de algoritmos de regresión con datos externos para el cálculo de biomasa, rendimientos, entre otros	https://www.greenvalleyintl.com
3DFin	Preprocesado de las nubes de puntos, extracción de parámetros dendrométricos estándar	https://github.com/3DFin/3DFin
3D FOREST	Preprocesado de las nubes de puntos, generación de modelos digitales, extracción de parámetros dendrométricos estándar y estimación de volumen de madera	https://www.3dforest.eu

En la Tabla 12.2 se incluyen sólo algunos ejemplos. En concreto, se han incluido *softwares* que permiten realizar flujos completos de procesado; es decir, extracción de parámetros forestales desde la nube de puntos LiDAR. Sin embargo, existen otro tipo de *softwares* que ejecutan etapas iniciales o intermedias del flujo de procesado (ver más adelante), como el registro, georreferenciación, filtrado, etc. Entre los más utilizados se encuentran CloudCompare (https://www.cloudcompare.org/), FUSION (https://forsys.sefs.uw.edu/fusion/fusion_overview.html) o ArcGIS Pro (https://pro.arcgis.com). Otro factor importante a la hora de seleccionar una de estas herramientas es el tipo de acceso (libre/bajo licencia). En este sentido, cabe destacar los *softwares* Computree, AMAPVox y 3D FOREST entre los más usados de libre acceso. Por el contrario, LiDAR360 o ArcGIS Pro, a pesar de ser muy intuitivos y contar con múltiples funcionalidades, requieren el pago de licencia.

Sin embargo, el procesamiento de una nube de puntos mediante software es, en la mayoría de los casos, manual. Dado que un proyecto puede generar múltiples nubes de puntos y que los conjuntos de datos de un láser escáner comprenden miles de puntos, se necesitan métodos sofisticados para el procesamiento automático. Por este motivo, numerosos algoritmos capaces de extraer parámetros forestales a partir de datos procedentes de TLS se han traducido a lenguajes de programación como R o Python. Trabajar en un entorno de programación permite la automatización de determinados pasos del flujo de procesado e iterar sobre múltiples nubes de puntos de forma simultánea. En consecuencia, se ha producido un notable incremento de paquetes y librerías de estos lenguajes de programación para la visualización y el procesado de datos de TLS. En Ariza-Salamanca y Molina-Valero (2022) se describen algunos de ellos.

3.1. Métodos de estimación

En este subapartado se presentan varios métodos de reconstrucción de datos TLS que permiten extraer las métricas de árbol y las características del dosel a partir de la nube de puntos LiDAR (Figura 12.6), así como las herramientas que pueden utilizarse para desarrollarlos. Los métodos de estimación se pueden agrupar en cinco categorías:

- Modelos empíricos
- Modelado sobre cortes o secciones
- Ajuste geométrico
- Voxelización
- Análisis de textura

Excepto en el caso de los modelos empíricos, el resto de los métodos permite la extracción de métricas directamente desde la nube de puntos, sin necesidad de tomar información adicional en campo. La elección de un método u otro dependerá de las necesidades del usuario final. En la Tabla 12.3 se muestran algunos ejemplos de aplicación y las métricas asociadas a cada método. Además de los ejemplos de *software* indicados anteriormente (Tabla 12.2), se mencionan otras herramientas para programación como los paquetes FORTLS, TreeLS, rTLS o ITSMe para R y la librería pcl para Python.

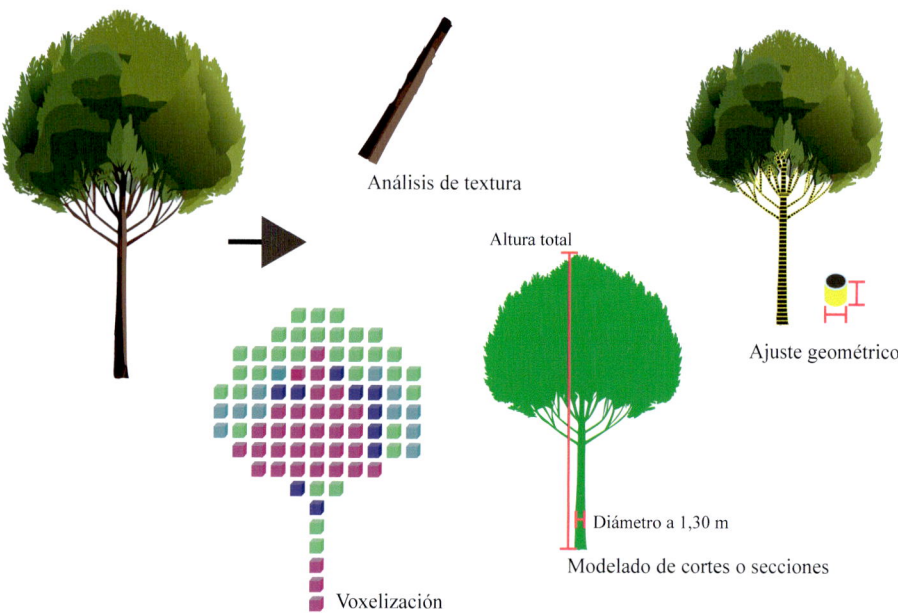

Figura 12.6. Reconstrucción de árbol y medición: diferentes métodos para extraer métricas de árbol y características del dosel a partir de la nube de puntos LiDAR.

Tabla 12.3. Métodos de reconstrucción y medición para extraer métricas de árbol y características del dosel a partir de la nube de puntos LiDAR y herramientas de aplicación. FORTLS: https://molina-valero.github.io/FORTLS/; TreeLS: de Conto *et al.* (2017); PCL: https://pointclouds.org/; ITSMe: Terryn *et al.* (2023); rTLS: (Guzmán *et al.*, 2021).

Método de estimación	Herramientas	Métricas
Modelos empíricos	FORTLS; LiDAR360	Diámetro del fuste, altura total, volumen de madera, densidad, área basimétrica
Modelado de cortes o secciones	TreeLS; LiDAR360; Computree; CloudCompare; 3D FOREST	Diámetro del fuste, altura total, parámetros de copa (volumen, área, profundidad, etc.)
Ajuste geométrico	Computree; PCL; ITSMe	Diámetro en diferentes secciones (perfiles de fuste y ramas), volumen de madera y ramas, densidad, área basimétrica, altura total, morfología del fuste
Voxelización	Computree; AMAPVox; rTLS	Distribución 3D del material vegetal, topología del árbol, índice de área foliar, procesos de interceptación y transmitancia del dosel, complejidad estructural
Análisis de textura	Computree	Reconocimiento de especies, detección de defectos externos en la madera

3.2. Flujo de trabajo

El procesado de los datos hace referencia a la cadena de procesos que tienen lugar para transformar la nube de puntos en el producto final (Lerma *et al.*, 2008). En función de los resultados esperados, esta cadena de procesado será más o menos compleja. El flujo de procesado se puede agrupar en cuatro etapas:

1. Etapa de preprocesado o preparación de los datos.
2. Procesado de la nube de puntos.
3. Extracción de métricas de árbol individual.
4. Extracción de parámetros estructurales a nivel de parcela.

A su vez, cada una de estas etapas está compuesta por una serie de algoritmos que, aplicados de forma secuencial, contribuyen a la consecución de los resultados finales. Qué método se elija dependerá de las especificaciones del proyecto.

Preprocesado o preparación de los datos

En esta etapa se incluyen tres procesos comunes en proyectos con TLS: i) la conversión del formato, ii) el registro de múltiples posicionamientos y iii) la georreferenciación. Los dos últimos procesos son opcionales en función de los requerimientos del proyecto.

Formato de los datos

Los diferentes tipos de escáner almacenan los datos en una amplia gama de formatos. Para facilitar su procesado posterior, es recomendable que este formato de archivo sea fácilmente accesible y reconocible por una gran cantidad de *softwares*. Para las nubes de puntos 3D generadas por estas tecnologías se utiliza, por lo general, el formato *.las* o su versión comprimida *.laz* como archivo estándar para el intercambio de datos LiDAR (ver Capítulo 12). Estos formatos fueron creados por la *American Society for Photogrammetry and Remote Sensing*. Cada archivo está estructurado al menos en tres partes:

- *Header*. Contiene información de atributos sobre el propio estudio del LiDAR: fecha del vuelo, número de registros de puntos, etc.
- VLRs (acrónimo en inglés de *Variable Length Records*). Información opcional como el sistema de referencia de coordenadas, metadatos, etc.
- *Data*. Registro de los puntos tomados y sus atributos, como ubicación (x, y, z), intensidad, número de retorno, etc.

Es necesario conocer los formatos de fichero más comunes y la forma en la que almacena los datos de un escáner láser. En función del formato de los datos, éstos pueden contener más o menos información. Un formato de texto no ordenado como *.xyz* sólo puede contener las tres coordenadas de un punto, mientras que otro formato de texto no ordenado como *.xyzrgb* contiene las tres coordenadas del punto y los valores del espacio de color. Determinadas compañías tienen sus propios formatos de texto (ordenados y no ordenados).

El formato de los datos es determinante para desarrollar ciertos flujos de procesado. Así, para estimar propiedades del dosel, como el índice de área foliar o la interceptación/ transmitancia de la radiación, los datos deben contener información específica, como las trayectorias, la información angular o las intensidades. Esta información se utiliza como parámetros de entrada en las ecuaciones desarrolladas para el cálculo de las variables. Como ejemplo, el *software* AMAPVox (método de voxelización, ver Tablas 12.2 y 12.3) estima la densidad de vegetación (PAD, acrónimo de *Plant Area Density*) mediante la aproximación de Beer-Lambert (Vincent *et al.*, 2017; Maeda *et al.*, 2022):

$$PAD = \lambda_\theta / G(\theta) \qquad\qquad [2]$$

Donde $G(\theta)$ es función del ángulo cenital de la dirección del haz láser, que es la dirección de "disparo" del escáner.

Por tanto, estas estimaciones no podrían realizarse si el formato de los datos no contuviera esta información. Entre los formatos de datos que contienen esta información, encontramos: *.rxp* y *.rsp* (Riegl), *.ptx* y *.ptg* (Leica) o *.xyb* (FARO). Sin embargo, otros métodos de procesado, como el ajuste geométrico o el modelado de cortes o secciones, pueden ejecutarse con la información que contienen formatos como *.las* o *.xyz*. Por ello, el primer paso en la etapa de preprocesado es la conversión de la nube de puntos LiDAR al formato más conveniente para el método de procesado seleccionado.

Registro de múltiples posicionamientos

En sistemas forestales se trabaja con unidades espaciales relativamente grandes (parcelas, rodales, etc.), por lo que un solo escaneo puede derivar en un muestreo limitado. Esta restricción y las limitaciones por visibilidad (oclusión; Figura 12.7 (sup.)), obligan, en muchos casos, a plantear escaneos parciales desde varios puntos y un posterior co-registro de ellos en un mismo sistema de coordenadas (Figura 12.7 (inf.)).

Cuando se plantea este enfoque de localización de múltiples escaneos, el siguiente paso en la etapa de preprocesado es la unión precisa de estos múltiples escaneos (registro). En apartados anteriores se han descrito las diferentes técnicas de registro (ver apartado 1.4. Aspectos metodológicos). A continuación, se describen herramientas y métodos para realizar el registro mediante técnicas indirectas (Figura 12.4).

Las dianas se utilizan para identificar puntos comunes entre ambos posicionamientos. Existe una amplia variedad de dianas artificiales. En muchas ocasiones estas dianas son suministradas por las compañías fabricantes de dispositivos y están elaboradas con materiales altamente reflectantes. Estas dianas son reconocidas de forma automática en determinados *softwares* de procesado. Además, estas compañías también han desarrollado sus propios *softwares* de registro de nubes de puntos procedentes de TLS, permitiendo realizar el proceso de registro de forma automática. Un ejemplo es el *software* Leica Cyclone REGISTER 360 (https://leica-geosystems.com/es-es/products/laser-scanners/ software/leica-cyclone/leica-cyclone-register-360). Este tipo de *softwares* proporcionan flujos de trabajo de registro guiados, que ayudan a los nuevos usuarios y aceleran el procesado de los datos para los usuarios experimentados. Las herramientas y los informes de calidad generados eliminan las conjeturas acerca de la calidad del registro y ponen toda la información necesaria al alcance del usuario.

Sin embargo, existen otras alternativas de bajo coste. Se pueden utilizar dianas impresas en papel, que son altamente efectivas siempre que se sitúen en objetos cuya superficie pueda ajustarse a una forma geométrica ideal y sean fácilmente identificables en una visualización de la nube de puntos. Por otro lado, el *software* libre CloudCompare incorpora el algoritmo ICP (acrónimo de *Iterative Closest Point*) que permite realizar el alineado de las nubes de puntos mediante el cálculo de la distancia existente entre todos los puntos de la nube. El algoritmo estima la transformación para alinear ambas nubes de puntos de forma que se minimice el error. Cuando las nubes de puntos no se encuentran bien orientadas y/o posicionadas, el empleo de esta técnica puede producir un efecto "dominó" que propaga los errores y deriva en errores globales grandes. Para posicionar correctamente el conjunto de datos, es necesario que el usuario marque, al menos, tres pares de puntos comunes (dianas) en ambas nubes de puntos. Una vez finalizado el cálculo, el programa muestra una ventana con la matriz de transformación, el error y el solape teórico.

Georreferenciación

Parte de los dispositivos que se encuentran actualmente en el mercado capturan los datos en un sistema de coordenadas local. Este sistema de coordenadas puede transformarse a un sistema de coordenadas geográficas a partir del establecimiento de puntos de control (ver apartado 1.4. Aspectos metodológicos). Un punto de control se define como una ubicación geográfica específica registrada mediante el uso de un sistema de posicionamiento global (GPS). Estos puntos de control se pueden tomar sobre los diferentes posicionamientos del escáner o sobre ubicaciones específicas donde posteriormente se van a fijar objetos perfectamente identificables durante la fase de escaneo.

Existe una amplia gama de *softwares* con paquetes específicos que permiten transformar el conjunto de datos a un sistema de coordenadas geográficas. El *software* libre CloudCompare incluye, entre sus funcionalidades, la herramienta Align (*point pairs picking*). Esta técnica utiliza el archivo que contiene las coordenadas geográficas de los puntos de control como referencia para alinear la nube puntos. La identificación y la selección de los puntos de control en la nube de puntos debe realizarse de forma manual desde la interfaz gráfica de CloudCompare. Esta técnica necesita, como mínimo, cuatro puntos de control para realizar la georreferenciación. El programa muestra el error cometido en cada uno de los puntos, además del error global; una vez finalizado el proceso se muestra en pantalla la matriz de transformación.

La georreferenciación es un paso opcional de la etapa de preprocesado y, por tanto, depende de las especificaciones del proyecto.

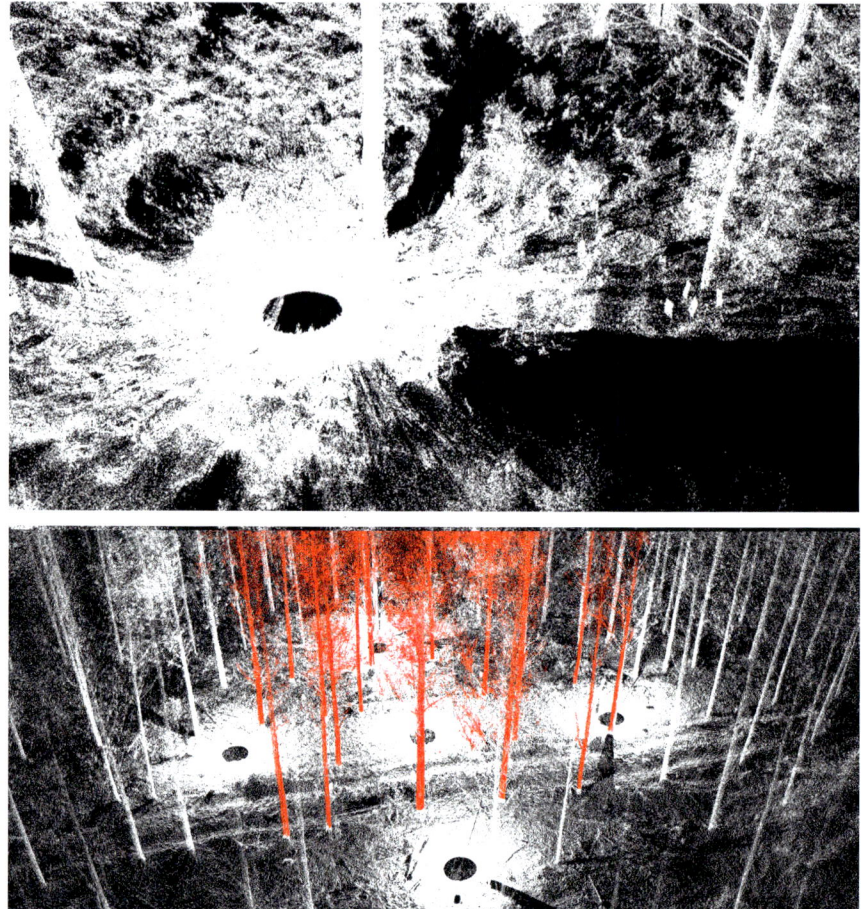

Figura 12.7. Limitaciones de visibilidad por obstáculos en el entorno del escáner (oclusión) (sup.) y nube de puntos resultado del registro de múltiples posicionamientos (inf.).

Procesado de la nube de puntos

Extracción del área de trabajo

La extracción del área de trabajo es una buena práctica, que, además, reducirá el tamaño de las nubes de puntos, ya que éstas suelen ser archivos muy pesados. En consecuencia, se reducirán también los tiempos de computación. Sin embargo, en muchos casos puede ser recomendable dejar un *buffer* para que muchos de los algoritmos implementados puedan detectar mejor los árboles cercanos al borde del área de trabajo. Este paso puede ser desempeñado en *softwares* libres, como CloudCompare y Computree, o en *softwares* comerciales de los fabricantes de dispositivos, entre otras aplicaciones.

Filtrado

Filtrar las nubes de puntos con objeto de eliminar "ruido" es otra operación que puede mejorar los resultados obtenidos. Hay varios algoritmos que pueden ser utilizados para tal fin, empezando por algo tan sencillo como eliminar puntos repetidos. En cualquier caso, todos ellos conllevarán una reducción de la densidad de las nubes de puntos, lo cual, por lo general, será deseable desde el punto de vista computacional. Algunos de los algoritmos más relevantes son los siguientes:

- Submuestreo de la nube de puntos basado en la distancia. Esta operación elegirá puntos de la nube original de forma que ningún punto de la nube de salida esté más cerca de otro punto que una distancia especificada. Es una operación muy interesante cuando se trata de nubes de puntos registradas o de tecnología SLAM, pues puede servir para obtener una densidad de puntos más homogénea en el espacio. Al respecto, debe tenerse en cuenta que un mismo objeto puede no mostrar una densidad de puntos constante, como ocurre, por ejemplo, en diferentes caras del fuste de un árbol cuando éstas han sido escaneadas desde diferentes estacionamientos. Si los dispositivos no se encontraban a la misma distancia, la precisión de la nube de puntos (y, por ende, la densidad) será distinta en las distintas caras. Después de aplicar este submuestreo, la cantidad de puntos que representan un objeto será más proporcional al tamaño del mismo, funcionando mejor muchos de los algoritmos habitualmente utilizados. No obstante, es importante determinar una distancia mínima adecuada a la precisión de la nube de puntos. Esta operación puede realizarse en CloudCompare.

- Exclusión de puntos atípicos, definidos como aquellos que están más alejados de sus vecinos en comparación con la media de su entorno próximo. Para ello, se considera un número determinado de puntos vecinos más cercanos a un punto focal y se estima la distancia media de dichos puntos a este punto focal. El filtrado consiste en eliminar aquellos puntos que están a una distancia superior a la distancia media más la desviación estándar multiplicada por un valor determinado a definir por el usuario. Este algoritmo se suele encontrar por su nombre en inglés *Statistical Outlier Removal* (SOR) y está disponible, por ejemplo, en CloudCompare, la librería *pcl* de C++ o el paquete de R VoxR.

Clasificación

La clasificación de los puntos pertenecientes al suelo es uno de los pasos fundamentales en el procesado de las nubes de puntos. Hay varios algoritmos desarrollados para ello, siendo uno de los más utilizados el CSF (*Cloth Simulation Filter*; Zhang *et al.*, 2016). Una de las ventajas de este algoritmo es que funciona con nubes de puntos pertenecientes a dispositivos LiDAR con un solo retorno, que son comunes en dispositivos LiDAR terrestres. La idea que hay incorporada en el CSF es invertir la nube de puntos original y, a continuación, dejar caer un "paño" sobre la superficie invertida desde arriba. Analizando las interacciones entre los nodos de la tela y los puntos LiDAR correspondientes, se puede determinar la forma final de la tela y utilizarla como base para clasificar los puntos originales como suelo o no suelo. Este algoritmo está incluido en muchas de las soluciones de *software* (CloudCompare, FORTLS, etc.). El resultado es una clasificación binaria que asigna a cada punto una clase, o bien punto de vegetación o bien punto de suelo (Figura 12.8).

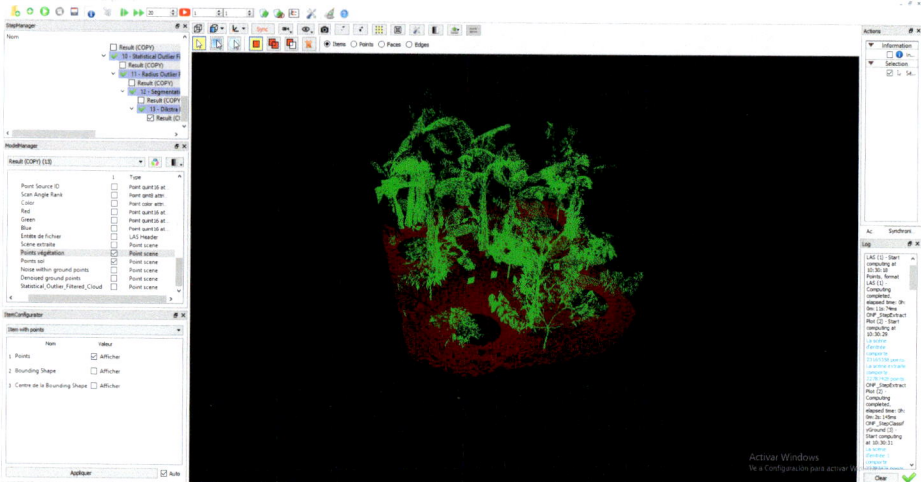

Figura 12.8. Resultado del proceso de clasificación, en verde se representan los puntos clasificados como vegetación y, en marrón, los puntos de suelo. Interfaz gráfica de usuario del *software* Computree.

Generación de modelos digitales

Una vez clasificados los puntos pertenecientes al suelo, éstos se pueden utilizar para la generación de modelos digitales del terreno (MDT), que es un paso fundamental para otros pasos del flujo de trabajo (Figura 12.9). Hay varios algoritmos que han sido desarrollados para este proceso, destacando la interpolación de la distancia inversa ponderada (IDW, acrónimo en inglés de *inverse distance weighting*) o la generación de una red irregular de triángulos (TIN, acrónimo en inglés de *triangular irregular networks*). El método IDW supone que los elementos cercanos entre sí son más parecidos que los que están más alejados. Para predecir un valor para cualquier ubicación sin medición (interpolación), IDW usa los valores medidos que rodean a la ubicación de predicción, asignando ponderaciones altas a aquellos más cercanos y viceversa. Estas ponderaciones disminuyen como función de la distancia (de ahí el nombre de distancia inversa ponderada). El método TIN construye una superficie continua mediante una malla triangular basada en una triangulación de Delaunay. Es importante elegir una adecuada resolución para generar el MDT, que en el caso de dispositivos LiDAR terrestres resulta ser de un valor de 20 cm según Liang *et al.* (2018). Estos algoritmos también están incluidos en muchas de las herramientas disponibles (CloudCompare, FORTLS, etc.).

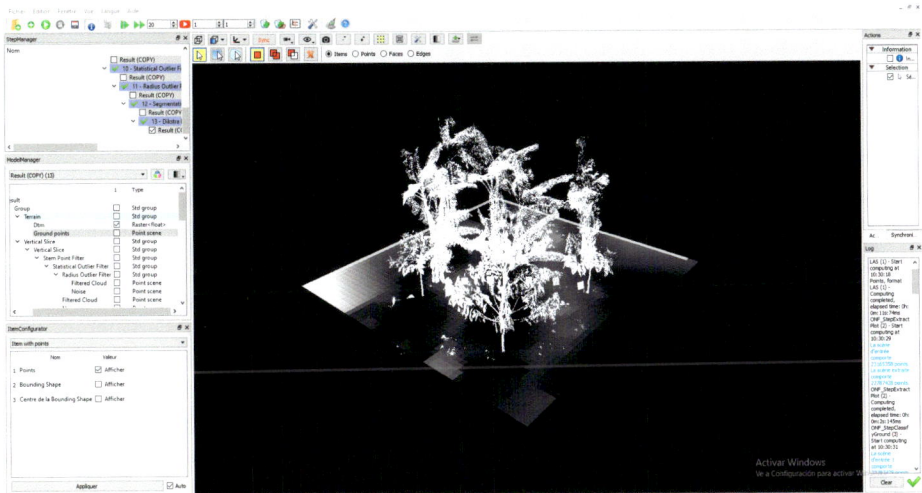

Figura 12.9. Modelo Digital del Terreno (MDT) generado a partir de la nube de puntos LiDAR. Interfaz gráfica de usuario del *software* Computree.

Segmentación

Para extraer métricas a nivel de árbol individual, cada individuo debe ser tratado de forma individual como un subconjunto independiente del conjunto de datos global. Se han desarrollado diferentes algoritmos que permiten aislar conjuntos de datos de la nube de puntos mediante clasificación. La segmentación de árboles individuales a partir de nubes de puntos procedentes de entornos agroforestales es uno de los pasos del procesado que más tiempo consume, especialmente en parcelas con alta complejidad estructural (elevada densidad de individuos, múltiples estratos, etc.). Se han desarrollado múltiples algoritmos para la segmentación automática de árboles que permiten reducir notablemente el tiempo de procesado (ver Burt *et al.* (2019) y Wang *et al.* (2020)). Sin embargo, el proceso sigue siendo bastante manual y, en función de las características de la parcela, suele generar un gran número de errores (Demol *et al.*, 2022).

Para minimizar los errores en el proceso de segmentación, se recomienda un método que subdivide este proceso en dos pasos. Inicialmente se realiza una segmentación basada en una búsqueda de clústeres (agrupaciones de puntos) puntuales. Este algoritmo produce "semillas" para la segmentación, también conocidas como raíces de árbol detectadas, que componen un punto de inicio para el segundo algoritmo. Como se indica en Bienert *et al.* (2006) y Torresan *et al.* (2018), la segmentación se inicia en un corte horizontal a través de la nube de puntos y a una altura determinada por encima del modelo del terreno. Se recomienda una altura de corte por debajo de 1,30 m de altura, evitando zonas con una elevada ramificación. En el *software* Computree esta técnica puede ejecutarse mediante la herramienta *euclidean clustering operation*. Este proceso identifica clústeres de puntos con un número de puntos superior a un valor umbral indicado. Como resultado de esta segmentación se genera una lista de objetos con todos los árboles clasificados (semillas para la segmentación) y una lista de objetos rechazados con los clústeres de puntos que no cumplen en el proceso de clasificación (pequeñas ramas y otros elementos que se encuentran en el corte realizado).

A partir de las semillas generadas en el proceso anterior, se realiza la segmentación de los árboles individuales. Para ello, el segundo proceso toma como entrada los puntos clasificados como vegetación (ver apartado de clasificación) y los clústeres "semilla", extendiendo la clasificación al conjunto de puntos de la nube (Figura 12.10). Un algoritmo que se utiliza con frecuencia para realizar este proceso es el algoritmo competitivo de Dijkstra (Dijkstra, 2022). Este algoritmo encuentra de manera eficiente los caminos mínimos entre los puntos de interés. En este contexto, cada punto de la nube se representa como un vértice en un grafo ponderado, donde las distancias entre los puntos reflejan la proximidad espacial. El algoritmo prioriza la expansión de los caminos más cortos mediante una cola de prioridad, actualizando continuamente las distancias acumulativas. Al introducir la competencia, se incorpora la noción de separación entre segmentos al considerar restricciones o umbrales específicos para la distancia acumulativa. Esto permite la identificación de regiones discretas en la nube de puntos, contribuyendo así a la segmentación precisa en base a criterios de proximidad definidos por el usuario.

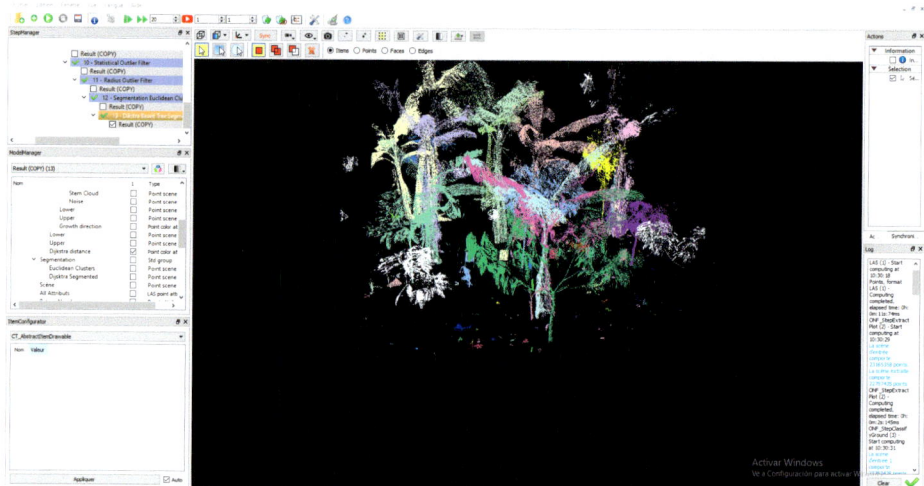

Figura 12.10. Resultado del proceso de segmentación mediante clústeres "semilla", aplicando el algoritmo competitivo de Dijkstra. Cada color representa un individuo diferente. Interfaz gráfica de usuario del *software* Computree.

Extracción de métricas de árbol individual

Se han desarrollado diferentes métodos y aproximaciones para la estimación de parámetros forestales a partir de nubes de puntos procedentes de escaneado láser terrestre (ver Tabla 12.3). En este apartado se resumen algunos de los principales procedimientos que se han desarrollado para cada método.

Modelado de cortes o secciones

Parámetros como la altura total son fácilmente identificables a partir de la información que contiene cada uno de los puntos que componen la nube. Por ejemplo, para extraer la altura total de todos los árboles presentes en una parcela, basta con determinar el punto de mayor altitud en cada uno de los clústeres generados en el proceso de segmentación (ver apartado anterior). En el caso de parámetros como el diámetro normal o el área basimétrica, la determinación es más compleja y requiere la aplicación de otro tipo de procedimientos.

Simonse *et al.* (2003) desarrollaron un procedimiento que ha sido implementado en diferentes *softwares*, como Computree o CloudCompare. Este procedimiento trata de identificar estructuras circulares, es decir secciones del fuste, mediante la aplicación de una transformación de Hough (Illingworth y Kittler, 1987). En primer lugar, se genera el MDT y, a partir del mismo, se realiza un corte a la nube de puntos a 1,30 cm de altura. Una vez generadas estas estructuras circulares, se determinan parámetros como el diámetro a partir de las coordenadas de los puntos.

Ajuste geométrico

El método de ajuste geométrico se emplea para extraer parámetros forestales mediante el ajuste de geometrías tridimensionales a las estructuras arbóreas detectadas. Mediante técnicas de optimización, se ajustan formas geométricas, como cilindros o conos, a los perfiles de los árboles. La optimización busca minimizar las discrepancias entre la geometría modelada y los datos LiDAR. De este modo, los parámetros forestales se determinan a partir de la información que contiene cada una de estas geometrías (volumen, diámetro, altura, etc.). Se han desarrollado diferentes metodologías para realizar este ajuste geométrico. En Hackenberg *et al.* (2014) se proporciona una revisión integral que abarca los desarrollos más utilizados. Dentro de las opciones disponibles para *software* libre, se encuentran la rutina *Random Sample Consensus* (RANSAC; Raumonen *et al.*, 2013) implementada en CloudCompare y la de la esfera siguiente (QSM *spherefollowing method*; Hackenberg *et al.*, 2015) para Computree (Figura 12.11).

Extracción de parámetros estructurales a nivel de parcela (caso práctico basado en el paquete de R FORTLS)

El paquete FORTLS ha sido desarrollado para automatizar el análisis y procesado de los datos generados mediante dispositivos terrestres de tecnología LiDAR (TLS y SLAM) con el principal objetivo de estimar variables de interés en la monitorización forestal. Para ello, FORTLS permite: (i) detectar árboles y estimar algunos de sus atributos (diámetros, altura, etc.), (ii) estimar variables de masa o dasométricas (densidad, área basimétrica, etc.), (iii) generar métricas relacionadas con variables importantes en la gestión y en la planificación forestal, y (iv) evaluar diseños de parcela apropiados sobre la base de la calibración con datos de control (p. ej. datos medidos en campo de manera convencional).

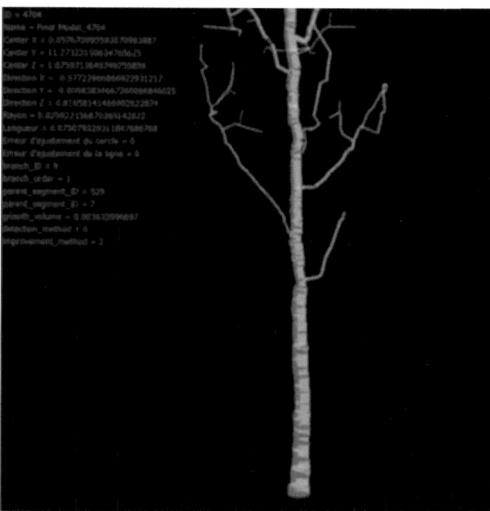

Figura 12.11. Reconstrucción de un árbol individual mediante la rutina QSM.

El paquete también incluye metodologías para la corrección de oclusiones cuando se trabaja con escaneos únicos de TLS, reduciendo, así, los tiempos de adquisición y procesado de los datos. Todas estas características confieren a FORTLS un enorme potencial para hacer operativo el uso de la tecnología LiDAR en inventario forestal; permite explorar no sólo los métodos de muestreo convencionales (p. ej. muestreo aleatorio simple o sistemático), sino también las metodologías de inferencia asistidas y/o basadas en modelos que ya son operativas con otros sensores remotos.

En esencia, FORTLS está compuesto por una serie de funciones descritas de forma detallada en el manual y las viñetas disponibles en el repositorio CRAN (https:// CRAN.R-project.org/package=FORTLS). Además, también se puede acceder a la versión en desarrollo de FORTLS contenida en la plataforma GitHub (https://github. com/Molina-Valero/FORTLS/tree/devel). Las funciones que componen FORTLS pueden encadenarse y formar diferentes flujos de trabajo capaces de dar respuesta a las funcionalidades anteriormente especificadas (Figura 12.12). Todas ellas están, o pueden estar, interconectadas, por lo que se recomienda trabajar siempre en un mismo directorio de trabajo, ya que habrá *inputs* y *outputs* dependientes los unos de los otros a lo largo de estos flujos de trabajo e, incluso, durante la ejecución de algunas funciones. Para ello, lo primero que se aconseja es definir tanto el directorio de entrada de los datos como el de salida de los resultados al comienzo de cualquier rutina de trabajo, siendo éstos coincidentes, como ya se ha recomendado.

El objetivo de esta sección no es explicar en detalle los algoritmos desarrollados en FORLTS; éstos pueden consultarse en Molina-Valero *et al.* (2022). Esta sección se centrará en explicar las principales rutas de trabajo que pueden utilizarse de una manera lo más sintética posible y didáctica, para lo cual se han incluido fragmentos de código y *scripts* en el repositorio de este capítulo (ver QR al final del capítulo para acceder al mismo). La idea es que el usuario pueda tener unas nociones básicas, y, sobre esta base, que pueda seguir evolucionando en el procesado de nubes de puntos, tanto a nivel de usuario técnico como investigador.

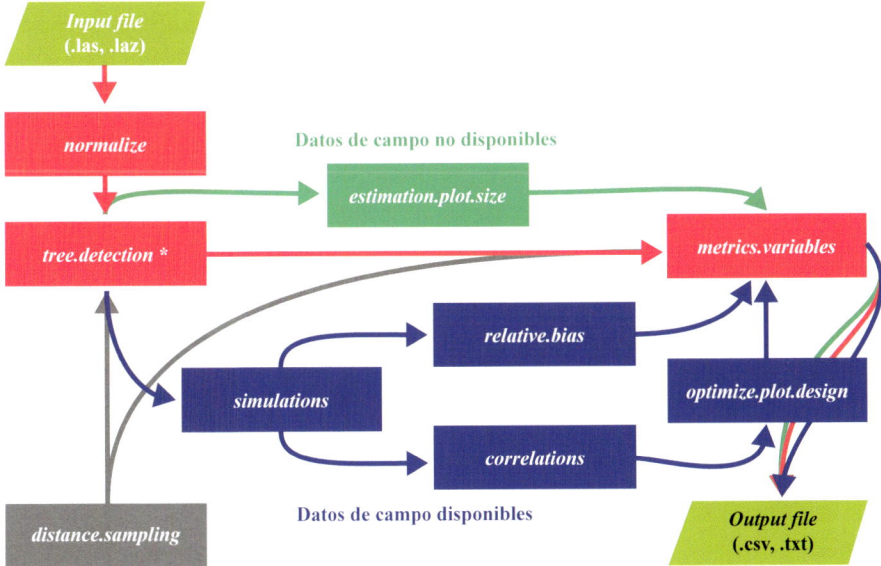

Figura 12.12. Funciones de FORTLS y posibles flujos de trabajo. El itinerario rojo muestra los pasos imprescindibles para la obtención de métricas y variables de masa a partir de nubes de puntos generadas con dispositivos terrestres de tecnología LiDAR. El itinerario verde indica la posibilidad de elegir el mejor diseño de parcela cuando no hay datos de campo (o datos de control) para calibrar. El itinerario azul señala el flujo de trabajo necesario para optimizar el diseño de parcela mediante la calibración con datos medidos en campo (o datos de control). La función *distance.sampling* (ruta gris) es un proceso opcional que incorpora metodologías para la corrección de oclusiones en escaneos únicos de TLS. *Este paso está compuesto por dos funciones principales según la procedencia de las nubes de puntos: (1) escaneos únicos de TLS (*tree.detection.single.scan*), o (2) escaneos múltiples de TLS o tecnología SLAM (*tree.detection.multi.scan*). Hay una tercera función para procesar varias nubes de puntos en serie de forma automática (*tree.detection.several.plots*).

Variables de árbol individual (o dendrométricas)

Para la obtención de variables de árbol individual, así como de otras funcionalidades, es necesario normalizar la nube de puntos mediante la función *normalize*. El objetivo de este proceso es obtener coordenadas relativas a un punto del plano cartesiano (x, y) especificado. Debido a que FORTLS se desarrolló como una herramienta para explorar el uso del TLS como un instrumento de muestreo, este punto especificado debe coincidir con el centro de la parcela si se quiere ir más allá de la estimación de variables dendrométricas. Sin embargo, en el caso particular del escaneo único de TLS, es crucial que este punto se corresponda con el de estacionamiento del TLS en campo. De otro modo, algunos de los procesos implementados en los algoritmos de FORTLS podrían dar errores. En cuanto a los datos de entrada conteniendo las nubes de puntos originales que van a ser normalizadas, éstas deberán estar en formato *.las* o *.laz*. En el repositorio (ver QR al final del capítulo para acceder al mismo) se muestra un ejemplo del código que habría que utilizar incluyendo algunos de los argumentos más relevantes.

El output de esta función consistirá en un objeto de datos tipo *dataframe* (guardado por defecto como *.txt* en el directorio especificado en el argumento *dir.result*) con las coordenadas cartesianas (x, y, z), cilíndricas (distancia horizontal o reducida ρ, ángulo azimutal φ, z) y esféricas (distancia euclídea o real r, ángulo polar θ, φ) relativas al origen definido en los argumentos *x.center* e *y.center*. Hay que tener en cuenta que, de no especificar las coordenadas del centro de la parcela, la función *normalize* considerará como punto central las medias aritméticas entre los valores máximos y mínimos de las coordenadas x e y [$x_{centro} = (x_{min} + x_{max})/2$; $y_{centro} = (y_{min} + y_{max})/2$]. También habrá una columna (con el encabezado *prob.selec*) donde se asigna una probabilidad de selección a cada punto de 0 o 1. Retiniendo aquellos puntos con una probabilidad de selección de 1, se podrán obtener nubes de puntos reducidas. En el caso de escaneos únicos de TLS, esta reducción de la densidad estará condicionada por la asignación de una mayor probabilidad de retención a puntos más alejados, y de una menor probabilidad a puntos más cercanos, obteniendo así nubes de puntos con densidades isotrópicas. La metodología empleada para la reducción de la densidad de puntos en el caso del escaneo único puede consultarse en Molina-Valero *et al.* (2022). En el caso del escaneo múltiple, esta reducción de la densidad está basada en una selección aleatoria del 50% de los puntos. Aunque se han comentado las variables más relevantes, si se quiere profundizar en el resto de variables obtenidas, se recomienda consultar el manual del paquete u otras fuentes de información.

El *output* de la función *normalize* se utilizará como *input* en las funciones destinadas a la detección de árboles y a la estimación de variables dendrométricas. En caso de utilizar escaneos únicos de TLS, la función que se debe utilizar se llama *tree.detection. single.scan*. Esta función requiere un argumento específico donde se tienen que indicar los parámetros de precisión configurados en el escaneo (*tls.resolution*), bien definidos como la distancia en mm entre dos puntos consecutivos a una distancia concreta del TLS en m, o bien definidos por las precisiones angulares horizontal y vertical en grados sexagesimales [*tls.resolution* = *list(horizontal.angle* = °, *vertical.angle* = °)]. Para escaneos múltiples de TLS o tecnología SLAM, la función a utilizar será *tree. detection.multi.scan*, para la que no se requiere especificar la precisión de escaneo. Sin embargo, existe la posibilidad de definir la precisión media de las nubes de puntos resultantes mediante el argumento *tls.precision*; que, por defecto, será de 0,03 metros (valor apropiado en la mayoría de las situaciones testadas). Variaciones sensibles de este valor (p. ej., 0,05 metros) pueden mejorar la ratio de detección de árboles en casos en los que las nubes de puntos tienen menor precisión, como puede suceder a veces con escaneos procedentes de dispositivos con tecnología SLAM. En el repositorio (ver QR al final del capítulo para acceder al mismo) se muestra un ejemplo del código que habría que utilizar incluyendo algunos de los argumentos más relevantes.

El *output* de estas funciones será un objeto de datos tipo *dataframe* (guardado por defecto como *tree.tls.csv* en el directorio especificado en el argumento *dir.result*) que contendrá, para cada árbol detectado, algunas de las variables dendrométricas más importantes utilizadas en la gestión forestal. En la Tabla 12.4 se especifican las más relevantes y en la Figura 12.13 puede observarse un ejemplo de la salida gráfica tras aplicar las funciones. Además, en el directorio especificado en *dir.result* se guardará un archivo llamado *stem. curve.csv* con los diámetros estimados a diferentes alturas para cada árbol detectado.

Tabla 12.4. Principales variables de árbol individual obtenidas con FORTLS.

Variables	Descripción
x, y	Coordenadas (m) del centro del fuste del árbol a 1,3 m de altura
h.dist	Distancia horizontal (m) desde el centro de la parcela hasta el centro del fuste del árbol a 1,3 m de altura
dbh	Diámetro (cm) del fuste estimado a 1,3 m de altura (diámetro normal o a la altura del pecho en el argot forestal)
h	Altura (m) desde la base hasta el ápice del árbol
h.com	Altura (m) del fuste del árbol desde la base hasta un diámetro determinado en punta delgada. Para obtenerla, este diámetro en punta delgada debe ser especificado en centímetros en el argumento d.top
v	Volumen (m³) total del fuste del árbol
v.com	Volumen (m³) del fuste del árbol desde la base hasta un diámetro determinado en punta delgada especificado en el argumento d.top
SS.max	Curvatura del fuste, medida como el máximo sagita (ver Prendes et al. (2022))
sinuosity	Sinuosidad del fuste, estimada como el cociente entre la longitud del fuste y la longitud de una línea recta que une las secciones extremas del fuste (ver Prendes et al. (2022))

Variables de masa (o dasométricas)

FORTLS incluye una función específica para la obtención de variables y métricas de masa a nivel de parcela. Esta función es *metrics.variables* y funciona para parcelas circulares de área fija, parcelas *k-tree* y parcelas relascópicas (o de conteo angular). Todas ellas representan diseños de parcela habitualmente utilizados en inventario forestal. Para ello, hay que suministrarle como *input* el *dataframe* con los árboles detectados en el

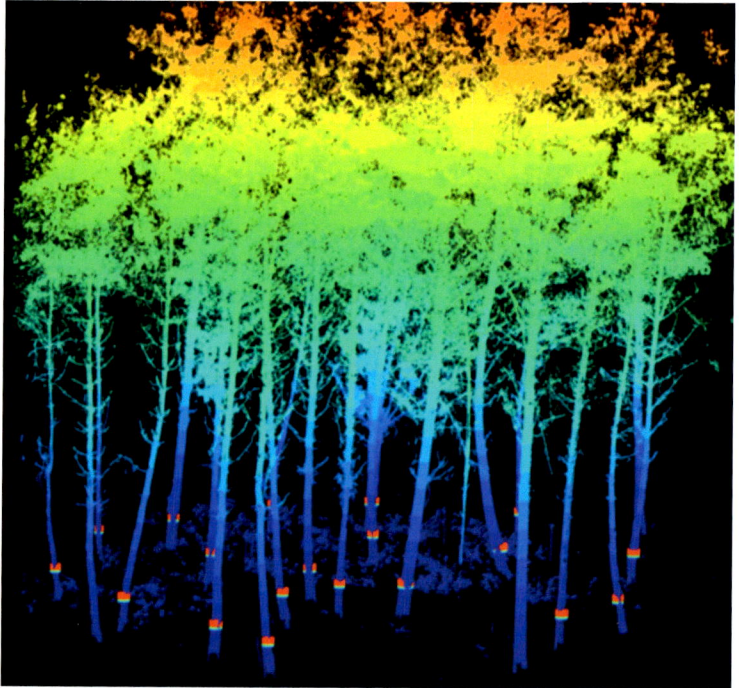

Figura 12.13. Árboles de la parcela de escaneos múltiples de TLS ("GaliciaMultiScan.laz") con una representación en rojo de los diámetros normales estimados para los árboles detectados.

argumento *data* y especificar los diseños de parcela en los que se está interesado (*plot. design* = c("*fixed.area*", "*k.tree*", "*angle.count*")), así como sus parámetros (radio, k y BAF) mediante el argumento *plot.parameters* (ver el código de ejemplo accediendo al repositorio mediante el QR incluido al final del capítulo). Aquí se recomienda que la distancia máxima (argumento *max.dist*) definida en la función *normalize* sea algo mayor que el radio considerado en la parcela circular, ya que se incrementará la posibilidad de detectar los árboles del borde. En el caso de la parcela relascópica, cuanto mayor sea la distancia máxima establecida en la función *normalize* mejor, ya que, en este caso, la selección de los árboles no sólo se basa en su distancia al centro de la parcela, sino también en el tamaño de los árboles. Habrá que especificar en los argumentos el tipo de escaneo, que por defecto se entenderá como un escaneo único de TLS; en el caso de escaneos múltiples de TLS o de tecnología SLAM sí será necesario especificarlo (*scan.approach* = "*multi*"). Hay que tener en cuenta que las metodologías implementadas en FORTLS para corregir el efecto de las oclusiones en las estimaciones solamente se utilizarán para la casuística del escaneo único de TLS. En el repositorio (ver QR al final del capítulo para acceder al mismo) se muestra un ejemplo del código que habría que utilizar incluyendo algunos de los argumentos más relevantes.

El *output* de esta función será una lista con hasta tres elementos de tipo *dataframe*, uno por diseño de parcela considerado, que contendrá los valores estimados de las variables (Tabla 12.5) y métricas (Tabla 12.6) de masa. La función también está diseñada para lidiar con varias parcelas si estas están incluidas en los datos de entrada suministrados en el argumento *tree.tls*.

Tabla 12.5. Principales variables de masa obtenidas con FORTLS.

Variables	Descripción
N.tls	Densidad de árboles (N, árboles ha^{-1})
G.tls	Área basimétrica (G, m^2 ha^{-1})
V.tls	Volumen de los fustes (V, m^3 ha^{-1})
V.com.tls	Volumen maderable hasta un diámetro en punta delgada determinado (V_c, m^3 ha^{-1})
h.com.tls	Longitud de los fustes maderables hasta un diámetro en punta delgada determinado (h_c, m ha^{-1})
N.hn*, N.hr*, N.hn.cov*, N.hr.cov*, G.hn*, G.hr*, G.hn.cov*, G.hr.cov*, V.hn*, V.hr*, V.hn.cov*, V.hr.cov*	Estimaciones corregidas para N, G y V basadas en las metodologías de muestreo en la distancia. En el caso de V_c y h_c se añadirá la terminación ".com" (p. ej., N.com.hn)
N.sh*, G.sh*, V.sh*, V.com.sh*, h.com.sh*	Estimaciones corregidas para N, G, V, V_c y h_c según las áreas de sombra generadas por las oclusiones
N.pam**, G.pam**, V.pam**, V.com.pam**, h.com.pam**	Estimaciones corregidas para N, G, V, V_c y h_c basadas en una probabilidad de detección de los árboles según una distribución de Poisson
d.tls, dg.tls, dgeom.tls, dharm.tls	Diámetro normal medio (*dbh*, cm) aritmético, cuadrático (d_g), geométrico y armónico, respectivamente
h.tls, hg.tls, hgeom.tls, hharm.tls	Altura media (h, m) aritmética, cuadrática, geométrica y armónica, respectivamente.
d.0.tls, dg.0.tls, dgeom.0.tls, dharm.0.tls	Diámetro normal dominante medio (D_0, cm) aritmético, cuadrático, geométrico y armónico, respectivamente
h.0.tls, hg.0.tls, hgeom.0.tls, hharm.0.tls	Altura dominante media (H_0, m) aritmética, cuadrática, geométrica y armónica, respectivamente

* Variables solamente estimadas para parcelas circulares de área fija y *k-tree* para la casuística de escaneos únicos de TLS. Para más información sobre estas variables ver Molina-Valero *et al.* (2022).

** Variables solamente estimadas para parcelas relascópicas (o de conteo angular) para la casuística de escaneos únicos de TLS. Para más información sobre estas variables ver Molina-Valero *et al.*, (2022).

Tabla 12.6. Principales métricas de masa obtenidas con FORTLS.

Métricas	Descripción
n.pts, *n.pts.est,* *n.pts.red,* *n.pts.red.est*	Número de puntos total y estimados correspondientes a las secciones de los diámetros normales de los árboles, tanto para las nubes de puntos originales (*n.pts* y *n.pts.est*) como reducidas en densidad (*n.pts.red* y *n.pts.red.est*)
P01, ..., P99	Percentiles (m) de la distribución de la coordenada z
mean.arit.z/rho/r, *mean.qua.z/rho/r,* *mean.geom.z/rho/r,* *mean.harm.z/rho/r,* *median.z.rho/r,* *mode.arit.z/rho/r*	Estadísticos de tendencia central de las coordenadas z, ρ (distancia horizontal) y r (distancia euclídea): medias aritmética, cuadrática, geométrica y armónica, mediana y moda, respectivamente
var.z/rho/r, sd.z/rho/r, cv.z/rho/r, *d.z/rho/r, id.z/rho/r, max.z/rho/r,* *min.z/rho/r*	Estadísticos de dispersión de las coordenadas z, ρ y r: varianza, desviación estándar, coeficiente de varianza, rango, rango intercuartílico, máximo y mínimo, respectivamente
skewness.z/rho/r, *kurtosis.z/rho/r*	Coeficientes de asimetría y curtosis de la distribución de las coordenadas z, ρ y r
L2.z/rho/r, *L3.z/rho/r,* *L4.z/rho/r,* *L.CV.z/rho/r,* *L.skewness.z/rho/r,* *L.kurtosis.z/rho/r*	L-momentos de orden 2 (λ_2), 3 (λ_3) y 4 (λ_4) de las coordenadas z, ρ y r. L-momentos ratios de orden 2 (τ, L-CV, coeficiente de L-Variación = λ_2/λ_1); 3 (τ_3, L-Asimetría = λ_3/λ_2); y 4 (τ_4, L-Curtosis = λ_4/λ_2) de las coordenadas z, ρ y r
median.a.d.z/rho/r, *mode.a.d.z/rho/r*	Mediana de las desviaciones absolutas respecto de la media aritmética y moda de las desviaciones absolutas respecto de la media aritmética, de las coordenadas z, ρ y r
p.a.mean.z/rho/r, p.a.mode.z/ *rho/r, p.a.2m*	Porcentaje de puntos con valores mayores a la media aritmética y moda para las coordenadas z, ρ y r. Porcentaje de puntos con alturas superiores a 2 m
p.b.mean.z/rho/r, p.b.mode.z/ *rho/r, p.b.2m*	Porcentaje de puntos con valores menores a la media aritmética y moda para las coordenadas z, ρ y r. Porcentaje de puntos con alturas menores a 2 m
weibull.b.z/rho/r, weibull.c.z/ *rho/r*	Parámetros de escala y forma de una función de distribución de Weibull ajustada a los histogramas de las coordenadas z, ρ y r.
CRR.z/rho/r	*Canopy relief ratio* (media aritmética / máximo) para las coordenadas z, ρ y r

Métricas

Con la misma función utilizada anteriormente (*metrics.variables*) se obtiene otro tipo de información, que ha sido denominado como métricas por su similitud con las métricas LiDAR obtenidas con los *softwares* comúnmente empleados con datos de LiDAR aerotransportado (FUSION/LDV, LAStools, lidR, etc.). Estas métricas son, en mayor medida, estadísticos descriptivos de las coordenadas (z, ρ, r) de las nubes de puntos normalizadas (Tabla 12.4). Estas métricas se pueden utilizar como potenciales variables predictoras en un modelo, por lo que ofrecen la posibilidad de modelizar el comportamiento de variables respuesta de interés a nivel de masa (p. ej., la biomasa estimada en base a ecuaciones alométricas).

Rutina para automatizar el flujo de trabajo con varias parcelas

Antes de pasar a la parte de optimización del diseño de parcela, es conveniente hacer un inciso sobre cómo se trabaja cuando hay varias parcelas, ya que será lo más habitual en inventarios forestales. Para ello, se utilizará la función *tree.detection. several.plots*, que es capaz de procesar varias parcelas en bucle. Esta función combina los procesos de normalización y detección de árboles en una sola función. Los *inputs* y *outputs* serán similares a los anteriormente explicados pero extendidos al caso genérico de tener varias parcelas. El argumento para suministrar las nubes de puntos originales (*las.list*) debe contener un vector con el nombre de todas las nubes de puntos que se quieran procesar y estén en el directorio especificado en *dir.data*. Los códigos identificadores de las parcelas se pueden indicar mediante el argumento *id.list*, que deberá contener un vector con los códigos en el mismo orden que el de las nubes de puntos especificadas en el argumento *las.list*. En cualquier caso, este argumento es opcional; en caso de no especificarse, las parcelas serán codificadas con números correlativos desde 1 hasta las n parcelas. Las coordenadas del centro de las parcelas se especificarán mediante el argumento *center.coord*, al que se le deberá suministrar un *dataframe* con tres columnas (id = identificador de parcela, x = x.center e y = y.center), con tantas filas como parcelas a procesar. En caso de no especificar el identificador de parcela, la función entenderá que las coordenadas fueron suministradas en el mismo orden que las nubes de puntos en el argumento las.list. El resto de los argumentos serán idénticos a los que ya se explicaron previamente en las funciones de normalización y detección de árboles. Si, además, se está interesado en las metodologías de muestreo basado en la distancia para corregir las estimaciones por las oclusiones generadas (Molina-Valero *et al.*, 2022), será necesario el previo uso de la función *distance.sampling*. Estas metodologías suelen utilizarse cuando hay varias parcelas, ya que para una sola parcela muchas veces no se consiguen ajustar las funciones de probabilidad de detección de árboles.

En el repositorio (ver QR al final del capítulo para acceder al mismo) se muestra un ejemplo del código que habría que utilizar incluyendo algunos de los argumentos más relevantes.

Optimización del diseño de parcela

Una peculiaridad de FORTLS es la posibilidad de calibrar los diferentes diseños de parcela cuando se dispone de datos de control (p. ej., mediciones convencionales de campo). Esto permite determinar diseños de parcela más adecuados en base a una submuestra de datos pareados (control~escáner láser terrestre), tanto a nivel de sesgo relativo como de correlaciones. El primer paso consiste en aplicar la función *simulations* para simular el comportamiento de las estimaciones de variables de masa a medida que aumenta el tamaño de parcela para cada uno de los diseños considerados. Esta función puede tener como *inputs* hasta tres bases de datos, correspondientes a los árboles detectados de las nubes de puntos con FORTLS u otro *software* siempre que esté en el formato adecuado (argumento *tree.tls*), los datos de control (argumento *tree.field*) y, en caso de considerar las correcciones de las estimaciones basadas en las metodologías de muestreo a distancia, el *output* de la función *distance.sampling* (argumento *tree.ds*). La base de datos de control debe contener, al menos, las siguientes columnas: *id*, identificador de la parcela (coincidente con el homólogo de los árboles detectados en la nube de puntos), *tree*, número identificador del árbol; *h.dist*, distancia horizontal desde el centro de la parcela hasta el árbol; *dbh*, diámetro normal del árbol en cm; *h*, altura del árbol en m; *dead*, identificador de si el árbol está muerto (1) o no (NA). A mayores, se puede especificar el volumen (*v.user*) y la biomasa (*w.user*) estimados, por ejemplo sobre la base de ecuaciones alométricas de árbol individual. Otro argumento que es importante especificar es hasta qué valores de radio, k y BAF se quieren hacer simulaciones para las parcelas circulares de área fija, *k-tree* y relascópicas, respetivamente (argumento *plot. parameters*). El *output* de esta función será una lista con hasta 3 elementos, uno por tipo de parcela considerado, que contendrá los valores estimados de todas las simulaciones realizadas. Las simulaciones por defecto se realizan a razón de incrementos regulares de 0,1 m, 1 k y 0,1 BAF, hasta el valor máximo especificado para cada uno de estos parámetros. No obstante, estos incrementos se podrán modificar mediante el argumento *plot.parameters* (ver el manual para más información). Igual que en pasos anteriores, estas simulaciones se guardarán de forma automática como archivos .csv (uno por tipo de parcela) en el directorio especificado en *dir.result*. En el repositorio (ver QR al final del capítulo para acceder al mismo) se muestra un ejemplo del código que habría que utilizar incluyendo algunos de los argumentos más relevantes.

Una vez que se han realizado las simulaciones, lo primero que se puede evaluar es el sesgo relativo porcentual promedio cometido en las estimaciones de las variables de masa. Este sesgo se estima comparando los datos de control (*tree.field*) con los estimados a partir de las nubes de puntos (*tree.tls*) a medida que aumenta el tamaño de parcela, de modo que valores positivos indican sobrestimación con respecto a los datos de control, y valores negativos lo contrario. Para ello, se utiliza la función *relative.bias*, cuyos principales *outputs* serán gráficos en formato .*html* (guardados en el directorio especificado en *dir.result*) representando la evolución del sesgo relativo (Figura 12.14). En esta figura se muestra un ejemplo para la estimación del volumen de madera basado en las parcelas procesadas anteriormente, donde puede observarse cómo parcelas pequeñas generan estimaciones más inestables, con picos para los valores de sesgo generalmente más acusados. A su vez, se aprecia cómo a partir de un determinado valor de radio (8 m aproximadamente) el comportamiento empieza a ser más estable, alcanzando zonas en las que el sesgo tiende a cero. Sin embargo, a medida que el radio aumenta (> 16 m), el sesgo empieza a mostrar una tendencia negativa debido a que la ratio de detección de árboles disminuye, generando, por lo tanto, subestimaciones. En resumen, este análisis podría ser útil para elegir el diseño de parcela en el que se comete un menor sesgo y replicarlo con más parcelas medidas con TLS u otros dispositivos.

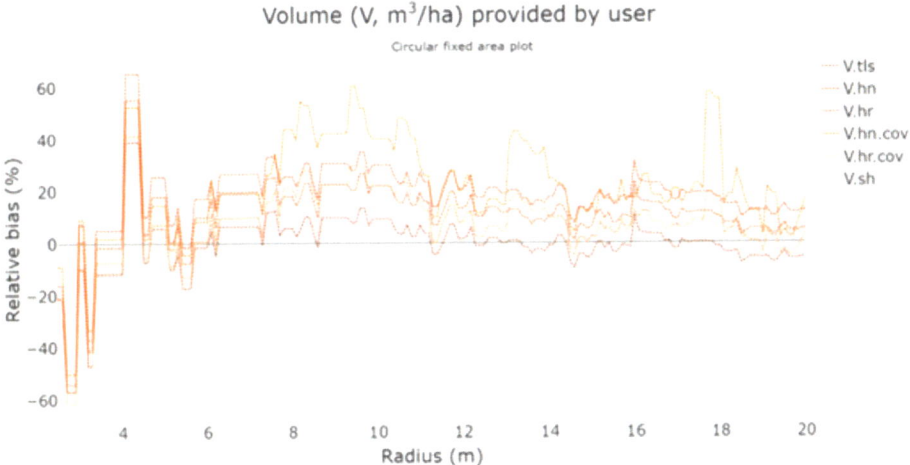

Figura 12.14. Sesgo relativo cometido en la estimación del volumen de madera (V) incluyendo estimaciones de metodologías que corrigen las estimaciones debido a las oclusiones generadas por los árboles (*V.hn*, *V.hr*, *V.hn.cov*, *V.hr.cov*, *V.sh*). El eje de ordenadas indica el valor del sesgo relativo (%) y el eje de abscisas el valor del radio (m) de la parcela circular de área fija.

Aunque se ha mostrado el ejemplo de la parcela circular de área fija, se obtendrán resultados análogos para el resto de los diseños de parcela incluidos en FORTLS (*k-tree* y relascópica). En el repositorio (ver QR al final del capítulo para acceder al mismo) se muestra el código utilizado para estimar el sesgo relativo.

Otra forma de evaluar las simulaciones obtenidas es a partir de las correlaciones con los datos de control. Para ello, se utilizará la función *correlation*, que calculará las correlaciones de Pearson y Spearman entre las variables de interés estimadas con los datos de control y todo el conjunto de variables y métricas obtenidas con FORTLS. Al igual que antes, se generarán gráficos en formato *.html* (guardados en el directorio especificado en *dir.result*) representando la evolución de las correlaciones a medida que aumenta el tamaño de parcela (Figura 12.15). En este caso, se muestra un ejemplo para un muestreo sistemático realizado en un pinar de *Pinus sylvestris*, ya que para estimar bien las correlaciones es mejor disponer de un gran número de datos. Este ejemplo se basó en dieciséis parcelas medidas y escaneadas con TLS (escaneos únicos ubicados en el centro de las parcelas). Estos datos están incluidos en el paquete FORTLS como datos de ejemplo, y ya se encuentran procesados. El ejemplo aquí mostrado se basa en la correlación entre la biomasa estimada con ecuaciones de árbol individual y las métricas y variables obtenidas con FORTLS. En la Figura 12.15 se ha seleccionado una de las variables (*V.tls*) que mejor correlación mostró con la biomasa; para tamaños de parcela pequeños mostró inestabilidad en las correlaciones de Pearson, y mayor estabilidad a partir de un radio de 9 m, con correlaciones superiores a 0,8 hasta aproximadamente un radio de 15 metros.

Figura 12.15. Correlaciones de Pearson a través de un incremento continuo del tamaño de parcela entre la biomasa estimada en base a los datos de control y una de las variables estimadas con FORTLS (*V.tls*). En este caso el eje de ordenadas indica el valor de la correlación de Pearson para la variable de interés biomasa, y el eje de abscisas el valor del radio (m) de la parcela circular.

En el repositorio (ver QR al final del capítulo para acceder al mismo) se muestra el código con el que se obtuvo la Figura 12.15 en base a las dieciséis parcelas de muestreo incluidas en los datos de ejemplo de FORTLS. El estudio de las correlaciones puede ser de gran utilidad a la hora de establecer un diseño de parcela que permita modelizar el comportamiento de las variables de interés con toda la información auxiliar obtenida con FORTLS (variables y métricas). De este modo, a partir de una submuestra representativa de un bosque a inventariar en la cual se tengan datos pareados (control~escáner láser terrestre), se podría ajustar un modelo adecuado para estimar una variable de interés forestal. Estos modelos permitirían implementar técnicas de inferencia asistidas o basadas en modelos (McRoberts *et al.*, 2014), tal y como se aplican con otro tipo de información de teledetección (p. ej., LiDAR aéreo). Un ejemplo para un modelo de regresión lineal simple puede observarse en la Figura 12.16.

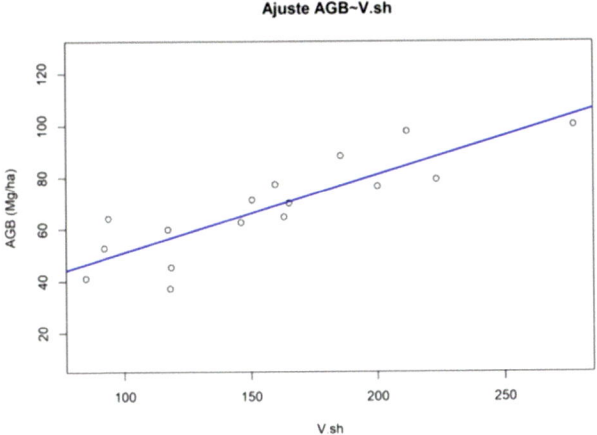

Figura 12.16. Ajuste de regresión lineal simple entre la variable respuesta biomasa (*AGB*, Mg ha⁻¹), estimada en base a datos de campo y ecuaciones alométricas, y la variable explicativa volumen (*V.sh*) estimada con FORTLS. En este ejemplo se seleccionaron parcelas circulares de área fija de 10 m de radio.

Bibliografía

Alba, M., Roncoroni, F., Scaioni, M., 2008. Investigations about the accuracy of target measurement for deformation monitoring. Int. Arch. Photogramm. Remote Sens. Spat. Inf. Sci. 37, 1053–1060.

Alvites, C., Santopuoli, G., Hollaus, M., Pfeifer, N., Maesano, M., Moresi, F.V., Marchetti, M., Lasserre, B., 2021. Terrestrial laser scanning for quantifying timber assortments from standing trees in a mixed and multi-layered mediterranean forest. Remote Sens. 13, 4265.

Ariza Salamanca, A., Molina-Valero, J., 2022. Estimación de parámetros forestales mediante LiDAR Terrestre: Aplicaciones en R. https://doi.org/10.13140/RG.2.2.11947.52007

Bienert, A., Scheller, S., Keane, E., Mullooly, G., Mohan, F., 2006. Application of terrestrial laser scanners for the determination of forest inventory parameters. Int. Arch. Photogramm. Remote Sens. Spat. Inf. Sci. 36, 1–5.

Burt, A., Disney, M., Calders, K., 2019. Extracting individual trees from lidar point clouds using treeseg. Methods Ecol. Evol. 10, 438–445.

Calders, K., Adams, J., Armston, J., Bartholomeus, H., Bauwens, S., Bentley, L.P., Chave, J., Danson, F.M., Demol, M., Disney, M., Gaulton, R., Krishna Moorthy, S.M., Levick, S.R., Saarinen, N., Schaaf, C., Stovall, A., Terryn, L., Wilkes, P., Verbeeck, H., 2020. Terrestrial laser scanning in forest ecology: Expanding the horizon. Remote Sens. Environ. 251, 112102.

Crespo-Peremarch, P., Torralba, J., Carbonell-Rivera, J.P., Ruiz, L.A., 2020. Comparing the generation of DTM in a forest ecosystem using TLS, ALS and UAV-DAP, and different software tools. Int. Arch. Photogramm. Remote Sens. Spat. Inf. Sci. 43, 575–582.

Dassot, M., Constant, T., Fournier, M., 2011. The use of terrestrial LiDAR technology in forest science: application fields, benefits and challenges. Ann. For. Sci. 68, 959–974.

de Conto, T., Olofsson, K., Görgens, E.B., Rodriguez, L.C.E., Almeida, G., 2017. Performance of stem denoising and stem modelling algorithms on single tree point clouds from terrestrial laser scanning. Comput. Electron. Agric. 143, 165–176.

Demol, M., Verbeeck, H., Gielen, B., Armston, J., Burt, A., Disney, M., Duncanson, L., Hackenberg, J., Kükenbrink, D., Lau, A., Ploton, P., Sewdien, A., Stovall, A., Takoudjou, S.M., Volkova, L., Weston, C., Wortel, V., Calders, K., 2022. Estimating forest above-ground biomass with terrestrial laser scanning: Current status and future directions. Methods Ecol. Evol. 13, 1628–1639.

Dijkstra, E.W., 2022. A Note on Two Problems in Connexion with Graphs, in: Apt, K.R., Hoare, T. (Eds.), Edsger Wybe Dijkstra. ACM, New York, NY, USA, pp. 287–290.

Guzmán, J.A., Hernandez, R., Sanchez-Azofeifa, A., 2021. rTLS: Tools to Process Point Clouds Derived from Terrestrial Laser Scanning. R pacakge version 0.2.3.1. https://CRAN.R-project.org/package=rTLSI

Hackenberg, J., Morhart, C., Sheppard, J., Spiecker, H., Disney, M., 2014. Highly Accurate Tree Models Derived from Terrestrial Laser Scan Data: A Method Description. Forests 5, 1069–1105.

Hackenberg, J., Wassenberg, M., Spiecker, H., Sun, D., 2015. Non destructive method for biomass prediction combining TLS derived tree volume and wood density. Forests 6, 1274–1300.

Illingworth, J., Kittler, J., 1987. The adaptive Hough transform. IEEE Trans. Pattern Anal. Mach. Intell. 690–698.

Klapa, P., Mitka, B., Zygmunt, M., 2022. Integration of TLS and UAV data for the generation of a three-dimensional basemap. Adv. Geod. Geoinformation e27–e27.

Krok, G., Kraszewski, B., Stereńczak, K., 2020. Application of terrestrial laser scanning in forest inventory–an overview of selected issues. For. Res. Pap., 81 (4), 175-194, 1

Liang, X., Hyyppä, J., Kaartinen, H., Lehtomäki, M., Pyörälä, J., Pfeifer, N., Holopainen, M., Brolly, G., Francesco, P., Hackenberg, J., 2018. International benchmarking of terrestrial laser scanning approaches for forest inventories. ISPRS J. Photogramm. Remote Sens. 144, 137–179.

Liang, X., Kankare, V., Hyyppä, J., Wang, Y., Kukko, A., Haggrén, H., Yu, X., Kaartinen, H., Jaakkola, A., Guan, F., 2016. Terrestrial laser scanning in forest inventories. ISPRS J. Photogramm. Remote Sens. 115, 63–77.

Maeda, E.E., Nunes, M.H., Calders, K., Moura, Y.M. de, Raumonen, P., Tuomisto, H., Verley, P., Vincent, G., Zuquim, G., Camargo, J.L., 2022. Shifts in structural diversity of Amazonian forest edges detected using terrestrial laser scanning. Remote Sens. Environ. 271, 112895.

McRoberts, R.E., Andersen, H.-E., Næsset, E., 2014. Using Airborne Laser Scanning Data to Support Forest Sample Surveys, in: Maltamo, M., Næsset, E., Vauhkonen, J. (Eds.), Forestry Applications of Airborne Laser Scanning, Managing Forest Ecosystems. Springer Netherlands, Dordrecht, pp. 269–292.

Molina-Valero, J.A., Martínez-Calvo, A., Villamayor, M.J.G., Pérez, M.A.N., Álvarez-González, J.G., Montes, F., Pérez-Cruzado, C., 2022. Operationalizing the use of TLS in forest inventories: The R package FORTLS. Environ. Model. Softw. 150, 105337.

Moskal, L.M., Zheng, G., 2011. Retrieving forest inventory variables with terrestrial laser scanning (TLS) in urban heterogeneous forest. Remote Sens. 4, 1–20.

Nguyen, V.-T., Constant, T., Colin, F., 2021. An innovative and automated method for characterizing wood defects on trunk surfaces using high-density 3D terrestrial LiDAR data. Ann. For. Sci. 78, 32.

Nunes, M.H., Camargo, J.L.C., Vincent, G., Calders, K., Oliveira, R.S., Huete, A., Mendes de Moura, Y., Nelson, B., Smith, M.N., Stark, S.C., Maeda, E.E., 2022. Forest fragmentation impacts the seasonality of Amazonian evergreen canopies. Nat. Commun. 13, 917.

Prendes, C., Canga, E., Ordoñez, C., Majada, J., Acuna, M., Cabo, C., 2022. Automatic assessment of individual stem shape parameters in forest stands from TLS point clouds: application in Pinus pinaster. Forests 13, 431.

Pyörälä, J., Kankare, V., Liang, X., Saarinen, N., Rikala, J., Kivinen, V.-P., Sipi, M., Holopainen, M., Hyyppä, J., Vastaranta, M., 2019. Assessing log geometry and wood quality in standing timber using terrestrial laser-scanning point clouds. For. Int. J. For. Res. 92, 177–187.

Ramos, L., Marchamalo, M., Rejas, J.G., Martínez, R., 2015. Aplicación del Láser Escáner Terrestre (TLS) a la modelización de estructuras: precisión, exactitud y diseño de la adquisición de datos en casos reales. Inf. Constr. 67, e074–e074.

Raumonen, P., Kaasalainen, M., Åkerblom, M., Kaasalainen, S., Kaartinen, H., Vastaranta, M., Holopainen, M., Disney, M., Lewis, P., 2013. Fast automatic precision tree models from terrestrial laser scanner data. Remote Sens. 5, 491–520.

Salehi, V., Wang, S., 2017. Using point cloud technology for process simulation in the context of digital factory based on a systems engineering integrated approach, in: DS 87-3 Proceedings of the 21st International Conference on Engineering Design (ICED 17) Vol 3: Product, Services and Systems Design, Vancouver, Canada, 21-25.08. 2017. pp. 011–020.

Simonse, M., Aschoff, T., Spiecker, H., Thies, M., 2003. Automatic determination of forest inventory parameters using terrestrial laser scanning, in: Proceedings of the Scandlaser Scientific Workshop on Airborne Laser Scanning of Forests. Citeseer, pp. 252–258.

Terryn, L., Calders, K., Åkerblom, M., Bartholomeus, H., Disney, M., Levick, S., Origo, N., Raumonen, P., Verbeeck, H., 2023. Analysing individual 3D tree structure using the R package ITSMe. Methods Ecol. Evol. 14, 231–241.

Torresan, C., Chiavetta, U., Hackenberg, J., 2018. Applying quantitative structure models to plot-based terrestrial laser data to assess dendrometric parameters in dense mixed forests. For. Syst. 27, 1–15.

Vincent, G., Antin, C., Laurans, M., Heurtebize, J., Durrieu, S., Lavalley, C., Dauzat, J., 2017. Mapping plant area index of tropical evergreen forest by airborne laser scanning. A cross-validation study using LAI2200 optical sensor. Remote Sens. Environ. 198, 254–266.

Wang, D., Momo Takoudjou, S., Casella, E., 2020. LeWoS: A universal leaf-wood classification method to facilitate the 3D modelling of large tropical trees using terrestrial LiDAR. Methods Ecol. Evol. 11, 376–389.

363

Wilkes, P., Lau, A., Disney, M., Calders, K., Burt, A., Gonzalez de Tanago, J., Bartholomeus, H., Brede, B., Herold, M., 2017. Data acquisition considerations for Terrestrial Laser Scanning of forest plots. Remote Sens. Environ. 196, 140–153.

Xu, H., Li, H., Yang, X., Qi, S., Zhou, J., 2018. Integration of terrestrial laser scanning and nurbs modeling for the deformation monitoring of an earth-rock dam. Sensors 19, 22.

Zhang, W., Qi, J., Wan, P., Wang, H., Xie, D., Wang, X., Yan, G., 2016. An easy-to-use airborne LiDAR data filtering method based on cloth simulation. Remote Sens. 8, 501.

Zheng, G., Moskal, L.M., 2012. Leaf orientation retrieval from terrestrial laser scanning (TLS) data. IEEE Trans. Geosci. Remote Sens. 50, 3970–3979.

Zheng, G., Moskal, L.M., Kim, S.-H., 2012. Retrieval of effective leaf area index in heterogeneous forests with terrestrial laser scanning. IEEE Trans. Geosci. Remote Sens. 51, 777–786.

Acceso al material complementario

Unidad VI
Modelos espaciales

13
Técnicas y pasos de modelización en las ciencias forestales

Pablo GONZÁLEZ MORENO
Antonio J. ARIZA SALAMANCA
Enrique ANDIVIA
Paloma RUIZ BENITO

Resumen

El presente capítulo tiene como objetivo introducir la tipología y las bases de la modelización forestal, incluyendo un conjunto de buenas prácticas y el proceso general de modelización. En concreto, se hace una introducción a los tipos de modelo y a las aproximaciones más frecuentes, dejando su desarrollo más detallado al resto de capítulos. Todo proceso de modelización debe partir de unas sólidas bases teóricas y de una pregunta de investigación clara; por tanto, este capítulo pone especial énfasis en los trabajos previos de conceptualización del modelo. A continuación, tomando como ejemplo el modelado estadístico, se muestran las técnicas principales de procesado de datos, de exploración de datos, de calibración y validación de forma general, para que puedan aplicarse a diversos tipos de modelización. Finalmente, se describen los distintos retos de modelización a los que se enfrentan en la actualidad las ciencias forestales, poniendo especial énfasis en los aspectos relacionados con la geomática y la teledetección forestal

Palabras clave: modelización, sistemas forestales, análisis de datos, parametrización, simulación.

1. Modelización en ciencias forestales

1.1. Definición y propiedades básicas de los modelos

Según la Real Academia Española, la ciencia es "el conjunto de conocimientos obtenidos mediante la observación y el razonamiento, sistemáticamente estructurados y de los que se deducen principios y leyes generales con capacidad predictiva y comprobable experimentalmente". De la definición de ciencia se puede resumir que el conocimiento debe: i) estar fundamentado en la observación y el razonamiento, ii) deducir principios o leyes generales y iii) poder comprobarse mediante evidencia empírica. Por ello, la ciencia y el método científico se basan en la evidencia empírica de manera que sea objetivo, común, riguroso y replicable. En ciencias forestales, como en otras ciencias, se pueden seguir tres enfoques básicos: el descriptivo (se basa en la descripción de individuos, poblaciones, comunidades y ecosistemas, y sus interacciones), el funcional (busca comprender cómo funciona el sistema forestal) y el evolutivo (busca comprender las causas y consecuencias de las adaptaciones de las especies al medio en el que habitan). Estos enfoques se traducen en describir (¿qué ocurre? ¿dónde ocurre?), comprender (¿por qué ocurre? ¿cómo ocurre?), predecir (¿qué ocurriría? ¿dónde ocurriría?) y gestionar (¿cómo obtener?).

El razonamiento científico y la generación de conocimiento pueden realizarse deductivamente (i.e. cuando usamos la lógica de una teoría para inferir conclusiones) o inductivamente (i.e. cuando extraemos conclusiones a partir de situaciones o datos particulares; ver Tabla 13.1). En la generación de conocimiento no se debe depender de un único método de razonamiento, siendo importante evaluar las hipótesis bajo diferentes condiciones donde se desconoce el resultado que se obtendrá (Hilborn y Mangel, 1997).

Tabla 13.1. Métodos para el razonamiento en ciencia mostrando las principales diferencias entre el método deductivo y el inductivo, y los enfoques generalmente usados para su aplicación en las ciencias forestales.

Método inductivo	Método deductivo
Conocer el principio que regula el funcionamiento de un cierto fenómeno a partir de observaciones particulares de dicho fenómeno	Predecir manifestaciones particulares del fenómeno a partir del conocimiento del principio que lo regula
Hecho particular → Principio general	Principio general → Hecho particular
Datos	Asunciones, generalizaciones
Identificación de patrones	Examinar mecanismos o procesos
Observación, experimentación	Experimentación, modelos matemáticos

El método científico inductivo se inicia con el planteamiento de un problema o de una determinada pregunta, que pueden partir de la teoría y de los resultados previos de investigación, o bien de la observación directa de la naturaleza y de la necesidad de tomar una decisión. Si los antecedentes no permiten responder la pregunta o resolver el problema, se puede plantear un objetivo de análisis, estableciendo una hipótesis inicial fundamentada en el conocimiento previo de la materia (Figura 13.1). La hipótesis es una explicación provisional a la pregunta, que se basa en una afirmación plausible acerca de la causa y el efecto objeto de estudio y que se intenta confirmar o refutar científicamente. La comprobación de la hipótesis requiere tomar datos que permitan realizar una comprobación sobre la realidad, ya sea experimentalmente, observacionalmente o mediante modelización (Hilborn y Mangel, 1997). El avance científico debe estar motivado tanto por un análisis crítico como por la creatividad en la definición del marco teórico que subyace a una determinada pregunta, y la generación y análisis de los datos (Figura 13.1).

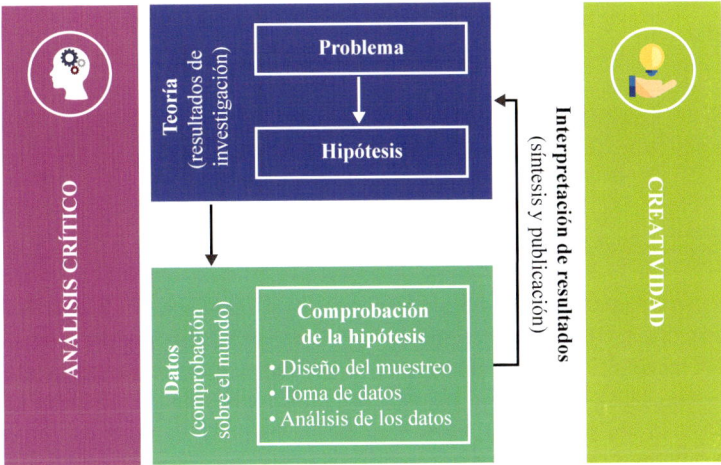

Figura 13.1. Etapas del método científico. Los datos se usan para evaluar hipótesis a través de la síntesis de la información recogida (la gestión de los datos, que abarca desde el diseño de muestreo hasta su análisis, y pueden confirmar nuestras teorías o bien cambiarlas). Cabe resaltar que el análisis crítico y la creatividad subyace tanto a la generación de conocimiento teórico como a la comprobación de hipótesis (modificado de Ford, 2004).

Los principales tipos de estudio que influyen en la toma y el análisis de datos pueden clasificarse como experimentales, observacionales y de modelización. La experimentación se basa en manipular aquellos factores cuyo efecto sobre la variable de interés se pretende estudiar; el enfoque observacional consiste en aprovechar la variabilidad natural del factor a estudiar observando su efecto sobre la variable de interés, mientras que la modelización simula este efecto bajo distintas condiciones o escenarios. Hay tres aspectos clave que diferencian los estudios experimentales de los observacionales. En primer lugar, el control de los factores en la experimentación es mayor que en estudios observacionales. En segundo lugar, este mayor control del efecto de los factores en la experimentación permite establecer relaciones de causalidad, que en el caso de la observación han de evaluarse con cautela debido al uso de datos correlacionales, que implican distintos problemas, como i) observar un efecto más que la causa (especialmente si la causa no ocurre previa al efecto), ii) la existencia simultánea de múltiples efectos, y iii) causas alternativas, aspectos que ocurren generalmente en la naturaleza (Ford, 2004). En tercer lugar, la escala de trabajo es muy distinta, ya que en enfoques experimentales es reducida, mientras que en enfoques observacionales es más variable, siendo generalmente más extensa (Tabla 13.2).

Tabla 13.2. Principales diferencias entre los enfoques existentes en la toma de datos.

	Experimental	Observacional	Modelización basada en proceso
Control de factores	Alto	Bajo	Alto
Capacidad de detectar causa-efecto	Alta	Baja	Alta
Detecta	Causa-efecto	Patrones y procesos	Causa-efecto
Escala	Reducida	Variable	Variable
Aspectos clave	Sobresimplificación de la realidad	Realidad ecológica compleja	Asunciones del modelo

La aplicación de un método únicamente inductivista y basado en el contraste de hipótesis ha estado sujeta a un amplio debate en el campo de la ciencia experimental (Murtaugh, 2014; Halsey *et al.*, 2015). En este sentido, la modelización permite combinar distintos enfoques, particularmente la aplicación de enfoques hipotético-deductivos (Tabla 13.2). Los modelos son una representación formal de un objeto o de un fenómeno real (Piñol y Martínez-Vilalta, 2002) y, por tanto, implican cierta simplificación de la realidad y la adopción de distintas asunciones.

¿Para qué hacer un modelo? Georges Box (1976) acuñó la famosa frase de que "todos los modelos son erróneos, pero algunos son útiles para un determinado propósito". En última instancia, los modelos permiten comprobar hipótesis y simular escalas espacio-temporales que serían difícilmente abarcables mediante métodos basados en la experimentación y la observación. Los sistemas forestales presentan un alto grado de organización y complejidad (estructural y funcional); por tanto, los modelos permiten simplificar la realidad de estos sistemas, de forma que podamos entender su funcionamiento (p.ej. secuestro de carbono) y hacer proyecciones a distintas escalas espacio-temporales. En sistemas forestales es fácil aumentar la complejidad de los modelos a medida que tenemos más información sobre el sistema. En este contexto, es importante definir el principio de parsimonia o de la Navaja de Occam. Este principio, que se atribuye al filósofo William Occam en el s. XIV, establece que, en igualdad de condiciones, la explicación más sencilla suele ser la más plausible. Según este principio, se puede deducir que no siempre será posible obtener un mejor modelo por elaboración excesiva, es decir, por incluir un mayor número de variables explicativas. De este modo, se debe buscar la descripción de un determinado proceso natural con el menor número de parámetros y variables explicativas posibles, estando éstas basadas en hipótesis previas, como comentaremos en los siguientes apartados.

1.2. Hipótesis versus exploración

Como hemos explicado en la sección anterior, la hipótesis es una explicación plausible para un fenómeno observado. En investigación, la hipótesis incluye generalmente una afirmación acerca de la causa y el efecto que debe ser falsable y que puede demostrarse científicamente. Por lo tanto, para realizar una inferencia robusta debe incluirse la unión entre el mecanismo esperado (hipótesis) y el resultado si ese mecanismo ocurre (predicción). En el caso de que se adopten múltiples explicaciones plausibles para un determinado fenómeno (i.e. hipótesis alternativas múltiples), se reduce el sesgo de centrarnos únicamente en una explicación o mecanismos y, por tanto, la posibilidad de cerrarnos a ideas alternativas (Yanai y Lercher, 2020). Además, el establecimiento de hipótesis requiere del conocimiento previo de los posibles mecanismos que pueden influir en la observación de un determinado patrón. La generación de hipótesis alternativas proporcionando una explicación de los mecanismos subyacentes se ha mostrado clave en la transferencia y la reproducibilidad de estudios en diferentes disciplinas (Platt, 1964). En algunas ocasiones, la generación de conocimiento basado en hipótesis puede no ser útil, esto puede ocurrir cuando el objetivo es la predicción o la descripción más que la generación de conocimiento (Betts *et al.*, 2021).

El establecimiento de hipótesis en los trabajos de investigación para la generación de conocimiento tiene una serie de ventajas (Betts *et al.*, 2021). Por una parte, la generación de hipótesis fuerza la claridad y la precisión en el pensamiento y las ideas expuestas, de forma que ayuda a comunicar el conocimiento eficientemente. También implica tener una visión mecanicista que ayuda a comprender por qué observamos un determinado patrón y que tiene un valor intrínseco para el ser humano. En conjunto, unir específicamente la teoría con la evidencia empírica es clave para el avance del conocimiento científico (Heger *et al.*, 2021). Sin embargo, un enfoque basado en hipótesis con una exploración de los datos adecuada es clave para conocer la realidad del sistema que pretendemos conocer y explicar. Ante la gran disponibilidad de datos a gran escala, es clave que el avance del conocimiento se base en expectativas teóricas además de conocer las tendencias observadas en los datos.

1.3. Tipo de modelos: correlacionales y de procesos

Existen múltiples clasificaciones de los tipos de modelo en función del enfoque y del alcance de la técnica de modelización (ver Ruiz-Benito *et al.*, 2013): desde modelos correlacionales o mecanísticos hasta modelos descriptivos o predictivos. Los modelos pueden buscar una mejor comprensión de los patrones y procesos observados o predecir las respuestas de un determinado sistema bajo ciertas condiciones, que puede ser especialmente interesante para el estudio de la respuesta de los bosques ante el cambio climático (e.g. Mouquet *et al.*, 2015) o bajo diferentes escenarios de gestión (e.g. Schellas *et al.*, 2015).

Tabla 13.3. Algunas dicotomías en modelización en función del alcance y enfoque del modelo (modificado de Bolker (2008), Ruiz-Benito *et al.* (2013, 2020)).

Dicotomía	Explicación
Teórico	Los teóricos se usan para generar conocimiento y los aplicados para conocer resultados de tratamientos.
Aplicado	
Empírico	Los modelos empíricos o correlacionales describen los patrones observados y posibles factores subyacentes. Los basados en el proceso se centran en parametrizar los mecanismos subyacentes a un determinado patrón.
Basado en proceso	
Descriptivo	Busca comprender la relación entre dos o más variables o predecir el resultado de una variable en función de la otra.
Predictivo	

La diversidad de procesos ecosistémicos ha resultado en el desarrollo de una gran cantidad de modelos para predecir la respuesta de los bosques a diferentes condiciones ambientales y de gestión. Los modelos actuales abarcan desde los totalmente empíricos hasta los puramente mecanicistas, de forma que pueden cubrir un rango amplio de escalas espaciales: desde su aplicación local a la regional o incluso global (ver Ruiz-Benito *et al.*, 2020). Los modelos empíricos o correlacionales analizan cómo la respuesta cambia en función de diferentes variables predictoras o explicativas, mientras que los modelos basados en proceso parametrizan los procesos y los mecanismos de respuesta de la vegetación. Un ejemplo de modelo correlacional son los modelos de distribución de especies (MDE), donde la ocurrencia, abundancia o demografía de especies forestales se analiza en función de variables explicativas (e.g. variables abióticas como clima, suelo, ver Ariza-Salamanca *et al.*, 2023). Los modelos puramente correlacionales no pueden extrapolar las respuestas de los bosques a condiciones ambientales distintas de los que son parametrizados, por lo que es difícil hacer predicciones sobre el cambio climático con este tipo de modelos (Fontes *et al.*, 2010, Landsberg *et al.*, 2013).

Los modelos basados en proceso consideran los procesos específicos que determinan la respuesta frente a ciertas condiciones ambientales. Esta modelización requiere desarrollar modelos ajustados para responder a ciertas hipótesis que determinan el realismo biológico vs. la complejidad del modelo (ver Zavala *et al.*, 2005). Hay una gran variedad de modelos basados en proceso, desde modelos demográficos que permiten comprender cómo cambios en demografía pueden determinar la distribución, abundancia y dominancia de especies (e.g. García-Callejas *et al.*, 2017; Kunstler *et al.*, 2021), hasta modelos complejos de productividad forestal que incluyen procesos a nivel de árbol y rodal para realizar proyecciones a gran escala siguiendo distintos escenarios climáticos (Reyer *et al.*, 2014).

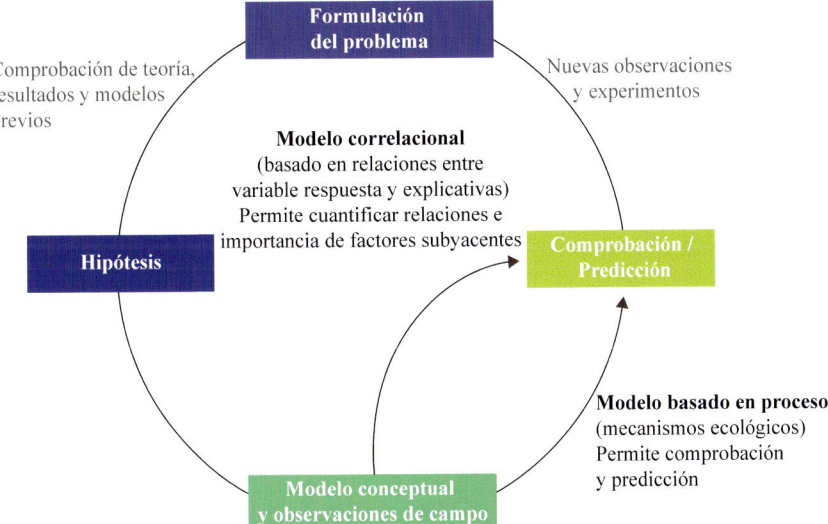

Figura 13.2. Diferencias entre modelos correlacionales y modelos basados en procesos desde la aplicación de un modelo conceptual hasta la predicción o comprobación del modelo.

1.4 Tipos de modelos correlacionales: clasificación vs. regresión

Esta diferenciación se debe principalmente al tipo de variable de respuesta. Los algoritmos de clasificación se usan cuando la variable de respuesta es categórica. Esto quiere decir que se utilizan cuando la respuesta se fundamenta en un conjunto finito de resultados (clases). Actualmente, existen diferentes algoritmos para problemas de clasificación, muchos de ellos basados en el aprendizaje automático:

- Regresión logística
- Árboles de decisión
- Máquinas de vectores de soporte (SVM, acrónimo de *Support Vector Machine*)
- Bosques aleatorios (RF, acrónimo de *Random Forest*)
- Clasificación de Naïve Bayes

Con respecto a los modelos de regresión, su objetivo es establecer un método para la relación entre un cierto número de características y una variable de respuesta de tipo continua. Dentro de este grupo encontramos métodos tan comunes como:

- Regresión lineal simple
- Regresión múltiple
- Regresión polinomial

Los modelos de regresión y clasificación también difieren en cuanto a la forma de evaluar el rendimiento del modelo ajustado, utilizando un conjunto de métricas diferente para cada tipo de modelo (ver apartado 2.4. Métricas principales de bondad de ajuste).

2. Proceso de modelización

Los pasos para modelizar un sistema forestal son muy similares a los realizados en cualquier otra disciplina que trabaje en la ciencia de datos (Figura 13.3). En este capítulo nos centraremos en la descripción de los pasos para la modelización basada en algoritmos estadísticos que comúnmente se usan en modelos de tipo correlacional (ver sección anterior). Sin embargo, es importante considerar que, a grandes rasgos, las tres fases principales se repiten en todo proceso de modelización y que la primera fase de formulación de problema y modelo conceptual sería aplicable a cualquier proceso de modelización.

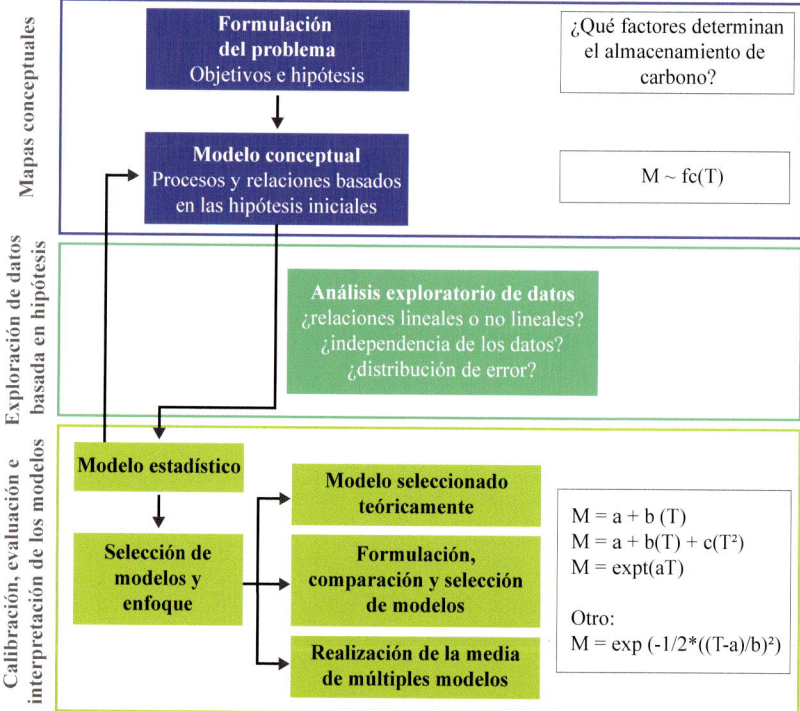

Figura 13.3. Pasos a seguir desde los mapas conceptuales a través de la formulación del problema (incluyendo la formulación de los objetivos e hipótesis) y el establecimiento del modelo conceptual; la exploración de datos basada en hipótesis; y la calibración, evaluación e interpretación de los modelos (modificado de Ruiz-Benito *et al.* (2013) a partir de información de Burnham y Anderson (2002), Johnson y Omland (2004), Stephens *et al.* (2005) y Bolker *et al.* (2008)) (cada una de las cajas de color se corresponde con uno de los apartados de esta sección).

2.1. Formulación del problema y modelo conceptual

Es necesario partir de una formulación del problema que incluya objetivos e hipótesis claros, relevantes y plausibles. Esta formulación debe basarse en nuestro conocimiento del sistema mediante trabajos previos (revisión bibliográfica) y experiencia personal. Es útil formular el problema de acuerdo con una pregunta de investigación que queremos resolver mediante un modelo. En muchos casos, se parte de la premisa errónea que el objetivo de la investigación es crear un determinado modelo o aplicar una metodología concreta. Sin embargo, hay que tener en cuenta que el aspecto relevante no es el procedimiento en sí, sino la resolución de un problema o conocer el funcionamiento teórico de un sistema. La formulación del problema debe establecerse de forma jerárquica considerando un nivel general y uno específico (Bolker, 2013). Podríamos, por ejemplo, partir de la pregunta general ¿cuánta biomasa se acumula en un bosque mediterráneo? o ¿cuál es la relación entre factores climáticos y acumulación de biomasa forestal?, para luego pasar a unas preguntas más específicas que hacen alusión al sistema concreto o elementos que se quieren trabajar (e.g. ¿cuál es la relación entre variables dasométricas y biomasa en árboles mediterráneos? o ¿cómo afecta la sequía a los patrones de acumulación de biomasa en bosques mediterráneos del sur de la península Ibérica?). Esta formulación del problema es adaptativa y requiere un trabajo de abstracción adecuado, evitando aspectos demasiado generales o muy específicos que impidan el buen desarrollo de la investigación.

Los modelos sirven para interpretar formalmente una determinada observación. El modelo debe incluir cómo pensamos que nuestras observaciones de un sistema forestal se producen fruto de determinados procesos y relaciones entre variables (Blanco, 2013). Uno de los primeros pasos en el proceso de modelización se basa en realizar un modelo conceptual en el que se establezcan los procesos y las relaciones basadas en las hipótesis iniciales (Figura 13.4). En el establecimiento del modelo conceptual existe un compromiso entre realismo biológico y simplicidad, en función del objetivo para el que se utilice. Es fundamental destacar que este modelo conceptual no es un diagrama del flujo de trabajo sino una visión esquemática de la realidad que queremos modelar y que se puede representar con diagramas de flujo o gráficos. Es una manera de organizar el conocimiento que tenemos del sistema, incorporando nuestras hipótesis sobre las relaciones y los procesos que incluiremos en el modelo. El modelo conceptual tiene como base una serie de variables del sistema. Una variable es una característica observable y cuantificable que se desea estudiar y que toma un rango de valores. En función del papel que cumplen nuestras variables en la hipótesis propuesta, podemos distinguir las variables como respuesta o dependiente, y explicativa o independiente. La variable respuesta es aquella que cuantifica el proceso o patrón que queremos entender; por tanto, es aquella variable sobre la que estamos interesados en conocer su comportamiento y determinar cómo se ve afectada por variables explicativas o independientes. En función del tipo de valor que tengan las variables, podemos distinguir las cuantitativas (i.e. toman valores numéricos que pueden ser discretos o continuos) o las cualitativas (i.e. factores con dos o más niveles).

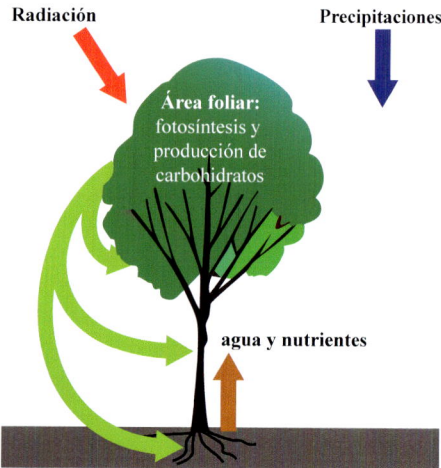

Figura 13.4. Esquema simplificado del modelo 3-PG para predecir el crecimiento de un bosque (Richard Waring; basado en Coops *et al.*, (1998)). Más detalles en https://3pg.forestry.ubc.ca/files/2014/04/What-is-3PG.pdf)

El modelo conceptual se puede establecer resolviendo las siguientes cuestiones secuencialmente (basado en Blanco, 2013):

1. ¿Qué es lo que queremos modelar? Normalmente sería nuestra variable a explicar. Este tipo de variable se llama de tipo respuesta o dependiente.

2. ¿Es dinámico a lo largo del espacio-tiempo? ¿Qué intervalo (p.ej. días, meses, años)?

3. ¿Qué variables podrían influir en el sistema y, en última instancia, en nuestra variable a explicar? Serían las variables de tipo explicativo o independiente.

4. ¿Existen parámetros conocidos o que queramos identificar? Mientras que los valores de las variables deben cambiar, los parámetros normalmente son valores constantes que describen relaciones entre variables (p.ej. tasa de reclutamiento),

5. ¿Cuál es la dirección y la naturaleza de las relaciones entre las variables? Identificación de relaciones básicas (diagrama de flujos) entre las variables.

6. ¿Existe alguna hipótesis subyacente? Esta fase consistiría en establecer procesos de control y retroalimentación. Básicamente sería identificar si hay relaciones en bucle o en ambos sentidos.

2.2. Exploración de datos basada en hipótesis

Una vez definida la pregunta de estudio, y teniendo un conocimiento previo del funcionamiento del sistema a través del modelo conceptual, es necesario recopilar y obtener los datos que se utilizarán para la implementación del modelo. Estos datos pueden obtenerse a partir de bases de datos consolidadas (ver ejemplos en capítulo idoneidad de hábitat), mediante protocolos de muestreo de campo incluyendo sensores (p.ej. LiDAR y TDR) o con técnicas tradicionales de muestreo (p.ej. dasometría). En cualquier caso, tras la recopilación de datos es necesario realizar un proceso de análisis previo de los mismos que permita describir patrones e identificar sesgos o errores potenciales (Zuur *et al.*, 2010). Esto es fundamental, ya que unos datos de mala calidad siempre generarán un modelo de pésima calidad (en inglés *Garbage in - Garbage out*). A continuación, describimos una serie de pasos que generalmente se usan durante la limpieza de los datos. Destacamos que este proceso conlleva la modificación de la base de datos original, con lo que es importante registrar todas las modificaciones de la forma más transparente posible y mantener la base de datos original como respaldo.

- **Distribución de datos.** Observando los histogramas de las variables de nuestra base de datos podemos ver muchos de los problemas o peculiaridades que pueden ocurrir. A la hora de observar el histograma es importante preguntarnos cuál es la naturaleza de la variable (p.ej. rangos adecuados, unidades, frecuencias esperadas), de tal manera podríamos ver:
  - Distribuciones heterogéneas (p.ej. varias poblaciones en un mismo set de datos)
  - Errores de codificación de las variables (p.ej. textos en vez de números)
  - Rangos o límites extraños fuera de la realidad biológica de las especies o de los procesos naturales
  - Errores y "huecos" de datos (p.ej. errores en las medidas)
- **Sesgos en los datos (*outliers*).** Es muy común encontrarnos con registros en la base de datos que se encuentran fuera del rango normal de la variable. En algunos casos, estos sesgos se deben a errores de medida durante la toma o la digitalización de los datos, así como diferentes unidades de medida. Estos sesgos se pueden identificar fácilmente con herramientas gráficas, como los diagramas de cajas y bigotes (*boxplot* en inglés) (Figura 13.5).

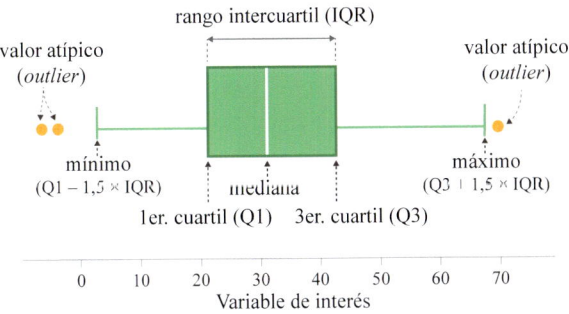

Figura 13.5. Explicación de *boxplot* de una variable de interés (p.ej. diámetro a la altura del pecho normalizado) incluyendo representación de los valores atípicos (*outliers*).

Una vez identificado el posible error (i.e. fuera de la distribución esperada), es importante detenerse a comprobar si ese error es real o puede ser parte de la variabilidad natural de los datos. Este tipo de errores puede ser relevante en la modelización, ya que desviarán la parametrización hacia esos elementos sesgados, lo cual reducirá nuestra capacidad predictiva y de generalización.

- **Relación entre variables.** Previo a la modelización, es importante observar las tendencias y correlaciones entre las variables que formarán parte del modelo. Este procedimiento se suele hacer gráficamente o con estadísticos de correlación (p.ej. r de Pearson). Por un lado, nos interesa ver qué variables independientes están altamente relacionadas y, por tanto, pueden generar problemas de colinealidad (Doorman *et al.*, 2013). Por otro lado, explorar la relación entre variables dependientes e independientes de forma univariante nos permitiría ver la posible forma de la relación (p.ej. lineal o no lineal) y prever, así, qué tipo de algoritmo puede ser el más adecuado por su ajuste matemático.
- **Estandarización de datos.** Es muy probable que las variables a usar en el modelo tengan un rango muy diferente, incluso de varios órdenes de magnitud. Este patrón puede originar problemas a la hora de comparar la importancia entre variables o aumentar el tiempo necesario de cálculo para implementar el modelo. Por ello, se recomienda estandarizar y escalar las variables independientes de forma que todos tengan como media el cero y como desviación estándar el valor uno.

2.3. Calibración, evaluación e interpretación de los modelos

El siguiente paso en el proceso de modelización es la calibración, evaluación y comparación de modelos candidatos. La calibración tiene como objetivo la parametrización del modelo; es decir, partiendo de un algoritmo o formulación matemática de referencia (ver tipos de modelos en sección 2), queremos conocer los valores más adecuados que deben tomar los parámetros del modelo (i.e. constantes). Este aspecto normalmente se ejecuta directamente a través de procedimientos de optimización (p.ej. máxima verosimilitud) y viene implementado en la mayoría de los *softwares* o funciones que usamos en modelización. Una vez hecha la calibración pasamos a la evaluación del modelo. Por un lado, nos interesa identificar y cuantificar el ajuste del modelo, es decir la capacidad del modelo para explicar la variación en los datos. En otras palabras, la evaluación nos permite identificar aquel modelo que es capaz de hacer una predicción más cercana a la realidad que los datos nos presentan. Así mismo, la evaluación nos permite comparar los modelos de acuerdo con el principio de parsimonia explicado anteriormente. De tal forma que no sólo el ajuste sino también la simplicidad del modelo deberán ser nuestros criterios para seleccionar el modelo final.

Las técnicas de evaluación de los modelos se pueden utilizar para comparar el ajuste de distintos modelos para explicar un proceso o patrón concreto. En este caso, es posible comparar:

- un mismo algoritmo con distintas modificaciones de sus parámetros;
- un mismo algoritmo con distinta selección de las variables;
- distintos algoritmos o formulaciones matemáticas.

Las posibilidades de comparación entre algoritmos y modificaciones pueden llegar a ser muy elevadas. Por tanto, es fundamental identificar *a priori* qué aspectos fundamentales van a ser evaluados de acuerdo con la pregunta de investigación y el objetivo final del modelo.

- **Validación cruzada vs. completa.** La operación más habitual sobre los datos será dividirlos al azar en un conjunto de entrenamiento y otro de evaluación (Figura 13.6). Calibramos el modelo usando los datos de entrenamiento y comprobamos su rendimiento usando los datos de evaluación. Esta separación de datos se realiza de forma iterativa para generar un conjunto de calibraciones-validaciones que podamos resumir. Al separar los datos, evitamos el "efecto memorización": nuestro modelo debe ser capaz de generalizar lo que ha aprendido para poder rendir bien. El objetivo es que el modelo aprenda, no que reproduzca fielmente los datos, ya que entonces podríamos generar un problema de sobreajuste. Esta técnica se utiliza principalmente en aquellos problemas en los que la predicción es más relevante que la explicación. Cuando la predicción es un objetivo fundamental, no queremos que nuestro modelo tenga un sobreajuste, ya que será capaz de hacer una predicción muy buena sobre las condiciones locales de calibración, pero no sobre otras zonas o escenarios temporales. Por tanto, esta división de datos entre calibración y validación será más común en los trabajos de modelización que presenta este libro (p.ej. ¿cuál es la idoneidad de hábitat de tal especie en esta zona?). Por otro lado, es muy común encontrarnos con trabajos en ecología y ciencias forestales que no separan los datos y evalúan los resultados del modelo sobre el conjunto de los datos, ya que su objetivo es entender los patrones y las relaciones principales más que la capacidad predictiva del modelo (p.ej. ¿qué factor es el más importante para explicar la distribución de tal especie?).

  A la hora de dividir los datos en la validación cruzada hay tres métodos principales:

  - Dejar uno fuera. Implica separar los datos de forma que, para cada iteración, tengamos una sola muestra para los datos de validación y todo el resto conformando los datos de calibración. Este procedimiento es costoso computacionalmente y genera poco error.

  - Por bloques al azar. En este caso queremos que ambos grupos estén equilibrados. Es decir, que haya ejemplos de todas las clases tanto en entrenamiento como en evaluación. Por tanto, separamos al azar los datos entre calibración y validación de acuerdo con una proporción dada. En este caso, esta separación se repite un número de veces (k) que suele ser entre 5 y 10, tomando como error de validación la media de la distribución. Por eso este tipo se suele llamar *k-fold* en inglés en relación con el número de bloques

◦ Por bloques estratificados. Una variante de la validación por bloques es considerar que la separación entre validación y calibración no sea al azar, sino que venga determinado por la naturaleza de los datos, tales como periodos de tiempo o áreas en el espacio diferentes. Esta técnica es recomendable cuando se quiere generar un modelo que sea capaz de tener alta capacidad de generalización y extrapolación.

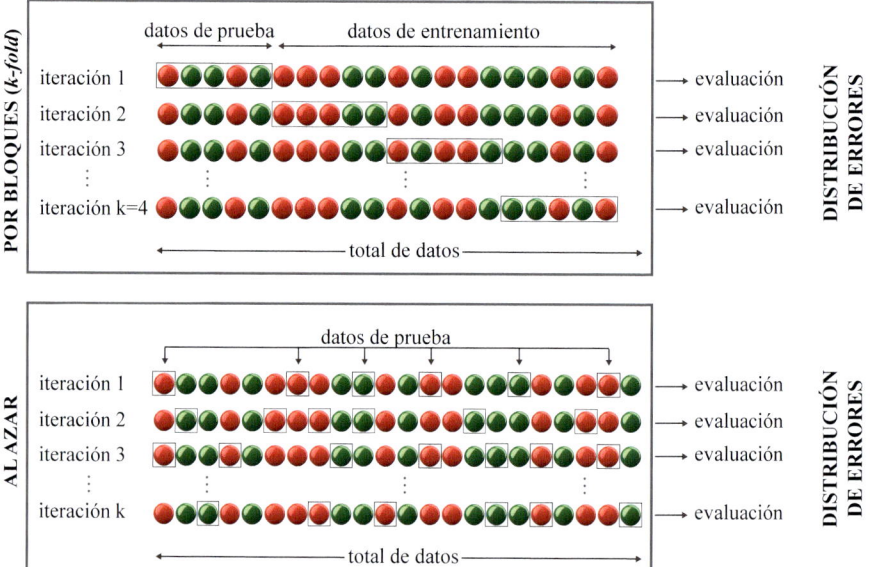

Figura 13.6. Representación de dos tipos de validación cruzada
(fuente: modificado de Joan Domenech).

• **Datos de test.** Para los modelos con capacidad predictiva es recomendable separar un tercer grupo de datos, denominado de prueba (*test* en inglés). Este conjunto de datos no se usa durante el proceso de calibración y validación, pero servirá para comprobar la bondad de ajuste del modelo respecto a un set de datos independiente. Este set de datos se usa frecuentemente en las competiciones de *hackathon* para identificar y, así, premiar los mejores modelos en inteligencia artificial (ver www.kaggle.com). En general, las proporciones recomendables entre cada set de datos sería de 60-70 % para la calibración (*training*), 20-30 % para la validación (*validation*) y 10-20 % para la prueba (*test*).

2.4. Métricas principales de bondad de ajuste

La validación de un modelo consiste en comparar sus predicciones con las observaciones independientes. Cuando los criterios de validación se aplican al mismo conjunto de datos que sirvió para la calibración del modelo, se habla de verificación del modelo. Sin embargo, en este capítulo nos centraremos en la validación del modelo. Para este fin, pueden usarse diferentes criterios para comparar las predicciones con las observaciones. Sin embargo, no todos los modelos pueden evaluarse bajo los mismos criterios; la forma en que medimos la precisión de los modelos de regresión y de clasificación es diferente (ver apartado 1.3.2. Modelos de clasificación y regresión). Para cada tipo de modelo se aplican diferentes métricas de bondad de ajuste.

2.4.1. Modelos de clasificación

La exactitud de una clasificación es el grado en que la clasificación concuerda con los datos de referencia. En este trabajo, se van a desarrollar las medidas de precisión calculadas a partir de una matriz de confusión o matriz de error. La matriz de confusión o matriz de error es un esquema que permite evaluar el rendimiento de una clasificación (Tabla 13.4). Esta matriz contiene información acerca de las predicciones realizadas por el modelo comparando con el conjunto de datos de evaluación (ver apartado anterior). La diagonal principal de la matriz de errores resalta las clasificaciones correctas, mientras que los elementos fuera de la diagonal muestran los errores de omisión y comisión.

Tabla 13.4. Matriz de confusión o matriz de error.

Observado	Predicho		
	Positivo	**Negativo**	**Total**
Positivo	A (verdadero positivo (TP))	B (falso negativo (FN))	n_1
Negativo	C (falso positivo (FP))	D (verdadero negativo (TN))	n_2
Total	n_1'	n_2'	ntotal

n_i: sumatorio del número de observaciones reales para la clase i; n_i': sumatorio del número de observaciones predichas por el clasificador para la clase i; ntotal: número total de observaciones o tamaño de la muestra.

En la tabla anterior, A y D son predicciones correctas, B es un error de omisión (falso negativo) y C es un error de comisión (falso positivo).

Con base en la matriz de confusión, se han desarrollado diferentes índices que se describen a continuación (ver significado de acrónimos en la Tabla 13.4):

- **Sensibilidad**. Es la capacidad del clasificador para ser "sensible" a los casos positivos, y se define como:

$$\text{Sensibilidad (\%)} = (TP / (TP + FN)) \times 100 \qquad [1]$$

- **Especificidad**. Es una medida de la especificidad del test para marcar los casos positivos y se define como:

$$\text{Especificidad (\%)} = (TN / (TN + FP)) \times 100 \qquad [2]$$

- **Precisión**. Indica lo próximo que se encuentra el resultado del clasificador del valor verdadero; se define como:

$$\text{Precisión (\%)} = (TP / (FP + TP)) \times 100 \tag{3}$$

- **Acierto global** (OA; acrónimo de *Overall Accuracy*). Porcentaje de predicciones correctas frente al total. Este valor representa la probabilidad para cualquier clase de ser clasificada correctamente; se define como:

$$OA = (TN + TP) / ntotal \tag{4}$$

Sin embargo, esta métrica solamente es útil cuando el número de observaciones entre clases es proporcional, no siendo útil para muestreos estratificados. Por esta razón, se generalizó el uso del coeficiente Kappa de Cohen, que utiliza las sumas marginales de la matriz y da cuenta de la contribución del azar en la confiabilidad de la clasificación. Se define como:

$$k = (OA - (((n_1 \times n_1') + (n_2 \times n_2')) / ntotal^2))/(1 - (((n_1 \times n_1')+(n_2 \times n_2')) / ntotal^2)) \tag{5}$$

- **Curva ROC.** Por otro lado, la mayoría de las modelos de clasificación binaria no producen una etiqueta, sino un valor mediante el cual se realiza la clasificación final. Para estos casos, podemos contar con una curva AUC-ROC. Esta métrica de evaluación es una de las más importantes para evaluar el rendimiento de un modelo de clasificación.

La curva ROC (acrónimo de *Receiver Operating Characteristics*) representa la capacidad del clasificador para distinguir entre clases. Se basa en algunos de los conceptos mencionados anteriormente de la matriz de confusión. Se establece un valor umbral para distinguir entre clases; todos los valores negativos por debajo del umbral serán verdaderos negativos y los valores positivos por debajo del umbral serán falsos negativos. Para trazar la curva ROC en una gráfica usamos "1-especificidad".

La curva ROC es una representación gráfica; para obtener un puntaje que ayude a evaluar el rendimiento del modelo se calcula el área bajo la curva o AUC (acrónimo de *Area Under the Curve*). Su escala va de 0 a 1, con 1 indicando una ideal separación entre clases. Al contrario que otras métricas, el 0 no significa que el modelo no tenga capacidad para distinguir entre clases, sino que el modelo predice una clase negativa como una clase positiva y viceversa. La peor situación la encontramos cuando el AUC es próximo a 0,5, lo que significa que el modelo no es capaz de distinguir entre clases. En el siguiente enlace se puede ver una simulación de una curva ROC: http://www.navan.name/roc/

A la hora de evaluar el rendimiento de un modelo en base a estas métricas, debemos examinar cada caso en particular y estimar el "coste" asociado a cada error de clasificación del modelo. Por ejemplo, si pretendemos evaluar el rendimiento de un modelo de prueba para el diagnóstico de COVID-19, interesa un modelo que sea más sensible que específico, ya que pretendemos evitar los falsos negativos por encima de los falsos positivos.

2.4.2. Modelos de regresión

Con este tipo de modelos, predecimos o estimamos el valor numérico de nuestra variable de respuesta. El error de un modelo de regresión es la diferencia entre la predicción y el valor real. Hay diferentes métricas que pueden usarse para comparar las predicciones respecto de las observaciones en modelos de regresión. A continuación, se describen algunas de las principales métricas para la evaluación de modelos de regresión.

- **Error medio cuadrático** (RMSE; acrónimo de *Root Mean Squared Error*). Esta variable indica el ajuste absoluto del modelo a los datos y se define como:

$$\text{RMSE} = \sqrt{\left(\sum_{i=1}^{N}((\hat{y}_i - y_i)^2) / N\right)} \qquad [6]$$

Dónde $\hat{y}_i$ es el valor predicho, y_i es el valor observado y N el número total de observaciones.

Como la raíz cuadrada de una varianza, el RMSE se puede interpretar como la desviación estándar de la varianza inexplicada. El resultado de esta métrica se obtiene en las mismas unidades que la variable respuesta, lo que facilita su interpretación. Los valores más bajos de RMSE indican un mejor ajuste.

- **Error absoluto medio** (MAE; acrónimo de *Medium Average Error*). El error absoluto medio es similar al error medio cuadrático. Sin embargo, esta métrica toma la suma del valor absoluto del error. Se define como el promedio de la diferencia absoluta entre el valor observado y los valores predichos:

$$\text{MAE} = \left(\sum_{i=1}^{N} |\hat{y}_i - y_i|\right) / N \qquad [7]$$

El error absoluto medio es conceptualmente más simple que el error medio cuadrático, siendo simplemente la distancia vertical u horizontal absoluta promedio entre cada punto (observado y predicho) en un diagrama de dispersión.

- **Coeficiente de determinación R^2.** El coeficiente de determinación es la proporción de la varianza total de la variable explicada por la regresión. Esta métrica indica la bondad o aptitud del modelo y se define como:

$$R^2 = 1 - (\Sigma(y_i - \hat{y}_i)^2 / (\Sigma(y_i - \bar{y}_i)^2) \qquad [8]$$

Donde $\bar{y}$ ese el valor medio de todos los valores observados. Su escala va de 0 a 1, con 1 indicando una predicción perfecta. La mejora del modelo de regresión da como resultado aumentos proporcionales del R^2.

Un aspecto negativo de esta métrica es que sólo puede aumentar a medida que se agregan predictores al modelo de regresión, lo que afecta a otra propiedad de los modelos como la parsimonia (ver apartado 1.1. Definición y propiedades básicas de los modelos). Para remediar esto, una métrica relacionada es el R^2 ajustado, que incorpora los grados de libertad del modelo. El R^2 ajustado penaliza la incorporación de nuevos predictores cuando esta incorporación no compensa la pérdida de grados de libertad.

Para evaluar el rendimiento de un modelo de regresión se recomienda utilizar una combinación de métricas de error y de "ajuste". Por ejemplo, el R^2 ajustado y el RMSE.

3. Aplicaciones y retos en la modelización forestal

3.1. Aplicaciones en la modelización forestal

El presente libro muestra numerosos ejemplos en los que se usa la modelización para responder a preguntas relevantes sobre los sistemas forestales a distintas escalas espacio-temporales (ver Figura 1.1 del Capítulo 1). A escala de individuo, nos interesa entender el funcionamiento ecofisiológico de los árboles para lo cual podemos monitorizar y medir con precisión los flujos y procesos que ocurren dentro de cada árbol (Capítulo 1). En este caso, los modelos sirven para entender la respuesta fisiológica de los árboles a factores de estrés abióticos y bióticos (p.ej. sequía). A escalas mayores, los modelos de idoneidad de hábitat permiten hacer una predicción de hábitats potenciales para especies forestales (Capítulo 15) de forma que podamos, por ejemplo, informar actuaciones de restauración basándonos en la idoneidad ambiental de cada especie. Del mismo modo, las técnicas de teledetección, bien con sensores activos o bien pasivos, requieren de modelos para "traducir" las señales de los sensores (p.ej. espectral) en rasgos o variables relevantes para los ecosistemas forestales, tales como la biomasa o el estado fitosanitario (Capítulos 10 al 12). En cualquiera de estos casos necesitamos una sólida base teórica que nos permita aplicar modelos de una forma efectiva y precisa. De esta forma, los pasos de modelización que se explican en este capítulo pueden ser la base de cualquiera de los ejercicios que se muestran en el libro.

3.2. Retos actuales y futuros en la modelización forestal

En la era actual del *big data*, es fácil perderse en la gran cantidad de bases de datos y algoritmos disponibles. Cada año surgen nuevos conjuntos de datos que podrían ser útiles para la resolución de problemas o en la investigación de procesos en sistemas forestales, principalmente derivados de teledetección y sensores remotos. Este auge en cantidad de datos ha venido de la mano del uso abusivo, en algunos casos, de algoritmos de inteligencia artificial, que pueden ser una herramienta extremadamente útil que ayude en la generación de herramientas predictivas potentes, pero que también puede generar errores si las bases o preguntas iniciales no están bien fundamentadas (Arif y MacNeil, 2022). Por ello, es fundamental no olvidarse de la teoría ecológica que soporta los principales procesos en sistemas forestales (p.ej. demografía, fotosíntesis o interacciones bióticas), y partir de relaciones causales que tengan sentido ecológico.

A nivel metodológico, las nuevas aproximaciones en modelización forestal están repuntando con la integración de datos de múltiples fuentes y tipos de modelos. Concretamente, la integración de datos de sensores remotos, observaciones a largo plazo (p.ej. inventario forestal) y de reanálisis de modelos climáticos es fundamental para conocer la respuesta de los bosques al cambio global (Ruiz-Benito *et al.*, 2020). Así mismo, la combinación de distintos tipos de modelos, incluyendo los dos bloques principales del tipo correlacional y de proceso, puede servir para facilitar un balance entre predicción y explicación. Por ejemplo, partiendo de unos datos observacionales podemos plantear hipótesis concretas basadas en resultados de modelos correlacionales para luego implementarlas en modelos de procesos más sofisticados que incluyen tanto la teoría ecológica como las evidencias experimentales (Dormman *et al.*, 2012).

Finalmente, es sumamente importante considerar la transdisciplinariedad en el proceso de modelización. La integración del conocimiento y de herramientas sobre sistemas forestales de diversas áreas del conocimiento (p.ej. forestales, ecólogos, modelizadores, geomática) permitirá desarrollar herramientas de modelización más realistas y versátiles que permitan dar respuesta a distintas problemáticas en la gestión forestal. En este conjunto de perfiles profesionales, es fundamental incorporar, así mismo, al campo de las ciencias sociales, ya que las respuestas de los bosques no se pueden aislar de la influencia humana, conformando los llamados sistemas socioecológicos. La modelización socioecológica incluye, además, numerosos paradigmas que se alejan de la modelización tradicional, considerando, entre otros, la importancia de la incertidumbre, la asunción de que el conocimiento de los actores es imperfecto y que la gestión siempre considera importantes *trade-offs* (Schlüter *et al.*, 2012).

Bibliografía

Ariza-Salamanca, A.J., Navarro-Cerrillo, R.M., Quero-Pérez, J.L., Gallardo-Armas, B., Crozier, J., Stirling, C., de Sousa, K., González-Moreno, P. 2023 Vulnerability of cocoa-based agroforestry systems to climate change in West Africa. Sci. Rep. 13, 10033.

Arif, S., MacNeil, M.A. 2022 Predictive models aren't for causal inference. Ecol. Lett. 25, 1741–1745.

Blanco, J.A. 2013. Pasos Básicos En La Modelización Ecológica. Baracoa 33, 471-484

Blanco, J.A., Ameztegui, A., Rodríguez, F. 2020 Modelling forest ecosystems: a crossroad between scales, techniques and applications. Ecol. Modell. 425, 109030.

Betts, M.G., Hadley, A.S., Frey, D.W., Frey, S.J.K., Gannon, D., Harris, S.H., Kim, H., Kormann, U.G., Leimberger, K., Moriarty, K., Northrup, J.M., Phalan, B., Rousseau, J.S., Stokely, T.D., Valente, J.J., Wolf, C., Zárrate-Charry, D. 2021 When are hypotheses useful in ecology and evolution? Ecol. Evol. 11(11), 5762-5776.

Bolker, B. 2008. Ecological models and data in R. Princeton, New Jersey: Princeton University Press.

Burnham, K.P., Anderson, D.R. 2002. Model selection and multimodel inference: a practical information-theoretic approach (2 ed.). New York: Springer-Verlag.

Cawley, M.J. 2015 Statistics: An introduction using R. 2nd Edition. Wiley.

Crawley, M.J. 2007. The R Book. Chichester, UK: John Wiley & Sons Ltd.

Dormann, C.F., Schymanski, S.J., Cabral, J., Chuine. I., Graham, C., Hartig, F., Kearney, M., Morin, X., Römermann, C., Schröder, B., Singer, A. 2012 Correlation and process in species distribution models: bridging a dichotomy. J. Biogeogr. 39: 2119–2131.

Dormann, C.F., Elith, J., Bacher, S., Buchmann, C., Carl, G., Carré, G., Marquéz, J.R.G., Gruber, B., Lafourcade, B., Leitão, P.J., Münkemüller, T., McClean, C., Osborne, P.E., Reineking, B., Schröder, B., Skidmore, A.K., Zurell, D., Lautenbach, S. 2013 Collinearity: a review of methods to deal with it and a simulation study evaluating their performance. Ecography 36: 027–046.

Fontes, L., Bontemps, J.D., Bugmann, H., van Oijen, M., Gracia, C., Kramer, K., Skovsgaard, J.P. 2010. Models for supporting forest management in a changing environment. For. Syst. 19, 8-29.

Ford, E.D. 2004 Scientific method for ecological research, United Kingdom, Cambridge University Press.

García-Callejas, D., Molowny-Horas, R., Retana, J. 2017 Projecting the distribution and abundance of Mediterranean tree species under climate change: a demographic approach. J Plant Ecol. 10: 731–743.

Halsey, L.G., Curran-Everett, D., Vowler, S.L., Drummond, G.B. 2015 The fickle P value generates irreproducible results. Nat. Methods 12, 179-185.

Heger, T., Aguilar, C., Bartram, I., Rennó-Braga, R., Dietl, G., Enders, M., Gibson, D., Gómez-Aparicio, L., Gras, P., Jax, K., Lokatis, S., Lortie, C., Mupepele, A., Schindler, S., Starrfelt, J., Synodinos A., Jeschke, J 2021 The hierarchy-of-hypotheses approach: a synthesis method for enhancing theory development in ecology and evolution. BioScience, 71(4), 337-349.

Hilborn, R., Mangel, M. 1997. The ecological detective: confronting models with data (Vol. 28). Princeton, NJ, USA: Princeton University Press.

Kunstler, G., Guyennon, A., Ratcliffe, S., Rüger, N., Ruiz-Benito, P., Childs, D.Z., Dahlgren, J., Lehtonen, A., Thuiller, W., Wirth, C., Zavala, M.A., Salguero-Gomez, R. 2021 Demographic performance of European tree species at their hot and cold climatic edges. Leys B (Ed.). J. Ecol. 109: 1041–1054.

Landsberg, J. 2003 Modelling forest ecosystems: state of the art, challenges, and future directions. Can. J. For. Res. 33, 385-397.

Ieno, E.N., Zuur, A.F. 2015. Beginner's guide to data exploration and visualization with R. United Kingdom: Highland Statistics Ltd.

Rodríguez Leiva, R., Espinosa Bancalari, M., Real Hermosilla, P. 2003. Utilización del modelo 3-PG, un modelo basado en procesos, en el análisis de la productividad de plantaciones de pino radiata manejado con diferentes regímenes silviculturales. Bosque, 24(1), 35-45.

Mouquet, N., Lagadeuc, Y., Devictor, V., Doyen, L., Duputié, A., Eveillard, D., Loreau, M. 2015. Predictive ecology in a changing world. J. Appl. Ecol. 52(5), 1293-1310.

Murtaugh, P.A. 2014 In defense of P values. Ecology, 95, 611-617.

Piñol, J., Martínez-Vilalta, J. 2006. Ecología con números: una introducción a la ecología con problemas y ejercicios de simulación. Bellaterra, Barcelona: Lynx.

Platt, J.R. 1964. Strong inference. Science, 146, 347–353.

Reyer, C., Lasch-Born, P., Suckow, F., Gutsch, M., Murawski, A., Pilz, T. 2014 Projections of regional changes in forest net primary productivity for different tree species in Europe driven by climate change and carbon dioxide. Ann. For. Sci. 71: 211–225.

Ruiz-Benito, P., Benito-Garzón, M., García-Valdés, R., Gómez-Aparicio, L., Zavala, M. A. 2013. Aplicación de modelos ecológicos para el análisis de la estructura y dinámica de bosques Ibéricos en respuesta al cambio climático. En: J. A. Blanco (Ed.), Aplicaciones de modelos ecológicos a la gestión de recursos naturales (pp. 77-107). Barcelona: Omnia Sience.

Ruiz-Benito, P., Vacchiano, G., Lines, E.R., Reyer, C.P., Ratcliffe. S., Morin, X., Hartig, F., Mäkelä, A., Yousefpour, R., Chaves, J.E., Palacios-Orueta. A., Benito-Garzón, M., Morales-Molino, C., Camarero, J.J., Jump, A.S., Kattge, J., Lehtonen, A., Ibrom, A., Owen, H.J., Zavala, M.A. 2020 Available and missing data to model impact of climate change on European forests. Ecol. Modell. 416: 108870.

Schelhaas, M.J., Nabuurs, G.J., Hengeveld, G., Reyer, C., Hanewinkel, M., Zimmermann, N.E., Cullmann, D. 2015 Alternative forest management strategies to account for climate change-induced productivity and species suitability changes in Europe. Reg. Environ. Change 15, 1581-1594.

Schlüter, M., Mcallister, R.R., Arlinghaus, R., Bunnefeld, N., Eisenack, K., Hölker, F., Milner-Gulland, E., Müller, B., Nicholson, E., Quaas, M., Stöven, M. 2012 New Horizons for Managing the Environment: A Review of Coupled Social-Ecological Systems Modeling. Nat. Resour. Model. 25: 219–272.

Sutherland, W.J., Spiegelhalter, D., Burgman, M.A. 2013. Twenty tips for interpreting scientific claims. Nature, 503, 335–337.

Yanai, I., Lercher, M. 2020 A hypothesis is a liability. Genome Biol. 21, 231.

Zavala, M.A., Rodríguez Urbieta, I., Bravo de la Parra, R., Angulo, O. 2005 Modelos de proceso de la producción y dinámica del bosque Mediterráneo. Available from: https://digital.csic.es/handle/10261/55629 .

Zuur, A.F., Ieno, E.N., Elphick, C.S. 2009. A protocol for data exploration to avoid common statistical problems. Methods Ecol. Evol. 1(1), 3-14.

Zuur, A.F., Ieno, E.N., Walker, N.J., Saveliev, A.A., Smith, G.M. 2009. Mixed effects models and extension in Ecology with R. New York, USA: Springer.

Zuur, A.F., Ieno, E.N., Elphick, C.S. 2010 A protocol for data exploration to avoid common statistical problems. Methods Ecol. Evol. 1: 3–14.

Una revisión sencilla del análisis de patrón de puntos aplicado a la ecología forestal

J. Julio CAMARERO
Ricardo Enrique HERNÁNDEZ LAMBRAÑO
Pablo GONZÁLEZ MORENO

Resumen

El análisis de patrón de puntos permite detectar y caracterizar patrones de eventos mapeados en un área definida. La función $K(r)$ de Ripley y otras similares han sido muy usadas en ecología forestal para caracterizar estos patrones de puntos, ya sea en casos univariantes o bivariantes. Existen diversos programas que permiten estimar estas funciones y que consideran diversos aspectos para su cálculo (corrección de efecto borde, modelos nulos, aleatorizaciones para estimar la significación, heterogeneidad de los datos). Estas técnicas son descriptivas, pero aún pueden aportar nuevos conocimientos a las ciencias forestales y a la ecología si se usan para evaluar procesos y mecanismos subyacentes a los patrones analizados.

Palabras clave: ecología espacial, patrones de puntos, análisis espacial, dinámica de ecosistemas.

1. Introducción

En este capítulo introducimos las técnicas de análisis de patrón de puntos y sus aplicaciones en ecología forestal mediante el análisis de un caso de estudio sencillo. No pretendemos hacer una revisión exhaustiva de este tema ya que ya existen abundantes artículos de revisión del análisis espacial de patrones de puntos aplicado a la ecología vegetal y a las ciencias forestales (ver p.ej. Lotwick y Silverman, 1982; Moeur, 1993; Stoyan y Penttinen, 2000; Pommerening, 2002; Wiegand y Moloney, 2004; Rozas y Camarero, 2005; Perry *et al.,* 2006; De la Cruz, 2007; Velázquez *et al.,* 2016; Ben-Said, 2021). Estos artículos sirven de introducción a libros, más o menos técnicos, que detallan los fundamentos y las aplicaciones de las técnicas de análisis espacial aplicadas en ecología (Dale, 1999) o, más específicamente, los análisis de patrones de puntos (Ripley, 1981; Upton y Fingleton, 1985; Cressie, 1993; Stoyan y Stoyan, 1994; Bailey y Gatrell, 1995; Stoyan *et al.,* 1995; Illian *et al.,* 2008; Diggle, 2003, 2014; Wiegand y Moloney, 2014). Algunos de estos libros se han escrito como manuales complementarios a *software* diseñado pata el análisis del patrón de puntos tal y como Programita (disponible en la página web https://programita.org/), un programa de fácil uso y ampliamente utilizado en ecología ligado al libro publicado por Wiegand y Moloney en 2014.

¿Qué es un patrón espacial de puntos? Se trata de un conjunto de eventos distribuidos en un plano y generados por algún tipo de proceso como consecuencia de mecanismos estocásticos (Diggle, 2003). A efectos prácticos, en ecología trabajaremos con puntos definidos por coordenadas cartesianas en un plano. Un patrón de puntos es el resultado de un proceso que puede simularse mediante modelos teóricos estocásticos. En este sentido, se debe subrayar que un patrón espacial puede ser el resultado de varios procesos ecológicos. Por ejemplo, un patrón agregado de plántulas puede ser consecuencia de una dispersión espacialmente limitada por las distancias a las que llegan las semillas o bien porque el reclutamiento está restringido a manchas de hábitat adecuadas para la regeneración.

2. Consideraciones sobre el análisis del patrón de puntos mediante la K de Ripley

La función *K (r)* de Ripley (1977) permite el análisis de conjuntos de puntos completamente mapeados en un área definida del espacio, aunque también puede aplicarse a eventos distribuidos en una (transecto, serie temporal) o tres dimensiones (copas, datos de LiDAR). Se trata de un estadístico de segundo orden porque su cálculo se basa en la desviación, y no en la media, de las distancias *(r)* entre todos los puntos mapeados. Por tanto, estos análisis consideran cómo el patrón depende de la escala espacial considerada, una propiedad clave en la ecología (Levin, 1992). En este capítulo, presentaremos ejemplos del análisis univariante (un solo tipo de puntos) y bivariante (dos tipos de puntos) del patrón de puntos, aunque también existen conjuntos de datos multivariantes (varios tipos de puntos; Wiegand y Moloney, 2004). También es posible analizar otra información usando "marcas" (Illian *et al.,* 2008) que permiten asignar a cada evento o punto mapeado información cuantitativa (p.ej. tamaño, edad, estatus) o cualitativa (p.ej., sexo, nombre de la especie, etc.).

La teoría estadística que sustenta estos análisis de patrones de puntos requiere cumplir ciertos requisitos, como la isotropía (no existe una dirección preferente en el patrón) y cierta homogeneidad ya que una heterogeneidad demasiado acusada (diferentes valores de media y desviación en sub-áreas de la zona mapeada) invalida ciertos análisis. Respecto al tamaño del área a muestrear, dependerá de los objetivos del análisis y del tamaño del objeto de estudio. Es lógico pensar que una parcela de estudio de regeneración tendrá menor tamaño que una parcela para estudiar los patrones espaciales de árboles adultos. Además, si nuestro objeto de análisis es detectar interacciones espaciales entre especies, una parcela de árboles adultos en un rodal puro o un bosque poco diverso (p. ej. un bosque boreal) posiblemente será más pequeña que una parcela de árboles adultos de similar tamaño en un rodal mixto o un bosque muy diverso (p. ej. un bosque tropical). Es conveniente, además, tener un número suficiente de eventos en función del objetivo del análisis y de la diversidad del bosque analizado (n > 50-100 puntos; Rajala *et al.*, 2019).

La función $K\ (r)$ de Ripley (1976, 1977) se puede definir como:

$$K\ (r) = \lambda^{-1}\ E \tag{1}$$

siendo λ la densidad (número de puntos por área muestreada) y E el número de puntos extra situados a una distancia r de cualquier otro punto localizado al azar (Dixon, 2002). Besag (1977) desarrolló una transformación $L\ (r)$ de la $K\ (r)$ donde:

$$L\ (r) = (K\ (r)\ /\ \pi)^{0,5} \tag{2}$$

De este modo, se suelen presentar los valores de $L\ (r) - r$ que permiten una interpretación lineal de los resultados. En el caso de Aleatoriedad Espacial Completa (CSR, *Complete Spatial Randomness*), un modelo nulo corresponde a un proceso homogéneo de Poisson y $K\ (r) = \pi\ r^2$. Por tanto, en el caso univariante, si $L\ (r) - r = 0$ los puntos del patrón están distribuidos de forma aleatoria. En los casos de patrones agregados o dispersos, tendremos $L\ (r) - r > 0$ y $L\ (r) - r < 0$, respectivamente. En el caso bivariante, si $L_{12}\ (r) - r = 0$ los puntos de los patrones 1 y 2 son espacialmente independientes. En los casos de atracción y repulsión o segregación entre estos dos patrones, tendremos $L_{12}\ (r) - r > 0$ y $L_{12}\ (r) - r < 0$, respectivamente.

Caben comentar algunos aspectos sobre el uso de las funciones $K\ (r)$ y $L\ (r)$. En primer lugar, los paquetes estadísticos más usados ya realizan correcciones del efecto borde de la parcela que afecta a los cálculos de dichas funciones (Pélissier y Goreaud, 2001). En segundo lugar, se han desarrollado diversos modelos nulos para los casos univariante y bivariante. Uno de los más usados considera la CSR, aunque en casos en los que se sospecha que existe heterogeneidad es conveniente usar otros modelos como los heterogéneos de Poisson (Velázquez *et al.*, 2016). Además, el avance en la potencia de cálculo de los ordenadores ha permitido el desarrollo de las aleatorizaciones como método para evaluar la significación estadística de los valores de $K\ (r)$ calculados para cada distancia r. Dado el carácter acumulativo de la función $K\ (r)$ (Dixon, 2002), se ha extendido el uso de la función de correlación pareada $g\ (r)$ que es más eficiente para detectar patrones espaciales a pequeña escala (Wiegand y Moloney, 2004).

3. Caso de estudio analizado con el paquete Spatstat de R

En un trabajo previo, Esteso-Martínez *et al.* (2006) analizaron los patrones espaciales de reclutamiento del quejigo (*Quercus faginea*) y la encina (*Quercus ilex*) en un bosque bajo del Sistema Ibérico zaragozano. Para ello midieron las coordenadas del regenerado de ambas especies en una parcela de 20 m × 20 m. Encontraron que en micrositios con una cobertura densa de herbáceas muchas plántulas de quejigo no sobrevivían debido a la competencia con *Brachypodium phoenicoides* que extraían mucha agua del horizonte superficial del suelo induciendo a una mayor mortalidad del regenerado. En ese estudio, también se anotaron las coordenadas de tocones de encina para estudiar las relaciones entre las dos especies de *Quercus*, dado que el monte bajo ya no se usaba para la extracción de carbón o leña y mostraba abundante regeneración vegetativa de encina asociada a tocones y rebrotes de esa especie. En este capítulo analizamos las relaciones espaciales entre los patrones de puntos del regenerado de quejigo y encina, teniendo en cuenta que las manchas de abundante regenerado de encina y quejigo son de tipo vegetativo al estar próximos a tocones de ambas especies.

Para los análisis se usó el paquete Spatstat (Baddeley y Turner, 2005; Baddeley *et al.*, 2015) del lenguaje de programación R (R Core Team, 2023). En general, se restringió la ventana espacial de análisis a la mitad del largo de la parcela cuadrada (10 m), aunque en el caso de parcelas rectangulares se aconseja restringir los valores de *r* a un valor máximo de ¼ del lado más pequeño de la parcela. A menudo, los estimadores de las variables *K (r)* y *L (r)* calculadas se presentan con un símbolo "^" encima para diferenciarlos de los valores teóricos del modelo nulo, que pueden calcularse como la media de las 999 aleatorizaciones de los datos de campo. Es evidente la intensa agregación del regenerado vegetativo de ambas especies de *Quercus* en la parcela muestreada (Figura 14.1). Como ya se ha mencionado, la mayor parte del regenerando eran chirpiales vinculados a tocones del monte bajo donde quejigo y encina coexistían.

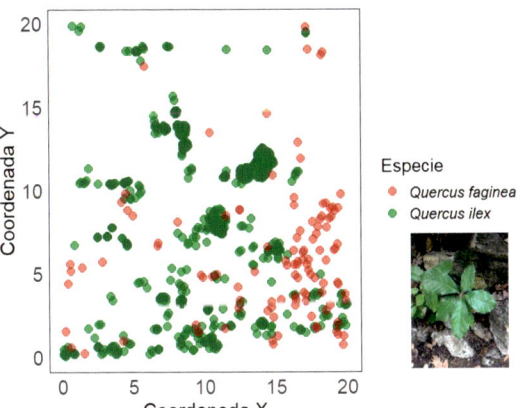

Figura 14.1. Disposición en una parcela de 20 m × 20 m del regenerado de *Quercus faginea* (puntos marrones) y *Quercus ilex* (puntos verdes) usada como caso de estudio. La foto muestra una plántula de *Q. ilex*.

El análisis univariante de estos datos usando la función $L\ (r)$ muestra agregación espacial para ambas especies (Figura 14.2). En el quejigo se aprecia un pico de agregación para manchas de regenerado con un radio medio de 6 m, mientras que en la encina se detectaron agregaciones a pequeña (1,5–2,0 m) y media (6–7 m) escala. Estas dos escalas de agregación ilustran la capacidad de estos análisis de detectar patrones que se manifiestan a distintas escalas espaciales. La interpretación en este caso radica en la presencia de agregados pequeños de rebrotes de encina vinculados a tocones y de "agregados de agregados" que explican el segundo pico de la función $L\ (r)$. El hecho de que ambos patrones muestren una agregación muy significativa revela su elevada heterogeneidad, por lo que deberían ser reanalizados usando modelos nulos que consideren de forma explícita dicha heterogeneidad (p. ej. modelos heterogéneos de Poisson).

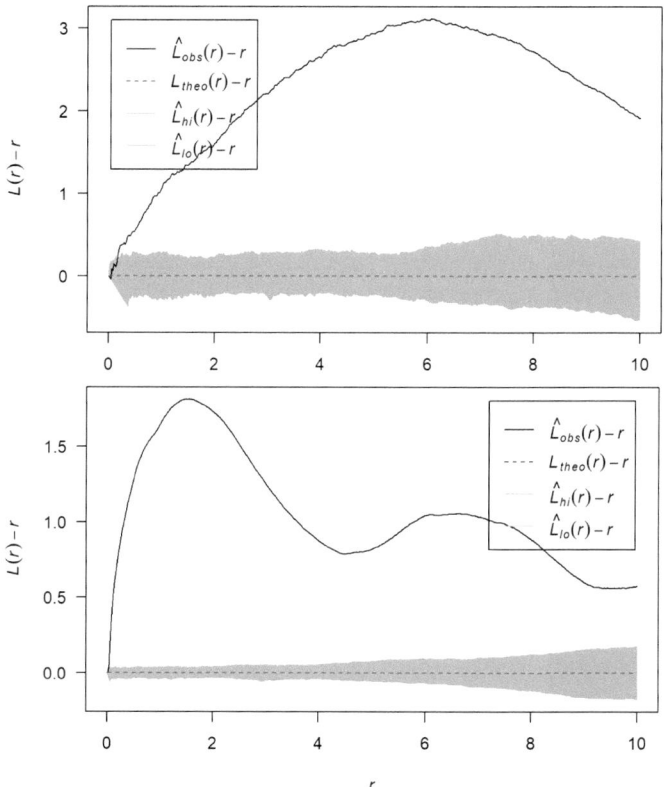

Figura 14.2. Análisis univariantes de los patrones espaciales de *Q. faginea* (sup.) y *Q. ilex* (inf.) basados en la transformación *(L(r))* de la *K(r)* de Ripley. Los ejes horizontales muestran la escala espacial de estudio (*r*, 0–10 m), los ejes verticales los valores de *L(r)* − *r*. Las líneas grises muestran los valores de la función calculada $(L_{obs}(r)$ − *r)* para las coordenadas mostradas en la figura 14.1. Las áreas grises son intervalos de confianza basados en 999 simulaciones y Aleatoriedad Espacial Completa (CSR).

Finalmente, el análisis bivariante indica la existencia de repulsión significativa entre los patrones de regenerado de quejigo y de encina a distancias de 0–6 m ya que los agregados de brinzales de ambas especies se localizaban en zonas distintas de la parcela (Figura 14.3). Este análisis indica una repulsión en los focos de regeneración vegetativa de encina y quejigo en la parcela muestreada que puede ser debida a la presencia de tocones o de individuos de cada especie en zonas diferentes. Es decir, la coexistencia de ambas especies y de su regeneración vegetativa era espacialmente segregada dentro de la parcela de estudio.

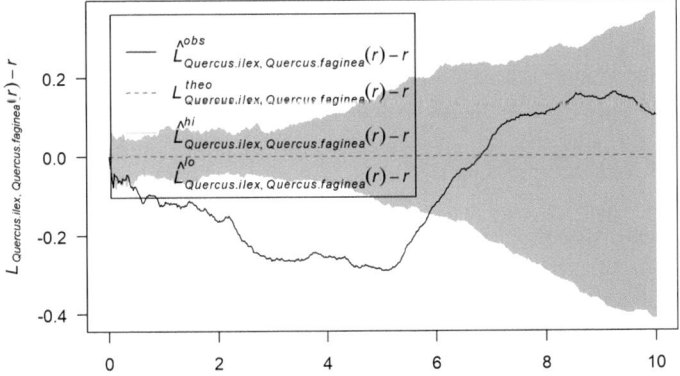

Figura 14.3. Análisis bivariante de la relación entre los patrones espaciales de *Q. ilex* (patrón 1) y *Q. faginea* (patrón 2) basados en la transformación ($L_{12}(r)$) de la $K_{12}(r)$ de Ripley. El eje horizontal muestra la escala espacial de estudio (*r*, 0–10 m), los ejes verticales los valores de $L_{12}(r) - r$. Las líneas grises muestran los valores de la función calculada ($L_{12obs}(r) - r$) con valores positivos y negativos indicando atracción o repulsión, respectivamente. Las áreas grises son intervalos de confianza basados en 999 simulaciones y Aleatoriedad Espacial Completa (CSR).

4. Conclusiones

Los análisis de patrones de puntos basados en la *K (r)* de Ripley y en funciones análogas que consideran las distancias entre todos los puntos mapeados en un área son herramientas potentes y robustas para detectar patrones espaciales en estudios de ecología forestal. Su uso debe ser cuidadoso para evitar problemas relacionados con la elección de modelos nulos apropiados y la heterogeneidad de los datos. Los análisis univariantes y bivariantes han sido muy utilizados en las ciencias forestales. Los análisis multivariantes, de marca y en casos uni- y tri-dimensionales han sido menos utilizados, pero les auguramos un futuro prometedor en estudios de patrones espaciales en ecología. La descripción de patrones espaciales es una herramienta que requiere la comprensión de procesos y mecanismos subyacentes que generen dichos patrones. Es, por tanto, una herramienta descriptiva que puede ser usada para evaluar hipótesis que consideren de manera explícita cómo los patrones espaciales cambian según la escala a las que se analicen.

Bibliografía

Baddeley A, Rubak E, Turner R. 2015. Spatial Point Patterns: Methodology and Applications with R. Chapman and Hall/CRC Press, London.

Baddeley A, Turner R. 2005. "spatstat: An R Package for Analyzing Spatial Point Patterns." Journal of Statistical Software 12: 1–42.

Bailey TC, Gatrell AC. 1995. Interactive spatial data analysis. Longman, Essex, UK.

Ben-Said, M. 2021. Spatial point-pattern analysis as a powerful tool in identifying pattern-process relationships in plant ecology: an updated review. Ecol Process 10: 56.

Besag J. 1977. Contribution to the discussion of Dr. Ripley's paper. J R Stat Soc B 39: 193–195.

Cressie NAC. 1993. Statistics for spatial data revised edition. John Wiley & Sons, New York, USA.

Dale MRT. 1999. Spatial Pattern Analysis in Plant Ecology. Cambridge University Press, Cambridge, UK.

De la Cruz, M. 2007. Introdución al análisis de datos mapeados o algunas de las (muchas) cosas que puedo hacer si tengo coordenadas. Ecosistemas 15.

Diggle PJ. 2003. Statistical analysis of spatial point patterns (2nd ed). Arnold, London UK.

Diggle PJ. 2014. Statistical Analysis of Spatial and Spatio-Temporal Point Patterns, 3rd edn. CRC Press, Boca Raton, USA

Dixon P. 2002. Ripley's K-function. In: El-Shaarawi AH, Piergorsch WW (eds) Encyclopedia of environmetrics, vol. 3. John Wiley & Sons, New York, NY, USA, pp. 1976–1803.

Esteso-Martínez J, Camarero JJ, Gil-Pelegrín E. 2006. Competitive effects of herbs on *Quercus faginea* seedlings inferred from vulnerability curves and spatial-pattern analyses in a Mediterranean stand (Iberian System, northeast Spain). Écoscience 13: 378–387.

Illian J, Penttinen A, Stoyan H, Stoyan D. 2008. Statistical Analysis and Modelling of Spatial Point Patterns. Wiley, Chichester.

Levin SA. 1992. The problem of pattern and scale in ecology: Ecology 73: 1943–1967.

Lotwick HW, Silverman BW. 1982. Methods for analysing spatial processes of several types of points. J Roy Stat Soc B 44:406–413.

Moeur M. 1993. Characterizing spatial patterns of trees using stem-mapped data. For Sci 39: 756-775.

Pélissier R, Goreaud F. 2001. A practical approach to the study of spatial structure in simple cases of heterogeneous vegetation. J Veg Sci 12: 99–108.

Perry G, Miller B, Enright N. 2006. A comparison of methods for the statistical analysis of spatial point patterns in plant ecology. Plant Ecol. 187: 59–82.

Pommerening A. 2002. Approaches to quantifying forest structures. Forestry 75: 305–324.

R Development Core Team. 2023. R: A language and environment for statistical computing. R Foundation for Statistical Computing, Vienna, Austria.

Rajala T, Olhede SC, Murrell DJ. 2019. When do we have the power to detect biological interactions in spatial point patterns? J Ecol 107: 711–721.

Ripley BD. 1976. The second-order analysis of stationary point processes. J. Appl. Probab. 13: 255–266.

Ripley BD. 1977. Modelling spatial patterns. J Roy Stat Soc, Ser B. Series B. 39: 172–212.

Ripley BD. 1981. Spatial statistics. John Wiley& Sons, New York, USA.

Rozas V, Camarero JJ. 2005. Técnicas de análisis espacial de patrones de puntos aplicadas en ecología forestal. INIA: Sistemas y Recursos Forestales 14: 79–97.

Stoyan D, Kendall WS, Mekce J. 1995. Stochastic geometry and its applications, 2nd edn. John Wiley & Sons, Chichester, UK.

Stoyan D, Penttinen A. 2000. Recent applications of point process methods in forestry statistics. Stat Sci 15:61–78

Stoyan D, Stoyan H. 1994. Fractals, random shapes and point fields: methods of geometrical statistics. John Wiley & Sons, Chichester, UK.

Upton GJG, Fingleton B. 1985. Spatial Data Analysis by Example, Vol. 1. Point Pattern and Quantitative Data. Wiley, Chichester, UK.

Velázquez E, Martínez I, Getzin S, Moloney KA, Wiegand T. 2016. An evaluation of the state of spatial point pattern analysis in ecology. Ecography 39: 1042–1055.

Wiegand T, Moloney KA. 2004. Rings, circles, and null-models for point pattern analysis in ecology. Oikos 104: 209–229.

Wiegand T, Moloney KA. 2014. A handbook of spatial point pattern analysis in ecology. Chapman and Hall/CRC press. Boca Raton, USA.

**Acceso al
material complementario**

15
Modelos de distribución de especies en ecosistemas forestales

Salvador ARENAS CASTRO
Adrián REGOS
Pablo GONZÁLEZ MORENO

Resumen

Los ecosistemas forestales están expuestos a una gran variedad de presiones ambientales, sociales y económicas que desafían su sostenibilidad a escala planetaria. La biodiversidad que albergan puede responder de muy diversas formas a estas presiones, generando impactos variables y complejos. Por tanto, es necesario anticiparse a dichos impactos para responder de forma eficiente a estos retos de futuro con una gestión adecuada, proactiva y adaptativa. En esta tarea, los modelos de distribución de especies (SDMs en inglés) son una de las herramientas más versátiles para estimar la distribución potencial de las especies y la disponibilidad de hábitat, permitiendo predecir posibles respuestas a las diversas presiones ambientales. Este capítulo constituye una guía teórico-práctica para el desarrollo de SDMs en el ámbito forestal, con aplicación en la conservación y manejo de la biodiversidad como parte de la planificación y gestión de sistemas forestales. La primera parte del capítulo se centra en los fundamentos teóricos que soportan los modelos de nicho ecológico. Seguidamente se describen los pasos y aspectos más relevantes que se deben tener en cuenta para completar una adecuada aplicación de los modelos: fuentes de datos, técnicas de modelización, y descripción detallada de los procesos de modelización de acuerdo con el protocolo estándar recomendado. Se acompaña este capítulo con un tutorial online en R para el desarrollo de SDMs en ecosistemas forestales que permite al usuario desarrollar correctamente todo el flujo de trabajo. El capítulo termina con una breve sección sobre las limitaciones y los retos de futuro de estas técnicas en el ámbito forestal.

Palabras clave: Distribución potencial, especies forestales, idoneidad de hábitat, modelos de distribución, nicho ecológico.

1. Introducción

Las áreas forestales, principalmente bosques, cubren el 31% de la superficie terrestre global y representan el hábitat del 80% de las especies terrestres existentes en el mundo (FAO, 2020; IUCN, 2020). Además, los bosques aportan múltiples servicios ecosistémicos, tales como almacenamiento de carbono, regulación del ciclo hidrológico, provisión de agua y madera, espacios recreativos, hábitat para flora y fauna de gran valor, entre otros (Masiero *et al.*, 2019; van der Plas *et al.*, 2016). A pesar de que la superficie forestal mundial ha disminuido un 3% (aproximadamente 1,3 millones de km^2) en los últimos 30 años (FAO, 2020) y la deforestación sigue siendo la tendencia predominante, la extensión de la superficie ocupada por bosques está aumentando, sobre todo en Asia, Oceanía y Europa, principalmente debido a una estricta política de aprovechamiento forestal, pero también a la expansión natural en tierras abandonadas por la despoblación rural y el abandono de actividades agroganaderas tradicionales (García *et al.*, 2020). En el caso de la EU-27, los bosques y otras superficies arboladas ocupan 1,76 millones de km^2, lo que representa alrededor del 42 % de la superficie terrestre de la UE (Bastrup-Birk *et al.*, 2016). Sin embargo, la cubierta forestal varía de manera apreciable en toda Europa. Los Estados miembros con las mayores proporciones de zonas boscosas son Finlandia y Suecia, donde aproximadamente tres cuartas partes de la superficie terrestre están cubiertas de bosques u otras superficies arboladas. Los Estados miembros con menor cobertura forestal son Malta, los Países Bajos, Irlanda y el Reino Unido. España se encuentra entre los países de la UE con mayor proporción de área forestal (36,5 % según Eurostat); este porcentaje va en aumento, siendo las especies frondosas el tipo de bosque predominante (56 %), seguido de los de coníferas (37 %) y de los bosques mixtos (7 %). Esto significa que, en general, aunque el objetivo de proteger al menos el 17 % del área terrestre para 2020 podría haberse cumplido y superado para los bosques (CBD, 2019), estas cifras podrían ser engañosas teniendo en cuenta las técnicas de cuantificación y mapeo empleadas, ya que sólo el 40,5% de los bosques mundiales tiene una alta integridad a nivel de paisaje, compartido sólo por unos pocos países, y el 27 % de esta área se encuentra en áreas protegidas designadas a nivel nacional (Grantham *et al.*, 2020). Por tanto, se necesitan con urgencia políticas ambiciosas que no sólo prioricen la conservación de la integridad forestal de áreas intactas, sino que además refuercen aquellas encaminadas a detener la deforestación y restaurar la integridad de los bosques a nivel mundial.

Los ecosistemas forestales están expuestos a una gran variedad de presiones ambientales, sociales y económicas que conforman lo que denominamos cambio global; estas presiones desafían su sostenibilidad en un futuro próximo en todo el mundo (Cardinale *et al.*, 2012; Hill *et al.*, 2019). Como consecuencia, los sistemas forestales pueden sufrir una pérdida generalizada de biodiversidad, afectando, por tanto, el carácter multifuncional de los bosques y, en general, a la calidad del hábitat de las comunidades biológicas que albergan (Pecl *et al.*, 2017; van der Plas *et al.*, 2016). Los rápidos cambios globales a los que se enfrenta el planeta requieren anticipar los impactos potenciales sobre las especies y los hábitats forestales, lo que a su vez es de vital importancia para la preservación de la diversidad funcional, la provisión de funciones y servicios ecosistémicos de los bosques (Mori, 2017).

En esta tarea, los modelos de nicho ecológico (Franklin, 2010a; Guisan y Zimmermann, 2000; Peterson *et al.*, 2011) (ENMs, por sus siglas del inglés), también conocidos como modelos de distribución de especies (SDMs en inglés), son una de las herramientas más versátiles y usadas para estimar la distribución potencial de las especies. Entre las numerosas funcionalidades que aportan, estas herramientas analíticas sirven para identificar posibles cambios potenciales en la distribución de las especies forestales debido al cambio global (por ejemplo, extinción o invasión de especies exóticas), planificar estrategias de restauración forestal, informar sobre programas de conservación in situ, de restauración de ecosistemas forestales degradados o a través de la adopción de prácticas correctas de manejo forestal como parte esencial de una estrategia integral de conservación y gestión (Pecchi *et al.*, 2019). En su conjunto, estas herramientas pueden contribuir a la creación de estrategias de gestión adaptativa que permitan conocer mejor el estado y la evolución de los ecosistemas forestales para hacerlos más resilientes (Hunter, 1999).

Este capítulo constituye una guía teórico-práctica para el correcto desarrollo de modelos de distribución de especies (SDMs) en ecosistemas forestales, ofreciendo una herramienta básica de apoyo a los gestores en la toma de decisiones (Sofaer *et al.*, 2019). El capítulo comienza describiendo la base teórica de los modelos, explicando a continuación las principales fuentes de datos y las técnicas de modelización actualmente disponibles. En la siguiente sección se describe la metodología comúnmente aplicada para el desarrollo de estos modelos de acuerdo con el protocolo estándar recomendado (Araújo *et al.*, 2022; Sillero *et al.*, 2021). Se acompaña este capítulo con un tutorial online de un caso práctico desarrollado en el *software* R, que incluye el código y los datos necesarios para su replicación, permitiendo al usuario desarrollar correctamente todo el flujo de trabajo de forma independiente. El capítulo finaliza con una breve sección sobre las limitaciones y los retos de futuro de estas técnicas en el ámbito forestal.

2. Hábitat y nicho ecológico

2.1. Hábitat

En ecología, el término hábitat se utiliza para designar el área o lugar físico en donde vive un organismo determinado, una especie o una población. En su hábitat, los seres vivos encuentran las condiciones del ambiente físico (abióticas y bióticas) a las cuales están adaptados y satisfacen los requerimientos de recursos que les son necesarios para desarrollarse, sobrevivir y reproducirse. Por ello, la protección y el manejo de los hábitats ocupan un lugar central en la conservación de la biodiversidad a escala global (Ferraro, 2001; Hunter, 1999; Lindenmayer et al., 2006; Lindenmayer y Franklin, 2002). Se han creado a lo largo del tiempo diferentes clasificaciones de hábitats con objeto de describirlos con precisión y enfocar los esfuerzos de conservación. En Europa, el *European Nature Information System* (EUNIS) (Rodwell et al., 1998) es el enfoque jerárquico más completo para clasificar y describir los hábitats en los ecosistemas europeos, cubriendo toda la zona terrestre y marítima europea. En 1995, la European Environment Agency (EEA) junto con la European Topic Center on Biological Diversity (ETC/BD) crearon la clasificación de hábitats EUNIS, con el apoyo además de un gran número de colaboradores. Existen vínculos compartidos entre la clasificación de hábitats de EUNIS y otras clasificaciones e iniciativas de mapeo de hábitats, como la clasificación Paleártica, los biotopos de Corine (ambos precursores de EUNIS), las clases de cobertura terrestre de Corine, y los tipos de vegetación basados en la fitosociología, entre otros, así como los hábitats de interés comunitario enumerados en el anexo I de la Directiva de Hábitats (Directiva 92/43/CEE del Consejo de 21 de mayo de 1992 relativa a la conservación de los hábitats naturales y de la fauna y flora silvestres). Estos vínculos con tipos de hábitats equivalentes procedentes de diferentes clasificaciones permiten que la clasificación EUNIS sea un lenguaje común y ayude a utilizar datos de diferentes fuentes y países en un marco comunitario. En total, el anexo I de la Directiva identifica 231 tipos de hábitat de interés comunitario en Europa. De este conjunto, 118 (un 51 %) están reconocidos oficialmente como presentes en España, y de estos, 27 corresponden a bosques, 10 a matorrales esclerófilos y 6 a brezales y matorrales de zona templada, lo que implica que más del 40% de la superficie forestal total está protegida (Alberdi et al., 2019; Villares, 2018; VV.AA., 2009).

2.2. Nicho ecológico

Desde que Grinnell (1917) lo introdujo como "los requisitos del hábitat de una especie para sobrevivir y reproducirse", el concepto de nicho ecológico ha sufrido diferentes variaciones a lo largo del tiempo. El nicho de Grinnell propone que el hábitat está compuesto por variables escenopoyéticas (las que "preparan/construyen el escenario"), y que no pueden ser modificadas por la especie (por ejemplo, el clima). Por tanto, el nicho es una propiedad del medio ambiente. Por el contrario, Elton (Elton, 1927) propuso una variación en la que define el nicho ecológico como "el papel funcional que una especie desempeña dentro de una comunidad, principalmente de acuerdo con los recursos consumidos" (variables bionómicas, por ejemplo, nutrientes). En este caso, el nicho de Elton es una propiedad del ecosistema. Hutchinson (Hutchinson, 1957) amplió esta definición de nicho al separar el hábitat en los múltiples recursos que albergaba, además de proporcionar la primera descripción matemática del nicho ecológico. Divide el nicho en dos categorías: nicho fundamental y nicho realizado (Figura 15.1). El nicho fundamental se considera el espacio ambiental abiótico donde una especie puede mantener una población viable y persistir en el tiempo sin inmigración. Por tanto, constituye las condiciones abióticas bajo las cuales una especie podría vivir, en ausencia de interacciones con otras especies. Así, el nicho de una especie puede verse gráficamente como un hipervolumen n-dimensional en el que cada recurso representa un eje independiente (Figura 15.1). El espacio que ocupa cada especie dentro de este hipervolumen se define por sus requisitos básicos de condiciones y recursos (nicho fundamental) y se reduce por interacciones antagónicas con otros organismos (nicho realizado). El nicho realizado, por tanto, es el subconjunto del nicho fundamental donde la especie no está excluida por la competencia (Maguire, 1973). Posteriormente, otras interacciones bióticas (depredación, parasitismo, etc.), la capacidad de dispersión, así como las limitaciones geográficas e históricas, también se consideraron moduladores del nicho realizado, en lo que se llamó nicho ocupado (Peterson *et al.*, 2011). El nicho de Hutchinson es propiedad de la especie y representa un volumen espacial definido por su posición, límites, tamaño y forma, pero carece de una definición formal de heterogeneidad interna. Según Hutchinson, el nicho fundamental suponía una probabilidad igual de persistencia de las especies en todas las localidades y una probabilidad de supervivencia cero en todos los puntos fuera del nicho. Dado que la idoneidad del hábitat es un gradiente de condiciones (de óptimas a subóptimas), se necesita una gradación en la definición de nicho que relacione el nicho con la idoneidad de hábitat. Al abordar la tarea de describir una estructura interna del nicho de Hutchinson, Maguire (Maguire, 1973) consideró los nichos como las respuestas de las especies a las condiciones del hábitat, tratando así el nicho como una interacción entre las especies y el medio ambiente. De esta manera, el nicho de Maguire es, por tanto, una propiedad del complejo especie-medio ambiente. Un año después, Schoener (Schoener, 1974) presentó un análisis de los requisitos de recursos para varias especies de diferentes taxones, revelando que los principales ejes de nicho son el alimento, el uso del hábitat y el tiempo. En conclusión, podríamos considerar que en un mismo hábitat pueden identificarse varios nichos ecológicos, tantos como especies haya (Figura 15.1).

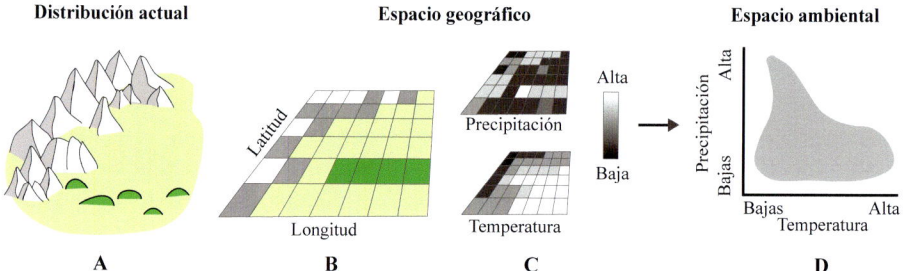

Figura 15.1. Relación entre hábitat y nicho ecológico. Los hábitats (A) pueden ser caracterizados mediante la importación de mediciones de datos ambientales brutos a un sistema de información geográfica (SIG) (B) y trazarlo, bien en el espacio geográfico (*G-space*) (C), o bien en el espacio ambiental (*E-space*) (D) representado dentro de la región geográfica (fuente: Brown y Carnaval, 2019).

Las diferencias conceptuales entre el nicho potencial y el realizado se pueden representar en el diagrama de BAM (*Biotic-Abiotic-Movement diagram*; Figura 15.2) (Soberón y Peterson, 2005). El nicho está representado por la superposición de tres círculos en el espacio ambiental, cada uno de los cuales describe diferentes factores impulsores. El círculo en color verde representa el espacio ambiental abiótico donde las poblaciones de especies pueden sobrevivir y persistir en el tiempo, correspondiendo, por tanto, al nicho potencial. El círculo en rosa es el espacio ambiental donde la especie está libre de exclusión biótica (por ejemplo, por competencia). El círculo azul es el espacio ambiental donde las especies pueden dispersarse sin limitaciones. El nicho realizado corresponde a la intersección de los tres círculos.

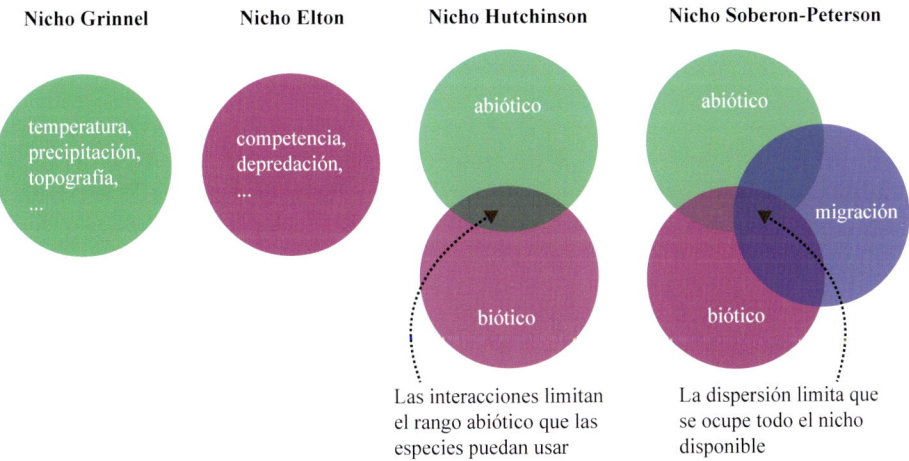

Figura 15.2. Diagrama de conceptualización del nicho (basado en Escobar y Craft, 2016).

2.3. Modelos de nicho ecológico

A raíz de la aparición de los modelos de nicho ecológico (Franklin, 2010; Guisan y Zimmermann, 2000; Peterson *et al.*, 2011) (ENMs-*Ecological Niche Models*), se introdujeron algunas expansiones al concepto de nicho. Entre otros autores, Jackson y Overpeck (2000) definieron el nicho potencial como la parte del nicho fundamental que existe en la Tierra en un momento dado. Así, parte del nicho fundamental no se expresa en las condiciones actuales, sino que puede haber estado presente en el pasado o aparecer en el futuro, lo cual es relevante para llevar a cabo predicciones de distribuciones futuras en escenarios de cambio climático. Por otro lado, Pulliam (1988) aplicó la teoría *source-sink* (fuente-sumidero) al nicho ecológico, estableciendo que "las poblaciones de una especie pueden ocurrir en áreas inadecuadas (sumideros) si constantemente llegan inmigrantes de poblaciones saludables (fuentes)". Por lo tanto, el rango de condiciones ambientales realmente utilizadas por la especie puede ser mayor que el nicho fundamental (Pulliam, 1988). De hecho, este concepto es, a menudo, crucial para comprender los resultados de los ENMs (Pulido-Pastor *et al.*, 2018).

Por todas estas razones, los modelos de nicho ecológico también reciben otros nombres como modelos de distribución de especies (SDMs-*Species Distribution Models*), un término más biogeográfico y que pone énfasis en cómo se distribuyen las especies, reflejando un interés en los aspectos históricos, antropogénicos y de dinámica poblacional de la distribución, además de sus impulsores ambientales (Elith y Leathwick, 2009a; Guisan y Zimmermann, 2000). Los SDMs son, generalmente, empleados como algoritmos que predicen la probabilidad de ocurrencia, necesitando, así, datos de presencia y ausencia. Otro ejemplo son los modelos de envoltura climática (CEMs-*Climate Envelope Models;* Booth *et al.*, 2014), que se centran específicamente en la relación de la distribución de especies con el clima, ya que utilizan sólo predictores climáticos y un enfoque denominado *envelope* (Araújo y Peterson, 2012; Booth *et al.*, 2014; Hampe, 2004). También como modelos de idoneidad de hábitat (HSMs-Habitat Suitability Models) y que normalmente se refieren a algoritmos que predicen cómo de adecuados son los hábitats para las especies (Hirzel y Guisan, 2002). En cualquier caso, todos estos tipos de algoritmos abarcan de alguna manera la relación entre la distribución de especies y el medio ambiente, a través de métodos mecanicistas y/o correlacionales (ver con más detalle en las siguientes secciones), estando vinculados con la teoría del nicho ecológico (Sillero, 2011). De manera específica, los SDMs utilizan datos de ocurrencia junto con datos ambientales para hacer un modelo correlacional de las condiciones ambientales que cumplen con los requisitos ecológicos de una especie y predicen la idoneidad relativa del hábitat (Figura 15.3). Suelen emplearse con mayor frecuencia en uno de estos cuatro enfoques: (i) para estimar la idoneidad relativa del hábitat que se sabe que está ocupado por la especie; (ii) para estimar la idoneidad relativa del hábitat en áreas geográficas que no se sabe que están ocupadas por la especie; (iii) para estimar cambios en la idoneidad del hábitat a lo largo del tiempo, dado un escenario específico para el cambio ambiental; y (iv) como estimaciones del nicho de especies. No obstante, a pesar de su aplicabilidad y versatilidad, aún quedan muchas cuestiones por resolver cuando se aplican modelos de nicho en general y de distribución en particular, ya que se sabe que la transferibilidad de los modelos (es decir, la capacidad del modelo para predecir la distribución y/o idoneidad del hábitat de las especies más allá del rango de condiciones ambientales existentes durante su calibración) (enfoques ii y iii) y su uso para estimaciones de nicho (iv) van acompañados de una serie de problemas conceptuales y prácticos (Hampe, 2004; Menke *et al.*, 2009; Soberón y Peterson, 2005).

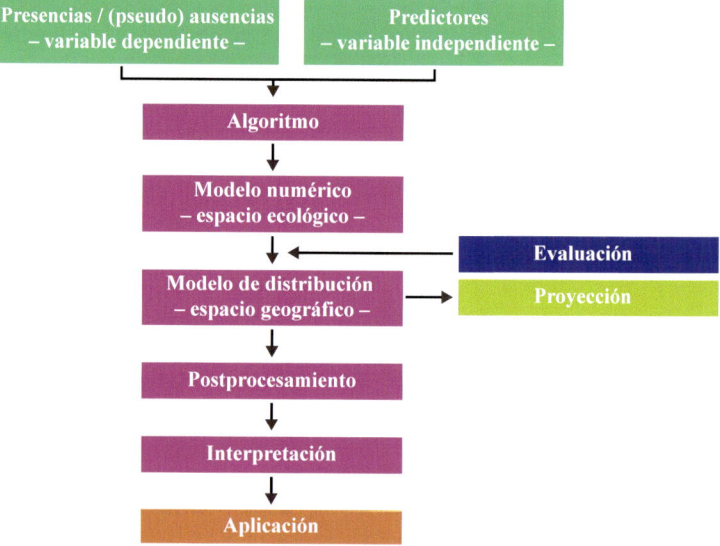

Figura 15.3. Pasos fundamentales para el desarrollo de un modelo de nicho ecológico.

3. Fuentes de datos

3.1. Datos de ocurrencia (variable dependiente)

Los modelos de distribución de especies requieren datos reales de ocurrencia de las especies (por ejemplo, coordenadas geográficas), bien para identificar y calibrar su relación con variables ambientales (modelos correlacionales), o bien para validar los resultados de dichos modelos. Actualmente, los investigadores tienen acceso a millones de registros de ocurrencias de especies provenientes de herbarios, museos, proyectos de ciencia ciudadana o inventarios forestales a distintas escalas espaciotemporales y cubriendo distintos grupos taxonómicos (Tabla 15.1). Además, en los últimos años se ha hecho un esfuerzo ingente por estandarizar y recopilar diferentes fuentes de distribución de especies. Entre las distintas iniciativas, destaca Global Biodiversity Information Facility (GBIF). Consiste en una infraestructura científica de datos abiertos sobre biodiversidad financiada por los gobiernos del mundo. GBIF está coordinada a través de una Secretaría Internacional ubicada en Copenhague, y se estructura como una red de países y organizaciones internacionales. En concreto, el nodo español (https://bit.ly/3BUXxPA) comparte a través de la red más de 36,7 millones de registros de biodiversidad (a julio de 2022) bajo un estándar común que incluye procedimientos de control de calidad y mecanismos de valoración y reutilización de los datos.

Existen varios grupos principales de datos de ocurrencia según la disponibilidad de información sobre la presencia y la ausencia de una especie en el espacio geográfico. Cada grupo de datos tiene unas limitaciones de uso para determinados algoritmos y sesgos característicos:

- **Sólo presencia**. Este tipo de datos se corresponde con localidades donde la especie se ha confirmado que ha existido. En general, son los datos disponibles más abundantes y corresponden a museos, herbarios y datos de ciencia ciudadana. Gracias a la cantidad de datos disponibles, este tipo permite, normalmente, caracterizar de forma adecuada el rango de distribución. Sin embargo, tiene bastantes sesgos ya que, en su gran mayoría, estos datos provienen de muestreos no regulares o estandarizados, por lo que la presencia no incluye ninguna valoración del esfuerzo o la técnica de muestreo (Phillips *et al.*, 2009).

- **Presencia-ausencia**. Otro tipo de datos más completos incluyen las localidades donde se ha constatado que la especie aparece o está ausente. Este tipo de datos no suele estar disponible a grandes escalas, por lo que su uso implica normalmente agregar conjuntos de datos dispersos que conlleva resultados sesgados (Peel *et al.*, 2019). Dentro de este tipo de datos encontramos los inventarios forestales, que de una manera regular y sistematizada son capaces de ofrecer información de localización de especies vegetales forestales a escalas nacionales.

- **Pseudoausencias y *background***. En los casos en los que sólo tengamos datos de presencia de la especie, la mayoría de los métodos de SDMs requiere un

Tabla 15.1. Ejemplos de bases de datos georreferenciados de biodiversidad.

Dataset	Ámbito	Medio	Taxa	Tipo de datos	Tamaño del píxel	Fuente
Atlas	Local - Global	Terrestre Marino	Todos	Ocurrencias Riqueza específica	<1km - >10km	http://bit.ly/3vb6Q9B
GBIF	Local - Global	Terrestre	Todos	Ocurrencias	<1km - >10km	http://bit.ly/38nJRys
OBIS	Local - Global	Marino	Todos	Ocurrencias	<1km - >10km	http://bit.ly/3bqEz7g
Movebank	Local - Global	Terrestre Marino	Animales	Movimientos	<1km - >10km	http://bit.ly/3ezUvpV
Inventario Español de Especies	Nacional - Regional	Terrestre	Todos	Ocurrencias Riqueza específica	~10km	https://bit.ly/3l0ym5i
Anthos	Nacional - Regional	Terrestre	Plantas	Ocurrencias	<1km - >10km	http://bit.ly/38oEi2O
Flora-on	Nacional - Regional	Terrestre	Plantas	Ocurrencias	~10km	http://bit.ly/3kYwN7A
BIOTA	Nacional - Regional	Terrestre Marino	Todos	Ocurrencias	~50km	http://bit.ly/38oJT9k
EUNIS	Continental	Terrestre Marino	Todos	Ocurrencias Abundancias	–	http://bit.ly/2Oios2T
EU-Forest	Continental	Terrestre	Plantas	Ocurrencias	~1km	http://bit.ly/3elWOfQ
BioTIME	Global	Terrestre Marino	Todos	Ocurrencias Abundancias	~1km	http://bit.ly/3vaeote
CESTES	Global	Terrestre Marino	Todos	Ocurrencias Abundancias Rasgos	–	http://bit.ly/3bvL9JE
Global Biodiversity	Global	Terrestre	Todos	Ocurrencias	~50km	http://bit.ly/3quFsA6
Antarctic Biodiversity	Antártida	Terrestre Marino	Todos	Ocurrencias	–	http://bit.ly/3l0Svrz

grupo de datos paralelos para contrastar. A este grupo de datos se les suele llamar pseudoausencias o *background* (Phillips *et al.*, 2009). En el primer caso, el objetivo es crear un set de datos de localidades donde pensamos que la especie está ausente. Esto puede ser tan sencillo como elegir al azar puntos donde no tenemos presencias recogidas de la especie.

Este concepto es bastante difícil de aplicar en la práctica, ya que difícilmente partimos de un conocimiento exhaustivo de la distribución de la especie. Por eso, otros autores prefieren denominar a este conjunto de datos *background*, considerando a este set de datos como una caracterización ambiental a nivel regional donde podría estar o no la especie objeto de estudio.

- **Posibles sesgos**. Los datos de ocurrencia que se usan para SDMs pueden tener distintos tipos de problemas. Por un lado, debemos tener especial cuidado con los aspectos taxonómicos. Aspectos como la facilidad para identificar la especie o las modificaciones en taxonomía y sinonimia son bastante comunes. El error de identificación depende, en gran medida, del grupo taxonómico, siendo normalmente menor para plantas que para invertebrados, si bien, se pueden llegar a tener casos de hasta un error del 25% dependiendo de la experiencia del evaluador (Scott y Hallam, 2003). Afortunadamente, para el segundo aspecto tenemos herramientas que permiten identificar grupos taxonómicos considerando sinonimia o cambios de nombre, tales como el recurso *GBIF backbone taxonomy*, que permite búsquedas completas de un nombre para identificar conexiones con taxones aceptados.

El siguiente elemento que debe tenerse en cuenta es el sesgo espaciotemporal en la base de datos. Cuando partimos de datos de ocurrencia recopilados de museos, herbarios y colecciones, su distribución espacial y temporal depende del objetivo del proyecto y del usuario que tomó los datos. En general, este tipo de datos tiene sesgos bien conocidos, como una mayor frecuencia en países desarrollados y zonas urbanas (Newbold, 2010), ya que son zonas con más recursos y mayor facilidad de acceso para naturalistas e investigadores. En este sentido, una de las técnicas más utilizadas en SDMs, es el filtrado espacial de datos de forma que limitamos el número de presencias de un taxón en cada localidad (por ejemplo, cuadrícula en malla UTM). Para ampliar y ver otros métodos posibles consultar la referencia Fourcade *et al.* (2014).

3.2. Variables ambientales (variables independientes)

Clima

El clima es uno de los factores ambientales más determinantes de los patrones biogeográficos de las especies. El cambio climático es, actualmente, una de las principales presiones ambientales que podrán afectar a las especies forestales, ya sea directamente a través de efectos en la productividad o estrés hídrico, como indirectamente a través de interacciones con regímenes de perturbaciones como los incendios o las plagas. En este contexto, las fuentes de datos ambientales orientados a información climática han experimentado un crecimiento exponencial desde el lanzamiento del primer informe del cambio climático realizado por el Grupo Intergubernamental de Expertos sobre el Cambio Climático (IPCC) (Titeux *et al.*, 2017). Actualmente, son varias las fuentes o plataformas que proporcionan datos climáticos de alta resolución (~ 1 km) con cobertura global (Tabla 15.2a). Posiblemente, el repositorio más conocido y ampliamente utilizado en ecología predictiva sea WorldClim (Fick y Hijmans, 2017; https://bit.ly/3jZa4ac). Este repositorio proporciona información climática histórica (1970-2000) y de futuro (2021-2100) bajo diferentes modelos de circulación global y escenarios de cambio climático. Recientemente han ido apareciendo nuevos repositorios, como CHELSA (Karger *et al.*, 2017; https://bit.ly/3puIohC), con funcionalidades y fuentes de datos similares a WorldClim, aunque con datos climáticos históricos más actuales (1979-2013).

En general, estos repositorios proporcionan datos mensuales de precipitación y temperatura de las que se derivan hasta 19 variables bioclimáticas con gran relevancia desde el punto de vista ecológico de las especies, como, por ejemplo, la temperatura máxima del trimestre más seco, la precipitación anual o el rango diario medio de temperatura (Tabla 15.2a).

Topografía

La información climática puede, y debe, verse complementada con información relevante de otras entidades o características de los hábitats que determinarán la presencia y/o abundancia de las especies a modelizar. Así, la información topográfica aporta una serie de atributos fundamentales para las especies forestales ya que, como está bien documentado, la biomasa o la productividad (así como otras características y propiedades de las especies o de la masa forestal) se ven fuertemente afectadas por la orientación del terreno, la radiación incidente, la pendiente o la elevación. Actualmente, existen diversas fuentes de información relativa a la geomorfología del terreno y a la topografía (Tablas 15.2a y 15.2b). Dependiendo de la extensión del área de estudio y de la resolución de los datos de las especies que vayamos a modelizar, nos puede interesar más recurrir a fuentes de datos de mayor o menor resolución espacial (tamaño de píxel). Existen modelos digitales de elevación (MDE) globales de muy alta resolución, como la Misión Topográfica Shuttle Radar (acrónimo en inglés SRTM, de *Shuttle Radar Topography Mission*; https://go.nasa.gov/3ImlKRe), que proporcionan coberturas casi globales (80% de cobertura terrestre a aproximadamente 80 m de resolución) generado a partir de imágenes de sensores Radar. Las últimas versiones del MDE *Advanced Spaceborne Thermal Emission and Reflection Radiometer* (comúnmente conocido como ASTER GDEM) (https://go.nasa.gov/3GcDPiH) superan a su predecesor proporcionando una cobertura casi total (99%) a una mayor resolución espacial (~30 m). Para estudios más regionales, existen repositorios nacionales (https://bit.ly/3omItEI) con MDE de mayor resolución, tradicionalmente obtenidos por métodos de interpolación a partir de curvas de nivel y, más recientemente, a partir de datos LiDAR (con productos de entre 25 y 5 m de resolución espacial).

A partir de los MDE que proporcionan la altitud del terreno en cada píxel, se pueden obtener fácilmente diferentes atributos o productos que nos informen sobre otras características

Tabla 15.2a. Ejemplos de predictores que han sido utilizados en SDMs en aproximaciones tradicionales.

Clase	Predictor	Utilidad en ENMs	Fuente
		Tradicional	
Clima	Temperatura	Informa sobre las entradas totales de energía en un ecosistema.	WorldClim CHELSA
	Precipitación	Hace referencia a las entradas totales de agua y, por lo tanto, es útil para determinar la importancia de la disponibilidad de agua para la distribución de una especie.	
	Bioclimáticas	Representan de manera más precisa los tipos de tendencias estacionales relacionadas con las limitaciones fisiológicas de las especies.	
Topografía	Elevación	Se refiere a la distancia sobre el nivel del mar y puede afectar al tipo y la cantidad de luz solar que reciben las plantas, y la cantidad de agua y nutrientes disponibles en el suelo.	ASTER ETOPO5
	Orientación	Generalmente se refiere a la dirección de las pendientes topográficas, y se considera como un contribuyente importante a los tipos de vegetación y hábitat porque afecta la diversidad y densidad de las comunidades de plantas.	
	Pendiente	Mide el grado de inclinación de una característica topográfica en relación con el plano horizontal, y puede afectar al crecimiento de la vegetación al crear variaciones en la incidencia de la radiación solar, la velocidad del viento y el tipo de suelo, y al acelerar la escorrentía superficial y la erosión del suelo.	
	Índices morfométricos del terreno	Informan sobre el relieve y la orografía de la superficie, caracterizándolo a través de parámetros adicionales como rugosidad, curvatura, etc.	
Cobertura de la tierra	Cobertura vegetal	Hace referencia principalmente a la cubierta biofísica observada en la superficie de la Tierra, y suele limitarse a describir la composición y estructura de la vegetación.	CORINE Land Cover
	Uso del suelo	Básicamente, comprende las acciones, actividades e intervenciones que realizan los humanos sobre un determinado tipo de superficie para producir, modificarla o mantenerla.	
	Conectividad/ Fragmentación	Las variables de composición, estructura y de configuración del paisaje son sustitutos de la calidad del hábitat o la disponibilidad de recursos.	

del terreno, como, por ejemplo, la orientación, la pendiente o la rugosidad (Tablas 15.2a y 15.2b). Existen varias funciones y paquetes en R, como la función *terrain* del paquete Raster o el paquete RSAGA, que permiten derivar diferentes atributos topográficos adicionales a partir de un MDE (https://bit.ly/3DpyItF).

Cubiertas y usos del suelo

La cubierta vegetal y el cambio de uso de la Tierra tienen un efecto directo sobre la heterogeneidad del hábitat y el área ocupada por las especies, así como en la disponibilidad de energía, la historia evolutiva y los límites fisiográficos y fisiológicos. Además, es considerado como uno de los principales impulsores directos de la pérdida de biodiversidad y de cambio en los sistemas terrestres a escala regional y global (Thuiller *et al.*, 2004). En este sentido, la inclusión de datos de cobertura terrestre/usos del suelo (Tablas 15.2a y 15.2b), como predictores de la distribución de especies y de disponibilidad de hábitat en los modelos de nicho, ha sido relevante en las últimas décadas gracias a la disponibilidad periódica de bases de datos de acceso libre (Titeux *et al.*, 2017). Una de las más conocidas y empleadas es el inventario CORINE Land Cover (CLC; https://bit.ly/3oxQ6Zb), que se inició en 1985 (año de referencia 1990) y que dispone de actualizaciones en 2000, 2006, 2012 y 2018. Consiste en un inventario de cobertura terrestre en 44 clases basado en la interpretación visual de imágenes satelitales de alta resolución. Las series de tiempo se complementan con capas de cambio de uso, que destacan las variaciones en la cobertura del suelo. La base de datos CLC tiene una amplia variedad de aplicaciones, ya que sustenta diversas políticas comunitarias en los ámbitos de medio ambiente, pero también en la agricultura, el transporte, la ordenación del territorio, etc. A escala nacional existen otras fuentes de datos LC con mayor resolución espacial, como la derivada del Sistema de Información sobre Ocupación del Suelo de España, SIOSE (https://bit.ly/3Kjztt1). A escala regional es cada vez más frecuente recurrir a datos de teledetección (mediante sensores a bordo de satélites, aviones tripulados o no tripulados) para la generación, por parte del usuario, de mapas LC con las categorías temáticas y la resolución espacial y/o temporal más adecuadas para cada caso de estudio. A la hora de utilizar mapas de LC para la modelización de la distribución especies, se debe tener en cuenta la variabilidad que puede generarse debido a las metodologías de clasificación de imágenes y de preprocesamiento de éstas (Cánibe *et al.*, 2022).

Índices espectrales

Por su capacidad de información, los índices espectrales, en particular los índices de vegetación, son unos de los productos de teledetección más ampliamente utilizados en ecología predictiva y en caracterización de hábitats (Pettorelli *et al.*, 2011; Tabla 15.2b). Estos índices se basan en el pico de reflectancia de la radiación solar que la vegetación tiene en la longitud de onda del infrarrojo cercano (NIR) con relación a la mayor absorción en la longitud de onda del rojo (Red) [1].

$$\text{NDVI} = (\text{NIR} - \text{Red}) / (\text{NIR} + \text{Red}) \tag{1}$$

Tabla 15.2b. Ejemplos de predictores que han sido utilizados en SDMs mediante el uso de herramientas de teledetección.

Clase	Predictor	Utilidad en ENMs	Fuente
		Teledetección	
Humedad del suelo	*Normalized Difference Infrared Index* (NDII)	Hace referencia al almacenamiento de humedad en el suelo y, por lo tanto, podría informar sobre el suministro de agua para la vegetación.	NASA SMAP ESA SMOS Landsat MODIS
	Tasseled-Cap *Transformation wetness index* (TCW)	Generalmente en áreas con vegetación, se interpreta como un índice de la estructura del dosel, la humedad del suelo o de la superficie, o como una estimación de la cantidad de vegetación muerta o seca.	
Tipo de suelo	*Compound topographic Index* (CTI)	Informa sobre la forma del terreno, por ejemplo, curvatura.	SRTM LiDAR ASTER GTOPO30 UAV's
Albedo	Albedo	El albedo de superficie, como sustituto del balance radiativo, es la fracción de energía solar entrante reflejada desde la superficie en todas las direcciones, y uno de los factores biofísicos más importantes que afectan tanto a los climas locales como a los globales.	Landsat MODIS
Vegetación / Tipos funcionales	Clasificación / Cartografía temática	El tipo de vegetación es una de las principales variables que impulsan el modelado del hábitat de las especies, tanto por su importancia directa como alimento y refugio, como porque actúa como sustituto de otros factores del hábitat.	
Estructura de la vegetación	Altura del dosel / árbol Densidad del tallo Humedad del dosel Rugosidad del dosel	Las medidas estructurales de la vegetación se pueden utilizar directamente como predictores del hábitat adecuado para las especies.	LiDAR RADAR
Productividad primaria	*Normalized Difference Vegetation Index* (NDVI)	Es uno de los índices espectrales más comúnmente utilizados para estimar la calidad del hábitat en términos de biomasa, cobertura del dosel e índice de área foliar.	Landsat MODIS Sentinel
	Enhanced Vegetation Index (EVI)	Indicador de las ganancias de carbono y es más fiable en situaciones de cobertura vegetal baja y alta que el NDVI, ya que contiene un factor de ajuste del suelo que minimiza el fondo al tiempo que aumenta el rango de la señal de la vegetación.	

Clase	Predictor	Utilidad en ENMs	Fuente
Productividad primaria	*Soil-adjusted Vegetation Index* (SAVI)	SAVI es un NDVI modificado que se utiliza para minimizar los efectos del fondo del suelo en los índices de vegetación.	Landsat MODIS Sentinel
	Fraction of Photosynthetically Active Radiation (FAPAR)	Es un buen indicador de biomasa e informa sobre la disponibilidad de recursos para las especies.	
	Leaf Area Index (LAI)	Es un predictor de la condición del hábitat y un proxy efectivo de la productividad de la vegetación.	
	Evapotranspiración	Se emplea como proxy de las variaciones del balance hídrico en la idoneidad del hábitat.	
Estacionalidad	NDVI, FAPAR, etc	Se pueden utilizar series de tiempo de varios años de índices derivados de satélites para capturar la dinámica espaciotemporal en la estacionalidad de la vegetación.	
Fenología	*Start of season* (SOS)	Las métricas fenológicas derivadas de series de tiempo de índices de vegetación (por ejemplo, NDVI o EVI) podrían proporcionar nuevas variables predictoras para modelos de hábitat de especies.	
	End of season (EOS)		
Salud de la vegetación / estrés	*Photochemical Reflectance Index* (PRI)	Informa sobre el estado de la vegetación antes de la senescencia.	
	Normalized Difference Water Index (NDWI)	Está estrechamente relacionado con el contenido de agua de la planta y, por lo tanto, es un muy buen indicador del estrés hídrico de la vegetación.	
	Equivalent water thickness (EWI)	Es un indicador del estrés por sequía en las plantas.	
Perturbaciones	Disturbance Index	Es un indicador de perturbaciones a gran escala que tienen un impacto importante en el ciclo global del carbono.	MODIS Human-footprint database
	Human Footprint	En general, la heterogeneidad paisajística producida por las actividades humanas afecta a la convivencia e interacción entre especies al generar hábitats de diferente calidad.	
	Burned Area	Indicador de los cambios provocados por los incendios causados por el hombre que afectan a la estructura, composición y función de los ecosistemas.	

El NDVI (o índice de vegetación de diferencia normalizada; *Normalized Difference Vegetation Index* en inglés) es, probablemente, el más ampliamente conocido y utilizado, establecido como un indicador fiable de productividad primaria, de fenología de la vegetación o del contenido en biomasa, entre otras múltiples aplicaciones. Actualmente, existe una gran variedad de índices de vegetación que resultan de la combinación de las diferentes bandas espectrales que cada sensor sea capaz de distinguir. Así, el SAVI (o índice de vegetación ajustado al suelo; *Soil Adjusted Vegetation Index*) es un NDVI modificado que se utiliza para minimizar los efectos del suelo en los índices de vegetación. De modo similar, el EVI (índice de vegetación mejorado; *Enhanced Vegetation Index*) contiene un factor de ajuste del suelo que minimiza el fondo al tiempo que aumenta el rango de la señal de la vegetación, siendo un indicador más fiable en situaciones de cobertura vegetal baja y alta que el NDVI. Otros productos de teledetección como la evapotranspiración (empleado como *proxy* de las variaciones en el balance hídrico), índice de área foliar (LAI; *proxy* de la productividad de la vegetación) o la FAPAR (fracción de radiación fotosintéticamente activa, indicador de biomasa) son buenos predictores del hábitat de muchas especies ligadas a medios forestales (Tabla 15.2b).

Además de los índices de vegetación, existen otros índices de gran interés en modelización de nicho ecológico o hábitat, como el índice diferencial de agua normalizado o NDWI (del inglés *Normalized Difference Water Index*), que informan sobre el contenido de agua de la vegetación utilizando longitudes de onda del infrarrojo cercano (NIR) y del infrarrojo de onda corta (SWIR) (fórmula [2]), o el nivel de saturación de humedad que posee el suelo y el contenido relacionado con los cuerpos de agua utilizando longitudes de onda verde y NIR (fórmula [3]):

$$NDWI = (NIR - SWIR) / (NIR + SWIR) \qquad [2]$$

$$NDWI = (Green - NIR) / (Green + NIR) \qquad [3]$$

donde NIR (del inglés *Near InfraRed*) es el valor en la banda del infrarrojo cercano y SWIR (del inglés *Short Wavelength InfraRed*) del infrarrojo cercano (porción del infrarrojo medio).

La información espectral contenida en las bandas en las que cada sensor subdivide la longitud de onda del espectro electromagnético puede combinarse de diversas formas, más allá de los cocientes entre bandas. Por ejemplo, el Tasseled Cap, un método de compresión para reducir múltiples datos espectrales (de 6 bandas a 3 bandas), informa sobre:

- *Brightness* (brillo): las variaciones de reflectancia del suelo.
- *Greenness* (verdor): el vigor de la vegetación.
- *Wetness* (humedad): relacionado con la humedad vegetal y del suelo, está influido por las bandas en el IR medio.

La alta resolución temporal de las imágenes obtenidas a través de sensores como el *Moderate-Resolution Imaging Spectroradiometer* - MODIS del satélite TERRA (https://

go.nasa.gov/3r96yzl) o el *Multispectral Instrument* - MSI del Sentinel-2 (https://bit.ly/3Ca1yRj) permiten, no sólo generar índices espectrales para un momento concreto, sino también series temporales que informan, directa o indirectamente, sobre diferentes componentes o atributos del funcionamiento ecosistémico (por ejemplo, mínimo anual en productividad primaria o temperatura superficial media anual). Estas variables permiten hacer una caracterización muy fina del nicho ecológico de las especies, así como de sus dinámicas intra e interanuales (ver revisión en Regos *et al.*, 2022), permitiendo la calibración de modelos con mayor capacidad predictiva y transferibilidad (Arenas-Castro *et al.*, 2019, 2018; Ponce-Fontenla *et al.*, 2021; Regos *et al.*, 2019).

Aunque de forma menos habitual, los propios valores de reflectancia contenidos en las diferentes bandas espectrales de cada sensor pueden ser incorporados directamente como predictores en la modelización de distribución de especies o hábitats (Morán-Ordóñez *et al.*, 2012).

3.3. Comprobación de la correlación entre variables ambientales

A pesar de que en la naturaleza todo está correlacionado, por ejemplo, la temperatura y la precipitación dependen entre sí, y a su vez están influenciadas por la elevación, la mayoría de los algoritmos de modelización son sensibles a altos niveles de correlación entre las variables predictoras (Feng *et al.*, 2019). En términos generales, es más probable que se seleccione erróneamente una variable predictora (mayor riesgo de un error de tipo I) cuando existen altas correlaciones entre las variables. En el caso de los SDMs, las correlaciones altas pueden tener dos consecuencias principales: i) los resultados estarán sobre-ajustados; y ii) las curvas de respuesta no serán independientes, es decir, la curva de respuesta de una variable no representará exclusivamente esa variable, sino que incluirá interacciones con otras variables correlacionadas.

Existen diversas maneras de hacer frente a la correlación entre predictores, así como análisis de multicolinealidad, antes de implementar un modelo. Una primera alternativa sería transformar el conjunto de variables mediante el análisis de componentes principales (PCA), el cual resume las variables ambientales en factores ortogonales, es decir, completamente no correlacionados; estos factores pueden usarse para modelar el nicho de la especie. Si bien la interpretación de este tipo de modelos es más difícil, ya que el factor más importante para el modelo probablemente será la primera componente y, por tanto, habría que analizar la contribución de cada variable a esta primera componente, existen análisis alternativos que analizan directamente la relación entre predictores; por ejemplo, a través de la correlación entre predictores mediante test paramétricos (Pearson) o no paramétricos (Spearman) (Field *et al.*, 2012). Normalmente, las variables con una correlación más fuerte que un cierto valor absoluto, superior a 0,7, deben excluirse (Dormann *et al.*, 2013). De esta manera, a la hora de seleccionar una variable, los autores deben optar por aquella que tenga un significado biológico más relevante para la especie objeto de estudio y capacidad para explicar su distribución, dada su ecología (Petitpierre *et al.*, 2017). Otra manera de analizar la relación entre predictores es a través de una prueba de multicolinealidad. Normalmente, se suele emplear el factor de inflación de la varianza (VIF), que mide la correlación de cada variable con una combinación de todas las demás variables del modelo juntas (Dormann *et al.*, 2013). Existe una elevada multicolinealidad con un valor de VIF superior a 10 (Kutner *et al.*, 2004); sin embargo, estudios más recientes afirman que el límite debe establecerse en valores inferiores a 3 (aunque otros autores son menos conservadores en este aspecto), incluso cuando se suelen aplicar enfoques estándar de regresión múltiple y aprendizaje automático, como el caso de los SDMs (Dormann *et al.*, 2013).

4. Técnicas para la modelización del nicho ecológico

4.1. Clasificación de modelos de nicho

Los modelos de nicho pueden clasificarse en tres categorías principales dependiendo de cómo se incorporen explícitamente los procesos biológicos (por ejemplo, la distribución, el metabolismo o la dispersión) (Franklin, 2010c):

Modelos mecanicistas

Los modelos mecanicistas utilizan información fisiológica sobre una especie (por ejemplo, morfología o comportamiento), generalmente extraída de estudios controlados de campo o de laboratorio, para determinar el rango de condiciones ambientales dentro de las cuales la especie puede persistir (Kearney y Porter, 2009). A diferencia de los modelos correlacionales (ver a continuación), los modelos mecanicistas son independientes del rango de distribución conocido de la especie, lo que los hace especialmente útiles para especies cuyo rango está cambiando activamente y no en equilibrio, como las especies invasoras. Es decir, estos modelos tienden a predecir el nicho, fundamental y/o potencial, de las especies a través de la incorporación de rasgos funcionales y su proyección en el paisaje, al mismo tiempo que se conocen los mecanismos o procesos causales clave mediante los cuales los rasgos y las características del hábitat interactúan para determinar el medio ambiente de la especie. Por lo general, los valores de los rasgos fenotípicos de un organismo dado se traducen en componentes de rendimiento o aptitud utilizando conjuntos de ecuaciones, generalmente ecuaciones de balance de masa y energía, que definen cómo estos rasgos interactúan con el medio ambiente (Buckley *et al.*, 2018; Kearney *et al.*, 2010; Kearney y Porter, 2009). Entre otras ventajas, la incorporación explícita de procesos y rasgos funcionales a través de los modelos mecanicistas proporciona una reducción en el riesgo de extrapolación en diferentes condiciones ambientales, o permiten tener en cuenta procesos, como la variación geográfica fenotípica o la adaptación evolutiva, tan demandados hoy en día en ecología y biogeografía (Elith *et al.*, 2010; Kearney y Porter, 2009). Si bien es cierto que no siempre es fácil el acceso a este tipo de datos funcionales, ya existen plataformas o herramientas de acceso libre para implementar modelos mecanicistas, como por ejemplo NicheMapR y TrenchR (Kearney y Porter, 2020).

Modelos correlacionales

Los modelos correlacionales utilizan datos de ocurrencia geográfica, es decir, modelan la distribución geográfica observada de una especie como una función de las variables predictoras ambientales (por ejemplo, climáticas), también referenciadas geográficamente (Elith y Leathwick, 2009a; Peterson *et al.*, 2011). Para ello, generalmente se utilizan enfoques de regresión múltiple (ver en secciones posteriores). Al ser dependientes del rango conocido de la especie, un algoritmo encuentra los rangos ambientales más probables dentro de los cuales vive esa especie y asumen, por tanto, que están en equilibrio con su entorno. Dado que los modelos correlacionales dependen de la distribución observada de la especie, tienden a predecir el nicho realizado y, en consecuencia, informan sobre las características ambientales donde se encuentra una especie, a diferencia del nicho fundamental que describe el ambiente abiótico donde se puede encontrar una especie o que es más apropiado para la supervivencia de ésta. Teniendo en cuenta la definición de nicho ecológico en sentido amplio, el nicho realizado y el fundamental pueden ser el mismo para una especie dada. No obstante, si la especie está confinada geográficamente debido a limitaciones de dispersión o interacciones con otras especies, el nicho realizado será más pequeño que el nicho fundamental. Esto también depende de los datos que se utilicen, ya que según sea el tipo de datos de ocurrencia de la especie, los métodos correlacionales pueden clasificarse en tres grupos principales: (i) métodos de sólo presencia; (ii) métodos de presencia-ausencia; y (iii) métodos de presencia-*background* (ver en secciones anteriores). De esta manera, los modelos correlacionales pueden distinguir las condiciones ambientales entre hábitats ocupados y no ocupados, proporcionando la probabilidad de encontrar la especie en cada lugar, además de informar sobre la disponibilidad de hábitat adecuado o no adecuado para la especie en cuestión (Guisan y Thuiller, 2005; Pearson y Dawson, 2003). A diferencia de los mecanicistas, los modelos correlacionales son más fáciles y rápidos de implementar debido a la amplia disponibilidad de datos y herramientas existentes. A pesar de que no tienen en cuenta explícitamente los mecanismos o procesos causales como lo hacen los modelos mecanicistas, limitando así su capacidad de extrapolación, los modelos correlacionales constituyen una herramienta fundamental en ecología forestal, biogeografía y macroecología.

Modelos híbridos

Debido a la complejidad de las interacciones entre las especies y con su medio ambiente, los modelos requieren distintas suposiciones y estimaciones de parámetros. La dispersión, las interacciones bióticas y los procesos evolutivos presentan múltiples desafíos ya que, generalmente, no se incorporan en modelos correlacionales o mecanicistas (Dormann *et al.*, 2012). Para tratar de responder a estos desafíos, los modelos correlacionales y mecanicistas se pueden combinar para obtener conocimientos adicionales, dando lugar a los denominados modelos híbridos (Buckley *et al.*, 2011; De Cáceres y Brotons, 2012; Zurell, 2017). A pesar de estar menos explorados, los modelos híbridos representan modelos orientados a procesos, que estiman áreas de distribución ocupadas y ambientes asociados a partir de supuestos sobre dimensiones de nicho, interacciones bióticas y habilidades de dispersión (Heisey *et al.*, 2010; Peterson *et al.*, 2015). Básicamente, un modelo híbrido consiste en integrar los resultados de un modelo mecanicista, generalmente como una nueva variable predictiva, en un modelo correlativo. De esta manera, se puede utilizar un modelo mecanicista para identificar áreas que están claramente fuera del nicho fundamental de una especie; estas áreas pueden marcarse como ausencias o excluirse del análisis en un modelo correlativo.

4.2. Técnicas de modelización, modelos de conjunto y umbrales de corte

Técnicas de modelización correlacional

En las últimas décadas, se han desarrollado varios modelos correlacionales nuevos para complementar los ya tradicionalmente utilizados. Sin embargo, a los investigadores todavía les resulta difícil seleccionar técnicas que se adecúen a sus datos y les ayuden a cumplir con los objetivos establecidos. En principio, los modelos de nicho pueden generarse con cualquier clasificador estadístico apropiado para el tipo de variable modelizada, dicotómica si disponemos de datos de presencia/ausencia y continua si son datos de abundancia. Esto ha dado pie a clasificar las técnicas disponibles desde diferentes enfoques. En base al tipo de datos de ocurrencia, por ejemplo, las técnicas han sido diferenciadas en: (i) descriptivas, si sólo emplean la información disponible en las presencias, siendo además las primeras técnicas utilizadas en modelización de distribución de especies; (ii) discriminantes, siendo aquellas que precisan tanto de datos de presencia, como de ausencia, para construir el clasificador o algoritmo y que, a su vez, pueden subdividirse en diferentes tipos, como regresiones lineales o técnicas de clasificación; y (iii) híbridas o mixtas, caracterizadas porque emplean tanto métodos descriptivos como discriminantes, a la vez que permiten generar sus propias pseudoausencias. Teniendo en cuenta que la selección de los algoritmos de modelización debería realizarse durante la fase de conceptualización del proceso, ya que esta selección dependerá del tipo de datos y el contexto y objetivos que se pretende investigar, recientemente se ha optado por clasificar los algoritmos de la siguiente manera (Guisan *et al.*, 2017):

Métodos de perfil (*Profile*)

Se consideran los primeros métodos utilizados en modelos de distribución de especies y los únicos que realmente usan datos de sólo presencia, ya que no necesitan ausencias o *background*. Se pueden distinguir entre técnicas clásicas basadas en envueltas geográficas o ambientales (BIOCLIM o ANUCLIM) y métodos de distancias matemáticas (Mahalanobis o DOMAIN) (Booth *et al.*, 2014). Dentro de esta clase suelen encuadrarse otras metodologías basadas en similitudes (ENFA) y en la opinión de experto o deductivas.

Métodos clásicos de regresión (*Statistical-based*)

Estas técnicas precisan tanto de datos de presencia como de ausencia-*background*. Dentro de esta clase destacan *Generalized Linear and Additive Models* (GLM y GAM, respectivamente) (Guisan *et al.*, 2002) o *Multivariate Adaptive Regression Splines* (MARS) (Moisen y Frescino, 2002).

Métodos de aprendizaje automático (*Machine-learning*)

Si bien la distinción entre técnicas de regresión y métodos de aprendizaje automático no es nítida, existen ya algunas evidencias para considerarlos como diferentes clases. Breiman (2001) proporciona una introducción accesible al aprendizaje automático y cómo contrasta este enfoque con la "estadística clásica" (inferencia probabilística basada en modelos). Hastie *et al.* (2001) proporcionan, además, lo que probablemente sea la descripción general más extensa de estos métodos. En general, los métodos de aprendizaje automático son modelos flexibles de regresión no paramétrica y, por tanto, también requieren de datos de presencia-ausencia/*background*. A su vez, dentro de esta clase pueden diferenciarse técnicas clásicas o antiguas como *Classification and Regression Trees* (CART) o *Artificial Neural Networks* (ANN), así como otros métodos que se han popularizado durante la última década y entre los que destacan por su versatilidad *Random Forests* (RF), *Boosted Regression Trees* (BRT) (Elith *et al.*, 2008), *Genetic Algorithm for Rule Set Production* (GARP), *Support Vector Machines* (SVM) o *Maximum Entropy modelling* (MaxEnt) (Phillips *et al.*, 2017a), entre otros.

Modelos de conjunto

A partir de los modelos individuales obtenidos con diferentes métodos o técnicas descritas anteriormente, se pueden generar modelos de conjunto, consenso o ensamblado (*ensemble models*) (Araújo y New, 2007; Marmion *et al.*, 2009). En general, este enfoque consiste en un proceso en el que se utilizan varios modelos individuales diversos para predecir un resultado final único a través de la agregación de la predicción de cada modelo individual mediante estadísticos básicos, como la media o la mediana. La motivación para usar modelos de conjunto es reducir el error de generalización de la predicción en los modelos individuales. Generalmente, siempre que los modelos base sean diversos e independientes, el error de predicción disminuye cuando se utiliza el enfoque de modelos de conjunto. A pesar de que este tipo de modelos se construyen a partir de varios modelos base, actúan y funcionan como un sólo modelo. No obstante, pese a su amplia aplicación, los modelos de conjunto son, a menudo, objeto de polémica. ya que no siempre dan como resultado el mejor o, incluso, un buen modelo (Andrade *et al.*, 2020; Naimi y Araújo, 2016). Entre otras herramientas que permiten el cálculo de modelos de conjunto, como los paquetes de R sdm y ENMTML, biomod2 (Thuiller, 2014) es una herramienta programada específicamente para la generación de modelos de consenso.

Umbrales de corte (*Thresholding*)

Con frecuencia, con objeto de facilitar su interpretación, las predicciones de los modelos de nicho o de hábitat suelen representarse únicamente a través de dos categorías, presencia/ausencia o adecuado/inadecuado. Para ello, es necesario transformar las predicciones del modelo real, que típicamente varían de manera continua entre 0 y 1, en un mapa de predicción binario con sólo dos clases. Este proceso requiere de la aplicación de un umbral de corte (*threshold*), sobre las predicciones continuas del modelo o modelos originales. De esta manera, toda la información que esté por debajo del umbral se considerará como ausencia prevista (o áreas desfavorables/inadecuadas) y todo lo que esté por encima del umbral se considerará presencia prevista (o áreas favorables/adecuadas). Existen diversos umbrales posibles (Hao *et al.*, 2019); la elección es, en gran medida arbitraria. Sin embargo, la mayoría de los umbrales se basan en alguna métrica de la matriz de confusión (ver sección 5.3), como la sensibilidad (*sensitivity*) y/o la especificidad (*specificity*) (Hao *et al.*, 2020). Además, hay que tener en cuenta que los umbrales para los algoritmos de presencia-ausencia y de presencia-*background* actúan de diferente manera. En teoría, los algoritmos de presencia-ausencia comparan los hábitats ocupados con los no ocupados para predecir las áreas de presencia y ausencia probables, mientras que los algoritmos de presencia-*background* distinguen idealmente los hábitats adecuados de los inadecuados basándose en las presencias y una muestra, generalmente alta, de puntos de *background* (Liu *et al.*, 2016; Nenzén y Araújo, 2011). Por tanto, la transformación de los valores resultantes de los modelos en datos binarios sólo debe realizarse si es necesario, ya que es más informativo presentar las predicciones continuas reales.

5. Descripción del proceso de modelización

El proceso de modelización de nicho o hábitat consiste en una serie de pasos que van desde la obtención de los datos de la especie y de las variables ambientales, hasta la calibración, validación y aplicación de los modelos (Sillero *et al.*, 2021) (Figura 15.3). Cualquier proceso de modelización debe comenzar por definir la pregunta de investigación, la especie o especies objetivo y el área de estudio. Es fundamental conocer la biología/ecología de la especie que se quiere modelizar, así como la aplicación que se le quiere dar al resultado de la modelización. Aspectos como los límites del área de estudio o la selección de las variables están fuertemente influenciados por la biología de la especie y las necesidades de aplicación del modelo. Por ejemplo, la escala de trabajo sería muy diferente para el caso de especies invasoras con distribución global en comparación con especies endémicas con distribución muy reducida. Una vez definidos estos aspectos, pasamos a la recopilación de información ambiental y de presencias de la especie (sección 3) que incorporaremos en un set de algoritmos conocidos (sección 4). Estos modelos requieren de una evaluación para caracterizar su bondad de ajuste o capacidad de predicción. Finalmente, podríamos usar estos modelos para proyectar la distribución al espacio geográfico actual, futuro o pasado. En esta sección, resumimos brevemente estos pasos a seguir para llegar a completar un proceso de modelización del nicho ecológico de una especie. Finalmente indicamos la batería de herramientas disponibles en lenguaje de programación R para llevar a cabo estas tareas.

5.1. Selección del área de estudio

La selección del área de estudio es un factor necesario y muy importante cuando se desea calcular SDMs, ya que podría afectar a las predicciones del modelo y las medidas de bondad de ajuste (Sillero *et al.*, 2021; VanDerWal *et al.*, 2009). Si bien los modelos de distribuciones parciales pueden fallar en pronosticar el rango completo de especies (Carretero y Sillero, 2016), siguen siendo útiles para identificar otras restricciones de distribución y caracterizar el nicho local o regional. En general, los modelos que incluyen como área de estudio todo el rango de especies suele proporcionar mejores resultados (Niels, 2012), ya que el área de estudio encierra toda la variabilidad ambiental del rango de especies. No obstante, la definición exacta de los límites del área de estudio no es sencilla. El área de estudio debe cubrir rangos relevantes para las variables que son importantes para las especies modelizadas, y esto puede variar entre regiones. Es importante definir la extensión y los límites del área de estudio con base a tres criterios científicos: i) utilizar regiones biogeográficas; ii) evitar áreas donde la especie no pueda dispersarse; y iii) evitar áreas donde las curvas de distribución de frecuencia de los valores de variables ambientales críticas están truncadas (por ejemplo, considerar el rango ambiental más amplio posible incluyendo un gradiente desde zonas menos idóneas a óptimas).

5.2. Cálculo, calibración y proyección de los modelos

Una vez obtenidos los datos de ocurrencia de las especies, las variables ambientales seleccionadas (ver sección 3), y el tipo de modelo que se desee emplear (ver sección 4), se procede a la calibración/cálculo de los SDMs (Sillero *et al.*, 2021) (Figura 15.3). Debido a que los algoritmos seleccionados para ejecutar los modelos tienen una probabilidad o un componente aleatorio (por ejemplo, pseudoausencias generadas aleatoriamente), los resultados obtenidos serán ligeramente diferentes cada vez que se calculan los modelos. Para reducir este efecto, es necesario ejecutar los modelos varias veces (por ejemplo, 10 iteraciones mínimo) para extraer una muestra de la variabilidad del modelo, y obtener la media y la desviación estándar de ese conjunto de modelos.

Una vez calibrados para un contexto espaciotemporal específico, los modelos pueden ser transferidos a otros escenarios espaciales y temporales. Para ello, los algoritmos aplican la fórmula que describe el nicho de la especie en el proceso de calibración, a otro conjunto de variables ambientales que pueden corresponder al pasado (como el Holoceno) y al futuro (por ejemplo a través de los diferentes *Shared Socioeconomic Pathways scenarios* (SSPs: 126, 245, 370 and 585) y para diferentes periodos de tiempo (por ejemplo 2060, 2080 and 2100), series temporales de datos de teledetección (como MODIS y Landsat), o a otra región geográfica o escala de resolución en las condiciones actuales (Arenas-Castro *et al.*, 2020; Arenas-Castro y Sillero, 2021; Regos *et al.*, 2016). No obstante, se recomienda mantener una cierta coherencia temporal entre los datos de calibración, tanto ocurrencias como variables ambientales. Los registros actuales no se pueden modelizar directamente con datos ambientales pasados o futuros. Pero los datos de ocurrencia pasada, como por ejemplo registros históricos o fósiles de taxones bien conservados, pueden modelizarse directamente con variables ambientales pasadas (Chiarenza *et al.*, 2019). Los modelos, por tanto, deben construirse utilizando datos contemporáneos y luego proyectarse a diferentes períodos.

5.3. Evaluación/validación de modelos

La validación de SDMs es un tema aún poco explorado, y sin embargo es uno de los más importantes en el proceso de modelización del nicho ecológico. Debido a que la validación depende de factores como por ejemplo el tipo de datos de ocurrencia, suelen describirse tres componentes principales a la hora de validar un SDM:

- Capacidad de clasificación: la capacidad del modelo para clasificar correctamente los sitios ocupados como adecuados o probables y/o favorables, y los sitios desocupados como lo contrario, con base en un valor umbral.
- Capacidad de discriminación: la capacidad de un modelo para separar o distinguir en general entre sitios ocupados y desocupados, independientemente de cualquier valor de umbral.
- Calibración: la concordancia entre las probabilidades de ocurrencia pronosticadas y las proporciones observadas de sitios ocupados. La calibración es la evaluación más fiel de la fiabilidad de los modelos, pero no es fácil de medir en todos los algoritmos, por lo que muchos autores se han centrado en las métricas de clasificación y discriminación.

En base a estos tres componentes, existen diferentes métricas de evaluación de los SDMs (Sillero *et al.*, 2021). Las métricas de clasificación están entre las más comunes, y se basan en la matriz de confusión (ver Capítulo 1). Esta matriz es una tabla de doble entrada donde se cuentan los casos, por cada clase (presente / ausente), reales (en las filas) respecto a los predichos por el algoritmo (columnas). Las métricas de este tipo más destacadas son la sensibilidad y la especificidad (es decir, el número de presencias y ausencias clasificadas correctamente, respectivamente), y son la base de las más utilizadas en el cálculo de SDMs; el área bajo la curva de la gráfica ROC (*Receiver Operating Characteristic*) o AUC; y el *True Skill Statistic* o TSS. El AUC oscila entre 0 y 1, y el TSS entre -1 y +1, siendo 0,5 y 0 el valor de AUC y TSS para un modelo con discriminación aleatoria, respectivamente.

Por otro lado, las métricas de calibración suelen también emplearse con frecuencia, sobre todo para datos de sólo presencia. Entre otras, destacan el gráfico de calibración de solo presencia (POC) (Phillips y Elith, 2010), y el índice de Boyce (Boyce *et al.*, 2002), diseñado específicamente para algoritmos de presencia-*background*.

Otra manera de evaluar el rendimiento de los SDMs es mediante el cálculo de modelos nulos (Raes y ter Steege, 2007). Este procedimiento consiste en crear un conjunto de puntos de pseudopresencia distribuidos aleatoriamente en el área de estudio, ejecutar los modelos y calcular una métrica de evaluación, por ejemplo, AUC o TSS. A continuación, se comparan las métricas para el modelo de especies y los modelos nulos a través de una prueba estadística, por ejemplo, una prueba de chi-cuadrado o una prueba t. Las métricas de validación deberían ser significativamente mejores para los modelos de especies.

5.4. Paquetes de R básicos

Actualmente existe una gran variedad de programas, herramientas y paquetes de programación, tanto de código y acceso libre como bajo licencia, para ejecutar modelos de nicho ecológico, principalmente correlacionales. Maxent (Phillips *et al.*, 2017, 2006), que se puede usar a través del paquete de R dismo (Hijmans *et al.*, 2017) o bien en su versión de Java, se encuentra entre los más utilizados, así como 'biomod2' (Thuiller *et al.*, 2022), Biomapper (Hirzel y Guisan, 2002), ModEco (Guo y Liu, 2010), OpenModeller (de Souza Muñoz *et al.*, 2011) y todos los desarrollados en el contexto del programa R, que es el que más aplicaciones de modelación contiene (ver Tabla 15.3 con ejemplos de herramientas y paquetes de R para calcular SDMs).

6. Tutorial en R para el desarrollo de modelos de distribución de especies en ecosistemas forestales: el caso del piruétano (*Pyrus bourgaeana* Decne.)

Los ecosistemas forestales en general, y los mediterráneos en particular, constituyen el hábitat de una gran diversidad de fauna y flora (Bergmeier *et al.*, 2010), además de proporcionar servicios ecosistémicos imprescindibles (Bugalho *et al.*, 2011; Campos *et al.*, 2013). Aparte de las especies más generalistas, existen otras consideradas raras o poco abundantes, como los árboles de porte mediano-pequeño que producen frutos carnosos (Levey *et al.*, 2022; Rivest *et al.*, 2011), como el majuelo (*Crataegus monogyna*) o el cerezo de Santa Lucía (*Prunus mahaleb*) (García *et al.*, 2005; Schupp *et al.*, 2010), que constituyen pilares fundamentales para el equilibrio de las redes ecológicas de este tipo de ecosistemas. Sin embargo, estas especies son más sensibles y vulnerables a la alteración de su hábitat debido a diferentes factores y, por tanto, requieren una atención especial (Underwood *et al.*, 2009; Weiner *et al.*, 2011). Un ejemplo paradigmático es el peral silvestre ibérico o piruétano (*Pyrus bourgaeana* Decne.); un pequeño árbol caducifolio considerado endemismo Mediterráneo Ibero-Atlántico-Magrebí (Aedo y Aldasoro, 1998), restringido principalmente a dehesas y al bosque mediterráneo en Andalucía y que alcanza su óptimo de distribución en Sierra Morena (Díaz y Pulido, 2009).

El piruétano proporciona valiosos recursos tróficos en forma de suculentas flores, hojas y, sobre todo, abundantes frutos carnosos, principalmente durante el período estival de mayor escasez de alimentos (Arenas-Castro, 2012), que son muy atractivos para insectos, aves y mamíferos salvajes y domésticos (Figura 15.4) (Fedriani y Delibes, 2013). Esta

Tabla 15.3. Ejemplos de herramientas y paquetes de R para calcular modelos de distribución de especies (SDMs).

Paquete	Descripción	Fuente	Referencia
biomod2	Conjunto de herramientas para ejecutar, evaluar e interpretar ENMs. Incluye varios algoritmos de presencia-ausencia (*Generalized Linear Model*-GLM, *Generalized Additive Model*-GAM, *Boosted Regression Trees*-BRT, *Classification Tree Analysis*-CTA, *Artificial Neural Network*-ANN, *Flexible Discriminant Analysis*-FDA, *Multiple Adaptive Regression Splines*-MARS, and *Random Forest*-RF), dos enlaces a Maxent y un método de sólo presencia (*Surface Range Envelop*-SRE o Bioclim). biomod2 incluye además varias métricas de evaluación de modelos (AUC y TSS). La gran ventaja de biomod2 es la capacidad de crear modelos de conjunto (*ensemble*), ya sea por algoritmo, por conjuntos de datos de pseudoausencias, por repeticiones o por combinación de algoritmos, conjuntos de datos o repeticiones.	http://bit.ly/3jUCHVX	Thuiller et al., 2009
dismo	Implementa todas las funciones necesarias para ejecutar, evaluar e interpretar ENMs. Incluye varios algoritmos de solo presencia (Bioclim, Dominio, *Mahalanobis distance*), incluido un enlace a Maxent y BRT. También incluye varias funciones para muestrear puntos de *background*, muestreo *k-fold* y evaluación de modelos (AUC entre otras métricas).	https://bit.ly/30m5g6Q	Hijmans et al., 2017
ecospat	Pone a disposición herramientas y métodos novedosos para respaldar los análisis espaciales y el modelado de nichos y distribuciones de especies en un flujo de trabajo coherente. Los análisis de premodelado incluyen cuantificaciones de nichos de especies y comparaciones entre distintos rangos o periodos de tiempo, medidas de diversidad filogenética y otras funcionalidades de exploración de datos. El modelado central reúne el nuevo enfoque de conjunto de modelos bivariados (ESM) y varias implementaciones del marco de modelado espacialmente explícito a nivel de comunidad (SESAM). Los análisis posteriores al modelado incluyen la evaluación de predicciones de especies basadas en datos de presencia solamente (índice de Boyce) y de predicciones comunitarias, diversidad filogenética y análisis de co-ocurrencia de especies con restricciones ambientales.	https://bit.ly/3M3EBCB	Di Cola et al., 2017
ENIRG	Interfaz entre R y GRASS que proporciona herramientas para la preparación de datos, análisis ENFA, predicción del nicho de especies, cálculo de modelos de hábitat y clasificación de idoneidad utilizando el índice de Boyce.	http://bit.ly/2PKN84B	Cánovas et al., 2016
ENMTML	Constituye una mezcla de herramientas para calcular ENMs de manera sencilla para principiantes.	http://bit.ly/3blTqzI	Andrade et al., 2020
enmSdm	Constituye un complemento de dismo y contiene herramientas para modelar las distribuciones y nichos de especies o entidades similares. Sus características principales son un conjunto de funciones para entrenar a los ENMs, evaluar la superposición de nichos y corregir el sesgo de muestreo.	http://bit.ly/2OdlM6t	Morelli et al., 2020

Paquete	Descripción	Fuente	Referencia
FuzzySim	Calcula similitud difusa (*fuzzy*) en patrones de ocurrencia de especies con índices de similitud, como Jaccard, Sorensen, Simpson y Baroni-Urbani & Buser. Incluye funciones para la preparación de datos, transposición de marcos de datos complejos y conjuntos de datos de muestreo. Puede convertir presencia-ausencia binaria en datos de ocurrencia difusa, usando por ejemplo análisis de superficie de tendencia, interpolación de distancia inversa o modelado de favorabilidad ambiental independiente de la prevalencia.	http://bit.ly/3sQKzvQ	Barbosa, 2015
hSDM	Proporciona funciones para estimar parámetros de modelos jerárquicos bayesianos de distribución de especies.	http://bit.ly/30hAKea	Vieilledent et al., 2015
kuenm	Paquete para el desarrollo detallado de modelos de nicho ecológico utilizando Maxent.	http://bit.ly/38iMku2	Cobos et al., 2019
maxlike	Herramienta para calcular modelos de distribución de especies basados en datos de presencia, generando estimaciones de la probabilidad de ocurrencia.	http://bit.ly/38zLaur	Royle et al., 2012
Maxnet/ rmaxent	Implementaciones de Maxent en R.	http://bit.ly/3edOAqc http://bit.ly/30m7CCl	Phillips et al., 2017a; Warren et al., 2010
NicheMapR	Incluye herramientas para calcular modelos mecanicistas basados en el intercambio de calor y masa entre organismos y su entorno ambiental. Además, el modelo de microclima que incluye NicheMapR predice las condiciones por hora sobre y bajo tierra a partir de datos meteorológicos, del terreno, la vegetación y el suelo. El modelo incluye rutinas para calcular la radiación solar y los efectos del sombreado, la pendiente, los ángulos de orientación y horizonte, así como la variación de las propiedades del sustrato con la profundidad.	http://bit.ly/3bktIM6	Kearney and Porter, 2020
sdm	Proporciona un marco con todas las herramientas para ejecutar, evaluar e interpretar ENMs, además de funciones para crear modelos de conjunto (*ensemble*). sdm incluye hasta 15 métodos de modelado que incluyen: GLM, GAM, BRT, CTA, ANN, RF, *multivariate adaptive regression spline, mixture discriminant analysis, support vector machine, environmental niche factor analysis,* Maxent, maxlike, Bioclim, Domain y Mahalanobis *distance*.	http://bit.ly/2OOYsZR	Naimi and Araújo, 2016
SDMPlay	Incluye funciones para calcular modelos con dos enfoques de aprendizaje automático, BRT y Maxent aplicados en conjuntos de datos biológicos marinos y ambientales. Proporciona funciones para la gestión de parámetros del modelo, evaluación del modelo (AUC, tasa de omisión y matriz de confusión, desviación estándar del mapa), para el cálculo de modelos nulos.	http://bit.ly/3vcEmwq	Guillaumot et al., 2016

especie suele estar asociada normalmente a encinares o maquias desarrolladas, melojares y alcornocales, dehesas y matorrales, así como a formaciones forestales cercanas a riberas y arroyos. También aparece asociada a lindes de huertos, caminos o lugares despejados y a fincas agrícolas en abandono. El manejo humano y la selección del arbolado han condicionado sesgos en la distribución, abundancia y estructura de edades de sus poblaciones, dando como resultado a árboles de pequeño tamaño, cohortes truncadas y distribución muy dispersa (Arenas-Castro *et al.*, 2016; Fedriani *et al.*, 2010). En este contexto, surgen al menos dos preguntas relevantes que se pueden responder mediante los modelos de nicho ecológico. Por un lado, los modelos que aplicaremos pueden servir para identificar los factores relevantes que determinan la distribución del piruétano, cuantificando y explicando la historia natural de la especie y su actual distribución. Por otro lado, pueden servir para identificar áreas potencialmente idóneas que no están actualmente colonizadas por la especie y que podrían ser objeto de actuaciones de introducción para la reducción de la fragmentación de la especie y enriquecimiento de biodiversidad en los espacios forestales.

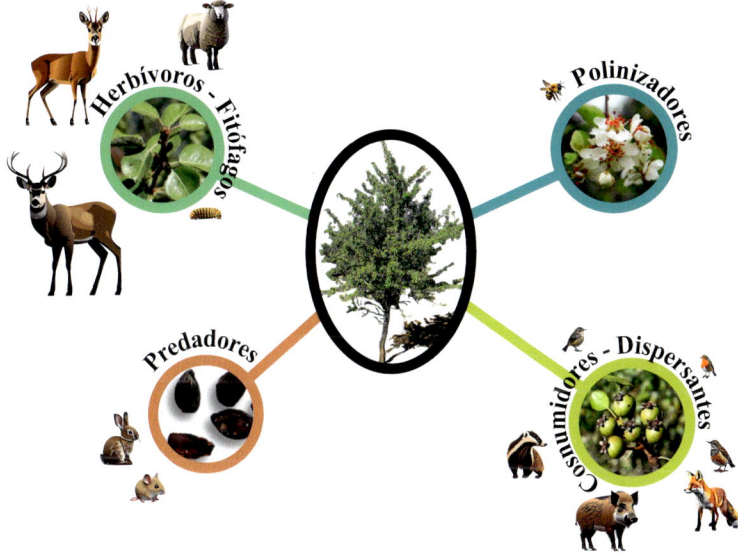

Figura 15.4. Importancia del piruétano (*Pyrus bourgaeana*) como especie clave en la red trófica de los ecosistemas forestales típicamente mediterráneos.

A modo de ejemplo práctico, en este enlace a GitHub (https://bit.ly/3Ge8EDD) se ofrece un tutorial/repositorio (FORHAB - *Habitat Forecasting of Forest Species*) en el lenguaje de programación R con todos los pasos para implementar un modelo de predicción de hábitat de una especie forestal, usando el piruétano como caso de estudio. Este tutorial propone directrices teórico-prácticas para la modelización de la disponibilidad de hábitat con base en el nicho ecológico, proporcionando tanto datos de ocurrencia, como ejemplos de variables ambientales, test de multicolinealidad, calibración de un modelo de conjunto predictivo de hábitat con el paquete de R biomod2, proyecciones, validación de los modelos y predicción de un modelo de distribución y hábitat.

7. Aplicación al sector forestal

En las últimas décadas, los SDMs han sido ampliamente utilizados en múltiples y diversas aplicaciones. Tradicionalmente, los SDMs se han empleado para predecir la distribución de las especies y su nicho ecológico, así como sus posibles respuestas a los cambios medioambientales, como el calentamiento global o los cambios de usos del suelo (Elith y Leathwick, 2009b; Guisan *et al.*, 2017; Sillero *et al.*, 2021). Quizá la aplicación más directa de los SDMs en gestión forestal sea en el ámbito de la selección de especies más idóneas para la restauración o la plantación forestal en un área concreta. Por ejemplo, Gaston *et al.* (2014) compararon la idoneidad de hábitat de diversas especies forestales para 24 sitios de España usando información de expertos y SDMs. En este estudio, los resultados de los SDMs fueron comparables o incluso mejores que algunos expertos. A nivel productivo, los SDMs también se han utilizado para identificar las especies más recomendables para plantar en sistemas agroforestales (de Sousa *et al.*, 2019) y maderables (Rojas Briceño *et al.*, 2020). En contraposición a aproximaciones clásicas de experto, uno de los aspectos más destacables de estos modelos es su capacidad para proyectar la idoneidad de hábitats hacia zonas poco conocidas o escenarios futuros de clima (Vila-Viçosa *et al.*, 2020).

Los SDMs también han sido utilizados con éxito en la predicción de la respuesta a nivel de paisaje de diferentes tipos de gestión bajo escenarios de cambio climático. Así, son varios los trabajos en los que se modeliza la respuesta de un conjunto de especies de aves de ambientes agroforestales a diferentes escenarios de gestión del fuego. El objetivo de dichos trabajos fue evaluar el posible impacto que podían tener diversas estrategias de prevención de incendios en la biodiversidad (Campos *et al.*, 2021; Pais *et al.*, 2020; Regos *et al.*, 2016). Los autores combinaron SDMs con modelos dinámicos del paisaje capaces de simular la ignición, la propagación y la extinción de incendios al mismo tiempo que los procesos de sucesión natural y post-incendio. Estos modelos permitieron a los investigadores explorar cómo evolucionaría el paisaje agroforestal y el régimen de incendios bajo diferentes escenarios de gestión (Aquilué *et al.*, 2017; Brotons *et al.*, 2013). Gracias a los SDMs, estos autores pudieron predecir la posible respuesta de las especies dependientes de hábitats agroforestales a las diferentes políticas de gestión.

Con relación a procesos de mortalidad y decaimiento forestal, numerosos estudios han utilizado SDMs para identificar la distribución potencial actual y futura de diversas plagas y enfermedades de índole forestal, tales como *Phytophthora* y *Cerambyx* en bosques de *Quercus* (Duque-Lazo y Navarro-Cerrillo, 2017). La proyección espacial de estos modelos es extremadamente útil para identificar áreas de prevención y alerta temprana. En el caso de plagas o enfermedades exóticas o emergentes, estos modelos se usan para generar evaluaciones de riesgo que identifiquen la idoneidad de los hábitats a un posible establecimiento del agente biótico (ver EPPO; https://bit.ly/3CehJ00). Estos resultados se pueden combinar con estudios de nicho del árbol hospedador para identificar áreas menos idóneas donde las especies estén con mayor estrés y, por tanto, más vulnerables a las plagas y enfermedades (Hernández-Lambraño *et al.*, 2018). En este sentido, estudios recientes han demostrado la importancia de evaluar la idoneidad climática (a partir de SDMs) para entender y anticipar mejor posibles episodios de mortalidad en pino silvestre (*Pinus sylvestris* L.) causados por plagas de escarabajos, particularmente bajo escenarios de cambio climático con mayor predominancia de eventos climáticos extremos (Jaime *et al.*, 2019). De hecho, la posición de las poblaciones en el nicho climático de la especie es un factor decisivo para explicar la sensibilidad y la vulnerabilidad de dichas poblaciones al cambio climático (Pérez Navarro *et al.*, 2019). Estudios recientes han evidenciado, además, el potencial de los SDMs como aproximación robusta en la predicción de la capacidad de adaptación local de las especies forestales mediante la plasticidad fenotípica (Benito Garzón *et al.*, 2011), el efecto de las variaciones en el crecimiento y la mortalidad en los rangos de distribución de las especies (Benito-Garzón *et al.*, 2013), el equilibrio de las especies con el clima usando tasas de colonización y extinción (García-Valdés *et al.*, 2013), la respuesta de diferentes poblaciones a eventos de sequía extrema (Margalef-Marrase *et al.*, 2020) o incluyendo cambios en el hábitat potencial de las especies debidos a cambios de uso (García-Valdés *et al.*, 2015).

8. Limitaciones y retos de futuro

Durante las últimas dos décadas, el uso de SDMs ha ayudado a comprender los patrones de la biodiversidad y su relación con los gradientes ambientales, permitiendo su aplicación en diferentes disciplinas académicas y áreas de conocimiento. Sin embargo, los SDMs, como cualquier otra herramienta de modelización, tienen limitaciones que deben ser consideradas a diferentes niveles y que pueden afectar a la hora de interpretar los resultados. Este capítulo proporciona las principales pautas para implementar SDMs en ecosistemas forestales a través de las principales herramientas disponibles hasta el momento. Sin embargo, hay algunas cuestiones que aún necesitan mejorar o revisarse y en las que se debería centrar la investigación futura.

Las principales limitaciones tienen que ver con las asunciones o los principios de partida a la hora de plantear un proceso de modelización, que son fundamentales para poder interpretar correctamente los modelos y determinar el grado de confianza de sus predicciones. Es fundamental hacer frente a la incertidumbre detrás de los diferentes pasos durante el proceso de modelización, desde la entrada de los datos a la obtención de resultados (Araújo *et al.*, 2022; Arenas-Castro *et al.*, 2022). Cómo trabajar y, especialmente, cómo comunicar esta incertidumbre es un aspecto fundamental si queremos que el resultado de los modelos pueda ser interpretado correctamente y aplicado por los gestores o utilizadores finales.

8.1. Datos

Una fuente importante de incertidumbre en la aplicación de SDMs radica en los datos de entrada en el modelo, tanto los datos de ocurrencia y/o abundancia (Arenas-Castro *et al.*, 2022) como las variables ambientales (Cánibe *et al.*, 2022). Es fundamental que los datos reúnan las condiciones mínimas requeridas de calidad, no sólo en términos de tipo de datos, sino también de las fuentes de donde se obtienen, ya que tendrán un fuerte efecto en el rendimiento y la capacidad predictiva de los modelos. Además, es necesario conocer bien la naturaleza de los datos para poder hacer una correcta selección de la técnica a utilizar y, por ende, las métricas de evaluación y rendimiento de los modelos, ya que podrían invalidar todo el proceso de modelación.

Otro tema importante que necesita mayor desarrollo es cómo definir el tamaño y la forma del área de estudio, ya que afecta a las métricas para medir el rendimiento de los modelos (Jarnevich *et al.*, 2017). La capacidad de discriminación de los modelos (es decir, la capacidad de distinguir correctamente las localidades de presencia de las de ausencia), por ejemplo, generalmente aumenta con el tamaño del área de estudio. Esto se debe principalmente a que las áreas más grandes tienden a incluir ausencias más distantes ecológicamente de las presencias, que son más fáciles de distinguir (Acevedo *et al.*, 2012; VanDerWal *et al.*, 2009). Algunos de los criterios actuales para definir el área de estudio no son fáciles de implementar debido a la dependencia del conocimiento de expertos. En este sentido, es importante definir la extensión y los límites del área de estudio con base en criterios científicos; como, por ejemplo, utilizar regiones biogeográficas o evitar áreas donde la especie no pueda dispersarse (Anderson y Raza, 2010). Además, es necesario profundizar en el análisis de métodos espaciales verdaderos (por ejemplo, regresiones auto-logísticas, regresiones ponderadas geográficamente), donde la distribución de especies se modela directamente en el espacio geográfico, en lugar del ambiental (Sillero *et al.*, 2021).

8.2. Técnicas

Definir claramente las ventajas e inconvenientes de los múltiples métodos o técnicas de modelación es todavía una tarea pendiente. Tras más de una década de aplicación de modelos de conjunto o ensamblado (Araújo y New, 2007), una nueva corriente en investigación apunta a la relevancia de un único modelo correctamente implementado (Hao *et al.*, 2020). La tendencia actual es parametrizar mejor los modelos y generar predicciones más realistas biológicamente. En este segundo caso, se están aplicando combinaciones de modelos correlacionales y mecanicistas (Peterson *et al.*, 2015; Tourinho y Vale, 2021), incluyendo mecanismos como la dispersión, la plasticidad fenotípica, la adaptación local o la compensación demográfica, de forma que se pueda establecer mejor la relación causa-efecto entre el medio ambiente y la distribución de las especies. No obstante, los métodos para obtener mejores conjuntos de datos (eco-) fisiológicos de especies relevantes para los modelos mecanicistas aún son insuficientes o difíciles de estandarizar. Por otra parte, estos modelos requieren una gran cantidad de datos que no siempre están disponibles, aspecto especialmente relevante a la hora de trabajar con un gran número de especies.

En los últimos años, han ido apareciendo nuevos marcos de modelización que intentan incorporar, directa o indirectamente, las interacciones bióticas entre las especies que conforman la comunidad (Gavish *et al.*, 2017; Guisan y Rahbek, 2011; Wisz *et al.*, 2013). Más recientemente, se ha comenzado a trabajar con modelos multiespecie que, desde una aproximación bayesiana o frecuentista, permiten identificar no sólo las relaciones entre la distribución de las especies y el medio abiótico, sino también las relaciones de interacción entre las especies (Pollock *et al.*, 2014). Esta nueva línea de conocimiento de los SDMs va en aumento con nuevas metodologías que están perfilándose, pero que todavía no son capaces inequívocamente de separar las interacciones bióticas de la historia y distribución de las especies (Poggiato *et al.*, 2021). En este sentido, el desarrollo de nuevas técnicas puede ser muy relevante para los sistemas forestales donde las interacciones entre especies a distintos niveles ontogénicos claramente determinan la imagen actual de un bosque (Blanco-Cano *et al.*, 2022).

8.3. Validación

A pesar de sus bien conocidas limitaciones, la evaluación de la capacidad predictiva de los SDMs se lleva a cabo fundamentalmente a través de procesos de validación cruzada (Wadoux *et al.*, 2021); en gran parte debido a la falta de datos independientes del conjunto de datos de calibración. A pesar de los nuevos métodos desarrollados en los últimos años para mejorar estas técnicas de validación cruzada (Valavi *et al.*, 2019), debemos ser conscientes de la limitada capacidad de extrapolación de los SDMs fuera del gradiente ambiental cubierto por los datos utilizados durante su calibración (Werkowska *et al.*, 2016; Yates *et al.*, 2018). Las limitaciones de los modelos para ser transferidos a otro momento temporal (por ejemplo, Tuanmu *et al.*, 2011) o rango espacial (por ejemplo, áreas de colonización de una especie invasora; Randin *et al.*, 2006), ponen de manifiesto la necesidad de interpretar con cautela las predicciones de estos modelos. Factores como la diferencia entre las condiciones ambientales durante la calibración y su posterior extrapolación (Dormann *et al.*, 2007), la falta de predictores ambientales determinantes para la especie o, incluso, rasgos específicos (como el grado de especialización de la especie) afectan a la capacidad predictiva de los SDMs (Regos *et al.*, 2019).

Por otro lado, son necesarios nuevos métodos de validación no basados exclusivamente en la matriz de confusión (Konowalik y Nosol, 2021; Warren *et al.*, 2020), especialmente para algoritmos que no incluyen ausencias. Por ejemplo, los modelos nulos ampliamente utilizados en otras ramas de la ecología, tales como el análisis de comunidades, deberían convertirse en un procedimiento estándar en el proceso de validación (Sillero *et al.*, 2021).

Bibliografía

Acevedo, P., Jiménez-Valverde, A., Lobo, J.M., Real, R., 2012. Delimiting the geographical background in species distribution modelling. J. Biogeogr. 39, 1383–1390. https://doi.org/ https://doi.org/10.1111/j.1365-2699.2012.02713.x

Aedo, C., Aldasoro, J.J., 1998. Flora Ibérica: Plantas vasculares de la Península Ibérica e Islas Baleares, vol. 6. Rosaceae. Real Jardín Botánico-CSIC., Madrid.

Alberdi, I., Nunes, L., Kovac, M., Bonheme, I., Cañellas, I., Rego, F.C., Dias, S., Duarte, I., Notarangelo, M., Rizzo, M., Gasparini, P., 2019. The conservation status assessment of Natura 2000 forest habitats in Europe: capabilities, potentials and challenges of national forest inventories data. Ann. For. Sci. 76, 34. https://doi.org/10.1007/s13595-019-0820-4

Anderson, R.P., Raza, A., 2010. The effect of the extent of the study region on GIS models of species geographic distributions and estimates of niche evolution: preliminary tests with montane rodents (genus Nephelomys) in Venezuela. J. Biogeogr. 37, 1378–1393. https://doi. org/https://doi.org/10.1111/j.1365-2699.2010.02290.x

Andrade, A.F.A. de, Velazco, S.J.E., De Marco Júnior, P., 2020. ENMTML: An R package for a straightforward construction of complex ecological niche models. Environ. Model. Softw. 125, 104615. https://doi.org/https://doi.org/10.1016/j.envsoft.2019.104615

Aquilué, N., De Cáceres, M., Fortin, M.-J., Fall, A., Brotons, L., 2017. A spatial allocation procedure to model land-use/land-cover changes: Accounting for occurrence and spread processes. Ecol. Modell. 344, 73–86. https://doi.org/https://doi.org/10.1016/j. ecolmodel.2016.11.005

Araújo, M.B., Anderson, R.P., Márcia Barbosa, A., Beale, C.M., Dormann, C.F., Early, R., Garcia, R.A., Guisan, A., Maiorano, L., Naimi, B., O'Hara, R.B., Zimmermann, N.E., Rahbek, C., 2022. Standards for distribution models in biodiversity assessments. Sci. Adv. 5, eaat4858. https://doi.org/10.1126/sciadv.aat4858

Araújo, M.B., New, M., 2007. Ensemble forecasting of species distributions. Trends Ecol. Evol. 22, 42–47. https://doi.org/https://doi.org/10.1016/j.tree.2006.09.010

Araújo, M.B., Peterson, A.T., 2012. Uses and misuses of bioclimatic envelope modeling. Ecology 93, 1527–1539. https://doi.org/https://doi.org/10.1890/11-1930.1

Arenas-Castro, S., 2012. Análisis de la estructura de una población de Piruétano (Pyrus bourgaeana) basado en técnicas de Teledetección y SIG. Universidad de Córdoba (España).

Arenas-Castro, S., Fernández-Haeger, J., Jordano-Barbudo, D., 2016. Population structure and fruit production of Pyrus bourgaeana D. are affected by land-use. Acta Oecologica 77. https://doi.org/10.1016/j.actao.2016.10.001

Arenas-Castro, S., Goncalves, J., Alves, P., Alcaraz-Segura, D., Honrado, J.P., 2018. Assessing the multi-scale predictive ability of ecosystem functional attributes for species distribution modelling. PLoS One. https://doi.org/10.1371/journal.pone.0199292

Arenas-Castro, S., Gonçalves, J.F., Moreno, M., Villar, R., 2020. Projected climate changes are expected to decrease the suitability and production of olive varieties in southern Spain. Sci. Total Environ. 709, 136161. https://doi.org/10.1016/j.scitotenv.2019.136161

Arenas-Castro, S., Regos, A., Gonçalves, J.F., Alcaraz-Segura, D., Honrado, J., 2019. Remotely sensed variables of ecosystem functioning support robust predictions of abundance patterns for rare species. Remote Sens. 11. https://doi.org/10.3390/rs11182086

Arenas-Castro, S., Regos, A., Martins, I., Honrado, J., Alonso, J., 2022. Effects of input data sources on species distribution model predictions across species with different distributional ranges. J. Biogeogr. https://doi.org/https://doi.org/10.1111/jbi.14382

Arenas-Castro, S., Sillero, N., 2021. Cross-scale monitoring of habitat suitability changes using satellite time series and ecological niche models. Sci. Total Environ. 784, 147172. https://doi.org/https://doi.org/10.1016/j.scitotenv.2021.147172

Barbosa, A.M., 2015. fuzzySim: applying fuzzy logic to binary similarity indices in ecology. Methods Ecol. Evol. 6, 853–858. https://doi.org/https://doi.org/10.1111/2041-210X.12372

Bastrup-Birk, A., Reker, J., Zal, N., Romão, C.C., Cugny-Seguin, M., Moffat, A., Herkendell, J., Malak, D.A., Tomé, M., Barredo, J.I., Loeffler, P., Ciccarese, L., Nabuurs, G.-J., van Brusselen, J., Linser, S., Uhel, R., Meiner, A., García-Feced, C., Aggestam, F., Barbati, A., Camia, A., Caudullo, G., Chirici, G., Corona, P., Delbaere, B., de Rigo, D., Eggers, J., Elmauer, T., Estreguil, C., Durrant, T.H., Jones-Walters, L., Kauhanen, E., Konijnendijk, C.C., Kraus, D., Larsson, T., Lindner, M., Lombardi, F., Marchetti, M., Mavsar, R., Pulz, H., Raitio, H., Rousi, M., San-Miguel-Ayanz, J., Schelhaas, M., Schuck, A., Shannon, M.A., Zizenis, M., 2016. European forest ecosystems - State and trends.

Benito-Garzón, M., Ruiz-Benito, P., Zavala, M.A., 2013. Interspecific differences in tree growth and mortality responses to environmental drivers determine potential species distributional limits in Iberian forests. Glob. Ecol. Biogeogr. 22, 1141–1151. https://doi.org/https://doi.org/10.1111/geb.12075

Benito Garzón, M., Alía, R., Robson, T.M., Zavala, M.A., 2011. Intra-specific variability and plasticity influence potential tree species distributions under climate change. Glob. Ecol. Biogeogr. 20, 766–778. https://doi.org/https://doi.org/10.1111/j.1466-8238.2010.00646.x

Bergmeier, E., Petermann, J., Schröder, E., 2010. Geobotanical survey of wood-pasture habitats in Europe: diversity, threats and conservation. Biodivers. Conserv. 19, 2995–3014. https://doi.org/10.1007/s10531-010-9872-3

Blanco-Cano, L., Navarro-Cerrillo, R.M., González-Moreno, P., 2022. Biotic and abiotic effects determining the resilience of conifer mountain forests: The case study of the endangered Spanish fir. For. Ecol. Manage. 520, 120356. https://doi.org/https://doi.org/10.1016/j.foreco.2022.120356

Booth, T.H., Nix, H.A., Busby, J.R., Hutchinson, M.F., 2014. <scp>bioclim</scp> : the first species distribution modelling package, its early applications and relevance to most current <scp>MaxEnt</scp> studies. Divers. Distrib. 20, 1–9. https://doi.org/10.1111/ddi.12144

Boyce, M.S., Vernier, P.R., Nielsen, S.E., Schmiegelow, F.K.A., 2002. Evaluating resource selection functions. Ecol. Modell. 157, 281–300. https://doi.org/https://doi.org/10.1016/S0304-3800(02)00200-4

Breiman, L., 2001. Statistical Modeling: The Two Cultures (with comments and a rejoinder by the author). Stat. Sci. 16, 199–231. https://doi.org/10.1214/ss/1009213726

Brotons, L., Aquilué, N., de Cáceres, M., Fortin, M.-J., Fall, A., 2013. How Fire History, Fire Suppression Practices and Climate Change Affect Wildfire Regimes in Mediterranean Landscapes. PLoS One 8, e62392.

Brown, J., Carnaval, A., 2019. A tale of two niches: methods, concepts, and evolution. Front. Biogeogr.

Buckley, L.B., Cannistra, A.F., John, A., 2018. Leveraging Organismal Biology to Forecast the Effects of Climate Change. Integr. Comp. Biol. 58, 38–51. https://doi.org/10.1093/icb/icy018

Buckley, L.B., Waaser, S.A., MacLean, H.J., Fox, R., 2011. Does including physiology improve species distribution model predictions of responses to recent climate change? Ecology 92, 2214–2221. https://doi.org/https://doi.org/10.1890/11-0066.1

Bugalho, M.N., Caldeira, M.C., Pereira, J.S., Aronson, J., Pausas, J.G., 2011. Mediterranean cork oak savannas require human use to sustain biodiversity and ecosystem services. Front. Ecol. Environ. 9, 278–286. https://doi.org/https://doi.org/10.1890/100084

Campos, J.C., Bernhardt, J., Aquilué, N., Brotons, L., Domínguez, J., Lomba, Â., Marcos, B., Martínez-Freiría, F., Moreira, F., Pais, S., Honrado, J.P., Regos, A., 2021. Using fire to enhance rewilding when agricultural policies fail. Sci. Total Environ. 755, 142897. https://doi.org/https://doi.org/10.1016/j.scitotenv.2020.142897

Campos, P., Huntsinger, L., Oviedo, J., Starrs, P., Díaz, M., Standiford, R., Montero, G., 2013. Mediterranean Oak Woodland Working Landscapes: Dehesas of Spain and Ranchlands of California. Springer, New York.

Cánibe, M., Titeux, N., Domínguez, J., Regos, A., 2022. Assessing the uncertainty arising from standard land-cover mapping procedures when modelling species distributions. Divers. Distrib. 28, 636–648. https://doi.org/https://doi.org/10.1111/ddi.13456

Cánovas, F., Magliozzi, C., Mestre, F., Palazón, J.A., González-Wangüemert, M., 2016. ENiRG: R-GRASS interface for efficiently characterizing the ecological niche of species and predicting habitat suitability. Ecography (Cop.). 39, 593–598. https://doi.org/https://doi.org/10.1111/ecog.01426

Cardinale, B.J., Duffy, J.E., Gonzalez, A., Hooper, D.U., Perrings, C., Venail, P., Narwani, A., Mace, G.M., Tilman, D., Wardle, D.A., Kinzig, A.P., Daily, G.C., Loreau, M., Grace, J.B., Larigauderie, A., Srivastava, D.S., Naeem, S., 2012. Biodiversity loss and its impact on humanity. Nature 486, 59–67. https://doi.org/10.1038/nature11148

Carretero, M.A., Sillero, N., 2016. Evaluating how species niche modelling is affected by partial distributions with an empirical case. Acta Oecologica 77, 207–216. https://doi.org/https://doi.org/10.1016/j.actao.2016.08.014

CBD Convention on biological diversity, 2019. Synthesis of the Views of the Parties and Observers on the Scope and Content of the Post-2020 Global Biodiversity Framework. Convention on Biological Diversity. Montreal.

Chiarenza, A.A., Mannion, P.D., Lunt, D.J., Farnsworth, A., Jones, L.A., Kelland, S.-J., Allison, P.A., 2019. Ecological niche modelling does not support climatically-driven dinosaur diversity decline before the Cretaceous/Paleogene mass extinction. Nat. Commun. 10, 1091. https://doi.org/10.1038/s41467-019-08997-2

Cobos, M.E., Peterson, A.T., Barve, N., Osorio-Olvera, L., 2019. kuenm: an R package for detailed development of ecological niche models using Maxent. PeerJ 7, e6281. https://doi.org/10.7717/peerj.6281

De Cáceres, M., Brotons, L., 2012. Calibration of hybrid species distribution models: the value of general-purpose vs. targeted monitoring data. Divers. Distrib. 18, 977–989. https://doi.org/ https://doi.org/10.1111/j.1472-4642.2012.00899.x

de Sousa, K., van Zonneveld, M., Holmgren, M., Kindt, R., Ordoñez, J.C., 2019. The future of coffee and cocoa agroforestry in a warmer Mesoamerica. Sci. Rep. 9, 8828. https://doi.org/10.1038/s41598-019-45491-7

de Souza Muñoz, M.E., De Giovanni, R., de Siqueira, M.F., Sutton, T., Brewer, P., Pereira, R.S., Canhos, D.A.L., Canhos, V.P., 2011. openModeller: a generic approach to species' potential distribution modelling. Geoinformatica 15, 111–135. https://doi.org/10.1007/s10707-009-0090-7

Di Cola, V., Broennimann, O., Petitpierre, B., Breiner, F.T., D'Amen, M., Randin, C., Engler, R., Pottier, J., Pio, D., Dubuis, A., Pellissier, L., Mateo, R.G., Hordijk, W., Salamin, N., Guisan, A., 2017. ecospat: an R package to support spatial analyses and modeling of species niches and distributions. Ecography (Cop.). 40, 774–787. https://doi.org/https://doi.org/10.1111/ecog.02671

Díaz, M., Pulido, F.J., 2009. Dehesas perennifolias de Quercus spp., in: Bases Ecologicas Preliminares Para La Conservación de Los Tipos de Hábitat de Interés Comunitario En España. Ministerio de Medio Ambiente y Medio Rural y Marino, Madrid, p. 69.

Dormann, C., McPherson, J., Araújo, M., Bivand, R., Bolliger, J., Carl, G., Davies, R., Hirzel, A., Jetz, W., Kissling, D., Kühn, I., Ohlemüller, R., Peres-Neto, P., Reineking, B., Schröder, B., M. Schurr, F., Wilson, R., 2007. Methods to account for spatial autocorrelation in the analysis of species distributional data: a review. Ecography (Cop.). 30, 609–628. https://doi.org/https://doi.org/10.1111/j.2007.0906-7590.05171.x

Dormann, C.F., Elith, J., Bacher, S., Buchmann, C., Carl, G., Carré, G., Marquéz, J.R.G., Gruber, B., Lafourcade, B., Leitão, P.J., Münkemüller, T., McClean, C., Osborne, P.E., Reineking, B., Schröder, B., Skidmore, A.K., Zurell, D., Lautenbach, S., 2013. Collinearity: a review of methods to deal with it and a simulation study evaluating their performance. Ecography (Cop.). 36, 27–46. https://doi.org/10.1111/j.1600-0587.2012.07348.x

Dormann, C.F., Schymanski, S.J., Cabral, J., Chuine, I., Graham, C., Hartig, F., Kearney, M., Morin, X., Römermann, C., Schröder, B., Singer, A., 2012. Correlation and process in species distribution models: bridging a dichotomy. J. Biogeogr. 39, 2119–2131. https://doi.org/https://doi.org/10.1111/j.1365-2699.2011.02659.x

Duque-Lazo, J., Navarro-Cerrillo, R.M., 2017. What to save, the host or the pest? The spatial distribution of xylophage insects within the Mediterranean oak woodlands of Southwestern Spain. For. Ecol. Manage. 392, 90–104. https://doi.org/https://doi.org/10.1016/j.foreco.2017.02.047

Elith, J., Kearney, M., Phillips, S., 2010. The art of modelling range-shifting species. Methods Ecol. Evol. 1, 330–342. https://doi.org/https://doi.org/10.1111/j.2041-210X.2010.00036.x

Elith, J., Leathwick, J.R., 2009a. Species Distribution Models: Ecological Explanation and Prediction Across Space and Time. Annu. Rev. Ecol. Evol. Syst. 40, 677–697. https://doi.org/10.1146/annurev.ecolsys.110308.120159

Elith, J., Leathwick, J.R., 2009b. Species Distribution Models: Ecological Explanation and Prediction Across Space and Time. Annu. Rev. Ecol. Evol. Syst. 40, 677–697. https://doi.org/10.1146/annurev.ecolsys.110308.120159

Elith, J., Leathwick, J.R., Hastie, T., 2008. A working guide to boosted regression trees. J. Anim. Ecol. 77, 802–813. https://doi.org/https://doi.org/10.1111/j.1365-2656.2008.01390.x

Elton, C.S. (Charles S., 1927. Animal ecology . Macmillan Co, New York.

Escobar, L.E., Craft, M.E., 2016. Advances and Limitations of Disease Biogeography Using Ecological Niche Modeling . Front. Microbiol. .

FAO, 2020. Global Forest Resources Assessment.

Fedriani, J.M., Delibes, M., 2013. Pulp feeders alter plant interactions with subsequent animal associates. J. Ecol. 101, 1581–1588. https://doi.org/https://doi.org/10.1111/1365-2745.12146

Fedriani, J.M., Wiegand, T., Delibes, M., 2010. Spatial pattern of adult trees and the mammal-generated seed rain in the Iberian pear. Ecography (Cop.). 33, 545–555. https://doi.org/https://doi.org/10.1111/j.1600-0587.2009.06052.x

Feng, X., Park, D.S., Liang, Y., Pandey, R., Papeş, M., 2019. Collinearity in ecological niche modeling: Confusions and challenges. Ecol. Evol. 9, 10365–10376. https://doi.org/10.1002/ece3.5555

Ferraro, P.J., 2001. Global Habitat Protection: Limitations of Development Interventions and a Role for Conservation Performance Payments. Conserv. Biol. 15, 990–1000.

Fick, S.E., Hijmans, R.J., 2017. WorldClim 2: new 1-km spatial resolution climate surfaces for global land areas. Int. J. Climatol. 37, 4302–4315. https://doi.org/10.1002/joc.5086

Field, A., Miles, J., Field, Z., 2012. Discovering Statistics Using R. Sage Publications Ltd., London.

Fourcade, Y., Engler, J.O., Rödder, D., Secondi, J., 2014. Mapping Species Distributions with MAXENT Using a Geographically Biased Sample of Presence Data: A Performance Assessment of Methods for Correcting Sampling Bias. PLoS One 9, e97122.

Franklin, J., 2010a. Mapping species distributions. Cambridge University Press, Cambridge. https://doi.org/10.1017/CBO9780511810602

Franklin, J., 2010b. Mapping Species Distributions: Spatial Inference and Prediction, Ecology, Biodiversity and Conservation. Cambridge University Press, Cambridge. https://doi.org/DOI: 10.1017/CBO9780511810602

Franklin, J., 2010c. Moving beyond static species distribution models in support of conservation biogeography. Divers. Distrib. 16, 321–330. https://doi.org/https://doi.org/10.1111/j.1472-4642.2010.00641.x

García-Valdés, R., Svenning, J.-C., Zavala, M.A., Purves, D.W., Araújo, M.B., 2015. Evaluating the combined effects of climate and land-use change on tree species distributions. J. Appl. Ecol. 52, 902–912. https://doi.org/https://doi.org/10.1111/1365-2664.12453

García-Valdés, R., Zavala, M.A., Araújo, M.B., Purves, D.W., 2013. Chasing a moving target: projecting climate change-induced shifts in non-equilibrial tree species distributions. J. Ecol. 101, 441–453. https://doi.org/https://doi.org/10.1111/1365-2745.12049

García, C., Espelta, J.M., Hampe, A., 2020. Managing forest regeneration and expansion at a time of unprecedented global change. J. Appl. Ecol. 57, 2310–2315. https://doi.org/https://doi.org/10.1111/1365-2664.13797

García, D., Obeso, J.R., Martínez, I., 2005. Rodent seed predation promotes differential recruitment among bird-dispersed trees in temperate secondary forests. Oecologia 144, 435–446. https://doi.org/10.1007/s00442-005-0103-7

Gastón, A., García-Viñas, J.I., Bravo-Fernández, A.J., López-Leiva, C., Oliet, J.A., Roig, S., Serrada, R., 2014. Species distribution models applied to plant species selection in forest restoration: are model predictions comparable to expert opinion? New For. 45, 641–653. https://doi.org/10.1007/s11056-014-9427-7

Gavish, Y., Marsh, C.J., Kuemmerlen, M., Stoll, S., Haase, P., Kunin, W.E., 2017. Accounting for biotic interactions through alpha-diversity constraints in stacked species distribution models. Methods Ecol. Evol. 8, 1092–1102. https://doi.org/https://doi.org/10.1111/2041-210X.12731

Grantham, H.S., Duncan, A., Evans, T.D., Jones, K.R., Beyer, H.L., Schuster, R., Walston, J., Ray, J.C., Robinson, J.G., Callow, M., Clements, T., Costa, H.M., DeGemmis, A., Elsen, P.R., Ervin, J., Franco, P., Goldman, E., Goetz, S., Hansen, A., Hofsvang, E., Jantz, P., Jupiter, S., Kang, A., Langhammer, P., Laurance, W.F., Lieberman, S., Linkie, M., Malhi, Y., Maxwell, S., Mendez, M., Mittermeier, R., Murray, N.J., Possingham, H., Radachowsky, J., Saatchi, S., Samper, C., Silverman, J., Shapiro, A., Strassburg, B., Stevens, T., Stokes, E., Taylor, R., Tear, T., Tizard, R., Venter, O., Visconti, P., Wang, S., Watson, J.E.M., 2020. Anthropogenic modification of forests means only 40% of remaining forests have high ecosystem integrity. Nat. Commun. 11, 5978. https://doi.org/10.1038/s41467-020-19493-3

Grinnell, J., 1917. The Niche-Relationships of the California Thrasher. Auk 34, 427–433. https://doi.org/10.2307/4072271

Guillaumot, C., Martin, A., Fabri-Ruiz, S., Eléaume, M., Saucède, T., 2016. Echinoids of the Kerguelen Plateau – occurrence data and environmental setting for past, present, and future species distribution modelling. Zookeys 630, 1–17.

Guisan, A., Edwards, T.C., Hastie, T., 2002. Generalized linear and generalized additive models in studies of species distributions: setting the scene. Ecol. Modell. 157, 89–100. https://doi.org/https://doi.org/10.1016/S0304-3800(02)00204-1

Guisan, A., Rahbek, C., 2011. SESAM – a new framework integrating macroecological and species distribution models for predicting spatio-temporal patterns of species assemblages. J. Biogeogr. 38, 1433–1444. https://doi.org/https://doi.org/10.1111/j.1365-2699.2011.02550.x

Guisan, A., Thuiller, W., 2005. Predicting species distribution: offering more than simple habitat models. Ecol. Lett. 8, 993–1009. https://doi.org/https://doi.org/10.1111/j.1461-0248.2005.00792.x

Guisan, A., Thuiller, W., Zimmermann, N.E., 2017. Habitat Suitability and Distribution Models: With Applications in R, Ecology, Biodiversity and Conservation. Cambridge University Press. https://doi.org/10.1017/9781139028271

Guisan, A., Zimmermann, N.E., 2000. Predictive habitat distribution models in ecology. Ecol. Modell. 135, 147–186. https://doi.org/https://doi.org/10.1016/S0304-3800(00)00354-9

Guo, Q., Liu, Y., 2010. ModEco: an integrated software package for ecological niche modeling. Ecography (Cop.). 33, 637–642. https://doi.org/https://doi.org/10.1111/j.1600-0587.2010.06416.x

Hampe, A., 2004. Bioclimate envelope models: what they detect and what they hide. Glob. Ecol. Biogeogr. 13, 469–471. https://doi.org/https://doi.org/10.1111/j.1466-822X.2004.00090.x

Hao, T., Elith, J., Guillera-Arroita, G., Lahoz-Monfort, J.J., 2019. A review of evidence about use and performance of species distribution modelling ensembles like BIOMOD. Divers. Distrib. 25, 839–852. https://doi.org/https://doi.org/10.1111/ddi.12892

Hao, T., Elith, J., Lahoz-Monfort, J.J., Guillera-Arroita, G., 2020. Testing whether ensemble modelling is advantageous for maximising predictive performance of species distribution models. Ecography (Cop.). 43, 549–558. https://doi.org/https://doi.org/10.1111/ecog.04890

Hastie, T., Tibshirani, R., Friedman, J., 2001. The elements of statistical learning: data mining, inference, and prediction. Springer, New York.

Heisey, D.M., Osnas, E.E., Cross, P.C., Joly, D.O., Langenberg, J.A., Miller, M.W., 2010. Linking process to pattern: estimating spatiotemporal dynamics of a wildlife epidemic from cross-sectional data. Ecol. Monogr. 80, 221–240. https://doi.org/https://doi.org/10.1890/09-0052.1

Hernández-Lambraño, R.E., González-Moreno, P., Sánchez-Agudo, J.Á., 2018. Environmental factors associated with the spatial distribution of invasive plant pathogens in the Iberian Peninsula: The case of Phytophthora cinnamomi Rands. For. Ecol. Manage. 419–420, 101–109. https://doi.org/https://doi.org/10.1016/j.foreco.2018.03.026

Hijmans, R.J., Phillips, S., Leathwick, J., Elith, J., 2017. Species Distribution Modeling. Package 'dismo'. dismo: Species Distribution Modeling. R package version 0.9–3.

Hill, S.L.L., Arnell, A., Maney, C., Butchart, S.H.M., Hilton-Taylor, C., Ciciarelli, C., Davis, C., Dinerstein, E., Purvis, A., Burgess, N.D., 2019. Measuring Forest Biodiversity Status and Changes Globally . Front. For. Glob. Chang. .

Hirzel, A., Guisan, A., 2002. Which is the optimal sampling strategy for habitat suitability modelling. Ecol. Modell. 157, 331–341. https://doi.org/https://doi.org/10.1016/S0304-3800(02)00203-X

Hunter (Ed.)., 1999. Maintaining Biodiversity in Forest Ecosystems. Cambridge University Press, Cambridge. https://doi.org/DOI: 10.1017/CBO9780511613029

Hutchinson, G.E., 1957. Concluding Remarks. Cold Spring Harb. Symp. Quant. Biol. 22, 415–427. https://doi.org/10.1101/SQB.1957.022.01.039

IUCN (International Union for Conservation of Nature)., 2020. https://bit.ly/3Imm6aw.

Jackson, S.T., Overpeck, J.T., 2000. Responses of Plant Populations and Communities to Environmental Changes of the Late Quaternary. Paleobiology 26, 194–220.

Jaime, L., Batllori, E., Margalef-Marrase, J., Pérez Navarro, M.Á., Lloret, F., 2019. Scots pine (Pinus sylvestris L.) mortality is explained by the climatic suitability of both host tree and bark beetle populations. For. Ecol. Manage. 448, 119–129. https://doi.org/https://doi.org/10.1016/j.foreco.2019.05.070

Jarnevich, C.S., Talbert, M., Morisette, J., Aldridge, C., Brown, C.S., Kumar, S., Manier, D., Talbert, C., Holcombe, T., 2017. Minimizing effects of methodological decisions on interpretation and prediction in species distribution studies: An example with background selection. Ecol. Modell. 363, 48–56. https://doi.org/https://doi.org/10.1016/j.ecolmodel.2017.08.017

Karger, D.N., Conrad, O., Böhner, J., Kawohl, T., Kreft, H., Soria-Auza, R.W., Zimmermann, N.E., Linder, H.P., Kessler, M., 2017. Climatologies at high resolution for the earth's land surface areas. Sci. Data 4, 170122. https://doi.org/10.1038/sdata.2017.122

Kearney, M., Porter, W., 2009. Mechanistic niche modelling: combining physiological and spatial data to predict species' ranges. Ecol. Lett. 12, 334–350. https://doi.org/https://doi.org/10.1111/j.1461-0248.2008.01277.x

Kearney, M., Simpson, S.J., Raubenheimer, D., Helmuth, B., 2010. Modelling the ecological niche from functional traits. Philos. Trans. R. Soc. London. Ser. B, Biol. Sci. 365, 3469–3483. https://doi.org/10.1098/rstb.2010.0034

Kearney, M.R., Porter, W.P., 2020. NicheMapR – an R package for biophysical modelling: the ectotherm and Dynamic Energy Budget models. Ecography (Cop.). 43, 85–96. https://doi.org/https://doi.org/10.1111/ecog.04680

Konowalik, K., Nosol, A., 2021. Evaluation metrics and validation of presence-only species distribution models based on distributional maps with varying coverage. Sci. Rep. 11, 1482. https://doi.org/10.1038/s41598-020-80062-1

Kutner, M.H., Neter, J., Nachtsheim, C.J., Li, W., 2004. Applied linear statistical models, 5th Edition. McGraw- Hill Irwin., Boston.

Levey, D.J., Silva, W.R., Galetti, M., 2022. Seed dispersal and frugivory: ecology, evolution and conservation. CABI Publishing, New York.

Lindenmayer, D.B., Franklin, J.F., 2002. Conserving Forest Biodiversity: A Comprehensive Multiscaled Approach, Conserving Forest Biodiversity: A Comprehensive Multiscaled Approach. Island Press.

Lindenmayer, D.B., Franklin, J.F., Fischer, J., 2006. General management principles and a checklist of strategies to guide forest biodiversity conservation. Biol. Conserv. 131, 433–445. https://doi.org/https://doi.org/10.1016/j.biocon.2006.02.019

Liu, C., Newell, G., White, M., 2016. On the selection of thresholds for predicting species occurrence with presence-only data. Ecol. Evol. 6, 337–348. https://doi.org/https://doi.org/10.1002/ece3.1878

Maguire Bassett, 1973. Niche Response Structure and the Analytical Potentials of Its Relationship to the Habitat. Am. Nat. 107, 213–246. https://doi.org/10.1086/282827

Margalef-Marrase, J., Pérez-Navarro, M.Á., Lloret, F., 2020. Relationship between heatwave-induced forest die-off and climatic suitability in multiple tree species. Glob. Chang. Biol. 26, 3134–3146. https://doi.org/https://doi.org/10.1111/gcb.15042

Marmion, M., Parviainen, M., Luoto, M., Heikkinen, R.K., Thuiller, W., 2009. Evaluation of consensus methods in predictive species distribution modelling. Divers. Distrib. 15, 59–69. https://doi.org/https://doi.org/10.1111/j.1472-4642.2008.00491.x

Masiero, M., Pettenella, D., Boscolo, M., Barua, S.K., Animon, I., Matta, J., 2019. Valuing forest ecosystem services: a training manual for planners and project developers. Masiero M, Pettenella D, Boscolo M, Barua S K, Animon I, Matta JR (2019) Valuing forest ecosystem services: a training manual for planners and project developers. Fo. Rome.

Menke, S.B., Holway, D.A., Fisher, R.N., Jetz, W., 2009. Characterizing and predicting species distributions across environments and scales: Argentine ant occurrences in the eye of the beholder. Glob. Ecol. Biogeogr. 18, 50–63. https://doi.org/10.1111/j.1466-8238.2008.00420.x

Moisen, G.G., Frescino, T.S., 2002. Comparing five modelling techniques for predicting forest characteristics. Ecol. Modell. 157, 209–225. https://doi.org/https://doi.org/10.1016/S0304-3800(02)00197-7

Morán-Ordóñez, A., Suárez-Seoane, S., Elith, J., Calvo, L., de Luis, E., 2012. Satellite surface reflectance improves habitat distribution mapping: a case study on heath and shrub formations in the Cantabrian Mountains (NW Spain). Divers. Distrib. 18, 588–602. https://doi.org/https://doi.org/10.1111/j.1472-4642.2011.00855.x

Morelli, T.L., Smith, A.B., Mancini, A.N., Balko, E.A., Borgerson, C., Dolch, R., Farris, Z., Federman, S., Golden, C.D., Holmes, S.M., Irwin, M., Jacobs, R.L., Johnson, S., King, T., Lehman, S.M., Louis, E.E., Murphy, A., Randriahaingo, H.N.T., Randrianarimanana, H.L.L., Ratsimbazafy, J., Razafindratsima, O.H., Baden, A.L., 2020. The fate of Madagascar's rainforest habitat. Nat. Clim. Chang. 10, 89–96. https://doi.org/10.1038/s41558-019-0647-x

Mori, A.S., 2017. Biodiversity and ecosystem services in forests: management and restoration founded on ecological theory. J. Appl. Ecol. 54, 7–11. https://doi.org/https://doi.org/10.1111/1365-2664.12854

Naimi, B., Araújo, M.B., 2016. sdm: a reproducible and extensible R platform for species distribution modelling. Ecography (Cop.). 39, 368–375. https://doi.org/https://doi.org/10.1111/ecog.01881

Nenzén, H.K., Araújo, M.B., 2011. Choice of threshold alters projections of species range shifts under climate change. Ecol. Modell. 222, 3346–3354. https://doi.org/https://doi.org/10.1016/j.ecolmodel.2011.07.011

Newbold, T., 2010. Applications and limitations of museum data for conservation and ecology, with particular attention to species distribution models. Prog. Phys. Geogr. Earth Environ. 34, 3–22. https://doi.org/10.1177/0309133309355630

Niels, R., 2012. Partial versus Full Species Distribution Models. Nat. \& Conserv. 10, 127–138.

Pais, S., Aquilué, N., Campos, J., Sil, Â., Marcos, B., Martínez-Freiría, F., Domínguez, J., Brotons, L., Honrado, J.P., Regos, A., 2020. Mountain farmland protection and fire-smart management jointly reduce fire hazard and enhance biodiversity and carbon sequestration. Ecosyst. Serv. 44, 101143. https://doi.org/https://doi.org/10.1016/j.ecoser.2020.101143

Pearson, R.G., Dawson, T.P., 2003. Predicting the impacts of climate change on the distribution of species: are bioclimate envelope models useful? Glob. Ecol. Biogeogr. 12, 361–371. https://doi.org/10.1046/j.1466-822X.2003.00042.x

Pecchi, M., Marchi, M., Burton, V., Giannetti, F., Moriondo, M., Bernetti, I., Bindi, M., Chirici, G., 2019. Species distribution modelling to support forest management. A literature review. Ecol. Modell. 411, 108817. https://doi.org/https://doi.org/10.1016/j.ecolmodel.2019.108817

Pecl, G.T., Araújo, M.B., Bell, J.D., Blanchard, J., Bonebrake, T.C., Chen, I.-C., Clark, T.D., Colwell, R.K., Danielsen, F., Evengård, B., Falconi, L., Ferrier, S., Frusher, S., Garcia, R.A., Griffis, R.B., Hobday, A.J., Janion-Scheepers, C., Jarzyna, M.A., Jennings, S., Lenoir, J., Linnetved, H.I., Martin, V.Y., McCormack, P.C., McDonald, J., Mitchell, N.J., Mustonen, T., Pandolfi, J.M., Pettorelli, N., Popova, E., Robinson, S.A., Scheffers, B.R., Shaw, J.D., Sorte, C.J.B., Strugnell, J.M., Sunday, J.M., Tuanmu, M.-N., Vergés, A., Villanueva, C., Wernberg, T., Wapstra, E., Williams, S.E., 2017. Biodiversity redistribution under climate change: Impacts on ecosystems and human well-being. Science (80-.). 355, eaai9214. https://doi.org/10.1126/science.aai9214

Peel, S.L., Hill, N.A., Foster, S.D., Wotherspoon, S.J., Ghiglione, C., Schiaparelli, S., 2019. Reliable species distributions are obtainable with sparse, patchy and biased data by leveraging over species and data types. Methods Ecol. Evol. 10, 1002–1014. https://doi.org/ https://doi.org/10.1111/2041-210X.13196

Pérez Navarro, M.Á., Sapes, G., Batllori, E., Serra-Diaz, J.M., Esteve, M.A., Lloret, F., 2019. Climatic Suitability Derived from Species Distribution Models Captures Community Responses to an Extreme Drought Episode. Ecosystems 22, 77–90. https://doi.org/10.1007/ s10021-018-0254-0

Peterson, A.T., Papeş, M., Soberón, J., 2015. Mechanistic and Correlative Models of Ecological Niches. Eur. J. Ecol. 1, 28–38. https://doi.org/10.1515/eje-2015-0014

Peterson, A.T., Soberón, J., Pearson, R.G., Anderson, R.P., Martínez-Meyer, E., Nakamura, M., Araújo, M.B., 2011. Ecological Niches and Geographic Distributions (MPB-49). Princeton University Press.

Petitpierre, B., Broennimann, O., Kueffer, C., Daehler, C., Guisan, A., 2017. Selecting predictors to maximize the transferability of species distribution models: lessons from cross-continental plant invasions. Glob. Ecol. Biogeogr. 26, 275–287. https://doi.org/https://doi. org/10.1111/geb.12530

Pettorelli, N., Ryan, S., Mueller, T., Bunnefeld, N., Jedrzejewska, B., Lima, M., Kausrud, K., 2011. The Normalized Difference Vegetation Index (NDVI): unforeseen successes in animal ecology . Clim. Res. 46, 15–27.

Phillips, S.J., Anderson, R.P., Dudík, M., Schapire, R.E., Blair, M.E., 2017a. Opening the black box: an open-source release of Maxent. Ecography (Cop.). 40, 887–893. https://doi. org/10.1111/ecog.03049

Phillips, S.J., Anderson, R.P., Dudík, M., Schapire, R.E., Blair, M.E., 2017b. Opening the black box: an open-source release of Maxent. Ecography (Cop.). 40, 887–893. https://doi. org/10.1111/ecog.03049

Phillips, S.J., Anderson, R.P., Schapire, R.E., 2006. Maximum entropy modeling of species geographic distributions. Ecol. Modell. 190, 231–259. https://doi.org/10.1016/j. ecolmodel.2005.03.026

Phillips, S.J., Dudík, M., Elith, J., Graham, C.H., Lehmann, A., Leathwick, J., Ferrier, S., 2009. Sample selection bias and presence-only distribution models: implications for background and pseudo-absence data. Ecol. Appl. 19, 181–197. https://doi.org/https://doi. org/10.1890/07-2153.1

Phillips, S.J., Elith, J., 2010. POC plots: calibrating species distribution models with presence-only data. Ecology 91, 2476–2484. https://doi.org/https://doi.org/10.1890/09-0760.1

Poggiato, G., Münkemüller, T., Bystrova, D., Arbel, J., Clark, J.S., Thuiller, W., 2021. On the Interpretations of Joint Modeling in Community Ecology. Trends Ecol. Evol. 36, 391–401. https://doi.org/https://doi.org/10.1016/j.tree.2021.01.002

Pollock, L.J., Tingley, R., Morris, W.K., Golding, N., O'Hara, R.B., Parris, K.M., Vesk, P.A., McCarthy, M.A., 2014. Understanding co-occurrence by modelling species simultaneously with a Joint Species Distribution Model (JSDM). Methods Ecol. Evol. 5, 397–406. https://doi.org/https://doi.org/10.1111/2041-210X.12180

Ponce-Fontenla, S., Serrano, M., Carballal, R., Regos, A., 2021. Sentinel 2 images enable reliable prediction of fine-scale habitat dynamics of narrow endemic plant species in serpentine soils. Appl. Veg. Sci. 24, e12614. https://doi.org/https://doi.org/10.1111/avsc.12614

Pulido-Pastor, A., Márquez, A.L., García-Barros, E., Real, R., 2018. Identification of potential source and sink areas for butterflies on the Iberian Peninsula. Insect Conserv. Divers. 11, 479–492. https://doi.org/https://doi.org/10.1111/icad.12297

Pulliam, H.R., 1988. Sources, Sinks, and Population Regulation. Am. Nat. 132, 652–661.

Raes, N., ter Steege, H., 2007. A null-model for significance testing of presence-only species distribution models. Ecography (Cop.). 30, 727–736. https://doi.org/https://doi.org/10.1111/j.2007.0906-7590.05041.x

Randin, C.F., Dirnböck, T., Dullinger, S., Zimmermann, N.E., Zappa, M., Guisan, A., 2006. Are niche-based species distribution models transferable in space? J. Biogeogr. 33, 1689–1703. https://doi.org/https://doi.org/10.1111/j.1365-2699.2006.01466.x

Regos, A., D'Amen, M., Titeux, N., Herrando, S., Guisan, A., Brotons, L., 2016. Predicting the future effectiveness of protected areas for bird conservation in Mediterranean ecosystems under climate change and novel fire regime scenarios. Divers. Distrib. 22, 83–96. https://doi.org/https://doi.org/10.1111/ddi.12375

Regos, A., Gagne, L., Alcaraz-Segura, D., Honrado, J.P., Domínguez, J., 2019. Effects of species traits and environmental predictors on performance and transferability of ecological niche models. Sci. Rep. 9, 4221. https://doi.org/10.1038/s41598-019-40766-5

Regos, A., Gonçalves, J.F., Arenas-Castro, S., Alcaraz-Segura, D., Guisan, A., Honrado, J.P., 2022. Mainstreaming Remotely Sensed Ecosystem Functioning in Ecological Niche Models. Remote Sens. Ecol. Conserv. https://doi.org/10.1002/rse2.255

Rivest, D., Rolo, V., López-Díaz, L., Moreno, G., 2011. Shrub encroachment in Mediterranean silvopastoral systems: Retama sphaerocarpa and Cistus ladanifer induce contrasting effects on pasture and Quercus ilex production. Agric. Ecosyst. Environ. 141, 447–454. https://doi.org/https://doi.org/10.1016/j.agee.2011.04.018

Rodwell, J.S., Schaminée, J.H.J., Mucina, L., Pignatti, S., Dring, J., Moss, D., 1998. The Scientific Basis of the EUNIS Habitat Classification. Report to the European Topic Centre on Nature Conservation. Lancaster.

Rojas Briceño, N.B., Cotrina Sánchez, D.A., Barboza Castillo, E., Barrena Gurbillón, M.Á., Sarmiento, F.O., Sotomayor, D.A., Oliva, M., Salas López, R., 2020. Current and Future Distribution of Five Timber Forest Species in Amazonas, Northeast Peru: Contributions towards a Restoration Strategy. Diversity. https://doi.org/10.3390/d12080305

Royle, J.A., Chandler, R.B., Yackulic, C., Nichols, J.D., 2012. Likelihood analysis of species occurrence probability from presence-only data for modelling species distributions. Methods Ecol. Evol. 3, 545–554. https://doi.org/https://doi.org/10.1111/j.2041-210X.2011.00182.x

Schoener, T.W., 1974. Resource partitioning in ecological communities. Science 185, 27–39. https://doi.org/10.1126/science.185.4145.27

Schupp, E.W., Jordano, P., Gómez, J.M., 2010. Seed dispersal effectiveness revisited: a conceptual review. New Phytol. 188, 333–353. https://doi.org/https://doi.org/10.1111/j.1469-8137.2010.03402.x

Scott, W.A., Hallam, C.J., 2003. Assessing species misidentification rates through quality assurance of vegetation monitoring. Plant Ecol. 165, 101–115. https://doi.org/10.1023/A:1021441331839

Sillero, N., 2011. What does ecological modelling model? A proposed classification of ecological niche models based on their underlying methods. Ecol. Modell. 222, 1343–1346.

Sillero, N., Arenas-Castro, S., Enriquez-Urzelai, U., Vale, C.G., Sousa-Guedes, D., Martínez-Freiría, F., Real, R., Barbosa, A.M., 2021. Want to model a species niche? A step-by-step guideline on correlative ecological niche modelling. Ecol. Modell. 456, 109671. https://doi.org/https://doi.org/10.1016/j.ecolmodel.2021.109671

Soberón, J., Peterson, A., 2005. Interpretation of Models of Fundamental Ecological Niches and Species' Distributional Areas. Biodivers. Informatics 2. https://doi.org/10.17161/bi.v2i0.4

Sofaer, H.R., Jarnevich, C.S., Pearse, I.S., Smyth, R.L., Auer, S., Cook, G.L., Edwards Jr, T.C., Guala, G.F., Howard, T.G., Morisette, J.T., Hamilton, H., 2019. Development and Delivery of Species Distribution Models to Inform Decision-Making. Bioscience 69, 544–557. https://doi.org/10.1093/biosci/biz045

Thuiller, W., 2014. Editorial commentary on "BIOMOD - optimizing predictions of species distributions and projecting potential future shifts under global change." Glob. Chang. Biol. 20, 3591–3592. https://doi.org/10.1111/gcb.12728

Thuiller, W., Araújo, M.B., Lavorel, S., 2004. Do we need land-cover data to model species distributions in Europe? J. Biogeogr. 31, 353–361. https://doi.org/https://doi.org/10.1046/j.0305-0270.2003.00991.x

Thuiller, W., Georges, D., Gueguen, M., Engler, R., Breiner, F., Lafourcade, B., 2022. biomod2: Ensemble Platform for Species Distribution Modeling. R package version 4.1-1.

Thuiller, W., Lafourcade, B., Engler, R., Araújo, M.B., 2009. BIOMOD – a platform for ensemble forecasting of species distributions. Ecography (Cop.). 32, 369–373. https://doi.org/https://doi.org/10.1111/j.1600-0587.2008.05742.x

Titeux, N., Henle, K., Mihoub, J.-B., Regos, A., Geijzendorffer, I.R., Cramer, W., Verburg, P.H., Brotons, L., 2017. Global scenarios for biodiversity need to better integrate climate and land use change. Divers. Distrib. 23, 1231–1234. https://doi.org/https://doi.org/10.1111/ddi.12624

Tourinho, L., Vale, M.M., 2021. Choosing among correlative, mechanistic, and hybrid models of species' niche and distribution. Integr. Zool. n/a. https://doi.org/https://doi.org/10.1111/1749-4877.12618

Tuanmu, M.-N., Viña, A., Roloff, G.J., Liu, W., Ouyang, Z., Zhang, H., Liu, J., 2011. Temporal transferability of wildlife habitat models: implications for habitat monitoring. J. Biogeogr. 38, 1510–1523. https://doi.org/https://doi.org/10.1111/j.1365-2699.2011.02479.x

Underwood, E.C., Viers, J.H., Klausmeyer, K.R., Cox, R.L., Shaw, M.R., 2009. Threats and biodiversity in the mediterranean biome. Divers. Distrib. 15, 188–197. https://doi.org/10.1111/j.1472-4642.2008.00518.x

Valavi, R., Elith, J., Lahoz-Monfort, J.J., Guillera-Arroita, G., 2019. blockCV: An r package for generating spatially or environmentally separated folds for k-fold cross-validation of species distribution models. Methods Ecol. Evol. 10, 225–232. https://doi.org/https://doi.org/10.1111/2041-210X.13107

van der Plas, F., Manning, P., Allan, E., Scherer-Lorenzen, M., Verheyen, K., Wirth, C., Zavala, M.A., Hector, A., Ampoorter, E., Baeten, L., Barbaro, L., Bauhus, J., Benavides, R., Benneter, A., Berthold, F., Bonal, D., Bouriaud, O., Bruelheide, H., Bussotti, F., Carnol, M., Castagneyrol, B., Charbonnier, Y., Coomes, D., Coppi, A., Bastias, C.C., Muhie Dawud, S., De Wandeler, H., Domisch, T., Finér, L., Gessler, A., Granier, A., Grossiord, C., Guyot, V., Hättenschwiler, S., Jactel, H., Jaroszewicz, B., Joly, F.-X., Jucker, T., Koricheva, J., Milligan, H., Müller, S., Muys, B., Nguyen, D., Pollastrini, M., Raulund-Rasmussen, K., Selvi, F., Stenlid, J., Valladares, F., Vesterdal, L., Zielínski, D., Fischer, M., 2016. Jack-of-all-trades effects drive biodiversity–ecosystem multifunctionality relationships in European forests. Nat. Commun. 7, 11109. https://doi.org/10.1038/ncomms11109

VanDerWal, J., Shoo, L.P., Graham, C., Williams, S.E., 2009. Selecting pseudo-absence data for presence-only distribution modeling: How far should you stray from what you know? Ecol. Modell. 220, 589–594. https://doi.org/https://doi.org/10.1016/j.ecolmodel.2008.11.010

Vieilledent, G., Merow, C., Guélat, J., Latimer, A.M., Kéry, M., Gelfand, A.E., Wilson, A., Mortier, F., Jr., J.A.S., 2015. ISEC2014: hSDM, an R package for hierarchical species distribution models taking into account imperfect detection and spatial correlation of the observations. https://doi.org/10.6084/m9.figshare.1577538.v2

Vila-Viçosa, C., Arenas-Castro, S., Marcos, B., Honrado, J., García, C., Vázquez, F.M., Almeida, R., Gonçalves, J., 2020. Combining Satellite Remote Sensing and Climate Data in Species Distribution Models to Improve the Conservation of Iberian White Oaks (Quercus L.). ISPRS Int. J. Geo-Information 9. https://doi.org/10.3390/ijgi9120735

Villares, J., 2018. Inventario Español de Especies Terrestres (MAGRAMA). Version 1.4.

VV.AA., 2009. Bases ecológicas preliminares para la conservación de los tipos de hábitat de interés comunitario en España. Ministerio de Medio Ambiente, y Medio Rural y Marino., Madrid.

Wadoux, A.M.J.-C., Heuvelink, G.B.M., de Bruin, S., Brus, D.J., 2021. Spatial cross-validation is not the right way to evaluate map accuracy. Ecol. Modell. 457, 109692. https://doi.org/https://doi.org/10.1016/j.ecolmodel.2021.109692

Warren, D.L., Glor, R.E., Turelli, M., 2010. ENMTools: a toolbox for comparative studies of environmental niche models. Ecography (Cop.). 33, 607–611. https://doi.org/https://doi.org/10.1111/j.1600-0587.2009.06142.x

Warren, D.L., Matzke, N.J., Iglesias, T.L., 2020. Evaluating presence-only species distribution models with discrimination accuracy is uninformative for many applications. J. Biogeogr. 47, 167–180. https://doi.org/https://doi.org/10.1111/jbi.13705

Weiner, C.N., Werner, M., Linsenmair, K.E., Blüthgen, N., 2011. Land use intensity in grasslands: Changes in biodiversity, species composition and specialisation in flower visitor networks. Basic Appl. Ecol. 12, 292–299. https://doi.org/https://doi.org/10.1016/j.baae.2010.08.006

Werkowska, W., Márquez, A.L., Real, R., Acevedo, P., 2016. A practical overview of transferability in species distribution modeling. Environ. Rev. 25, 127–133. https://doi.org/10.1139/er-2016-0045

Wisz, M.S., Pottier, J., Kissling, W.D., Pellissier, L., Lenoir, J., Damgaard, C.F., Dormann, C.F., Forchhammer, M.C., Grytnes, J.-A., Guisan, A., Heikkinen, R.K., Høye, T.T., Kühn, I., Luoto, M., Maiorano, L., Nilsson, M.-C., Normand, S., Öckinger, E., Schmidt, N.M., Termansen, M., Timmermann, A., Wardle, D.A., Aastrup, P., Svenning, J.-C., 2013. The role of biotic interactions in shaping distributions and realised assemblages of species: implications for species distribution modelling. Biol. Rev. Camb. Philos. Soc. 88, 15–30. https://doi.org/10.1111/j.1469-185X.2012.00235.x

Yates, K.L., Bouchet, P.J., Caley, M.J., Mengersen, K., Randin, C.F., Parnell, S., Fielding, A.H., Bamford, A.J., Ban, S., Barbosa, A.M., Dormann, C.F., Elith, J., Embling, C.B., Ervin, G.N., Fisher, R., Gould, S., Graf, R.F., Gregr, E.J., Halpin, P.N., Heikkinen, R.K., Heinänen, S., Jones, A.R., Krishnakumar, P.K., Lauria, V., Lozano-Montes, H., Mannocci, L., Mellin, C., Mesgaran, M.B., Moreno-Amat, E., Mormede, S., Novaczek, E., Oppel, S., Ortuño Crespo, G., Peterson, A.T., Rapacciuolo, G., Roberts, J.J., Ross, R.E., Scales, K.L., Schoeman, D., Snelgrove, P., Sundblad, G., Thuiller, W., Torres, L.G., Verbruggen, H., Wang, L., Wenger, S., Whittingham, M.J., Zharikov, Y., Zurell, D., Sequeira, A.M.M., 2018. Outstanding Challenges in the Transferability of Ecological Models. Trends Ecol. Evol. 33, 790–802. https://doi.org/https://doi.org/10.1016/j.tree.2018.08.001

Zurell, D., 2017. Integrating demography, dispersal and interspecific interactions into bird distribution models. J. Avian Biol. 48, 1505–1516. https://doi.org/https://doi.org/10.1111/jav.01225

Acceso al
material complementario

16

Análisis de datos de inventarios forestales

Rafael M.ª NAVARRO CERRILLO
M.ª Ángeles VARO MARTÍNEZ
Antonio M. CACHINERO VIVAR
Francisco J. RUIZ GÓMEZ
Pablo GONZÁLEZ MORENO

Resumen

En las últimas décadas, el acceso a datos a diferentes escalas ha crecido a un ritmo sin precedentes, duplicándose el volumen de datos cada dos años. En contraste con otros campos, los datos forestales cubren ámbitos muy diversos, no siempre complementarios, tienen una clara orientación territorial y temporal, (multidimensionales) y demandan una cierta recurrencia temporal, que hacen que su procesamiento sea más difícil. Sin embargo, la forma en cómo se adquieren, se procesan y se analizan los datos procedentes de inventarios forestales desde que comenzaron las mediciones forestales ha cambiado sustancialmente; muy particularmente en las dos últimas décadas. Los datos derivados de inventarios forestales y de fuentes complementarias suelen ser muy voluminosos, presentan estructuras muy dispares, suelen estar ordenados de acuerdo con criterios poco sistemáticos, incluyen información de aspectos muy diversos (multi-informativos) y, además, su adquisición suele ser costosa y no se suele optimizar todo su potencial analítico. Es evidente que las tecnologías emergentes han hecho que cambiemos completamente la forma de abordar la selvicultura: cada vez se utiliza más los procesos de digitalización para optimizar el uso de la información de diferentes fuentes, la capacidad de análisis de procesos y la modelización relacionados con la gestión de los recursos y sistemas forestales.

En este capítulo, se desarrollan de forma teórica y práctica los aspectos relacionados con el acceso, el procesado, el análisis y el uso práctico de datos forestales para ayudar a comprender la aplicación de bases de datos en la silvicultura, incluyendo los datos disponibles, la arquitectura de datos, el desarrollo y la aplicación de nuevas aproximaciones estadísticas, así como las tendencias futuras en el desarrollo de macrodatos forestales. A lo largo del texto, se proponen ejemplos de análisis de datos de inventario mediante diferentes aproximaciones estadísticas. Este capítulo relaciona los ejemplos con el código fuente y las salidas numéricas y gráficas, para lo cual se ofrece el acceso a las librerías de R en GitHub.

Palabras clave: minería de datos, inventarios, selvicultura, ordenación de montes.

1. Introducción

1.1. La necesidad de medir el bosque: inventarios forestales

En las últimas décadas, el acceso a datos a diferentes escalas ha crecido a un ritmo sin precedentes. El cambio en la cantidad y la calidad de la información ha revolucionado todo el ámbito científico y técnico a través de lo que se ha dado en llamar *big data*. Con el desarrollo de nuevos métodos de análisis estadístico, el procesado de datos y la capacidad computacional, la tecnología de *big data* se ha extendido a casi todos los campos del conocimiento y se utiliza ampliamente en los ámbitos relacionados con la ciencia y la ingeniería forestal, desde la ecología a la selvicultura. Sin embargo, el formato de datos y el flujo de procesamiento de *big data* son bastante diferentes de los métodos tradicionales de procesamiento de datos, y los métodos informáticos y estadísticos tradicionales no son suficientemente efectivos para manejar este tipo de información.

La selvicultura ha requerido, desde su origen, la adquisición de datos relacionados con la métrica del bosque, así como su análisis para tomar decisiones basadas en información objetiva y poder responder a numerosas preguntas relevantes en torno a la gestión forestal: ¿cuál es el volumen maderable actual y futuro de un monte? ¿qué capacidad de secuestro de carbono tiene un sistema forestal particular? ¿cuántas especies aparecen en un hábitat? La dasometría es, por tanto, una parte fundamental de la selvicultura y ha sido uno de pilares fundamentales para llevar a la práctica sus fundamentos teóricos. Sin embargo, la forma en cómo se adquieren, se procesan y se analizan los datos procedentes de inventarios forestales desde que comenzaron las mediciones forestales ha cambiado sustancialmente. Los datos derivados de inventarios forestales y de fuentes complementarias suelen ser muy voluminosos, presentan estructuras muy dispares, suelen estar ordenados de acuerdo con criterios poco sistemáticos, incluyen información de aspectos muy diversos (multi-informativos) y, además, su adquisición suele ser costosa y no se suele optimizar todo su potencial analítico. Por otro lado, los retos que enfrenta actualmente la selvicultura son cada vez más complejos (desde la métrica del bosque al cambio climático) y las implicaciones técnicas, sociales y económicas de las decisiones relacionadas con los sistemas forestales son también más complejas. Además, muchos de los procesos que se evaluaban a partir de los inventarios forestales han adquirido una dinámica-escala espacio temporal muy diferente a aquella basada en sistemas más estables espacial y temporalmente. En definitiva, la gestión forestal actual requiere mayor rapidez en la toma de decisiones, la modelación y la simulación de sus dinámicas de futuro en base a análisis complejos de un gran volumen de datos con objeto de optimizar los numerosos servicios ecosistémicos demandados.

Afortunadamente, hoy en día la selvicultura ha progresado mucho en el uso de herramientas propias de la dasometría (por ejemplo, la estadística); cuenta, además, con nuevas herramientas (por ejemplo, la teledetección, la computación avanzada, la inteligencia artificial, etc.), que son fundamentales para adecuarse a los retos del siglo

XXI. En un sentido amplio, este nuevo contexto incluye no sólo el acceso a bases de datos estructurados, semiestructurados y no estructurados (independientemente de su origen), sino también a las técnicas y a las herramientas más avanzadas de procesamiento de estos datos. Las principales características de los macrodatos son su gran volumen (ej., el Inventario Forestal Nacional), la variedad (por ej., en un mismo inventario se recogen datos geográficos, dendrométricos, ecológicos, etc.), la velocidad (ej., se debe poder procesar datos con un ritmo de análisis alto), y la veracidad (ej., si los datos contienen una gran cantidad de registros erróneos puede dificultar o incluso imposibilitar su análisis) (ver Capítulo 4). Por otro lado, con el desarrollo de tecnologías aeroespaciales (como sensores, satélites y drones), la resolución temporal y espectral de los datos de observación de la Tierra han mejorado significativamente. El número de sensores que generan datos relacionados, directa o indirectamente, con los sistemas forestales aumenta gradualmente y la recurrencia con la que éstos se adquieren se incrementa constantemente. Es evidente que este entorno ha cambiado completamente la forma en como entendemos la selvicultura, que cada vez utiliza más los procesos de digitalización (ej., altas capacidades computacionales, geoinformática, Internet de las cosas, *big data* y otras tecnologías emergentes de la información) para optimizar el uso de la información de diferentes fuentes, la capacidad de análisis de procesos y la modelización relacionados con la gestión de los recursos y sistemas forestales. La integración del análisis de bases de datos en la selvicultura no supone un cuestionamiento de sus principios; más bien al contrario, permite que la gestión forestal se apoye en información más veraz, dinámica, interconectada y eficiente a la hora de tomar decisiones fundamentadas en un contexto dominado por una mayor incertidumbre. Los datos forestales son la base para el desarrollo de esta "nueva" selvicultura, necesaria para afrontar las crecientes y complejas demandas relacionadas con la gestión forestal. El desafío, por tanto, no está tanto cambiar el uso que la selvicultura ha hecho de los datos, sino en utilizar todo el potencial disponible para responder a las nuevas preguntas que la gestión de los sistemas forestales requiere resolver en la actualidad. Por tanto, es importante considerar los inventarios forestales como base para comprender los problemas que la gestión forestal (dinámica) plantea, dado que, en muchos casos, los inventarios ya contienen elementos relacionados directamente con estos problemas. No obstante, pueden ser necesarias medidas y observaciones suplementarias (nuevas variables) que, a través de un análisis adecuado de las variables ya registradas, proporcionen información relevante para la selvicultura. Sin embargo, no debemos olvidar que la selvicultura es una ciencia aplicada y, por tanto, dotarla de un buen fundamento numérico no elude la necesidad de que, en última instancia, estos análisis se conviertan en decisiones de gestión de los recursos forestales en toda su amplitud.

En este capítulo se desarrollan, de forma teórica y práctica, aspectos relacionados con el acceso, el procesado, el análisis y el uso práctico de datos forestales para ayudar a comprender la aplicación de bases de datos en la selvicultura, incluyendo los datos disponibles, la arquitectura de datos, el desarrollo y la aplicación de nuevas aproximaciones estadísticas, así como las tendencias futuras en el desarrollo de macrodatos forestales (Figura 16.1).

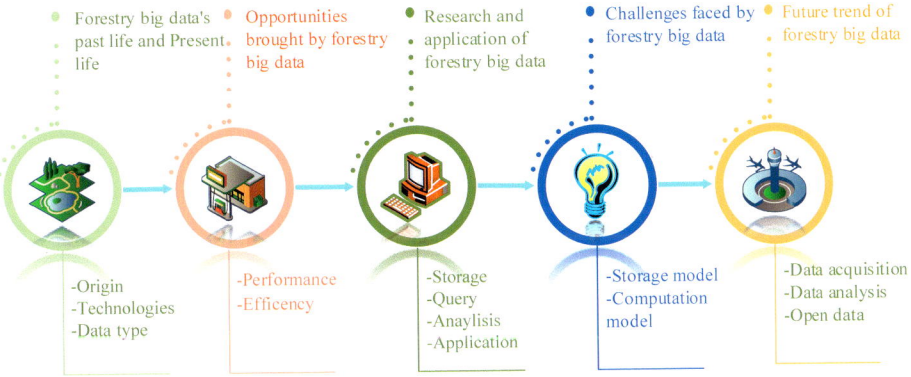

Figura 16.1. Esquema de *big data* aplicados a la gestión forestal (fuente: Zou *et al.*, 2019).

El capítulo está organizado en seis secciones, en la primera sección revisamos las principales fuentes de datos forestales, el acceso y los procesos fundamentales de preanálisis de datos y ejecución de procedimientos básicos. La segunda sección describe el uso de bases de datos forestales en entornos de Sistemas de Información Geográfica para ilustrar las oportunidades que brindan estos sistemas para la tecnología de *big data* forestal, incluyendo la importancia de la información auxiliar. En la sección tercera se describen brevemente algunas de las aplicaciones más avanzadas para el procesado de datos procedentes de inventarios en el ámbito de la estereometría de masas y su análisis en plataformas estadísticas. La sección cuarta sugiere varias vías alternativas para el uso de datos de inventarios, sobre todo en la modelización forestal y la modelización en ecología. La sección quinta resume algunas áreas de desarrollo de la ciencia de datos en ciencias forestales y recursos naturales. Por último, en la última sección presentamos y resolvemos un ejemplo sobre el uso de bases de datos relacionadas para la planificación y optimización de modelos de hábitat en el Parque Nacional de Sierra de la Nieves (Málaga).

A lo largo del texto, se proponen ejemplos de análisis de datos de inventario mediante diferentes aproximaciones estadísticas; en su mayoría proceden de trabajos previos de los autores. Por otro lado, al igual que en el resto de los capítulos de este libro, nuestro objetivo es que el proceso de aprendizaje se desarrolle en un entorno basado en R.

2. Gestión de datos forestales

2.1. Conceptos básicos

La selvicultura tiene una escala temporal a largo plazo, por lo que requiere información dinámica que aporte datos sobre la distribución, la composición, la estructura y los cambios de los sistemas forestales a lo largo del tiempo. Por lo tanto, desde su origen se basa principalmente en la obtención de una gran variedad de datos por métodos directos (ej., el inventario de campo) o métodos indirectos (ej., la fotogrametría forestal). Entre ellos, los inventarios forestales han sido la forma principal de recopilar y gestionar la información necesaria en la selvicultura de acuerdo con los métodos contrastados de inventario (Pita, 1973; Pardé y Bouchon, 1994; Prodan, 1997). En este capítulo lo que nos interesa, principalmente, es la "naturaleza" de esos datos, en particular, se tratan los los procedentes de inventarios forestales.

Los inventarios forestales suelen estar diseñados para ejecutarse con diferentes procedimientos y a diferentes escalas espaciales y temporales, que hacen del procesamiento de los datos una tarea no siempre sencilla. Con el acceso público a muchos de esos inventarios, la operatividad de los datos ha mejorado significativamente, el número y variedad de los datos disponibles ha aumentado gradualmente, así como la periodicidad de adquisición. Por lo tanto, el volumen de datos procedentes de inventarios se ha disparado y supera con creces los datos disponibles con anterioridad, lo que supone, por un lado, una mayor capacidad de análisis (reflejada en la producción científica) y, por otro, una oportunidad mayor para generar servicios y soluciones técnicas (ej. integración con productos del Plan Nacional de Observación Aérea). Sin embargo, los recursos forestales se sitúan en un marco dinámico, donde los procesos asociados (desde su estructura hasta los ciclos bioedáficos) cambian constantemente como respuesta a factores naturales y antrópicos, por lo que se pueden añadir otras variables relativas a una amplia gama de objetivos más amplios de la gestión forestal (ej., la biodiversidad). En ese sentido, aunque los inventarios de campo sigan siendo las medidas más fiables de una determinada realidad forestal en cuanto a la precisión de las variables registradas, los métodos tradicionales de almacenamiento y análisis de datos de inventarios forestales no garantizan los resultados deseados en un tiempo aceptable, especialmente para aplicaciones en tiempo pseudo real, como la evaluación de perturbaciones (ej., los incendios forestales). Plantear el análisis de datos procedentes de un inventario implica no sólo fijar los objetivos para los cuales fue diseñado el inventario, sino también conocer de forma la escala del análisis y la frecuencia de las observaciones.

En esta sección: i) se enumeran algunas de las fuentes principales de datos de inventario forestales disponibles, a modo de ejemplo de la accesibilidad de los datos, ii) se describe la estructura de esos datos y su preprocesado para facilitar la interpretación comparada de distintas fuentes de información (armonización), y iii) se indican algunos análisis descriptivos de la información de forma previa a su uso en aplicaciones concretas (fiabilidad estadística). Se incluye, por tanto, una descripción de las diferentes estructuras de datos comunes a la mayor parte de los inventarios utilizados en aplicaciones forestales y agroforestales y se describen los métodos utilizados para su procesado. Dado que los inventarios forestales tienen una proyección espacial/cartográfica en unidades relativamente homogéneas (ej., rodal-cantón), se proyectará y complementará la información con aquella procedente del uso de ortofotos, imágenes de satélite, bases de datos cartográficas y otras fuentes alternativas de información.

Cantón: Unidad mínima de inventario. Se trata de divisiones del cuartel más homogéneas. Los criterios seguidos para marcar los cantones son las masas monoespecíficas, las masas con misma especie principal y acompañante y las masas con calidad de estación homogénea. La superficie mínima de un cantón suele ser de 10 hectáreas, aunque lo normal es entre 40 y 50 hectáreas.

Rodal: Superficie del monte con unas características determinadas de pendiente, orientación, vegetación que generalmente difieren de las de alrededor. Se considera que la superficie mínima del rodal es 1 hectárea, aunque puede ser menor en función de la superficie del monte.

González-Molina *et al*., (2006).

2.2. Tipos de inventarios y estructura de los datos

El objetivo de esta sección no es describir el diseño y la ejecución de un inventario forestal, en sus diferentes modalidades, y que se utilizan para recopilar la información sobre los recursos de un área de determinada. En ese sentido remitimos al lector a los diferentes, y excelentes, manuales que existen sobre técnicas de inventario (http://libros.inia.es/libros/product_info.php?products_id=1285).

Tipos de inventarios disponibles

Un inventario forestal es un proceso sistemático de recopilación, análisis y evaluación de datos relacionados con la composición, la estructura, la distribución y el estado de los recursos forestales dentro de un área determinada. Este proceso implica la medición y el registro de diversos parámetros, como la composición específica, la densidad, la altura, el diámetro, o la regeneración, entre otros factores relevantes. Los inventarios forestales son una herramienta imprescindible para conocer la estructura y el funcionamiento de los sistemas forestales con el objetivo de poder llevar a cabo las actuaciones necesarias para su planificación, gestión y conservación. Un inventario forestal proporciona una información estadística homogénea y adecuada sobre el estado y la evolución de un área forestal particular, pero comparable con otros sistemas forestales análogos. Los métodos más aplicados para inventariar las masas forestales incluyen los inventarios de base estadística, y cada uno de los posibles métodos es aplicable a situaciones específicas, dependiendo de las condiciones del rodal y de los objetivos del inventario. La naturaleza de los inventarios puede variar también según las escalas espaciales y temporales adoptadas (ej., a nivel local, regional, nacional o global). En consecuencia, es importante poder disponer de variables normalizadas para poder realizar comparaciones, tanto en el espacio como en el tiempo. El método elegido debe ser apropiado para las características físicas y ambientales de la zona de estudio (desde el monte al país completo), de las características de los sistemas forestales que se quieren estudias (por ej., de un pastizal o un bosque), y de la calidad y cantidad de información que se quiere recopilar en un período de tiempo determinado. Los inventarios forestales se llevan a cabo para diferentes propósitos, pero generalmente se han diseñado para apoyar la planificación forestal a diferentes escalas (políticas nacionales-Inventario Forestal Nacional, hasta proyectos de ordenación, o planes de conservación). No hay que olvidar que, además, recopilan información auxiliar necesaria para el plan de manejo forestal, como fuentes cartográficas de diferente naturaleza.

En el caso del acceso a bases de datos de inventario, la cuestión no es qué método seleccionó el organismo competente, sino más bien si el método de muestreo que se ha utilizado para recopilar la información es el adecuado a los objetivos analíticos que el usuario requiere de esos datos, por lo que éste debe conocer las limitaciones de cada método de forma previa a su análisis. Los métodos de muestreo más frecuentes se basan en la medición de un porcentaje de la superficie total, partiendo de la premisa que la proporción del área que se mide es representativa de todo el terreno estudiado. Por tanto, la mayor parte de los inventarios (Capítulo 4; Tabla 16.1) se podrían agrupar en tres grandes categorías:

- Inventarios forestales por muestreo estadístico. Este es el caso de la mayoría de los inventarios propiamente forestales, independientemente de la escala espacial usada, adecuados a la mayor parte de los propósitos de planificación forestal. Se muestrea un porcentaje bajo de la superficie. Los porcentajes de muestreo pueden variar desde un 0,2% (por ej., utilizando parcelas de regeneración de radio fijo en rodales homogéneos), hasta un 20% para parcelas de radio variable para áreas forestales pequeñas llevándose a cabo de acuerdo con un patrón predefinido subjetivamente, siguiendo una ley de uniformidad.

- Censos. Por el contrario, determinados tipos de inventarios forestales no tienen un carácter estadístico, sino que se acercan más al concepto de un censo, ya que intentan recoger toda la información posible de un aspecto concreto (ej., el conjunto de una población, y no una muestra). Es un método eficaz cuando el número de entidades es el principal atributo de interés (por ej., flora endémica o aves) o se dirige hacia determinados procesos (por ej., una plaga).

- Inventarios que emplean otros métodos, como transectos, bloques, etc.

Tal y como ya se ha mencionado, es importante considerar la validez de los inventarios forestales ya existentes para muchos de los problemas que la gestión forestal plantea, bien utilizando los datos que se refieren directamente al problema objeto de estudio, como a través de variables indirectas o derivadas que proporcionan información adicional o que no se puede medir directamente en el campo, como puede ser el volumen o la biomasa (que requiere de ecuaciones alométricas para su determinación) o la biodiversidad (a través de índices de diversidad, como el índice de Shannon-Wiener o el índice de Simpson), entre muchos ejemplos. Estas variables indirectas (nuevas variables o variables derivadas) son fundamentales para obtener una comprensión más completa y detallada de los recursos forestales y para apoyar la toma de decisiones en la selvicultura. Si los inventarios existentes son aprovechables, es esencial procesarlos de forma correcta, planificando eficazmente los recursos y procesos, para así poder aumentar/optimizar su utilidad.

Tabla 16.1. Acceso a algunos ejemplos de bases de datos de inventario.

Inventario	Tipo de inventario	Acceso
Inventario Forestal Nacional (IFN) - España INF 1: 1966-1975 IFN 2: 1986-1996 IFN 3: 1997-2007 IFN 4: 2008-202X	Inventario continuo con repetición de las mismas parcelas de los IFN. IFN3-IFN 4 registra más de 100 indicadores el estado y evolución de los montes. 1:50.000	https://www.miteco.gob.es/es/ biodiversidad/servicios/banco-datos-naturaleza/informacion-disponible/ ifn3.html
Inventario Ecológico y Forestal de Cataluña (IEFC) - Cataluña 1989-1998	Inventario realizado en 10644 parcelas dispuestas al azar sobre la superficie arbolada de Cataluña. Recursos forestales, biomasa, nutrientes y variables ecológicas	http://www.creaf.uab.cat/sibosc/ programari.htm Vayreda et al. (2016).
Inventario Forestal Nacional - Perú 2013	Inventario continuo en parcelas permanentes con revisita cada 5 años. Composición específica y variables dasométricas	https://www.serfor.gob.pe/portal/wp-content/uploads/2020/03/INFORME-DEL-INFFS-PANEL-1.pdf

Estructura de datos de los inventarios

La estructura de los datos de inventario es el primer reto que se debe abordar cuando se quieren utilizar datos procedentes de este tipo información. Hay que partir de la premisa que cada inventario tiene una estructura diferente, por lo que hay que:

- Comprender la estructura original.
- Comprender las variables incluidas y sus procedimientos de medición y cálculo.
- Comprender la interacción entre variables y sus relaciones numéricas.

Lo deseable es que los manuales del inventario incluyan toda la información para poder usar de forma sencilla y eficiente estos datos (ej., https://www.miteco.gob.es/content/ dam/miteco/es/biodiversidad/temas/inventarios-nacionales/documentador_ifn4_campo_ tcm30-536595.pdf; Figura 16.2). La información mínima que deben aportar es la siguiente:

- Estructura de la base de datos
- Variables principales
- Variables derivadas
- Confiabilidad estadística
- Estructura espacial de los datos: ubicaciones de las parcelas, tipo de muestreo (sistemático), que implica un patrón espacial (cartografía) (Figura 16.2), ubicaciones de la parcela (por ejemplo, GPS sistema de navegación, etc.).

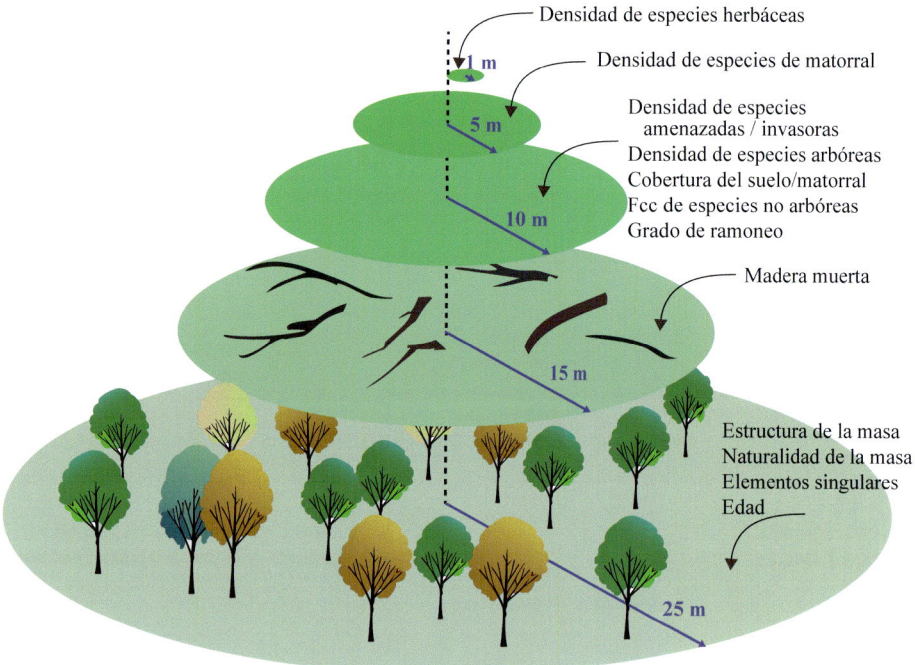

Densidad de especies herbáceas

Densidad de especies de matorral

Densidad de especies amenazadas / invasoras
Densidad de especies arbóreas
Cobertura del suelo/matorral
Fcc de especies no arbóreas
Grado de ramoneo

Madera muerta

Estructura de la masa
Naturalidad de la masa
Elementos singulares
Edad

1 m

5 m

10 m

15 m

25 m

Figura 16.2. Detalles del diseño de la parcela y variables asociadas en el IFN-3 de España (fuente: Alberdi *et al.*, 2016).

Tipos de variables

Los inventarios forestales suelen incluir variables principalmente dendrométricas (Tabla 16.2) relacionadas con la composición específica, tanto del dosel superior como del regenerado y del subpiso, en particular las que influyen sobre la productividad forestal. Existen variables derivadas o variables nuevas que se pueden obtener a partir de las recogidas de manera directa en los inventarios y que hacen referencia a otros aspectos no directamente relacionados con el objetivo del inventario (ej., la biodiversidad) o que están asociadas a datos de tipo ambiental (ej., variables edáficas) o relacionadas con la vegetación acompañante (ej., plantas indicadoras), la composición arbórea por estratos, o la incidencia de agentes bióticos o abióticos en el estado de la vegetación. Por ejemplo, pueden generarse variables estructurales mediante datos de fácil acceso, como la distribución de clases diamétricas, la composición de especies, la altura de los árboles, la caracterización de las tasas de crecimiento, o las tasas de mortalidad. Estas variables relacionadas con la estructura forestal mantienen una estrecha conexión con los demás elementos del ecosistema, tales como el suelo, la flora y la fauna. Por lo tanto, es frecuente que muchas de las variables registradas en un inventario enfocado a las existencias puedan ofrecer perspectivas más amplias de aplicación.

Tabla 16.2. Bases de datos y descripción de los principales campos de los inventarios disponibles en los Parques Naturales del área de distribución de los pinsapares (*Abies pinsapo* Boiss.) en Andalucía en el año 2019.

Campos	Variables	IFN	Red Pinsapo	Ordenaciones
Generales	Coordenada X de la parcela	●	●	●
	Coordenada Y de la parcela	●	●	●
	Código del punto		●	
	Rumbo del pie al centro de la parcela	●	●	
	Distancia del pie al centro de la parcela	●	●	
Estado selvícola	Especie	●	●	●
	Cambio de especie	●		
	Diámetro	●	●	●
	Altura	●	●	
	Altura en árboles tipo			●
	Estimación de la edad	●		
	Espesor de corteza en árboles tipo	●		●
	Forma	●		
	Volumen maderable en árboles tipo	●		●
Regeneración	Especie	●		●
	Cambio de especie	●		
	Número	●	●	●
	Densidad	●		
	Abundancia		●	
	Distribución			●
	Altura media	●		
	Supervivencia		●	
	Potencial de supervivencia			●
Vigor	Calidad del árbol	●		
	Elemento dañado del árbol	●		
	Causas productoras del daño	●		
	Importancia/Severidad del daño	●		
	Agente causante del daño	●	●	
	Naturaleza causante del daño		●	
	Abundancia del agente causante del daño		●	
	Porcentaje de defoliación		●	
	Decoloración		●	
	Tipos de daños (bióticos/abióticos)			●
	Tipos de agentes (bióticos/abióticos)			●

A continuación, se presentan algunos ejemplos ilustrativos de variables que pueden derivarse de los inventarios forestales (Pescador *et al.*, 2022):

- Descripción de la vegetación de los estratos herbáceos, de la vegetación del subpiso, etc.
- Historia del uso del suelo.
- Caracterización de hábitats de alto valor biológico.
- Estado sanitario o de vigor de la vegetación.
- Localización de árboles notables para la conservación.

La definición de las variables directas o derivadas que se van a analizar depende del objetivo establecido y de la capacidad del inventario para ofrecer información cuantitativa o cualitativa sobre el proceso estudiado. A veces, las limitaciones del diseño del inventario y la rigidez relativa de las variables medidas no es compatible con determinados análisis (ej., biodiversidad) o con la integración de otras fuentes de información (ej., LiDAR; https://www.miteco.gob.es/es/parques-nacionales-oapn/red-parques-nacionales/seguimiento/seguimiento-ecologico/documentos-lidar.html). Esta situación ha hecho que haya un interés creciente por explorar la capacidad de los inventarios forestales tradicionales para evaluar otros procesos a escala del hábitat. En la práctica, es viable combinar estas dos perspectivas, lo que posibilita que el inventario cubra de manera uniforme la totalidad de un área, proporcionando una representación cartográfica de las variables registradas. Simultáneamente, se puede emplear un enfoque más selectivo que permita un análisis detallado de ciertos aspectos que operan en diferentes escalas, como la biodiversidad de hábitats específicos o el ciclo del carbono. No obstante, es esencial encontrar un equilibrio entre los objetivos de medición y las limitaciones impuestas por los recursos humanos y materiales disponibles. Por tanto, teniendo en cuenta las limitaciones espaciales y temporales y las modalidades de ejecución de la mayor parte de los inventarios forestales, es oportuno considerar los siguientes aspectos a la hora de utilizar datos procedentes de ellos:

- Utilizar información ya disponible o que puede derivarse de los datos conocidos y contrastados/verificados.
- Optimizar la utilidad de los datos para estudiar la distribución y la frecuencia de especies vegetales o de las características estructurales de la vegetación.
- Vincular la información a aspectos no relacionados con las existencias (por ej., sanidad forestal, regeneración, etc.).
- Facilitar la integración de los datos en un SIG.
- Complementar la frecuencia del inventario a través de su integración con datos de teledetección.

A pesar de estas limitaciones, los inventarios por muestreo (IFN, Redes, inventarios de ordenaciones, etc.) siguen siendo una base sólida para muchos de los análisis necesarios para la planificación de la selvicultura, incluidos aspectos más actuales, como el ciclo del C, la biodiversidad, la conservación, el impacto del cambio climáticos en especies y hábitat, entre otros, ya que son observaciones realizadas con arreglo a un sistema estructurado que abarca de forma homogénea un territorio (a diferentes escalas).

Aunque es prácticamente imposible encontrar un inventario que recoja todas las variables adaptadas a todas las necesidades, es posible acceder a inventarios que incluyan un conjunto bien definido de variables cuantitativas y cualitativas que permitan estimaciones detalladas y más complejas que las relacionadas con las existencias. En ese sentido, en muchos casos es necesario armonizar los datos procedentes de inventarios nacionales, regionales e inventarios de ordenación (ver epígrafe 2.4, Tabla 16.2) para analizar de manera pormenorizada diferentes escalas del territorio.

Se están proponiendo métodos de inventario que, junto con las variables dendrométricas y estructurales recogidas tradicionalmente en las unidades de muestreo (parcelas), se recogen datos de indicadores de hábitat, como la vegetación herbácea y del matorral, los árboles muertos o en descomposición, etc. (Pescador *et al.*, 2022).

Inventarios nacionales

En España y otros países, los inventarios forestales se constituyen como proyectos de levantamiento exhaustivo de los recursos forestales en el conjunto del territorio nacional. Estos inventarios se fundamentan en muestreos sistemáticos y multifásicos con el propósito de suministrar información detallada acerca de los sistemas forestales y de su evolución desde perspectivas dendrométricas y ecológicas. Incluyen atributos relativos a la ubicación geográfica, variables forestales, de diversidad biológica, de desarrollo temporal, de conservación y la función productiva, entre otros aspectos. En España, los Inventarios Forestales Nacionales (IFNs) se organizan administrativamente por provincias y se ejecutan de manera continua, con mediciones repetidas de las mismas variables en las mismas parcelas con una frecuencia de, al menos, diez años (conforme al artículo 28 de la Ley de Montes vigente). Este enfoque permite la comparación y deducción de tendencias en las masas forestales. Hasta la fecha, en España se han realizado tres IFNs (IFN1 – no disponible -, IFN2, IFN3) (Tabla 16.3; Alberdi *et al.*, 2016). Desde 2008 se está llevando a cabo el IFN4, que introduce algunas novedades en comparación con su predecesor, ya que se incluyen una serie de anexos que establecen las relaciones entre las parcelas de ambos inventarios por clases y subclases. En particular, se ha refinado la metodología establecida en el IFN3 en relación con los parámetros relacionados con la biodiversidad forestal. Además, en el IFN4 se ha aumentado la frecuencia de inventario en las comunidades autónomas con clima atlántico, donde se realizará un inventario de baja intensidad cada cinco años (https://www.miteco.gob.es/es/biodiversidad/temas/inventarios-nacionales/inventario-forestal-nacional/cuarto_inventario.html). La base cartográfica empleada para el IFN4 es el Mapa Forestal de España a escala 1:25.000 (MFE25), lo que supone una mejora considerable en comparación con el Mapa Forestal de España a escala 1:50.000 (MFE50) utilizado como base cartográfica en el IFN3. Esta mejora se refleja tanto en la precisión geométrica como en la temática, siendo particularmente relevante la inclusión de áreas sin árboles. Además, el IFN4 adopta una nueva metodología para estimar la captura de carbono de los bosques, tanto en la parte aérea como en la subterránea, en respuesta a la necesidad de proporcionar este dato.

Tanto el IFN3 como el IFN4 proporcionan datos a partir de cuatro bases de datos claramente diferenciadas. Estas bases de datos contienen información diversa, como detalles generales de cada parcela (altitud, orientación, pendiente, cobertura del dosel, suelo desnudo, uso del suelo, etc.), medidas dendrométricas de las especies principales, especies de árboles y arbustos acompañantes, así como información sobre la regeneración de la vegetación. Una de las bases de datos, especialmente valiosa y recientemente incorporada al IFN, es la relacionada con las parcelas de biodiversidad. Esta base de datos contienen información de una muestra representativa de las parcelas del IFN en relación con características ecológicas altamente específicas vinculadas a la diversidad de especies de árboles, arbustos y herbáceas (identificando especies amenazadas o invasoras), cobertura de suelo sin vegetación arbórea y con vegetación de menor altura (como líquenes, hepáticas y musgos), estructura del bosque, madera muerta, consumo de vegetación y edades de los árboles dominantes en cada parcela, entre otros aspectos. Los IFN cuentan con una base de datos asociada a un SIG y tablas resumen que contienen información procesada (https://www.miteco.gob.es/es/biodiversidad/temas/inventarios-nacionales/inventario-forestal-nacional.html).

Tabla 16.3. Descripción de las principales características del Inventario Forestal Nacional (IFN).

Inventario	Ciclo	Estratificación	Parcelas de muestreo	Nº de parcelas
IFN-2	1986-1996	Malla sobre el Mapa de Cultivos y Aprovechamientos, escala 1:50.000	Malla UTM 1 km × 1 km. Parcelas permanentes	84.203
IFN-3	1997-2007	Malla sobre el Mapa Forestal de España, escala 1:50.000 (MFE 50)	Malla UTM 1 km × 1 km. Parcelas permanentes Repetición de parcelas Parcelas remedidas aprox. 85%.	95.327
IFN-4	2008-202X	Malla sobre el Mapa Forestal de España, escala 1:25.000 (MFE 25)	Malla UTM 1 km × 1 km Parcelas nuevas Repetición de parcelas Parcelas de refuerzo Parcelas apeadas	>100.000

Redes de Seguimiento de Bosques

Las redes de seguimiento del estado de los bosques en Europa se establecieron en el año 1985 a través del Programa de Cooperación Internacional para la Evaluación y Seguimiento de los Efectos de la Contaminación Atmosférica en los Bosques (ICP-*Forests*; http://icp-forests.net/). El objetivo de estas redes es evaluar el estado y la evolución de las masas forestales mediante metodologías y protocolos armonizados para toda Europa, que son desarrollados, revisados y actualizados de manera periódica. El Programa ICP-Forests es coordinado por Alemania y cuenta con la participación de 36 países europeos, además de Estados Unidos y Canadá. Cada país participante designa un Centro Focal Nacional responsable de llevar a cabo los trabajos a nivel nacional. En España, el Centro Focal es el MITECO a través de la D.G. de Biodiversidad, Bosques y Desertificación (https://www.miteco.gob.es/es/biodiversidad/temas/inventarios-nacionales/redes-europeas-seguimiento-bosques.html).

Las redes de seguimiento forestal del ICP-*Forests* se han convertido en uno de los sistemas de monitoreo biológico más amplios a nivel mundial, proporcionando datos a la comunidad científica internacional y contribuyendo con sus resultados a numerosos informes, tanto a nivel nacional como internacional. Además, las Redes aportan información relacionada con cuatro de los indicadores de Gestión Forestal Sostenible de Europa: depósito de contaminantes atmosféricos, estado de los suelos forestales, defoliación y daños forestales. En los últimos años, se ha iniciado un proceso de integración con otras redes de seguimiento e información forestal existentes, tales como los IFNs o la red LTER Europe (https://lter-spain.csic.es/), que se encarga de la investigación socioecológica a largo plazo vinculada a un espacio natural.

La Red ICP comprende dos niveles de seguimiento de los bosques, uno a gran escala (Nivel I) y otro de Seguimiento Intensivo y Continuo de los Ecosistemas Forestales (Nivel II). El primer nivel, que se estableció junto con la creación del ICP-*Forests*, utiliza una malla sistemática de 16 × 16 km que cubre toda Europa (Tabla 16.4, Figura 16.3). Esta red permite analizar la variación temporal y espacial del estado de vitalidad de los bosques, definido por parámetros fundamentales como la defoliación y la decoloración, así como los agentes asociados a los daños en los árboles y su relación con diversos factores de estrés, incluyendo la contaminación atmosférica en la baja troposfera. La Red de Nivel II se estableció en la década de los años noventa con el propósito de llevar a cabo un seguimiento exhaustivo de los ecosistemas forestales, proporcionando información completa sobre la relación entre los distintos factores de estrés y el estado de vitalidad y funcionalidad de los bosques (relaciones de causa y efecto). A lo largo del tiempo, las Redes de Seguimiento de Bosques han ido adaptando sus objetivos para responder a las nuevas demandas de información sobre los bosques en Europa y se han ampliado con nuevas redes autonómicas y del Organismo Autónomo Parques Nacionales (Figura 16.3).

Las bases de datos del ICP, de forma independiente o integradas permiten estudiar la variación espacio temporal en el estado de los bosques, así como su relación con los factores de estrés. Esta información se ha usado en numerosas publicaciones científicas relacionadas con los agentes bióticos, el impacto de los contaminantes atmosféricos, la contribución de los bosques como sumideros de carbono, los cambios de la biodiversidad en los ecosistemas forestales, etc.

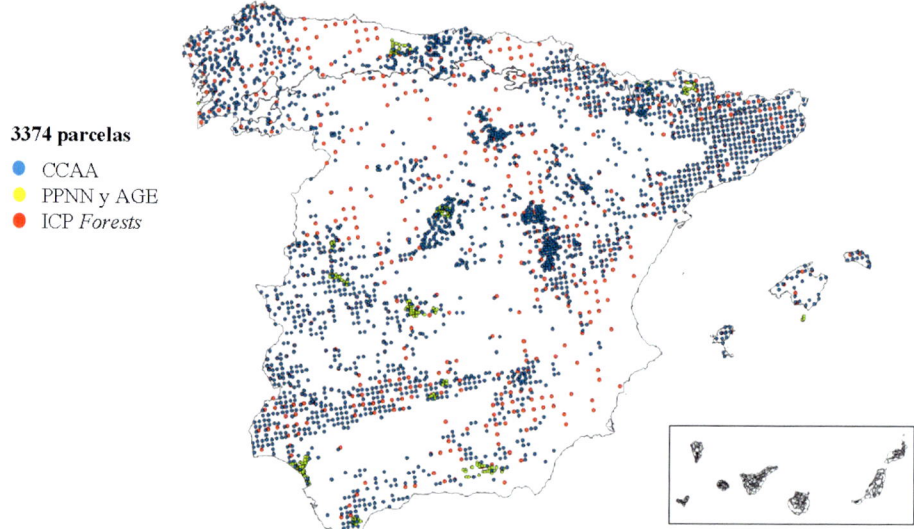

3374 parcelas
- CCAA
- PPNN y AGE
- ICP *Forests*

Figura 16.3. Redes de seguimiento de bosques Nivel I (ICP-España, redes autonómicas y redes de Parques Nacionales; https://www.miteco.gob.es/content/dam/miteco/es/biodiversidad/temas/inventarios-nacionales/11_inia03_jornadas_intercal_20230510_tcm30-570068.pdf, Adame *et al.*, 2022).

Tabla 16.4. Descripción de diferentes redes de seguimiento de bosques nivel I en España.

Red	Ciclo	Malla	Nº de parcelas	Acceso
ICP-España	1987-actualidad	16 × 16 km	620	https://www.miteco.gob.es/es/biodiversidad/temas/inventarios-nacionales/redes-europeas-seguimiento-bosques.html
ICP Parques Nacionales	1986-actualidad	4 × 4 km	217	https://www.miteco.gob.es/es/parques-nacionales-oapn/red-parques-nacionales/seguimiento/seguimiento-ecologico/informes-fitosanitario.html
Red SEDA	2000-actualidad	8 × 8 km	375	https://www.juntadeandalucia.es/medioambiente/portal/areas-tematicas/medio-forestal/sanidad-forestal
Red SEDA-Pinsapo	2000-actualidad	1 × 1 km	27	https://www.juntadeandalucia.es/medioambiente/portal/areas-tematicas/medio-forestal/sanidad-forestal

Inventarios de ordenaciones

Por último, se puede acceder a los inventarios forestales realizados en los proyectos de ordenación. Estos inventarios proporcionan información detallada sobre la composición, la estructura y el estado de los bosques, lo que ayuda a tomar decisiones informadas para la planificación y el manejo de los recursos naturales (ej., https://www.juntadeandalucia.es/medioambiente/web/Bloques_Tematicos/Publicaciones_Divulgacion_Y_Noticias/Documentos_Tecnicos/manual_ordenacion_montes_andalucia/manual_ord_montes.pdf).

La información principal que se puede obtener de esos inventarios incluye:

- Especies forestales principales, diversidad de especies vegetales y datos de flora.
- Estructura del bosque, con información sobre la edad, el tamaño y la distribución de los árboles.
- Inventario de biomasa y carbono acumulado para evaluar la contribución del bosque a la mitigación del cambio climático.
- Inventario de recursos maderables, en particular los volúmenes/lotes de madera, incluyendo especies comerciales y no comerciales.
- Evaluación de amenazas y enfermedades; detección y evaluación de la presencia de plagas, enfermedades y otros factores de amenaza para los bosques.
- Zonificación y planificación selvícola en función de diferentes características dasocráticas, tipos de vegetación, prioridades de conservación, áreas de aprovechamiento forestal, etc.

Los inventarios forestales se realizan a intervalos regulares (revisiones de las ordenaciones, aproximadamente cada 10 años), lo que facilita el monitoreo a largo plazo de los cambios en el bosque y evaluar la efectividad de la selvicultura aplicada. En capítulos previos se ha mostrado como los avances tecnológicos, como la teledetección y los sistemas de información geográfica (SIG), han modificado completamente la planificación, la ejecución y el análisis de los datos procedentes de inventarios de proyectos de ordenación. La información recopilada en estos inventarios puede almacenarse en bases de datos que sirven como valiosos recursos para numerosos trabajos relacionados con las ciencias forestales (Tabla 16.5).

En la Tabla 16.6 y en la Figura 16.4 se puede ver la distribución espacial de tres tipos de inventario, IFN, Red SEDA de seguimiento de bosques y datos de inventario en el Parque Nacional de Sierra de las Nieves. La integración de estos inventarios permite el análisis a diferentes escalas; en el ejemplo incluido, se dispone de una cuadrícula de ocho kilómetros de lado (Red SEDA), de un kilómetro de lado (IFN) o de menos de 0,5 km de lado (inventario de ordenaciones), que componen, en su conjunto, una malla regular de parcelas proyectadas sobre distintas bases cartográficas (fotografías aéreas y/o imágenes desde satélite); a partir de ella es posible establecer una estratificación basada en las diferentes cubiertas forestales.

Tabla 16.5. Descripción de diferentes fuentes de acceso a inventarios de proyectos de ordenación en España.

Catálogo de Montes	Acceso
Castilla y León	https://datosabiertos.jcyl.es/web/jcyl/set/es/medio-ambiente/montes-ordenados-cyl/1284813417265
Navarra	http://www.navarra.es/home_es/Temas/Medio+Ambiente/Montes/Planificacion+forestal.htm#header4
Andalucía	https://www.juntadeandalucia.es/medioambiente/portal/landing-page-%C3%ADndice/-/asset_publisher/zX2ouZa4r1Rf/content/cat-c3-a1logo-de-montes-p-c3-bablicos-de-andaluc-c3-ada/20151

Tabla 16.6. Principales características de los inventarios disponibles en los Parques Naturales del área de distribución de los pinsapares (*Abies pinsapo* Boiss.) en Andalucía en el año 2019 (fuente: REDIAM).

Monte	Año	Variables medidas	Parcelas de muestreo	Nº de parcelas
IFN-3	2007	Diámetro; especie; posición relativa en la parcela; altura total; calidad; forma de cubicación; agente causante de daño; Importancia del daño; elemento dañado; espesor de corteza y diámetro de copa en árboles tipo; pies menores y regeneración (número, spp y altura); arbustos (spp, fcc y altura)	Malla sobre el Mapa Forestal de España UTM 1 km × 1 km. Parcelas permanentes. Repetición de parcelas. Parcelas remedidas aprox. 85%.	181
Red SEDA/ PINSAPO	2001	Diámetro especie; altura total; daño; presencia de agentes de afección y su abundancia; decoloración; defoliación; presencia de ganado; hidromorfismo; regeneración y su abundancia	Inventario del estado fitosanitario de la vegetación forestal con muestreo sistemático con malla de 1 km × 1 km	31
Ordenación monte Pinar de Yunquera (PU-110)	2006	Diámetro de todos los pies; especie; posición relativa en la parcela; altura total, altura de fuste, espesor de corteza, y diámetro de copa en árboles tipo; pies menores y regeneración (número, spp y altura); arbustos (número, spp, fcc y altura)	Inventario sistemático estratificado con parcelas circulares de radio 13 m	459

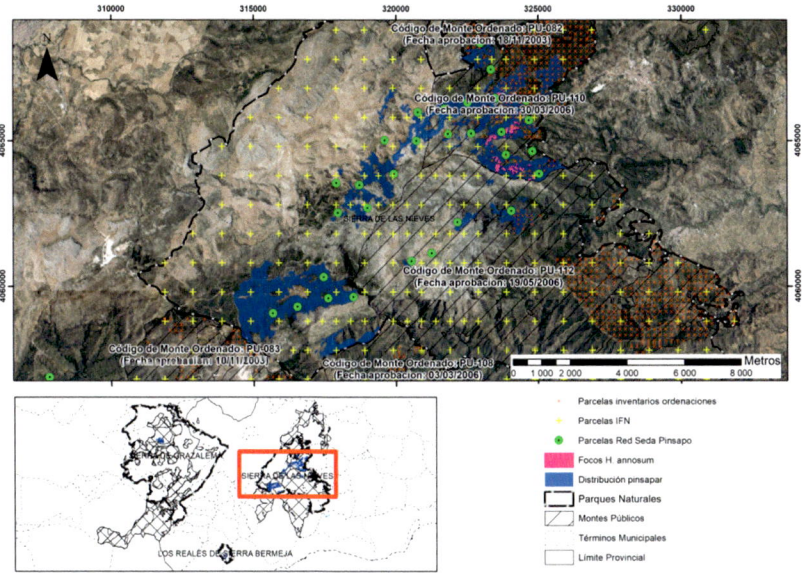

Figura 16.4. Detalles de la distribución de parcelas de inventario o censos en el P.N. Sª de las Nieves.

Ejemplo 1

Bases de datos para estudios de *Abies pinsapo* en Andalucía: recopilación de datos

En este ejemplo se va a trabajar con el monte público Pinar de Yunquera, con código MA-30037-AY. Se trata de un monte de unas 2.000 ha de titularidad pública, perteneciente al Ayuntamiento de Yunquera y cuya gestión ha venido realizando la Consejería de Medio Ambiente de la Junta de Andalucía. Está localizado en el interior del Parque Natural Sierra de las Nieves y contiene una variedad florística de incalculable valor.

Dentro de las acciones encaminadas a la redacción del Proyecto de Ordenación, se realizó un inventario forestal mediante un muestreo sistemático estratificado. Se comienza con el análisis de las bases de datos del inventario derivado de la documentación referente a la ordenación.

(Ver QR al final del capítulo para acceder a ejemplos).

3. Análisis numéricos de datos de inventarios

3.1. Armonización de datos de inventario

Un paso previo para el análisis conjunto de datos de inventarios consiste en la armonización de las bases de datos que se van a usar (Tabla 16.6). El proceso de armonización de datos implica una serie de actividades destinadas a mejorar la coherencia en la utilización de la sinergia de elementos de datos en lo que respecta a su significado y su formato de representación. Por lo general, se realiza de manera semántica antes de abordar las estructuras de los datos.

La nomenclatura utilizada en cada inventario puede ser muy diferente. Se pueden construirse reglas de equivalencias que quedarán recogidas en un único diccionario de códigos. Por lo general, es preferible utilizar los elementos semánticos que tenga mayor vigencia (por ejemplo, IFN), en lugar de desarrollar un conjunto nuevo. Esta estrategia asegura que la terminología utilizada puede ser interpretada por cualquier usuario mediante una regla de nomenclatura (ej., manuales de inventario). Posteriormente, usando diversas herramientas, se establecen relaciones entre variables equivalentes de las bases de datos, seguido de una depuración básica de las mismas. El resultado de estos pasos es un conjunto de datos estandarizados, que servirán para desarrollar los posteriores análisis.

En todo caso, el proceso de armonización debe incorporar una identificación clara y precisa de los elementos de datos (nombre de las variables, descripción, unidades, naturaleza, etc.) así como listas de códigos recomendados. Esto no solo contribuye a validar el proceso, sino que también garantiza una mayor interoperabilidad con los sistemas que ya emplean estos estándares.

Ejemplo 2

Bases de datos para estudios de *Abies pinsapo* en Andalucía: preparación y limpieza de los datos

La preparación y limpieza de bases de datos de inventarios forestales es un paso crucial en el proceso de análisis de la información. Antes de poder extraer información significativa, es fundamental asegurarse de que los datos estén completos, precisos y coherentes.

Una vez recopilados, los datos suelen requerir una limpieza inicial para corregir errores de entrada, como valores atípicos o registros duplicados. Luego, se realiza una verificación más detallada para garantizar la coherencia y precisión de los datos. Esto implica la identificación y corrección de errores adicionales, como inconsistencias en la nomenclatura de especies o coordenadas geográficas incorrectas. Además de corregir errores, también es importante estandarizar los datos para facilitar su análisis posterior. Esto puede implicar la conversión de unidades de medida, la normalización de nombres de especies o la estructuración de la base de datos de acuerdo con un formato específico.

Una vez que los datos han sido preparados y limpiados adecuadamente, están listos para su análisis y utilización posterior. La preparación y limpieza de bases de datos de inventarios forestales no solo garantiza la integridad y calidad de los datos, sino que también mejora la eficacia y fiabilidad de los análisis posteriores, lo que contribuye a una gestión más efectiva de los ecosistemas forestales.

(Ver QR al final del capítulo para acceder a ejemplos).

3.2. Descripción de datos e inferencia estadística

Estadística descriptiva

Las estadísticas descriptivas son herramientas fundamentales para analizar y resumir las características de las variables en inventarios forestales. Estas estadísticas proporcionan una comprensión general de la distribución, las tendencias y la variabilidad de los datos recopilados en los inventarios. En las talas 16.7 y 16.8 se presentan algunas de las estadísticas descriptivas comunes que se pueden utilizar en el análisis de variables de inventarios forestales.

Tabla 16.7. Estadísticas descriptivas más comunes que se pueden utilizar en el análisis de variables de inventarios forestales.

Estadístico	Definición
Media (Promedio)	Representa el valor promedio de una variable en el inventario forestal. Ayuda a entender el valor típico de la variable y su nivel central.
Mediana	Es el valor que divide el conjunto de datos en dos partes iguales, con la mitad de los valores por encima y la mitad por debajo. La mediana es útil para describir la ubicación central de los datos y es menos sensible a valores atípicos que la media.
Desviación Estándar	Indica la dispersión o variabilidad de los valores en relación con la media. Una desviación estándar alta sugiere mayor dispersión de los datos, mientras que una baja indica menor dispersión.
Rango	Es la diferencia entre el valor máximo y el valor mínimo de una variable. Ofrece una idea de la amplitud de los datos.
Percentiles	Los percentiles dividen los datos en porcentajes específicos. Por ejemplo, el percentil 25 (P25) es el valor por debajo del cual se encuentra el 25% de los datos. Los percentiles ayudan a identificar valores típicos y extremos.
Coeficiente de Variación	Es el cociente entre la desviación estándar y la media, expresado como porcentaje. Proporciona una medida relativa de la variabilidad en comparación con el tamaño promedio de la variable.
Histograma	Un gráfico de barras que muestra la distribución de frecuencias de una variable. Ayuda a visualizar cómo se distribuyen los valores a lo largo del rango.
Boxplot (diagrama de caja y bigotes)	Proporciona una representación gráfica de la mediana, cuartiles y valores atípicos en una variable.
Skewness (asimetría)	Mide la asimetría de la distribución de los datos. Un valor positivo indica asimetría hacia la derecha (cola larga a la derecha), mientras que un valor negativo indica asimetría hacia la izquierda.
Curtosis	Indica la forma de la distribución de los datos en relación con la distribución normal. Un valor mayor indica una distribución más puntiaguda en comparación con la normal.
Correlación	Si se tienen múltiples variables en el inventario, se puede calcular la correlación para evaluar las relaciones lineales entre ellas.
Regresión	Si se sospecha que una variable puede estar influcnciando a otra, se puede realizar un análisis de regresión para modelar la relación entre las variables.

Tabla 16.8. Ejemplo de estadísticas descriptivas más comunes que se pueden utilizar en el análisis de variables de inventarios forestales.

Variable	Media	Mediana	Desviación estándar	Rango	P_{25}	P_{75}	Asimetría	Kurtosis
Altura (m)	15,2	14,8	3,1	9,5	12,3	17,6	0,42	-0,18
Densidad (árboles ha⁻¹)	380	372	48,7	126	350	408	1,10	2,08

Ejemplo 3

Bases de datos para estudios de *Abies pinsapo* en Andalucía: análisis previos y visualización de los datos

Los análisis previos y la visualización de las bases de datos de un inventario forestal son etapas fundamentales para comprender la estructura y la distribución espacial de los recursos forestales, así como para identificar patrones y tendencias importantes. Antes de realizar un análisis detallado, es importante realizar una exploración inicial de los datos para comprender su contenido y calidad. Esto implica revisar las variables disponibles, como la especie de árboles, la edad, la altura y la densidad, entre otras, y evaluar la integridad y coherencia de los datos.

Una vez que los datos han sido evaluados y preparados, se puede realizar una variedad de análisis para extraer información significativa. Esta etapa puede incluir análisis de distribución espacial para identificar patrones de vegetación, análisis de estructura de la población, para comprender la composición y la diversidad del sistema forestal estudiado, o los análisis de tendencias temporales para detectar cambios en el tiempo.

Por último, la visualización juega un papel crucial en este proceso ya que permite representar gráficamente los datos de manera clara y comprensible. Esto puede incluir la creación de mapas temáticos para visualizar la distribución de especies, gráficos de barras o diagramas de dispersión para representar relaciones entre variables y diagramas de caja y bigotes para mostrar la variabilidad en los datos. En otros capítulos se muestra el uso de Sistemas de información geográfica (SIG) y *software* de análisis estadístico que facilitan la exploración y la interpretación de los datos forestales. Estas herramientas permiten a los usuarios realizar análisis espaciales, realizar interpolaciones y modelar escenarios futuros para evaluar el impacto de diferentes estrategias de gestión.

(Ver QR al final del capítulo para acceder a ejemplos).

Librerías de R para el análisis de datos de inventario

El aumento de la complejidad y cantidad de datos que se manejan en los análisis de inventarios ha dado lugar a que numerosos autores hayan desarrollado librerías de R (www.r-project.org) para establecer plataformas capaces de adaptarse a las nuevas estrategias y necesidades de los inventarios forestales. Su objetivo es, normalmente, mejorar el uso que hacen los gestores forestales, investigadores y profesionales del medio ambiente de las estimaciones estadística sólidas que comprenden dimensiones espaciales y temporales muy distintas. Estas librerías se han desarrollado dentro del entorno de código abierto de R, ya que se aprovecha las capacidades de programación estadística de R, la compatibilidad entre plataformas y la amplia biblioteca de paquetes disponibles (https://cran.r-project.org). Las librerías desarrollan una serie de funciones que permiten consultas de bases de datos, resumir los datos de inventario, la extracción y agregación de información espacial complementaria y la generación de análisis estadísticos de mayor o menor complejidad. En algunos casos, incluyen análisis basados en SIG (ej., QGis) o teledetección (Tabla 16.9).

Tabla 16.9. Bibliotecas de paquetes de R aplicados a inventarios forestales.

Referencia	Acceso	Descripción
Bravo et al. (2015)	Instituto Universitario de Investigación en Gestión Forestal Sostenible	Análisis de datos selvícolas con R
Bravo et al. (2022)	Instituto Universitario de Investigación en Gestión Forestal Sostenible	basifoR: paquete de R para manejar los datos del Inventario Forestal Nacional
Frescino et al., (2023)	https://cran.r-project.org/package=FIESTA	El paquete 'FIESTA' R (Estimación y análisis de inventario forestal) es una herramienta que permite investigaciones personalizadas utilizando los datos de inventario basados el Servicio Forestal, Inventario y Análisis Forestal de EE. UU. (Programa FIA).
Silva et al. (2023)	https://rdrr.io/rforge/rForest/	rForest: Forest Inventory and Analysis
Stanke et al. (2020)	https://rfia.netlify.app/	Análisis de los datos de inventario basados el Servicio Forestal, Inventario y Análisis Forestal de EE. UU. (Programa FIA).

4. Análisis espacial de datos de inventarios

4.1. Rodalización

La rodalización es uno de los principales resultados derivados del inventario y de su integración con fuentes de información procedentes de teledetección (ej., la fotointerpretación aérea). La definición de rodales (unidad mínima de actuación selvícola; ver Capítulo 11), parte de la información suministrada por las parcelas de muestreo, el análisis selvícola, y las diferentes interfaces de zonas forestales y no forestales obtenidos por fotointerpretación o técnicas de clasificación, lo que constituyen las tres fuentes esenciales de datos para definir dichos rodales (González-Molina *et al.*, 2006). La fotointerpretación combinada con los datos de inventario y el informe selvícola permite caracterizar los rodales (ej., especies, estructuras, fases de desarrollo, ecosistemas particulares), en la medida en que se haya establecido una tipología pertinente, y proporciona informaciones precisas de variables dasométricas (ej., densidad, altura, diámetro, área basimétrica, etc.). Por otro lado, estas variables permiten caracterizar la diversidad estructural presente en los bosques, así como la evaluación de la fragmentación y la configuración (ej., conectividad) de la cobertura forestal. El examen de la disposición espacial de los rodales y su relación con otros tipos de usos del suelo ayuda a comprender las interacciones entre la vegetación y otros organismos (ej., avifauna o entomofauna). En estas zonas de transición entre distintos componentes del paisaje y hábitats, se pueden analizar procesos poco convencionales, tales como la estructura y densidad de la vegetación en los ecotonos, las dinámicas de cambio de los componentes de los ecosistemas, o los cambios fisiológicos asociados a los efectos de borde, entre muchos otros.

4.2. Interpolación de datos de inventario

En los actuales inventarios basados en muestreo, las unidades de muestreo consisten en parcelas con tamaños fijos o variables, por lo que no siempre reflejan completamente los patrones espaciales de algunas características evaluadas (ej., regeneración o biodiversidad). En ese sentido, en muchos casos es importante que las áreas donde se proyectan los datos no se limiten únicamente a las superficies de las parcelas, sino que se extiendan al conjunto de la superficie. Además, resulta esencial integrar los datos de los inventarios forestales tradicionales con otras fuentes de información, como cartografía de variables ambientales, y desarrollar enfoques de evaluación compatibles con esas variables (ej., modelos de hábitat). Por tanto, se necesita presentar esta información de manera espacialmente explícita.

La proyección de datos puntuales a datos proyectados espacialmente se pude hacer a través de diferentes técnicas de interpolación que permiten convertir datos puntuales distribuidos en el espacio en una representación ráster (Olmo, 2005). Existen diversos métodos para interpolar valores en ubicaciones no muestreadas, incluyendo interpolación de puntos, distancia inversa y varianza mínima. Los métodos de estimación puntual pueden dividirse en poligonales y métodos de interpolación triangular. Uno de los más frecuentes son los métodos de mínima varianza, como el *kriging*, que están diseñados para generar las mejores estimaciones según un criterio de estimaciones imparciales con la mínima variabilidad. Algunas preguntas básicas que debemos abordar a fin de disponer de un contexto adecuado para el análisis son:

- ¿Interesa obtener estimaciones a nivel global o local?
- ¿Se buscan parámetros poblacionales, como la media y la varianza, o se desea la distribución completa de valores?
- ¿Se necesitan valores puntuales o estimaciones en áreas, como polígonos?

Los inventarios forestales han enfocado sus esfuerzos en estimaciones globales, como el volumen de madera a nivel de rodal. Sin embargo, cada vez más se demanda información específica de otras variables. Para estimaciones globales, se utilizan todos los valores del inventario y generalmente se estima la distribución de atributos en el área de interés (ej., el rodal), aunque esto puede verse influido en gran medida por la agrupación de datos. Una vez decidido si estamos interesados en obtener estimaciones espaciales (locales), es necesario determinar si queremos estimar parámetros de una distribución o la distribución completa en sí. La media es el parámetro más comúnmente estimado. Si se busca estimar toda la distribución, se pueden usar métodos paramétricos y no paramétricos. Los métodos paramétricos asumen una distribución subyacente de los datos, aunque estas suposiciones pueden ser difíciles de verificar y podrían no ser apropiadas para ciertos casos donde los datos o la superficie no son continuos. Los métodos no paramétricos, por otro lado, no realizan estas suposiciones, pero requieren interpolación entre puntos.

La continuidad espacial de los datos es crucial, ya que determina los métodos de predicción adecuados. El tamaño del área que se está estimando y la densidad de los datos de muestra influyen en el método empleado. Es importante tener presente que, si necesitamos extrapolar más allá de la superficie con disponibilidad de datos, los resultados podrían carecer de validez. Por lo tanto, es importante determinar si queremos predecir valores a nivel local (ej., rodal o monte) o en áreas más grandes (ej., hábitat).

Existen numerosos métodos de interpolación que se puede aplicar usando diferentes softwares, pero un repaso en profundidad de todos ellos supera el alcance de este capítulo. Por ello, en este capítulo vamos a ilustrar la interpolación de datos de inventario usando uno de los tipos más básicos de interpolación, el *kriging* ordinario, que permite la predicción de variables en ubicaciones no medidas utilizando las relaciones entre los puntos de muestreo. El método se usa comúnmente cuando se toman muestras. de un área (ej., parcelas de inventario) y el objetivo es obtener una cobertura completa de un atributo (ej., regeneración) con alguna medida de incertidumbre sobre el valor predicho (ej., rodal o monte). Para utilizar este método, tenemos que hacer algunas suposiciones sobre el proceso que estamos intentando predecir:

- Debemos asumir que la variable que estamos tratando de predecir es una variable aleatoria sobre la región de interés.
- Debemos asumir que el valor esperado de la variable es constante sobre la región.
- Debemos asumir que la varianza es constante y finita.
- Debemos asumir que la función de covarianza depende solo de la distancia entre dos puntos y no las posiciones absolutas de los datos.

En la Figura 16.5 se muestran los resultados de la interpolación mediante *kriging* de los patrones de regeneración de cuatro especies forestales en el Monte Pinar de Yunquera (PU-110, Málaga).

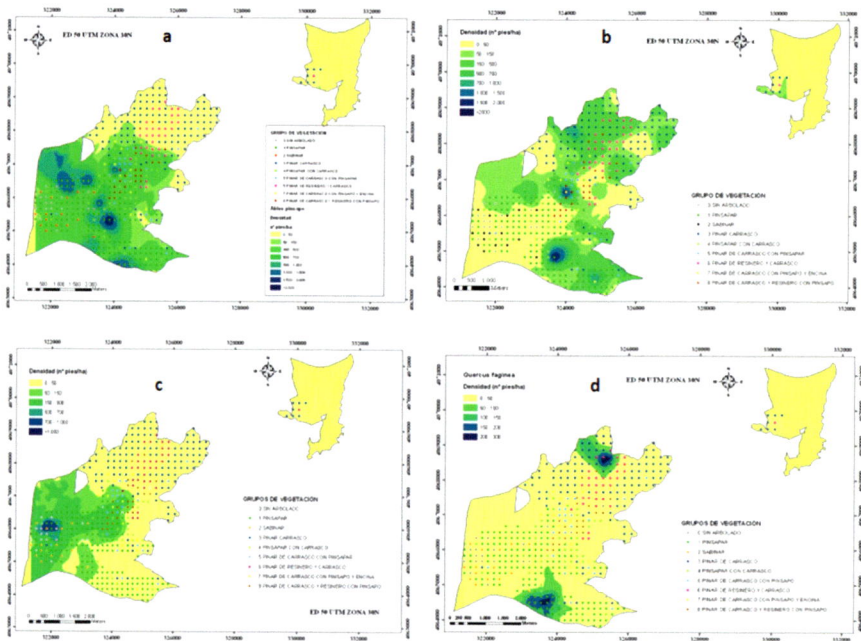

Figura 16.5. Distribución de la regeneración de pinsapo (a), encina (b), quejigo (c) y sabina (d) mediante la interpolación de los datos de inventario forestal usando la técnica *kriging* en el Monte Pinar de Yunquera (Málaga).

Ejemplo 4

Bases de datos para estudios de *Abies pinsapo* en Andalucía: Análisis de la red de equilibrios biológicos de pinsapo

El Reglamento CEE 3528/86 sobre protección de bosques contra los efectos de la contaminación atmosférica, puso en marcha una serie de acciones para el seguimiento del estado de los ecosistemas forestales en todos los países comunitarios, entre ellos, el establecimiento de la Red Europea de Seguimiento de Daños en los Bosques con muestreos sistemáticos anuales de la evolución del estado de salud de los bosques en parcelas sobre una malla de 16 × 16km.

Posteriormente, la Junta de Andalucía lanzó en el año 2000 una Red Autonómica de Equilibrios Biológicos, sobre la base de la malla kilométrica existente, pero densificada de 8 × 8 km (Red SEDA). Para el caso concreto de la especie de pinsapo el muestreo se intensificó en una malla de 1 × 1 km en ecosistemas con presencia de *Abies pinsapo* (Red PINSAPO).

En este ejemplo se analizan la base de datos de la Red PINSAPO disponibles en la REDIAM.

(Ver QR al final del capítulo para acceder a ejemplos).

4.3. Integración de datos en modelos de predicción de hábitat

En concreto, como hemos visto en los epígrafes previos, los inventarios forestales de las ordenaciones de montes suelen ofrecer información sobre el regenerado (brinzales y chirpiales), así como sobre los individuos juveniles (normalmente dbh $\leq$ 7,5 cm), lo que permite su integración en los modelos de predicción de hábitat o modelos de distribución de especies (MDE, ver Capítulo 18, Navarro Cerrillo *et al.*, 2016). Los MDE tienen varias aplicaciones en ecología y conservación; se han utilizado con éxito para predecir la restauración de hábitats críticos, los cambios de distribución de especies debidos al cambio climático, la fragmentación de hábitats y la distribución de especies singulares y amenazadas, entre otros. En ese sentido, los MDE pueden incorporar datos demográficos, como pueden ser variables selvícolas derivadas de inventarios forestales, para predecir los procesos de naturalización de las masas artificiales favoreciendo dichos procesos a partir de los hábitats potenciales de las especies de interés restaurador. La cartografía derivada de aplicar los MDE al estudio de los procesos de regeneración de especies forestales puede ser muy útil para definir muchos aspectos relacionados con la conservación, la planificación y la selvicultura de ecosistemas forestales que mejoren su dinámica natural.

La disponibilidad actual de datos de inventario en formatos digitales espacialmente explícitos (incluidas, en algunos casos, sus series temporales -inventarios asociados a las revisiones de las ordenaciones-) permite mejorar la precisión de los modelos de predicción de hábitats. Así, por ejemplo, se pueden elaborar mapas de regeneración de especies vegetales con un alto nivel de confianza estadística, identificar áreas adecuadas para la reintroducción de especies forestales clave (Navarro-Cerrillo *et al.*, 2016) y desarrollar medidas selvícolas eficaces que promuevan la regeneración natural. Los MDE consideran factores bióticos (características del dosel, presencia de dispersores, etc.) y abióticos (variables climáticas, características edáficas, etc.) relacionados directamente con los procesos de regeneración. Así, la información obtenida puede ayudar a responder preguntas del tipo cómo se distribuye espacialmente la regeneración y cuáles son los factores condicionantes o limitantes, o cómo responde a las perturbaciones antrópicas y a los cambios ambientales globales (Blanco-Cano *et al.*, 2022). En este contexto, la integración de los datos de inventario y los MDE pueden usarse como una herramienta que aporta un nuevo enfoque a diferentes actuaciones selvícolas (Figura 16.6).

5. Modelización y simulación y optimización

5.1. Construyendo modelos

La utilización de datos de inventarios forestales para la construcción de modelos es una práctica cada vez más común en trabajos científicos, aunque su generalización al ámbito de la gestión todavía es más limitada. Los inventarios forestales proporcionan

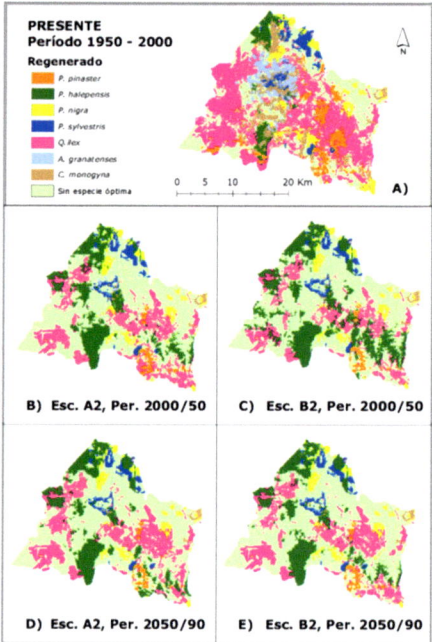

Figura 16.6. Áreas optimas de regeneración de las especies estudiadas para el periodo actual y futuro (CGCM2) considerando dos escenarios de cambio climático. A) Predicción presente, B) Escenario A2 (2050), C) Escenario B2 (2050), D) Escenario A2 (2090) y E) Escenario B2 (2090). (ver Tabla 16.2 para nomenclatura).

información detallada que puede ser fundamental para desarrollar diferentes tipos de modelos. De forma general, los pasos clave para utilizar datos de inventarios forestales en la construcción de modelos son los siguientes:

1. Recopilación y preparación de los datos (como se vio en los epígrafes correspondientes).

2. Selección del tipo de modelo que se quiere construir. Se pueden utilizar diversos enfoques, como modelos lineales, modelos de regresión, modelos de clasificación, modelos de series temporales o incluso modelos de *machine learning*, según los objetivos y la naturaleza de los datos.

3. Selección de las características relevantes de los datos de inventario que se utilizarán como entradas para el modelo. Estas características pueden incluir datos biológicos (especies, edad, diámetro), datos de ubicación (latitud, longitud) y datos de condiciones ambientales (clima, suelo).

4. División de los datos en conjuntos de entrenamiento, validación y prueba. Este paso permitirá entrenar el modelo, ajustar sus parámetros y evaluar la precisión del modelo.

5. Construcción del modelo, mediante la selección del algoritmo/modelo adecuado a los datos y los objetivos. Pueden usarse algoritmos paramétricos y no paramétricos.

6. Entrenamiento y ajuste del modelo y optimización de su rendimiento. Este paso puede requerir iteraciones y ajustes para lograr un buen ajuste a los datos.

7. Validación y evaluación para ajustar los hiperparámetros y evaluar el rendimiento del modelo utilizando diferentes estadísticos.

8. Prueba y aplicación para evaluar su capacidad de generalización. Si el modelo funciona bien, se puede utilizar en aplicaciones prácticas para la toma de decisiones forestales.

La construcción de modelos basados en datos de inventarios forestales es un buen ejemplo de la selvicultura basada en datos, ya que puede ser un proceso complejo que integra conocimientos en estadísticas, ciencias de datos y selvicultura, como se ha puesto de manifiesto en varios de los capítulos de este libro. Es posible que nunca se logre una resolución satisfactoria del modelo que se busca porque faltan efectos fijos clave; en este caso, hay que alcanzar un cierto nivel de compromiso. Al final del proceso de ajuste del modelo, se buscará el modelo más simple que satisfaga los supuestos necesarios del modelo y responda las preguntas de interés. Es tentador buscar efectos aleatorios más complejos que puedan proporcionar un mejor ajuste, pero si un modelo simple satisface las suposiciones y responde a los objetivos marcados, tratar de maximizar la probabilidad puede no dar frutos. En la Figura 16.7 se muestran los resultados de la obtención de un modelo para la estimación de la capacidad de secuestro de carbono en la Sª de los Filabres (Almería) a partir de la integración de datos de varios inventarios forestales (Navarrete-Poyatos *et al.*, 2019).

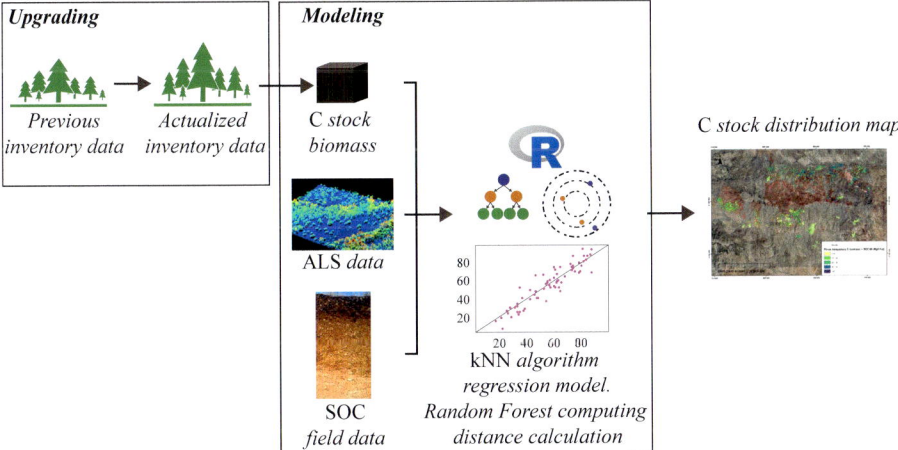

Figura 16.7. Esquema del proceso de modelización para la estimación de la capacidad de secuestro de carbono en la Sª de los Filabres a partir de datos de inventario y cartografía de carbono secuestrado para las masas de *Pinus halepensis* en la zona de estudio.

5.2. Simulaciones

Al igual que para la modelización, el uso de datos de inventarios forestales para la simulación de procesos de interés forestales es una estrategia muy valiosa para comprender y prever el comportamiento de los ecosistemas forestales en diferentes escenarios (ej., cambio climático). La simulación permite probar hipótesis, tomar decisiones informadas y planificar la gestión forestal de manera más efectiva en varios aspectos. El proceso de simulación debe considerar varios aspectos:

- Elegir el modelado que represente el comportamiento y la dinámica de un ecosistema forestal frente a diferentes factores de cambio en la estructura de los árboles, la distribución de especies, el crecimiento y la mortalidad de los árboles, y otros factores relevantes.

- Parametrizar el modelo de simulación utilizando los datos de inventario puede implicar calibrar las tasas de crecimiento, la mortalidad o la regeneración de acuerdo con las condiciones observadas en el inventario.

- Definir los escenarios de simulación que se desean explorar, como cambios en el clima, prácticas selvícolas, perturbaciones (incendios, plagas) o políticas de conservación.

- Utilizar el modelo de simulación para ejecutar cada escenario, determinando los datos relevantes, como cambios en las condiciones ambientales o intervenciones selvícolas, y observar cómo evoluciona el ecosistema a lo largo del tiempo.

- Analizar los resultados de las simulaciones para evaluar cómo responden los ecosistemas forestales a los diferentes escenarios. Se pueden examinar métricas clave, como la densidad de árboles, la composición de especies, la biomasa forestal y otros indicadores relevantes.

- Validar y ajustar los resultados de las simulaciones con datos reales de inventario y observaciones de campo. Si es necesario, se pueden ajustar los parámetros para mejorar la correspondencia entre las simulaciones y la realidad.

- Utilizar los resultados obtenidos de las simulaciones para tomar decisiones informadas sobre la gestión forestal. Por ejemplo, identificar prácticas selvícolas que maximicen la salud del bosque, mitiguen el riesgo de plagas o reduzcan la vulnerabilidad al cambio climático.

- Comunicar los resultados de las simulaciones a las partes interesadas, como gestores forestales, científicos y responsables de la toma de decisiones. Estos resultados pueden guiar la planificación estratégica y la implementación de medidas de conservación y gestión forestal.

La simulación basada en datos de inventarios forestales proporciona una herramienta poderosa para explorar posibles escenarios y mejorar la comprensión de la dinámica de los ecosistemas forestales en un entorno en cambio permanente. Sin embargo, es importante reconocer las limitaciones del modelo y la necesidad de seguir incorporando nuevos datos y conocimientos científicos para refinar y mejorar continuamente las simulaciones. En la Figura 16.8 se muestran los resultados de la simulación para optimizar la selvicultura en repoblaciones de pinar en la Sª de los Filabres (Almería) en función de diferentes escenarios de los precios de carbono en el mercado de compensación de emisiones (Acuña *et al.*, 2021).

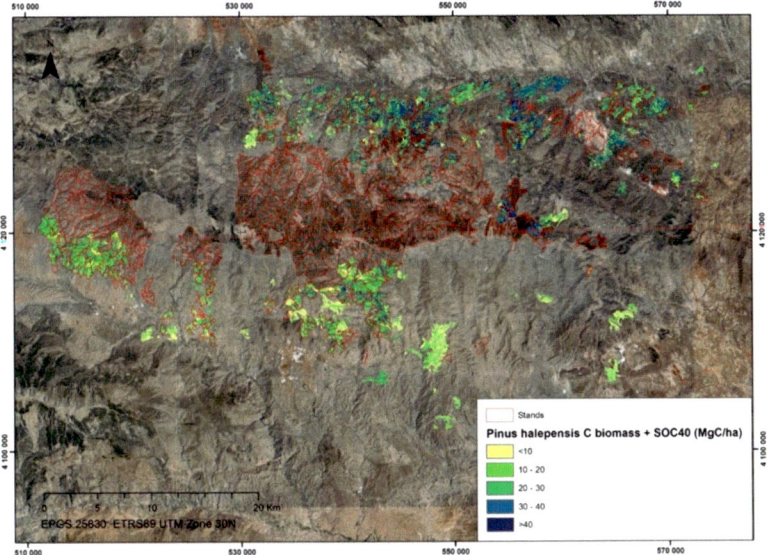

Figura 16.8. Planificación de claras en repoblaciones de pinar en la Sª de los Filabres a partir de la simulación de diferentes escenarios de precios de la tonelada de carbono (de 0 a 25 €) en el mercado de compensación de emisiones.

6. Retos científicos tecnológicos

El uso de datos de inventario forestal es una fuente muy valiosa de información; su integración en diferentes aplicaciones geoestadísticas permiten una comprensión más profunda de los ecosistemas forestales y apoyar la toma de decisiones selvícolas mejor informadas. Algunos de los retos científicos y tecnológicos derivados del uso de datos de inventarios forestales en este contexto incluyen:

- Desarrollar modelos de simulación avanzados que puedan prever cómo los ecosistemas forestales responderán a diferentes escenarios de cambio climático, manejo forestal y perturbaciones naturales o antropogénicas.

- Predecir el crecimiento y la producción/servicios ecosistémicos de los bosques que pueda orientar a los gestores forestales a planificar mejor la selvicultura a largo plazo, optimizar la ordenación forestal, promover la regeneración, así como en otras muchas decisiones clave.

- Evaluar con alta precisión los cambios en la distribución de especies o procesos dinámicos (ej., fragmentación y conectividad) integrando información procedente de la teledetección y de las tecnologías geoespaciales (ej., imágenes de satélite y tecnologías LIDAR) en diferentes escenarios y condiciones.

- Facilitar la adaptación a riesgos y perturbaciones, como incendios forestales, plagas y enfermedades forestales.
- Identificar áreas degradadas o amenazadas y desarrollar estrategias de restauración y conservación. Es decir, ayudar a la priorización de las acciones de reforestación, restauración de hábitats y conservación de la biodiversidad.
- Proporcionar evidencias científicas para respaldar la formulación de políticas públicas relacionadas con la gestión forestal, la conservación de la biodiversidad y la mitigación-adaptación del cambio climático.
- Desarrollar herramientas para la toma de decisiones que ayuden a los gestores forestales y planificadores a tomar decisiones basadas en datos.
- Promover la investigación científica en áreas como la ecología forestal, la dinámica de los ecosistemas, la interacción planta-suelo, la captura de carbono y la resiliencia frente a perturbaciones.

Como conclusión, podemos afirmar que el uso de datos de inventario forestal impulsa la innovación en selvicultura y gestión forestal, permitiendo un enfoque más integral y basado en evidencia para abordar los desafíos ambientales y sociales asociados a los recursos forestales.

Bibliografía

Acuña, M., Navarro-Cerrillo, R. M., Ruiz-Gómez, F., Lara-Gómez, M., Pérez-Romero, J., Varo-Martínez, M. Á., Palacios-Rodríguez, G. 2021. How does carbon pricing impact optimal thinning schedules and net present value in Mediterranean pine plantations? Forest Ecol. Manag., 482, 118847.

Adame, P., Alonso, L., Cañellas, I., Hernández, L., Pasalodos-Tato, M., Robla, E., Alberdi, I. 2022. Hacia un seguimiento más completo y armonizado de los daños en los bosques: Aplicación a la defoliación arbórea en España. Ecosistemas, 31(3), 2387-2387.

Alberdi, I., Sandoval, V., Condes, S., Cañellas, I., Vallejo, R. 2016. El Inventario Forestal Nacional español, una herramienta para el conocimiento, la gestión y la conservación de los ecosistemas forestales arbolados. Ecosistemas, 25(3), 88-97).

Blanco-Cano, L., Navarro-Cerrillo, R. M., González-Moreno, P. 2022. Biotic and abiotic effects determining the resilience of conifer mountain forests: The case study of the endangered Spanish fir. Forest Ecol. Manag., 520, 120356.

Bravo Oviedo, F., Herrero, C., Ruano, I., Bravo-Núñez, A., Lara, W., Riofrío, J.G. 2015. Análisis de datos selvícolas con R. Universidad de Valladolid

Bravo Oviedo, F.; Ordóñez Alonso, C, Lara Henao, W. 2022 BasifoR: paquete de R para manejar los datos del Inventario Forestal Nacional. Congreso SECF, 2022.

Frescino, T. S., Moisen, G. G., Patterson, P. L., Toney, C., White, G. W. 2023. 'FIESTA': a forest inventory estimation and analysis R package. Ecography, e06428.

González-Molina, J. M. G., Nicolau, M. P., Grau, P. V. 2006. Manual de ordenación por rodales. Gestión multifunctional de los espacios forestales. Centre Tecnològic Forestal de Catalunya.

Navarrete-Poyatos, M. A., Navarro-Cerrillo, R. M., Lara-Gómez, M. A., Duque-Lazo, J., Varo, M. D. L. A., Palacios Rodríguez, G. 2019. Assessment of the carbon stock in pine plantations in Southern Spain through ALS data and K-nearest neighbor algorithm based models. Geosciences, 9(10), 442.

Navarro-Cerrillo, R. M., Rumbaó, I. C., Vidaña, A. L., Pérez, J. L. Q., Duque-Lazo, J. 2016. Integración de datos de inventario y modelos de hábitat para predecir la regeneración de especies leñosas mediterráneas en repoblaciones forestales. Revista Ecosistemas, 25(3), 6-21.

Olmo, M. C. 2005. La Geoestadística como herramienta de análisis espacial de datos de inventario forestal. Cuad Soc Esp Cien For, (19), 47-55.

Pardé, J., Bouchon, J., 1994: Dasometría. Editorial Paraninfo, 387 pag. Madrid

Pescador, D. S., Vayreda, J., Escudero, A., Lloret, F. 2022. El potencial del Inventario Forestal Nacional para evaluar el estado de conservación de los tipos de Hábitat forestales de Interés Comunitario: nuevos retos para cumplir con las políticas de conservación de la biodiversidad. Ecosistemas, 31(3), 2384-2384.

Pita, P.A. 1973. El inventario en la ordenación de montes. INIA. Madrid.

Prodan, M. (1997). Mensura forestal (No. 1). Agroamerica.

Silva, C.A., Klauberg C., Carvalho, S., Rosa, M., Madi, J., Hamamura, C. 2023. rForest: Forest Inventory and Analysis, https://rdrr.io/rforge/rForest/.

Stanke, H., Finley, A. O., Weed, A. S., Walters, B. F., Domke, G. M. 2020. rFIA: An R package for estimation of forest attributes with the US Forest Inventory and Analysis database. Environ. Model. Softw. 127, 104664.

Vayreda, J., Martínez-Vilalta, J., Vilà-Cabrera, A. 2016. El Inventario Ecológico y Forestal de Cataluña: una herramienta para la ecología funcional. Ecosistemas, 25(3), 70-79.

Zou, W., Jing, W., Chen, G., Lu, Y., Song, H. 2019. A survey of big data analytics for smart forestry. IEEE Access, 7, 46621-46636

Acceso al material complementario

Ordenaciones

redSEDA

Unidad VII
UAS en entornos forestales

17
Principios generales de los UAS

Carlos MARTÍN CORTÉS
Mauricio ACUÑA
Guillermo PALACIOS RODRÍGUEZ
Borja GARCÍA PASCUAL
Adrián REGOS SANZ
Miguel Ángel LARA GÓMEZ
Rafael M.ª NAVARRO CERRILLO

Resumen

Los sistemas aéreos no tripulados (UAS), coloquialmente conocidos como drones, han experimentado un incremento de uso en el sector forestal. Este incremento, no solo ofrece nuevas oportunidades y desafíos, sino que también subraya la importancia de adquirir un conocimiento sólido sobre los principios generales de su uso. La adopción de UAS en el sector forestal se ha visto impulsada por su capacidad para realizar tareas de monitoreo, mapeo y gestión de recursos forestales de manera más eficiente que los métodos tradicionales. Los UAS han demostrado ser herramientas excepcionales para la recolección de datos a gran escala en tiempo real. Sin embargo, la implementación efectiva de estas tecnologías viene acompañada de la necesidad de comprender a fondo los principios generales que rigen su uso, para poder maximizar sus beneficios. En cuanto a los conceptos básicos y principios de funcionamiento de los UAS, es crucial para los usuarios entender la dinámica, los tipos de vuelo y métodos de navegación, así como los tipos de sensores utilizados. Esta comprensión permite a los usuarios optimizar el diseño del plan de vuelo y la recolección de datos, asegurando que los objetivos específicos de cada misión sean alcanzados con la máxima eficiencia. Por último, el procesamiento de datos representa una etapa fundamental en la cadena de valor de los UAS. Los datos en bruto capturados durante el vuelo deben ser analizados y procesados para convertirlos en información útil y accesible. Esto puede incluir el procesamiento fotogramétrico de imágenes para generar gemelos digitales del bosque, pudiendo cumplir y concluir con los objetivos del vuelo del UAS.

Palabras clave: UAS, UAV, dron, fotogrametría, LiDAR.

1. Introducción

Los sistemas aéreos no tripulados (*Unmanned Aerial System,* UAS), más conocidos como drones, representan una tecnología innovadora. Su principal característica es la capacidad de funcionar de manera remota sin requerir un piloto a bordo. Tal avance ha revolucionado múltiples ámbitos, ampliando significativamente las capacidades operativas en sectores específicos, como el forestal, donde han demostrado ser una herramienta valiosa (Sadraey, 2017). Estos sistemas avanzados ofrecen soluciones dinámicas y eficientes para desafíos tradicionalmente difíciles en la gestión forestal, desde la recolección de datos hasta el monitoreo de incendios forestales. Los UAS, al proveer datos geoespaciales de alta resolución en tiempo real, permiten optimizar la gestión de los bosques (Suab y Avtar, 2020).

La efectividad de los UAS en operaciones forestales radica no solo en la ejecución de vuelos precisos y eficientes, sino también en una meticulosa planificación previa y la selección adecuada de equipos según los objetivos deseados.

Los planes de vuelo se diseñan para cubrir áreas específicas de interés, optimizando los recorridos para recolectar datos de la manera más completa y eficiente posible y siendo cruciales para maximizar el área de cobertura. Estos planes están influenciados principalmente por la duración de los vuelos, que a su vez dependen de la capacidad de la batería de las aeronaves y de las condiciones ambientales.

La elección de equipos, incluidos sensores, sistemas de navegación y otros dispositivos, es otro aspecto fundamental en las operaciones de los UAS. Los sensores específicos, como cámaras multiespectrales y térmicas, permiten la identificación precisa de la salud vegetal y la detección de áreas afectadas por incendios o plagas. Los sensores LIDAR y las cámaras RGB, por su parte, son esenciales para generar modelos tridimensionales del bosque.

Los sistemas de posicionamiento permiten una programación de vuelos autónomos con rutas predefinidas que garantizan la cobertura completa del área de estudio. Estos sistemas permiten la georreferenciación de los datos recopilados a través de los diferentes sensores. Estos datos pueden integrarse con otras fuentes de información, como imágenes satelitales o datos históricos, abriendo un gran abanico de posibilidades para estudios multidisciplinarios.

La eficacia de estas operaciones no solo mejora la recopilación de datos, sino que también contribuye significativamente a la sostenibilidad y la conservación de los bosques. Además, la implementación de UAS en la gestión forestal puede resultar en una reducción significativa de los costos operacionales. Esto se debe a la capacidad de los UAS para cubrir áreas mayores en poco tiempo que los métodos tradicionales, minimizando, así, el tiempo y los recursos necesarios para la recopilación de datos. Por otro lado, la seguridad de las personas involucradas en el sector forestal se ve notablemente incrementada, ya que el uso de UAS reduce la necesidad de presencia física en terrenos potencialmente peligrosos, disminuyendo el riesgo de accidentes.

En este capítulo abordaremos los principios generales de UAS en el sector forestal, estructurando el contenido en torno a conceptos esenciales y operativos. Comenzaremos con los conceptos básicos para una sólida comprensión de los UAS. Seguiremos con los principios de funcionamiento, describiendo cómo estos sistemas aprovechan el uso de la tecnología para ello. Profundizaremos en los tipos de vuelo, destacando los diferentes modos y metodologías que se adaptan a diversos objetivos forestales, y en los sistemas de navegación, examinando cómo los UAS se georreferencian. A continuación, discutiremos el plan de vuelo, poniendo el foco en la estrategia y la logística necesarias para realizar misiones efectivas y eficientes. Seguiremos con el procesamiento de vuelo, donde se analizará cómo se manejan y analizan los datos recolectados para informar decisiones de gestión forestal. Este capítulo ofrecerá una comprensión profunda y estructurada sobre la operatividad de los UAS en el ámbito forestal.

2. Conceptos básicos

Dentro del ámbito de los UAS, es esencial conocer los siguientes términos y sus definiciones, ya que son clave para comprender el funcionamiento, la regulación y las responsabilidades asociadas a estos dispositivos:

- RPAS (Sistema de aeronave pilotada por control remoto): combinación de una aeronave y el equipo necesario para pilotarla remotamente.
- UAS (Sistema de aeronave no tripulada): combinación de una aeronave y el equipo necesario para controlarla remotamente. El término UAS es amplio y abarca desde las aeronaves pilotadas hasta las aeronaves autónomas, donde el piloto a distancia no puede intervenir durante el vuelo; es decir, incluye los RPAS y las aeronaves autónomas.
- UAV (Aeronave no tripulada): cualquier aeronave diseñada para operar sin un piloto a bordo. Puede funcionar de manera autónoma o ser controlada a distancia. Abarca una amplia gama de vehículos, desde pequeños drones hasta sistemas más complejos.
- Dron (*Drone* en inglés): palabra coloquialmente usada para referirse a cualquier tipo de aeronave no tripulada. Aunque inicialmente se asociaba más a vehículos de tamaño pequeño o mediano, hoy día su uso se ha extendido y se aplica a cualquier tipo de UAV.
- Piloto a distancia: persona responsable de la conducción segura del vuelo de un UAV. Este control puede ser manual o supervisado cuando la aeronave opera automáticamente. El piloto a distancia debe ser capaz de intervenir y modificar los parámetros de vuelo en cualquier momento para asegurar una operación segura.
- Operador UAS: cualquier entidad, ya sea una persona física o jurídica, que posee o alquila un UAS. Puede coincidir con el piloto a distancia, pero no necesariamente. Un operador podría ser una empresa que ofrece servicios de UAS y emplea a pilotos a distancia para operar sus vehículos.

3. Principios de funcionamiento de los UAS

Los UAS operan bajo una serie de principios de vuelo esenciales para su funcionamiento eficiente y seguro. Estos principios abarcan los aspectos técnicos y mecánicos del vuelo y las consideraciones que deben tenerse en cuenta en relación con las condiciones ambientales pueden afectar la operación de estas aeronaves. A continuación, se desarrollan los principios básicos de vuelo y cómo las condiciones ambientales impactan en el vuelo.

3.1. La aerodinámica de los UAS

La aerodinámica es una rama de la mecánica de fluidos que estudia el movimiento del aire y de otros gases y su interacción con los cuerpos que se mueven en ellos (Real Academia Española, s.f.), como los UAS. La presencia de un cuerpo en una corriente de aire altera las partículas de este último, generando cambios en la presión y la velocidad que resultan en fuerzas de sustentación y resistencia. Un perfil aerodinámico, como las palas de un rotor de una aeronave, está diseñado para crear una distribución de presiones al desplazarse en el aire, generando sustentación.

La física del vuelo se basa en varias teorías fundamentales:

- Principio de Bernoulli: en un fluido en movimiento, la suma de la presión estática y de la presión dinámica es constante. Esto implica que, un incremento en la velocidad del fluido conlleva una disminución en la presión estática.
- Efecto Venturi: un fluido incrementa su velocidad al pasar por un estrechamiento y disminuye su presión; se trata de un caso particular del principio de Bernoulli.
- Tercera ley de Newton: cada acción tiene una reacción igual y opuesta. Las moléculas de aire que chocan y se desvían por un perfil generan una fuerza de sustentación opuesta.

Un perfil alar puede generar sustentación no solo debido a su forma aerodinámica sino también por su inclinación relativa al viento, conocida como ángulo de ataque. La corriente de aire que interactúa con el ala o las palas de un rotor genera una zona de estrechamiento en la parte superior, acelerando el aire (efecto Venturi) y disminuyendo la presión (principio de Bernoulli), lo que lleva a una diferencia de presiones entre el exterior y el interior del ala o de las palas. Esta diferencia provoca una fuerza aerodinámica que mueve la aeronave de la zona de alta presión a la de baja presión (tercera ley de Newton); el flujo de aire acelerado sobre el ala produce una fuerza adicional hacia arriba.

Las cuatro fuerzas fundamentales que interactúan para lograr el equilibrio necesario para el vuelo son (Figura 17.1):

- Empuje (T): fuerza generada por motores, hélices o rotores que mueve la aeronave hacia adelante, superando la resistencia del aire.
- Sustentación (L): fuerza generada por el perfil aerodinámico de la aeronave que actúa de abajo hacia arriba, permitiendo que se mantenga en el aire al contrarrestar el peso.

- Peso (W): fuerza de la gravedad que tira de la aeronave hacia abajo, proporcional a su masa, que debe ser contrarrestada por la sustentación para lograr el vuelo.
- Resistencia (D): fuerza aerodinámica que se opone al avance de la aeronave y que aumenta con la velocidad, que debe ser superada por el empuje.

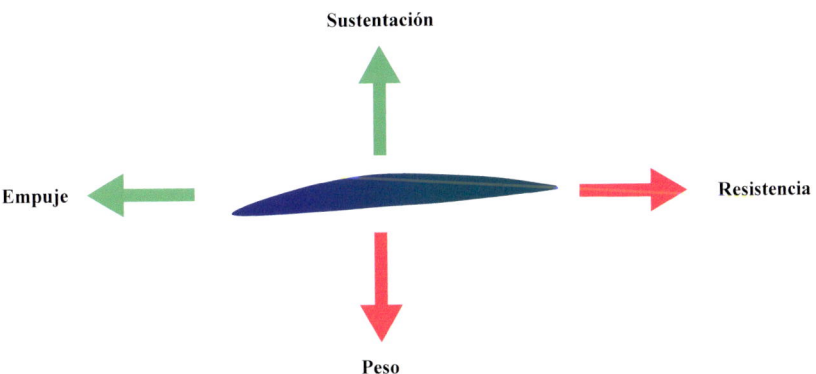

Figura 17.1. Fuerzas que actúan en un perfil alar.

En el contexto de los drones multirrotor, se observan las mismas cuatro fuerzas fundamentales que rigen la dinámica de vuelo (Figura 17.2). Sin embargo, se presenta una diferenciación notoria en su aplicación. En estos sistemas, la función primordial de los motores se dedica a la rotación de las hélices, lo que implica que la sustentación se asimila al empuje generado por dichos motores. En un escenario donde la aeronave se inclina hacia un lado, el empuje se redirige en esa dirección específica. Este cambio de orientación del empuje genera una fuerza con un componente horizontal significativo, que, en este contexto, ejerce un rol similar a la fuerza de resistencia, actuando en oposición al movimiento de la aeronave.

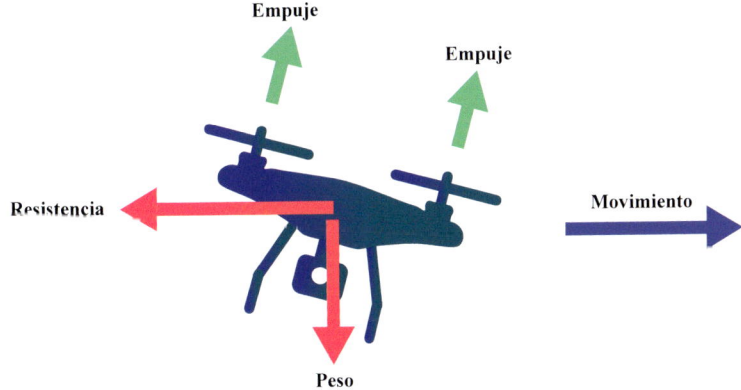

Figura 17.2. Fuerzas que actúan en un RPAS.

3.2. Efectos de las condiciones ambientales a los UAS

Los UAS, al navegar en la atmósfera, se ven afectados por una variedad de condiciones ambientales, como la temperatura, la presión, la densidad del aire, el viento, la visibilidad, la actividad solar, las tormentas y el engelamiento.

La densidad del aire, la temperatura y la presión atmosférica varían con la altitud, lo que significa que estos factores cambiarán a medida que varíe la altitud de vuelo de un UAS; en particular:

- La presión atmosférica en un punto corresponde al peso de la columna vertical de aire que se alza sobre una unidad de superficie con centro en ese punto hasta el límite superior de la atmósfera. Por tanto, la presión atmosférica disminuye con la altitud.

- La temperatura disminuye con la altitud debido a la absorción de calor por las diferentes capas de la atmósfera. Cuando la temperatura aumenta, las moléculas de aire se dispersan, lo que reduce la densidad del aire. Por el contrario, una disminución de la temperatura hace que las moléculas de aire se acerquen más, ocupando menos espacio y, por lo tanto, aumentando la densidad. El aire se enfría aproximadamente 1 0C cada 100 m hasta alcanzar el punto de rocío. Por encima del nivel de condensación, el aire se enfría a un ritmo de 0,5 0C cada 100 m (European Space Agency, s.f.).

- La ley de Boyle relaciona el volumen y la presión de una cierta cantidad de gas mantenida a temperatura constante. Esto implica que los cambios en la presión atmosférica afectarán el volumen del aire, lo cual es un factor crucial a considerar en el comportamiento de vuelo de los UAS.

Al planificar y ejecutar un vuelo, los factores ambientales más importantes a considerar son la densidad del aire, la humedad y el viento:

- Densidad del aire.
  - La densidad del aire repercute en el comportamiento de vuelo de la aeronave. Esta densidad influye directamente en la sustentación y la resistencia, así como en el rendimiento del motor y la eficiencia de la hélice.
  - Un aumento en la densidad del aire resulta en un incremento tanto de la sustentación como de la resistencia. Por el contrario, una disminución en la densidad del aire lleva a una reducción en ambas.
  - Como se ha mencionado anteriormente, la variación en la densidad del aire puede deberse a cambios en la altitud, la temperatura y la presión atmosférica.
- Humedad del aire.
  - La atmósfera siempre contiene cierta cantidad de vapor de agua. El vapor de agua tiene una densidad menor que el aire seco, por lo que un volumen dado de aire húmedo pesará menos que el mismo volumen de aire seco.

- Cuando la humedad del aire aumenta, la densidad del aire disminuye, disminuyendo, a su vez, la sustentación generada por el dron. Esto puede afectar la capacidad de carga y la estabilidad del vuelo.
- Un vuelo de una aeronave en condiciones de alta humedad puede afectar negativamente en la precisión de la recolección de datos, además de reducir la visibilidad de éste.

- Viento.
  - El viento es un factor crítico que debe ser evaluado antes de cada vuelo de un dron. Afecta la maniobrabilidad y el rendimiento de la aeronave.
  - Los vientos fuertes pueden alterar la trayectoria de vuelo, reducir la eficiencia operativa y afectar la autonomía de la aeronave y a la recolección de datos. La dirección y la velocidad del viento también son determinantes para la planificación de la ruta y las técnicas de despegue y aterrizaje.
  - Los avances tecnológicos han permitido que los *softwares* de vuelo, como los desarrollados por DJI, incorporen sistemas de alerta para condiciones de viento desfavorables. Estos sistemas están diseñados para monitorizar las condiciones del viento en tiempo real y proporcionar recomendaciones basadas en estos datos. Por ejemplo, si el *software* detecta que el viento es demasiado fuerte, puede advertir al operador y recomendar finalizar el vuelo para evitar riesgos.

4. Partes de un UAS

Los UAS están compuestos por varios componentes esenciales que trabajan conjuntamente para asegurar su operación eficiente y segura. Las partes principales de un UAS incluyen:

- Chasis, marco o fuselaje: estructura principal del dron, determina su tamaño y forma, fabricada con materiales ligeros.
- Grupo motopropulsor: compuesto por motores, hélices y rotores, que facilita el movimiento y la elevación de la aeronave mediante fuerzas aerodinámicas.
- Baterías: proporcionan la energía necesaria para el funcionamiento.
- Placa controladora de vuelo: "cerebro" del UAS; gestiona las órdenes de movimiento y recopila datos de vuelo a través de sensores integrados.
- Unidad de mando: sistema de emisores y receptores de señales de radio para el control remoto y la recepción de datos de la aeronave.
- Reguladores de velocidad: conocidos como ESC, controlan la velocidad de los motores ajustando la potencia eléctrica suministrada.
- Gimbal: mecanismo de estabilización para la carga útil, permite controlar y nivelar la orientación en varios ejes.

- Carga útil: incluye equipos como cámaras y sensores; estos sensores son explicados en el Capítulo 18 de aplicaciones forestales de los UAS.

- Tren de aterrizaje: proporciona estabilidad durante el aterrizaje y el despegue; puede ser fijo o retráctil, según el diseño del UAS.

- Estación de control: centro de comando desde donde se controla la aeronave mediante controles, pantallas y otros dispositivos de interfaz.

- Sistemas de navegación: equipados con GPS y otros sensores, permiten la localización precisa y la planificación de rutas de vuelo para el UAS.

5. Tipos de vuelo

En el ámbito de la operación de los UAS, es esencial comprender los diferentes tipos de vuelo que definen la manera en que estas aeronaves son manejadas y supervisadas.

Si nos basamos en la visibilidad del dron por parte del operador, se distinguen dos categorías (Figura 17.3). La primera, conocida como VLOS (*Visual Line of Sight*), implica que el dron permanece dentro del campo visual del operador en todo momento durante su vuelo. Por el contrario, la segunda categoría, denominada BVLOS (*Beyond Visual Line of Sight*), se refiere a situaciones donde el dron opera más allá del alcance visual del operador. En el sector forestal, el uso de drones implica comúnmente la realización de vuelos BVLOS, debido a la necesidad de cubrir extensas áreas con variadas orografías. Además, la operación se lleva a cabo frecuentemente por encima de las copas de los árboles, lo que a menudo dificulta mantener un contacto visual directo con el dron desde la estación de control en tierra. Es de vital importancia conocer correctamente la normativa de las zonas donde se desea volar el UAS, ya que no suele ser la misma para los vuelos ejecutados en VLOS que para los ejecutados en BVLOS.

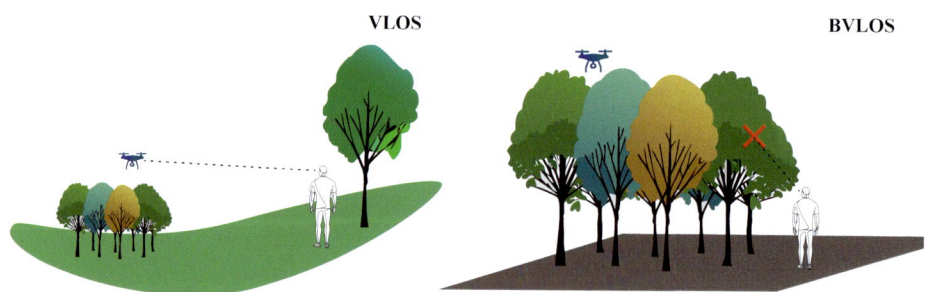

Figura 17.3. Tipos de vuelos según su visualización en RPAS.

Por otro lado, también se pueden diferenciar los vuelos según la forma en que se controlen. Las principales formas son las siguientes:

- Vuelo manual: implica un control directo y activo del UAS por parte del operador, utilizando un control remoto o una estación de control en tierra. Es ampliamente utilizado en situaciones que requieren maniobras específicas o en entornos donde el control automatizado no es viable, como por ejemplo en un vuelo debajo de copas.

- Vuelo asistido: utiliza tecnologías como la estabilización automática y el GPS para apoyar al operador en el control del UAS. Es particularmente útil para pilotos con menos experiencia o en situaciones que requieren una precisión y una estabilidad mejoradas.

- Vuelo automatizado o autónomo: en este caso, el UAS sigue una ruta preprogramada o toma decisiones autónomas basadas en algoritmos y sensores. Es ideal para misiones de captura de datos que requieren una planificación previa y un itinerario de vuelo específico, tal como las misiones destinadas a la fotogrametría.

- Vuelo FPV (*First Person View*): el piloto utiliza cámaras montadas en el UAS para volar desde una perspectiva de primera persona. Este enfoque es ampliamente adoptado en aplicaciones donde la visualización directa del entorno del UAS es crucial, como podría ser un vuelo debajo de copas.

- Vuelo por telemetría o controlado a distancia: implica la operación del UAS a través de la transmisión de datos a larga distancia, lo que permite el control del dron fuera del alcance visual. Es común en el mapeo de áreas extensas.

- Vuelo Estacionario: el UAS mantiene una posición fija en el aire, lo que es ideal para tareas de observación, como sería el seguimiento de incendios forestales o las observaciones de vida silvestre.

6. Sistemas de posicionamiento de los UAS

La mayoría de los UAS modernos utilizan sistemas de navegación que permiten obtener datos precisos de localización, comúnmente conocidos como GPS. No obstante, las siglas GPS (*Global Positioning System*) se refieren únicamente a un sistema de posicionamiento específico. Lo correcto es llamarlos GNSS (*Global Navigation Satellite System*).

Los sistemas de posicionamiento más comunes son los siguientes (Figura 17.4):

- GPS – *Global Positioning System*. Este sistema fue desarrollado originalmente por el Departamento de Defensa de los Estados Unidos; actualmente es gestionado por la Fuerza Espacial de los Estados Unidos. Este sistema satelital tiene la capacidad de determinar la posición de un objeto en cualquier lugar del globo con una precisión notable, que puede alcanzar el rango de centímetros utilizando tecnologías avanzadas como el GPS diferencial. Generalmente, la precisión del GPS oscila en torno a varios metros. La eficacia del GPS se basa en una constelación de satélites situados en órbitas a aproximadamente 20.000 km sobre la superficie terrestre. El principio de funcionamiento implica la recepción de señales emitidas por, al menos, cuatro de estos satélites. Mediante el análisis del tiempo que toma la señal para alcanzar el receptor, el sistema calcula la distancia a cada satélite y, utilizando los datos de su posición, determina la ubicación tridimensional del receptor.

- GLONASS - *Global'naya Navigatsionnaya Sputnikovaya Sistema*. Es una alternativa de GPS que fue creado por la Unión Soviética y hoy es propiedad de la Federación Rusa. En la actualidad cuenta con un total de 31 satélites en órbita a 19.000 km de altura. Al igual que el sistema GPS, GLONASS proporciona cobertura global. Su precisión es comparable a la del GPS, aunque en ciertas regiones, como el hemisferio sur, el sistema GPS de Estados Unidos puede ofrecer una mayor precisión.

- BeiDou. Ha sido desarrollado por China. Su nombre oficial es Sistema Experimental de Navegación por Satélite BeiDou. Consta de una red de 30 satélites y ofrece cobertura mundial. Este sistema ofrece una precisión de localización de hasta 10 cm en áreas específicas del Asia Pacífico. BeiDou se ha convertido en una opción importante para los fabricantes de drones, especialmente los que tienen su sede en China y regiones cercanas.

- Galileo. Es un proyecto desarrollado por la Unión Europea (UE) y la Agencia Espacial Europea (ESA) que tiene como principal objetivo disponer de un sistema de posicionamiento europeo independiente y, así, incrementar la autonomía estratégica de la UE. Ofrece servicios exclusivamente para uso civil, por lo que no es compartido con fines bélicos con los otros sistemas de posicionamiento, que sí son proyectos militares. El objetivo es que este sistema permita obtener una precisión cinco veces mayor a la del GPS.

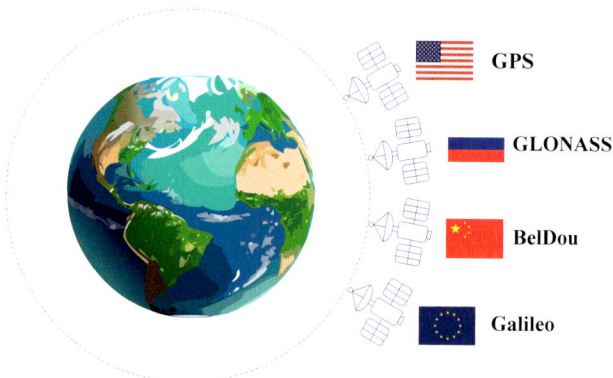

Figura 17.4. Sistemas GNSS más utilizados.

Es frecuente que un dron tenga diferentes sistemas de posicionamiento, ya que, utilizados en conjunto, permiten mejorar su precisión y fiabilidad. Un ejemplo es el caso del DJI Mini 2 (DJI, 2020), que tiene los sistemas GPS, GLONASS y BeiDou.

El sistema RTK (*Real-Time Kinematic*) o navegación cinética satelital en tiempo real es ofrecido por algunos UAS. Este sistema es muy interesante ya que mejora la precisión, aunque eleva el coste del UAS (Figura 17.5).

Cuando los UAS vuelan sin RTK, aunque lo hagan con uno o varios sistemas de posicionamiento global, se produce una imprecisión de hasta varios metros. Sin embargo, si pueden contar con un enlace RTK, éste se conectará a una estación base o a una estación de referencia virtual (VRS) a través de la computadora portátil que controla el vuelo y se podrán conseguir las posiciones de los UAS en tiempo real con precisiones menores a 5 cm en todos los ejes.

La mayoría de los UAS no vienen equipados con la tecnología RTK. Por ello, es importante destacar que existe una alternativa viable que permite alcanzar niveles de precisión comparables a los del RTK. Esta alternativa se basa en el uso de Puntos de Control Terrestre (*Ground Control Points* - GPC), metodología que, cuando se implementa adecuadamente, puede mejorar significativamente la precisión de los datos recopilados por los UAS.

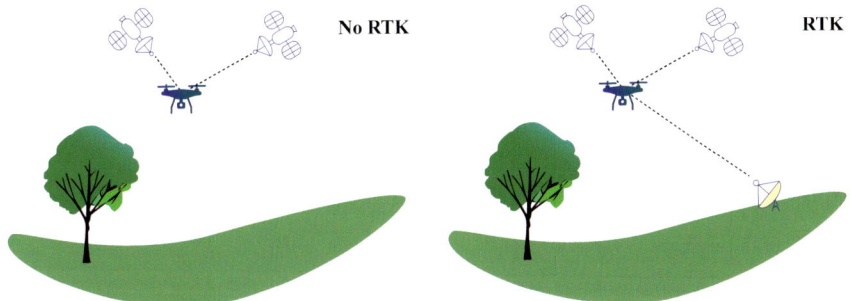

Figura 17.5. Tipos de vuelos según su forma de posicionamiento en RPAS.

Los GPC son puntos físicos en el terreno cuyas coordenadas han sido precisamente determinadas mediante métodos de levantamientos geodésicos. Durante un vuelo de mapeo o de recopilación de datos, los datos se toman teniendo en cuenta estos puntos de control terrestres. Estos puntos sirven como referencias en el procesamiento posterior de los datos recopilados por el UAS. Así, en la fase de procesamiento de datos, las imágenes o lecturas se ajustan y se calibran utilizando las coordenadas conocidas de los puntos de control. Este proceso mejora la precisión de la localización y la representación de los datos recogidos por los UAS.

La efectividad de los GPC depende, en gran medida, de su correcta selección y distribución en el área de estudio. Los puntos deben ser claramente visibles desde el aire y estar estratégicamente ubicados para abarcar toda el área de interés. Además, es crucial que las coordenadas de los GPC se determinen con alta precisión, lo que generalmente requiere equipos de levantamiento geodésico profesionales. Con una correcta ejecución de este método se puede llegar a conseguir modelos con precisiones centimétricas.

7. Plan de vuelo

En el sector forestal, la mayoría de las veces los vuelos de los UAS se realizan de forma automática, lo que significa que es necesario diseñar un plan de vuelo. Este plan de vuelo suele hacerse de forma semiautomática con *software* especializado. Un ejemplo es *DronDeploy* (DroneDeploy, s.f.), plataforma que permite diseñar y simular los planes de vuelo de diferentes tipos de UAS en una plataforma online.

El plan de vuelo utilizando UAS es un proceso meticuloso que implica la planificación detallada y la ejecución precisa de operaciones aéreas. Este proceso abarca desde la definición clara de los objetivos y los requisitos del proyecto, la elección adecuada de UAS y sensores, hasta la evaluación exhaustiva del sitio de estudio, considerando aspectos como el terreno, los obstáculos y las condiciones ambientales. Los parámetros de vuelo, incluyendo la altitud, la velocidad, la trayectoria y el solape de imágenes, se definen con el fin de optimizar la cobertura y la calidad de los datos recogidos. Además, se deben considerar y cumplir las regulaciones aéreas y las medidas de seguridad pertinentes. La ejecución del vuelo requiere un monitoreo constante y posibles ajustes en tiempo real, seguidos de una gestión eficiente de los datos postvuelo, que incluye la descarga, el almacenamiento y el procesamiento inicial de los datos recogidos, asegurando, así, la máxima eficacia y precisión en diferentes tipos de proyectos.

7.1. Los objetivos del vuelo

Lo primero que se debe definir son los objetivos y requisitos específicos del proyecto para el que se va a utilizar un UAS. Esta etapa inicial es crucial, ya que guía todas las decisiones subsiguientes en la planificación del vuelo. Los objetivos pueden variar desde la realización de un inventario forestal y la planificación de operaciones forestales, hasta el apoyo a la gestión en el ámbito de los incendios forestales. Esta definición clara de objetivos ayuda a determinar las especificaciones técnicas requeridas, como la resolución de los datos, la precisión necesaria y el área geográfica a cubrir.

Una vez fijados los objetivos del vuelo, se debe de realizar la selección de los equipos UAS y de los sensores que se desean utilizar. Estos aspectos se desarrollan en el Capítulo 18, de aplicaciones forestales de los UAS.

7.2. La zona de interés

La zona de interés se define como la región geográfica específica que será objeto de captura de datos desde UAS. Esta zona es un componente esencial en la planificación y ejecución efectiva del vuelo. Su determinación depende directamente de los objetivos del proyecto y se ve influenciada por las propias limitaciones de los UAS, así como por las características del propio plan de vuelo. Por ejemplo, realizar un mapeo detallado de una extensa área puede exigir numerosas horas de vuelo, lo cual es, a menudo, complicado debido a la duración de las baterías, el tiempo disponible y las condiciones meteorológicas adversas, entre otras restricciones. Además, es crucial asegurarse que la zona de interés no solo sea accesible y viable para el vuelo desde un punto de vista técnico, sino que también cumpla con las normas vigentes en materia de operaciones aéreas, garantizando, así, la legalidad y la viabilidad del proyecto.

7.3. La altitud de vuelo

La altitud del vuelo está definida por la distancia vertical entre el dron y la superficie terrestre. Esta altitud tiene una influencia directa y significativa en la calidad y la aplicabilidad de los datos obtenidos por los UAS. Volar a una altitud mayor permite abarcar la zona de interés en menos tiempo, pero se puede comprometer la resolución y la precisión de los datos capturados. Por el contrario, una altitud menor mejora la calidad de los datos, pero incrementa el tiempo de vuelo necesario para cubrir la misma área.

En las operaciones forestales, es común que los planes de vuelo se establezcan con altitudes que varíen entre 50 y 120 m sobre el nivel del suelo. Este rango ofrece un equilibrio entre la cobertura del área y la calidad de los datos. Es importante considerar también que, en la Unión Europea, como norma general, la legislación limita la altitud de vuelo de los UAS a un máximo de 120 m sobre el nivel del suelo. Este límite se establece para evitar interferencias con otras aeronaves que operan a altitudes superiores.

7.4. El solape

La distancia entre las capturas de datos en operaciones con UAS, también conocida como solape o superposición, es un factor crítico que determina la precisión y calidad del proyecto fotogramétrico resultante, ya que, si no se realiza correctamente la elección de un correcto solape, puede llegar a crear la necesidad de repetir el mismo vuelo, ya que no podrá ser procesado correctamente los datos tomados. El solape en la fotogrametría aérea describe el grado en que cada imagen tomada se superpone con las adyacentes en términos de área cubierta.

Existen dos tipos principales de solape en las operaciones fotogramétricas con UAS: el solape longitudinal (o frontal) y el solape lateral (Figura 17.6). El solape longitudinal se refiere a la superposición de imágenes en la dirección de vuelo del UAS; es decir, la proporción de superposición de una imagen con la imagen tomada previamente o inmediatamente después a lo largo de la misma trayectoria de vuelo. El solape lateral se refiere a la superposición que ocurre entre líneas de vuelo adyacentes. Esta superposición es crucial para garantizar que se cubra completamente el área de interés, permitiendo una reconstrucción precisa y detallada del área de estudio.

La determinación adecuada del grado de solape, tanto longitudinal como lateral, es esencial para asegurar una cobertura uniforme y continua de la zona de interés, y para facilitar la correcta alineación y ensamblaje de las imágenes durante el proceso de postprocesamiento y análisis de datos. Un solape insuficiente puede resultar en áreas sin cubrir, afectando negativamente la integridad del modelo o mapa final, mientras que un solape excesivo puede incrementar innecesariamente el tiempo de vuelo y la cantidad de datos a procesar. En vuelos fotogramétricos es recomendable lograr una suma de 150 % entre ambos solapes (80 % longitudinal y 70 % transversal). El solape seleccionado dependerá de los objetivos del vuelo, de la fisiografía del área de vuelo y de la capacidad de observación directa de objetos en suelo. En todo caso, el solape que se fije debe asegurar una orientación y aerotriangulación precisa de las imágenes, de tal manera que el modelo tridimensional que se genere a partir de estas sea lo más preciso posible y contenga toda la información requerida. La suma de solapes puede llegar a un valor hasta del 170 %.

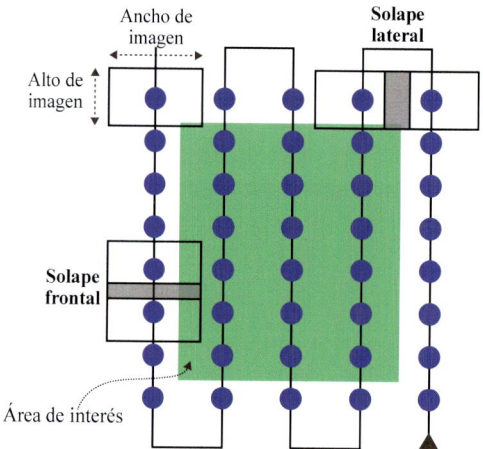

Figura 17.6. Esquema de un plan de vuelo y tipos de solape de captura de datos.

7.5. El ángulo del sensor

El ángulo del sensor se refiere a la orientación del sensor respecto de la superficie terrestre durante la captura de imágenes. Comúnmente se utiliza el ángulo cenital, es decir un ángulo de 0°, donde el sensor apunta directamente hacia abajo, perpendicular a la superficie de la Tierra. Este ángulo es ideal para capturar una visión completa y detallada del terreno, siendo ampliamente empleado en mapeos topográficos y en análisis de cobertura del suelo.

Sin embargo, en ciertas situaciones, el uso de ángulos de inclinación oblicuos, como 45°, puede ser beneficioso. Los ángulos oblicuos permiten capturar perspectivas diferentes, mejorando la calidad del modelo tridimensional que se desea construir. Estos ángulos influyen en cómo se percibe la altura de los objetos en las imágenes, la calidad de éstas y la formación de sombras, que pueden ser tanto un desafío como una ventaja dependiendo del objetivo del estudio.

Por ejemplo, en tareas de mapeo general, es preferible trabajar con un ángulo de 0° para obtener una representación precisa y uniforme del terreno. Sin embargo, para crear un modelo detallado de un objeto específico, como un árbol ejemplar, es útil capturar datos desde varios ángulos. Esta opción permite recopilar una gama más amplia de información, facilitando la creación de un modelo tridimensional más completo y detallado del objeto en cuestión. La elección del ángulo del sensor, por tanto, debe estar en consonancia con los objetivos específicos del proyecto y las características del objeto o el área que se está estudiando.

7.6. El ángulo del sol

Cuando se efectúan vuelos fotogramétricos, otro aspecto a destacar es el ángulo del sol, ya que tiene un impacto directo sobre la calidad de las imágenes capturadas y la precisión de los datos obtenidos. La posición del sol en el cielo afecta la manera en la que la luz incide sobre el terreno y los objetos, influyendo en la formación de sombras y en el contraste en las imágenes.

Para optimizar la calidad de los datos fotogramétricos, se recomienda realizar los vuelos en las horas cercanas al mediodía, cuando el sol está en su punto más alto en el cielo. En estas horas, la luz solar incide casi perpendicularmente al suelo, lo que ayuda a minimizar la presencia de sombras largas y garantiza una iluminación más uniforme del área de interés. Esta condición es esencial para mejorar la calidad del modelo fotogramétrico, ya que las sombras pueden ocultar detalles del terreno y crear interpretaciones erróneas en el análisis de los datos.

En un día con condiciones meteorológicas óptimas, se estima que hay aproximadamente 4 horas útiles para realizar vuelos fotogramétricos que cumplan con estos criterios de iluminación. Estas horas representan una ventana de oportunidad para capturar imágenes de alta calidad; su aprovechamiento eficiente es fundamental para maximizar la productividad y la eficacia de las operaciones de mapeo aéreo.

7.7. La dirección de vuelo

Por último, es necesario la determinación de la dirección de vuelo, condicionada principalmente por la fisiografía y la forma de las zonas de estudio. En primer lugar, es fundamental minimizar los cambios en altura a lo largo de cada línea de vuelo. Así, se deben seleccionar trayectorias que sigan el relieve natural del terreno tanto como sea posible, evitando ascensos y descensos bruscos que podrían afectar la calidad de los datos recopilados. Al reducir los cambios de altitud se contribuye a mantener una distancia constante entre el sensor y el suelo, hecho que mejora la precisión del modelo fotogramétrico.

Otro aspecto importante es la reducción de los giros entre líneas de vuelo. Los cambios bruscos de dirección no solo consumen tiempo y energía de la aeronave, sino que, también, pueden generar distorsiones en los datos recopilados por los sensores.

Estos criterios de planificación son de especial interés en el caso de vuelos con alas fijas, debido a la limitada capacidad que tienen para realizar giros en comparación con los drones multirrotor.

8. Procesamiento de datos

El procesamiento de datos en vuelos de LiDAR, multiespectral y fotogrametría con UAS es la etapa final para obtener el mapeo y modelo tridimensional deseado. Este proceso implica varios pasos técnicos esenciales para asegurar la precisión y calidad del modelo final. En este capítulo nos centraremos en el procesado de vuelo fotogramétrico, ya que en el caso de los vuelos LiDAR, el procesamiento de los datos brutos depende del sensor LiDAR utilizado y no es un proceso genérico (hay que destacar que este tipo de procesamiento suele ser mucho más sencillo y autónomo que el caso de procesamiento de vuelos fotogramétricos). Un *software* común para el procesamiento de datos LiDAR obtenidos con UAS, es DJI Terra (DJI, 2023). No obstante, cabe indicar que este *software* es válido, únicamente, para los datos obtenidos con sensores LiDAR de la marca DJI, como es el caso de DJI Zenmuse L1 (DJI, 2021).

En la fotogrametría digital aérea, destacan dos *softwares* de procesado que permiten la transformación de imágenes (RGB y Multiespectrales) en información geoespacial precisa: Agisoft Metashape (Agisoft LLC, 2020) y Pix4D (Pix4D SA, 2011). El primero destaca por su potente motor de procesado y la "customización" de los procesos. Requiere un mayor aprendizaje en la etapa inicial, pero una vez adquirido el manejo suficiente del programa, permite una mayor flexibilidad en la configuración y, así, generar mejores resultados en proyectos complejos, tanto en fotogrametría aérea como terrestre. Por su parte, Pix4D ofrece un entorno agradable e intuitivo a partir de una interfaz amigable. Aparte de su facilidad de uso, incluye un procesado fotogramétrico de alta calidad, sobre todo en fotogrametría aérea. Una gran ventaja de Pix4D, es que ofrece una herramienta de procesado en la nube evitando tener que disponer de un ordenador con una tarjeta gráfica potente.

Para un correcto procesado de los datos, es esencial la calibración de las cámaras. Esta etapa implica ajustar y calibrar meticulosamente las cámaras utilizadas en la captura de imágenes aéreas. El propósito de la calibración es garantizar que las distorsiones inherentes a las lentes de las cámaras, así como otros factores que puedan afectar la calidad de la imagen, sean identificados, tenidos en cuenta y corregidos. Durante la calibración, se realizan ajustes para corregir aberraciones ópticas como la distorsión radial, que puede causar que las líneas rectas aparezcan curvas en las imágenes, y la distorsión tangencial, que puede desplazar la imagen de manera irregular. Además, se corrigen aspectos como la viñeta y el desplazamiento del centro óptico. Una calibración efectiva conlleva la utilización de algoritmos y técnicas especializadas, que a menudo involucran el uso de patrones de calibración conocidos. Los *softwares* de procesado fotogramétricos suelen dar la opción de realizar esta calibración de cámaras de forma semiautomática.

Si se ha decidido realizar un vuelo con toma de puntos de control, es necesario calibrar estos puntos de referencia en el vuelo fotogramétrico, ya que se utilizan para vincular las imágenes con coordenadas geográficas reales y corregir el error de posición generado en el vuelo. Una vez que las imágenes han sido rectificadas y georreferenciadas, se procede a la generación de ortofotos, modelos digitales y nubes de puntos.

Las ortofotos se generan a partir de las fotografías aéreas que han sido rectificadas para adaptarse a la forma del terreno, de tal forma que el punto de vista de la cámara no afecte a la posición real de los objetos (Institut Cartogràfic i Geològic de Catalunya, s.f.). Esta corrección permite representar las fotografías en forma de mapa georreferenciado, con ortofotos generadas en formato de imagen rasterizada.

Los modelos digitales se crean para representar de manera precisa la topografía del área de interés. Existen, principalmente, dos tipos de modelos digitales: el modelo digital de Superficie (MDS) y el modelo digital del terreno (MDT). El MDS representa la superficie de la Tierra incluyendo todos los objetos que están sobre ella, como árboles, edificaciones y otras estructuras, proporcionando una vista completa del paisaje tal como se ve desde el aire. El MDT se enfoca en mostrar el relieve del suelo desnudo, eliminando los objetos superficiales; es esencial para entender la topografía y la geomorfología de una zona. Estos modelos, al igual que las ortofotos, suelen tener formato de imagen rasterizada, pero el valor de los píxeles está representado por el color en lugar de por la altura.

Las nubes de puntos son conjuntos de puntos en el espacio que representan la superficie de los objetos dentro del área de estudio. Cada punto en la nube tiene coordenadas tridimensionales (x, y, z) y otra información, como puede ser información del color. Las nubes de puntos son fundamentales para representar la zona de estudio a través de modelos tridimensionales.

El formato estándar de las nubes de puntos es el LAS (LiDAR *Aerial Survey*), que almacena información de posición 3D, intensidad y clasificación. Es ampliamente compatible con el *software* de procesamiento. Su variante comprimida, LAZ (*Compressed* LAS) reduce significativamente el tamaño de los archivos sin perder datos, facilitando el almacenamiento y la transferencia. El formato PLY (*Polygon File Format*) es versátil y se utiliza en modelado y animación 3D, admitiendo datos de color y textura, además de la geometría 3D. Por último, el formato XYZ, simple y basado en texto, es útil para almacenar coordenadas 3D de manera legible. PTS (*Point Cloud Data File*) es ideal para el almacenamiento de coordenadas 3D y, ocasionalmente, información de intensidad y color.

Bibliografía

DJI. 2021. DJI ZENMUSE L1. https://www.dji.com/

DJI. 2023. DJI Terra (3.7.6) [Software]. DJI. https://enterprise.dji.com/es/dji-terra

DroneDeploy. (s.f.). DroneDeploy. Recuperado 1 de marzo de 2023, de https://www.dronedeploy.com/

European Space Agency. (s.f.). Eduspace—Tiempo y clima. Recuperado 1 de marzo de 2023, de https://www.esa.int/SPECIALS/Eduspace_Weather_ES/SEM3T5LW3ZF_0.html

Institut Cartogràfic i Geològic de Catalunya. (s.f.). Diferencias entre fotografía aérea y ortofoto. Recuperado 1 de marzo de 2023, de https://www.icgc.cat/es/Web/Ayuda/Preguntas-frecuentes/Diferencias-entre-fotografia-aerea-y-ortofoto

Pix4D SA. 2011. Pix4D [Software]. Pix4D SA. https://www.pix4d.com/

Sadraey, M. H. 2017. Unmanned aircraft design: A review of fundamentals. Springer.

Suab, S. A., Avtar, R. 2020. Unmanned aerial vehicle system (UAVS) applications in forestry and plantation operations: Experiences in sabah and sarawak, Malaysian borneo. Unmanned Aerial Vehicle: Applic. Agricul. Environ., 101-118.

**Acceso al
material complementario**

18

Aplicaciones forestales de los UAS

Guillermo PALACIOS RODRÍGUEZ
Miguel Ángel LARA GÓMEZ
Rodrigo ARTHUS BACOVICH
Carlos MARTÍN CORTÉS
Rafael M.ª NAVARRO CERRILLO

Resumen

Las plataformas de sistemas de aeronaves pilotadas a distancia (UAS) tienen la capacidad de optimizar la captura de datos aéreos y mejorar la calidad de los productos cartográficos resultantes en términos de resolución espacial y temporal. En las últimas décadas se ha observado un notable aumento en la utilización de los UAS en el campo de la selvicultura. En este contexto, resulta interesante evaluar la situación actual de este uso específico y ofrecer un panorama sobre las principales aplicaciones de esta tecnología en ciencias forestales. Los resultados muestran diferentes tendencias en lo que a equipos y sensores utilizados se refiere. Las principales aplicaciones forestales están relacionadas con la ejecución de inventarios forestales, la detección de árboles individuales, la evaluación del estado sanitario de los montes, el monitoreo de la biodiversidad, el seguimiento fenológico de corta duración y, en un lugar destacado, la gestión de incendios forestales y el seguimiento de áreas post-incendio. Así, la implantación de UAS en el sector forestal muestra el enorme potencial para su desarrollo en una amplia variedad de aplicaciones forestales en el ámbito productivo y en el de la conservación. Esta tecnología representa, por tanto, un importante avance en el seguimiento espacio temporal de los ecosistemas forestales, por lo que se puede prever un progreso acelerado en este campo en los años próximos, con perspectivas alentadoras para futuros avances tecnológicos, científicos y profesionales.

Palabras clave: teledetección, sensores, vehículos aéreos, selvicultura de precisión.

1. Introducción

En los últimos años, las aplicaciones de los sistemas de aeronaves pilotadas a distancia (UAS), conocidos comúnmente como drones, se han expandido en varios dominios. Originalmente se desarrollaron para uso militar, pero la demanda de más información sobre zonas amplias de la superficie terrestre impulsó el desarrollo de los UAS para otros campos, como la geomática o la cartografía (Figura 18.1). Los UAS han ganado popularidad en los últimos años debido a su versatilidad. Estos vehículos aéreos no tripulados se utilizan como medio asequible para la detección remota bajo demanda, cerrando las brechas espaciales y temporales entre las parcelas de campo y las imágenes satelitales. Además, se han convertido rápidamente en una herramienta muy versátil para la adquisición de datos aéreos de alta calidad.

Los avances de esta tecnología han ampliado el campo de la teledetección en disciplinas forestales, surgiendo muchas aplicaciones que abarcan desde el monitoreo de la sanidad de los bosques hasta el seguimiento de incendios forestales. El uso de UAS junto con el de diferentes sensores permiten la extracción de datos estratégicos para la gestión forestal sostenible. Esta tecnología es capaz de ofrecer información precisa sobre la composición, la estructura, la biomasa, el crecimiento y la sanidad forestal, aspectos de gran interés pos sus implicaciones ambientales y económicas. La tecnología UAS ofrece numerosas ventajas frente a otras técnicas de teledetección: entre otras, cabe destacar el bajo costo de operación, la flexibilidad en la recopilación de datos, la adquisición de datos de forma rápida en el momento preciso y la posibilidad de integrar numerosos tipos de sensores (Dainelli *et al.*, 2021 a). En conjunto, las aplicaciones ya consolidadas han demostrado que la tecnología UAS permite la captura de datos de alta resolución a un costo consistentemente más bajo.

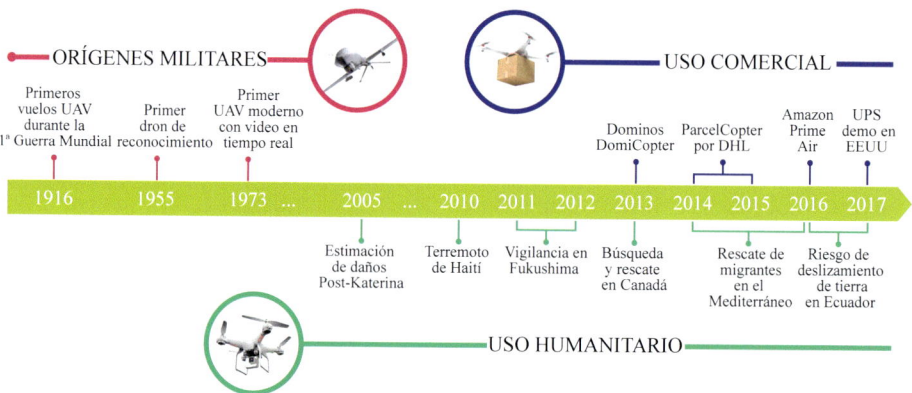

Figura 18.1. Evolución de los UAV desde sus orígenes militares hasta su uso humanitario y comercial (fuente: USAID, 2017).

En este capítulo, se revisan las aplicaciones de UAS en la selvicultura a través de los avances actuales en la tecnología UAS dentro del ámbito de los estudios forestales. En los apartados de aplicación se proponen ejemplos concretos, que proceden de trabajos previos de los autores, que se han desarrollado con mayor detalle en la literatura forestal. Por otro lado, nuestro objetivo es que el proceso de aprendizaje se desarrolle en un entorno basado en R. Por ello, este capítulo contiene numerosos ejemplos de código fuente y salidas numéricas y gráficas; para ello se usará el repositorio del libro y el acceso a otras librerías de R en GitHub.

2. Utilización de plataformas y sensores

2.1. Plataformas

La generalización de los UAS ha ido acompañada de un importante desarrollo de diversos tipos y configuraciones de aeronaves que se adaptan a distintos propósitos y aplicaciones. Algunos de los tipos más comunes en aplicaciones forestales son (Tabla 18.1, Figura 18.2):

- Multirrotores: cuentan con múltiples rotores (hélices) que les permiten despegar y aterrizar verticalmente, así como maniobrar en espacios reducidos. Son muy versátiles y se utilizan para fotogrametría digital, adquisición de datos LiDAR, cartografía, inventarios forestales, aplicaciones de alta recurrencia temporal, etc.
- Ala fija: tienen una configuración similar a la de un avión convencional, con alas fijas que les permiten volar de manera más eficiente en grandes áreas y a altas velocidades. Son comunes en aplicaciones de cartografía, inventarios forestales, estudios fenológicos o levantamientos topográficos.
- *Zeppelin*: dirigible rígido que puede volar de forma muy eficiente, alcanzando gran capacidad para realizar vuelos de larga duración. En el pasado tenían mucha demanda, pero, aunque dejaron de usarse, actualmente están experimentando un auge debido a su gran autonomía de vuelo.
- Helicópteros: similares a los helicópteros tradicionales, pero que no requieren un piloto a bordo. Actualmente se utilizan principalmente en aplicaciones de incendios forestales, desastres naturales y vigilancia.
- UAS Ligeros: drones de tamaño muy pequeño, cada vez más solicitados, que se han convertido en una herramienta imprescindible en las ciencias forestales debido a su bajo costo, facilidad de transporte y uso. A menudo se usan en investigaciones científicas, observación de zonas con difícil acceso y, también, en redes cooperativas de drones (ej., incendios).

Cada tipo de UAS tiene características específicas que lo hacen adecuado para diferentes tareas y entornos. Su elección dependerá de los objetivos de la misión, la duración del vuelo, la distancia a cubrir y otros factores técnicos y logísticos. En aplicaciones forestales la plataforma UAS multirrotor son las más utilizadas, seguida de las plataformas UAS de ala fija (Eugenio *et al.*, 2020). La adopción generalizada de los modelos multirrotor, en contraposición con las de ala fija, se debe, probablemente, a sus menores limitaciones operativas (despegue y aterrizaje), muy adecuadas para diversos contextos de aplicación y aptas para evaluar áreas experimentales compactas.

Tabla 18.1. Comparativa de RPAS más utilizados en aplicaciones forestales (costo bajo: desde 250 a 1.000 €; costo medio: desde 1.000 a 7.000 €; costo alto: a partir de 7.000€. Estos precios no incluyen el costo de los sensores, excepto RPAS Ligeros).

Tipo de RPAS	Ventajas	Inconvenientes	Aplicaciones	Costo
Multirrotor	• Mejor accesibilidad • Mejor estabilidad • Despegue y aterrizaje vertical • Capacidad de vuelo estacionario • Capacidad de carga útil • Fácil maniobrabilidad	• Menor velocidad de vuelo • Menor alcance • Menor eficiencia energética • Arquitectura compleja y difícil mantenimiento	• Mapeo de alta precisión • Realización de inventarios forestales • Control de plagas y enfermedades • Aplicación de fitosanitarios • Siembra de zonas de difícil acceso • Inspección y vigilancia	Bajo-medio-alto
Ala fija	• Mayor autonomía y mayor alcance • Arquitectura simple, mantenimiento más sencillo y posibilidad de arreglo en campo • Mayor velocidad de vuelo • Capacidad de planeo, por lo que dispone de mayor capacidad a sobrevivir a fallos técnicos	• Mayores limitaciones operativas • Menos resistente al viento • Necesidad de una gran área para poder despegar y aterrizar • Menor maniobrabilidad, precisa de entrenamiento	• Mapeo de alta precisión de grandes áreas • Realización de inventarios forestales • Control de plagas y enfermedades	Medio-alto
Zeppelin	• Gran autonomía (> 10 horas) • Arquitectura simple • Mayor eficiencia energética • Gran alcance • Operación por telemetría • Fácil maniobrabilidad • Buena estabilidad	• Gran tamaño, necesidad de transporte especial • Necesidad de una gran área para poder despegar y aterrizar • Actualmente tiene muchas limitaciones legislativas • Menor velocidad	• Mapeo de alta precisión de grandes áreas • Realización de inventarios forestales a nivel de monte • Inspección y vigilancia • Control de plagas y enfermedades	Alto

Tipo de RPAS	Ventajas	Inconvenientes	Aplicaciones	Costo
Helicóptero	• Gran alcance • Despegue y aterrizaje vertical • Capacidad de vuelo estacionario • Gran capacidad de carga útil • Fácil maniobrabilidad	• Accesibilidad muy limitada • Menor eficiencia energética • Menor velocidad • Menor autonomía de vuelo • Arquitectura compleja y difícil mantenimiento • Gran peso, dificultad de transporte	• Mapeo de alta precisión • Inspección y vigilancia • Siembra de zonas de difícil acceso • Transporte de carga pesada	Alto
Ligero	• Gran accesibilidad • Portabilidad • Rápida puesta en marcha • Facilidad de uso • Menor restricciones legislativas • Apenas necesita mantenimiento	• No se puede cambiar el sensor • Menor alcance • Menor velocidad • Menor resistencia a condiciones climáticas desfavorables • Menor precisión de georreferenciación	• Inspecciones rápidas • Mapeo de pequeñas áreas • Vigilancia de desastres naturales • Comprobación de trabajos	Bajo

Figura 18.2. Ejemplos de UAS utilizados en aplicaciones forestales.

2.2. Sensores

Al igual que ocurre con las plataformas, el desarrollo y, sobre todo, la adaptación de diferentes tipos de sensores a plataformas UAS han experimentado un extraordinario avance en la última década (Whitehead y Hugenholtz, 2014). Actualmente, los UAS utilizan una gran variedad de sensores, siendo los más frecuentes en aplicaciones forestales las cámaras RGB (*Red-Green-Blue*), las cámaras multiespectrales e hiperespectrales, los sensores termográficos y LiDAR (Figura 18.3, Tabla 18.2).

La elección del tipo de sensor dependerá de la aplicación que se va a realizar, ya que cada uno de ellos tiene ventajas y limitaciones en función de los datos que puede capturar. Inicialmente, los sensores más utilizados fueron los sensores RGB, seguidos de los sensores multiespectrales y láser (Tabla 18.3). Esta elección se explica por los costos operativos, aunque, poco a poco, se fueron generalizados otros tipos de sensores.

Las cámaras RGB son sensores ópticos que obtienen imágenes en color con tres canales: rojo, verde y azul. Cada canal es una matriz de números que indica la luz de cada píxel. La combinación de estas matrices es lo que conocemos comúnmente como una imagen fotográfica.

En los últimos tiempos, gracias al desarrollo de *software* de fotogrametría multivista o *Structure from Motion* (SFM), se están generando productos fotogramétricos de gran precisión y que ofrecen una amplia gama de aplicaciones en el sector forestal, desde la evaluación de la estructura forestal hasta la estimación del volumen sólido de cargamentos de madera apilada sobre camiones.

Tabla 18.2. Sensores más frecuentes para usos forestales (costo bajo: desde 250 a 2.500 €; costo medio: desde 2.500 a 15.000 €; costo alto: a partir de 15.000€).

Tipo de sensor	Características	Inconvenientes	Costo
RGB	Captura los espectros visibles (rojo, verde y azul)	• Fotogrametría digital • Mapeo • Modelado 3d • Reportes fotográficos y videográficos	Bajo-medio
Multiespectral	Captura en múltiples bandas espectrales, más allá del espectro RGB	• Detección de plagas y enfermedades • Generación de diferentes tipos de índices • Monitoreo eco fisiológico	Medio-alto
Hiperespectrales	Captura en numerosas bandas espectrales estrechas y contiguas	• Generación de diferentes tipos de índices • Análisis detallado de la composición química y mineralógica • Monitoreo eco fisiológico	Alto
Térmico	Detecta radiación infrarroja, es decir, mide el calor emitido por objetos	• Vigilancia de cazadores furtivos • Detección de incendios forestales • Detección de plagas y enfermedades • Inspección de infraestructuras	Medio-alto
LiDAR	Emite pulsos láser para medir distancias y crear modelos 3D	• Realización de cartografía de precisión • Modelado 3d • Realización de Inventarios forestales	Medio-alto

Sensor RGB	Sensor multiespectral	Sensor térmico

Sensor hiperespectral	Sensor LiDAR

Figura 18.3. Ejemplos de sensores para RPAS utilizados en aplicaciones forestales.

Sin embargo, la utilidad de los sensores RGB para los estudios de vegetación es limitada debido a la superposición de bandas espectrales inherente a estos sensores, así como a la integridad radiométrica de las imágenes. Este inconveniente llevó a que se desarrollaran sensores que incorporan diferentes bandas espectrales de infrarrojo cercano (NIR) y *red edge* (zona de transición rojo-NIR), por su mayor sensibilidad al contenido de clorofila en las hojas. Estos últimos sensores son conocidos como sensores multiespectrales o sensores hiperespectrales.

Los sensores multiespectrales e hiperespectrales son sensores ópticos que captura imágenes en múltiples bandas espectrales, más allá de los tres canales RGB. A diferencia de las cámaras RGB, que solo registran la luz roja, verde y azul, estos sensores pueden detectar una amplia gama de longitudes de onda. Cada banda representa una parte diferente del espectro electromagnético. La principal diferencia entre los sensores multiespectrales e hiperespectrales es que los sensores multiespectrales capturan un número limitado de bandas espectrales, generalmente en el rango visible e infrarrojo cercano, mientras que los sensores hiperespectrales capturan bandas estrechas que miden más características de la reflectancia superficial, lo que permite una mayor precisión en la identificación de materiales (Figura 18.4).

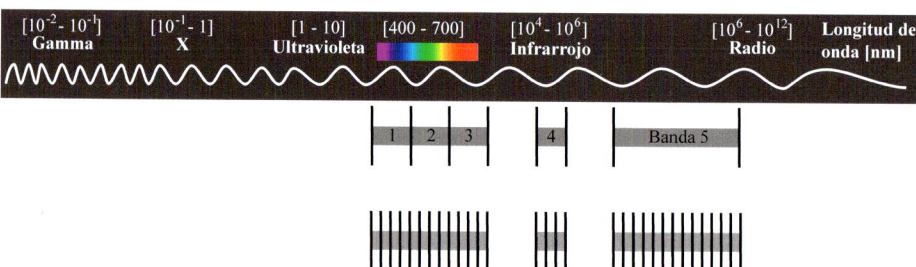

Figura 18.4. Representación del espectro: ejemplo multiespectral, con 5 bandas anchas (sup.) y ejemplo hiperespectrales comprendiendo varias bandas estrechas (inf.). Algunos sensores hiperespectrales tienen centenares de bandas (fuente: Adao *et al.*, 2017).

Los sensores termográficos registran el calor que emiten los objetos y cuerpos en la superficie terrestre, que es una radiación infrarroja térmica. Estos sensores surgieron a partir de las cámaras FLIR (FLIR Systems, Wilsonville, Oregon, EE. UU) y son cada vez más frecuentes en aplicaciones forestales, utilizándose de forma simultánea con cámaras RGB; se llegan a utilizar en algunos casos con sensores multiespectrales

El uso de UAS equipados con LiDAR (*Light Detection and Ranging*) también se ha ido generalizando a medida que los UAS han incorporado sistemas de posicionamiento global (GPS) e inerciales (IMU) de mayor precisión. El funcionamiento del sensor LiDAR se basa en un sistema de medición y detección de objetos que utiliza pulsos láser para calcular distancias y mapear espacios en tres dimensiones, generando nubes de puntos tridimensionales; es decir, se captura una información parecida a la que se puede obtener utilizando técnicas fotogramétricas.

Las principales diferencias entre la aplicación de técnicas fotogramétricas y de sensores LiDAR radican en el tipo de datos que se obtienen, la precisión de los mismos y el procesamiento requerido. Por un lado, las técnicas fotogramétricas generan ortofotos y modelos digitales de superficie (DSM) o de elevación (DEM) a partir de imágenes aéreas tomadas con sensores RGB, multiespectrales, hiperespectrales o termográficos. Es decir, estas técnicas ofrecen información tridimensional reflejada por los diferentes espectros (por ejemplo, las nubes de puntos capturadas con sensores RGB que, además de conseguir las coordenadas tridimensionales, capturan información sobre el espectro sensible). En cambio, los sensores LiDAR capturan directamente las coordenadas tridimensionales de los puntos reflejados por el haz láser, lo que permite obtener una mayor resolución espacial y vertical, así como penetrar en la vegetación y medir la altura de las copas y el suelo. A diferencia de la fotogrametría, los sensores LiDAR no necesitan unas condiciones específicas de luminosidad para poder utilizarse.

En la actualidad, existe una amplia gama de sensores LiDAR. Sin embargo, a pesar de que están apareciendo sensores de bajo costo, estos sistemas siguen siendo relativamente caros y difíciles de operar debido a que requieren una mayor carga útil; al aumentar el peso del UAV se requiere una mayor cantidad de energía, lo que reduce el tiempo de vuelo. Por estos motivos, no se han generalizado el uso de sensores LiDAR en trabajos forestales.

La elección de los sensores depende del tipo de UAS que se va a utilizar. Los UAS más grandes están equipados con soportes que permiten el intercambio de sensores, lo que facilita la instalación de cámaras multiespectrales e hiperespectrales junto con otros sensores (Figura 18.5a). Por lo general, los drones más pequeños no se pueden equipar con sensores distintos de los establecidos de serie. Sin embargo, con el avance de la tecnología de impresión en 3d, en algunos casos se pueden encontrar opciones de personalización que permiten agregar sensores adicionales (generalmente multiespectrales) junto con el sensor preexistente (Figura 18.5b).

Figura 18.5. Soporte multisensor para DJI Matrice 200 (izq.)
y soporte sensor multiespectral para DJI Mavic 2 (der.).

En general, se puede decir que los sensores RGB ofrecen una amplia gama de aplicaciones, y que el campo de uso de los UAS se puede ampliar con la integración de sensores multiespectrales e hiperespectrales diseñado para aplicaciones específicas. Cabe señalar que la tecnología de sensores es una industria de rápido crecimiento, en la que se están desarrollando constantemente nuevos sensores.

Ejemplo 1

Tratamiento de Nubes de Puntos con lidR

Este ejemplo se centra en el análisis de una zona arbolada utilizando datos fotogramétricos de alta resolución capturados mediante sistemas aéreos no tripulados (UAS), se mostrará cómo se procesa y analiza la información capturada con la ayuda de la librería lidR en el entorno de programación R. Los objetivos de este ejercicio práctico son

- Comprender los principios básicos de la fotogrametría y su aplicación en entornos forestales
- Aprender a realizar un plan de vuelo para la captura de datos fotogramétricos
- Aprender a manejar y procesar datos fotogramétricos utilizando UAS
- Utilizar la librería lidR

(Ver QR al final del capítulo para acceder a ejemplos)

3. Aplicaciones forestales UAS

La generalización del uso de los UAS en el ámbito forestal ha permitido su aplicación con numerosos objetivos en dicho campo (Tabla 18.4, Figura 18.6, Torresan *et al.*, 2017; Guimarães *et al.*, 2020).

3.1. Ortomosaicos de ultra alta resolución

La obtención de ortomosaicos, multiespectrales y RGB, de muy alta resolución es, posiblemente, una de las aplicaciones más inmediatas de los UAS. Esta cartografía se puede usar para estudios de fotogrametría digital (fotointerpretación), estudios de calidad de estación (variables a escala de micrositio), selvicultura de precisión (evaluación de éxito en plantaciones, aplicaciones de productos fitosanitarias, etc.). Estas aplicaciones resultan particularmente valiosas en áreas de difícil acceso y para la evaluación rápida de determinados parámetros forestales mediante procesos automáticos o semiautomáticos (Figura 18.6).

Otra aplicación de gran interés es la rodalizacion mediante fotointerpretación aérea o técnicas de clasificación para encontrar zonas de características homogéneas. La rodalización combinada con los datos de inventario permite mejorar notablemente la caracterización de los rodales (ej., especies, estructuras, fases de desarrollo, ecosistemas particulares).

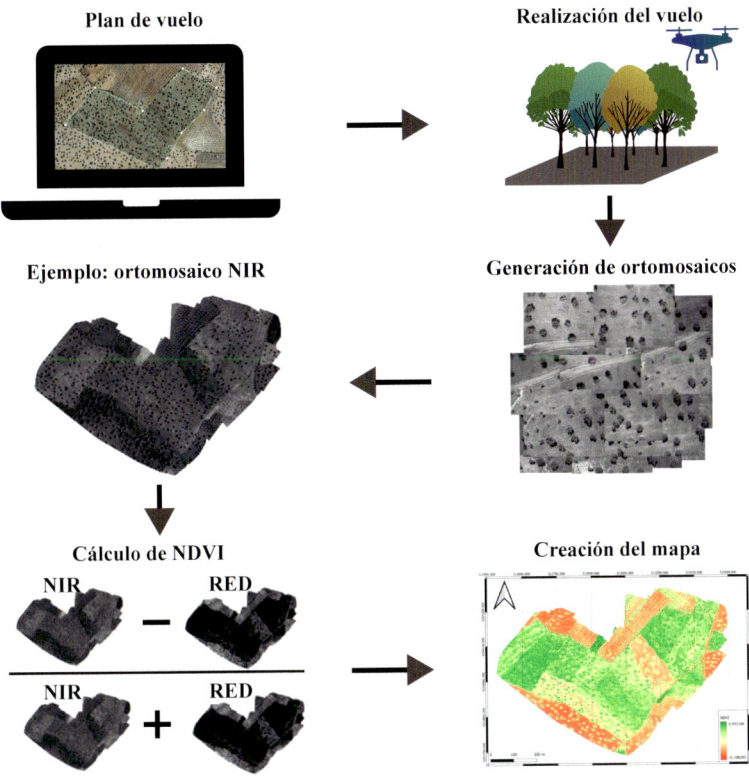

Figura 18.6. Ejemplo de creación de mapa índice de vegetación de diferencia normalizada.

3.2. Inventario forestal y estimación de parámetros dendrométricos

Las tecnologías UAS se han convertido en una herramienta cada vez más habitual en la gestión forestal, particularmente en el ámbito del inventario forestal de precisión. Este ámbito de aplicación requiere la adquisición de datos de muy alta resolución (espacial, temporal y espectral), que permitan estimar parámetros fundamentales como la estructura (altura, área basal, diámetro de copa, volumen y biomasa aérea), la composición, la distribución y el crecimiento de las especies, así como su estado fisiológico.

Los sensores remotos integrados con plataformas UAS han permitido evaluaciones integrales para diversos tipos de bosques y de vegetación (Goodbody *et al.* 2017), mejorando la operatividad y la precisión de las metodologías de inventario forestal. En este tipo de aplicación suele usarse sensores multiespectrales, LiDAR y RGB, y, en menor medida, sensores hiperespectrales (dado su alto coste y complejidad de procesamiento) (Tabla 18.3).

Tabla 18.3. Aplicaciones más frecuentes de los UAS para usos geoespaciales (Torrasan *et al.*, 2017).

Área de aplicación	Objetivos	Tipo de sensor	Tipo de RPAS
Cartografía	• Mosaicos geo-referenciados • Mapeo topográfico y catastral • Monitoreo de construcciones y estructuras	RGB, LiDAR y multiespectral	Multirrotor, *zeppelin* y ala fija
Agricultura	• Clasificación de cultivos • Agricultura de precisión • Exploración de cultivos • Eficiencia en el uso de riego y fertilizaciones • Monitoreo de sequía	RGB, multiespectral, térmico e hiperespectrales	Multirrotor, *zeppelin* y ala fija
Ciencias forestales	• Inventarios forestales • Incendios forestales • Seguimiento de vida silvestre	RGB, LiDAR, multiespectral, térmico e hiperespectrales	Multirrotor, *zeppelin*, ala fija, helicóptero y ligero
Desastres naturales	• Detección de fallas en pendientes • Evaluación de riesgos ambientales	RGB, LiDAR y térmico	Multirrotor, helicóptero y ligero

El potencial de los UAS para llevar a cabo estudios que requieren disponer de datos con alta recurrencia temporal es enorme, ya que esta tecnología permite recoger información dinámica relacionada con cambios temporales en la estructura y dinámica de los sistemas forestales.

En este contexto, la aplicación de los UAS a los inventarios consiste en la obtención de una gran variedad de datos como complemento a los métodos directos (ej., parcelas de campo) y su integración con métodos indirectos (ej., fotogrametría forestal). Se han realizado aplicaciones específicas para la determinación de la altura y la biomasa a partir de datos espectrales, utilizando el índice de vegetación de diferencia normalizada (NDVI) a partir de un sensor multiespectral y un modelo digital de superficie (MDS) a partir de un sensor RGB.

La integración de sensores LiDAR ha supuesto una clara mejora, facilitando la generación de nubes de puntos de alta densidad a partir de datos UAS con una resolución excepcional. Este enfoque ofrece ventajas frente a las plataformas LiDAR empleadas tradicionalmente y transportadas por aeronaves tripuladas más grandes. En particular, estos estudios han dado paso a avances en la medición de variables dendrométricas a nivel de árboles individuales. Esta aplicación permite proporcionar datos muy precisos y espacialmente explícitos sobre los atributos a escala de árbol aplicados a la selvicultura de precisión y la selvicultura a la carta. Además, los datos RPAS han facilitado la evaluación del crecimiento, incluidos parámetros fundamentales como el crecimiento en altura, que influye en los modelos de producción, pero también en muchos procesos ecológicos, ampliando así las capacidades de las prácticas de inventario forestal continuo.

Ejemplo 2

Cálculo de Índices de vegetación a partir de imágenes multiespectrales y creación de mapas

Este ejemplo se centra en el análisis de imágenes multiespectrales obtenidas por un UAS para calcular diferentes índices de vegetación y crear mapas temáticos. Los objetivos del ejemplo son

- Familiarizarse con las imágenes multiespectrales obtenidas por un UAS, y su aplicación al seguimiento de la vegetación.

- Familiarizarse con el cálculo de índices de vegetación a partir de imágenes multiespectrales obtenidas por un UAS.

- Desarrollar habilidades para crear mapas temáticos basados en índices de vegetación obtenidos por un UAS.

- Interpretar los mapas generados para usos forestales.

(Ver QR al final del capítulo para acceder a ejemplos)

3.3. Incendios forestales

El incremento de la incidencia y severidad de los incendios forestales exige una variedad de soluciones tecnológicas para mejorar la prevención, la extinción y la evaluación de las áreas con alto riesgo de incendios (Figura 18.7; ver Capítulo 19; Ollero y Merino, 2006). Junto con la creciente utilización de sensores termográficos en aplicaciones UAS para el seguimiento activo de incendios, las plataformas UAS se han aplicado en la prevención de incendios, la evaluación de la severidad del fuego y la recuperación postincendio.

En las estrategias de prevención, se han desarrollado aplicaciones basadas en LiDAR de alta resolución para caracterización de combustibles, el desarrollo de sistemas de alerta temprana integrando datos ambientales de sensores inalámbricos en árboles con información recopilada a través de plataformas UAS, entre otras. En cuanto a la extinción, se han usado imágenes infrarrojas térmicas obtenidas mediante UAS para el seguimiento en tiempo real de incendios forestales activos y se han utilizado los UAS para el seguimiento del personal de extinción, llegando a salvar vidas. También se ha demostrado la viabilidad de los índices basados en sensores RGB combinados con plataformas UAS para evaluar la extensión y la gravedad de los incendios y la posterior recuperación de los ecosistemas quemados a escala local o de paisaje. En algunos casos, estas aplicaciones se han basado en la calibración de índices espectrales de imágenes de satélite a partir de datos de UAS.

Figura 18.7. Ilustración de la utilización de UAS en incendios forestales.

3.4. Sanidad forestal

La sanidad forestal es uno de los aspectos de la gestión forestal que más se ha desarrollado en las últimas décadas, tanto por la extensión de las afecciones que causan cíclicamente ciertas plagas, que se han agudizado por causa de la ocurrencia de eventos ambientales extremos, como por la aparición de nuevos agentes y la gravedad de los daños que pueden causar, incluido importantes eventos de mortalidad del arbolado (Ecke *et al.*, 2022). Así, las tecnologías UAS se han incorporo rápidamente en el seguimiento y la evaluación de daños bióticos y abióticos en sistemas forestales, aportando datos con resoluciones temporales y espaciales excepcionales. Su aplicación facilita el diagnostico, la evaluación, el análisis y la planificación de las actividades de sanidad forestal.

Los UAS se han usado para generar cartografía basada en variables de diagnóstico de daños forestales, como la decoloración o la defoliación (Otsu *et al.*, 2019), así como a través del diagnóstico directo de los síntomas (Dash *et al.*, 2017), permitiendo el trabajo a escala de árbol individual (muy importante en ciertos trabajos de gestión de plagas), o la estimación visual. Los UAS se adaptan fácilmente a la detección de diversos factores bióticos y abióticos (ej., daños por contaminantes) que presentan diferente sintomatología. Los datos de campo se están integrando con plataformas UAS que incorporan sensores hiperespectrales y algoritmos de inteligencia artificial para clasificar y cartografiar este tipo de daños. En resumen, los UAS empiezan a ser un medio eficaz para la evaluación rápida y precisa de indicadores de daños en bosques y la detección temprana de procesos de perdida de vigor o mortalidad a partir de la evaluación de variables biofísicas y de estrés fisiológico.

Los sensores más utilizados son imágenes multiespectrales de alta resolución e índices basados en *red edge* y el infrarrojo cercano (NIR), o bien sensores térmicos (Ecke *et al.*, 2024). Los estudios subrayan el inmenso potencial (en términos de precisión, eficiencia de tiempo y rentabilidad) que ofrecen las imágenes derivadas de las plataformas UAS y sus productos derivados para los trabajos de sanidad forestal.

3.5. Conservación

La utilización de plataformas UAS orientada a trabajos de conservación de ecosistemas naturales ha abarcado diversos aspectos; entre otros, cabe mencionar: la detección y vigilancia de especies invasoras a partir de ortomosaicos generados por UAS, la identificación de especies de alto valor para la conservación, la generación de métricas relacionadas con la biodiversidad, el estudio de hábitat o el seguimiento de trabajos de restauración ecológica (Dainelli *et al.*, 2021 a; Reis *et al.*, 2019).

4. El análisis de datos de UAS

El aumento de la complejidad y de la cantidad de información que se maneja en los análisis de datos procedentes de UAS ha dado lugar a que se hayan desarrollado *softwares* específicos para el tratamiento de datos procedentes de drones; o bien, que los *softwares* de análisis de datos especiales hayan incorporado herramientas específicas capaces de adaptarse a las nuevas estrategias y necesidades. Algunas de estas aplicaciones se han desarrollado dentro del entorno de código abierto. Estos *softwares* desarrollan funciones que permiten programar vuelos, adquirir datos, acceder a las bases de datos, extraer y agregar la información espacial y generar análisis estadísticos de mayor o menor complejidad (Tabla 18.4).

5. Retos científicos tecnológicos

Esta revisión proporciona una visión general del desarrollo y la utilización de la tecnología UAS en el ámbito de la gestión forestal. Las plataformas UAS y los sensores asociados a estas plataformas han demostrado su eficacia para la adquisición de datos de muy alta resolución y con una gran recurrencia, y a un costo relativamente razonable (Dainelli *et al.*, 2021b).

Esta adaptabilidad, combinada con el potencial para su uso en áreas cada vez de mayor superficie, convierte a los UAS en una tecnología emergente en la selvicultura de precisión. Sin embargo, como con cualquier tecnología emergente, existen desafíos que superar para una integración generalizada, lo que genera una demanda creciente de más investigación. En muchos casos, es necesario pasar de la fase experimental a metodologías específicas que requieren un escalado para asegurar su aplicabilidad y su generalización. Abordar esta necesidad requiere un esfuerzo para formular métodos, procesos y sistemas coherentes, estandarizados y simplificados, que tengan en cuenta las capacidades y las limitaciones de las plataformas y los sensores UAS.

Tabla 18.4. Algunos ejemplos de *softwares* de uso frecuente en el tratamiento de información procedente de UAS.

Referencia	Acceso	Enlace web
Pix4D	Es uno de los más populares para el procesamiento de imágenes y datos de drones. Permite crear modelos 3D, mapas de alta resolución y productos de teledetección a partir de imágenes aéreas y terrestres.	https://www.pix4d.com/es/
Agisoft Metashape	Se utiliza para crear modelos 3D y mapas a partir de imágenes aéreas y terrestres. Es ampliamente utilizado en aplicaciones como la cartografía, la arqueología y la inspección.	https://www.agisoft.com/
DroneDeploy	Ofrece una plataforma en la nube que permite a los usuarios realizar planes de vuelo, cargar datos de drones y generar mapas, modelos 3D y análisis específicos de la industria, todo a través de una interfaz amigable.	https://www.dronedeploy.com/
QGIS: Quantum GIS	Sistema de información geográfica de código abierto que se puede utilizar para visualizar, analizar y procesar datos geoespaciales, incluidos los datos recopilados por drones.	https://qgis.org/es/site/
Global Mapper	*Software* de GIS que ofrece herramientas para visualización, análisis y procesamiento de datos geoespaciales, incluidas imágenes y datos de drones.	https://www.bluemarblegeo.com/global-mapper/
ENVI	Software especializado en procesamiento de imágenes y análisis de teledetección. Se utiliza para interpretar y analizar datos de sensores remotos, incluidas las imágenes capturadas por drones.	https://www.geospace-solutions.com/envi
ArcGIS	Ampliamente utilizado en SIG (Sistemas de Información Geográfica) para analizar y visualizar datos geoespaciales, incluidos los datos de drones.	https://www.esri.com/es-es/arcgis/products/arcgis-drone2map/overview
WebODM	*Software* de código abierto que utiliza el motor de procesamiento de imágenes OpenDroneMap para generar modelos 3D, ortofotos y mapas a partir de imágenes de drones.	https://www.opendronemap.org/webodm/
OpenDroneMap	Proyecto de código abierto que proporciona herramientas para el procesamiento de imágenes de drones y la generación de productos geoespaciales.	https://www.opendronemap.org
SAGA GIS	*Software* de SIG de código abierto que ofrece una variedad de herramientas de análisis espacial y procesamiento de datos, incluidos los datos recopilados por drones.	https://saga-gis.sourceforge.io/

A pesar de estos desafíos, la utilización de plataformas UAS es muy prometedora y puede proporcionar a la selvicultura un instrumento muy potente para la mejorar la gestión forestal. Este instrumento puede facilitar la evaluación, la detección y el seguimiento de variables complejas relacionadas con la dinámica forestal, con diversas aplicaciones en dicho ámbito. Si bien no reemplaza a los inventarios tradicionales, esta tecnología tiene potencial para su aplicación en numerosos proyectos dentro del ámbito de la gestión forestal.

Sin embargo, también presenta algunos desafíos y retos que deben abordarse para maximizar su efectividad y minimizar posibles impactos negativos. Algunos de estos retos incluyen:

- La regulación y permisos para operar drones en áreas forestales.
- La tecnología y los equipos para operar drones de manera eficiente en entornos forestales, con UAS más robustos y equipados con sensores adecuados, sistemas de posicionamiento precisos y baterías de larga duración.
- La cartografía y el procesamiento de datos, que pueden generar grandes cantidades de información, como imágenes y datos geoespaciales. Su procesamiento y análisis puede ser complejo y se requieren habilidades técnicas y herramientas de *software* adecuadas.
- La interpretación de datos, ya que la obtención de datos aéreos de alta resolución es solo el primer paso; se requiere la interpretación correcta de estos datos para extraer información significativa en ciencias forestales.
- El costo y la operatividad, junto con la capacitación necesaria para utilizarlos eficazmente.
- La integración con sistemas de Internet de las cosas (IoT).
- La calibración, el análisis y la validación para garantizar su precisión y confiabilidad.
- La integración en sistemas de evaluación multisensor en entornos dinámicos que cambian con el tiempo.
- La revalorización de las producciones y de los servicios ambientales de los sistemas forestales para que se puedan utilizar tecnologías emergentes, que suelen tener un alto coste.
- La aplicación de inteligencia artificial a los datos obtenidos con los drones.

A pesar de estos desafíos, los UAS van a ser una tecnología muy relevante en el campo de las ciencias forestales. A medida que la tecnología avance y se desarrollen soluciones para abordar estos retos, es probable que el uso de drones en la gestión forestal siga creciendo en importancia y en diversidad de aplicaciones.

Bibliografía

Adão, T., Hruška, J., Pádua, L., Bessa, J., Peres, E., Morais, R., Sousa, J.J. 2017. Hyperspectral imaging: A review on UAV-based sensors, data processing and applications for agriculture and forestry. Remote Sens., 9(11), 1110.

Dainelli, R., Toscano, P., Di Gennaro, S. F., Matese, A. 2021a. Recent advances in unmanned aerial vehicle forest remote sensing—A systematic review. part I: A general framework. Forests, 12(3), 327.

Dainelli, R., Toscano, P., Di Gennaro, S. F., Matese, A. 2021b. Recent advances in Unmanned Aerial Vehicles forest remote sensing—A systematic review. Part II: Research applications. Forests, 12(4), 397.

Dash, J. P., Watt, M. S., Pearse, G. D., Heaphy, M., Dungey, H. S. 2017. Assessing very high resolution UAV imagery for monitoring forest health during a simulated disease outbreak. ISPRS J. Photogramm. Remote Sens, 131, 1-14.

Ecke, S., Dempewolf, J., Frey, J., Schwaller, A., Endres, E., Klemmt, H. J., Seifert, T. 2022. UAV-based forest health monitoring: A systematic review. Remote Sens. 14(13), 3205.

Ecke, S., Stehr, F., Frey, J., Tiede, D., Dempewolf, J., Klemmt, H. J., Seifert, T. 2024. Towards operational UAV-based forest health monitoring: Species identification and crown condition assessment by means of deep learning. Comput. Electron. Agric. 219, 108785.

Eugenio, F. C., Schons, C. T., Mallmann, C. L., Schuh, M. S., Fernandes, P., Badin, T. L. 2020. Remotely piloted aircraft systems and forests: a global state of the art and future challenges. Can. J. For. Res. 50(8), 705-716.

Goodbody, T. R., Coops, N. C., Marshall, P. L., Tompalski, P., Crawford, P. 2017. Unmanned aerial systems for precision forest inventory purposes: A review and case study. For. Chron. 93(1), 71-8.

Guimarães, N., Pádua, L., Marques, P., Silva, N., Peres, E., Sousa, J.J. 2020. Forestry remote sensing from unmanned aerial vehicles: A review focusing on the data, processing and potentialities. Remote Sens., 12(6), 1046.

Ollero, A., Merino, L. 2006. Unmanned aerial vehicles as tools for forest-fire fighting. Forest Ecol. Manag. 234(1), S263.

Otsu, K., Pla, M., Duane, A., Cardil, A., Brotons, L. 2019. Estimating the threshold of detection on tree crown defoliation using vegetation indices from UAS multispectral imagery. Drones, 3(4), 80.

Reis, B.P., Martins, S.V., Fernandes Filho, E.I., Sarcinelli, T.S., Gleriani, J.M., Leite, H.G., Halassy, M. 2019. Forest restoration monitoring through digital processing of high resolution images. Ecol. Eng. 127, 178-186.

Torresan, C., Berton, A., Carotenuto, F., Di Gennaro, S.F., Gioli, B., Matese, A., Wallace, L. 2017. Forestry applications of UAVs in Europe: A review. Int. J. Remote Sens. 38(8-10), 2427-2447.

USAID 2017. UAVs in Global HealthDefining a Collective Path Forward. USAID's Center for Accelerating Innovation and Impact (CII). Technical Report · December 2017. Washington DF

Whitehead, K., Hugenholtz, C.H. 2014. Remote sensing of the environment with small unmanned aircraft systems (UASs), part 1: A review of progress and challenges. J. Unmanned Veh. Syst. 2(3), 69-85.

Acceso al material complementario

19
Uso de UAS para la obtención de información operativa en incendios forestales

Fernando PÉREZ PORRAS
Roberto CRESPO CALVO
Rafael M.ª NAVARRO CERRILLO

Resumen

El capítulo está organizado en cuatro secciones de acuerdo con la información básica de aplicación de los UAS a los incendios forestales. En la sección I se hace una introducción breve sobre el uso de UAS en incendios forestales, en la sección II se habla sobre las particularidades que hay que tener en cuenta para obtener información en incendios mediante este tipo de plataformas, como es la legislación o el *hardware*. En la sección III se explica cómo se captura la información en un incendio mediante UAS, considerando el tipo de personal que se necesita, así como una aproximación metodológica para realizar las misiones y los factores que influyen en su ejecución. Además, en esta sección se explican los tipos de misiones de vuelo en incendios según la legislación actual. Por último, en la sección IV se explica la experiencia adquirida por el INFOCA en el uso de UAS en incendios forestales, y se describen brevemente otras aplicaciones para los que pueden usarse los UAS fuera de la época de incendios. El lector encontrará ejemplos de código fuente, y salidas numéricas y gráficas a través del repositorio del libro y del acceso a otras librerías de R o Mission Planner en GitHub.

Palabras clave: UAV, UAS, *drone*, carga de pago, GNSS, AHRS, RGB, termográfica, LWIR.

1. Introducción

La última década ha supuesto una revolución en el desarrollo de los sistemas aéreos no tripulados o UAS. Aunque se han venido empleando aeronaves de este tipo desde los años 70, no ha sido hasta la década de 2010 cuando se vivió una auténtica revolución en este campo, impulsada, sobre todo, por los avances en el terreno de los motores eléctricos y de las baterías, así como en el acceso a las tecnologías de los autopilotos. Estas herramientas y las nuevas técnicas de sensorización y motorización de combustión de plataformas aéreas no tripuladas han permitido usar dichas plataformas para la captura de datos en misiones relacionadas con el entorno forestal. Paralelamente, los avances en el desarrollo de sensores cada vez más potentes y ligeros han derivado en una miniaturización que permite realizar trabajos mediante la integración de un gran elenco de sensores en todos los rangos del espectro, tanto activos como pasivos (Figura 19.1). El acceso a estas nuevas tecnologías ha permitido aumentar notablemente el número de aplicaciones realizadas mediante UAS, que hasta ahora era únicamente posible desarrollar mediante el uso de aeronaves tripuladas, con el ahorro de costes que esto supone.

Tal es el avance y la proliferación de estos dispositivos, que los organismos encargados de la regulación y la normativa aérea a nivel nacional e internacional, como la Agencia Estatal de Seguridad Aérea (AESA), la Agencia Europea de Seguridad Aérea (EASA) y los grupos de trabajo de Evaluación de Riesgos de Operaciones Específicas, han tenido que realizar un esfuerzo considerable para poder regular su uso de forma segura, para que, en el futuro, dichas aeronaves puedan ser compatibles con el tráfico de aeronaves tripuladas. Más allá del uso recreativo de los UAS, muy extendido hoy en día, el uso profesional en diferentes ámbitos se ha incrementado igualmente, convirtiendo estos sistemas en herramientas fundamentales en campos como la agronomía, la selvicultura, y la gestión del territorio en general, pero también en otros sectores como el de las emergencias.

Figura 19.1. Evolución de los UAV desde sus orígenes militares hasta su uso civil (fuente: United States Agency for International Development (USAID) (2018). UAVs *in Global Health: Defining a Collective Path Forward*).

Más recientemente, se han desarrollado numerosas iniciativas para valorar la viabilidad de proporcionar información durante los incendios forestales utilizando plataformas UAS equipadas con diferentes tipos de sensores (Ollero y Merino, 2006; Al-Kaff *et al.*, 2020). Así, se ha propuesto el uso de UAS en diferentes aplicaciones en incendios forestales, tales como el análisis del área cubierta por el incendio (Merino *et al.*, 2012) para una mejor interpretación de sus características, la identificación y el seguimiento de áreas activas del incendio a partir de secuencias de vídeo aéreo de vehículos aéreos no tripulados (De Vivo *et al.*, 2021), la detección temprana de incendios, la evaluación y el seguimiento de labores de extinción (Zhang *et al.*, 2022) o la cartografía de alta precisión (Valero *et al.*, 2017).

2. Obtención de información operativa en incendios forestales

2.1. Legislación

El uso de UAS para la captura de información en incendios forestales exige disponer de las autorizaciones operacionales necesarias para realizar dichas misiones. Esta autorización puede ser distinta en función de:

- **Tipo de aeronave**. Los UAS tienen una huella de daño que está influida por la altura del vuelo, el peso de la aeronave según el peso máximo al despegue (mayor o menor de 25 kg), los sistemas de mitigación de daño (como paracaídas), los sistemas de terminación de vuelo (*Fight Termination System*, FTS), los sistemas redundantes de sensores o servos, o los sistemas redundantes de comunicaciones. En función de estas características se podrá obtener un tipo de autorización de operaciones u otra. Las autorizaciones están definidas por el nivel de riesgo de la operación (SORA) que indica, en una escala de niveles, las características que deberá tener la aeronave para poder realizar una de estas misiones.

- **Distancia de trabajo desde el punto de despegue**. La distancia de trabajo está definida por el punto más lejano medido desde el punto de despegue y la posición de la aeronave. En general, la distancia establece un nivel operativo que vendrá marcado por la línea de vista como VLOS (*Visual Line of Sight*) o BVLOS (*Beyond Visual Line of Sight*). Dentro de VLOS sólo se podrán utilizar los UAS en misiones para conatos o pequeños incendios; lo cual tiene poca utilidad. En general, esta limitación hace recomendable usar los UAS en incendios en un nivel operativo BVLOS. Dependiendo de la distancia y de la aeronave, existe un BVLOS intermedio, llamado STS 02, en el que se puede realizar una misión con observadores del espacio aéreo sobre una zona terrestre controlada en un entorno poco poblado, que representa el entorno propio de los incendios forestales. Esta opción permitiría realizar misiones de hasta 2 km de distancia si se dispone de algún sistema de mitigación, como FTS o paracaídas.

  Si se desea volar a una distancia mayor a los 2 km, que será generalmente la situación requerida en los incendios dónde se usen los UAS, hay que realizar una valoración de riesgos de SORA y pedir autorización para ese nivel de riesgo. Este valor será, probablemente, de un nivel 2 para misiones nocturnas o diurnas con sistemas de mitigación dónde se asegure, por parte de la autoridad competente, que no existen aeronaves tripuladas en la zona. Si aparecen aeronaves, se incrementará hasta nivel 4 de SORA, lo que requerirá que la aeronave tenga las mismas certificaciones con la EASA que una aeronave tripulada, probablemente un "certificado de tipo".

- **Sobrevolar u orbitar sobre el incendio.** Actualmente, sobrevolar la huella del incendio no está permitido, ya que, hasta el momento, ninguna empresa ha conseguido de la AESA una certificación específica para este tipo de misiones. Al respecto, debe tenerse en cuenta que, según se realicen de día o de noche, estas misiones pueden pasar niveles de riesgo SORA del 2 al 4. Esta limitación obliga a operar los UAS haciendo órbitas alrededor del incendio, pero sin sobrevolar el mismo. No obstante, con dichas órbitas, si se dispone de un gimbal giroestabilizado y con cámaras termográficas centradas en el rango del espectro *Medium Wave Infrarred* (MWIR) y *Long Wave Infrarred* (LWIR), es posible identificar y realizar algunas misiones de observación del incendio que, como se indica más adelante, permiten obtener información específica de la evolución del incendio.

- **Aeronaves en el mismo espacio aéreo**. Actualmente, no es posible sobrevolar un UAS en el mismo espacio aéreo que una aeronave tripulada (lo que se conoce como "espacio aéreo mixto"). Solamente los UAS con certificado de tipo (actualmente no existe ninguno en el mercado) tendrían la opción de volar con aeronaves tripuladas en el mismo espacio aéreo. Ya que las aeronaves tripuladas en incendios forestales vuelan con reglas *Visual Flight Rules* (VFR), sólo vuelan de orto a ocaso. Por tanto, siempre que se desee volar de día con un UAS será necesario que las aeronaves tripuladas estén en tierra sin sobrevolar el incendio. Esta tarea de comandar todas las aeronaves tripuladas a tierra es tarea del "director técnico de extinción".

Por otro lado, como estas aeronaves tripuladas en incendios forestales no vuelan con reglas *Instrumental Fligth Rules* (IFR), no pueden volar por la noche, por lo que, al menos en determinadas condiciones, es posible sobrevolar con UAS a dichas horas los alrededores del incendio y sin riesgo para las aeronaves tripuladas.

2.2. *Hardware* necesario para la captura de información en operaciones de incendios forestales

Los UAS que operan en incendios deben disponer de un conjunto de dispositivos y sensores, siendo necesarios los siguientes:

- **Sistema GNSS**. Un sistema global de navegación por satélite (*Global Navigation Satellite System*, GNSS) es una constelación de satélites que transmite rangos de señales utilizados para el posicionamiento y la localización en cualquier parte del globo terrestre, ya sea en tierra, mar o aire. Estos dispositivos permiten determinar las coordenadas geográficas y la altitud de un punto dado como resultado de la recepción de señales provenientes de constelaciones de satélites artificiales que orbitan la Tierra, que se usan para fines de navegación, transporte, geodésicos, hidrográficos, agrícolas y otras actividades afines. Un sistema de navegación basado en satélites artificiales puede proporcionar a los usuarios información sobre la posición y la hora (cuatro dimensiones) con una gran exactitud, en cualquier parte del mundo, las 24 horas del día y en todas las condiciones climatológicas. Este sistema permite, por tanto, tener posicionados todos los datos capturados por el UAS, tanto imágenes como vídeos.

- **Sistema AHRS**. El sistema AHRS (*Attitude and Heading Reference Systems* o Sistemas de referencia de actitud y rumbo) permite disponer de la actitud de la carga de pago que, junto con la actitud de la aeronave, hace posible estimar el apuntamiento de la carga de pago sobre el terreno para calcular el campo de visión, proyectar imágenes individuales sobre el terreno, etc. La actitud tiene que comprender, al menos, los ángulos *pitch, yaw* y *roll* (Figura 19.2).

- **Controladora gimbal**. Este dispositivo permite orientar el gimbal tanto en *pan* (0, 360°) en horizontal, como en *tilt* (0, -90°) en vertical. Junto con los sistemas inerciales de la aeronave, permite calcular la actitud exacta del apuntamiento del sensor para poder calcular la proyección sobre el terreno (Figura 19.3).

- **Sensor RGB**. Los sensores multiespectrales RGB (*red, green* y *blue*) permiten capturar información en el rango del espectro en el que ve el ojo humano. Este tipo de sensor en el espectro visible permite dar conciencia situacional a los productos obtenidos por el UAS, aunque exista humo procedente del incendio, así como la observación de las zonas aledañas, como carreteras, caminos, poblaciones cercanas, personal del incendio, etc. (Figura 19.4). El sensor debe de disponer de un zoom óptico para poder sobrevolar el incendio a gran altura.

- **Sensor termográfico**. Permiten capturar información de la temperatura del incendio. Este tipo de sensor debe ser termográfico y no térmico, ya que este último sólo muestra diferencias de temperaturas en rangos, aunque, en algunos casos, aporta información de valores máximos y mínimos (Figura 19.4). Por el contrario, el sensor termográfico proporciona temperaturas por píxel, lo que permite diferencias entre las áreas dentro y fuera del perímetro, del frente de llama, los puntos calientes, la eficiencia y la eficacia del trabajo de aeronaves, brigadistas, etc.

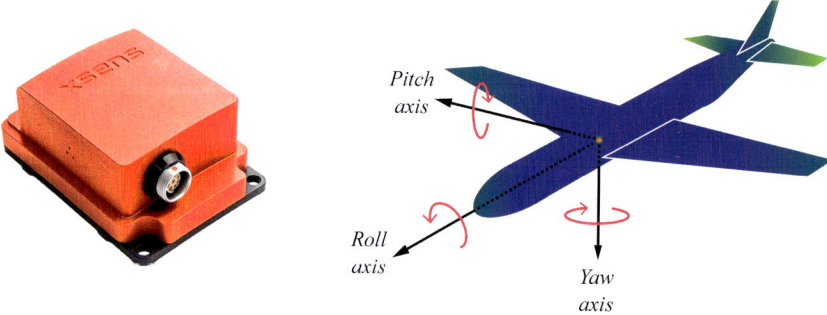

Figura 19.2. Sensor AHRS del fabricante X-sens (izq.) y actitud proporcionada en una aeronave (dcha.).

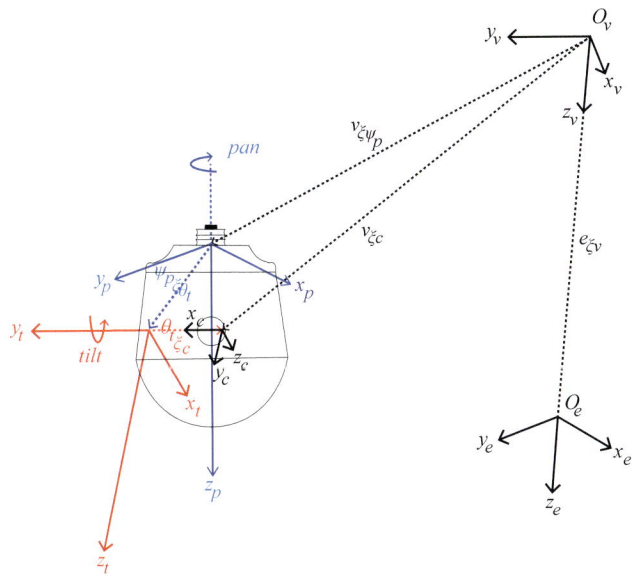

Figura 19.3. Sistemas de coordenadas de la carga de pago y del UAS para el cálculo de la actitud exacta del sensor para generar la proyección sobre el terreno.

Figura 19.4. Sensor de bloques RGB *Full High Definition* con zoom óptico de SONY (izq.) y sensor termográfico embarcado en UAS del fabricante FLIR, modelo A35 o A65 (dcha.).

2.2. *Software* de comando y control de la carga de pago

Junto con los dispositivos asociados al UAS, es necesario disponer de una herramienta de *software* que permita el control del gimbal, la gestión de captura de los sensores RGB, LWIR, ARHS y GNSS, así como la transmisión de la información al Puesto de mando avanzado (PMA), al Centro de control (CC), etc. Esta herramienta es operada por el analista de gestión de UAS, que debe ser un experto forestal en incendios forestales y en gestión de captura de información en tiempo real. Además, esta herramienta debe disponer de las funcionalidades básicas de un sistema de información geográfica que permitirá al analista de misión en incendios forestales generar cartografía de diferentes tipos del teatro de operaciones y, así, poder enviarla en tiempo real a los técnicos responsables de extensión para apoyarles en la toma de decisiones. Algunos de los productos cartográficos que se pueden generar son:

- Perímetro
- Puntos calientes detectados automáticamente
- *Targets* geoposicionados
  - Brigadistas
  - Rutas de escape
  - Frente de llama
  - Cola del incendio
  - Flancos
  - Unidad móvil terrestre
  - Puesto de mando avanzado
  - Carreteras y caminos
  - Poblaciones
  - Líneas eléctricas
  - Ferrocarriles
  - Autobomba

3. Captura de información en operación con UAS en incendios forestales

3.1. Personal para realizar una operación nocturna de captura de información en incendios forestales

Para llevar a cabo operaciones nocturnas de captura de información es necesario contar con el siguiente personal:

- **Piloto UAS.** Es el encargado de volar la aeronave, cargar el plan de vuelo, modificarlo en tiempo real y seguir las indicaciones del analista de misión durante el vuelo. Tiene la responsabilidad de ejecutar el vuelo y de cancelarlo cuando las condiciones no sean seguras. Opera el sistema desde una unidad móvil terrestre.

- **Analista de misión.** Es el encargado de la misión, la coordinación con el dispositivo de lucha contra incendios (LCI), el diseño de la misión y del plan de vuelo, de la captura, procesado y envío de la información a los CC y PMA. Operará el sistema desde una unidad móvil terrestre.

- **Coordinador de tráfico aéreo.** Es el encargado de la seguridad del vuelo, coordinación con los demás medios aéreos si los hubiere y da soporte a la misión en los escenarios

Urban Space en los que estén incluidos los UAS en incendios forestales. Debe detectar aeronaves tripuladas fuera del dispositivo LCI en su entorno y dar soporte al piloto UAS y a las aeronaves tripuladas para evitar situaciones de riesgo.

3.2. Aproximaciones metodológicas a la obtención de información en escenarios de emergencia

Procedimiento de vuelo

Antes de comenzar el vuelo con el UAS, es necesario realizar un *checklist* que asegure la seguridad de la operación aérea, el objetivo de la operación y la realización de la operación para conseguir los datos de cada misión. La lista de verificación básica consiste en:

- Asegurar que no existen aeronaves tripuladas en el espacio aéreo del incendio (en el caso de que no se disponga de un certificado de tipo del UAS para volar en espacio aéreo mixto).
- Conocer los objetivos y las misiones a realizar durante la operación de vuelo indicados por el Director técnico de extinción.
- Conocer la meteorología del incendio.
- Disponer del diseño del plan/es de vuelo por el analista de misión.
- Validación del plan o los planes de vuelo por el piloto UAS.
- Comunicación de radio constante con el Coordinador de tráfico aéreo de UAS, el de medios aéreos y el Puesto de mando avanzado
- Simulador de comunicaciones para asegurar cobertura en toda la operación

Dada la gran variabilidad de escenarios en los que se desarrollan las emergencias asociadas a un incendio forestal, la metodología a emplear a la hora de realizar una cartografía de las características del incendio puede variar en función de múltiples factores, tanto del propio incendio o del entorno como de factores externos, como puede ser el equipamiento disponible. No obstante, hay determinados rasgos comunes a todas las operaciones de este tipo, que están ligados a los objetivos que se pretenden conseguir.

La cartografía del perímetro de un incendio forestal que se requiere para planificar las operaciones de extinción no es una cartografía que exija una gran precisión. El objetivo fundamental es conocer la posición relativa de los distintos frentes del incendio respecto de las líneas de control, de las zonas de oportunidad de extinción, zonas estratégicas o zonas críticas, tales como divisorias, carreteras, vaguadas, etc. Por tanto, es más interesante proveer de una actualización de esta información con la mayor frecuencia posible a la Dirección de extinción, en particular a la hora del ocaso, con objetivo de que ésta pueda planificar el primer plan de operaciones del período nocturno. A continuación, se requiere la máxima frecuencia de actualización posible durante la noche, tratando de proporcionar una última actualización justo antes del orto, de cara a la planificación de las primeras operaciones del día y de la estimación de los recursos necesarios.

Por todo ello, la metodología a aplicar durante las operaciones del UAS es aquella que, en cada emergencia, permita optimizar el compromiso entre la rapidez de la producción de la cartografía y la cadencia de actualización, por un lado, y la precisión suficiente para poder definir las operaciones.

3.3. Factores que influyen en la metodología a emplear

Los factores que influyen en la metodología de trabajo a emplear, así como en la forma de desarrollar y aplicar la misma, son los siguientes:

Factores relacionados con las características del incendio

- **Tamaño del incendio.** Aunque parezca una obviedad, las dimensiones totales del perímetro a cartografiar condicionan completamente el desarrollo de las operaciones. Este aspecto está intrínsecamente relacionado con el equipamiento disponible, como se indica posteriormente. En función del tamaño total del frente a digitalizar y de las capacidades de alcance del sistema empleado, será necesario realizar un número variable de vuelos. Cabe decir que, al menos con los recursos de que se dispone en la actualidad y salvo algunas excepciones, es prácticamente imposible acometer la cartografía de un incendio con un único vuelo.

- **Forma del incendio.** Es el segundo factor que va a condicionar la manera en que se acometen las operaciones del UAS. Para una misma superficie, la longitud total de frente será mínima para un perímetro ideal perfectamente circular, e irá incrementándose a medida que dicho perímetro se alargue por efecto del viento o de la topografía.

- **Características del frente de llama.** Aunque durante el período nocturno es frecuente que los frentes activos del incendio disminuyan considerablemente en intensidad, no es extraño que se puedan encontrar frentes con una potencia elevada que hagan necesario extremar las medidas de seguridad de cualquier tipo de operación a desarrollar en sus inmediaciones, con el fin de asegurar las rutas de escape del personal y evitar atrapamientos. Por otro lado, la formación de columnas convectivas por los frentes de alta intensidad puede afectar a la maniobrabilidad y seguridad de la aeronave, así como a la visibilidad de los sensores empleados.

Factores relacionados con el escenario

- **Topografía.** La topografía afecta a la visibilidad directa de los frentes del incendio desde la posición de la aeronave, influyendo en la precisión y en las correcciones que va a ser necesario aplicar a la información observada. Además, dependiendo del tipo de metodología empleada, la topografía puede influir en la distancia y la elevación a la que es necesario desplazar la aeronave para poder observar determinadas zonas del incendio. Por último, y no menos importante, la topografía juega un papel decisivo en la movilidad del equipo de operaciones en el entorno de la emergencia, lo cual influye directamente en los tiempos de intervención.

- **Meteorología.** La meteorología influye directamente en la maniobrabilidad de la aeronave; hasta el punto en que condiciona completamente las operaciones, llegando a hacerlas inviables en numerosas ocasiones. Debido al rozamiento con la superficie y la vegetación, la velocidad del viento presenta un gradiente creciente con la altura, pudiendo duplicarse entre 20 y 300 m de altura. El piloto es, en todo momento, el responsable de decidir si las condiciones de viento son adecuadas para la operación.

- **Disponibilidad de accesos.** A la hora de planificar las operaciones, es sumamente importante disponer de información óptima acerca de las vías de comunicación y de accesos en el entorno del escenario de la emergencia en general, y del perímetro del incendio en particular. Esta exigencia responde, por una parte, a la necesidad de disminuir, en la medida de lo posible, la distancia entre la zona de despegue y la zona a cartografiar, con el fin de optimizar el tiempo de vuelo y, por otra, a la necesidad de establecer las rutas de escape adecuadas en caso de que la evolución del incendio sea desfavorable. La densidad y la tipología de accesos a zonas próximas al perímetro del incendio están estrechamente relacionadas con la topografía, así como con el tipo de paisaje y el tipo de propiedad.

Factores relacionados con el UAS

- **Tipo de plataforma o aeronave.** El tipo de aeronave UAS es uno de los factores que más condiciona a la hora de aplicar la metodología de trabajo, fundamentalmente en relación con su autonomía y el tipo de vuelo. Una mayor autonomía va a permitir cubrir mayores zonas del incendio en un único vuelo y realizar una observación más minuciosa de un área determinada. En cuanto al tipo de vuelo, la disponibilidad de una plataforma tipo multicóptero o de ala fija, condiciona la capacidad de realizar vuelos en estacionario o trayectos a cierta velocidad, tales como órbitas alrededor de una zona. Tanto la autonomía como el tipo de vuelo están relacionados, ya que, como vimos, las plataformas de ala fija suelen proporcionar una autonomía mayor que los multicópteros.

- **Subsistema de enlace de datos o comunicaciones.** El subsistema de comunicaciones con la aeronave condiciona la operación, limitando la distancia máxima a la que podemos enviar la aeronave. Su relación es, por tanto, directa con la capacidad de cubrir un área mayor del incendio y minimizar el número de vuelos necesario para completar el perímetro. El subsistema debería superar en distancia el 30% de la distancia máxima de un incendio forestal en sus extremos más opuestos. El 30% se asigna por las pérdidas que se puedan deber al humo o a ciertos apantallamientos sufridos durante el vuelo.

  Para usar un enlace de datos será necesario disponer de la licencia de la frecuencia de uso proporcionada por la Dirección General de Telecomunicaciones (DGTEL) y/o usar un enlace de datos basados en sistemas de comunicaciones multiSIM realizando la unión de varios anchos de banda 4G/5G.

3.4. Tipos de misiones según metodologías de vuelo

Aunque, como hemos explicado, no existe una clasificación estricta para los protocolos de trabajo y las metodologías a la hora de obtener información con UAS en incendios forestales, podemos establecer dos grandes grupos de metodologías, en función de la forma de obtener y, en consecuencia, de procesar la información: i) por misión basada en vuelo de observación, y ii) por misión basada en fotogrametría.

Obtención de información por misión basada en vuelo de observación

El analista de misión que comanda la carga de pago es capaz de visualizar la información capturada por el sensor para enviarla a los centros de control y puestos de mando avanzado en tiempo real. El analista, gracias a la proyección del vídeo sobre el terreno en una herramienta GIS, podrá añadir todos los targets y /o perímetros para enviarlos en tiempo real a los centros de control (Figura 19.5). Esto permitirá, de una forma rápida y sin necesidad de realizar fotogrametría, obtener un resultado similar, con un cierto grado de error, pero en tiempo real y sin necesidad de esperar el tiempo de procesado de las imágenes. Esta metodología permite no sobrevolar el incendio, evitando atravesar el humo y/o las altas temperaturas y que el humo y la ceniza generen problemas sobre la mecánica, la electrónica o los sensores.

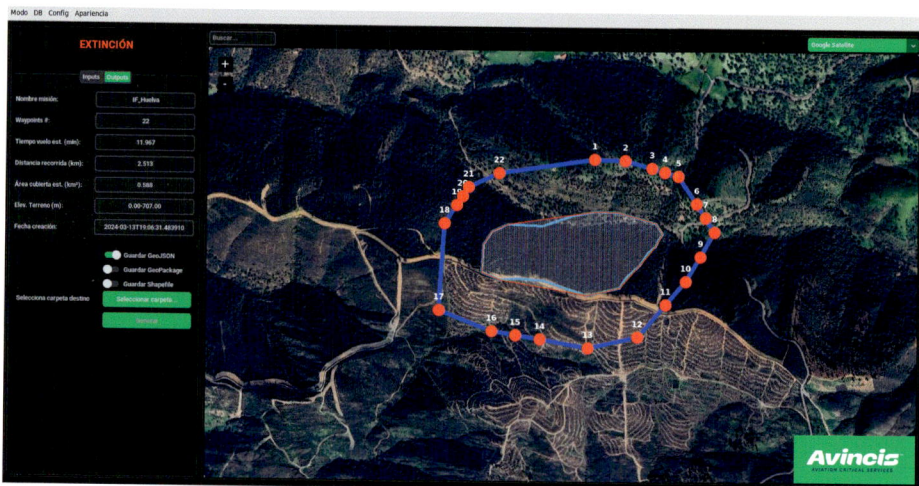

Figura 19.5. Órbitas del UAS alrededor de un incendio real en Galicia para evitar sobrevolar el incendio. Interfaz gráfica de la herramienta de la empresa Avincis para planificación de misión con UAS en incendios forestales.

Durante las órbitas del UAS, el proceso de trabajo será:

- Tomar puntos gracias al campo de visión proyectado en tiempo real sobre el *software* de comando y control y gracias a la cámara termográfica, y definir el límite del incendio para ir añadiendo puntos.

- Definir el punto de inicio y de fin, y unirlos automáticamente para generar una geometría de tipo polígono que defina totalmente el incendio sobrevolado.
- Enviar la geometría en tiempo real al PMA y CC para conocer el estado del incendio y la toma de decisiones futuras.

Por otro lado, disponer de un sensor termográfico que procesa la información en tiempo real proporciona la detección de puntos calientes que permiten dirigir el trabajo de campo para impedir la reavivación del incendio.

El vuelo por observación se basa en la interpretación directa de la información capturada por el sensor y enviada a través del enlace de comunicaciones en tiempo real gracias a la huella generada sobre el terreno por la aeronave (campo de visión). Esta característica hace que la metodología indicada requiera equipamiento específico altamente especializado, por lo que no puede aplicarse con equipos comerciales de uso popular. Sin embargo, la gran ventaja de este método es que permite la observación del perímetro del incendio de forma oblicua; es decir, sin necesidad de sobrevolar directamente el frente a observar para obtener imágenes cenitales.

El sistema necesario para conseguir esta funcionalidad se basa en la aplicación de un modelo matemático que tiene como *inputs* la siguiente información:

- Posición de la aeronave.
- Ángulos de la aeronave respecto a los ejes espaciales.
- Ángulos de la cámara respecto a la aeronave.
- Características focales de la cámara.
- Modelo digital del terreno.

A partir de esta información, es posible determinar las coordenadas de un punto de la imagen que el sensor está enviando al puesto de control. Si se dispone de la suficiente potencia de procesado a bordo de la aeronave, este cálculo de coordenadas puede realizarse en tiempo real. De esta forma, apuntando la cámara al punto de la superficie deseado, es posible determinar sus coordenadas de forma automática y trasladarlas a un visor cartográfico.

A través de este sistema, la digitalización del perímetro del incendio se realiza recorriendo el mismo con la cámara. El operador de la misma va fijando el punto central del fotograma que está visualizando sobre los puntos del perímetro que desea registrar, y mediante el mando de control realiza dicho registro. Se va obteniendo así una polilínea georreferenciada sobre la cartografía. Para ello, se muestra cómo la huella de la cámara se va proyectando sobre el terreno en tiempo real, lo que permite delimitar el perímetro y pintar sobre la huella. Esta información se envía en tiempo real y de forma automática a los centros de control una vez finaliza la tarea de generar el perímetro, sin intervención del analista de misión.

Puesto que esta es la metodología que está empleando actualmente el dispositivo INFOCA para las operaciones en incendios forestales, más adelante se describe en detalle la operativa de trabajo. No obstante, podemos destacar las principales ventajas e inconvenientes de esta metodología.

Entre sus principales ventajas están:

- El proceso de generación de información es muy rápido, comparativamente con el uso de vuelos fotogramétricos. Únicamente es necesario ubicar la aeronave en una posición que proporcione la visibilidad adecuada.
- No es necesario un posprocesado de la información, salvo la fusión de los diferentes tramos de los perímetros generados.
- El analista de misión puede enviar el perímetro en tiempo real al Puesto de Mando Avanzado o al Centro de Control.

Entre sus inconvenientes tenemos:

- La precisión alcanzada se encuentra en el rango de 5 a 10 metros, y disminuye con la distancia y cuanto menor es el ángulo de incidencia de la visual sobre el terreno.
- Su aplicabilidad está limitada por la calidad y la calibración del sensor termográfico, así como por las características del frente del incendio, ya que, si se trata de una zona del incendio poco activa, puede resultar complicado distinguir la línea a digitalizar.
- Su eficacia depende, en gran medida, de la pericia del operador de cámara. La dificultad de manejo del sistema está muy condicionada por la estabilidad de la aeronave, por lo que la operatividad del sistema puede verse comprometida en condiciones de viento fuerte o racheado.

Además, hay que tener en cuenta los siguientes errores propios de la metodología:

- Errores de los instrumentos según fabricante.
  - Error del sistema GNSS. El error del sistema del módulo será el estándar usado para aviación con la frecuencia portadora L1 y L2. En planimetría (X e Y) será de 5 metros y en altimetría (Z) de 10 metros.
  - Error del AHRS de la aeronave. Con una calibración perfecta, sin electrónica que influya sobre las medidas y que genera campos electromagnéticos, mediante el sistema de fusión de datos del magnetómetro, giróscopo y GNSS se obtiene un error de 1° en *tilt* y 2° RMS en *pan*.
  - Error del AHRS del gimbal. Con una calibración perfecta, sin electrónica que influya sobre las medidas y que genera campos electromagnéticos, mediante el sistema de fusión de datos del magnetómetro, giróscopo y GNSS se obtiene un error de 0,5° RMS en *roll* y *pitch* y 2° RMS en *yaw*.
  - Baja resolución del MDT para el procesado en algunas comunidades autónomas, ya que el procesado es en tiempo real, y la resolución del MDT será ofrecida por SRT de 90 m; por tanto, sólo se obtiene una coordenada X, Y, Z cada 8100 m².

- Errores en tiempo real.
  - Error en la intersección. Todas estas variables propias de los sensores pueden influir en los errores de proyección; hecho que se conoce como error del instrumento. Si se tiene en cuenta que todo el sistema UAS está calibrado, según los errores del fabricante, el error máximo debería ser de 90 m con un *tilt* desde -90 hasta -45°. Cuando el ángulo del *tilt* sea menor de 45°, se corre el riesgo de que el vector de apuntamiento pueda estar cerca del punto de fuga, lo que podría aumentar el error. Si el ángulo es más pequeño o la altura de vuelo mayor, la huella queda en la proyección ortogonal de la aeronave (Figura 19.6 dcha.) y, por tanto, el error es menor.

    Por otro lado, cuando la aeronave vuela bajo y se apunta hacia el horizonte o cercano a él, la huella es mayor, el centroide tendrá más error y el centro del campo de visión tendrá un error superior a 90° (Figura 19.6 izq.). El campo de visión es la intersección entre dos rectas, que es el vector de apuntamiento con la línea del terreno, y que influye en la precisión y en la proyección ortogonal sobre un plano, tal como se muestra en la Figura 19.6. El ángulo de la intersección entre las rectas deberá ser ortogonal para un error bajo mientras que, si el ángulo es agudo, el error será más alto (Figura 19.7).

Figura 19.6. Campo de visión con exactitud según el ángulo *tilt* del UAS y altura de vuelo (dcha.) y alto error del campo de visión por baja altitud y ángulo de *tilt* excesivo y cercano al horizonte (izq.). La línea amarilla es la dirección de apuntamiento (imágenes cedidas por la empresa AVINCIS).

  - Error GNSS. Por otro lado, además del error del instrumento, los sistemas GNSS pueden tener errores en tiempo real que pueden afectar en cada misión, como son los generados por GNSS Gdop (*Geometric dilution of precisión*, ubicación de satélites). Esto puede hacer que, en función del momento del vuelo, el error en planimetría pueda llegar hasta 10 m y en altimetría hasta 20 m. Si el punto desde el que se parte tiene este error por estar en movimiento con un GPS monofrecuencia, su vector de apuntamiento también generará dicho error. Es posible que las ubicaciones de satélites estén localizadas hacia un mismo lado; este error ocurre en monofrecuencia en algunos vuelos y dependerá de cada vuelo (Figura 19.8).

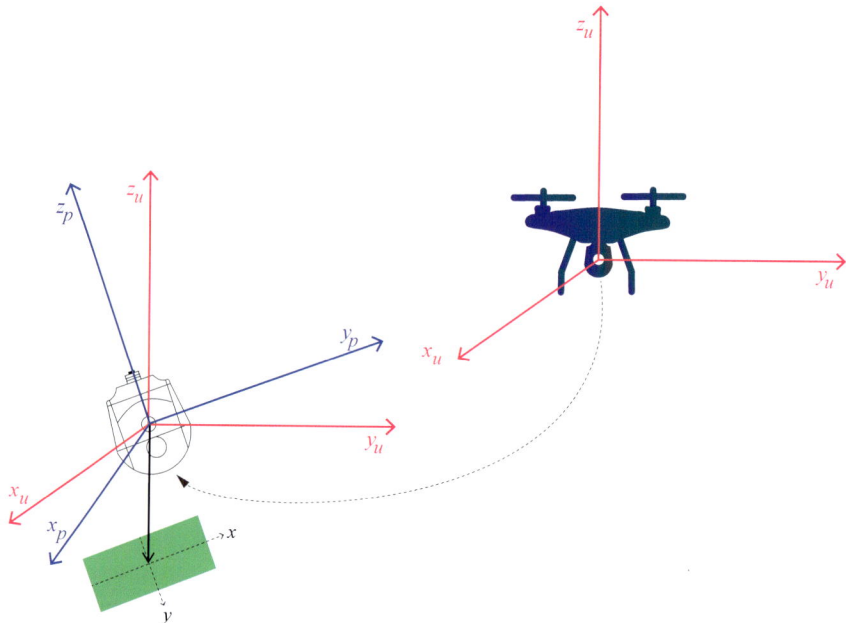

Figura 19.7. Proyección ortogonal sin error, sólo el de los instrumentos (GNSS o AHRS) y proyección donde el error puede aumentar por el ángulo de apuntamiento hacia el horizonte.

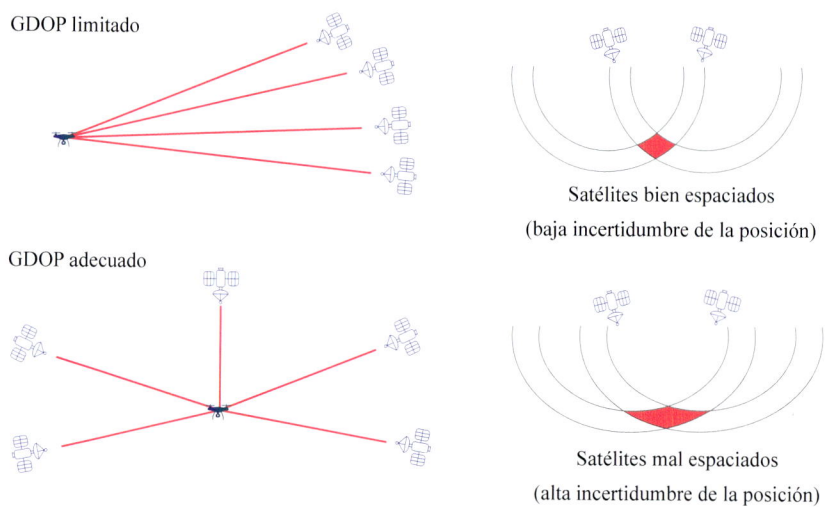

Figura 19.8. Distribución de satélites y error asociado en función del GDOP - *Geometric dilution of precision* (fuente: https: ntpel.ac.in/courses/105104100/lectureB_11 o Geometry in 2D).

Son muchos los factores que pueden influir en el error en el cálculo del FOV, como son los propios errores de los instrumentos y de los errores de cálculo y GNSS. En general, para evitarlo, se pueden incluir MDT de alta resolución, GNSS bifrecuencia, o correcciones RTK. Estas soluciones no pueden usarse en tiempo real durante la emergencia, hecho que influye en el error de los datos generados.

El error obtenido es variable, en función de la casuística descrita anteriormente, pero siempre menor a 50 m en ángulos desde -55° a -90°. Este error puede ser asumible en situaciones de tiempo real y con alturas superiores a 120 metros. Además, dicho error es asumible en cartografía de incendios forestales con escalas de trabajo comprendidas entre 1/1000 y 1/5000.

Obtención de información por misión basada en fotogrametría

Esta metodología se basa en la realización de un vuelo fotogramétrico con cámara termográfica sobre el área de estudio para posteriormente, una vez obtenido el mosaico final, proceder a la interpretación y la producción de la información requerida. El proceso de trabajo a seguir mediante esta metodología es el siguiente:

- Determinación estimativa de la zona a cubrir con el vuelo. Puede tratarse de la totalidad del área encerrada por el perímetro o, por el contrario, limitarse a una franja que recorra cenitalmente el mismo.
- Determinación de la altura de vuelo, que va a depender de varios factores, como las capacidades de la aeronave, la topografía o el tamaño del incendio.
- Diseño del plan de vuelo. Se tiene en cuenta un 60% de solape longitudinal y un 40% de solape transversal (Figura 19.9).
- Operaciones de despegue, vuelo programado y aterrizaje.

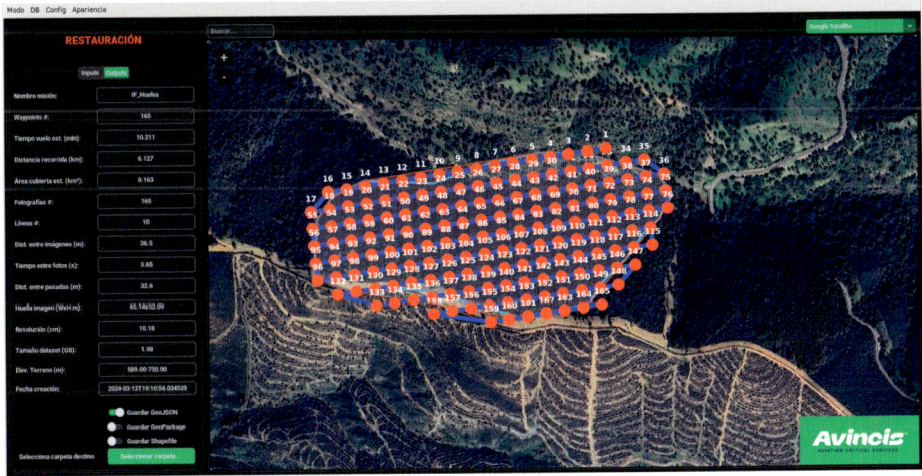

Figura 19.9. Plan de vuelo de fotogrametría dentro de un polígono.

- Descarga de la información, que será enviada en tiempo real a la estación de control para su procesado inmediato.
- Procesado de imágenes, que consiste en la aerotriangulación del vuelo, la generación del modelo digital de elevaciones, la generación del mosaico de imágenes y la ortorrectificación y georreferenciación del mismo.
- Digitalización del perímetro, en el que se genera una capa vectorial con la posición del perímetro del incendio mediante fotointerpretación del mosaico obtenido en el paso anterior.

Esta metodología presenta las siguientes ventajas: i) se trata de un proceso relativamente automático. Únicamente son necesarios la definición del área y de la programación del vuelo y, posteriormente, el ajuste de parámetros del modelo, y ii) se consigue una alta precisión en el resultado obtenido.

Por el contrario, presenta un gran inconveniente; y es el tiempo necesario para el procesado de la información que, en general, es muy elevado y aumenta de forma exponencial con el tamaño del área a cubrir, además de la gran cantidad de información que hay que capturar y transmitir para su procesado, cuando se obtiene el mismo resultado en el modo de observación sólo con un error mayor que puede ser asumido en esta misión.

Por tanto, es una metodología cuya aplicación está más orientada a la obtención de información en otras fases de la emergencia como, por ejemplo, el perímetro final o la detección de puntos calientes que puedan suponer focos de reactivación del incendio o la evaluación del nivel de afectación una vez extinguido. No obstante, ya hay sistemas que detectan puntos calientes georreferenciados de forma automática, como el Sistema Pavesa de la empresa Avincis.

4. La experiencia en el dispositivo INFOCA

4.1. Inicios

El dispositivo INFOCA lleva bastantes años tratando de buscar soluciones al problema de la obtención de información operativa en el período nocturno. En el año 2011, se realizaron las primeras pruebas con aeronaves de ala fija y sensores térmicos, pero la dificultad de operar en escenarios de emergencia con este tipo de aeronaves, así como la falta de una normativa clara para su uso en emergencias, no hicieron posible su implementación. En el año 2017, tras unos años en los que se produjeron importantes avances tecnológicos y de desarrollo de normativa en el campo de los UAS, se iniciaron las primeras pruebas con un sistema de georreferenciación automática como el descrito, portado por una plataforma tipo multicóptero.

Tras este período de pruebas inicial y con la redacción de los protocolos de trabajo pertinentes, se inició de forma oficial el uso de este sistema por parte de INFOCA durante los grandes incendios ocurridos en el período de alto riesgo de 2018. Hoy en día, el uso de este sistema se ha consolidado como un servicio crítico y estratégico en las operaciones de extinción de incendios en Andalucía, jugando un papel decisivo en los últimos grandes incendios ocurridos, como es el caso del incendio de Almonaster la Real de agosto de 2020.

4.2. UAS actual

El equipamiento empleado en las operaciones que lleva a cabo el dispositivo INFOCA es el siguiente:

- Plataforma: octacóptero modelo CÓNDOR del fabricante Dronetools, con una envergadura de 1,2 m entre rotores. Ofrece una autonomía de vuelo en condiciones normales de viento y con la carga de pago empleada de unos 40 minutos.
- Carga de pago: dispositivo tipo gimbal con capacidad de giro en 360° horizontales y verticales. El gimbal alberga dos sensores:
  - Cámara termográfica con una resolución de 640 × 480 píxeles y una resolución radiométrica de ± 2 °Cs.
  - Cámara de vídeo/foto con resolución de 1920 ×1080 con zoom de 10X.
- Enlace de comunicaciones: se trata de un enlace direccional autoapuntable, con un alcance aproximado de 2 km en línea de visión directa y libre de obstáculos.

4.3. Metodología empleada

El proceso de trabajo para la aplicación de esta metodología es el siguiente:

- En primer lugar, una vez que se ha activado el equipo de operaciones del UAS y éste se ha desplazado al PMA del incendio, se hace una primera evaluación del escenario de la emergencia y del estado del incendio, a partir del perímetro disponible más actualizado. En esta evaluación se revisan aspectos como la topografía, las vías de acceso, así como la previsión meteorológica con especial atención a los cambios en la velocidad y la dirección del viento.
- En función del radio de acción que permite el equipamiento disponible, se realiza una primera aproximación de las posibles ubicaciones de los puestos de control que será necesario establecer a lo largo del perímetro para poder digitalizar la totalidad del mismo. La priorización de estos puestos de control será establecida por la Dirección de extinción.
- Una vez establecido el primer puesto de control, se inician las operaciones de vuelo. A medida que se gana altura, el operador de cámara debe ir evaluando la visibilidad del frente, dando al piloto las indicaciones necesarias para ubicar la aeronave en un punto óptimo, en función, principalmente, de la topografía.
- En el momento en que se estabiliza la aeronave, comienzan los trabajos de digitalización. El operador de cámara, mediante el uso de un *joystick*, selecciona un

punto de inicio y va guiando el cursor de la cámara a lo largo del frente, marcando puntos, ajustando la sensibilidad del movimiento de la cámara si fuera necesario. La densidad de puntos está condicionada por la longitud del frente a dibujar y su irregularidad, debiendo alcanzarse un compromiso entre precisión y velocidad de producción en función de la autonomía de la aeronave.

- Tras la finalización del frente digitalizado, si la autonomía restante lo permite, se realizan varias comprobaciones volviendo a ubicar el cursor sobre zonas ya cartografiadas, comprobando sobre la cartografía que la calibración del sistema es correcta. Por último, se inicia el regreso de la aeronave al puesto de control. El operador de cámara inicia los trabajos de refinado y fusión de la información levantada.

- Por último, la información es enviada al PMA mediante los medios de transmisión disponibles en el puesto (GSM, comunicaciones satelitales, etc.).

4.4. Mejoras futuras

En las próximas campañas de incendios y en los años sucesivos, se van a introducir mejoras significativas en el sistema:

- Nueva aeronave de tipo Ala Fija VTOL: se trata de una aeronave que dispone de un sistema de despegue y aterrizaje vertical, compuesto por cuatro rotores en posición vertical, además del rotor principal de impulsión horizontal. Mediante este sistema se elimina una de las principales desventajas de las aeronaves de ala fija, la necesidad de espacio suficiente para las maniobras de aterrizaje y de aproximación-aterrizaje. Por otro lado, se consigue una autonomía estimada de varias horas.

- Nuevo enlace de comunicaciones: se va a disponer de un enlace de comunicaciones renovado, que proveerá un alcance medio de unos 8 km.

- Mejoras en el sistema de observación: se prevé una mejora en el sistema de cálculo automático de coordenadas que permitirá la georreferenciación en tiempo real de fotogramas completos. Esto cambiará sustancialmente la forma de operar, mejorando notablemente la cadencia de producción de información.

- Otras mejoras: se prevén, igualmente, mejoras en el equipamiento auxiliar (vehículos), así como en el personal disponible.

4.5. Otros usos futuros de UAS en incendios forestales

Aunque este capítulo se ha centrado fundamentalmente en el uso de UAS para la obtención de información durante la fase de extinción del incendio mientras se encuentra activo, se prevé la incorporación de los UAS en otras fases del flujo de trabajo del dispositivo INFOCA, como pueden ser:

- Generación de modelos tridimensionales micro y mesoescala: se están empleando UAS para la generación de modelos tridimensionales de alta resolución con el fin de generar "gemelos digitales" de instalaciones, escenarios u otros elementos que puedan emplearse en simuladores físicos de comportamiento del fuego y del viento. Se están empleando este tipo de técnicas, sobre todo, en el ámbito de los incendios de interfaz urbano forestal.

- Evaluación del entorno de operaciones de equipos de intervención y rescate: INFOCA va a adquirir UAS de tipo comercial y de pequeño tamaño para su uso por parte de técnicos de operaciones con funciones de mando de equipos de intervención, con el fin de poder realizar evaluaciones rápidas del entorno en el que han de desarrollar sus trabajos, así como de apoyar en posibles maniobras de búsqueda y rescate de miembros de los equipos.

- Relés de comunicaciones: otro posible uso de estos sistemas en las emergencias ambientales es servir de soporte a sistemas de repetición de comunicaciones, con el fin de generar cobertura de voz y datos en las zonas del escenario que se encuentren en sombra de comunicaciones.

5. Otros usos potenciales de los UAS para el sector forestal fuera de la época de incendios forestales

Actualmente, los UAS se utilizan en otras fases del dispositivo de lucha contra incendios de algunas CCAA, como ya se ha comentado; entre ellas destacan Andalucía (INFOCA), Galicia (Consellería de Medio Rural) y, en el futuro, el MITECO y el 112 de la Comunidad Valenciana.

5.1. Inventario Forestal

Los UAS para inventarios forestales se utilizan principalmente para calcular los modelos de combustible de zonas de riesgo identificadas en los planes de prevención de incendios forestales. Desde los dispositivos lucha contra incendios, se tienen identificadas zonas de riesgo dónde es necesario disponer de una cartografía actualizada, de máxima resolución, que permita identificar las zonas de riesgo, la propagación del incendio gracias a simuladores, las zonas donde es necesario convertir el modelo de combustible por la rápida propagación que podría generar, etc.

Esta información está generada, normalmente, gracias al uso de nubes de puntos procedentes de sensores activos y/o pasivos que ofrecen una estructura de la vegetación o la altura de la misma. Entre los sensores a usar destacan los sensores LiDAR o los sensores RGB que puedan generar una nube de puntos densa que pueda fusionarse con nubes de puntos públicas, como las proporcionadas por el Plan Nacional de Ortofotografía Aérea (PNOA).

En general, los modelos de combustible obtenidos suelen estar basados en Rothermel, Anderson o Prometheus, porque se busca más disponer de una cartografía actualizada que de una categorización muy precisa.

5.2. Seguimiento de plagas y enfermedades

También se utiliza los UAS para el monitoreo de plagas y enfermedades gracias a sensores multiespectrales embarcados junto con sensores de irradiancia. Estos sensores hacen posible calcular índices de vegetación que permiten cuantificar de forma relativa la afección de la vegetación y el posible decaimiento de sistemas forestales, con el objetivo de identificar zonas vulnerables ante incendios forestales para su control, seguimiento y vigilancia.

5.3. Vigilancia, detección temprana y disuasión de pirómanos

El objetivo de este tipo de misiones es usar los UAS con sensores RGB y termográficos con zoom óptico que permitan vigilar zonas vulnerables o recurrentes de incendios provocados con el fin de disuadir a los pirómanos. Así, volando a alturas cercanas a 1500 pies, los UAS son indetectables para los pirómanos y una vez se detecten varios pirómanos en distintos enclaves geográficos, se logrará progresivamente disuadir los incendios provocados.

Por otro lado, gracias a estos vuelos de vigilancia, se podrán detectar incendios forestales, provocados o no, en los primeros estadios, gracias al envío de información en *streaming* en tiempo real a los centros de control. Las nubes de humo estarán geolocalizadas, obteniéndose un objetivo definido por unas coordenadas y un rumbo, con la finalidad de enviarla en tiempo real a los centros de control.

Bibliografía

Al-Kaff, A., Madridano, Á., Campos, S., García, F., Martín, D., de la Escalera, A. 2020. Emergency support unmanned aerial vehicle for forest fire surveillance. Electronics, 9(2), 260.

De Vivo, F., Battipede, M., Johnson, E. 2021. Infra-red line camera data-driven edge detector in UAV forest fire monitoring. Aerosp. Sci. Technol., 111, 106574.

Ollero, A., Merino, L. 2006. Unmanned aerial vehicles as tools for forest-fire fighting. Forest Ecol. Manag. 234(1), S263.

Valero, M. M., Rios, O., Mata, C., Pastor, E., Planas, E. 2017. An integrated approach for tactical monitoring and data-driven spread forecasting of wildfires. Fire Saf. J. 91, 835-844.

Zhang, L., Wang, M., Fu, Y., Ding, Y. 2022. A forest fire recognition method using UAV images based on transfer learning. Forests, 13(7), 975.

**Acceso al
material complementario**

Epílogo

Epílogo
Geomática y geoinformática forestal: el futuro

Rafael M.ª NAVARRO CERRILLO
Pablo GONZÁLEZ MORENO
M.ª Ángeles VARO MARTÍNEZ
Antonio J. ARIZA SALAMANCA

La geomática como un paradigma transformador de la ciencia forestal

En la última década, la geomática forestal ha experimentado un crecimiento explosivo gracias al acceso a datos masivos procedentes de bases de datos ya existentes (por ejemplo, el Inventario Forestal Nacional) o de diferentes plataformas espaciales gratuitas o de bajo costo (por ejemplo, el Plan Nacional de Teledetección), así como al aumento de la capacidad de cálculo asociada a la tecnología informática. Esto ha hecho que la geomática ocupe un espacio cada vez más amplio en la ciencia y la tecnología forestal en todos los niveles de la gestión forestal, así como su relación con otras geociencias y con el desarrollo de nuevas tecnologías espaciales. Recientemente se han ido integrando otros enfoques, como la minería de datos, la fotogrametría digital, la teledetección óptica y activa avanzada, la teledetección próxima a la tierra, el uso de drones, la tecnología SLAM (localización y mapeo simultáneo), los métodos de mapeo móvil basados en teléfonos inteligentes, la inteligencia artificial y los procesos de aprendizaje automático (*machine learning*) y aprendizaje profundo (*deep learning*), entre muchos otros. La necesidad de mejorar las capacidades tecnológicas de la ciencia forestal, desde la gestión de la biodiversidad a la producción de bienes y servicios a diferentes escalas espaciales y temporales, ha impulsado el desarrollo en este campo. Lo que inicialmente fue la aplicación de la estadística y de la fotointerpretación al inventario forestal, se ha convertido en un conjunto de disciplinas y sofisticadas herramientas tecnológicas relacionadas con la adquisición, la estructura y el análisis de datos, los sistemas de información geográfica (SIG), la cartografía, la teledetección, el internet de las cosas (IoT) o la inteligencia artificial (AI) en el marco de las tecnologías de la información y la comunicación (TIC), apoyado por un desarrollo acelerado de la informática y de la electrónica.

La geomática forestal está viviendo un momento de fuerte expansión y consolidación en nuestro país, que, sin lugar a duda, se ha convertido en un referente científico y técnico a nivel europeo. La implantación de la geomática en el sector forestal español se ha "universalizado", promovida, en gran parte, por una mejor integración de estas tecnologías y de la gestión forestal (SIG, bases de datos, teledetección, etcétera), así como por el desarrollo de plataformas y tecnologías que se adaptan mejor a las necesidades de información de los gestores forestales. El camino que está siguiendo el sector transcurre por la integración de tecnologías. Un ejemplo es el nanosatélite andaluz Platero, construido en colaboración por la Agencia de Gestión Agraria y Pesquera de Andalucía (AGAPA) y las Universidades de Córdoba y de Málaga, que abre un nuevo mundo de posibilidades al llevar un módulo de comunicación IoT que le permite estar en contacto continuo y en tiempo real con distintos dispositivos localizados en la superficie terrestre. Otro ejemplo es el seguido por la NASA para poner a disposición de los usuarios más de 50 años de información de toda la superficie terrestre a través de una arquitectura de datos compleja, empleando para ello la infraestructura de los *Amazon Web Services* (AWS) que posibilita el acceso y consulta espacial y temporal y también su descarga. En otros casos, la integración de datos mediante IA consigue resultados espectaculares, como los obtenidos por Meta y su modelo de copas a 1 metro de resolución para todo el planeta o, también, en la clasificación automática estándar y mejorada de los retornos de las nubes de puntos de la tercera cobertura LiDAR-PNOA.

El libro Geoforest

La demostrada capacidad científica y técnica de la geomática forestal en España ha representado el punto de partida del presente libro. La geomática forestal necesita incorporar conocimientos a su aplicación práctica para poder evolucionar en consonancia con el proceso científico. Partiendo de esta idea, el objetivo principal de este libro es recoger las principales contribuciones técnicas y científicas en el ámbito de las tecnologías geoespaciales aplicadas a la ciencia forestal (Fig. E.1). En este libro se ha intentado mostrar las innovaciones más actuales para responder a las demandas científicas, técnicas y profesionales del sector forestal. Además, dado el dinamismo de este campo, uno de los objetivos del libro es fomentar el intercambio de ideas y experiencias relacionadas con la geomática forestal, como una de las áreas de mayor capacidad de innovación tecnológica del sector.

Por último, cabe destacar la vocación educativa de este libro en la formación forestal, por su posible uso como material docente en másteres especializados en geomática o en la oferta de capacitación no formal (microcredenciales), es decir, en cualquier modalidad que impulse la formación y adquisición de competencias digitales en todos los ámbitos de las ciencias forestales, pero también en su aplicación. Así, este libro resulta un material muy valioso para que los profesionales adquieran competencias digitales orientadas hacia el desarrollo de medidas concretas de gestión forestal, favoreciendo la formación a lo largo de la vida profesional (adquisición de nuevas competencias -*upskilling*- y el reciclaje profesional -*reskilling* -).

Futuras líneas de trabajo

Si en las últimas décadas del siglo pasado la ciencia forestal enfrentó la disyuntiva de adaptar el concepto de la multifuncionalidad y la persistencia de los montes a las nuevas demandas que exigía la sociedad, en la actualidad los importantes retos que

Figura E.1. Desarrollo de herramientas geoinformáticas aplicados a la selvicultura de precisión (basada en Achim *et al.* (2022)).

enfrentan los bosques requieren un profesional forestal con capacidad para integrar, organizar y procesar datos (espaciales) de diferente naturaleza, que le permitan generar alta capacidad analítica (modelización y simulación) y el desarrollo de soluciones a problemas que hoy demanda la gestión forestal. Con este libro, esperamos contribuir a reforzar la base científica y técnica en la que apoyarse para ese cambio. En concreto esperamos que el futuro de la geomática forestal evolucione y se integre en los siguientes aspectos:

- **Uso y desarrollo de herramientas de procesamiento y análisis en la nube.** En los últimos 5 años hemos visto cómo plataformas como Google Earth Engine se han afianzado como una alternativa dinámica y de bajo coste para el procesamiento rápido y efectivo de grandes fuentes de información de teledetección. Recientemente, se han incorporado numerosas herramientas de procesamiento de otra índole, como los modelos de distribución de especies (Crego *et al.* 2022), que aprovechan la alta capacidad de almacenamiento y procesamiento sin necesidad de usar equipos locales.

- **Generación de sistemas de apoyo a la toma de decisiones en tiempo real.** Tradicionalmente, la difusión de la información espacial relevante para la gestión se ha procesado de forma local o, en el mejor de los casos, a través de visores de mapas con servicio estandarizado wms o gfs. Esta tecnología, aunque sigue teniendo potencialidad para generar consultas sencillas, no es suficiente para ofrecer una información relevante y suficiente para la toma de decisiones. En la actualidad, se ha facilitado enormemente la generación de aplicaciones sencillas que permiten no sólo la generación de visores, sino también la creación de paneles de mando (*dashboard*) con información sintética y con resultados de modelización y teledetección a tiempo real. Entre los entornos para los que esperamos un gran desarrollo están Shiny en R (diveRpine Pérez-Luqe y Zamora 2023 y treeTOP Silva *et al.* 2022) o Earth Engine apps (p.e. https://google.earthengine.app/view/forest-change).

- **Generación y desarrollo de gemelos digitales forestales.** Estos gemelos digitales o *digital twins* se pueden definir como réplicas digitales de activos físicos, procesos, espacios, sistemas y dispositivos que se pueden emplear para diferentes propósitos. Del mismo modo que la agricultura y el sector forestal adaptaron los métodos y enfoques de la industria 4.0, en determinados ámbitos del sector forestal se investiga cómo desarrollar este nuevo paradigma. Este gemelo proporcionaría una perspectiva integral de un determinado sistema (p.e. plantaciones forestales), ofreciendo información en tiempo real sobre, por ejemplo, el crecimiento de los árboles, la humedad del suelo o, incluso, permitiendo realizar ejercicios de simulación sobre el sistema (claras, podas, etcétera). Este nuevo paradigma permitiría anticiparnos a los problemas y diseñar un sistema de gestión óptimo. Pero para ello, necesitamos que nuestro entorno o "sistema" produzca datos. Aquí es donde pasamos de un sensor tradicional, que solo produce una variable, a tener equipos inteligentes basados en IoT que aportan información en tiempo real de la variable a medir y de todo su entorno. Aunque es opcional, un gemelo digital también debe disponer de una representación 3D del sistema. Este modelo 3D puede desarrollarse a partir de una nube de puntos LiDAR o con imágenes procedentes de sensores ópticos situados sobre cualquier tipo de plataforma. Por tanto, el producto generado para desarrollar el modelo 3D ofrece una nueva fuente de datos mediante el procesado de esta nube de puntos LiDAR o imagen. Finalmente, el último componente de un gemelo digital es la analítica. En este tema, gracias a la inteligencia artificial, estamos pasando de una analítica descriptiva a una analítica predictiva que permite extraer un conocimiento profundo de nuestros datos.

- **Integración de la inteligencia artificial en los procesos geomáticos (GeoIA).** Los algoritmos basados en inteligencia artificial, especialmente las redes neuronales profundas (DNN en sus siglas en inglés), están transformando la aproximación de las ciencias forestales a la geomática. Aun así, la GeoIA debe superar algunas limitaciones, como la alta demanda de recursos computacionales, o el desarrollo de modelos de aprendizaje automático que integran distintos modelos físicos y bases de datos de distintas fuentes asociados a diferentes fenómenos naturales.

Bibliografía

Achim, A., Moreau, G., Coops, N. C., Axelson, J.N., Barrette, J., Bédard, S., White, J.C. 2022. The changing culture of silviculture. Forestry, 95(2), 143-152.

Crego, R.D., Stabach, J.A., Connette, G. 2022 Implementation of species distribution models in Google Earth Engine. Divers. Distrib., 28: 904–916.

Pérez-Luque, A.J., Zamora, R. 2023 diveRpine: Diversification of pine plantations in Mediterranean mountains. An interactive R tool to help decision makers. Ecol. Indic. 147: 110021.

Pierdicca, R., Paolanti, M. 2022. GeoAI: a review of artificial intelligence approaches for the interpretation of complex geomatics data. Geosci. Instrum. Methods Data Syst. 11(1), 195-218.

Silva, C.A., Hudak, A.T., Vierling, L.A., Valbuena, R. *et al.* 2022 treetop: A Shiny-based application and R package for extracting forest information from LiDAR data for ecologists and conservationists. Methods Ecol. Evol., 13: 1164–1176.

Bosque Digital

Bosque Digital
Microcredenciales en digitalización forestal

Bosque Digital de la Universidad de Córdoba es un sistema de microcredenciales diseñado específicamente en un área de conocimiento muy especializado, la geoinformática, con el propósito de ofrecer competencias específicas vinculadas al uso de diferentes herramientas digitales y su aplicación práctica al territorio forestal, incorporando las últimas tendencias en este sector. Se trata de un sistema que integra la universidad y la formación profesional y que ofrece una capacitación a lo largo de la vida profesional con objeto de mantenerse actualizado potenciando habilidades y adquiriendo nuevas capacidades. La formación es totalmente digital, con talleres de resolución de casos de estudio y con el desarrollo de casos reales de interés para el profesional.

Al tratarse de un sistema modular, es posible planificar y diseñar el programa formativo de manera personalizada, en función de las necesidades del profesional:

- **Bosque Digital Introducción.** Ofrece seis microcredenciales orientadas a introducir a los estudiantes en el uso de herramientas geoinformáticas aplicadas al territorio forestal. Su propósito es facilitar una primera aproximación a competencias específicas que incluyen ArcGis Pro, teledetección óptica, LiDAR y Radar, bases de datos forestales, modelización de grandes incendios y ecohidrología. Bosque Digital Introducción ofrece la oportunidad de adquirir habilidades geoinformática a estudiantes y profesionales que quieran iniciarse en competencias digitales.

- **Bosque Digital Avanzado.** Ofrece seis microcredenciales para formar a especialistas experimentados en tecnologías geoinformáticas avanzadas aplicadas al estudio y gestión del territorio y del medio ambiente forestal mediante una amplia gama de competencias que incluyen la sensorización, el desarrollo de modelos biofísicos aplicados a ciencias forestales, Google Earth Engine, teledetección próxima a la tierra, plataformas no tripuladas y geoinformática aplicada a emergencias. Bosque Digital Avanzado ofrece la oportunidad de adquirir habilidades de vanguardia a los estudiantes y profesionales que quieran actualizar (*reskilling*) o mejorar (*upskilling*) sus competencias digitales en áreas de fuerte demanda laboral.

- **Bosque Digital Acción.** Está desarrollado específicamente para introducir a los estudiantes en las nuevas competencias digitales con un fuerte componente aplicado, QGIS aplicado a ciencias forestales, Qfield, sensorización de campo, UAV, fotogrametría digital y geoinformática aplicada a emergencia, por lo que es muy recomendable para estudiantes y profesionales que quieran aplicar esos conocimientos a trabajos de campo.

547

Módulos de Bosque Digital: contenidos

Bloques

I. ArcGis aplicado a la gestión forestal y medioambiental
II. Teledetección: una nueva mirada al bosque
III. Inventarios de recursos de los ecosistemas forestales mediante LiDAR y radar
IV. Ciencia de datos aplicada a ecosistemas forestales: el poder de los números en la era del *Big Data*
V. Simulación de perturbaciones en ecosistemas forestales: el caso de los incendios forestales
VI. Simulación ecohidrológica: el bosque como regulador

BOSQUE DIGITAL INTRODUCCIÓN

Bloques

I. Sensorización de sistemas agroforestales
II. Modelos biofísicos aplicados a ciencias forestales
III. Google Earth Engine aplicado al sector forestal
IV. Teledetección próxima a la Tierra: LiDAR terrestre
V. Ecología espacial aplicada a la gestión forestal
VI. Procesamiento de datos LiDAR con Python

BOSQUE DIGITAL AVANZADO

Bloques

I. Sensorización de sistemas agroforestales
II. Dispositivos portables en ciencias agroforestales
III. QGIS y ciencia de datos aplicados al sector agroforestal
IV. Plataformas no tripuladas en el sector agroforestal
V. Fotogrametría digital: una visión tridimensional del bosque
VI. Geoinformática aplicada a emergencias: el caso de los incendios forestales

BOSQUE DIGITAL ACCIÓN